高等教育学校教材
市政与环境工程系列丛书

U1016844

第2版

环境化学

Environmental Chemistry

主 编 李立欣
副主编 杨莉莎 高 明 秦 艳 张 雷
岳俊杰 肖恩宗 王樱凝

哈爾濱工業大學出版社
HARBIN INSTITUTE OF TECHNOLOGY PRESS

内 容 简 介

为适应环境相关学科发展和专业教学需求，本书以阐述主要化学污染物在大气、水体、土壤及生物各环境介质中存在、迁移转化规律及其效应为主线，对第1版教材的内容进行了修订。全书共分8章，包括绪论、大气环境化学、水环境化学、土壤环境化学、生物体内污染物质的运动过程及毒性、污染控制与受污染环境的修复、绿色化学的基本原理与应用及环境化学其他专题等内容。本书体现出环境化学领域最新研究成果和进展，如高级氧化技术、微生物修复技术、绿色化学、新型脱氮除磷技术等新技术及新方法，丰富了环境化学专题内容的时效性和前瞻性。本次修订在各章配备了相应的思政案例，并增加了一定数量的开放性思考题。

本书可作为高等院校环境科学及相关专业教学用书或参考书，也可供从事环境保护和环境科学研究工作的专业人员参考。

图书在版编目(CIP)数据

环境化学/李立欣主编. —2版. —哈尔滨:哈尔滨工业大学出版社,2024.6
(市政与环境工程系列丛书)
ISBN 978-7-5767-1393-0

Ⅰ.①环… Ⅱ.①李… Ⅲ.①环境化学-教材 Ⅳ.①X13

中国国家版本馆CIP数据核字(2024)第096188号

策划编辑 许雅莹
责任编辑 杨 硕
封面设计 刘 乐
出版发行 哈尔滨工业大学出版社
社 址 哈尔滨市南岗区复华四道街10号 邮编150006
传 真 0451-86414749
网 址 http://hitpress.hit.edu.cn
印 刷 哈尔滨市工大节能印刷厂
开 本 787mm×1092mm 1/16 印张25.5 字数605千字
版 次 2017年8月第1版 2024年6月第2版
2024年6月第1次印刷
书 号 ISBN 978-7-5767-1393-0
定 价 58.00元

第2版前言

环境化学是在化学学科基本理论和方法学原理的基础上发展起来的以有毒有害化学物质所引起的环境问题为研究对象，以解决环境问题为目标的一门新兴交叉学科。它主要研究有害化学物质在环境介质中的存在、化学特性、行为和效应及其控制的化学原理和方法的科学。它既是化学科学的一个新的重要分支，也是环境科学的核心组成部分，在环境科学领域中占有十分重要的地位。随着当前环境问题的日益突出，环境化学无论是在控制或防治环境污染、生态恶化，还是在改善环境质量、保护人体健康、促进国民经济可持续发展方面都发挥着越来越重要的作用。

环境化学是高等院校环境科学与工程专业的一门重要专业基础课，也是一门发展迅速的基础理论课。为适应当前工科专业培养人才的教育目标，本书编写力求理论联系实际，注重提高学生分析和解决环境问题的能力。本书第1版出版已有7年。7年来，国内外环境化学研究取得了重要的进展，环境化学研究也面临着新的任务和挑战，在此背景下，深化教学改革，进一步优化和更新课程体系和内容，促进信息技术与教育教学深度融合，对于培养创新型环境科学专业人才具有重要意义。因此，根据学科发展和教学需求，本书第2版继续保留第1版的部分内容，并进行了适当的修改、完善和补充。该版主要以阐述化学物质在大气、水、土壤、生物各环境介质中迁移转化过程及其效应为主线，全面深入地论述这些过程的机制和规律；注重反映环境化学及环境工程领域最新研究成果和进展，介绍了一些环境化学领域的新技术及新方法，如高级氧化技术、微生物修复技术、绿色化学、新型脱氮除磷技术等，并对当今人们比较关注的环境化学问题进行了介绍，如"室内环境的污染""全球气候变化与我国'双碳'战略"等。在确保教材内容科学性的前提下，进一步突出针对性、时效性、前瞻性和可读性。

根据《高等学校课程思政建设指导纲要》(教高〔2020〕3号)、《关于全面推进高等学校课程思政建设的工作方案》(黑教发〔2020〕84号)，结合环境化学学科发展，本次修订特别增加了课程思政案例部分。结合所讲授的教材内容及环境专业人才培养特点，做到"思政滴灌，润物无声"，培养学生形成正确的环境观和环境污染观，建立科学思维和数字化思维，培养学生根据环境污染特征寻求和发现污染物的迁移转化规律，提高学生正确认识问题、分析问题和解决问题的能力，提升学生的化学品污染"防、控、治"全局化环境保护素养，形成规范使用和科学处置日用化学品的良好习惯，建立民族自信和作为环境人的自豪感及责任担当等。

本书还补充了章节内容提要、英文标题、参考文献以及对试题进行了开放性试题补充及部分修订。因此，本书的内容注重基础理论和应用实例相结合，与我们面临的全球性、区域性及局部地区的实际环境问题相结合，并深浅兼顾。同时，培养环境类学生的爱国情怀、责任担当精神等。本书可供高等院校环境科学、环境工程、化学相关专业的本科生和研究生以及环境领域的研究人员选用和参考。

本书编写分工如下：第1章由黑龙江科技大学李立欣、黑龙江东方学院单得臣编写，第2章、第7章由黑龙江科技大学杨莉莎编写，第3章由长春工程学院高明编写，第4章4.1、4.3节由东北石油大学张雷编写，第4章4.2节、第5章由吉林师范大学秦艳编写，第6章6.1节由哈尔滨学院王樱凝编写，第6章6.2节由广州大学肖恩宗、邓红梅编写，第8章由黑龙江科技大学李立欣、天津理工大学岳俊杰、哈尔滨石油学院彭殿宝、广西生态工程职业技术学院曹雯雯编写。广州大学李淑更、天津理工大学秦松岩在此书编写过程中给予了大力支持，在此一并表示感谢。全书由李立欣和杨莉莎统稿。

本书的编写和出版得到了黑龙江省研究生课程思政课程高质量建设项目“污水微生物处理技术”（HLJYJSZLTSGC-KCSZKC-2022-019）和黑龙江省教育厅高等教育教学改革一般研究项目（SJGY20210776）的资助。

本书编写过程中，编者参考、借鉴了其他《环境化学》教材以及相关著作和文献，在此向各位作者表示衷心的感谢。由于时间仓促，编者水平有限，书中不妥及疏漏之处在所难免，敬请专家学者、广大师生和读者在使用过程中提出宝贵意见，以使本书得以完善。

编　者

2024年4月

目　　录

第1章　绪　论
(Chapter 1 Introduction)

【内容提要及重点要求】　本章简要介绍了环境化学在环境科学中和解决环境问题上的地位和作用，环境化学的研究内容、特点和发展动向，主要环境污染物的类别和它们在环境各圈层中的迁移转化过程。了解环境问题的发展及分类；熟悉环境化学的研究内容、研究方法及研究进展；掌握环境化学的性质、任务及特点，明确学习环境化学课程的目的。

工业革命使生产力得以迅速发展，机械化生产在创造大量财富的同时，在生产过程中排出废弃物，从而造成环境污染。特别是对自然资源的不合理开发利用，造成了全球性的环境污染和生态破坏。目前，存在的主要环境问题有温室效应、臭氧层破坏、气候变化、水资源的短缺和污染、有毒化学品和固体废弃物的危害、酸雨、土地沙漠化，以及生物品种的减少等，这已对人类的生存和发展构成了威胁。

从七八百年前因人类开始用煤产生的空气污染，发展到21世纪各方面的全球环境问题，无不与化学科学密切相关。所以，如何阐明这些危害人类的环境问题的化学机制，并为解决这些问题提供科学依据，已成为环保科学工作者的一个重要职责。环境科学与化学交叉形成的环境化学学科在这方面负有特殊的使命。掌握环境化学的基本原理、研究方法与手段，并运用这些基本原理探究污染规律、解释污染现象、提出改善污染方法的技能，是一个化学和环境学科领域工作者应该具备的基本素质，也是环境保护工作者从事环境科学领域前沿研究的基础。

1.1　环境和环境问题
(Environment and environment problem)

1.1.1　地球环境
(Earth environment)

对某一生物体而言，环境原是与遗传相对的名称，指的是那些影响该主体生存、发展和演化的外来原因和后天因素。因此，将围绕着某一生命主体的外部世界称为环境。例如相对于人这一主体而言的外部世界，就是人类的生存环境。广而言之，人类生存环境指的是围绕着人群的充满各种生命和无生命物质的空间，是人类赖以生存并直接或间接影响人类生产以外的自然世界中的一切事物。目前环境科学所研究的环境范围局限于包括自然环境在内的地球环境系统。地球环境是人类活动的最基本范围，人和环境的交互作用也主要发生在这一范围之内。

作为太阳系中八大行星之一的地球是目前唯一已知的可适合人类和各种生物生息繁衍的星球。其半径约为 6 371 km，质量约为 5.977×10^{24} kg，其中所构成物质皆由 92 种化学元素组成。地球环境在地球所占的空间范围包括地球大气层(主要是对流层和平流层下部)、水圈、岩石圈(也可包含土壤圈)及生物圈中的元素，地球各圈层的质量见表 1.1。

表 1.1　地球各圈层的质量

圈名	估计质量/($\times10^{20}$kg)	圈名	估计质量/($\times10^{20}$kg)
1. 大气层		3. 岩石圈	
对流层的质量(至 11 km 处)	40	沉积岩	32 000
总质量	52	变质岩	76 200
2. 水圈		岩浆岩	189 300
河、湖泊	2	4. 土壤圈	16
地下水	81	5. 生物圈	0.018(干物质)
两极冰帽、冰山、冰河	278		
海洋	13 480		

化学物质作为环境化学主要研究对象几乎遍布整个地球环境，所以也可以将地球环境全体看成一个“化学圈”，各种化学物质在其中进行着不间断的物质循环。

1.1.2　环境要素和太阳辐射
(Environmental factors and solar radiation)

环境要素包括水、大气、岩石、土壤、生物、地磁、太阳辐射等。这些要素是组成环境的结构单元，即由此组成环境系统或环境整体。在这些要素间存在着互相影响和互相作用的基本关系，而地球环境也正是通过这些要素来显示出它对环境主体的各种功能，显示出它对进入环境的各种污染物的影响，以推动它们发生迁移和转化。

太阳是太阳系的中心天体，其半径约为 70 万 km，平均密度为 1.4 $g\cdot cm^{-3}$。太阳是一个炽热的气球体，中心温度约为 1.5×10^{7} K，表面温度约为 6 000 K，距地球约 1.496 亿 km，是地球上光和热的主要来源。太阳上最丰富的元素是氢和氦，它们分别约占 78.4% 和 19.8%(质量分数)，此外还含有碳、氮、氧和各种金属元素。太阳中通过核聚变反应后产生光辐射能($h\nu$)，氦核的质量约比 4 个氢核的质量之和少 0.7%，这一质量亏损即转化为辐射能(太阳光能)。在太阳中每秒约有 5.96 亿 t 氢通过以上反应转化为氦，由此产生的累计辐射度为 7.22×10^{7} $W\cdot m^{-2}$，而地球的外层大气在日平均距离处每单位时间(s)、每单位面积内从准直方向接收到的太阳能平均值为 1 360 $W\cdot m^{-2}$(此值被称为太阳能常数)。太阳能发射光谱中约有 99% 的能量包含在 0.15～4 μm 的波长范围内。从地球看太阳犹如盘子般大，而从太阳看地球则像从运动场上百米跑道一端看另一端地面上的一枚硬币那么大，能达到地球的太阳能仅是太阳总能量的25亿分之一，但这仍相当于太阳每年向地球提供 90×10^{12} t 优质煤。按热力学第二定律，若无外界能量输入，则作为封闭体系的地球上的一切事物将随时间的推延而变成无序性，地球上的一切将变得毫无生气。而正是由于太阳辐射不断地向地球输入能量，才不至于发生这种情况。

到达地球的太阳总能量的约19%被大气层中臭氧、水汽、二氧化碳所吸收；约34%被地面反射折回空间而被云层吸收；约47%的辐射能到达地球表面后为地表吸收，而其中约半数又消耗在地球表面用于水蒸发；能用于发生光合作用的太阳辐射能仅占总能量的约0.1%。用于蒸发水分的太阳能又以动能和势能的形式重现。地表水经蒸发化为雨雪，再流入河海是太阳能转化为动能的表现。由于纬度不同的地面受太阳光直射或斜射的情况不同，各地区吸收辐射的程度有所差异。这种地区间的不平衡又可通过风流和水流来抵消，以使太阳能的吸收在全球范围内达到平衡，从而使地球平均温度大致恒定。

1.1.3 环境问题 (Environment problem)

环境问题是指由环境受到破坏所引起的后果，或是引起环境破坏的原因。大多数环境问题是因果兼而有之的问题。例如，温室效应既是由环境破坏产生的后果，而其本身又是引起环境进一步破坏的原因。

20世纪30～70年代发生的最著名的"世界八大公害事件"中，有五个公害事件是由污染气体和浮尘引起的，另外三个公害事件是由污染而引起了食物中毒。"世界八大公害事件"如下。

(1)比利时马斯(Meuse)河谷烟雾事件：发生在1930年12月，重工业排放的 SO_2 使数千人中毒，60余人死亡。

(2)美国洛杉矶光化学烟雾事件：发生在1943年5～10月，造成400余人死亡。

(3)多诺拉烟雾事件：1948年10月26～31日，美国宾夕法尼亚州多诺拉镇冶炼厂排放的 SO_2 和烟尘，使5 911人发病，17人死亡。

(4)伦敦烟雾事件：发生在1952年12月5～8日，四天内中毒死亡4 000多人。

(5)四日市哮喘事件：1955年以来日本四日市石油提炼和工业燃油产生的废气严重污染城市大气，哮喘病患者达817人，死亡36人。

(6)痛痛病事件：1955—1972年日本富山县内的锌、铅冶炼厂等排放的含镉废水污染神通川水体，两岸居民利用河水灌溉农田，使稻米含镉，居民食用含镉米和饮用含镉水而中毒，患者超过280人，死亡数十人。

(7)水俣事件：1953—1956年，日本熊本县水俣市，居民食用含有甲基汞的鱼，导致水俣湾和新县阿贺野川下游有机汞中毒者283人，其中60人死亡。

(8)米糠油事件：1968年3月，日本北九州市爱知县一带生产米糠油时，混入多氯联苯，造成13 000人中毒，死亡16人。

20世纪70年代以来发生的许多公害事件的严重程度已远超过了"世界八大公害事件"。近年来，全世界平均每年发生200余起比较严重的公害事件。世界瞩目的有下面7起。

(1)意大利塞维索化学污染事故。1976年7月10日意大利北部塞维索地区的一家农药厂爆炸,导致剧毒化学品二噁英的污染,使许多人中毒,附近居民被迫迁走,几年内当地畸形儿的出生率大为增加。

(2)美国三英里岛核电站泄漏事故。这次事故发生在1979年3月28日,直接经济损失达10多亿美元。

(3)墨西哥的液化气爆炸事故。1984年11月19日,墨西哥国家石油公司所属的液化气供应中心发生爆炸,死亡1 000多人,伤400多人,3万多人无家可归。

(4)印度博帕尔农药泄漏事故。1984年12月3日,美国联合碳化物公司设在博帕尔市的农药厂的剧毒化学品异氰酸甲酯罐爆裂外泄,受害人数20万,死亡2 000人以上。

(5)苏联切尔诺贝利核电站泄漏事故。1986年4月26日位于基辅地区的切尔诺贝利核电站四号反应堆爆炸,造成重大放射性污染,周围10多万居民被疏散,伤数百人,死亡31人。

(6)莱茵河污染事故。1986年11月1日,瑞士巴塞赞德兹化学公司的仓库起火,使大量有毒化学品随灭火用水流进莱茵河,这是西欧10年来最大的污染事故。

(7)海湾战争造成的环境污染。1990年底爆发的海湾战争历时42 d,其间油井大火昼夜燃烧,是迄今历史上最大的石油火灾及海洋石油污染事故,也是人类历史上最严重的一次环境污染,其污染程度超过切尔诺贝利核电站发生的核泄漏事故。这次战争所造成的环境污染是灾难性的,已给世界带来了影响。

1.1.4 环境问题的认识过程 (Cognitive process of environment problem)

20世纪60年代,人们把环境问题只当成一个污染问题,没有把环境问题与自然生态、社会因素联系起来,低估了环境污染的危害性和复杂性,未能追根寻源。

1972年,联合国在瑞典斯德哥尔摩召开了人类环境会议,第一次把环境问题与社会因素联系起来。这次会议是人们认识环境问题的一个里程碑,但是,它没有从战略高度上指出防治环境问题的根本途径,没有明确环境问题的责任,没有强调需要全球的共同行动。

20世纪80年代,人们对环境的认识有了新的突破性发展,提出了可持续发展的战略,指明了解决环境问题的根本途径。

1992年,联合国在巴西里约热内卢召开了联合国环境与发展会议,有183个国家代表团和70个国际组织的代表出席,并有102位国家元首或政府首脑到场,大会高举可持续发展的旗帜,通过了《里约环境与发展宣言》《21世纪议程》等重要文件。这是20世纪人类社会的又一重大转折点,树立了人类环境与发展关系史上新的里程碑。

1.2 环境化学的定义、内容和研究方法
(Define, content and research methods of environmental chemistry)

环境化学能独树一帜，成为环境科学领域中的一门重要分支学科大约始于20世纪70年代初。在此之前，大气化学、土壤化学、海洋化学、生物化学等早已有了长足的发展，它们也都是以环境中的化学现象为其主要研究内容。这些学科似乎都可归在环境化学范畴之内，但实际上这些学科的研究对象主要在于资源利用而不在于环境。而环境化学则主要着重于研究在资源利用过程中产生危及环境质量的诸多化学污染物的化学行为。由此看来，两方面所涉及的学科范围是不同的，但在它们之间有着密切的联系。

有关环境化学的研究工作大多由非化学专业人员进行，他们是对生物学、生态学、湖泊学等进行研究的专业人员。生物学家首先发现和研究了施用农药后产生的种种不良的生态效果；卫生工程技术人员发现和研究了污水处理工厂曝气池壁覆盖的厚层泡沫；湖泊研究专家最早发现正常湖水突然萌生大量蓝绿藻并发生恶臭的现象；等等。由此看来，环境化学和环境生态、工程技术等方面也有密切的联系。

目前，对环境化学进行确切定义并明确划定其研究范围还很困难。一般可将其定义为一门研究有害化学物质在环境介质中的存在、化学特性、行为和效应及其控制的化学原理和方法的科学。从实用观点来看，环境化学的主要任务是研究环境质量、变化规律和改善环境质量的技术等方面的有关化学问题。由此，可将环境化学的研究内容归纳为三个方面：环境分析化学、各圈层的环境污染化学、污染控制化学。在其研究领域中有时还涉及化学污染物对生物体产生毒性的化学原理。以上几个方面内容是相互联系而又互相沟通的。简而言之，环境化学是研究化学物质，特别是危及环境质量的化学污染物在环境中所发生各种化学反应的科学。环境化学是一门综合性很强的学科，它与众多的其他学科相邻、相关、相沟通。实际上，环境系统是一个有机整体，不是哪一门学科能够包容环境全体和单独地解决问题的，包括环境化学在内的有关环境的研究课题都需要各门基础自然学科的合作和密切配合才能完成。

另外，为了便于研究，通常将宏大的地球环境整体分为大气、水、土壤、生物四个圈层来研究它们各自的环境性质，同时又将这四个圈层的问题分解为若干个环境化学专题，逐一进行研究。如大气环境化学专题有温室效应、臭氧层破坏、酸雨、光化学烟雾、居室空气污染等；水环境化学专题有水体富营养化、好氧有机物生物降解、污染物形态分析、无机污染物的迁移转化等；土壤环境化学专题有农药和重金属对生态系统的破坏等；生物环境化学专题有污染物的生物迁移、转化和生物毒理等。

环境化学与许多理论性和实用性的化学学科及环境学科的其他分支科学有密切的联系。大多数环境化学的研究工作还是沿用那些老学科的研究方法，但应指出，环境化学还有如下与其研究对象特性相关联的独特的研究方法。环境化学的研究方法一般可以概括为以下四类：①现场实测。在所研究区域直接布点采样、采集数据，了解污染物时空分布，同步检测污染物变化规律，有地面监测、航测数据支持等。②实验室研究。包括环境物质分析、基础研究、环境物质基础物理化学性质测定等。③实验室模拟系统研究。由于体系

组成的复杂性,所发生的多种过程交互重叠,所以在研究问题时经常要用简化手段,以单体系、单组分、单过程作为研究问题的起点,尽可能地把影响环境质量的主要因素和次要因素分开,以便找出最本质的东西。在此基础上,进一步考虑环境整体性和相关性,使所得最后结果能与实际情况一致。实验室模拟系统研究是指试图把自然环境的某个局部置于可以控制、调节和模拟的系统内,对化学物质在诸多因子影响下的环境行为进行研究。在大气环境化学研究中,实验室模拟系统通常是“烟雾箱”。在水、土壤环境化学研究中,实验室模拟系统通常是所谓的微生态系统,也称微宇宙系统。④计算机模拟计算研究。环境体系是宏大、多元的,要对化学物质造成环境污染的现象做综合的宏观研究,还需借助于物理和数学的手段。一般是在掌握了体系的有关结构、功能和性能数据之后运用物理图像作为模型,运用数学关系式作为模式,在计算机上将化学污染物在环境中的种种宏观行为分别做出定性和定量的表述。在此基础上,再以模拟实验(实验室模拟、现场模拟、计算机模拟)来验证之前所提出的模型和模式。综上所述,在环境化学研究方法中需多方法结合,即多种学科结合、宏观和微观结合、动静结合、简繁结合、“软硬”结合等。

1.3 环境污染与环境污染物
(Environmental pollution and environmental contaminations)

1.3.1 环境污染
(Environmental pollution)

初期,人们将环境问题和环境污染联系起来。从本质上来看,大多数环境问题是由环境污染特别是化学物质的污染引起的。目前以人们的认识水平来看,环境污染是指人为因素使环境的构成或状态发生变化,环境素质下降,从而扰乱和破坏了生态系统和人们的正常生活和生产条件。环境污染的概念可以简要表述如下:

自然因素或人为因素的冲击破坏-包括自净能力在内的自然界动态平衡恢复能力=环境污染造成的危害

关于由物质(污染物)因素引起环境污染的概念如图1.1所示。

自然因素是指火山喷发、森林火灾、地震、有机物的腐烂等。以火山喷发为例,火山喷发出的气体中含有大量硫化氢、二氧化硫、三氧化硫、硫酸盐等,严重污染了当地的区域环境;从一次大规模火山喷发中喷出的气溶胶(火山灰),其影响可能波及全球。首先,大量火山灰将遮蔽日光,使太阳光(能)反射,转回到宇宙空间,从而影响了那些需要阳光的地球生物类的生长。其次,火山灰在地球表层形成一层薄膜,使地面上各处洒满了火山灰,影响了土壤生态系统。另外,空气中的火山灰易成为水滴的凝结核心,使雨云易于集结,造成某些地区降雨量“前所未有”地增多;由于地球表层进行循环的水量是大体恒定的,局部地区持久降雨,则必然造成另一些地区发生严重的干旱;有的地方大雨,有的地方大旱,这扰乱了地球表层热能分布平衡状态,造成局部地区产生热流,另一些地区则产生寒潮。从以上这些现象综合来看,会严重影响人们的正常生活,破坏农业生产,导致农产品减产。许多环境污染问题如同上述火山喷发情况一样,会对于环境的质量造成一系列的

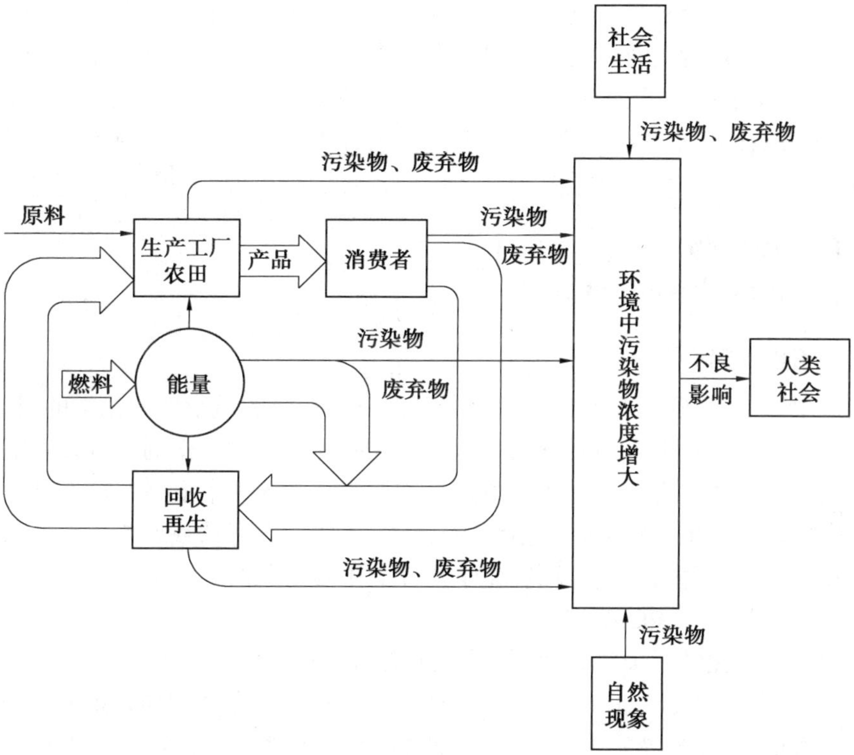

图 1.1　环境污染概念图

影响。

环境污染概念中所说的人为因素主要是指人类的生产活动,包括矿石开采和冶炼、化石燃料燃烧、人工合成新物质(如农药化学药品)等。有关这方面的问题,将在后面的章节中阐述。

近些年,在人类社会进步、生产发展和人们生活水平不断提高的同时,环境污染现象也愈加严重,如大气污染、水体污染、土壤污染、生物污染、噪声污染、农药污染和核污染等。许多人的健康受到环境污染的损害,环境污染已对人们的生活质量和经济发展造成了严重危害。在对环境污染问题有了较深刻认识并经过反省的人们逐渐认识到,作为自然一部分的人类不应该与自然对立,应该改变以自体为中心来审视客观事物的习惯。人与自然间应该和谐相处。人类一方面必须对自身的能动力和创造力有所抑制,在"自行其是"和"自我约束"之间行一条中庸之道;另一方面又必须勇敢地面对现实,积极寻求解决环境污染问题的出路。

1.3.2　环境污染物
(Environmental contaminations)

进入环境后使环境的正常组成和性质发生直接或间接有害于人类变化的物质称为环境污染物。大部分环境污染物是由人类的生产和生活活动产生的。环境污染物是环境化学研究的对象。

环境污染物按环境要素分类，有大气污染物、水体污染物和土壤污染物；按污染物的形态分类，有气体污染物、液体污染物和固体污染物；按污染物的性质分类，有化学污染物、物理污染物和生物污染物；按人类社会不同功能产生分类，有工业污染物、农业污染物、交通运输污染物和生活污染物；按化学污染物分类，可分为元素、无机物、有机化合物和烃类等九类。

1.3.3 化学污染物 (Chemical pollutants)

1. 化学污染物简介

环境发生污染，必然会影响到环境的质量。自然环境的质量包括化学的、物理的和生物学的三个方面。这三个方面质量相应地受到三种环境污染因素的影响，即化学污染物、物理污染因素和生物污染体。物理污染因素主要是一些能量性因素，如放射性、噪声、振动、热能、电磁波等。生物污染体包括细菌、病毒、水体中有毒的或反常生长的藻类。至于化学污染物，其种类繁多，它们是环境化学研究的主要对象。

(1)水体中的化学污染物。

水体中的主要化学污染物有如下几类：①有害金属，如 As、Cd、Cr、Cu、Hg、Pb、Zn 等。②有害阴离子，如 CN^-、F^-、Cl^-、Br^-、S^{2-}、SO_4^{2-} 等。③过量营养物质，如 NH_4^+、NO_2^-、NO_3^-、PO_4^{3-} 等。④有机物，如酚、醛、农药、表面活性剂、多氯联苯、脂肪酸、有机卤化物等。1978年，美国环境保护局(EPA)曾提出水体中129种应予优先考虑的污染物，其中有机污染物占114种。⑤放射性物质，如 ^{3}H、^{32}P、^{90}Sr、^{131}I、^{144}Ce、^{232}Th、^{238}U 等核素。

(2)大气中的化学污染物。

大气中的主要化学污染物来自于化石燃料的燃烧。燃烧的直接产物 CO_2 和 H_2O 是无害的。污染物产生于这样一些过程：①燃料中含硫，燃烧后产生污染气体 SO_2。②燃烧过程中，空气中的 N_2 和 O_2 通过链接式反应等复杂过程产生各种氮氧化物(以 NO_x 表示)。③燃料粉末或石油细末的散逸。④燃烧不完全，产生 CO 等中间产物。⑤燃料使用过程中加入化学添加剂，如汽油中加入铅有机物，作为内燃机气缸的抗震剂，燃烧后，铅化合物进入大气，进而污染空气。

(3)土壤中的化学污染物。

土壤中的主要化学污染物是农药、化肥、重金属等。

化学工业在最近数十年有了长足的发展，为人类文明和社会经济繁荣做出了贡献。目前已知的化学物质总数超过2 000万种，且这个数字还在不断增长，其中6万～7万种是人们日常使用的，而约7 000种是工业上大量生产的。目前为止，在环境中已经发现近10万不同种类的化合物。其中有很多对于各种生物具有一定的危害性，或是立即发生作用，或是通过长期作用而在植物、动物和人的体内引起不良影响。

2. 化学污染物的环境行为及其危害

化学污染物的环境行为十分复杂，但可归结为以下两个方面：①进入环境的化学物质通过溶解、挥发、迁移、扩散、吸附、沉降及生物摄取等多种过程，分配散布在各环境圈层

(水体、大气、生物)之中。与此同时,又与各种环境要素(主要是水、空气、光辐射、微生物和其他化学物质等)交互作用,并发生各种化学的、生物的变化过程。经历了这些过程的化学物质,就发生了形态和行为的变化。②这些化学物质在环境中所到之处,也留下了它们的印记,使环境质量发生一定程度的变化,同时引起非常错综复杂的环境生态效应。

对人体健康来说,环境污染物所引起的直接而又至关重要的危害是它们的毒性。某些化学污染物对人体或生物有明显的急性毒害作用,如三氧化二砷、氰化钾等被称为毒物;还有一些化学污染物在一定条件下才显示毒性,被称为毒剂。这些条件包括剂量、形态、进入生物体的途径和个体抗毒能力等。如一般铁的化合物是无毒的,但作为多种维生素添加剂的 $Fe_2(SO_4)_3$ 对小儿的死亡剂量为 4 ~ 10 g。Cr 是人体的必需元素,但高价的 Cr 有很强的毒性;与此情况相反,高价的 As 毒性小于低价的 As;同样是三价砷,其氧化物 As_2O_3(砒霜)是剧毒的,其硫化物 As_2S_3 却是低毒的;以蒸气形态进入人体呼吸道的汞是剧毒的,而进入人体消化道的液态汞可通过粪便很快地全部排出体外,因而是低毒或无毒的。

中国环境化学事业的铺路人——徐晓白

她建立了研究污染物化学行为的方法体系,为中国环境化学事业铺平道路,她就是中国科学院院士徐晓白。

徐晓白(1927 年 5 月—2014 年 3 月),在荧光材料、稀土二元化合物等方面做出了突出贡献。后在发展环境有机毒物的痕量分析、环境行为与生态毒理方面做了大量开拓性工作,为我国环境化学学科的发展做出了卓越贡献。在徐晓白半个多世纪的科研生涯中,她始终以国家发展需要为己任,为此,她屡转研究方向,兢兢业业,全力以赴,取得了辉煌成就。在我国最先成功研制卤磷酸钙新型日光灯荧光材料,并实现工业化应用,促进了我国照明事业的发展。直到今天,卤磷酸钙仍然在照明行业被广泛应用。

20 世纪 80 年代以后,她组织开展了环境化学方面的系列研究和多学科交叉的系统研究,开拓了我国环境有机污染物化学研究的新领域,提高了中国环境化学研究的整体水平。崇高的爱国之心,严肃认真、耐心细致、勤奋刻苦和百折不挠的精神,使她在科研道路上攻克了一个又一个难关,硕果累累。徐晓白院士因对我国环境化学学科发展的卓越贡献与在环境化学及交叉学科研究领域的创新成果,2001 年荣获何梁何利基金奖,2006 年荣获国家自然科学奖二等奖。

思考题与习题

1. 什么是环境地球?其所及空间范围包含地球的哪些部分?什么是环境要素?化学物质释入环境后,与之相遇并发生作用的最主要的环境因素有哪些?可能发生的作用又有哪些?

2. 用文字简要描述到达地球表面的太阳辐射的状况。地球表面接收到的太阳能如何能在地表和生物圈内进一步流动?

3. 由自然因素或人为因素引发的环境问题各有哪些特点?考虑到当前由人为因素引起的环境污染问题日益严重,是否应该在今后实施严格的环境控制政策?为什么?

4. 空气中乙烯含量达到 1×10^{-9}(体积分数)时,对兰花的干萼有损害作用,但对绝大多数其他生物无害,也不触发人的嗅觉,当含量达到0.1%时,对水果有催熟作用;含2.7%乙烯的混合空气有爆炸性。此外,处于天然成熟过程的水果能释放乙烯;内燃机排放气中也含乙烯。综合以上情况,是否可以判断乙烯是一种空气污染物?根据是什么?

5. CO_2 在人体中是一种正常的代谢产物。如果因控制失当使潜水艇座舱中 CO_2 体积分数达到20%,则会引起工作人员中毒身亡。试问这种“毒性”缘何而起?另外,对植物来说,是否可认为超常高浓度的臭氧是一种污染物乃至是一种毒剂?

6. 引起水体、大气、土壤污染的主要化学物质各有哪些?

7. 怎样理解我们对环境化学学科所下的定义?从实用观点看,它的主要任务和内容有哪些?其研究方法有何特点?

第2章 大气环境化学
(Chapter 2 Atmosphere environmental chemistry)

【内容提要及重点要求】 大气环境化学作为环境化学的一个重要部分,主要研究大气中污染物质的化学组成、性质、存在形式、来源、分布、迁移转化、归趋行为及其对大气环境质量的影响。本章从环境化学角度出发,介绍天然大气的结构和组成、大气主要污染物及其来源、大气中污染物的迁移转化过程等。重点阐述光化学烟雾的形成机理、酸沉降化学、气溶胶化学及臭氧层破坏等全球环境问题。其任务是为大气污染防治、改善大气环境质量提供理论依据。

包围在地球最外面的一层气体构成了大气层,其厚度从地面到高空 1 000 ~ 3 000 km,总质量约为 5.2×10^{18} kg,它是地球上一切生命赖以生存的气体环境。它提供给人们呼吸所需的氧气和植物光合作用所需的二氧化碳,一个成年人每天要呼吸 10 ~ 12 m^3空气,人几分钟不呼吸空气就有生命危险;由于它的阻挡,所有生物得以免受致命的太阳紫外辐射的伤害;它是水分循环的重要环节;它稀释各种排放的废气并通过降水过程不断净化空气环境。但是,大气中的资源是有限的,逐日增多的人类活动对大气层的不良影响已引起了人们的普遍关注。

2.1 大气的组成和结构
(Composition and structure of the atmosphere)

2.1.1 大气组分浓度表示法
(Representation of atmospheric component concentration)

与水环境相比,大气组分浓度①的表示法比较复杂。原因是:①各组分物理形态各异(有气体、蒸气、颗粒物、气溶胶等)且浓度相差悬殊,故有多种不同浓度单位;②气体组分浓度随温度、压力变化,所以在表示浓度值的同时,要附带标明温度和压力条件,有时为了使计算出的浓度有可比性,通常要用理想气体方程式换算成标准状态下的浓度;③不同国家制定的标准状态并不统一,如标准温度取值有 0 ℃、18 ℃、20 ℃或 25 ℃;而 atm、mmHg

① 本书中"浓度"和"含量"作为不同量的泛称使用,具体含义参考对应单位。

等压力单位，按照我国现行法定计量制度，已经被取消使用。

用于大气组分浓度的单位有：%（体积分数）、$mol \cdot L^{-1}$、$g \cdot L^{-1}$、$mg \cdot L^{-1}$、$\mu g \cdot m^{-3}$、个数$\cdot m^{-3}$。此外还有10^{-6}（体积分数）、10^{-9}（体积分数）和10^{-12}（体积分数），分别相应于原先常用现已废止的 ppm、ppb 和 ppt 单位。对微量组分，常用单位为10^{-6}（体积分数）或$\mu g \cdot m^{-3}$；对超微量组分，常用单位为10^{-12}（体积分数）。

另外，对于大气中颗粒物成分，应用$\mu g \cdot m^{-3}$计量单位较为方便；对于飘尘，还可用单位质量飘尘中所含某成分的质量来表示，即用$\mu g \cdot g^{-1}$或$ng \cdot g^{-1}$单位。

2.1.2 大气的主要成分 (Main components of the atmosphere)

直至几千米高空的干燥空气主要成分包括氮气 N_2(78.08%)、氧气 O_2(20.95%)、氩气 Ar(0.93%)和二氧化碳 CO_2(0.032%)，这里的百分比为体积分数；除了氩气外，还有另外几种稀有气体，即氦气 He(5.24×10^{-4})、氖气 Ne(1.81×10^{-3})、氪气 Kr(1.14×10^{-4})和氙气 Xe(8.7×10^{-6})，它们的含量相对来说也较高。上述气体占空气总量的99.9%以上。此外，大气中还包括很多痕量组分，即 H_2(5×10^{-5})、CH_4(1.3×10^{-5})、CO(1×10^{-5})、SO_2(2×10^{-7})、NH_3(1×10^{-6})、N_2O(2.5×10^{-5})、NO_2(1×10^{-7})、O_3(4×10^{-6})和稀有气体，虽然这些气体在大气中的比例小于0.005%，然而它们在大气环境化学的研究中十分重要。水蒸气在大气中的含量是一个变化的数值，其在不同的时间、不同的地点以及不同的气候条件下是不同的，一般在1%～3%范围内发生变化。大气中除了气体组分，还悬浮着大量固体和液体颗粒，如水滴、灰尘、盐粒、花粉等，它们主要来自工业烟尘、火山喷尘和海浪飞逸的盐质。海平面处干燥空气的组成及循环见表2.1。

表2.1 海平面处干燥空气的组成及循环（唐孝炎等，2006）

气体组分	体积分数/$\times10^{-6}$	近似停留时间	循环
		主要组分	
N_2	780 840	10^6 a	生物和微生物
O_2	209 460	10 a	生物和微生物
		次要组分	
Ar	9 340	—	无循环
CO_2	332	15 a	人类活动和生物活动
		微量组分	
Ne	18	—	无循环
He	5.2	10 a	物理、化学过程
CH_4	1.65	7 a	生物活动和化学过程
Kr	1.1	—	无循环
N_2O	0.33	10 a	生物活动和化学过程

续表 2.1

气体组分	体积分数/$\times 10^{-6}$	近似停留时间	循环
CO	0.05 ~ 0.2	65 d	人类活动和生物活动
H_2	0.58	10 a	生物活动和化学过程
Xe	0.09	—	无循环
SO_2	$10^5 \sim 10^4$	40 d	人类活动和生物活动
O_3	$10^2 \sim 10^1$	—	化学过程
$NO+NO_2$	$10^6 \sim 10^2$	1 d	人类活动,化学过程,闪电
NH_3	$10^4 \sim 10^3$	20 d	生物活动,化学过程,雨除

由表 2.1 可见,所有大气组分都有一个停留时间,但长短相差悬殊。按照停留时间的长短,大气组分可分为三类:恒定组分、可变组分和强可变组分。如参与外循环的一些惰性气体 Ar、Ne、Kr 、Xe 等,以及参与生物、水、岩石等循环的生物循环气体 N_2,均属于恒定组分,即在大气中不发生化学变化,停留时间很长($10^6 \sim 10^7$ a),其浓度与源分布并无太大关系,仅需 1 ~2 a,即可在全球范围内被混合均匀。可变组分在大气中的停留时间为 2 ~10 a。然而,在研究大气环境化学时,重点关注的应是那些在大气中停留时间较短,但化学性质活泼的微量成分,即强可变组分,因为这些气体可能会参与到平流层或对流层中的化学变化过程。如大气中的 H_2S、SO_2、NH_3 和 NO_2 等,其主要来自于人为源,其次是天然源。

若按照气体浓度以及化学组成,可将上述气体分为可变成分和不可变成分。可变性是指该组分具有浓度变化的倾向。组分的不变性是相对的,而可变性是绝对的。大气中某组分的储量、反应性和滞留时间皆与其可变性有关。例如,CO_2 虽然有地方性发生源,但由于它在大气中储量大,化学性质又不甚活泼,地方性发生源不会使它的浓度发生很大变化,因此将 CO_2 归入大气中不可变成分。但这样的说法不是绝对的,从时间标尺看,大气中 CO_2 浓度实际上还是因一些人为因素而逐年缓慢增长的。

2.1.3 大气层的结构 (Main components of the atmosphere)

地表大气的平均压力为 101 300 Pa,相当于每平方厘米地球表面包围着 1 034 g 的空气。地球的总表面积为 5.1×10^8 km^2,所以大气总质量约为 5.2×10^{18} kg,相当于地球质量的 1×10^{-6} 倍。大气随高度的增加而逐渐稀薄,其质量的 99.9% 集中在 50 km 以下的范围内。海拔高度大于 100 km 的大气中,大气质量仅是整个大气层质量的百万分之一。

为了更好地理解大气的有关性质,人们常常将大气划分成不同的层次。比较早的方法是将大气简单地分成低层大气(低于 50 km)和高层大气(高于 50 km)。随着科学技术的发展和对大气了解的不断深入,人们对大气的划分也更加具体和细化。按大气基本特性,如温度、成分或电荷等物理性质以及大气层在垂直方向上的运动情况等,可将大气分为若干层,且不同的特性有不同的分层方法。最常用的划分方法是按热状态特性来进行划分,即根据大气温度在垂直方向上的变化,将大气层分为对流层(troposphere)、平流层(stratosphere)、中间层(mesophere)和热层(thermosphere),如图2.1所示。

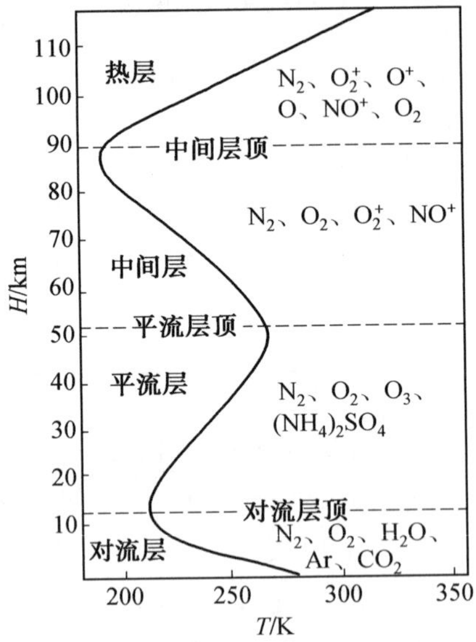

图2.1 大气温度及主要成分的垂直分布

1. 对流层(troposphere)

对流层是大气的最底层,其厚度随纬度和季节而变化:在赤道附近为16~18 km,在中纬度地区为10~12 km,两极附近为8~9 km;夏季较厚,冬季较薄。原因在于热带的对流程度比寒带要强烈。该层的主要特点表现在以下三个方面。

(1)气温随着海拔高度的增加而降低。近地面大气的平均温度约为15 ℃,对流层顶的气温约为-56 ℃。在不同地区、不同季节和不同高度,降低的数值并不相同。气温随高度的变化通常以气温垂直递减率表示,即每垂直升高100 m气温的变化值。一般来说,对流层的气温垂直递减率平均为0.6 ℃/(100 m)。

(2)垂直方向上形成强烈的对流。由于地球表面从太阳吸收了能量,然后又以红外长波辐射的形式向大气散发热量,因此使地球表面附近的空气温度升高,贴近地面的空气吸收热量后会发生膨胀而上升,上面的冷空气则会下降,故在垂直方向上形成强烈的对流,对流层也正是因此而得名。对流层空气的对流运动的强弱主要随着地理位置和季节发生变化,一般低纬度较强,高纬度较弱,夏季较强,冬季较弱。

(3)气体密度大。75%以上的大气总质量和90%的水蒸气在对流层。污染物的迁移转化过程及天气过程均发生在对流层。在对流层中,海拔高度在1~2 km以上的对流层大气,受地表活动影响较小,被称为自由大气层。自然界主要的天气过程如雨、雪、雹等的形成均出现在此层。海拔高度低于1~2 km的大气称为摩擦层或边界层,亦称低层大气。这一层受地表的机械作用和热力作用影响强烈。一般排放进入大气的污染物绝大部分会停留在这一层。由此可见,对流层和人类的关系最密切。

在对流层的顶部还有一层称为对流层顶(tropopause)。由于这一层气体的温度很低,对流层顶的极冷层就像一道屏障,水分子到达这一层后会迅速凝结成冰,从而阻止了水分

子由于密度差进入平流层。否则水分子一旦进入平流层,便会在平流层紫外线的作用下发生光解:

$$H_2O \longrightarrow H\cdot + HO\cdot$$

形成的H·会脱离大气层,从而造成大气氢的损失。因此,对流层顶层起到屏障的作用,阻挡了水分子进一步向上移动进入平流层,避免了大气氢的损失。

2. 平流层(stratosphere)

平流层是指从对流层顶到海拔高度约50 km的大气层。在平流层下部,即12~20 km范围,随海拔高度的降低,温度变化并不大,气温趋于稳定,因此,这部分大气又称同温层。在平流层下部以上,温度随海拔高度的升高而明显增加。平流层具有以下特点。

(1)空气对流运动较小,主要是由于该层上热下冷,平流运动占显著优势,这也是平流层名称的由来。因此,污染物一旦进入平流层,停留时间很长,会造成较大的全球性影响。

(2)空气比对流层稀薄得多,水汽、尘埃的含量甚微,很少出现天气现象。

(3)在高20~60 km范围厚约20 km的一层臭氧层,臭氧的空间动力学分布主要受其生成和消除的过程所控制:

$$O_2 \longrightarrow O\cdot + O\cdot$$

$$O\cdot + O_2 \longrightarrow O_3$$

$$O_3 \longrightarrow O\cdot + O_2$$

$$O_3 + O\cdot \longrightarrow 2O_2$$

上述反应式是臭氧光解的过程。虽然这个反应并不能将臭氧真正从大气中消除,但是由于这个过程吸收了大量的太阳紫外线,并将其以热量的形式释放出来,因此可使平流层的温度升高。由于高层的臭氧可以优先吸收来自太阳的紫外辐射,因而使得平流层的温度随海拔高度的增加而增加。

3. 中间层(mesosphere)

中间层是指从平流层顶到80 km高度的大气层。这一层空气变得较稀薄,同时由于臭氧层的消失,缺少高浓度的吸收太阳辐射的物质,温度随海拔高度的增加而迅速降低,在80 km处温度下降到-92 ℃。垂直温度分布与对流层相似,这一层空气的对流运动非常激烈。

4. 热层(thermosphere)

热层也称暖层,是指从80 km到约700 km的大气层。热层空气更加稀薄,大气质量仅占大气总质量的0.5%。热层主要具有以下特点。

(1)空气处于高度电离状态,故该层又称电离层。

(2)气温随高度增加而普遍上升。在80~90 km的区域,气温基本不变,随后,温度随高度增加而迅速上升。这是由于太阳所发出的紫外线绝大部分都被这一层的物质所吸收,使得大气温度随海拔高度的增加而迅速增加。

热层以上的大气层称为逃逸层(exosphere),也称散逸层。这层空气在太阳紫外线和宇宙射线的作用下,大部分分子发生电离,使质子的含量大大超过中性氢原子的含量。逃逸层中的空气极为稀薄,其密度几乎与太空密度相同,故又常称为外大气层。由于空气受地心引力极小,气体及微粒可以从这层飞出地球重力场而进入太空。逃逸层是地球大气的最外层,关于该层的上界到哪里还没有一致的看法。实际上地球大气与星际空间并没有截然的界线。逃逸层的温度随高度增加而略有增加。

我国首次获得的地面到平流层 CO_2 浓度垂直分布观测

2018 年 6 月,中国科学院大气物理研究所的刘毅研究员以及合作者,为了实现高覆盖率和高精度“碳测”目的,决定远赴内蒙古锡林浩特展开试验。这一次,他们带上了“秘密法宝”——大气所与气象探测中心合作、自主研发的长管大气成分采样系统 Aircore,它是一种被动式采样系统,可以高精度地探测从地面到高空 35 km 大气中痕量气体的垂直分布,弥补飞机探测的不足。这是 Aircore 在我国的首次“出征”。本次试验是“青藏高原平流层-对流层交换观测研究”子课题的第一个观测试验,因此首次 Aircore 成功观测对于后续平流层观测试验具有重要的意义。经过两天的连续采集,他们成功获取了从地面至 24 km 的 CO_2 和 CO 及其他气体的垂直分布信息,这次试验结果已经整理发表在 *Advances in Atmospheric Sciences* 上。

探测,从来就不是一件容易的事情。即使随着科技发展,我们有了更先进的技术手段——卫星、雷达,但是也需要这样到天上“走一遭”的实实在在的观测数据,才能使卫星、雷达提供的数据更准确。当然,这次试验的成功只是新的开始。在对流层-平流层交换区,一项旨在同时测量西藏地区更多气体种类(如 CH_4、N_2O 和 O_3)的 Aircore 试验也正在进行。而这些气体之间的相互关系的研究将有助于发现有关气团输运属性的更多细节。

2.1.4 大气组分的源、汇和循环 (The sources, sinks of atmospheric composition and the atmosphere cycle)

从理论上讲,大气中恒定组分气体的浓度应保持不变。然而,考虑到整个大气系统始终处于动态发展之中,各种组分可以通过大气层与其他圈层之间进行物理、化学或生物化学过程,并且不断进行物质交换或转化,从而形成了气体的“循环”。在这个循环中,气体的产生过程被称为气体的“源”,包括大气中的化学反应、生物活动、火山喷发以及人类活动等,如大气中的水蒸气主要来自海水的蒸发,少量来自江、河、湖泊水的蒸发及生物圈、土壤、植物的蒸腾作用。而去除或转化气体的过程被称为气体的“汇”,如化学过程和生物活动、物理过程等。大气中的水蒸气又可以遇冷凝结成雨、雪等降水回到地表,这就构成了大气中水的循环。因蒸腾作用在不断地进行,而降水是间歇性的,故造成了大气中水蒸气的浓度因地而异。

大气中含有丰富的氮,但不能被植物直接利用。固氮菌、蓝绿藻、雷电作用可将大气中的氮转化成硝酸盐,植物从土壤中吸收硝酸盐和铵盐,并在体内转化成各种氨基酸,然后再合成各种蛋白质。动物通过食用植物而获取氮,蛋白质进入食物链。动植物死亡后,其中的蛋白质被生物分解成铵盐返回土壤,一部分被植物直接吸收;另一部分被细菌逐渐转化为亚硝酸盐和硝酸盐，既可被植物吸收，也可被细菌的脱氮作用转化成 N_2O，或通过反硝化作用产生 N_2。而亚硝酸盐也可通过化学去氮作用转化成 N_2 或 NO；土壤中的铵盐也可转化成 NH_3 并进入大气。由此可见，氮是通过无机、有机及微生物作用进行循环的。大气中氧等其他组分也都有各自的循环。

2.2 大气中的主要污染物及其来源
(Atmospheric pollutants and their sources)

人类活动（包括生产活动和生活活动）及自然界都不断地向大气排放各种各样的物质，这些物质在大气中会存在一定的时间。当大气中某种物质的含量超过了正常水平而对人类和生态环境产生不良影响时，就构成了大气污染。环境中的大气污染物种类很多，若按物理状态可分为气态污染物和颗粒物（气溶胶污染物）两大类。根据《环境影响评价技术导则 大气环境》（HJ 2.2—2008）规定，粒径小于 15 μm 的污染物也可划为气态污染物，所以从理论上来说，PM_{10} 和 $PM_{2.5}$ 都属于气态污染物。若按形成过程则可分为一次污染物和二次污染物。一次污染物是指直接从污染源排放的污染物质，如 CO、NO、SO_2、N_2O 等；而二次污染物是指由一次污染物经化学反应形成的污染物质，如 NO_2、SO_3、硫酸盐颗粒物以及光化学氧化剂等。此外，大气污染物按照化学组成还可以分为含硫化合物、含氮化合物、含碳化合物、含卤素化合物、光化学氧化剂、颗粒物等。下面简单介绍大气中的主要污染物及其来源。

2.2.1 大气污染物的来源
(Sources of atmospheric pollutants)

1. 人为源

人类的生产和生活活动是大气污染物的重要来源。通常所说的大气污染源一般是指由人类活动向大气输送污染物的发生源即人为源，包括以下几类，其产生的污染物的比例见表 2.2。

表 2.2 各人为源产生的污染物的比例 %

污染物来源	烟尘	硫氧化物	NO_x	CO	HC
锅炉及窑炉的燃料燃烧	42	73.4	43.2	2	2.4
交通运输（内燃机）	5.5	1.3	49.2	68	60
工业生产过程	34.8	23	1.3	11.3	12
固体废弃物焚烧	4.5	0.3	5.1	8.1	5.2
其他	13.2	2	3.2	10.2	20.5

（1）燃料燃烧。

世界能源的主要来源是煤、石油、天然气等燃料。燃料的燃烧过程是向大气输送污染物的重要发生源。例如,煤的主要成分是碳、氢、氧及少量硫、氮等元素,此外还含有金属硫化物或硫酸盐等微量组分,煤燃烧时除产生大量尘埃外,还会产生一氧化碳、二氧化碳、硫氧化物(SO_2及少量SO_3)、氮氧化物(NO_x)、烃类有机物等有害物质。燃煤排放的SO_2占人为源的70%,NO_2和CO_2约占50%,粉尘则占人为源排放总量的40%左右。可见,由燃煤排放到大气的污染物数量是相当可观的。另外,交通工具运行中所排放废气对城市大气的污染也是很严重的,汽车尾气排放已成为城市大气污染的主要来源,其废气中含有一氧化碳、氮氧化物、碳氢化合物、含氧有机物、硫氧化合物和含铅化合物等多种有害物质。

(2)工业排放。

工业生产过程中排放到大气中的污染物种类多、数量大,其组成与企业性质有关。例如,有色金属冶炼主要排放二氧化硫、氮氧化物以及重金属等;石油工业则主要排放硫化氢和各种碳氢化合物。

(3)固体废弃物焚烧。

固体废弃物的处理方法有焚烧法、填埋法等。焚烧法是处理可燃性有机固体废弃物的一种有效方法。目前,焚烧法主要用于城市垃圾的处理。在固体废弃物焚烧过程中,有害成分(如二噁英等)排入大气,会造成大气污染。

(4)农业排放。

农业生产中施用的农药及化肥在某种程度上也会造成大气污染。例如,施入土壤的氮肥,经一系列的变化过程会产生氮氧化物释放到大气中。其中N_2O不易溶于水,化学活性差,可传输到平流层,与臭氧作用,使臭氧层遭到破坏。N_2O也是重要的温室气体。化肥给环境带来的不利影响正逐渐被人们所认识。农药对大气的污染主要是在农药喷洒过程中,一部分农药以气溶胶的形式散逸到大气中,残留在作物上或黏附在作物表面的也可挥发到大气中。

2. 天然源

大气污染物的天然源主要有自然尘(风沙、土壤粒子等),森林、草原火灾(排放CO、CO_2、SO_2、NO_x、HC),火山活动(排放SO_2、硫酸盐等颗粒物),森林排放(主要为萜烯类碳氢化合物),海浪飞沫(主要为硫酸盐与亚硫酸盐)。与人为源相比,天然源所排放的大气污染物种类少、浓度低,但从全球角度看,天然源是重要的,在某些情况下甚至比人为源危害更严重。

2.2.2 大气污染物的汇机制 (Sink mechanism of atmospheric pollutants)

对于大气中的污染物而言,它们的"汇"大致分为以下三种过程:干沉降、湿沉降及化学反应去除。

1. 干沉降(dry deposition)

大气中的物质通过重力沉降以及与植物、建筑物或地面(土壤)相碰撞而被捕获(被表面吸附或吸收)的过程,统称为干沉降。重力沉降仅对直径大于10 μm的颗粒物有效;

与植物相碰撞可能是过小的粒子在近地面处较有效的去除过程。干沉降对气态污染物也是很重要的一种去除途径。

2. 湿沉降(wet deposition)

大气中的物质通过降水而落到地面的过程称为湿沉降。湿沉降对气体或颗粒物都是最有效的大气净化机制。湿沉降可分为雨除(rainout)和冲刷(washout),将在后面章节做具体介绍。

3. 化学反应去除(chemical reaction removal)

污染物在大气中通过化学反应生成其他气体或粒子而使原污染物在大气中消失的过程,称为化学反应去除。对于某些气体污染物(如 SO_2),此过程是重要的汇机制,不过这种机制也可能产生新的污染物,因而又有新污染物的去除问题。

上述三种去除过程存在着一定的联系,如排放到大气中的二氧化硫,经过一系列化学反应可转化成硫酸及硫酸盐气溶胶,其中一部分由干沉降去除,而大部分则通过湿沉降去除。除上述三种去除过程外,污染物也可向平流层输送,从而消除或减少某些污染气体。一些气体污染物的汇见表2.3。

表2.3 一些气体污染的汇

气体	汇
二氧化硫(SO_2)	降水清除:雨除、冲刷
	气相或液相氧化成硫酸盐
	土壤:微生物降解、物理和化学反应、吸收
	植被:表面吸收、消化摄取
硫化氢(H_2S)	氧化为二氧化硫
臭氧(O_3)	在植被、土壤、雪和海洋表面上的化学反应
氮氧化物(NO_x)	土壤:化学反应
	植被:吸收、消化摄取
一氧化碳(CO)	平流层:与羟基自由基反应
	土壤:微生物活动
二氧化碳(CO_2)	植被:光合作用、吸收
	海洋:吸收
甲烷(CH_4)	土壤:微生物活动
	植被:化学反应、细菌活动
	对流层及平流层:化学反应
碳氢化合物(HC)	向颗粒物转化
	土壤:微生物活动
	植被:吸收、消化摄取

2.2.3 大气中的主要污染物 (Major pollutants in the atmosphere)

1. 含硫化合物

大气中的含硫化合物主要包括:氧硫化碳(COS)、二硫化碳(CS_2)、二甲基硫[$(CH_3)_2S$]、硫化氢(H_2S)、二氧化硫(SO_2)、三氧化硫(SO_3)、硫酸(H_2SO_4)、亚硫酸盐(MSO_3)和硫酸盐(MSO_4)等。

(1)二氧化硫(SO_2)。

①SO_2的危害。

SO_2是无色、有刺激性气味的气体。尽管大气中低浓度的SO_2对大部分人不会产生剧烈毒性,但也会对人体健康产生影响。大气中的SO_2对人体的呼吸道危害很大,它能刺激呼吸道并增加呼吸阻力,尤其是对那些患有呼吸系统脆弱和过敏哮喘症的人,可造成他们呼吸困难,SO_2体积分数达到500×10^{-6}就会致人死亡。

SO_2对植物也有危害。高含量的SO_2会损伤叶组织(叶坏死),严重损伤叶边缘和叶脉之间的叶面。植物长期与SO_2接触会造成缺绿病或黄萎。SO_2对植物的损伤随湿度的增加而增加。当植物的气孔打开时,SO_2最易给植物造成损伤。由于大多数植物都是在白天张开气孔,所以SO_2对植物的损伤在白天比较严重。

SO_2污染的另一个影响是腐蚀建筑材料,造成很大的经济损失。石灰石、大理石和白云石是钙、镁的碳酸盐矿物,都会受大气SO_2的侵蚀,影响建筑的外观、建筑结构的完整性和建筑的寿命。

SO_2在大气中(特别是在污染的大气中)易被氧化形成SO_3,然后与水分子结合形成硫酸分子,经过均相或非均相成核作用,形成硫酸气溶胶,并同时发生化学反应生成硫酸盐。硫酸和硫酸盐可以形成硫酸烟雾和酸性降水,危害很大。实际上,SO_2成为重要的大气污染物的原因就在于它参与了硫酸烟雾和酸雨的形成。

② SO_2的来源与消除。

大气中的含硫化合物的来源、反应和归趋存在很多不确定性。就全球范围来说,由人为源和天然源排放到自然界的含硫化合物的数量是相当的,但就大城市及其周围地区来说,大气中的SO_2主要来源于含硫燃料的燃烧。由于煤和石油最初都是由有机质转化形成的,而有机生命体的组织和结构中是含有元素硫的,因此,在这种转化过程中元素硫也被结合进入矿物燃料中。硫在燃料中可以有机硫化物或无机硫化物(如FeS_2)的形式存在,其含量大约各占一半。在燃烧过程中,燃料中的硫几乎能够全部转化形成SO_2。通常我国煤的含硫量为0.5%~3.0%,我国石油的含硫量为1%以下。全世界每年由人为源排入大气的SO_2约有146×10^6 t,其中约有60%来自煤的燃烧,30%左右来自石油燃烧和炼制过程。大气中的SO_2约有50%会转化形成硫酸或硫酸根,另外50%可以通过干、湿沉降从大气中消除。

硫循环中最大的不确定性来自非人为源的硫,主要是火山喷发产生的SO_2和H_2S,以及有机质生物腐烂和硫酸盐还原过程产生的$(CH_3)_2S$和H_2S。目前认为大气中的硫释放的最大单一天然源是来自海洋生物的$(CH_3)_2S$。进入大气的H_2S通过以下过程迅速转化为SO_2：

$$H_2S+\frac{3}{2}O_2 \longrightarrow SO_2+H_2O$$

起始反应是HO·的夺氢反应：

$$H_2S+HO\cdot \longrightarrow HS\cdot +H_2O$$

接着发生以下两个反应生成SO_2：

$$HS\cdot +O_2 \longrightarrow SO\cdot +HO$$

$$SO\cdot +O_2 \longrightarrow SO_2+O\cdot$$

人为产生的SO_2的主要来源是煤的燃烧，所以必须付出很大的代价去除煤中的硫，使SO_2的排放量达到可接受的水平。煤中一半的硫以黄铁矿的形式存在，另一半是有机硫。黄铁矿通过以下反应燃烧产生SO_2：

$$4FeS_2+11O_2 \longrightarrow 2Fe_2O_3+8SO_2$$

所有的硫基本上都转化为SO_2，只有1%～2%的硫转化为SO_3。

(2)低价硫化合物。

许多天然源都可以向环境中排放含硫化合物，如火山喷发、海浪和生物活动等。火山喷发的含硫化合物大部分以SO_2的形式存在，少量会以H_2S和$(CH_3)_2S$的形式存在。海浪带出的含硫化合物主要是硫酸盐。而生物活动产生的含硫化合物主要以H_2S和$(CH_3)_2S$的形式存在，少量以CS_2、CH_3SSCH_3(二甲基二硫)及CH_3SH(甲硫醇)形式存在。天然源排放的硫主要是以低价态存在，主要包括H_2S、$(CH_3)_2S$、COS和CS_2，而CH_3SSCH_3和CH_3SH次之。

人为源造成的硫化氢污染不像二氧化硫污染那么广泛，但也发生过几起因硫化氢释放而导致的特别严重的事故，对人类健康造成伤害甚至导致死亡事件。

当硫化氢远远超过周围环境的浓度时，会损伤未发育成熟的植物组织，这种类型的植物损伤很容易与由其他植物毒素造成的损伤区别。更加敏感的植物长期暴露在3×10^{-6}硫化氢的环境中会导致死亡，而其他植物则会表现出生长迟缓、叶片损伤和脱落。

硫化氢污染对某些材料造成损坏时，其损失是巨大的。油画上的含铅颜料接触50×10^{-9}的硫化氢几个小时就会变黑。当除去硫化氢污染源时，含铅颜料和硫化氢最初反应生成的硫化铅最终可能被大气中的氧气氧化成白色的硫酸铅，这在一定程度上能逆转其所造成的损坏。

大气中H_2S主要的去除反应为

$$HO\cdot +H_2S \longrightarrow H_2O+SH\cdot$$

大气中H_2S的本底值一般为$(0.2\sim20)\times10^{-9}$(体积分数)，停留时间为1～4 d。

大气中的含硫化合物的迁移途径有干、湿沉降，以及土壤和植物的扩散吸收等，其中湿沉降的作用较为显著，能够去除大气中90%的SO_4^{2-}。

2. 含氮化合物

大气中存在的含量比较高的氮的氧化物主要包括氧化亚氮(N_2O)、一氧化氮(NO)

和二氧化氮(NO_2)。氮氧化物以及其他活泼的无机含氮物质的大气化学行为在一些地区的大气中非常重要,如那些发生光化学烟雾、酸雨和平流层臭氧损耗的地区。

(1)N_2O 的来源、消除及危害。

N_2O 通常作为麻醉剂"笑气"被大家熟知,它在清洁大气(未被污染的大气)中的浓度约为 0.3×10^{-6},但仍是低层大气中含量最高的含氮化合物,主要来自于天然源,即由土壤中硝酸盐(NO_3^-)经细菌的脱氮作用而产生:

$$NO_3^-+2H_2+H^+ \longrightarrow \frac{1}{2}N_2O+\frac{5}{2}H_2O$$

N_2O 的人为源主要是燃料燃烧和含氮化肥的施用。N_2O 的化学活性差,在低层大气中被认为是非污染性气体,但它能吸收地面辐射,是主要的温室气体之一。N_2O 难溶于水,寿命又长,可传输到平流层,发生光解作用,以及与单原子氧反应。该过程可形成催化循环反应,最终导致 O_3 的不断损耗,而 N_2O 犹如催化剂的作用,其本身不被破坏。由于在低层大气中 N_2O 非常稳定,是停留时间最长的氮的氧化物,一般认为其没有明显的污染效应,对低层大气中重要的化学反应没有太大的影响。

(2)NO_x 的来源、消除及危害。

无色无味的 NO(nitric oxide)和有刺激性气味的红棕色 NO_2(nitrogen dioxide)是大气中主要的含氮污染物,在大气污染中非常重要。这些气体用通式 NO_x 表示,它们可以通过雷电和生物过程等自然源进入大气,也可以通过人类活动等污染源进入大气。自然界的氮循环每年向大气释放 NO 约 4.30×10^8 t,约占总排放量的 90%,人类活动排放的 NO 仅占 10%。NO_2 是由 NO 氧化生成的,每年约产生 5.3×10^7 t。虽然 NO_x 人为源排放的占比不高,但重要得多,因为局部高浓度的 NO_2 会导致空气质量严重下降。

NO_x 的人为源主要是燃料的燃烧或化工生产过程。燃烧源可分为流动燃烧源和固定燃烧源。城市大气中的 NO_x(NO 和 NO_2)有 1/3 来自于固定燃烧源的排放,其中以工业窑炉和氮肥生产的排放居多。据估算,燃烧 1 t 天然气产生 6.35 kg NO_x,燃烧 1 t 石油或煤分别产生 9.1~12.3 kg 或 8~9 kg NO_x。另外的 2/3 来自汽车等流动燃烧源的排放。无论是流动燃烧源还是固定燃烧源,燃烧产生的 NO_x 主要是 NO,占 90% 以上;NO_2 的数量很少,占 0.5%~10%。

NO_x 的自然源主要来自天然过程,如由生物体腐烂形成的硝酸盐,经细菌作用产生 NO,随后缓慢氧化形成 NO_2;生物源产生的 N_2O 氧化形成 NO_x;有机体中氨基酸分解产生的 NH_3 经 HO · 氧化形成 NO_x。

一般条件下,大气中的氮和氧不能直接化合为氮的氧化物,只有在温度高于 1 200 ℃ 时,氮才能与氧结合生成 NO:

$$N_2+O_2 \longrightarrow 2NO$$

反应的速率随温度升高而加快。

NO 除由高温导致外,还有一部分来自燃料中含氮化合物的热解和氧化。如石油中的吡啶(C_5H_5N)、哌啶($C_5H_{11}N$)、喹啉(C_9H_7N)和煤中的链状、环状含氮化合物在燃烧过程中易被氧化成 NO。NO_2 是低层大气中最重要的光吸收分子,它吸收紫外线就被分解为 NO 和氧原子;由此反应可以引发一系列反应,导致光化学烟雾的形成。大气中的 NO_x 最终转化为硝酸和硝酸盐颗粒，并通过湿沉降和干沉降过程从大气中去除，其中湿沉降是最主要的消除方式。因此，大气中的光化学烟雾与酸雨之间存在密切的关系。

与 NO_2 相比，NO 的毒性相对较小，同 CO 一样，NO 也能与血红蛋白结合，降低血液的输氧效率。然而，在污染大气中，NO 的浓度远低于 CO 的浓度，因而对血红蛋白的影响很小。

在含高浓度 NO_2 环境中的急性暴露会严重损害人体健康。在 NO_2 浓度为 $(50\sim100)\times10^{-6}$ 下暴露几分钟到 1 h，会引起肺炎，要经过 6 ~ 8 周后才可以恢复。如果 NO_2 浓度为 $(150\sim200)\times10^{-6}$，会引起纤维闭塞性毛细支气管炎，若不及时治疗，暴露 3 ~ 5 周就会引起死亡。在 NO_2 浓度为 500×10^{-6} 或更高的环境中，一般 2 ~ 10 d 内就会致死。"青贮饲料病"是 NO_2 中毒特别突出的一个例子，它是由含硝酸盐的青贮饲料（用于喂家畜的湿碎玉米或高粱秸秆饲料）发酵产生的 NO_2 引起的。

（3）大气中氨（NH_3）的来源与消除。

NH_3（ammonia）是大气中含量丰富的含氮物质之一，由于自然的生物化学和化学过程，甚至在未受污染的大气中都有 NH_3 的存在。大气中的氨主要来自动物废弃物、土壤腐殖质的氨、土壤氨基肥料的损失以及工业排放，其生物来源主要是由细菌将废弃有机体中的氨基酸分解而产生的。燃煤也是 NH_3 的重要来源。NH_3 在对流层中主要转化为气溶胶铵盐；另外，NH_3 可被氧化生成 NO_3^-，而 NO_3^- 则可转变成硝酸盐。铵盐或硝酸盐均可经湿沉降和干沉降去除。

3. 含碳化合物

大气中的含碳化合物主要包括碳的氧化物（如 CO 和 CO_2）、碳氢化合物（如挥发性有机化合物）及含氧衍生物（如醛、酮、酸等）。

（1）碳的氧化物（CO 和 CO_2）。

CO 是一种毒性极强、无色、无味的气体，也是排放量最大的大气污染物之一。CO 的人为源主要是在燃料不完全燃烧时产生的，如在氧气不足时：

$$C+\frac{1}{2}O_2 \longrightarrow CO$$

$$C+CO_2 \longrightarrow 2CO$$

由于 CO 分子中碳氧以三键结合，因此 CO 氧化为 CO_2 的速率极慢。尤其在空气不足的燃烧过程中，只有少量的 CO 可氧化为 CO_2，大量的 CO 将留在烟气中；另外，在高温时 CO_2 可分解产生 CO 和原子氧，所以燃料的燃烧过程是城市大气中 CO 的主要来源。据估计，在全球范围内，CO 的人为源为 $(600\sim1\ 250)\times10^6\ t\cdot a^{-1}$，其中 80% 是由汽车排放的。虽然现在汽车都已经安装了尾气净化器，但由于汽车总数量增加，因此汽车排放的 CO 量并没有减少。家庭炉灶、工业燃煤锅炉、煤气加工等工业过程也排放大量的 CO。

就全球环境来看，CO 的天然源也很重要。这些来源主要包括：甲烷的转化、海水中 CO 的挥发、植物排放的烃类（主要是萜烯）经 HO· 氧化产生的 CO_2 植物叶绿素的光解以及森林火灾和农业废弃物焚烧等，其中以甲烷的转化最为重要。

CH_4 经 HO· 氧化可形成 CO，其反应机制为

$$CH_4+HO\cdot \longrightarrow CH_3\cdot +H_2O$$

$$CH_3\cdot +O_2 \longrightarrow HCHO+HO\cdot$$

$$HCHO+h\nu \longrightarrow CO+H_2$$

大气中的 CO 可由以下两种途径去除。

①土壤吸收。

地球表层的土壤能有效地吸收大气中的 CO。含有 120 $mg\cdot L^{-1}$ CO 的空气,用2.8 kg 土壤处理 3 h 后,其中的 CO 可被全部去除。这是由于土壤中生活的细菌能将 CO 代谢为 CO_2和 CH_4:

$$CO+\frac{1}{2}O_2 \longrightarrow CO_2$$

$$CO+3H_2 \longrightarrow CH_4+H_2O$$

在上述实验中,已从土壤中分离出能去除 CO 的 16 种真菌。不同类型的土壤对 CO 的吸收量是有一定差别的。全球通过各种土壤的吸收而被去除的 CO 数量约为 $450\times10^6\ t\cdot a^{-1}$。

②与 HO·的反应。

与自由基的反应是大气中 CO 的主要消除途径。CO 可与 HO·反应而被氧化为 CO_2:

$$CO+HO\cdot \longrightarrow CO_2+H\cdot$$

$$H\cdot +O_2+M \longrightarrow HO_2\cdot +M$$

$$CO+HO_2\cdot \longrightarrow CO_2+HO\cdot$$

在上述反应中,产生的副产物 HO_2·会重新生成 HO·,构成了自由基的链反应,其速率取决于大气中 HO·的浓度,该途径可去除大气中约 50% 的 CO。

CO 对人体的危害主要是阻碍体内氧气输送,使人体缺氧窒息。但 CO 排入空气后,由于扩散和氧化,一般在大气中不会达到引起窒息的浓度。作为大气污染物的 CO 的主要危害在于能参与光化学烟雾的形成。在光化学烟雾的形成过程中,如果存在 CO,则可以发生下面的反应:

$$CO+HO\cdot \longrightarrow CO_2+H\cdot$$

$$H\cdot +O_2+M \longrightarrow HO_2\cdot +M$$

$$NO+HO_2\cdot \longrightarrow NO_2+HO\cdot$$

因此,适量 CO 的存在可以促进 NO 向 NO_2的转化,从而促进臭氧的积累。而且,空气中存在的 CO 也可以导致臭氧的积累:

$$CO+2O_2 \longrightarrow CO_2+O_3$$

此外,CO 本身也是一种温室气体,可以导致温室效应,由 CO 的消除途径可知,与 HO·的反应是 CO 的重要消除途径。因此,大气中 CO 的增加,将导致大气中 HO·减少,这使得可与 HO·反应的物种如甲烷得以积聚。甲烷是一种温室气体,可吸收太阳光谱的红外部分。因此,CO 还可以通过消耗 HO·使甲烷积累而间接导致温室效应的发生。

CO_2是一种无毒、无味的气体,对人体没有显著的危害作用。在大气污染问题中,CO_2之所以引起人们的普遍关注,原因在于 CO_2是一种重要的温室气体,能够导致温室效应的发生,从而引发一系列的全球性的环境问题。大气中 CO_2 的来源也包括天然源和人为源两种。

CO_2 的天然源主要包括:海洋脱气,即气圈和水圈之间存在强烈的交换作用;甲烷转化,即大气中的 CH_4 在平流层与 HO · 反应,最终被氧化为 CO_2;动植物呼吸,以及腐败作用和燃烧作用。

自然界中的碳通过大气、海洋和生物圈,形成了 CO_2 与各种含碳化合物的自然循环。这种循环使大气中 CO_2 平均浓度维持在 290×10^{6}(体积分数)。但人类活动向大气排放 CO_2 的量逐年增加,同时,人类大量砍伐森林、毁灭草原,使地球表面的植被日趋减少,以致减少了整个植物界从大气中吸收 CO_2 的数量。上述两种作用叠加的结果,使得碳的正常循环被破坏,全球大气 CO_2 浓度正在急剧上升。据测定,1958 年大气中 CO_2 的环境浓度(体积分数)为 315×10^{-6},1988 年上升为 350×10^{-6},而 1998 年则达到 367×10^{-6},其增长速率惊人,年增长率由 20 世纪 60 年代的 0.8×10^{-6} 增加到 20 世纪 80 年代的 1.6×10^{-6}。

CO_2 的人为来源主要是来自于化石燃料的燃烧过程。据估计,由化石燃料燃烧排放到大气中 CO_2 的数量,19 世纪 60 年代平均约为 5.4×10^{8} t · a^{-1},20 世纪初为 41×10^{8} t · a^{-1},1970 年增加到 154×10^{8} t · a^{-1},1999 年则达到 242×10^{8} t · a^{-1}。2019 年全球化石燃料排放的 CO_2 量为 368×10^{8} t · a^{-1},2022 年全球化石燃料 CO_2 排放量达到了历史最高水平,约为 383×10^{8} t · a^{-1},到 2025 年,全球 CO_2 排放量将达到每年约 390×10^{8} t · a^{-1} 的峰值。研究表明,气候变暖与温室气体直接挂钩,自 20 世纪以来,全球 CO_2 的排放量便在逐渐增加。以全球燃烧化石燃料导致的 CO_2 为例,从 1990 年至 2019 年,其排放量增长了 62%。逐年增长的排放量导致温室气体的浓度也不断升高,在 2018 年,CO_2 的浓度便达到了 732.408 mg · m^{-3},是工业化前水平(1750 年之前)的 147%。长时间的积累提高了降低浓度的困难性,虽然近几年 CO_2 的排放量有所减少,但其浓度没有出现拐点的迹象,而是不断开创历史新高。

世界气象组织发布的《2023 年全球气候状况》报告确认,2023 年是有记录以来最暖的一年,全球近地表平均温度比工业化前(1850—1900 年)基线高出了 1.45 ℃(不确定度为± 0.12 ℃);当年 6 ~ 12 月,每个月的温度都创下了该月的最高纪录。同时,2014—2023 年也成为有记录以来最暖的十年。报告指出,全球温度的长期上升是由于大气中温室气体浓度的增加。根据观测,CO_2、CH_4 和 N_2O 这三种主要温室气体的浓度在 2022 年达到了创纪录的水平;来自特定地点的实时数据还显示,2023 年的浓度在继续上升。其中,CO_2 的浓度水平比前工业化时代高出了 50%,将热量积聚在了大气中。由于 CO_2 在大气中的寿命很长,这意味着在未来许多年里,温度将继续上升。

大气 CO_2 浓度的增加被普遍认为是全球气候变暖的主要原因。因此,具有吸收和释放双重作用的陆地植被在大气 CO_2 浓度变化中所起的作用一直是科学家十分关注的问题。最近几十年的研究表明,陆地植被的作用一方面表现为通过热带雨林地区土地利用方式的改变向大气释放 CO_2,从而加速全球温暖化的进程;另一方面,北半球的植被,尤其是温带林和北方森林通过 CO_2 施肥效应吸收大气中的 CO_2,从而减缓全球温暖化的进程。这两方面的平衡决定着全球植被,尤其是森林对大气 CO_2 浓度变化的贡献。

在热带雨林土地利用方式的改变方面,主要是原始林的大面积采伐和烧荒耕作,使热带雨林大面积减少。热带雨林约占全球森林面积植被碳量的土壤碳量的11%,一旦它们遭到破坏,森林中所含的有机质将以CO_2的形式释放到大气中。目前,全球热带雨林面积每年减少$5\times10^6 \sim 2\times10^7$ hm^2,相当于每分钟减少9.5~38 hm^2。因此,热带雨林破坏与大气CO_2浓度的关系在20世纪70年代初就引起科学家们的关注。另外,北半球冬季利用化石燃料取暖也是CO_2浓度增加的重要因素之一。南半球CO_2的浓度变化不显著的主要原因是,南半球大部分为海洋所占据,陆地仅占11%,且其主体由荒漠和无植被的冰盖(南极大陆)组成,从而使植被的作用大为减弱。

人类活动产生的CO_2的汇机制主要在于三点:①进入海洋,使海水变酸;②进入生物圈,通过植物光合作用转化为生物碳;③停留在大气层,增加大气CO_2的含量。研究表明,大气CO_2浓度的升高,对海洋和陆地的吸收影响并不大,影响最大的则是大气层本身,主要表现为对全球气候的影响。CO_2是温室气体,CO_2分子对可见光几乎完全透过,但是对红外热辐射,特别是波长在12~18 μm范围内的红外热辐射,则是一个很强的吸收体。因此,低层大气中的CO_2能够有效地吸收地面发射的长波辐射,造成温室效应,使近地面大气变暖。根据世界气象组织(WMO)估算,大气中CO_2浓度增加1倍,全球地表平均温度可能上升(3±1)℃。

(2)碳氢化合物。

碳氢化合物是大气中的重要污染物,包括烷烃、烯烃、炔烃、脂肪烃、芳香烃等。大气中的碳氢化合物以气态和气溶胶的形式存在。其中碳原子数为1~10的可挥发性有机物(VOCs)是大气中普遍存在的一类有机污染物,在常温下蒸发速率较大,易挥发。有些VOCs是无毒无害的,但有些则是有毒有害的,其危害正被人们逐渐认识。环境空气中的VOCs浓度虽然较低(一般为$\mu g \cdot m^{-3}$级),但在大气化学过程中具有极为重要的作用,影响着大气的氧化性、二次气溶胶的形成和大气辐射平衡等,例如,它们可被大气中的HO·等自由基或氧化剂所氧化,生成二次污染物,参与光化学烟雾的形成。

VOCs的天然源属于植物生态功能性排放,基本为不可控源。1995年Guenther等估算,全球植物VOCs的排放量达$1.15\times10^6 t \cdot a^{-1}$,约占全球VOCs年排放量的90%。VOCs的人为源排放量仅为天然源的百分之几,它们主要来自化学工业及相关产业、溶剂使用和交通运输等过程,此外生物质露天焚烧和农村地区秸秆燃烧也是不可忽视的重要人为排放源。虽然与天然源相比,人为源排放量较低,但由于道路机动车和各种工业活动在城市区域高度集中,因此人为排放的VOCs成为影响区域空气质量的重要污染物。

在大气污染研究中,人们常常根据烃类化合物在光化学反应过程中活性的大小,把烃类化合物区分为甲烷(methane,CH_4)和非甲烷烃(nonmethane hydrocarbon,NMHC)两类。

①甲烷(CH_4)。

CH_4是无色气体,性质稳定。它在大气中的浓度仅次于CO_2,大气中的碳氢化合物中有80%~85%是甲烷,如1968年全世界碳氢化合物的年排放量为1.858×10^9t,其中绝大多数为CH_4,约占1.600×10^9t。CH_4是一种重要的温室气体,可以吸收波长为7.7 μm的红外辐射,将辐射转化为热量,影响地表温度。CH_4是造成全球变暖的第二大人为因素,与CO_2在大气中约百年的滞留时间相比,CH_4的"寿命"要短得多,其生命周期仅有8~

11 a,但甲烷导致的增温强度是CO_2的84倍。目前甲烷以每年1%的速率增加,增加速率之快在其他温室气体中是少见的。

a. 大气中CH_4的来源。

大气中的CH_4既可由天然源产生,也可由人为源产生。全球范围内甲烷的主要排放源见表2.4。可以看出,无论是天然源,还是人为源,除了燃烧过程和原油以及天然气的泄漏之外,实际上,产生甲烷的机制都是厌氧细菌的发酵过程。该过程可发生在沼泽、泥塘、湿冻土带和水稻田底部等环境;此外,反刍动物以及蚂蚁等的呼吸过程也可产生甲烷。

表2.4 全球范围内甲烷的主要排放源

排放源	排放量/($\times10^{12}$ g · a^{-1})
天然源	
湿地	115(5~150)
白蚁	20(10~50)
海洋	10(5~50)
其他	15(10~40)
合计	160(110~210)
人为源	
化石燃料(煤、石油、天然气)	100(70~120)
反刍类家畜	85(65~100)
水田	60(20~100)
生物质燃烧	40(20~80)
废弃物填埋	40(20~70)
动物排泄物	25(20~30)
下水道处理	25(15~80)
合计	375(300~450)

注:引自政府间气候变化专门委员会(IPCC),1995

我国是一个农业大国,水稻田面积约占全球水稻田面积的1/3,因而水稻田成为我国大气中甲烷的最大排放源。研究表明,水稻田排放的甲烷数量受多种因素影响,如气温、土壤的性质和组成、耕作方式等。而且,在水稻的不同生长期,其排放甲烷的能力也不同。随着全球人口增长,水稻田面积扩大,复种指数提高,因此,水稻田CH_4减排对我国乃至全球控制温室气体排放有重要意义。

b. 大气中CH_4的消除。

甲烷在大气中主要是通过与HO·反应而被消除:

$$CH_4 + HO\cdot \longrightarrow CH_3\cdot + H_2O$$

目前,排放到大气中的CH_4大部分被HO·氧化,但仍有5×10^8 t · a^{-1}的CH_4留在大气中,从而导致大气中CH_4浓度的上升。由于大气中HO·的减少会导致CH_4浓度的增加,因此,大气中CO等消耗HO·的物质的增加,会使HO·的浓度降低,从而造成大气中

CH_4浓度的增加。据 Rasmussen 等估计,近 200 年来大气中 CH_4浓度的增加,70% 是直接排放的结果,30% 则是由大气中 HO·浓度的下降所造成的。

大气中 CH_4的另一个重要的汇则是排水良好的土壤,如占地球陆地面积 30% 的林地可直接吸收大气中的 CH_4,其中土壤湿度、孔隙状况、理化特性和枯枝落叶等会影响土壤吸收 CH_4的特性。

此外,少量的 CH_4(<15%)会扩散进入平流层,与氯原子发生反应:

$$CH_4+Cl\cdot \longrightarrow CH_3\cdot +HCl$$

该反应可间接减少对 O_3的损耗,形成的 HCl 可以通过扩散进入对流层后通过降水而被清除。

c. 大气中 CH_4的浓度分布特征。

CH_4的排放源主要分布在北半球。由于排放源的季节变化随地区不同而异,因此在北半球 CH_4浓度的季节变化也因地而异。在南半球,CH_4 大多为自然释放,其浓度主要受 HO·控制,因此它的季节变化十分有规律。同 CO_2相似,大气中 CH_4的浓度虽然有季节和若干年的周期性变化,但总体上逐年增加的趋势是十分明显的。

在自然条件下 CH_4浓度的季节变化主要受 HO·的控制。HO·可以破坏 CH_4分子,从而导致 CH_4浓度降低。一般来说, HO·在夏季增加,冬季减少。因此,在自然释放的情况下,CH_4浓度表现出夏低冬高的趋势。

②非甲烷烃(NMHC)。

NMHC 是指除了甲烷以外的所有可挥发的碳氢化合物(主要是 C2 ~ C8)。与甲烷不同,NMHC 有较大的光化学活性,是形成光化学烟雾的前体物。全球大气中非甲烷烃的来源包括煤、石油和植物等。

a. 非甲烷烃的来源。

i. 天然源。

大气中发现的来自天然源的有机化合物数量大、种类多。在天然源中,以植被最重要。对大气中的有机化合物进行统计表明,植物体向大气释放的化合物达 367 种。其他天然源则包括微尘物、森林火灾、动物排泄物及火山喷发等。

乙烯是植物散发的最简单有机化合物之一,许多植物都能产生乙烯,并释放进大气。乙烯具有双键,能够与大气中的 HO·以及其他氧化性物质反应,有很高的反应性,是大气化学过程的积极参与者。一般认为,植物散发的大多数烃类属于萜烯类化合物,是非甲烷烃中排放量最大的一类化合物,约占非甲烷烃总量的 65%。萜烯是构成香精油的一大类有机化合物。将某些植物的有关部分进行水蒸气蒸馏,就可以得到萜烯。产生萜烯的植物,大多数属于松柏科、桃金娘科及柑橘属等。树木散发的最常见的萜烯是 α-蒎烯,它是松节油的主要成分。柑橘及松叶中存在的萜二烯也已在这些植物体附近的大气中发现。异戊二烯(2-甲基-1,3-丁二烯)是一种半萜烯化合物,已在黑杨类、桉树、栎树、枫香及白云杉的散发物中检出。已知树木散发的其他萜烯还有 β-蒎烯、月桂烯、罗勒烯及 α-萜品烯。α-蒎烯、异戊二烯及苧烯(1, 8-萜二烯)的结构如图 2.2 所示。

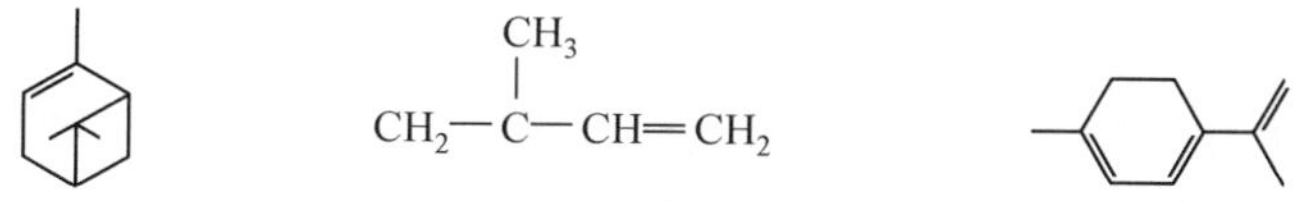

(a) α-蒎烯　(b) 异戊二烯　(c) 苧烯(1,8-萜二烯)

图 2.2　α-蒎烯、异戊二烯及苧烯(1, 8-萜二烯)的结构

从图 2.2 中可以看出,每个萜烯分子通常含有两个或两个以上双键,这一特点加上其他的结构特征,使萜烯成了大气中最活泼的化合物之一。由于萜烯类化合物主要是通过天然源产生的,因此萜烯类化合物的排放量往往与自然条件有关,例如异戊(间)二烯的排放量随温度和光强增加而增加,而 α-蒎烯则在相对湿度增加时排放量增加。

ii. 人为源。

非甲烷烃的人为源主要包括:汽油燃烧、焚烧、溶剂蒸发、石油蒸发和运输损耗、废弃物提炼等。以上来源产生的非甲烷烃的数量约占碳氢化合物人为源的 94%。

(i)汽油燃烧。汽油燃烧排放的非甲烷烃的数量约占人为源总量的 38.5%。汽油的典型成分为 CH_4、C_2H_6、C_3H_6和 C4 碳氢化合物;此外还有醛类化合物如甲醛、乙醛、丙醛和丙烯醛、苯甲醛。相比之下,不饱和烃较饱和烃的活性高,易于促进光化学反应,故它们是更重要的污染物,大多数污染源中包含的活性烃类约占 15%,而从汽车排放出来的活性烃可达 45%。在未经处理的汽车尾气中,链烷烃只占 1/3,其余皆为活性较高的烯烃和芳烃。

(ii)焚烧。焚烧过程排放的非甲烷烃的数量约占人为源的 28.3%。但是,焚烧炉排出的气体成分是可变的,取决于被焚烧物质的组成。

(iii)溶剂蒸发。溶剂蒸发排放的非甲烷烃的数量约占人为源的 11.3%。其成分由所使用的有机溶剂的种类所决定。

(iv)石油蒸发和运输损耗。石油蒸发和运输过程排放的非甲烷烃的数量约占人为源的 8.8%。其成分主要是 C3 以上的烃,如丙烷、异丁烷、烯、正丁烷,异戊烷、戊烯和正戊烷等。

(v)废弃物提炼。废弃物提炼排放的非甲烷烃的数量约占人为源的 7.1%。

b. 非甲烷烃的消除。

大气中的非甲烷烃可通过化学反应或转化生成有机气溶胶而去除。烷烃、烯烃、芳香烃、含氧有机物和含硫有机物分别可与 HO·、O_3、O、HO_2·和 NO_3 等发生一系列自由基的反应,其中最主要的化学反应是与 HO·的反应。此外,在降雨过程中,雨水可溶解和冲刷对流层大气中的挥发性有机物。

③多环芳烃(polycyclic aromatic hydrocarbons, PAHs)。

多环芳烃是分子中含有两个以上苯环的碳氢化合物,包括萘、蒽、菲、芘等 150 余种化合物,有些多环芳烃还含有氮、硫和环戊烷,是环境中广泛存在的一类持久性有机污染物。PAHs 主要来自石油、煤等化石燃料及木材、秸秆等的不完全燃烧过程,火山喷发、森林火灾也可产生 PAHs。经干、湿沉降过程,大气中的 PAHs 可进入水体、土壤和生物体,并在大气层、水圈、土壤圈及生物圈中不断进行循环。迄今已发现 200 多种 PAHs,其中相当部分 PAHs 具有致癌、致畸和致突变的“三致”效应。

4. 含卤素化合物

大气中的含卤素化合物主要是指有机的卤代烃和无机的氯化物、氟化物，其中以有机的卤代烃对环境影响最为严重。在环境和毒理学方面受到关注的有机卤化物展示出迥异的物理和化学性质。虽然对大多数有机卤化物污染关注的是人为源，但目前已知生物体可产生大量的这类化合物，特别是海洋环境中的生物体。大气中的有机卤代烃包括卤代脂肪烃和卤代芳香烃，其中高级的卤代烃，如有机氯农药 DDT、六六六和多氯联苯（PCB）等主要以气溶胶形式存在，含两个或两个以下碳原子的卤代烃主要以气态形式存在。

(1)简单的卤代烃。

大气中常见的卤代烃为甲烷的衍生物，如甲基氯（CH_3Cl）、甲基溴(CH_3Br)和甲基碘(CH_3I)。它们主要由天然过程产生，主要来自于海洋。CH_3Cl 和 CH_3Br 在对流层大气中，可以和 HO· 自由基反应，寿命分别为 1.5 a 和 1.6 a。因此，CH_3Cl 和 CH_3Br 寿命较长，可以扩散进入平流层。而 CH_3I 在对流层大气中，主要是在太阳光作用下发生光解，产生原子碘：

$$CH_3I+h\nu \longrightarrow CH_3\cdot+I\cdot$$

该反应使得 CH_3I 在大气中的寿命仅约 8 d，浓度也很低，体积分数为 10^{-9} 级。

此外，由于许多卤代烃是重要的化学溶剂，也是有机合成工业重要的原料和中间体，因此三氯甲烷($CHCl_3$)、三氯乙烷(CH_3CCl_3)、四氯化碳(CCl_4)和氯乙烯(C_2H_3Cl)等可通过生产和使用过程挥发进入大气，成为大气中常见的污染物。它们主要来自于人为源。

在对流层中，三氯甲烷和氯乙烯等可通过与 HO· 反应，转化为 HCl 然后经降水而被去除。例如：

$$CHCl_3+HO\cdot \longrightarrow \cdot CCl_3+H_2O$$

$$\cdot CCl_3+O_2 \longrightarrow COCl_2+ClO\cdot$$

$$ClO\cdot+NO \longrightarrow Cl\cdot+NO_2$$

$$ClO\cdot+HO_2\cdot \longrightarrow Cl\cdot+HO\cdot+O_2$$

$$Cl\cdot+CH_4 \longrightarrow HCl+CH_3\cdot$$

(2)氟氯烃类。

氟氯烃类(CFCs)是一种化学稳定性很高的氟氯烃，在大气中停留时间极长，是重要的大气污染物。其因可造成温室效应和臭氧层损耗，引起全球性环境问题而被广泛关注。含氯氟烃类(或称氟利昂类)化合物，包括 CFC-11、CFC-12、CFC-113、CFC-114、CFC-115 等(CFC 是 chloro、flro、carbon 的缩写，后面的数目依次代表了 CFC 中含 C、H、F 的原子数)。分子中含溴的卤代烷烃，商业名称为 Halon(哈龙)。常用的特种消防灭火剂有 Halon 1211、Halon 1301、Halon 2401 等(四位数字依次表示为 C、F、Cl、Br 的原子数，如 Halon 1211 的分子式为 CF_2ClBr)。

CFCs 主要被用作冰箱和空调的制冷剂，隔热用和家用泡沫塑料的发泡剂，电子元器件和精密零件的清洗剂等。目前，全世界每年 CFCs 的使用已超过 10^6 t。由于对 CFCs 的限制和管理，今后的排放水平会降低，但因其停留时间较长，至少到 21 世纪末，大气中的 CFCs 浓度仍会很高。自 20 世纪 30 年代生产使用 CFCs 以来，迄今已有 1.5×10^7 t CFC 排入大气。大气中的 CFCs 浓度已达 600 $\mu g \cdot m^{-3}$,每年仍以 4% ~5% 的速度在上升。研究表明:由于氯氟烃类能透过波长大于 290 nm 的辐射,故在对流层不会发生光解反应;它们与 HO · 的反应为强吸热反应,故在对流层难以被 HO · 氧化;由于氯氟烃类不溶于水,故不易被降水清除。CFCs 在对流层大气中十分稳定,寿命很长,见表 2.5。

表 2.5 大气中 CFCs 的寿命

化合物	大气中的寿命/a
CFC-11	45
CFC-12	100
CFC-113	85
CFC-115	1 700
CFC-22	1.7
CFC-123	1.3

科学家已经证实凡是被卤素全取代的氯氟烷烃具有很长的大气寿命,而在烷烃分子中尚有 H 未被完全取代的 CFCs,其寿命则短得多。目前,国际上正致力于寻找用来代替长寿命 CFCs 的物质,如用 HCFC-123 代替 CFC-11,以减少 CFCs 对大气臭氧层的破坏作用。

排入对流层的氯氟烃类化合物不易在对流层被去除,它们唯一的去除途径是扩散至平流层,在强紫外线作用下进行光解,其反应式可表示如下:

$$CCl_3F + h\nu \longrightarrow \cdot CCl_2F + \cdot Cl \tag{1}$$

$$\cdot Cl + O_3 \longrightarrow ClO \cdot + O_2 \tag{2}$$

$$ClO \cdot + O \longrightarrow \cdot Cl + O_2 \tag{3}$$

反应(2)、(3)是连锁反应,循环进行的结果是 1 个 · Cl 原子可以消耗 10 万个 O_3 分子,结果使臭氧层遭到破坏。各种 CFCs 都能在光解时释放 Cl · ,因此在大气中寿命越长的 CFCs,危害越大。

CFCs 类物质也是温室气体,尤其是 CFC-11、CFC-12,它们吸收红外线的能力比 CO_2 要强得多。CFCs 分子的主要吸收频谱在 800 ~2 000 cm^{-1} 之间,与 CO_2 的吸收频谱不相重合。每个 CFC-12 分子产生的温室效应相当于 15 000 个 CO_2 分子。1984 年,美国科学家评估 CFCs 对环境影响的报告指出,在大气中痕量气体(包括 CO_2、N_2O、CH_4、CFCs 等)造成的温室效应中,CFCs 的作用约占 20%。目前,有人估算,CFCs 对温室效应的作用已占 30%。

因此,CFCs 的浓度增加具有破坏平流层臭氧和影响对流层气候的双重效应。但也有研究表明,大气中 CO_2、N_2O、CH_4 等痕量气体浓度的增加,均能减轻全球臭氧的耗损程度,也可以抵消一部分由 CFCs 引起的平流层臭氧耗损。臭氧耗损与温室效应存在着较复杂的关系。

(3) 持久性有机污染物。

大气中的含卤素化合物除氯氟烃类外,还有其他含卤素的持久性有机污染物

(persistent organic pollutants, POPs)。POPs是指具有长期残留性、生物蓄积性、半挥发性和高毒性,能够在大气环境中长距离迁移并能沉积回地球,对人类健康和环境具有严重危害的天然或人工合成的有机污染物质。这些污染物不仅具有较高的"三致"效应,而且能够导致生物体内分泌紊乱、生殖及免疫机能失调,以及其他器官的病变等。2000年12月,200多个国家的代表在南非完成了由联合国环境规划署(UNDP)组织的控制12种典型POPs国际法律约束条约起草工作,在2001年5月于瑞典召开的部长级会议上签署,当签约国超过50个国家时该公约即开始生效执行。

POPs物质有数千种之多,它们通常是具有某些特殊化学结构的同系物或异构体。UNDP国际公约中首批控制的12种POPs为艾氏剂(aldrin)、狄氏剂(dieldrin)、异狄氏剂(endrin)、DDT、氯丹(chlordane)、六氯苯(HCB)、灭蚁灵(mirex)、毒杀芬(toxaphene)、七氯(heptachlor),多氯联苯(PCBs)、多氯代二苯并二噁英(PCDDs)和多氯代二苯并呋喃(PCDFs)。其中前9种属于有机氯杀虫剂,多氯联苯是精细化工产品,后2种是化学产品的多氯代衍生物杂质和含氯废物焚烧所产生的次生污染物。2009年又新增9类POPs,分别是α-六氯环己烷、β-六氯环己烷、六溴联苯醚和七溴联苯醚、四溴联苯醚和五溴联苯醚、十氯酮、六溴联苯、林丹(即99%的六六六丙体制剂)、五氯苯、全氟辛烷磺酸及其盐类和全氟辛基磺酰盐。

在上述POP中毒性最强、对人体健康和环境影响最大的是PCDDs和PCDFs,它们分别有75种、135种同系物;而PCBs有209种同系物。PCDDs和PCDFs主要来自垃圾焚烧、化石燃料燃烧、钢铁冶炼、氯碱工业和纸浆漂白等工业过程。

大气中POPs以气态和颗粒态形式存在,其形态分布与POPs本身的物理化学性质、环境温度和相对湿度等有关。一定条件下POPs会发生光解,也会通过干、湿沉降进入土壤和水体等环境介质,还可通过大气环流进行远距离迁移,到达地球两极乃至珠穆朗玛峰。因此,大气中POPs的污染来源、迁移转化、健康风险及控制技术一直是国际上环境领域的研究热点。

(4)氟化物。

氟污染物主要包括氟化氢(HF)、四氟化硅(SiF_4)、氟硅酸(H_2SiF_6)、全氟代烃类(CF_4、CF_3CF_3)及六氟化硫(SF_6),来自铝的冶炼、磷矿石加工、磷肥生产、钢铁冶炼和煤炭燃烧等过程。氟化物主要以气体和含氟飘尘的形式污染大气。氟化氢气体能很快与大气中的水汽结合,形成氢氟酸气溶胶;四氟化硅在大气中与水汽反应形成水合氟化硅和易溶于水的氟硅酸。降水可把大气中的氟化物带到地面。氟有高度的生物活性,对许多生物具有明显的毒性,如氟化物对蚕桑、柑橘等植物的生长有较大的危害。

5. 光化学氧化剂

污染大气中的光化学氧化剂,如臭氧(O_3)、过氧乙酰硝酸酯(PAN)、醛类(RCHO)、过氧化氢(H_2O_2)等都是由天然源和人为源排放的氮氧化物和碳氢化合物,在太阳光照射下发生光化学反应而生成的二次污染物。在光化学氧化剂中,臭氧一般占90%以上,其次是PAN。

(1)臭氧(O_3)。

O_3 是天然大气中重要的微量组分,平均含量为0.01~0.1 mL·m^{-3};大部分集中在10~30 km的平流层,对流层 O_3 仅占10%左右。当发生光化学烟雾时,O_3 的浓度可高达0.2~0.5 mL·m^{-3}。O_3不仅能阻止 $\lambda<290$ nm 的紫外线到达地面,改变了透入对流层阳光的辐射分布;同时,O_3吸收光后的分解产物引发了大气中的热化学过程;尤为重要的是,分解产物中的电子激发态原子具有足够的能量与其他不能与基态氧反应的分子发生反应,从而导致 HO· 等重要自由基的生成,由此活跃了大气中的化学反应过程。故 O_3 在地球大气化学中起着十分重要的作用。

对流层大气中如果 O_3浓度增高,就会造成一系列不利于人体健康的影响,如 O_3对眼睛和呼吸道有刺激作用,对肺功能也有影响。O_3对动植物也是有害的,如可导致叶子损伤、影响植物生长,降低产量。对 O_3敏感的植物如烟草、菠菜、燕麦等在 O_3浓度为0.05~0.15 mL·m^{-3}的空气中接触0.5~8 h,就会出现损伤。

对流层中最主要的 O_3的天然源有两种:①由平流层输入;②光化学反应产生 O_3。自然界的光化学过程是 O_3的重要来源,由 CO 产生 O_3的光化学机制如下:

$$CO+HO\cdot \longrightarrow CO_2+\cdot H$$

$$\cdot H+O_2+M \longrightarrow HO_2\cdot +M$$

$$HO_2\cdot +NO \longrightarrow NO_2+HO\cdot$$

$$NO_2+h\nu \longrightarrow NO+O$$

$$O+O_2+M \longrightarrow O_3+M$$

也有人认为天然 CH_4是 O_3的前体物,即 CH_4与 HO·反应生成·CH_3,经一系列中间反应生成 CO,最终经大气光化学反应生成 O_3。此外,人们还发现植物排放的萜类碳氢化合物和 NO 经光化学反应也可产生 O_3。

O_3的人为源包括交通运输、石油化学工业及燃煤电厂。汽车尾气排放的大量 NO 和烯烃类碳氢化合物,只要在阳光照射及合适的气象条件下就可以生成 O_3,它是光化学烟雾的产物。石油工业及火力电厂等排放的 NO_x 和碳氢化合物对 O_3的形成起重要作用。此外,生物质燃烧产生的 CO、CO_2、CH_4、碳氢化合物和 NO_x,在阳光作用下也能产生 O_3。

(2)过氧乙酰基硝酸酯。

过氧乙酰基硝酸酯系列($RCH_2C(O)OONO_2$)是光化学烟雾污染产生危害的重要二次污染物,通常包括过氧乙酰基硝酸酯(PAN)、过氧丙酰基硝酸酯(PPN)、过氧丁酰基硝酸酯(PBN),其中 PAN 是该系列的代表。PAN 全部是由污染产生的,大气中测出 PAN 即可作为产生光化学烟雾的依据。PAN 的浓度通常随光化学氧化剂的总浓度而变化,其浓度有明显的日变化和月变化现象,一天中最高值出现在正午前后,一年中夏季最高,冬季最低。PAN 是由 NO_2和乙醛作用产生的。因此,凡是能产生乙醛或乙酰基的物质都有可能产生 PAN:

$$CH_3CHO+HO\cdot \longrightarrow CH_3C\cdot OO+H_2O$$

$$CH_3C\cdot O+O_2 \longrightarrow CH_3C(O)OO\cdot$$

$$CH_3C(O)OO\cdot +NO_2 \longrightarrow CH_3C(O)OONO_2(PAN)$$

PAN 能刺激人的眼睛,还能对植物生长等产生不利的影响。PAN 的去除主要是通过热分解反应。在遇热情况下,PAN分解成NO_2和$CH_3C(O)OO\cdot$。因此,PAN还能参与降水的酸化。

6.汞

汞(Hg)为剧毒金属元素,火山喷发、燃煤发电和金属冶炼等自然及人为活动向大气排放大量的汞,其通过气体循环和沉降造成了严重的空气、土壤和水体汞污染,其污染具有持久性、隐蔽性、易于迁移等特点。汞极易在植物和生物体内积累,通过食物链进入人体,对神经系统产生毒害作用,因此汞污染成为当前全球最重要的环境问题之一,而大气汞在全球汞循环中占有十分重要的地位。大气中汞污染的来源、迁移转化、归宿及控制,是近年来国内外环境科学与工程领域的研究热点之一。

大气中汞污染的自然来源主要是火山喷发、高温引起的森林火灾及地表植被的蒸腾作用;人为源指的是工厂排放的含汞废气、化石燃料及其他物质的燃烧等。据前人研究发现,全球每年向大气中排放6 000~7 500 t汞,其中50%~75%是人为源。随着工业的进步和人们消费水平的提高,这一数字现在远不止如此。

进入到大气中的汞主要以单质汞(Hg^0)、气态汞和颗粒态汞等形态存在。汞的化学形态和物理化学性质影响其大气化学行为,决定其在大气中的停留时间和输送范围。其中,单质汞能够在大气中停留较长的时间,一般为0.5~2 a,且会随大气运动,最远可以迁移到距污染源1 000 km以外的地方,这也是汞被列为全球污染物的原因。而气态汞和颗粒态汞在大气中的停留时间较短,会很快沉降到污染源附近。大气中的Hg^0可以被O_3、$HO\cdot$及各种卤素和含卤素的化合物(Cl_2、Br_2、BrO等)氧化成Hg^{2+}。由于Hg^{2+}更易溶于水,更易沉淀,因此Hg^0的氧化是大气汞沉降最重要的过程之一。

我国汞排放量为500~700 t/a,约占全球人为汞排放量的25%~30%。1998年以前,我国人为汞排放主要来自工业燃煤锅炉;1999—2004年间,汞排放主要来自锌冶炼;2005—2008年间,汞排放主要来自燃煤电厂;2009年以后主要来自水泥生产。2000—2010年间,我国汞排放从356 t增加到538 t。我国城市、农村和偏远地区大气汞浓度分布和变化范围很大,城市地区总气态汞浓度是北美和欧洲地区的1.5~5倍,颗粒态汞浓度比北美和欧洲高2个数量级;沿海地区和偏远的背景区总气态汞、颗粒态汞和活性汞低于内地城市地区。相应地,城市地区和背景区大气汞沉降分别比北美高出1~2个数量级和1~2倍。2013年,140多个国家在联合国框架下签署了《水俣公约》,旨在全球范围内减少汞排放,减少汞对生态环境和人类健康的危害。2013—2017年间,我国汞排放量从571 t降低到444 t,大气汞含量降低了0.29 ng/m^3,汞沉积通量降低了17 $\mu g\cdot m^{-2}\cdot a^{-1}$。

汞污染是当前全球最重要的环境问题之一,而大气汞在全球汞循环中占有十分重要的地位。大气中汞污染的来源、迁移转化、归趋及控制,是近20年来国内外环境科学与工程领域的研究热点之一。

7.气溶胶

气溶胶虽然不是大气的主要成分,但它是大气环境中普遍存在而无恒定化学组成的聚集体。它包含许多金属和非金属元素,可能成为有害物或有毒物的载体或反应床,因来源或形成条件不同,其化学组成和物理性质差异很大,并具有一定污染源的特征。

大气中稳定存在的粒子，其粒径范围为 0.1～10 μm，粒径大于 10 μm 的气溶胶颗粒物（降尘）易受重力作用或撞击沉降到地面而被清除。粒径在 100 μm 以下的气溶胶称为总悬浮物，其中粒径在 10 μm 以下的气溶胶颗粒又称飘尘。

自然界火山喷发喷出大量尘埃、海水浪花喷洒出含氯化物及硫酸盐等微细水滴、大风吹动极细尘土等均是气溶胶颗粒物的自然源。人工翻土、开发矿山、燃料燃烧及一些蒸气在大气中凝聚或被飘尘吸附等均是大气颗粒物的人为源。一些物理过程及化学过程可形成气溶胶，有时两个过程同时发生。

大气中气溶胶含量随地区、气候等条件的不同而变化。干净大气中气溶胶平均含量为 100 $\mu g \cdot m^{-3}$，一般城市大气中为 200～600 $\mu g \cdot m^{-3}$，污染严重区可达 2 000 $\mu g \cdot m^{-3}$。气溶胶的组成在各地也有所不同，它与污染源有关。

2.3 大气中污染物的迁移
（Migration of pollutants in the atmosphere）

污染物在大气中的迁移是指污染源排放出来的污染物由于空气的运动而传输和分散的过程，该过程中污染物的化学组成不发生改变，但其形态常常发生转化。

大气的气象学作用对污染物的迁移过程有着十分重要的影响。例如，当污染源分布及排放相对稳定的情况下，大气颗粒物的浓度主要取决于其在各种气象条件下的输送、扩散情况。大气的扩散能力主要受风和大气稳定度的影响，因此，了解大气温度层结及由于温度差异而引起的空气运动的规律，对掌握污染物在大气中的迁移过程很有必要。

2.3.1 影响大气污染物迁移的热力学因素
（Thermodynamic factors affecting the transport of air pollutants）

大气的热力学因子主要包括大气温度、温度层结及大气稳定度，是影响大气污染物的主要气象因子。其中，大气稳定度是影响大气扩散能力的一项重要气象因子，稳定度越高，污染物越不易扩散。大气稳定度与气温垂直递减率有关，而气团的干绝热减温率是大气稳定与不稳定的分界线。许多严重的大气污染事件，如光化学烟雾等都与逆温现象有关。

1. 辐射逆温层

在对流层中，气温一般是随高度增加而降低，但在一定条件下会出现反常现象。这可由气温垂直递减率（Γ）的变化情况来判断。随高度升高气温的降低率为气温垂直递减率，通常用下式表示：

$$\Gamma = -\mathrm{d}T/\mathrm{d}z \tag{2.1}$$

式中 T——热力学温度，K；

z——高度。

式（2.1）可以表征大气的温度层结。在对流层中，一般而言，$\Gamma>0$。但在一定条件下会出现反常现象：当 $\Gamma=0$ 时，称为等温气层；当 $\Gamma<0$ 时，称为逆温气层。逆温现象经常发生在较低气层中，这时气层稳定性非常强，对于大气中垂直运动的发展起着阻碍作用。逆温形

成的过程是多种多样的,由于过程的不同,可分为近地面层的逆温和自由大气的逆温两种。近地面层的逆温有辐射逆温、平流逆温、融雪逆温和地形逆温等;自由大气的逆温有乱流逆温、下沉逆温和锋面逆温等。

近地面层的逆温多由热力条件而形成,以辐射逆温为主。辐射逆温是地面因强烈辐射而冷却所形成的。这种逆温多发生在距地面 100 ~ 150 m 高度内。最有利于辐射逆温发展的条件是平静而晴朗的夜晚,有云和有风都能减弱逆温。当白天地面受日照而升温时,近地面空气的温度随之升高,夜晚地面由于向外辐射而冷却,便使近地面空气的温度自下而上逐渐降低。由于上面的空气比下面的空气冷却慢,因此形成逆温现象,如图 2.3 所示。图中白天的层结曲线为 *ABC*,夜晚近地面空气冷却较快,层结曲线变为 *FEC*,其中 *FE* 段为逆温层。随着地面更加冷却,逆温层愈加变厚,到清晨达到最厚,如图中 *DB* 段,于是层结曲线变为 *DBC*。日出后地面温度上升,逆温层近地面处首先破坏,自下而上逐渐变薄,最后完全消失。

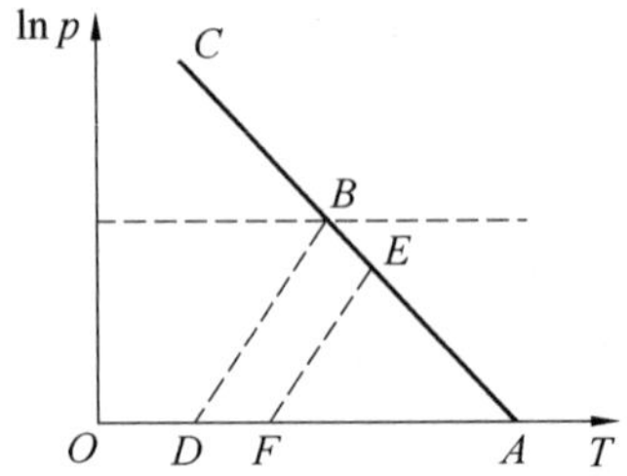

图 2.3 辐射逆温

2. 气团及其干绝热减温率

污染气体由污染源排到大气中时,一般不会立即与周围大气混合均匀,这样污染性气体的理化性质有别于周围大气,可视作一个气团来进行研究。当然,气团只存在一定的时间,其界面也是相对的,当与周围大气混合均匀以后,气团的边界消失,气团本身也就不复存在。

当气团垂直上升时,其随外界压力的减少必然膨胀做功,温度下降。相反,当气团下降时,由于外界压力加大,气团被压缩而增温即绝热增温。干空气和未饱和的湿空气在垂直上升时,每升高 100 m,其自身温度的降低值称为干绝热减温率(Γ_d),一般为每百米 1 ℃;但含饱和水的湿空气的干绝热减温率要低于每百米 1 ℃。

3. 气团的稳定性

气团在大气中的稳定性与气温垂直递减率和干绝热减温率两个因素有关。如果上升气团未被水汽饱和,其干绝热减温率为每百米 1 ℃,而它周围空气的气温垂直递减率小于每百米 1 ℃,那么上升的气团在任一高度上都比周围空气冷、密度大,显然气团处于稳定状态。如果周围空气的气温垂直递减率大于每百米 1 ℃,上升的未饱和气团到任意高度都比空气温度高、密度小,从而加速上升,气团处于不稳定状态,一直可以上升到任意高度。如果周围空气的气温垂直递减率也是每百米 1 ℃,则上升的未饱和气团可以保持平衡。具体可用气团的干绝热减温率(Γ_d)和气温垂直递减率(Γ) 的大小判断:当 $\Gamma_d>\Gamma$ 时,气团稳定,不利于扩散;当 $\Gamma_d<\Gamma$ 时,气团不稳定,有利于扩散;当 $\Gamma_d=\Gamma$ 时,气团处于平衡

状态。判断气团上升的原理图如图 2.4 所示。

当然,气团的上升与否,除了考虑气团与环境的温度是否相同外,还要考虑气团的密度及外力情况。一般来说,气温垂直递减率越大,气团越不稳定;气温垂直递减率越小,气团越稳定。如果气温垂直递减率很小,甚至等温或逆温,气团也非常稳定。这对于大气的垂直对流运动形成巨大的障碍,阻碍地面气流的上升运动,使被污染的空气难以扩散稀释。如污染物进入平流层,由于平流层的气温垂直递减率是负值,垂直混合很慢,因此可导致污染物在平流层维持数年之久。

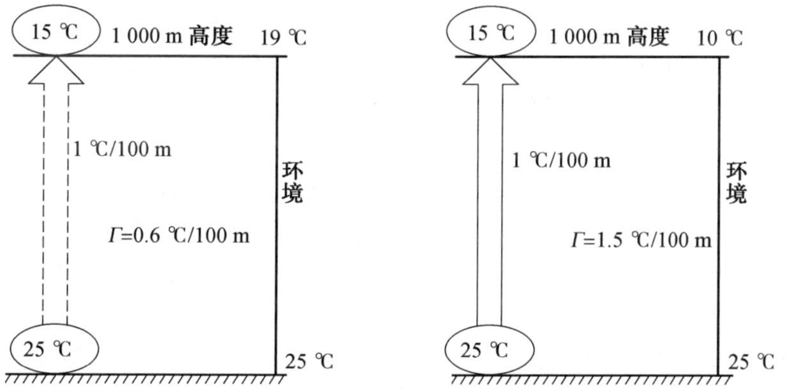

图 2.4　判断气团上升的原理图

2.3.2　影响大气污染物迁移的动力学因素 (Dynamic factors affecting the transport of air pollutants)

大气的动力学因子成为影响大气污染物迁移的另一主要气象因子。由污染源排放到大气中的污染物在迁移过程中要受到各种因素的影响,主要有空气的机械运动,如风和湍流。另外,天气形势和地理地势造成的逆温现象以及污染源本身的特性,可使污染物在一定程度上局限于局部环流之中,而不易向更大范围扩散、稀释。

1. 风和大气湍流的影响

大气遭污染的程度,主要取决于污染源排放的特征、排放量和污染源的远近,还取决于大气对污染物的扩散能力。大气的扩散能力主要受风(风向、风速)和大气稳定度的影响。风向决定着大气污染物的扩散方向,风速决定着大气污染物的稀释速度。就一般情况而言,大气中污染物的浓度与总排放量成正比,与风速成反比。风可使污染物向下风向扩散,湍流可使污染物向各方向扩散,浓度梯度可使污染物发生质量扩散,其中风和湍流起主导作用。大气中任一气团,既可做规则运动,也可做无规则运动,而且这两种不同性质的运动可以共存。摩擦层具有乱流特征,故又被称为乱流混合层。在摩擦层里,乱流的起因有两种。一种是动力乱流,也称为湍流,它是因有规律水平运动的气流遇到起伏不平的地形扰动所产生的;另一种是热力乱流,也称为对流,它起因于地表面温度与地表面附近的温度不均一,近地面空气受热膨胀而上升,随之上面的冷空气下降,从而形成对流。在摩擦层内,有时以动力乱流为主,有时动力乱流与热力乱流共存。这些都是使大气中污染物迁移的主要原因。低层大气中污染物的分散在很大程度上取决于对流与湍流的混合程度。在摩擦层中大气稳定度较低,污染物可自排放源向下风向迁移,从而得到稀释,也可随空气的铅直对流运动升到高空而扩散。在摩擦层顶以上的自由大气层中,乱流及其效应通常极微弱,污染物很少到达这里。

2. 天气形势和地理地势的影响

天气形势是指大范围气压分布的状况,局部地区的气象条件总是受天气形势的影响。因此,局部地区的扩散条件与大型的天气形势是互相联系的。某些天气系统与区域性大气污染有密切联系,不利的天气形势和地形特征结合在一起常常可使某一地区的污染程度大大加重。例如,由于大气压分布不均,在高压区里存在着下沉气流,由此使气温绝热上升,于是形成上热下冷的逆温现象。这种逆温称为下沉逆温。它可持续很长时间,范围分布很广,厚度也较厚,这样就会使从污染源排放出来的污染物长时间地积累在逆温层中而不能扩散。一些较大的污染事件大多是在这种天气形势下形成的。不同地形地面之间的物理性质存在很大差异,从而造成热状况在水平方向上分布不均匀的情况,这种热力差异在弱的天气系统条件下就有可能产生局地环流,如海陆风、城郊风和山谷风等。

(1)海陆风。

海洋和大陆的物理性质有很大差别,海洋由于有大量水因此表面温度变化缓慢,而大陆表面温度变化剧烈。白天陆地上空的气温增加得比海面上空快,在海陆之间形成指向大陆的气压梯度,较冷的空气从海洋流向大陆而生成海风。夜间却相反,由于海水温度降低得比较慢,海面的温度较陆地高,在海陆之间形成指向海洋的气压梯度,于是陆地上空的空气流向海洋而生成陆风。

海陆风对空气污染的影响有两种作用:①循环作用。如果污染源处在局地环流之中,污染物就可能循环积累达到较高的浓度,直接排入上层反向气流的污染物,有一部分也会随环流被重新带回地面,提高了下层上风向的浓度。②往返作用,在海陆风转换期间,原来随陆风输向海洋的污染物又会被发展起来的海风带回陆地。海风发展侵入陆地时,下层海风的温度低,陆地上层气流的温度高,在冷暖空气的交界面上,形成一层倾斜的逆温顶盖,阻碍了烟气向上扩散,造成封闭型和漫烟型污染。

(2)城郊风。

在城市中,工厂企业和居民要燃烧大量的燃料,燃烧过程中会有大量热能排放到大气中,于是便造成了市区的温度比郊区高,这个现象称为城市热岛效应。这样,市区上空暖而轻的空气上升,周围郊区的冷空气向市区流动,便形成城郊环流。在这种环流作用下,城市本身排放的烟尘等污染物聚积在城市上空,形成烟幕,导致市区大气污染加剧。

(3)山谷风。

山区地形复杂,局地环流也很复杂,最常见的局地环流是山谷风,它是山坡和谷地受热不均而产生的一种局地环流。白天受热的山坡把热量传递给其上面的空气,这部分空气比同高度的谷中空气温度高,相对密度小,于是就产生上升气流。同时谷底中的冷空气沿坡爬升补充,形成由谷底流向山坡的气流,称为谷风。夜间山坡上的空气温度下降较谷底快,其相对密度也比谷底的大。在重力作用下,山坡上的冷空气沿坡下滑形成山风。山谷风转换时往往造成严重的空气污染。

山区辐射逆温因地形作用而增强。夜间冷空气沿坡下滑，在谷底聚积，逆温发展的速度比平原快，逆温层更厚，强度更大。并且因地形阻挡，河谷和凹地的风速很小，更有利于逆温的形成。因此山区全年逆温天数多，逆温层较厚，逆温强度大，持续时间也较长。

新时代跨区域大气污染协同治理理念的完善

大气污染治理成果难巩固，一个重要原因就在于大气的流动性强，而且受气象条件的影响大，环境容量始终处于变化状态。大气资源所具有的公共物品属性导致空气污染往往呈现跨区域的典型特征，加之不同省份经济发展水平和利益诉求存在差异，导致各省份在环境治理目标、执法尺度等方面难以统一。党的十八大以来，在习近平生态文明思想的指引下，从区域联防联控到跨区域协同治理，我国跨区域大气污染协同治理理念逐步完善。主要体现在：①建立大气污染区域联防联控机制，加强重点区域大气污染联合防治；②强化区域联防联控和重污染天气应对，坚决打赢蓝天保卫战；③完善污染防治区域联动机制，强化多污染物协同控制和区域协同治理。在跨区域大气污染协同治理理念的指引下，京津冀、长三角、珠三角等重点区域大气污染协同治理的政策法规体系日趋完善，协同治理的运行机制逐步健全，促进了区域大气环境质量的整体改善。2019 年，京津冀及周边地区“2+26”城市优良天数比例范围为 41.1% ~65.8%，平均为 53.1%，其中，16 个城市优良天数比例在 50% ~80% 之间。

2.4 大气中污染物的转化
(Transformation of pollutants in the atmosphere)

污染物的转化是指污染物在大气中经过化学反应，如光解、氧化还原、酸碱中和等过程成为无毒化合物，从而去除了污染；或者转化成为毒性更大的二次污染物，加重了污染。如大气中的二氧化硫经光氧化、催化氧化等作用转化为硫酸或硫酸盐（二次污染物），从而对酸雨和灰霾等形成产生重要影响。光化学反应、自由基反应和活性粒子（或活性化学物种）反应是对流层和平流层大气化学中重要且普遍存在的反应。大气中污染物的化学转化主要是由光解反应、激发态分子的反应以及光催化反应引起的。其中，光解反应较为重要，因为它是造成近地面大气二次污染（如光化学烟雾和酸沉降）、去除对流层中活泼化学物质并防止其进入对流层，以及导致平流层臭氧损耗等的重要大气化学过程。作为大气中链式反应的引发源头，光解反应在产生活性化学物种和自由基方面起着关键作用，并且对许多污染物在大气中的降解与去除具有至关重要的影响。因此，大气光化学反应不仅是大气污染领域不可或缺的一部分，也是对流层和平流层化学过程研究所必须关注的核心内容之一，是大气化学基础研究的前沿领域。

2.4.1 光化学反应基础
(Fundamentals of free radical chemistry)

光化学反应是指在透明的大气层中，化学物质吸收太阳辐射（包括紫外线）发出的光子进而引发的反应。大气中气体分子的光解往往可以引发许多大气化学反应。气态污染物通常可参与这些反应而发生转化,在讨论污染物的光化学反应之前,有必要先了解光化学反应的一些基本原理。

1. 光化学定律

格鲁塞斯(Grotthus)与德雷伯(Drapper)提出了光化学第一定律(Grotthus-Drapper 定律):首先,只有当激发态分子的能量足够使分子内的化学键断裂时,亦即光子的能量大于化学键能时,才能引起光解反应。其次,为使分子产生有效的光化学反应,光还必须被所作用的分子吸收,即分子对某特定波长的光要有特征吸收光谱,才能产生光化学反应。

1921 年,爱因斯坦(Einstein)提出了光化学第二定律(Stark-Einstein):分子吸收光的过程是单光子过程。这个定律的基础是电子激发态分子的寿命很短($\leqslant 10^{-8}$s),在这样短的时间内,辐射强度比较弱的情况下,再吸收第二个光子的概率很小。当然若光很强,如高通量光子流的激光,即使在如此短的时间内,也可以产生多光子吸收现象,此时光化学第二定律不适用。对于大气环境化学而言,反应大多发生在对流层,只涉及太阳光,符合光化学第二定律。

下面讨论光量子能量与化学键之间的对应关系:

设光量子能量为 E,根据 Einstein 公式

$$E=h\nu=hc/\lambda \tag{2.2}$$

式中 λ——光量子波长;

h——普朗克(Planck)常量,6.626×10^{-34} J · s;

c——光速,$2.997\ 9\times10^{10}$ cm · s^{-1}。

如果一个分子吸收一个光量子,则 1 mol 分子吸收的总能量为

$$E=N_A h\nu=N_A hc/\lambda \tag{2.3}$$

式中 N_A——阿伏伽德罗(Avogadro)常数,6.022×10^{23} mol^{-1}。

若 λ=400 nm,则 E=299.1 kJ · mol^{-1};若 λ=700 nm,则 E=170.9 kJ · mol^{-1}。

由于通常化学键的键能大于 167.4 kJ · mol^{-1},所以波长大于 700 nm 的光不能引起光化学解离。

2. 光化学反应过程

分子、原子、自由基或离子吸收光量子后可产生光化学反应的初级过程和次级过程。

(1)初级过程。

初级过程包括化学物种吸收光量子形成激发态物种,其基本步骤为

$$A+h\nu \longrightarrow A^*$$

式中 A^*——物种 A 的激发态;

$h\nu$——光量子。

随后,激发态 A^* 可能发生如下几种反应:

$$A^* \longrightarrow A+h\nu \tag{2.4}$$

$$A^*+M \longrightarrow A+M \tag{2.5}$$

$$A^* \longrightarrow B_1+B_2+K \tag{2.6}$$

$$A^* + C \longrightarrow D_1 + D_2 + K \qquad (2.7)$$

式(2.4)为辐射跃迁,即激发态物种通过辐射荧光或磷光而失活。式(2.5)为无辐射跃迁,亦即碰撞失活过程。激发态物种通过与其他分子 M 碰撞,将能量传递给 M,本身又回到基态。以上两种过程均为光物理过程。式(2.6)为光解,即激发态物种解离成为两个或两个以上新物种。式(2.7)为 A^* 与其他分子反应生成新的物种。这两种过程均为光化学过程。对于环境化学而言,光化学过程更为重要。受激态物种会在什么条件下解离为新物种,以及与什么物种反应可产生新物种,这些对于描述大气污染物在光作用下的转化规律很有意义。

(2)次级过程。

次级过程是指在初级过程中反应物、生成物之间进一步发生的反应。如大气中氯化氢的光化学反应过程:

$$HCl + h\nu \longrightarrow H\cdot + Cl\cdot \qquad (2.8)$$

$$H\cdot + HCl \longrightarrow H_2 + Cl\cdot \qquad (2.9)$$

$$Cl\cdot + Cl\cdot \xrightarrow{M} Cl_2 \qquad (2.10)$$

式(2.8)为初级过程,式(2.9)为初级过程产生的 H· 与 HCl 反应,式(2.10) 为初级过程所产生的 Cl·之间的反应,该反应必须有其他物种如 O_2 或 N_2 等存在下才能发生,式中用 M 表示。式(2.9)和式(2.10)均属次级过程,这些过程大都是热反应。

2.4.2 大气中重要吸光物质的光解 (Photolysis of important light-absorbing substances in the atmosphere)

大气中的一些组分和某些污染物能够吸收不同波长的光,从而产生各种效应。下面就主要污染物的光吸收和初始反应特性进行介绍。

1. 氧分子和氮分子的光解

氧是空气的重要组分,氧分子的键能为 493.8 kJ·mol^{-1}。图 2.5 为氧分子在紫外波段的吸收光谱,图中 κ 为摩尔吸收系数。由图可见,氧分子刚好在与其化学键裂解能相应的波长(243 nm)时开始吸收,在 200 nm 处吸收依然微弱,但在这个波段上光谱是连续的。在 200 nm 以下吸收光谱变得很强,且呈带状。这些吸收带随波长的减小更紧密地集合在一起。在 176 nm 处吸收带转变成连续光谱。147 nm 左右吸收达到最大。通常认为 240 nm 以下的紫外光可引起 O_2 的光解:

$$O_2 + h\nu \longrightarrow O\cdot + O\cdot$$

氮分子的键能较大,为 939.4 kJ·mol^{-1}。对应的光波长为 127 nm,它的光解反应仅限于臭氧层以上。N_2 几乎不吸收 120 nm 以上任何波长的光,只对低于 120 nm 的光才有明显的吸收。在 60~100 nm,其吸收光谱呈现出强的带状结构,在 60 nm 以下呈连续谱。入射波长低于 79.6 nm(1 391 kJ·mol^{-1})时,N_2 将电离为 N_2^+。波长低于 120 nm 的紫外光在上层大气中被 N_2 吸收后,其解离的方式为

$$N_2 + h\nu \longrightarrow N\cdot + N\cdot$$

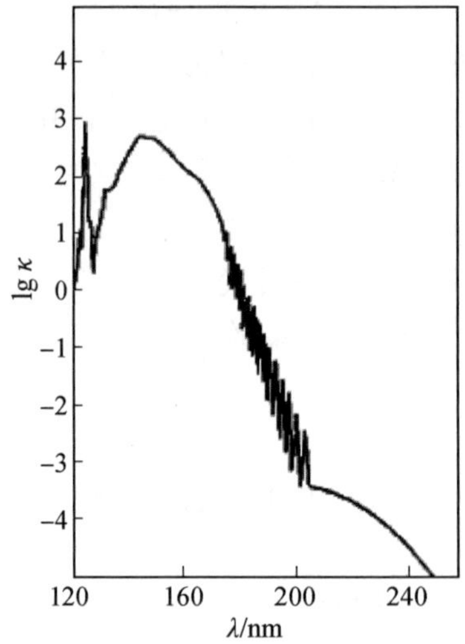

图 2.5　O_2吸收光谱

2. 臭氧的光解

臭氧是一个弯曲的分子,键能为 101.2 kJ·mol^{-1}。在低于 1 000 km 的大气中,由于气体分子密度比高空大得多,三个粒子碰撞的概率较大,O_2光解而产生的 O· 可与 O· 发生如下反应:

$$O\cdot + O_2 + M \longrightarrow O_3 + M$$

其中 M 是第三种物质。这一反应是平流层 O_3的主要来源,也是清除 O· 的主要过程。O_3不仅吸收了来自太阳的紫外光而保护了地面的生物,同时也是上层大气能量的一个贮库。

O_3的解离能较低,相对应的光波长为 1 180 nm。O_3在紫外光和可见光范围内均有吸收带,如图 2.6 所示。O_3对光的吸收光谱由三个带组成,紫外区有两个吸收带,即 200～300 nm 和 300～360 nm,最强吸收在 254 nm。O_2吸收紫外光后发生如下解离反应:

$$O_3 + h\nu \longrightarrow O\cdot + O_2$$

应该注意的是,当波长大于 290 nm,O_3对光的吸收变得相当弱。因此,O_3主要吸收的是来自太阳波长小于 290 nm 的紫外光。而较长波长的紫外光则有可能透过臭氧层进入大气的对流层以至地面。

3. NO_2的光解

NO_2的键能为 300.5 kJ·mol^{-1},它在大气中很活泼,可参与许多光化学反应。NO_2是城市大气中重要的吸光物质,在低层大气中可以吸收全部来自太阳的紫外光和部分可见光。

从图 2.7 中可看出,NO_2在 290～410 nm 内有连续吸收光谱,它在对流层大气中具有实际意义。

NO_2吸收小于 420 nm 波长的光可发生解离:

$$NO_2 + h\nu \longrightarrow NO + O\cdot$$

$$O\cdot + O_2 + M \longrightarrow O_3 + M$$

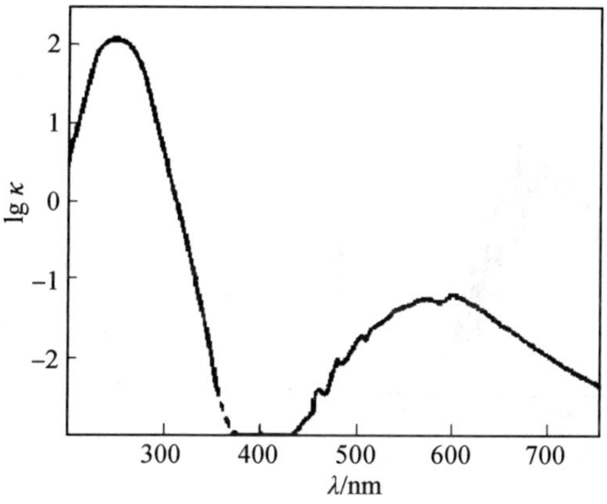

图 2.6　O_3吸收光谱

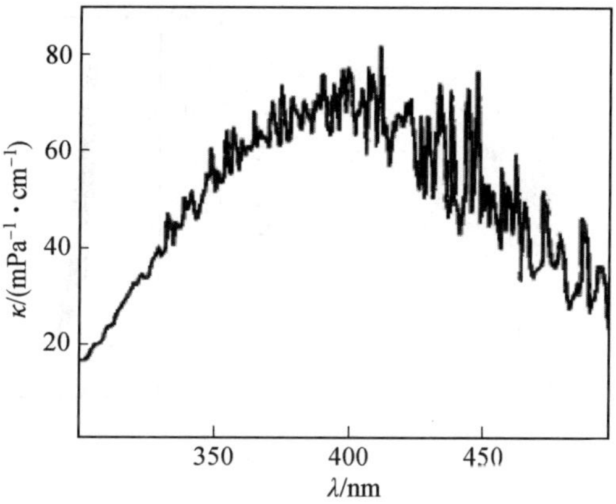

图 2.7　NO_2吸收光谱

4. 亚硝酸和硝酸的光解

(1)亚硝酸。

亚硝酸(HNO_2)HO—NO 间的键能为 201.1 kJ · mol^{-1},H—ONO 间的键能为 324.0 kJ · mol^{-1}。HNO_2对 200～400 nm 的光有吸收,吸光后发生光解,一个初级过程为

$$HNO_2 + h\nu \longrightarrow HO \cdot + NO$$

另一个初级过程为

$$HNO_2 + h\nu \longrightarrow H \cdot + NO_2$$

次级过程为

$$HO \cdot + NO \longrightarrow HNO_2$$
$$HO \cdot + HNO_2 \longrightarrow H_2O + NO_2$$
$$HO \cdot + NO_2 \longrightarrow HNO_3$$

由于 HNO_2可以吸收 300 nm 以上的光而解离,因而认为 HNO_2的光解可能是大气中 HO · 的重要来源之一。

(2)硝酸。

硝酸(HNO_3)HO—NO_2间的键能为 199.4 kJ · mol^{-1}。它对于波长 120～335 nm 的辐射均有不同程度的吸收。光解机理为

$$HNO_3 + h\nu \longrightarrow HO \cdot + NO_2$$

若有 CO 存在,则为

$$HO \cdot + CO \longrightarrow CO_2 + H \cdot$$
$$H \cdot + O_2 + M \longrightarrow HO_2 \cdot + M$$
$$2HO_2 \cdot \longrightarrow H_2O_2 + O_2$$

5. 二氧化硫对光的吸收

二氧化硫(SO_2)的键能为 545.1 kJ · mol^{-1}。在它的吸收光谱中呈现出三条吸收带。第一条为 340～400 mm,于 370 nm 处有一最强的吸收,但它是一个极弱的吸收区。第二条为 240～330 nm,是一个较强的吸收区。第三条从 240 nm 开始,随波长下降吸收变得很强,它是个很强的吸收,如图 2.8 所示。

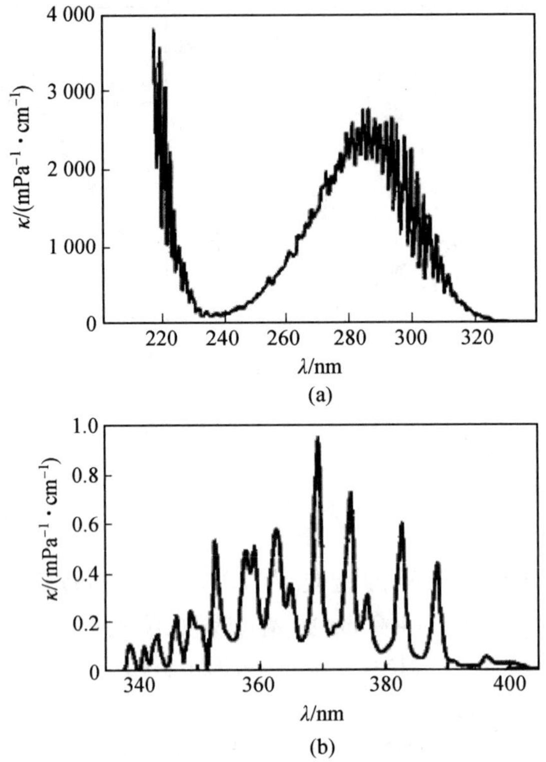

图 2.8　SO_2吸收光谱

由于 SO_2的键能较大,240~400 nm 的光不能使其解离,只能生成激发态:

$$SO_2+h\nu \longrightarrow SO_2^*$$

SO_2^* 在污染大气中可参与许多光化学反应。

6. 甲醛的光解

甲醛(HCHO)H—CHO 的键能为 356.5 kJ · mol^{-1}。它对 240~360 nm 波长范围内的光有吸收。吸光后的初级过程有

$$H_2CO+h\nu \longrightarrow H\cdot+HCO\cdot$$

$$H_2CO+h\nu \longrightarrow H_2+CO$$

次级过程有

$$H\cdot+HCO\cdot \longrightarrow H_2+CO$$

$$2H\cdot+M \longrightarrow H_2+M$$

$$2HCO_2 \longrightarrow 2CO+H_2$$

在对流层中,由于 O_2存在,可发生如下反应:

$$H\cdot+O_2 \longrightarrow HO_2\cdot$$

$$HCO\cdot+O_2 \longrightarrow HO_2\cdot+CO$$

因此空气中甲醛光解可产生 HO_2 ·。其他醛类的光解也可以同样方式生成 HO_2 ·,如乙醛光解:

$$CH_3CHO+h\nu \longrightarrow H\cdot +CH_3CO\cdot$$

$$H\cdot +O_2 \longrightarrow HO_2\cdot$$

所以醛类的光解是大气中 $HO_2\cdot$ 的重要来源之一。

7. 卤代烃的光解

在卤代烃中以卤代甲烷的光解对大气环境化学作用最大。卤代甲烷光解的初级过程可概括如下。

①卤代甲烷在近紫外光照射下,其解离方式为

$$CH_3X+h\nu \longrightarrow CH_3\cdot +X\cdot$$

式中 X——Cl、Br、I 或 F。

②如果卤代甲烷中含有一种以上的卤素,则断裂的是最弱的键,其键强顺序为 $CH_3—F>CH_3—H>CH_3—Cl>CH_3—Br>CH_3—I$。例如,$CCl_3Br$ 光解首先生成 $\cdot CCl_3+Br\cdot$ 而不是 $\cdot CCl_2Br+Cl\cdot$。

③高能量的短波长紫外光照射,可能发生两个键断裂,应断两个最弱键。例如,解离成 $CF_2+2Cl\cdot$,当然,解离成 $\cdot CF_2Cl+Cl\cdot$ 的过程也会同时存在。

④即使是最短波长的光,如 147 nm,三键断裂也不常见。

$CFCl_3$(氟里昂-11),CF_2Cl_2(氟里昂-12)的光解:

$$CFCl_3+h\nu \longrightarrow \cdot CFCl+Cl\cdot$$

$$CFCl+h\nu \longrightarrow :CF+2Cl\cdot$$

$$CF_2Cl_2+h\nu \longrightarrow \cdot CF_2Cl+Cl\cdot$$

$$CF_2Cl_2+h\nu \longrightarrow :CF_2+2Cl\cdot$$

8. 过氧化物的光解

过氧化物在 300 ~ 700 nm 范围内有微弱吸收,发生如下光解:

$$ROOR'+h\nu \longrightarrow RO\cdot +R'O\cdot$$

大气中光化学反应的产物主要是自由基。这些自由基的存在,使大气中化学反应活跃,诱发或参与大量其他反应,使一次污染物转化为二次污染物。

2.4.3 自由基化学基础 (Fundamentals of free radical chemistry)

自由基也称游离基,是指由于共价键均裂而生成的带有未成对电子的碎片。自由基反应是大气化学反应过程中的核心反应。光化学烟雾的形成、酸雨前体物的氧化、臭氧层的破坏等都与此有关;许多有机污染物在对流层中的破碎、降解也与此有关。1961 年 Leighto 首次提出在污染空气中有自由基产生,到 60 年代末,在光化学烟雾形成机理的实验中才确认自由基的存在。近 10 多年来对自由基的来源和反应特征有了较多的研究,开拓了大气化学研究的一个新领域。已经发现大气中存在各种自由基,如 $HO\cdot$、$HO_2\cdot$、$NO_3\cdot$、$R\cdot$、$RO_2\cdot$、$RO\cdot$、$RCO\cdot$、$RCO_2\cdot$、$RC(O)O_2\cdot$、$RC(O)O\cdot$ 等,它们的存在时间很短,一般只有几分之一秒。其中 $HO\cdot$、$HO_2\cdot$、$RO\cdot$、$RO_2\cdot$、$RC(O)O_2\cdot$ 是大气中重要的自由基,而 $HO\cdot$ 是迄今为止发现的氧化能力最强的化学物种,能使几乎所有的有机

物氧化，它与有机物反应的速率常数比 O_3 大几个数量级。

1. 自由基的产生方法

自由基产生的方法很多，包括热裂解法、光解法、氧化还原法、电解法和诱导分解法等。在大气化学中，有机化合物的光解是产生自由基的最重要的方法。许多物质在波长适当的紫外线或可见光的照射下，都可以发生键的均裂，生成自由基。例如：

$$NO_2 \xrightarrow{h\nu} NO\cdot + O\cdot$$

$$HNO_2 \xrightarrow{h\nu} NO\cdot + HO\cdot$$

$$RCHO \xrightarrow{h\nu} RCO\cdot + H\cdot$$

2. 自由基的结构和性质的关系

自由基的稳定性是指自由基或多或少解离成较小碎片，或通过键断裂进行重排的倾向。自由基的活性是指一种自由基和其他作用物反应的难易程度。因此只说某一自由基活泼是没有意义的，一定要说出是和哪种物质反应，并应标明反应条件。因为往往一个自由基虽然在同一条件下，和某一反应物作用活泼，而和另一反应物作用却不活泼。

3. 自由基反应及分类

自由基反应与热化学反应有较大区别。自由基反应无论在气相中发生或是在液相中发生，它们都是十分相似的（但自由基在溶液中的溶剂化会导致一些差别）。酸或碱的存在或溶剂极性的改变，对于自由基反应都几乎无影响（但非极性溶剂会抑制竞争的离子反应）。自由基反应由典型的自由基源（引发剂），如过氧化物或光所引发或加速。清除自由基的物质，例如 NO、O_2 或苯醌等会使自由基反应的速率减慢，或使自由基反应完全被抑制。这类物质称为抑制剂。

（1）自由基反应的分类。

自由基反应也分为单分子自由基反应、自由基-分子相互作用以及自由基-自由基相互作用三种类型。

单分子自由基反应是指不包括其他作用物的反应。这一类反应是由于开始生成的自由基不稳定的结果。实际反应过程中，这类自由基在反应以前，会全部碎裂或重排。

碎裂是指自由基碎裂生成一个稳定的分子和一个新的自由基。如过氧酰基自由基和 NO 反应生成酰氧基自由基，酰氧基自由基碎裂生成烷基自由基和二氧化碳：

$$RC(O)O_2\cdot + NO \longrightarrow RC(O)O\cdot + NO_2$$

$$RC(O)O\cdot \longrightarrow R\cdot + CO_2$$

重排可以发生在环状体系中，通常是邻近氧的 C—C 键断裂生成羰基和一个异构的自由基；或者是 1,2-或 1,5-氢原子或氯原子的转移。如甲基自由基和四氢呋喃反应生成 α-四氢呋喃自由基，后者发生重排反应生成 4-氧丁基自由基：

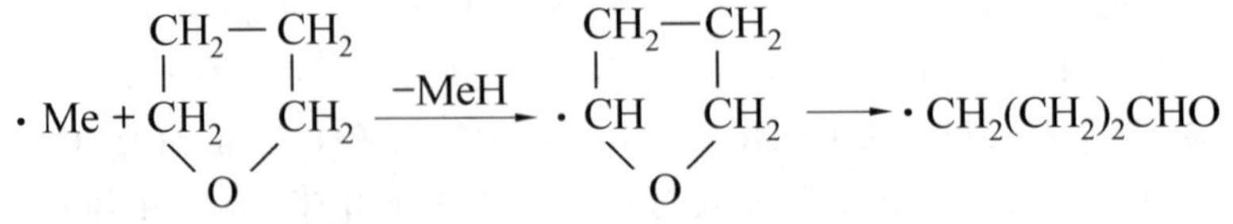

大气化学中比较重要的自由基反应是自由基-分子相互作用。这种相互作用主要有两种方式,一种是加成反应,另一种是取代反应。加成是指自由基对不饱和体系的加成,生成一个新的饱和的自由基。例如 HO· 对乙烯的加成:

$$HO\cdot + CH_2{=}CH_2 \longrightarrow HOCH_2{-}CH_2\cdot$$

取代是指自由基夺取其他分子中的氢原子或卤素原子生成稳定化合物的过程。例如:

$$RH + HO\cdot \longrightarrow R\cdot + H_2O$$

$$Ph\cdot + Br{-}CCl_3 \longrightarrow PhBr + \cdot CCl_3$$

自由基-自由基相互作用主要包括自由基二聚或偶联反应,此时生成稳定的物质:

$$HO\cdot + HO\cdot \xrightarrow{\text{二聚}} H_2O_2$$

$$2HO\cdot + 2HO_2\cdot \xrightarrow{\text{偶联或化合}} 2H_2O_2 + O_2$$

(2)自由基链反应。

卤代反应是自由基取代反应中最重要的反应,它的反应历程如下:

引发:

$$X_2 \xrightarrow{h\nu} 2X\cdot$$

增长:

$$RH + X\cdot \longrightarrow R\cdot + HX$$

$$R\cdot + X_2 \longrightarrow RX + X\cdot$$

终止:

$$R\cdot + R\cdot \longrightarrow R{-}R$$

$$R\cdot + X\cdot \longrightarrow R{-}X$$

$$X\cdot + X\cdot \longrightarrow X{-}X$$

自由基卤代反应是一个链反应。链反应是一个循环不止的过程,其中,从引发剂产生自由基是决定速率的一步。

链反应中的引发一步,是本体系中最弱共价键的断裂生成自由基。增长步骤中的第一步为产生新的自由基,第二步为新的自由基与卤化试剂作用,生成产物并生成原来的自由基。这个自由基又与原料作用,再生成新的自由基,如此循环往复。终止一步为生成的自由基通过化合(偶联),重新生成稳定的分子化合物,必须指出,链反应是自由基反应的典型性质。一般来说,从自由基的产生到自由基的破坏(终止)的时间,约为 1 s。

理论上,链反应可以一直进行下去,直到反应物中两者之一消耗殆尽。实际上,因为它会被与增长反应相竞争的自由基的双分子反应所终止,因此链反应不会无休止地持续进行。

2.4.4 大气中重要自由基的来源 (Source of important free radicals in the atmosphere)

自由基在其电子壳层的外层有一个不成对的电子,因而有很高的活性,具有强氧化作用。大气中存在的重要自由基有 HO·、HO_2·、R·、RO· 和 RO_2· 等。其中以 HO· 最为重要,它是迄今为止发现的氧化能力最强的化学物种,几乎能使所有的有机物氧化,它与有机物反应的反应速率常数比 O_3 大几个数量级。下面主要介绍大气中重要自由基的来源。

1.羟基自由基(HO·)

用数学模式模拟 HO·的光化学过程可以计算出大气中 HO·的含量随纬度和高度的分布,其全球平均值约为 7×10^5 个·cm^{-3}。自由基的日变化曲线显示,它们的光化学生成产率白天高于夜间,峰值出现在阳光最强的时间,同时,夏季高于冬季。近十几年来的研究表明,HO·能与大气中各种微量气体反应,并几乎控制了这些气体的氧化和去除过程。例如,HO·与 SO_2、NO_2 的均相氧化生成 $HOSO_2$ 和 $HONO_2$ 是造成环境酸化的重要原因之一;HO·与烷烃、醛类以及烯烃、芳烃和卤代烃的反应速率常数要比与 O_3 的反应大几个数量级。由此可见,HO·在大气化学反应过程中是十分活泼的氧化剂。HO·的来源主要有以下几个方面。

(1)O_3 的光解。

对于清洁大气而言,O_3 的光解是大气中 HO·的重要初始天然源,当 O_3 吸收波长小于 320 nm 光子时,发生以下过程,得到的激发态原子氧 O('D)与 H_2O 分子碰撞生成 HO·:

$$O_3+h\nu \longrightarrow O(D)+O_2$$

$$O('D)+H_2O \longrightarrow 2HO\cdot$$

(2)HNO_2 的光解。

对于污染大气,HNO_2 的光解是大气中 HO·的重要来源,而 HNO_2 的可能来源有 NO_2+H_2O、$HO\cdot+NO$、$NO+NO_2+H_2O$,也可能来自汽车尾气的直接排放:

$$HNO_2+h\nu \longrightarrow HO\cdot+NO$$

(3)H_2O_2 的光解。

污染大气中,如有 H_2O_2 存在,其光解也可产生 HO·:

$$H_2O_2+h\nu \longrightarrow 2HO\cdot$$

(4)过氧自由基与 NO 反应。

过氧自由基与 NO 反应如下:

$$HO_2\cdot+NO \longrightarrow NO_2+HO\cdot$$

2.过氧羟基自由基(HO_2·)

HO_2·的来源主要有以下几个方面。

(1)醛类的光解。

大气中的 HO_2·主要来源于醛类的光解,尤其是甲醛的光解:

$$H_2CO+h\nu \longrightarrow H\cdot+HCO\cdot$$

$$H\cdot+O_2+M \longrightarrow HO_2\cdot+M$$

$$HCO\cdot+O_2 \longrightarrow HO_2\cdot+CO$$

任何光解过程只要有 H·或 HCO·生成,它们都可与空气中的 O_2 结合而导致生成 HO_2·。其他醛类也有类似反应,但它们在大气中的含量远比甲醛低,因而不如甲醛重要。

(2)亚硝酸酯和 H_2O_2 的光解。

亚硝酸酯和 H_2O_2 的光解过程如下：

$$CH_3ONO+h\nu \longrightarrow CH_3O\cdot+NO$$
$$CH_3O\cdot+O_2 \longrightarrow HO_2\cdot+H_2CO$$
$$H_2O_2+h\nu \longrightarrow 2HO\cdot$$
$$HO\cdot+H_2O_2 \longrightarrow HO_2\cdot$$

(3) $HO\cdot$ 和 $HO_2\cdot$ 在清洁大气中的相互转化。

$HO\cdot$ 在清洁大气中的主要去除过程是与 CO 和 CH_4 发生反应：

$$CO+HO\cdot \longrightarrow CO_2+H\cdot$$
$$CH_4+HO\cdot \longrightarrow \cdot CH_3+H_2O$$

反应所产生的 $H\cdot$ 和 $\cdot CH_3$ 能很快地与大气中的 O_2 结合，生成 $HO_2\cdot$ 和 $CH_3O_2\cdot$ ($RO_2\cdot$)。而 $HO_2\cdot$ 的一个重要去除反应是与大气中的 NO 或 O_3 反应，将 NO 转化成 NO_2，与此同时又产生 $HO\cdot$：

$$HO_2\cdot+NO \longrightarrow NO_2+HO\cdot$$
$$HO_2\cdot+O_3 \longrightarrow 2O_2+HO\cdot$$

此反应是 $HO_2\cdot$ 与 $HO\cdot$ 相互转化的关键反应。

自由基还会通过复合反应而去除，例如：

$$HO_2\cdot+HO\cdot \longrightarrow H_2O+O_2$$
$$HO\cdot+HO\cdot \longrightarrow H_2O_2$$
$$HO_2\cdot+HO_2\cdot \longrightarrow H_2O_2+O_2$$

生成的 H_2O_2 可以被雨水带走。

3. 烃基 ($R\cdot$)、烃类含氧自由基 ($RO\cdot$) 和过氧自由基 ($RO_2\cdot$)

大气中存在量最多的烷基是甲基 ($CH_3\cdot$)，它的主要来源是乙醛和丙酮的光解：

$$CH_3CHO+h\nu \longrightarrow CH_3\cdot+HCO\cdot$$
$$CH_3COCH_3+h\nu \longrightarrow CH_3\cdot+CH_3CO\cdot$$

这两个反应除生成 $CH_3\cdot$ 外，还生成两个羰基自由基 $HCO\cdot$ 和 $CH_3CO\cdot$。$O\cdot$ 和 $HO\cdot$ 与烃类 (RH) 发生 $H\cdot$ 摘除反应时也可生成烷基自由基：

$$RH+O\cdot \longrightarrow R\cdot+HO\cdot$$
$$RH+HO\cdot \longrightarrow R\cdot+H_2O$$

大气中甲氧基 ($CH_3O\cdot$) 主要来源于甲基亚硝酸酯和甲基硝酸酯的光解：

$$CH_3ONO+h\nu \longrightarrow CH_3O\cdot+NO$$
$$CH_3ONO_2+h\nu \longrightarrow CH_3O\cdot+NO_2$$

大气中的过氧烷基 ($RO_2\cdot$) 都是由烷基 ($R\cdot$) 与空气中的 O_2 结合而形成的：

$$R\cdot+O_2 \longrightarrow RO_2\cdot$$

大气中的自由基各有其形成的途径，同时又可以通过多种反应而消除。虽然它们寿命很短，但由于形成反应和消除构成了循环，因此它们作为中间体能够在大气中保持一定的浓度。尽管自由基的浓度很小（一般是 $10^{-7}\,mL\cdot m^{-3}$ 数量级），但它是大气中的高活性组分，在大气环境化学中占有重要地位。

2.4.5 氮氧化物的转化 (The conversion of nitrogen oxides)

氮氧化物是大气中主要的气态污染物之一，它们溶于水后可生成亚硝酸和硝酸。当氮氧化物与其他污染物共存时，在阳光照射下可产生光化学烟雾，氮氧化物在大气中的转化是大气环境化学的一个重要内容。

1. NO_x 和空气混合体系中的光化学反应

NO_x 在大气光化学过程中起着很重要的作用。NO_2经光解而产生活泼的氧原子，氧原子与空气中的 O_2结合生成 O_3，O_3可把 NO 氧化成 NO_2，因而 NO、NO_2与 O_3之间存在着的化学循环是大气光化学过程的基础。

当阳光照射到含有 NO 和 NO_2的空气时，便有如下基本反应发生：

$$NO_2+h\nu \longrightarrow NO+O\cdot$$

$$O\cdot +O_2+M \longrightarrow O_3+M$$

$$O_3+NO \longrightarrow NO_2+O_2$$

2. NO_x 的气相转化

(1) NO 的反应。

NO 是燃烧过程中直接向大气排放的污染物，NO 可通过许多氧化过程氧化成 NO_2，如 O_3为氧化剂：

$$NO+O_3 \longrightarrow NO_2+O_2$$

在 HO· 与烃反应时，HO· 可从烃中摘除一个 H· 而形成烷基自由基，该自由基与大气中的 O_2 结合生成 RO_2。$RO_2\cdot$ 具有氧化性，可将 NO 氧化成 NO_2：

$$RH+HO\cdot \longrightarrow R\cdot +H_2O$$

$$R\cdot +O_2 \longrightarrow RO_2\cdot$$

$$NO+RO_2\cdot \longrightarrow NO_2+RO\cdot$$

生成的 RO· 即可进一步与 O_2反应，O_2从 RO· 中靠近 O· 的次甲基中摘除两个H·，生成 $HO_2\cdot$ 和相应的醛：

$$RO\cdot +O_2 \longrightarrow R'CHO+HO\cdot$$

$$HO_2\cdot +NO \longrightarrow HO\cdot +NO_2$$

式中，R′比 R 少一个碳原子。在一个烃被 HO· 氧化的链循环中，往往有两个 NO 被氧化成 NO_2同时 HO· 得到了复原。因而此反应非常重要。这类反应速率很快，能与 O_3氧化反应竞争。在光化学烟雾形成过程中，HO· 引发了烃类化合物的链式反应，使得 $RO_2\cdot$ 和 $HO_2\cdot$ 数量大增，从而迅速地将 NO 氧化成 NO_2，这样就使得 O_3得以积累，以致成为光化学烟雾的重要产物。

HO· 和 RO· 也可与 NO 直接反应生成亚硝酸或亚硝酸酯：

$$HO\cdot +NO \longrightarrow HNO_2$$

$$RO\cdot +NO \longrightarrow RONO$$

HNO_2和 RONO 都极易发生光解。

(2)NO_2的反应。

前面已经介绍,NO_2的光解在大气环境化学中占有很重要的地位,它可以引发大气中生成O_3的反应。此外,NO_2能与一系列自由基,如 HO·、O·、RO_2·和 RO·等反应,也能与O_3和NO_3反应。其中比较重要的是与 HO·、NO_3以及O_3的反应。

NO_2与 HO·反应可生成HNO_3:

$$NO_2+HO\cdot \longrightarrow HNO_3$$

此反应是大气中气态HNO_3的主要来源,同时也对酸雨和酸雾的形成起着重要作用。白天大气中 HO·浓度较夜间高,因而这一反应在白天会有效地进行。所产生的HNO_3与HNO_2不同,它在大气中光解得很慢,沉降是它在大气中的主要去除过程。

NO_2也可与O_3反应:

$$NO_2+O_3 \longrightarrow NO_3+O_2$$

此反应在对流层中也很重要,尤其是在NO_2和O_3浓度都较高时,它是大气中NO_3的主要来源,NO_3可与NO_2进一步反应:

$$NO_2+NO_3 \overset{M}{\rightleftharpoons} N_2O_5$$

这是一个可逆反应,生成的N_2O_5又可分解为NO_2和NO_3。当夜间 HO·和 NO 浓度不高,而O_3具有一定浓度时,NO_2会被O_3氧化生成NO_3,随后进一步发生如上反应而生成N_2O_5。

(3)过氧乙酰基硝酸酯。

过氧乙酰基硝酸酯(PAN)是由乙酰基与空气中的O_2结合而形成过氧乙酰基,然后再与NO_2化合生成的化合物:

$$CH_3CO\cdot +O_2 \longrightarrow CH_3C(O)OO\cdot$$

$$CH_3C(O)OO\cdot +NO_2 \longrightarrow CH_3C(O)OONO_2$$

反应的主要引发者乙酰基是由乙醛光解而产生的:

$$CH_3CHO+h\nu \longrightarrow CH_3CO\cdot +H\cdot$$

而大气中的乙醛主要来源于乙烷的氧化:

$$C_2H_6+HO\cdot \longrightarrow C_2H_5\cdot +H_2O$$

$$C_2H_5\cdot +O_2 \xrightarrow{M} C_2H_5O_2$$

$$C_2H_5O_2+NO \longrightarrow C_2H_5O\cdot +NO_2$$

$$C_2H_5O\cdot +O_2 \longrightarrow CH_3CHO+HO_2$$

PAN 具有热不稳定性,遇热会分解而回到过氧乙酰基和NO_2,因而 PAN 的分解和形成之间存在着平衡。如果用其他烷基替代 PAN 中的乙基,就会形成相应的过氧烷基硝酸酯,如过氧丙酰基硝酸酯(PPN)、过氧苯酰基硝酸酯等。

2.4.6 碳氢化合物的转化
(The conversion of hydrocarbons)

碳氢化合物主要来自天然源,但在大气污染严重的局部地区,碳氢化合物主要来自人为源,其中又以汽车排放为主。除个别碳氢化合物(如某些多环芳烃)之外,作为一次污染物,它本身的危害并不严重。但碳氢化合物可以被大气中的 O·、O_3、HO·、HO_2·等氧化,特别是被 HO· 氧化,产生危害严重的二次污染物,并积极参与光化学烟雾的形成。碳氢化合物(烃类)可被氧化成醛、酮、醇、酸、烯等化合物,同时产生各种自由基。

1. 烷烃的反应

烷烃可与大气中的 HO·和 O·发生氢原子摘除反应:

$$RH+HO\cdot \longrightarrow R\cdot +H_2O$$

$$RH+O\cdot \longrightarrow R\cdot +HO\cdot$$

这两个反应的产物中都有烷基自由基,但另一个产物不同,前者是稳定的 H_2O,后者则是活泼的自由基 HO·。前者反应速率常数比后者大两个数量级以上。上述烷烃所发生的两种氧化反应中,经氢原子摘除反应所产生的烷基 R·与空气中的 O_2结合生成 RO_2·,它可将 NO 氧化成 NO_2,并产生 RO·。O_2还可从 RO·中再摘除一个 H·,最终生成 HO_2·和一个相应的稳定产物醛或酮。

如甲烷的氧化反应:

$$CH_4+HO\cdot \longrightarrow CH_3\cdot +H_2O$$

$$CH_4+O\cdot \longrightarrow CH_3\cdot +HO\cdot$$

反应中生成的 CH_3·与空气中的 O_2结合:

$$CH_3\cdot +O_2 \longrightarrow CH_3O_2\cdot$$

大气中的 O·主要来自 O_3的光解,通过上述反应,CH_4不断消耗 O·,可导致臭氧层的损耗。同时,生成的 CH_3O_2·是一种强氧化性的自由基,它可将 NO 氧化为 NO_2:

$$NO+CH_3O_2\cdot \longrightarrow NO_2+CH_3O\cdot$$

$$CH_3O\cdot +NO_2 \longrightarrow CH_3ONO_2$$

$$CH_3O\cdot +O_2 \longrightarrow HO_2\cdot +H_2CO$$

如果 NO 浓度低,自由基间也可发生如下反应:

$$RO_2\cdot +HO_2\cdot \longrightarrow ROOH+O_2$$

$$ROOH+h\nu \longrightarrow RO\cdot +HO\cdot$$

O_3一般不与烷烃发生反应。

烷烃亦可与 NO_3发生反应。大气中的 NO_3无天然源。它的主要来源为

$$NO_2+O_3 \longrightarrow NO_3+O_2$$

NO_3与烷烃反应速率很慢,不能与 HO·相比。反应机制也是氢原子摘除反应:

$$RH+NO_3 \longrightarrow R\cdot +HNO_3$$

这是城市夜间 HNO_3的主要来源。

2. 烯烃的反应

烯烃与 HO·主要发生加成反应,如乙烯和丙烯:

$$CH_2=CH_2+HO\cdot \longrightarrow \cdot CH_2CH_2OH$$

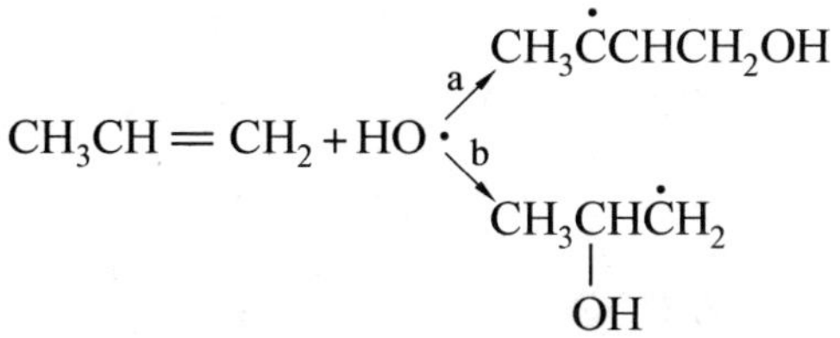

$$\cdot CH_2CH_2OH+O_2 \longrightarrow \cdot CH_2(O_2)CH_2OH$$

$$\cdot CH_2(O_2)CH_2OH+NO \longrightarrow CH_2(O)CH_2OH+NO_2$$

$$\cdot CH_2(O)CH_2OH \longrightarrow H_2CO+\cdot CH_2OH$$

$$\cdot CH_2(O)CH_2OH+O_2 \longrightarrow HCOCH_2OH+HO_2\cdot$$

$$\cdot CH_2OH+O_2 \longrightarrow H_2CO+HO_2\cdot$$

从上述一系列反应中可以看出，HO·加成到烯烃上而形成带有羟基的自由基。该自由基又可与空气中的 O_2 结合形成相应的过氧自由基，过氧自由基具有强氧化性，可将 NO 氧化成 NO_2。新生成的带有羟基的烷氧自由基可分解为一个甲醛和一个·CH_2OH。·CH_2OH 和·$CH_2(O)CH_2OH$ 都可被 O_2 摘除一个 H·而生成相应的醛和 HO_2·。

烯烃还可与 HO·发生氢原子摘除反应，例如：

$$CH_3CH_2CH=CH_2+HO\cdot \longrightarrow CH_3CHCH=CH_2+H_2O$$

烯烃与 O_3 反应的速率虽然远不如与 HO·反应的速率大，但是 O_3 在大气中的浓度远高于 HO·，因而这个反应显得非常重要。它的反应机理是首先将 O_3 加成到烯烃的双键上，形成一个分子臭氧化物，然后迅速分解为一个羰基化合物和一个二元自由基：

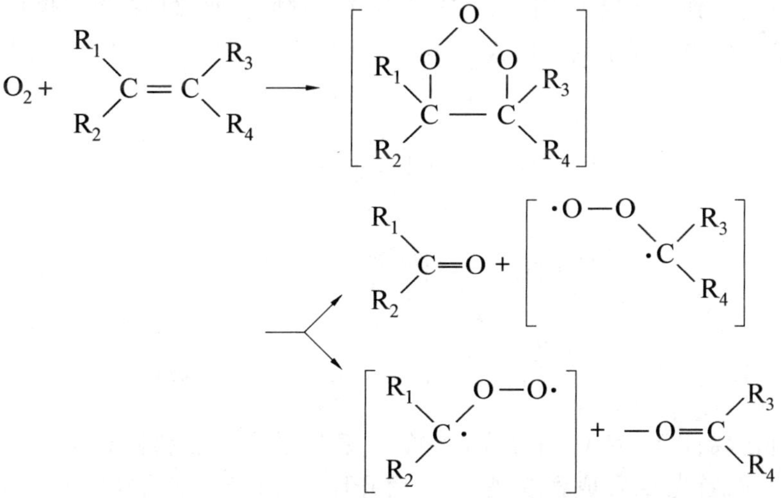

方括号中是二元自由基，它的能量很高，可进一步分解。如乙烯与 O_3 反应：

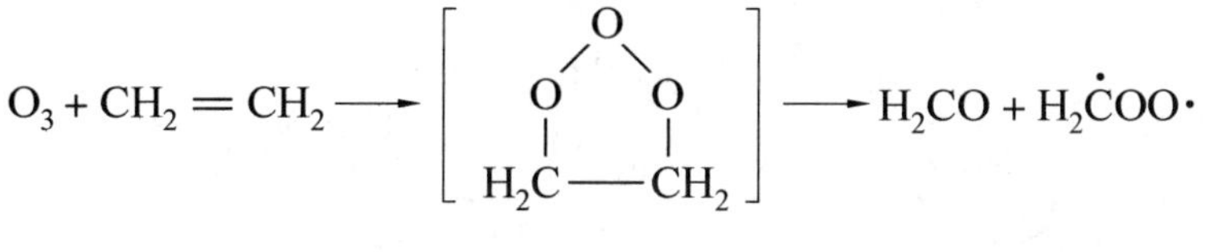

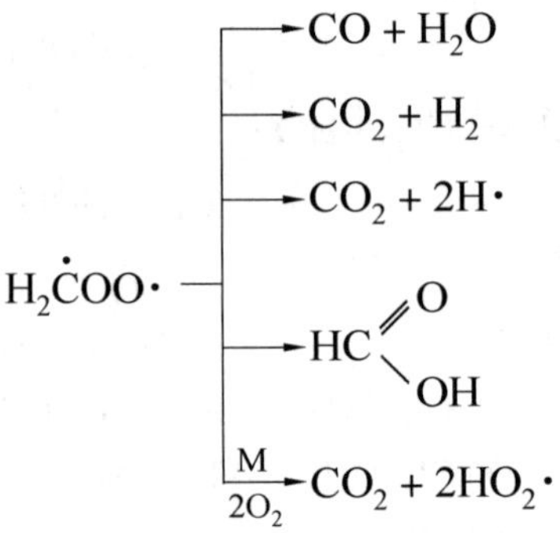

可见,二元自由基分解后可生成两个自由基以及一些稳定产物。另外,这种二元自由基氧化性也很强,可氧化 NO 和 SO_2等。

$$R_1R_2\dot{C}OO\cdot + NO \longrightarrow R_1R_2\dot{C}O + NO_2$$

$$R_1R_2\dot{C}OO\cdot + NO_2 \longrightarrow R_1R_2\dot{C}O + NO_3$$

$$R_1R_2\dot{C}OO\cdot + SO_2 \longrightarrow R_1R_2\dot{C}O + SO_3$$

氧化后自由基转化为相应的酮或醛。在大气中多数情况下,短碳链烯烃的主要去除过程是与 HO · 反应。较长碳链烯烃在 NO_3浓度低时主要与 O_3反应而去除,在 NO_3浓度高时则主要与 NO_3反应而去除。

3. 环烃的氧化

大气中已检测到的环烃大多以气态形式存在。它们主要都是在燃料燃烧过程中生成的。城市中的环烃浓度高于其他地区。环烃在大气中的反应以氢原子摘除反应为主,如环己烷:

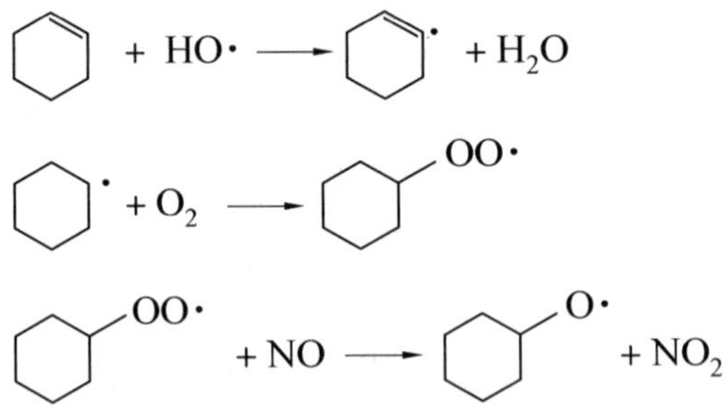

如果是环己烯,HO · 和 O_3可加成到它的双键上,大气中已检测到这些产物。O_3可与环烯烃迅速反应,首先 O_3加成到双键上,之后开环,生成带有双官能团的脂肪族化合物,最后转变成小分子化合物和自由基。

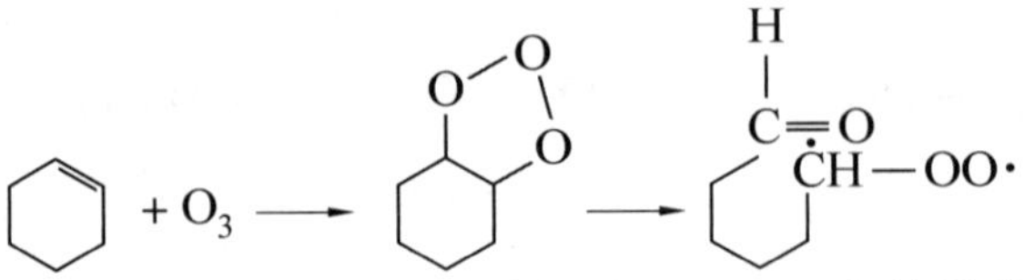

上述反应生成的是二元自由基,它可以分解为 CO、CO_2和其他化合物或自由基。

4. 单环芳烃的反应

大气中已检测到的单环芳烃有苯、甲苯以及其他化合物。它们主要来源于矿物燃料的燃烧以及一些工业生产过程。人们对芳烃在大气中的反应远不如对烷烃和烯烃了解得多。能与芳烃反应的主要是 HO·,其反应机制主要是加成反应和氢原子摘除反应。

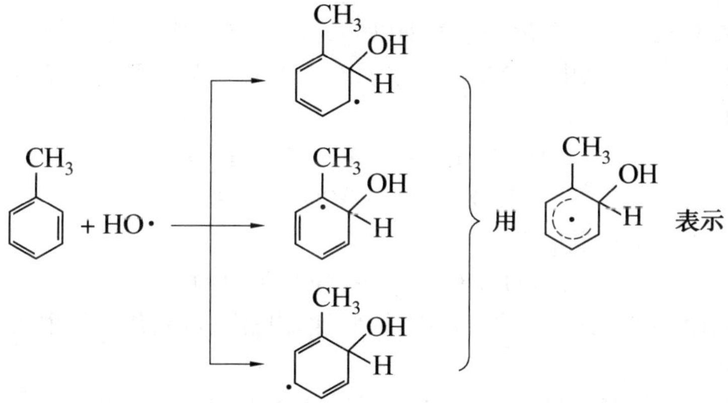

5. 多环芳烃的反应

大气中已检测出的多环芳烃有 200 多种,其中一小部分以气体形式存在,大部分则在气溶胶中。人们对多环芳烃在大气中的反应了解得更少。HO·可与多环芳烃发生氢原子摘除反应。HO·和 NO_3都可以加成到多环芳烃的双键上,形成包括羟基、羰基的化合物以及硝酸酯等。

多环芳烃在湿的气溶胶中可发生光氧化反应,生成环内氧桥化合物。如蒽的氧化:

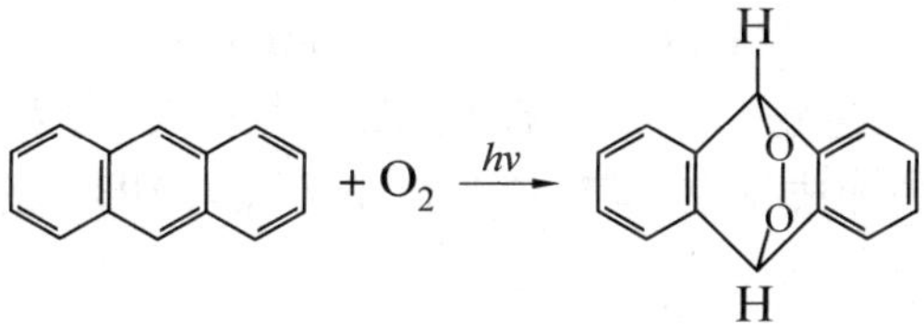

环内氧桥化合物可转变为相应的醌:

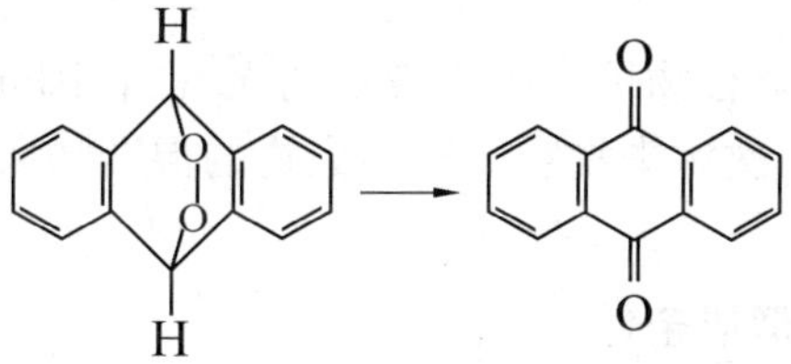

6. 醚、醇、酮、醛的反应

大气中已检测出的醚、醇、酮和醛等数量在十几种到几十种不等。饱和烃的衍生物,如乙醚、乙醇、丙酮、乙醛等,它们在大气中的反应主要是与 HO·发生氢原子摘除反应:

$$CH_2OCH_3 + HO\cdot \longrightarrow CH_3O\dot{C}H_2 + H_2O$$

$$CH_3CH_2OH + HO\cdot \longrightarrow CH_3\dot{C}HOH + H_2O$$

$$CH_3COCH_3+HO\cdot \longrightarrow CH_3CO\dot{C}H_2+H_2O$$

$$CH_3CHO+HO\cdot \longrightarrow CH_3\dot{C}O+H_2O$$

上述四种反应所生成的自由基在有 O_2 存在下均可生成过氧自由基,与 $RO_2\cdot$ 有类似的氧化作用。

上述各含氧有机化合物在污染空气中以醛为最重要。醛类,尤其是甲醛,既是一次污染物,又可由大气中的烃氧化而产生。几乎所有大气环境化学反应都有甲醛参与。大气中的主要反应有

$$H_2CO+HO\cdot \longrightarrow HCO\cdot +H_2O$$

$$HCO\cdot +O_2 \longrightarrow CO+HO_2\cdot$$

甲醛能与 $HO_2\cdot$ 迅速反应:

$$H_2CO+HO_2\cdot \longrightarrow (HO)H_2COO\cdot$$

所生成的 $(HO)H_2COO\cdot$ 是一个过氧自由基,它比较稳定,可氧化大气中的 NO,然后与 O_2 反应生成甲酸:

$$(HO)H_2COO\cdot +NO \longrightarrow (HO)H_2CO\cdot +NO_2$$

$$(HO)H_2CO\cdot +O_2 \longrightarrow HCOOH+HO_2\cdot$$

生成的甲酸会对酸雨有贡献。

醛也能与 NO_3 反应:

$$RHCO+NO_3 \longrightarrow RCO\cdot +HNO_3$$

对于甲醛:

$$H_2CO+NO_3 \longrightarrow HCO\cdot +HNO_3$$

$$HCO\cdot +O_2 \longrightarrow CO+HO_2\cdot$$

不饱和烃和芳烃的衍生物,如烯醚、烯醇、烯酮、烯醛等,以及相应的芳环化合物,在大气中主要发生与 $HO\cdot$ 的加成反应,其反应类似于烯烃与 $HO\cdot$ 的加成反应机制。

2.4.7 光化学烟雾
(Photochemical smog)

含有氮氧化物和碳氢化合物等一次污染物的大气,在阳光照射下发生光化学反应而产生二次污染物,这种由一次污染物和二次污染物的混合物所形成的烟雾污染现象,称为光化学烟雾。

1. 光化学烟雾特征及形成条件

(1)特征。

光化学烟雾的特征是烟雾呈蓝色,具有强氧化性,属氧化性烟雾,能使橡胶开裂,刺激人的眼睛,伤害植物的叶子,并使大气能见度降低,妨碍汽车、飞机的正常运行,使交通事故猛增。

(2)形成条件。

光化学烟雾的形成条件是:大气中有氮氧化物和碳氢化合物存在,大气温度较低,而且有强的阳光照射。这样在大气中就会发生一系列复杂的反应,生成一些二次污染物,如

O_3、醛、PAN、H_2O_2等。光化学烟雾一般发生在大气湿度较低、气温为 24 ~ 32 ℃的夏季晴天，其刺激物浓度的高峰出现在中午或午后，污染区域往往在污染源下风向几十至几百千米处。光化学烟雾是一种循环过程，白天生成，傍晚消失。

2. 光化学烟雾日变化曲线

光化学烟雾的生成不仅包括光氧化过程，还包括一次污染物的扩散输送过程。因此，光化学烟雾污染不只是城市大气环境问题，还是区域性污染问题。短距离传输可造成 O_3 等的最大浓度出现在污染源的下风向，中尺度传输可使 O_3等扩散至约 100 km 的下风向，如果同大气高压系统相结合可传输几百千米。所以，一些乡村地区也有光化学烟雾污染的现象。

20 世纪 50 年代初，美国加利福尼亚大学的哈根–斯密特（Haggen-Smit）确定了空气中刺激性气体为 O_3，首次提出了有关光化学烟雾形成的机理。他认为洛杉矶光化学烟雾是由汽车尾气中的 NO 和碳氢化合物在强太阳光作用下，发生光化学反应而形成的。大气中 O_3浓度升高是光化学烟雾污染的标志。世界卫生组织和我国、美国、日本等许多国家均把臭氧或光化学氧化剂（O_3、NO_2、PAN 等）的水平作为判断大气质量的标准之一，并据此来发布光化学烟雾的警报。从 20 世纪 50 年代至今，对光化学烟雾的研究，在发生源、发生条件、反应机制及模型、对生态系统的毒害、监测和控制等方面都开展了大量的研究工作，并取得了许多成果。

(1)光化学烟雾的日变化曲线。

既然汽车尾气是形成光化学烟雾的主要前体物，那么可以预料在某种程度上污染物的浓度水平应当与交通量有关。图 2.9 所示为污染地区大气中 NO、NO_2、烃、醛及 O_3从早至晚的日变化曲线。由图可见，污染物的浓度变化与交通量和日照等气象条件有密切联系。烃和 NO 的体积分数最大值发生在早晨交通繁忙时刻，这时 NO_2的浓度很低。随着太阳辐射的增强，NO_2、O_3和醛的浓度迅速增大，中午时已达到较高的浓度，它们的峰值通常比 NO 峰值晚出现几个小时。由此可以推断 NO_2、O_3和醛是在日光照射下由大气光化学反应而产生的，属于二次污染物。早晨由汽车排放出来的尾气是产生这些光化学反应的直接原因。傍晚交通繁忙时刻，虽然仍有较多汽车尾气排放，但由于日光已较弱，不足以引起光化学反应，因而不能产生光化学烟雾现象。所以光化学烟雾往往白天生成，傍晚消失。

(2)烟雾箱模拟曲线。

为了弄清光化学烟雾中各物种的含量随时间变化的机理，有关学者进行了烟雾箱实验研究，即向一个大的封闭容器中，通入反应气体，在模拟太阳光的人工光源照射下进行模拟大气光化学反应。

在被照射的体系中，起始物质是丙烯、NO_x和空气的混合物。研究结果如图 2.10 所示。从图中可看出如下三点：①随着实验时间的增长，NO 向 NO_2转化；②氧化过程使丙烯消耗；③臭氧及其他二次污染物，如 PAN、HCHO 等生成。

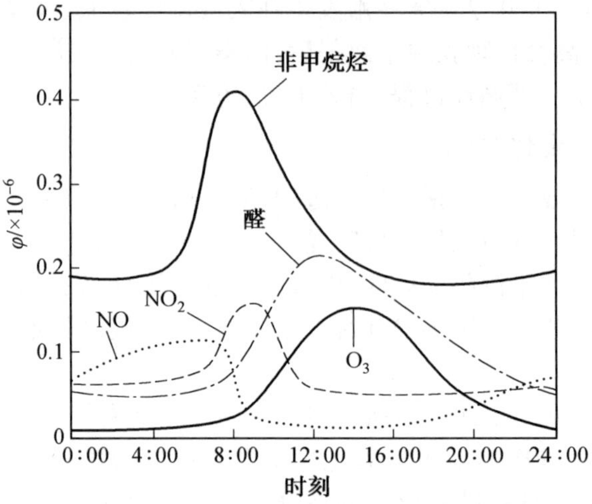

图 2.9　光化学烟雾日变化曲线

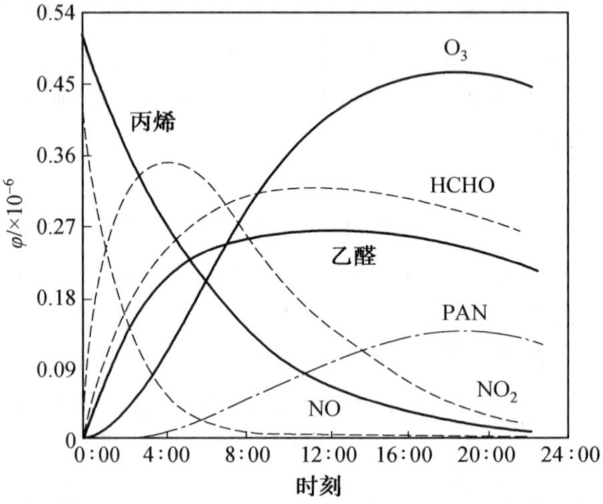

图 2.10　丙烯-NO_x反应物与产物的浓度变化

3. 光化学烟雾形成机理

实际光化学烟雾的形成反应要比上述模拟实验中的反应复杂得多。仅汽车尾气排放出的碳氢化合物就有 100 多种,每一种都有一系列的链式反应,其反应总数是惊人的。据报道,已研究的反应达 300 个以上。通过光化学烟雾模拟实验,已初步明确在碳氢化合物和 NO 相互作用过程中关键性反应是:①NO_2的光解导致 O_3的生成;②丙烯氧化生成了具有活性的自由基,如 HO·、HO_2·、RO_2· 等;③HO_2·和 RO_2·等促进了 NO 向 NO_2转化,提供了更多的生成 O_3的 NO_2源。

光化学烟雾是一个链引发反应,链引发反应主要是 NO_2光解。另外,还有其他化合物,如甲醛在光的照射下生成的自由基,这些化合物均可引起链引发反应。在光化学反应中,自由基反应占有很重要的地位,自由基的引发反应主要是由 NO_2和醛光解而引起的:

$$NO_2+h\nu \longrightarrow NO+O\cdot$$

$$RHCO+h\nu \longrightarrow RCO\cdot +H\cdot$$

碳氢化合物的存在是自由基转化和增殖的根本原因：

$$RH+O\cdot \longrightarrow R\cdot +HO_2\cdot$$

$$RH+HO\cdot \longrightarrow R\cdot +H_2O$$

$$H\cdot +O_2 \longrightarrow HO_2\cdot$$

$$R\cdot +O_2 \longrightarrow RO_2\cdot$$

$$RCO\cdot +O_2 \longrightarrow RC(O)OO\cdot$$

通过如上途径生成的 $HO_2\cdot$、$RO_2\cdot$ 和 $RC(O)O_2\cdot$ 均可将 NO 氧化成 NO_2：

$$NO+HO_2\cdot \longrightarrow NO_2+HO\cdot$$

$$NO+RO_2\cdot \longrightarrow NO_2+RO\cdot$$

$$RO\cdot +O_2 \longrightarrow HO_2\cdot +R'CHO$$

$$NO+RC(O)O_2\cdot \longrightarrow NO_2+RC(O)O\cdot$$

$$RC(O)O\cdot \longrightarrow R\cdot +CO_2$$

其中，$RO\cdot$ 为烷氧基；R′CHO 为醛；R′为比 R 少一个 C 原子的烷基。$RC(O)O\cdot$ 很不稳定，生成后很快分解成 $R\cdot$ 和 CO_2。

将上述反应综合起来即光化学烟雾中自由基的传递，其示意图如图 2.11 所示。

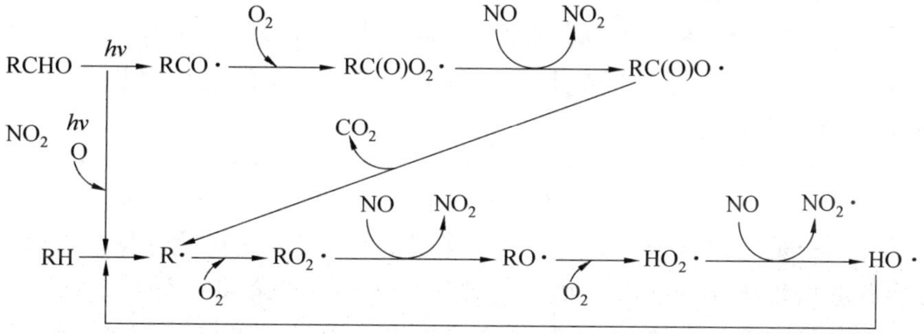

图 2.11　光化学烟雾中自由基传递示意图

可见，在 $R\cdot$ 和 $RCO\cdot$ 寿命期内可以使多个 NO 转化成 NO_2。也就是说，一个自由基自形成直到它猝灭之前可以参加许多个自由基传递反应，这种自由基传递过程提供了使 NO 向 NO_2 转化的条件。而 NO_2 既起链引发作用，又起链终止作用，最终生成 PAN、HNO_3 和硝酸酯等稳定产物。

1986 年，Seinfeld 用 12 个化学反应概括了光化学烟雾形成的整个过程：

(1)引发反应：

$$NO_2+h\nu \longrightarrow NO+HO\cdot$$

$$O\cdot +O_2+M \longrightarrow O_3+M$$

$$NO+O_3 \longrightarrow NO_2+O_2$$

(2)自由基传递反应：

$$RH+HO\cdot \xrightarrow{O_2} RO_2\cdot +H_2O$$

$$RCHO+HO\cdot \xrightarrow{O_2} RC(O)O_2\cdot +H_2O$$

$$RCHO+h\nu \xrightarrow{2O_2} RO_2\cdot +HO_2\cdot +CO$$

$$HO_2\cdot +NO \longrightarrow NO_2+HO\cdot$$

$$RO_2\cdot +NO \xrightarrow{O_2} NO_2+R'CHO+HO_2\cdot$$

$$RC(O)O_2\cdot +NO \xrightarrow{O_2} NO_2+RO_2\cdot +CO_2$$

(3)终止反应:

$$HO\cdot +NO_2 \longrightarrow HNO_3$$

$$RC(O)O_2\cdot +NO_2 \longrightarrow RC(O)O_2NO_2$$

$$RC(O)O_2NO_2 \longrightarrow RC(O)O_2\cdot +NO_2$$

4. 光化学烟雾的控制对策

由于光化学烟雾频繁发生,如何控制其形成已成为引人注目的研究课题。最好的方案是控制碳氢化合物和氮氧化物的排放;此外可在大气中散发控制自由基形成的阻化剂,以清除自由基,使链式反应终止。由于 HO· 被认为是促成光化学烟雾形成的主要活性物质,故对清除 HO· 的阻化剂研究得较多。如用二乙基羟胺(DEHA)作为 HO· 的阻化剂,其反应为

$$(C_2H_5)_2NOH+HO\cdot \longrightarrow (C_2H_5)_2NO+H_2O$$

这类研究目前主要停留在实验室阶段,是否可以实际应用还有争议。DEHA 仅能延缓光化学烟雾的发生,但不能从根本上解决问题。只有控制碳氢化合物和氮氧化物的排放量,才能避免光化学烟雾的发生。

一生只为一件事——环保

唐孝炎院士是我国环保领域的先驱和泰斗,是我国大气环境科技领域的开拓者,是具有世界影响的环境科学家。她是我国最早认识到臭氧层破坏机制的科学家,在我国各阶段大气污染的来源、成因和防治对策方面进行了系统、深入的研究,在光化学烟雾污染研究、酸雨和酸沉降研究、臭氧层保护系列研究中取得一系列的突破性进展,为我国大气污染控制提供了坚实的科学依据,也为我国的大气环境保护和环境教育事业做出了突出贡献。她对荣誉奖项并不在意,却对每个学生如数家珍,教书育人不仅是唐老师知识的传递,更是她精神和人格的延续。2018 年,86 岁高龄的唐老师,尽管拿粉笔的手已经止不住地颤抖,但仍坚守在教学一线,依旧给本科生开课。对于唐老师来说,只要声音和思想足够坚定,她就会一直站在讲台上,尽其所能地传授知识,毕竟环保是终生的追求,是跨时代的命题。

2.4.8 硫氧化物的转化
(Conversion of sulfur oxides)

SO_2 在大气中的主要化学演变过程是 SO_2 被氧化成 SO_3,SO_3 被水吸收形成 H_2SO_4,再遇 NH_4^+ 形成 $(NH_4)_2SO_4$ 或其他硫酸盐,然后以微粒(气溶胶)形式参与循环。在二氧化硫向硫酸及硫酸盐转化过程中,$SO_2 \longrightarrow SO_3$ 转化是关键一步。由于氧化转化反应可以在气

体中、液滴里和固体微粒表面进行，涉及一般反应、催化反应及光化学反应等多种复杂反应；氧化途径受反应条件（如反应物组成、光强、温度和催化剂等）影响较大，使大气中 SO_2 的化学反应变得十分复杂，其反应途径有：光化学氧化、气相氧化、液相氧化及颗粒物表面的氧化。已经证实，对陆地及水生生态系统、人体健康、能见度和气候等产生不利影响的主要物质不是 SO_2 本身，而是其氧化产物。

1. 二氧化硫的气相氧化

大气中 SO_2 的转化首先是 SO_2 氧化成 SO_3，随后 SO_3 被水吸收而生成硫酸，从而形成酸雨或硫酸烟雾。硫酸也可以与大气中的 NH_4^+ 等阳离子结合生成硫酸盐气溶胶。

（1）SO_2 的直接光氧化。

在介绍 SO_2 对光的吸收特性时已介绍，在低层大气中 SO_2 主要光化学反应过程是形成激发态 SO_2 分子，而不是直接解离。它吸收来自太阳的紫外光后进行两种电子允许跃迁，产生强弱吸收带，但不发生光解：

$$SO_2+h\nu(290\sim340\ \mathrm{nm})\rightleftharpoons{}^1SO_2(\text{单重态})$$

$$SO_2+h\nu(340\sim400\ \mathrm{nm})\rightleftharpoons{}^2SO_2(\text{二重态})$$

能量较高的单重态分子可按以下过程跃迁到三重态或基态：

$$^1SO_2+M\longrightarrow{}^3SO_2+M$$

$$^1SO_2+M\longrightarrow SO_2+M$$

在环境大气条件下，激发态的 SO_2 主要以三重态的形式存在，单重态不稳定，很快按上述方式转变为三重态。

大气中 SO_2 直接氧化成 SO_3 的机制为

$$^3SO_2+O_2\longrightarrow SO_4\longrightarrow O_3+O\cdot$$

$$\text{或}\quad SO_2+SO_4\longrightarrow 2SO_3$$

（2）SO_2 被自由基氧化。

在污染大气中，由于各类有机污染物的光解及化学反应可生成各种自由基，如 $HO\cdot$、$HO_2\cdot$、$RO_2\cdot$ 和 $RC(O)O_2\cdot$ 等。这些自由基主要来源于大气中一次污染物 NO_x 的光解，以及光解产物与活性碳氢化合物相互作用的过程；也来自光化学反应产物的光解过程，如醛、亚硝酸和过氧化氢等的光解均可产生自由基。这些自由基大多有较强的氧化作用。在这样光化学反应十分活跃的大气中，SO_2 很容易被这些自由基氧化，其中与 $HO\cdot$ 的反应是大气中 SO_2 转化的重要反应。

①SO_2 与 $HO\cdot$ 的反应。

$HO\cdot$ 与 SO_2 的氧化反应是大气中 SO_2 转化的重要反应，首先 $HO\cdot$ 与 SO_2 结合形成一个活性自由基：

$$HO\cdot+SO_2\xrightarrow{M}HOSO_2\cdot$$

此自由基进一步与空气中 O_2 作用：

$$HOSO_2\cdot+O_2\xrightarrow{M}HO_2\cdot+SO_2$$

$$SO_3+H_2O\longrightarrow H_2SO_4$$

反应过程中所生成的 $HO_2\cdot$ 通过反应

$$HO_2\cdot + NO \longrightarrow HO\cdot + NO_2$$

使得 $HO\cdot$ 再生，于是上述氧化过程又循环进行。这个循环过程的速率决定步骤是 SO_2 与 $HO\cdot$ 的反应。

②SO_2 与其他自由基的反应。

在大气中 SO_2 氧化的另一个重要反应是 SO_2 与二元活性自由基的反应。前面已介绍，O_3 和烯烃反应可生成二元活性自由基。由于它的结构中含有两个活性中心，易与大气中的物种反应。例如：

$$CH_3\dot{C}HOO\cdot + SO_2 \longrightarrow CH_3CHO + SO_3$$

另外，$HO_2\cdot$、$CH_3O_2\cdot$ 以及 $CH_3(O)O_2\cdot$ 也易与 SO_2 反应，而将其氧化成 SO_3：

$$HO_2\cdot + SO_2 \longrightarrow HO\cdot + SO_3$$

$$CH_3O_2\cdot + SO_2 \longrightarrow CH_3O\cdot + SO_3$$

$$CH_3C(O)O_2\cdot + SO_2 \longrightarrow CH_3C(O)O\cdot + SO_3$$

2. 二氧化硫的液相氧化

SO_2 溶于云、雾中，可被其中的 O_3、H_2O 所氧化，这里 SO_2 溶于水是发生液相氧化的先决条件：

$$SO_2(g) + H_2O(l) \longrightarrow (H_2O\cdot SO_2)$$

$$(H_2O\cdot SO_2) \longrightarrow HSO_3^- + H^+$$

$$HSO_3^- \longrightarrow SO_3^{2-} + H^+$$

SO_2 溶于水后的氧化途径可简述如下。

(1) 被 O_3 氧化。

在污染空气中 O_3 的含量比清洁空气中要高，这是由 NO_2 光解而致。O_3 可溶于大气的水中，将 SO_2 氧化：

$$SO_2\cdot H_2O + O_3 \xrightarrow{k_0} 2H^+ + SO_4^{2-} + O_2$$

$$HSO_3^- + O_3 \xrightarrow{k_1} HSO_4^{2-} + O_2$$

$$SO_3^{2-} + O_3 \xrightarrow{k_2} SO_4^{2-} + O_2$$

式中 $k_0 = 2.4\times10^4\ L\cdot(mol\cdot s)^{-1}$，$k_1 = 3.7\times10^5\ L\cdot(mol\cdot s)^{-1}$，

$k_2 = 1.5\times10^9\ L\cdot(mol\cdot s)^{-1}$

从 O_3 与三种不同形态 S(Ⅳ) 的反应速率常数可以判断，O_3 与 SO_3^{2-} 反应最快，其次是 HSO_3^-，最慢的是 $SO_2\cdot H_2O$，这三个反应的重要性随 pH 的变化而不同，pH 较低时，$SO_2\cdot H_2O$ 与 O_3 的反应较为重要，pH 较高时，SO_3^{2-} 与 O_3 的反应占优势。以上三个反应速率常数在一定范围内均随着 pH 的增大而增大。

(2) 被 H_2O_2 氧化。

目前，H_2O_2 对 S(Ⅳ) 氧化的研究工作进行得较深入，报道资料也相对较多，在 pH 为 0~8 范围内均发生氧化反应，通常氧化反应式可表示为

$$HSO_3^- + H_2O_2 \longrightarrow SO_2OOH^- + H_2O$$

$$SO_2OOH^- + H^+ \longrightarrow H_2SO_4$$

过氧化亚硫酸生成硫酸要与一个质子结合，因而介质酸性越强，反应就越快。

(3)在金属离子存在下的催化氧化。

在某种过渡金属离子存在下，二氧化硫的液相氧化反应速率可能会增大，但这种催化氧化过程比较复杂，步骤较多，反应速率表达式多为经验式。SO_2的催化氧化可用下式表示：

$$2SO_2 + 2H_2O + O_2 \xrightarrow{M} 2H_2SO_4$$

催化剂可以是MSO_4，也可以是MCl，而$FeCl_3$、$MgCl_2$、$Fe_2(SO_4)_3$及$MgSO_4$是经常悬浮在大气中的。在高湿度时，这些颗粒起凝聚中心的作用，从而易形成水溶液小珠，随后过程是SO_2的吸收及O_2穿过气溶胶的氧化。实验表明，液滴的pH能影响催化反应的速率；反应在碱性及中性条件下较快，而在酸性条件下较慢，另外相对湿度也能影响氧化过程，湿度降低，氧化速率减慢。一般认为SO_2的催化氧化为一级反应，速率常数随催化剂类型及相对湿度而改变。

综上所述，大气中SO_2的氧化有多种途径。其主要途径是SO_2的均相气相氧化和液相氧化。SO_2氧化转化机制视具体环境条件而异。例如，白天低湿度条件下，以光氧化为主；而在高湿度条件下，催化氧化则可能是主要的，往往生成H_2SO_4（气溶胶），若有NH_3吸收，在液滴中就会生成硫酸铵。

2.4.9 硫酸烟雾污染 (Sulfuric acid smoke pollution)

硫酸烟雾主要是由燃煤而排放出来的SO_2、颗粒物以及由SO_2氧化所形成的硫酸盐颗粒物所造成的大气污染现象。这种污染多发生在冬季、气温较低、湿度较高和日光较弱的气象条件下。如1952年12月在伦敦发生的一次硫酸烟雾型污染事件：当时伦敦上空受冷高压控制，高空中的云阻挡了来自太阳的光。地面温度迅速降低，相对湿度高达80%，于是就形成了雾。由于地面温度低，上空又形成了逆温层。大量家庭的烟囱和工厂所排放出来的烟积聚在低层大气中，难以扩散，这样在低层大气中就形成了很浓的黄色烟雾。在硫酸烟雾的形成过程中，SO_2转变为SO_3的氧化反应主要靠雾滴中锰、铁及氨的催化作用而加速完成。SO_2的氧化速率还会受到其他污染物、温度以及光强等的影响。

硫酸烟雾型污染物，从化学上看是属于还原性混合物，故称此烟雾为还原烟雾。而光化学烟雾是高浓度氧化剂的混合物，因此也称为氧化烟雾。这两种烟雾在许多方面具有相反的化学性质。它们产生污染的根源各有不同，硫酸烟雾主要由燃煤引起，光化学烟雾则主要由汽车排气引起。表2.6给出了两种类型烟雾的区别。目前已发现两种类型烟雾污染可交替发生。

表 2.6 硫酸烟雾与光化学烟雾的比较

项目	硫酸烟雾	光化学烟雾
概况	发生较早(1873 年),至今已多次出现	发生较晚(1943 年),发生光化学反应
污染物	颗粒物、SO_2、硫酸雾等	碳氢化合物、NO_x、O_3、PAN、醛类
燃料气象条件	煤	汽油、煤气、石油
季节	冬	夏
气温	低(4 ℃以下)	高(24 ℃以上)
湿度	高	低
日光	弱	强
臭氧浓度	低	高
出现时间	白天夜间连续	白天
毒性	对呼吸道有刺激作用,严重时导致死亡	对眼和呼吸道有强刺激作用,O_3等氧化剂有强氧化破坏作用,严重时可导致死亡

中国燃气扎实推进“煤改气”,“燃”起农村居民幸福新生活

打赢蓝天保卫战,是党中央、国务院对广大人民群众的庄严承诺,在这场没有硝烟的“战役”中,“煤改气”功不可没。

为践行社会责任,助力国家打赢蓝天保卫战,中国燃气控股有限公司(以下简称中国燃气)积极响应国家号召,自 2017 年起全面进入河北、河南、陕西、山东、山西、内蒙古、宁夏等地,大干快上、全力以赴推进“煤改气”清洁取暖改造工作。6 年来,该公司在上述地区实施“煤改气”项目 237 个、接驳用户 758 万户、投运燃气管线超 18 万 km,让北方地区超过 4 000 万户农村居民提前 5 ~ 10 a 用上了管道天然气,助力国家减碳超 2.8 亿 t。冬季取暖不再“烟熏火燎”,在我国大气污染防治及乡村振兴进程中贡献了“中燃担当”。

2.5 酸沉降化学

(Chemistry of acid deposition)

酸沉降是指大气中的酸性物质通过降水,如雨、雪、冰雹等迁移到地表(湿沉降),或酸性物质在气流的作用下直接迁移到地表(干沉降)的过程。酸沉降化学就是研究在干、湿沉降过程中与酸有关的各种化学问题,包括降水的化学组成、酸的来源、形成过程和机理、存在形式、化学转化及降水组成的变化与趋势等。

酸沉降化学研究开始于酸雨。20 世纪 50 年代,欧洲发现降水酸性有逐渐增强的趋势,酸雨问题受到普遍重视。由于酸雨的危害较大,形成过程复杂,影响面广、持久,还可以远距离输送,因此酸雨问题受到了全世界的关注。各国相继大力开展酸雨的研究,纷纷

建立酸雨的监测网站，制订长期研究计划，开展国际合作。后来，在酸雨研究中发现酸的干沉降不能忽视，其引起的环境效应往往是干、湿沉降综合作用的结果。因此，过去被大量引用的“酸雨”的提法已逐渐被“酸沉降”所取代。

2.5.1 酸雨研究的概况 (Overview of acid rain research)

酸性降水是指 pH<5.6 的雨、雪或其他形式的大气降水。由于最早引起关注的是酸性降雨，所以习惯上统称为酸雨。

现代酸雨的研究是从早期的降水化学发展而来的。1761—1767 年，Marggraf 测定了雨、雪等降水的化学组成。1872 年英国化学家 R. A. Smith 在其《空气和雨：化学气象学的开端》一书中首先使用了“酸雨”这一概念，指出降水的化学性质受燃煤和有机物分解等因素的影响，同时也指出酸雨对植物和材料是有害的。

20 世纪以来，全世界酸雨污染范围日益扩大，由北欧扩展到中欧，又由中欧扩展到东欧，几乎整个欧洲地区都在降酸雨。在美国东部和加拿大南部酸雨也已成为棘手的问题。在北美地区，pH 为 3 ~ 4 的酸雨已很常见。20 世纪 70 年代美国 15 个州降水的 pH 平均在 4.8 以下，西弗吉尼亚甚至下降到 1.5，这是最严重的酸雨记录。在加拿大，酸雨的危害面积已达 $(120 \sim 150) \times 10^4 km^2$。之后，酸雨也席卷了亚洲大陆。1971 年日本就有酸雨的报道。1983 年，日本环境厅组织酸雨委员会进行降水化学组成的监测和湖泊水质调查，几年的调查结果表明，降水年平均 pH 为 4.3 ~ 5.6。

我国对酸雨的研究始于 20 世纪 70 年代末。当时在北京、上海、南京、重庆和贵阳等城市开展了局部研究，发现这些地区在不同程度上存在酸雨问题，西南地区则很严重。1982—1984 年我国开展了酸雨的调查，为研究降水酸度及化学组成的时空分布情况；1985—1986 年在全国范围内布设了 189 个监测站，523 个降水采样点，对降水数据进行了全面系统的分析。结果表明，降水年平均 pH<5.6 的地区主要分布在秦岭—淮河以南，在此以北仅有个别地区；降水年平均 pH<5.0 的地区主要在西南、华东及东南沿海一带，即我国酸雨由北向南逐渐加重，长江以南酸雨已比较普遍。酸雨污染最严重的西南地区，如重庆、贵阳两市降水 pH 的月平均值几乎全在 5 以下。1986 年以后，我国酸雨发展日趋严重，酸雨面积逐渐扩大，部分南方省市年平均 pH<4。1998 年，全国降水年平均 pH 为 4.13 ~ 7.79，降水年平均 pH<5.6 的城市占 52.8%，以煤烟型为主的大气污染导致酸雨的覆盖面积约占国土面积的 30%，呈明显的区域性特征。为控制我国大气 SO_2 污染和酸雨不断恶化的趋势，1998 年 1 月国务院正式批准了《酸雨控制区和二氧化硫污染控制区划分方案》(两控区方案)。“两控区”涉及 27 个省、自治区、直辖市，面积达 109 万 km^2，占国土面积的 11.14%，其中酸雨控制区为 80 万 km^2，占国土面积的 8.14%，SO_2 污染控制区为 29 万 km^2，占国土面积的 3.0%。该方案的实施对抑制我国酸雨污染起到了重要作用。2008 年我国监测的 477 个城市(县)中，降水年平均 pH<5.6 的城市占 38.6%；酸雨主要分布在长江以南，四川、云南以东的区域，包括浙江、福建、江西、湖南和重庆的大部分地区及长江三角洲、珠江三角洲地区。2018 年，酸雨控制区面积约 53 万 km^2，占国土面积的 5.5%。酸雨污染主要分布在长江以南、云贵高原以东地区，主要包括浙江、上海的大

部分地区、福建北部、江西中部、湖南中东部、广东中部和重庆南部。我国酸雨的主要致酸物质是硫酸盐,降水中 SO_4^{2-} 的含量普遍很高。

酸雨是降水水质变化的主要表现形式之一,已成为大气污染的重要特征,是当代全球性的环境问题之一。

2.5.2 酸雨的危害 (The harm of acid rain)

酸雨的危害是多方面的,包括以下几点。

(1) 对土壤生态的危害。

酸性物质不仅可通过降雨湿性沉降,也可通过干性沉降于土壤。一方面土壤中的钙、镁、钾等养分被淋溶,导致土壤日益酸化、贫瘠化,影响植物的生长;另一方面酸化的土壤影响微生物的活性。

(2) 对水生生态的危害。

酸雨可使湖泊、河流等地表水酸化,污染饮用水源。当水体 $pH<5$ 时,鱼类的生长繁殖即会受到严重影响;流域土壤和湖、河底泥中的有毒金属,如铝等则会溶解在水中,毒害鱼类。水质变酸还会引起水生生态结构上的变化;酸化后的湖泊与河流中,鱼类会减少甚至绝迹。

(3) 对植物的危害。

受到酸雨侵蚀的叶子,其叶绿素含量降低,由于光合作用受阻,农作物产量降低,也可使森林生长速度降低。

(4) 对材料和古迹的影响。

酸雨加速了许多用于建筑结构、桥梁、水坝、工业装备、供水管网及通信电缆等材料的腐蚀,还能严重损害古迹、历史建筑以及其他重要文化设施。

(5) 对人体健康的影响。

酸雨不仅会造成很大的经济损失,也会危害人体的健康,这种危害可以是间接的,也可以是直接的。

2.5.3 降水的化学性质 (The chemistry of precipitation)

1. 降水的组成

降水的组成通常包括以下几类。

① 大气中固定气体成分:O_2、N_2、CO_2、H_2及稀有气体。

② 无机物:土壤衍生矿物离子 Al^{3+}、Ca^{2+}、Mg^{2+}、Fe^{3+}和硅酸盐等;海洋盐类离子 Na^+、Cl^-、Br^-、SO_4^{2-}、HCO_3^-及少量 K^+、Mg^{2+}、Ca^{2+}、I^-和 PO_4^{3-};气体转化产物 SO_4^{2-}、NO_3^-、NH_4^+、Cl^-和 H^+;人为排放源 As、Cd、Cr、Co、Cu、Pb、Mn、Mo、Ni、V、Zn、Ag、Sn 和 Hg 等的化合物。

③ 有机物:有机酸、醛类、烷烃、烯烃和芳烃。

④ 光化学反应产物:H_2O_2、O_3和 PAN 等。

⑤ 不溶物:雨水中的不溶物来自土壤粒子和燃料燃烧排放尘粒中不能溶于雨水的部分。

2. 降水中的离子成分

降水中主要的阴离子是SO_4^{2-},其次是NO_3^-和Cl^-,主要的阳离子是NH_4^+、Ca^{2+}和H^+,因为这些离子参与了地表土壤的平衡,对陆地和水生生态系统有很大影响。在国外,硫酸和硝酸是降水酸度的主要贡献者,两者的比例大致是2∶1,这可能与汽车尾气污染有关。在我国,酸雨一般是硫酸型的,SO_4^{2-}含量为NO_3^-的3~10倍。有迹象表明,在南方部分地区SO_4^{2-}与NO_3^-浓度比要比预料得小,说明HNO_3对降水酸度的贡献相对要大一些。降水中SO_4^{2-}含量各地区有很大差别,大致为1~20 mg。降水中的SO_4^{2-}除来自岩石矿物风化作用,土壤中有机物、动植物和废弃物的分解外,更多的是来自燃料燃烧排放出的颗粒物和SO_2,因此在工业区和城市的降水中SO_4^{2-}含量一般较高,且冬季高于夏季。

降水中的含氮化合物存在形式有多种,主要是NO_3^-、NO_2^-和NH_4^+,含量为1~3 mg·L^{-1},其中NH_4^+含量高于NO_3^-。NO_3^-一部分来自人为源排放的NO_x和尘粒,另有相当一部分可能来自空气放电产生的NO_x。NH_4^+的主要来源是生物腐败及土壤和海洋挥发等天然源排放的NH_3。NH_4^+的分布与土壤类型有较明显的关系,碱性土壤地区降水中NH_4^+含量相对较高。我国城市雨水中NH_4^+含量很高,可能与人为源有关。

此外,降水中的Ca^{2+}也是一种不可忽视的离子,它提供了相当大的中和能力。

2.5.4 降水的pH及酸雨的定义 (pH of precipitation and definition of acid rain)

在未被污染的大气中,可溶于水且含量比较高的酸性气体是CO_2。如果只把CO_2作为影响天然降水pH的因素,根据CO_2的全球大气含量(330 mL/m^3)与纯水的平衡

$$CO_2(g)+H_2O \xrightleftharpoons{K_H} CO_2\cdot H_2O$$

$$CO_2\cdot H_2O \xrightleftharpoons{K_1} H^+ + HCO_3^-$$

$$HCO_3^- \xrightleftharpoons{K_2} H^+ + CO_3^{2-}$$

式中 K_H——CO_2水合平衡常数,即Henry常数;

K_1、K_2——二元酸$CO_2\cdot H_2O$的一级和二级电离常数。

它们的表达式为

$$K_H=\frac{[CO_2\cdot H_2O]}{p_{CO_2}}$$

$$K_1=\frac{[H^+][HCO_3^-]}{[CO_2\cdot H_2O]}$$

$$K_2=\frac{[H^+][CO_3^{2-}]}{[HCO_3^-]}$$

各组分在溶液中的浓度为

$$[CO_2 \cdot H_2O]=K_H p_{CO_2}$$

$$[HCO_3]=\frac{K_2[CO_2 \cdot H_2O]}{[H^+]}=\frac{K_1 K_H p_{CO_2}}{[H^+]}$$

$$[CO_3^{2-}]=\frac{K_2[HCO_3^-]}{[H^+]}=\frac{K_1 K_2 K_H p_{CO_2}}{[H^+]^2}$$

按电中性原理有

$$[H^+]=[OH^-]+[HCO_3^-]+2[CO_3^{2-}]$$

将$[H^+]$、$[HCO_3^-]$和$[CO_3^{2-}]$代入上式,得

$$[H^+]=\frac{K_w}{[H^+]}+\frac{K_1 K_H p_{CO_2}}{[H^+]}+\frac{2K_1 K_2 K_H p_{CO_2}}{[H^+]^2}$$

$$[H^+]^3-(K_w+K_H K_1 p_{CO_2})[H^+]-2K_H K_1 K_2 p_{CO_2}=0$$

式中 p_{CO_2}——CO_2在大气中的分压;

K_w——水的离子积。

在一定温度下,K_w、K_H、K_1、K_2、p_{CO_2}都有固定值,并可测得。将这些已知数值代入上式,计算结果得 pH=5.6。多年来国际上一直将此值看作未受污染的大气水 pH 的背景值。把 pH=5.6 作为判断酸雨的界线,pH<5.6 的降雨称为酸雨,这只考虑了大气中 CO_2 对 pH 的影响。

近年来通过对降水的持续观测,已经对 pH=5.6 能否作为酸性降水的界线以及判别人为污染的界线提出异议。因为,实际上大气中除 CO_2外,还存在着各种酸、碱性气态和气溶胶物质。它们的量虽少,但对降水的 pH 也有贡献,即未被污染的大气降水的 pH 不一定刚好是 5.6。同时,对降水 pH 影响较大的强酸,如硫酸和硝酸,并不都来自人为源,因而对雨水的 pH 也有贡献。此外,有些地域大气中碱性尘粒或其他碱性气体,如 NH_3 含量较高,也会导致降水 pH 上升。其他离子污染严重的降水并不一定表现强酸性,因为离子的相关性不同。

因此,pH=5.6 不是一个判别降水受到酸化和人为污染的合理界线。于是有人提出了降水 pH 背景值问题。

世界各地区自然条件不同,如地质、气象、水文等的差异会造成各地区降水 pH 的不同。表2.7 列出了世界某些地区降水 pH 的背景值,从中发现降水 pH 均小于或等于5.0。因而有人认为把 5.0 作为酸雨 pH 的界线更符合实际情况。如果雨水 pH<5.0,就可以确信人为影响是存在的,所以提出以 5.0 作为酸雨 pH 的界线更为确切。

由于实际大气是一个非常复杂的体系,降水的酸性是进入水中各种物质综合作用的结果,降水的酸性取决于其中酸、碱性离子浓度的相对大小。许多事实证明,随着矿物燃料消费的逐年增加,SO_2、NO 排放量亦有所增加,致使大气酸化加剧。一些背景采样点连续观测的结果表明,降水 pH 呈逐年下降趋势。例如,日本岩手县绫里 1976—1992 年降水的 pH 从 5.20 降至 4.85。全球大气组成正在逐渐变化,这无疑与全球酸性污染物排放量逐年增加及气溶胶酸化缓冲能力下降密切相关。大气中 CO_2 含量大约以每年 2 $mL \cdot m^{-3}$的速度增加,2019 年已达 414.7 $mL \cdot m^{-3}$。因此,全球降水酸度背景值不是恒

定不变的，从这个意义上说，将背景值下降到某一定值没有多大实际意义。所以，现在仍以 pH=5.6 作为酸雨的判别标准。

表 2.7　世界某些地区降水 pH 的背景值

地点	样本数	pH 平均值
中国丽江	280	5.00
AmHlertlan(印度洋)	26	4.92
Purkflot(阿拉斯加)	16	4.94
Katherine(澳大利亚)	40	4.78
Sanrarlos(委内瑞拉)	14	4.81
St. Georges(大西洋百慕大群岛)	67	4.79

2.5.5　酸雨的化学组成 (Chemical composition of acid rain)

酸雨现象是大气化学过程和大气物理过程的综合效应。酸雨中含有多种无机酸和有机酸，其中绝大部分是硫酸和硝酸，多数情况下以硫酸为主。从污染源排放出来的 SO_2 和 NO_x 是形成酸雨的主要起始物，其形成过程为

$$SO_2+[O] \longrightarrow SO_3$$
$$SO_3+H_2O \longrightarrow H_2SO_4$$
$$SO_2+H_2O \longrightarrow H_2SO_3$$
$$H_2SO_3+[O] \longrightarrow H_2SO_4$$
$$NO+[O] \longrightarrow NO_2$$
$$2NO_2+H_2O \longrightarrow HNO_3+HNO_2$$

式中　[O]——各种氧化剂。

大气中的 SO_2 和 NO_x 经氧化后溶于水形成硫酸、硝酸和亚硝酸，这是造成降水 pH 降低的主要原因。除此之外，还有许多气态或固态物质进入大气，对降水的 pH 也会有影响。大气颗粒物中 Mn、Cu、V 等是酸性气体氧化的催化剂。大气光化学反应生成的 O_3 和 $HO_2\cdot$ 等又是使 SO_2 氧化的氧化剂。飞灰中的氧化钙、土壤中的碳酸钙、天然和人为源的 NH_3 以及其他碱性物质都可使降水中的酸中和，对酸性降水起“缓冲作用”。当大气中酸性气体浓度高时，如果中和酸的碱性物质很多，即缓冲能力很强，降水就不会有很高的酸性，甚至可能呈碱性。相反，即使大气中 SO_2 和 NO_x 浓度不高，而碱性物质相对较少，降水仍然会有较高的酸性。

因此，降水的酸度是酸和碱平衡的结果，如降水中酸量大于碱量，就会形成酸雨。所以，要研究酸雨就必须进行雨水样品的化学分析。通常分析测定的化学组分有如下几种离子：

阳离子：H^+、Ca^{2+}、NH_4^+、Na^+、K^+、Mg^{2+}。

阴离子：SO_4^{2-}、NO_3^-、Cl^-、HCO_3^-。

由于降水要维持电中性,如果对降水中的化学组分做全面测定,则最后阳离子总量必然等于阴离子总量。

上述各种离子在酸雨中并非都起着同样重要的作用。下面根据我国实际测定的数据以及从酸雨和非酸雨的比较来探讨具有关键性影响的离子组分,表2.8中列出了我国部分地区的降水酸度和主要离子浓度。

表2.8 我国部分地区的降水酸度和主要离子浓度

地区		重庆	贵阳市区	贵阳郊区	北京市区
pH		4.1	4.0	4.7	6.8
主要离子浓度/($\mu mol \cdot L^{-1}$)	H^+	73	94.9	I8.6	0.16
	SO_4^{2-}	142	173	41.7	137
	NO_3^-	21.5	9.5	15.6	50.3
	Cl^-	15.3	8.9	5.1	157
	NH_4^+	81.4	63.3	26.1	141
	Ca^{2+}	50.5	74.5	22.5	92
	Na^+	17.1	9.8	8.2	141
	K^+	14.8	9.5	4.9	40
	Mg^{2+}	15.5	21.7	6.7	—

首先,根据Cl^-和Na^+的浓度相近等情况,可以认为这两种离子主要来自海洋,对降水酸度不产生影响。在阴离子总量中SO_4^{2-}占绝对优势,在阳离子总量中H^+、Ca^{2+}、NH_4^+占优势,这表明降水酸度主要是SO_4^{2-}、Ca^{2+}、NH_4^+三种离子相互作用而决定的。

综上所述,我国酸雨中关键性离子组分是SO_4^{2-}、Ca^{2+}和NH_4^+。作为酸的指标SO_4^{2-},其来源主要是燃煤排放的SO_2。作为碱的指标,Ca^{2+}和NH_4^+的来源较为复杂,既有人为源也有天然源,而且可能天然源是主要的。如果天然源是主要的,就会与各地的自然条件,尤其是土壤性质有很大关系。据此也可以在一定程度上解释我国酸雨分布的区域性原因。

2.5.6 降水的酸化过程 (The acidification process of precipitation)

大气降水的酸度与其中的酸、碱物质的性质及相对比例有关,下面简要介绍这些物质进入降水,造成降水酸化的过程。

酸雨的形成过程包括雨除和冲刷。在自由大气里,由于存在0.1~10 μm范围的凝结核,因此会造成水蒸气的凝结,然后通过碰并和聚结等过程进一步生长从而形成云滴和雨滴。在云内,云滴相互碰并或与气溶胶粒子碰并,同时吸收大气气体污染物,在云内部发生化学反应,这个过程称为污染物的云内清除或雨除(in-cloud scavenging or rain out)。在雨滴下落过程中,雨滴冲刷着所经过空气中的气体和气溶胶,雨滴内部也会发生化学反应,这个过程称为污染物的云下清除或冲刷(below-cloud scavenging or washout)。这些过程就是降水对大气中气态物质和颗粒物的清除过程,酸化就是在这些清除过程中发生的,如图 2.12 所示。

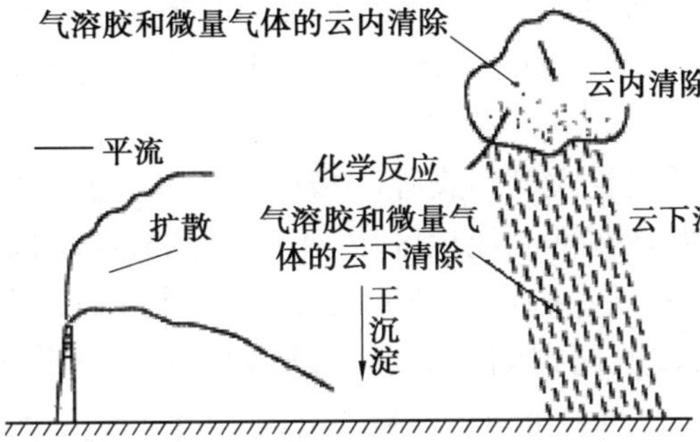

图 2.12 降水的酸化过程示意图

(1)云内清除过程(雨除)。

大气中硫酸盐和硝酸盐等气溶胶可作为活性凝结核参与成云过程,此外,水蒸气过饱和时也能产生成核作用。水蒸气凝结在云滴上与云滴碰撞,使云滴不断生长,与此同时,各种污染气体溶于云滴中并发生各种化学反应,当云滴成熟后即变成雨从云基下落。大气污染物的云内清除过程(雨除)包括气溶胶粒子的雨除和微量气体的雨除。

气溶胶粒子进入云滴可通过以下三种机制:①气溶胶粒子作为水蒸气的活性凝结核进入云滴。②气溶胶粒子和云滴的碰撞。气溶胶粒子通过布朗运动和湍流运动与云滴碰撞,粒径小于 0.01 μm 的气溶胶粒子几乎都经该机制进入云滴。③气溶胶粒子受力运动,并沿着蒸气压梯度方向移动而进入云滴。在对流层大气中,若气溶胶浓度小于 200 ~ 300 $\mu g \cdot m^{-3}$,几乎全部粒子在成云过程中都被清除。污染气体的雨除对云水组成的影响与气溶胶的雨除同样重要。微量气体的雨除取决于气体分子的传质过程和在溶液中的反应性,同时还与云的类型和云滴谱有关。在污染气体的云内清除过程中,其中的一些物质被氧化,如 S(Ⅳ)被氧化成 S(Ⅵ)。液相氧化反应的速率取决于氧化剂的类型和浓度,而污染气体在云滴中的溶解度取决于气相浓度和云滴的 pH。

(2) 云下清除过程(冲刷)。

雨滴离开云基,在下落过程中有可能继续吸收和捕获大气中的污染气体和气溶胶,这就是污染物的云下清除或降水的冲刷作用。它包括微量气体及气溶胶的云下清除。

①微量气体的云下清除。

微量气体的云下清除过程与气体分子同液相的交换速率、气体在水中的溶解度和液相氧化速率以及雨滴在大气中的停留时间等因素有关。雨滴进入大气后会产生污染气体从气相向液相的传质过程或从液相向气相的传质过程,传质系数随雨滴粒径增加而减小。由于雨滴在大气中的停留时间较短,所以一些快反应如离子反应、强氧化剂 H_2O_2、O_3,自由基 HO·、HO_2·及金属离子 Mn^{2+}、Fe^{3+}等对 S(Ⅳ)的氧化反应,会对雨滴的化学组成产生影响,而大多数的慢反应对雨滴的影响较小。在污染气体的云下清除过程中,气液间传质速率和液相反应速率共同决定污染气体在液相的反应速率。气液传质速率控制了大雨滴中的液相反应速率,化学反应速率则控制了小雨滴中的液相反应速率。在水中溶解度极大或在溶液中仅参加快速离子反应使溶解度增大的微量气体,它们的云下清除是不可逆的，其去除率与已进入液相的浓度无关，仅与气相浓度有关。

②气溶胶的云下清除。雨滴在下落过程中捕获气溶胶粒子，气溶胶被捕获后，其中的可溶部分如 SO_4^{2-}、NO_3^-、NH_4^+、Ca^{2+}、Mg^{2+}、Mn^{2+}、Fe^{2+}、H^+ 及 OH^- 等会释放出来，从而影响雨滴的化学组成和酸度。

云内清除和云下清除过程受大气污染程度和许多环境参数的影响。云内清除和云下清除对酸雨形成的相对重要性在不同地理区域、不同源排放和不同气象条件等情况下是不同的。观测结果表明，在我国一些重污染地区，云下清除过程是很重要的。如对重庆和北京地区云下清除过程的数值模拟结果表明，重庆雨水中的 H^+ 来源以云下 SO_2 氧化为主，气溶胶起碱化作用；北京雨水中的 H^+ 来源以云内清除过程为主，云下气体 NH_3 和气溶胶起碱化作用。可见，北京地区 NH_3 浓度高是雨水未呈酸性的首要原因，同时也使雨水中 SO_4^{2-} 浓度偏高。

如前所述，导致降水呈酸性的主要物质是硫酸，其次是硝酸，还有有机酸等其他酸类。现以 SO_2、NO_x 造成降水酸化为例，概述酸雨的形成过程：

①由源排放的气态 SO_2、NO_x 经气相反应生成 H_2SO_4、HNO_3 或硫酸盐、硝酸盐气溶胶；

②云形成时，含 SO_4^{2-} 和 NO_3^- 的气溶胶粒子以凝结核的形式进入降水；

③云滴吸收了 SO_2、NO_x 气体，在水相氧化形成 SO_4^{2-}、NO_3^-；

④云滴成为雨滴，降落时清除了含有 SO_4^{2-}、NO_3^- 的气溶胶；

⑤雨滴下降时吸收 SO_2、NO_x，再在水相中转化成 SO_4^{2-}、NO_3^-。

途径②、③为雨除，④、⑤为冲刷；在雨除和冲刷过程中同时进行着 SO_2、NO_x 的吸收及其液相氧化；H_2O_2、O_3 及 $HO\cdot$、$HO_2\cdot$ 对 SO_2、NO_x 的液相氧化起到重要作用。

大气中的其他气态物质和 NH_3、H_2O_2、O_3 和碳氢化合物等也会被清除进入降水，其中的一些物质（如碳氢化合物）可发生氧化转化，从而对降水起酸化作用。因此，酸雨的形成是酸化的化学过程与清除的物理过程交织在一起的。

2.5.7 影响酸雨形成的因素 (Factors affecting the formation of acid rain)

（1）酸性污染物的排放及其转化条件。

从现有的监测数据来看，降水酸度的时空分布与大气中 SO_2 和降水中 SO_4^{2-} 浓度的时空分布存在着一定的相关性。这就是说，某地 SO_2 污染严重，降水中 SO_4^{2-} 浓度就高，降水的 pH 就低。例如：我国西南地区煤中含硫量高，并且很少经脱硫处理，就直接用作燃料燃烧，SO_2 排放量很高，加之该地区气温高、湿度大，有利于 SO_2 的变化，因此造成了大面积强酸性降雨区。

（2）大气中的 NH_3。

大气中的 NH_3 对酸雨形成是非常重要的。已有研究表明，降水 pH 取决于硫酸、硝酸与 NH_3 以及碱性尘粒的相互关系。NH_3 是大气中唯一的常见气态碱。由于它易溶于水，能与酸性气溶胶或雨水中的酸起中和作用，因此降低了雨水的酸度。在大气中，NH_3 与硫酸气溶胶形成中性的 $(NH_4)_2SO_4$ 或 NH_4HSO_4。SO_2 也可由于与 NH_3 反应而减少，从而避免了进一步转化成硫酸。美国有学者根据雨水的分布提出酸雨严重的地区正是酸性气体排放量大并且大气中 NH_3 含量少的地区。表2.9为在贵阳、重庆和成都市的不同功能区及京津地区气态 NH_3 的测定结果。

表2.9 气态 NH_3 的测定结果

地区	地点	日期	NH_3 的体积分数/$\times10^{-9}$	样品数
酸雨区	贵阳	1984.9	1.7	16
	重庆	1984.9	5.1	12
	成都	1985.9	4.8	2
非酸雨区	北京	1984.7	44	10
	天津	1984.7	22.8	4

由表2.9可看出,酸雨区与非酸雨区 NH_3 含量的区别是很明显的。前者比后者普遍低一个数量级,这说明了气态 NH_3 在酸雨形成中的重要作用。

大气中 NH_3 的来源主要是有机物分解和农田施用的含氮肥料的挥发。土壤中的 NH_3 挥发量随着土壤pH的上升而增大,我国京津地区土壤pH一般在7以上,而贵阳、重庆地区一般为5~6,这是大气中 NH_3 含量北高南低的重要原因之一。北方土壤偏碱,主要属含 $CaCO_3$ 的钙质基岩;南方土壤偏酸,主要属含硅基岩、花岗岩或石英等。土壤偏酸性的地方,风沙扬尘的缓冲能力低。这两个因素合在一起,至少目前可以解释我国酸雨多发生在南方的分布状况。

(3)颗粒物酸度及其缓冲能力。

酸雨不仅与大气的酸性和碱性气体有关,同时也与大气中颗粒物的性质有关。大气中颗粒物的组成很复杂,主要来源于土地飞起的扬尘。扬尘的化学组成与土壤组成基本相同,因而颗粒物的酸碱性取决于土壤的性质,除土壤粒子外,还有矿物燃料燃烧形成的飞灰等,它们的酸碱性都会对酸雨有一定的影响。

颗粒物对酸雨的形成有两方面的作用:①所含的金属可催化 SO_2 氧化成硫酸;②对酸起中和作用。但如果颗粒物本身是酸性的,就不能起中和作用,而且还会成为酸的来源之一。目前我国大气颗粒物浓度普遍很高,在酸雨研究中自然是不能忽视的。

(4)天气形势的影响。

如果气象条件和地形有利于污染物的扩散,则大气中污染物浓度降低,酸雨就减弱,反之则加重。重庆煤耗量只相当于北京的1/3,每年排放 SO_2 的量却为北京的2倍。而且贵阳和重庆的气象条件和多山的地形不利于污染物的扩散,所以成为强酸性降雨区。

中国工程院院士、大气环境化学奠基人王文兴:奉献“国家需要”

王文兴是我国最早从事大气化学研究的科学家之一,他主持的酸雨、光化学烟雾、煤烟型污染等课题多次获“国家科技进步奖”等奖励。1952年大学毕业后的20多年里,王文兴一直搞化工研究。直到1973年,他被抽调参加国家首次组织的出国环保考察团,那一次,他对英国曼彻斯特保留的一段警示墙印象深刻。发达国家已经开始走出污染阴霾,而当时工业化刚起步的我国,环保科研领域几乎是空白的。服从国家需要,王文兴毅然转型,1980年他参与组建中国环境科学研究院并成为大气化学领域带头人,在他牵头的多项攻关任务中,酸雨研究是最具影响也是最为艰巨的。从泰山到峨眉,从舟山到南海,王文兴到过不知多少个观测点,亲手验证数据,严把监测质量,这个习惯一直保持至今,他在80岁高龄的时候还上过泰山极顶的观测站,让同行的年轻人敬佩不已。经过近20年坚持,一幅我国酸雨成因和分布的科学地图终于被绘制出来,这项成果获得了环境科学领域第一个“国家科学技术进步一等奖”。而让王文兴更欣慰的是,其中提出的控制方案已列入国家政策,这在很大程度上避免了发达国家曾出现的严重酸雨污染。

2.6 平流层化学
(Chemistry of stratosphere)

离地面15~50 km范围的大气层称为平流层。臭氧(O_3)是平流层大气的关键组成,它主要集中在离地面15~35 km的范围内,形成大约20 km厚的臭氧层,它保存了大气中约90%的臭氧。臭氧对太阳紫外辐射具有选择性吸收。因为来自太阳的紫外辐射按照波长的大小一般分为3个区:①UV-A区。波长在315~400 nm之间的紫外光称为UV-A区,该区的紫外线不能被臭氧有效吸收,但也不会对地表生物圈造成损害,相反,这一波段少量的紫外线是地表生物所必需的,它可促进人体的固醇类转化成维生素D。②UV-B区。波长为280~315 nm的紫外光称为UV-B区,这一波段的紫外辐射是可能到达地表并对人类和生态系统造成最大危害的部分,该波段也有90%被O_3分子吸收,从而大大减弱了它到达地面的强度。如果平流层O_3的含量减少,则地面受到的UV-B区紫外辐射的强度将会增加,给人类健康和生态环境带来多方面的危害。③UV-C区。波长为200~280 nm的紫外光称为UV-C区,该区紫外线波长短、能量高,但是这一波段的紫外辐射能被大气中的氧气和臭氧完全吸收,即使是平流层的臭氧损耗,该波段的紫外线也不会到达地表造成不良影响。综上所述,平流层中O_3的存在对于地球生命物质至关重要,这是因为它阻挡了高能量的太阳紫外辐射到达地球表面,有效地保护了人类免受紫外辐射所造成的危害,臭氧层已成为地球生命系统的保护伞。然而,随着科学和技术的不断发展,人类的许多活动已经影响到平流层的大气化学过程,使臭氧层遭到破坏。

2.6.1 平流层化学研究概况
(Overview of stratospheric chemistry)

1930年,英国科学家Sidney Chapman开创了平流层化学的先河,以纯氧体系中氧的光解和再结合的平衡模型为依据,首先揭示臭氧层产生的原因,指出平流层臭氧的形成与去除是一个自然过程,提出了关于平流层臭氧的形成理论。20世纪60年代,由于平流层大气受超声速飞机排放的水蒸气、NO等的污染,Hampson、Hunt等人提出了含氢自由基与O_3反应的机理及水蒸气损耗平流层臭氧的可能性,修正了Chapman机理。20世纪60年代末70年代初,Crutzen和Johnston分别提出了NO分解O_3的催化机理。1974年,Stolarski和Cicerone等提出含氮自由基催化分解O_3的可能性。之后不久,Molina和Rowland又提出,被广泛用作制冷剂和喷雾剂的氯氟烃类气体在平流层中光解产生含氯自由基,导致O_3的损耗。

1985年,英国南极探险家J. C. Farman等首先提出南极出现了“臭氧空洞”。他发表了1957年以来哈雷考察站(南纬76°,西经27°)臭氧总量的测定数据,说明自1957年以来每年冬末春初臭氧异乎寻常地减少。随后美国国家航空航天局从人造卫星“雨云7号”的监测数据进一步证实了这一点。图2.13是南极的投影图,列出了自1979—1985年每年10月份南极地区总臭氧月均值的变化。图中“+”字处为极地,虚线外周为南纬30°,格林尼治子午线朝向此圆的顶部,等浓度线的浓度间隔为30 D. U.(D. U.的含义是将0 ℃,标准海平面压力下,10^{-5}m厚的臭氧定义为1个Dobso单位,即1 D. U.)。10月份南极的臭氧月均值从1979年的约290 D. U.减少到1985年的170 D. U.,南极上空的臭氧已是极其稀薄,与周围相比,好像是形成了一个“洞”。于是,南极春季(9、10月份)期间,一个“臭氧洞”正覆盖着南极大陆的大部分地区的现象得到了承认,也引起了全世界的高度关注,1986年、1987年在南极地区的观测说明了“臭氧洞”依然存在,且总臭氧量仍在继续减少。1988年英国又进行了第二次南极考察。

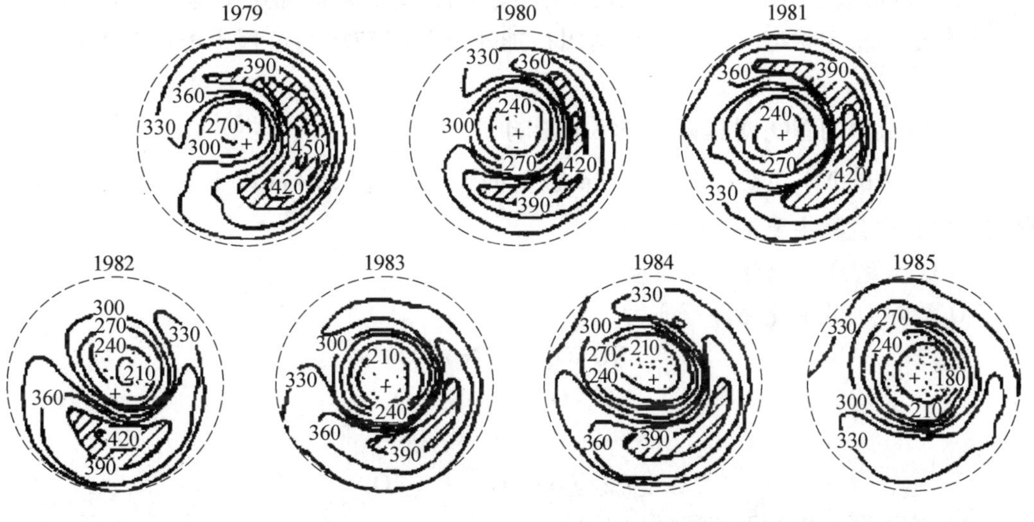

图2.13 1979—1985年南极地区每年10月份总臭氧的月均值变化(以投影图表示)

关于南极"臭氧洞"的成因,近年来曾有过几种论点。美国国家航空航天局弗吉尼亚州汉普顿兰利研究中心 Callis 等提出南极臭氧层的破坏与强烈的太阳活动有关的太阳活动学说。麻省理工学院 Tung 等人认为是南极独特的大气环境造成其冬末春初臭氧耗竭,从而提出了大气动力学学说。此外,人们普遍认为大量氟氯烃化合物的使用和排放,是造成臭氧层破坏的主要原因。

2.6.2 臭氧层破坏的化学机理
(Chemical mechanism of ozone layer destruction)

随着平流层化学研究发展迅速,目前已基本探明了平流层臭氧生成,特别是去除的机理。

平流层中的臭氧来源于平流层中 O_2 的光解:

$$O_2+h\nu(\lambda \leqslant 243\ nm) \longrightarrow O\cdot+O\cdot$$

$$O\cdot+O_2+M \longrightarrow O_3+M$$

平流层中臭氧的消除途径有两种。

①臭氧光解的过程:

$$O_3+h\nu \longrightarrow O_2+O\cdot$$

该过程是臭氧层能够吸收来自太阳的紫外辐射的根本原因。由于形成的 O · 很快就会与 O_2 反应,重新形成 O_3,因此,这种消除途径并不能使 O_3 真正被清除。

②O_3 与 O · 的反应:

$$O_3+O\cdot \longrightarrow 2O_2$$

该反应能够使平流层的 O_3 真正被清除。

上述 O_3 生成和消除的过程同时存在,正常情况下它们处于动态平衡,因而臭氧的浓度保持恒定。然而,由于人类活动的影响,水蒸气、氮氧化物、氟氯烃等污染物进入了平流层,在平流层形成了 $NO_x\cdot$、$HO_x\cdot$ 和 $ClO_x\cdot$ 等活性基团,从而加速了臭氧的消除过程,破坏了臭氧层的稳定状态。这些活性基团在加速臭氧层破坏的过程中可以起到催化剂的作用。

1. 平流层中的 NO_x 对臭氧层破坏的影响

平流层中的 NO_x 主要存在于 25 km 以上的大气中,在 25 km 以下的平流层大气中所存在的含氮化合物主要是 HNO_3。

①NO_x 清除 O_3 的催化循环反应。

NO_x 清除 O_3 的催化循环反应为

$$NO+O_3 \longrightarrow NO_2+O_2$$

$$NO_2+O\cdot \longrightarrow NO+O_2$$

$$总反应:O_3+O\cdot \longrightarrow 2O_2$$

该反应主要发生在平流层的中上部。

如果是在较低的平流层,由于 O · 的浓度低,形成的 NO_2 更容易发生光解,然后与O ·

作用，进一步形成 O_3：

$$NO_2 \longrightarrow NO + O\cdot$$

$$O\cdot + O_2 + M \longrightarrow O_3 + M$$

因此，在平流层底部，NO 并不会促使 O_3减少。

②NO_x的消除。

a. 由于 NO 和 NO_2都易溶于水，当它们被下沉的气流带到对流层时，就可以随着对流层的降水被消除，这是在 NO_x平流层大气中的主要消除方式。

b. 在平流层层顶紫外线的作用下，NO 可以发生光解：

$$NO \xrightarrow[\lambda \leqslant 192\ nm]{h\nu} N\cdot + O\cdot$$

光解产生的 N · 可以进一步与 NO_x发生反应：

$$N\cdot + NO \longrightarrow N_2 + O\cdot$$

$$N\cdot + NO_2 \longrightarrow N_2O + O\cdot$$

这种消除方式所起的作用较小。

2. 平流层中的 HO_x · 对臭氧层破坏的影响

平流层中的 HO_x · 主要是指 H · 和 HO · 。它们主要存在于 40 km 以上的大气中，在 40 km 以下的平流层大气中 HO_x · 会以 HO_2 · 的形式存在。

①HO_x · 清除 O_3的催化循环反应。

在较高的平流层，由于 O · 的浓度相对较大，此时 O_3可通过以下两种途径被消除：

$$\cdot H + O_3 \longrightarrow HO\cdot + O_2$$

$$HO\cdot + O\cdot \longrightarrow \cdot H + O_2$$

$$\text{总反应：} O_3 + O\cdot \longrightarrow 2O_2$$

$$HO\cdot + O_3 \longrightarrow HO_2\cdot + O_2$$

$$HO_2\cdot + O\cdot \longrightarrow HO\cdot + O_2$$

$$\text{总反应：} O_3 + O\cdot \longrightarrow 2O_2$$

在较低的平流层，由于 O · 的浓度较小，O_3可通过如下反应被消除：

$$HO\cdot + O_3 \longrightarrow HO_2\cdot + O_2$$

$$HO_2\cdot + O_3 \longrightarrow HO\cdot + 2O_2$$

$$\text{总反应：} 2O_3 \longrightarrow 3O_2$$

无论哪种途径，与氧原子的反应是决定整个消除速率的步骤。

②平流层中 HO_x · 的消除。

a. 自由基复合反应。

自由基之间的复合反应是 HO_x · 消除的一个重要途径：

$$HO_2\cdot + HO_2\cdot \longrightarrow H_2O_2 + O_2$$

$$HO\cdot + HO\cdot \longrightarrow H_2O_2$$

$$HO\cdot + HO_2\cdot \longrightarrow H_2O + O_2$$

b. 与 NO_x 的反应。

$HO_x\cdot$ 与 NO_x 的反应也是 $HO_x\cdot$ 消除的一个途径：

$$HO\cdot + NO_2 + M \longrightarrow HONO_2 + M$$
$$HO\cdot + HNO_3 \longrightarrow H_2O + NO_2$$

总反应：$2HO\cdot + NO_2 \longrightarrow H_2O + NO_3$

形成的硝酸会有部分进入对流层，然后随降水而被清除。

3. 平流层中的 $ClO_x\cdot$ 对臭氧层破坏的影响

① $ClO_x\cdot$ 清除 O_3 的催化循环反应。

$ClO_x\cdot$ 破坏 O_3 层的过程可通过如下循环反应进行：

$$Cl\cdot + O_2 \longrightarrow ClO\cdot + O_2$$
$$ClO\cdot + O\cdot \longrightarrow Cl\cdot + O_2$$

总反应：$O_2 + O\cdot \longrightarrow 2O_2$

与氧原子的反应是决定整个消除速率的步骤。

② $ClO_x\cdot$ 的消除。

平流层中的 $ClO_x\cdot$ 可以形成 HCl：

$$Cl\cdot + CH_4 \longrightarrow HCl + \cdot CH_3$$
$$Cl\cdot + HO_2\cdot \longrightarrow HCl + O_2$$

HCl 是平流层中含氯化合物的主要存在形式。部分 HCl 可以通过扩散进入对流层，然后随降水而被清除。

4. 平流层中的 $NO_x\cdot$、$HO_x\cdot$ 与 $ClO_x\cdot$ 的重要反应

$NO_x\cdot$、$HO_x\cdot$ 与 $ClO_x\cdot$ 在平流层中可以相互反应，也可以与平流层中的其他组分发生反应，所形成的产物相当于将这些活性基团暂时储存起来，在一定条件下再重新释放。

①形成 $HONO_2$：

$$HO\cdot + NO_2 \longrightarrow HONO_2$$
$$HONO_2 \xrightarrow[\lambda \leqslant 345\ \text{nm}]{h\nu} HO\cdot + NO_2$$
$$HONO_2 + HO\cdot \longrightarrow H_2O + NO_3$$

②形成 HO_2NO_2：

$$HO_2\cdot + NO_2 + M \longrightarrow HO_2NO_2 + M$$
$$HO_2NO_2 + h\nu \longrightarrow HO\cdot + NO_3$$
$$HO_2NO_2 + HO\cdot \longrightarrow H_2O + O_2 + NO_2$$

③形成 $ClONO_2$：

$$ClO\cdot + NO_2 + M \longrightarrow ClONO_2 + M$$
$$ClONO_2 + h\nu \longrightarrow Cl\cdot + NO_3$$

④形成 N_2O_5：

$$NO_2+O_3 \longrightarrow NO_3+O_2$$

$$NO_3+NO_2+M \longrightarrow N_2O_5+M$$

$$N_2O_5 \xrightarrow[\lambda\leqslant 400\ nm]{h\nu} 2NO_2+O\cdot$$

⑤形成 HOCl：

$$ClO\cdot+HO_2\cdot \longrightarrow HOCl+O_2$$

$$HOCl+h\nu \longrightarrow Cl\cdot+HO\cdot$$

$$HOCl+HO\cdot \longrightarrow H_2O+ClO\cdot$$

⑥形成 H_2O_2：

$$HO_2\cdot+HO_2\cdot \longrightarrow H_2O_2+O_2$$

$$H_2O_2 \xrightarrow[\lambda\leqslant 300\ nm]{h\nu} 2HO\cdot$$

$$H_2O_2+HO\cdot \longrightarrow H_2O_2+HO_2\cdot$$

⑦形成 HCl：

$$Cl\cdot+CH_4 \longrightarrow HCl+CH_3\cdot$$

$$Cl\cdot+HO_2\cdot \longrightarrow HCl+O_2$$

上述活性基团和一些原子（O·）或分子化合物如 HO·、HO_2·、NO、NO_2、Cl·、ClO·、$ClONO_2$、N_2O_5和 HO_2NO_2都已在平流层观测到，这进一步证实了人们所提出的臭氧层的破坏机理。

综上所述、平流层中的 NO_x·、HO_x·与 ClO_x·之间有着紧密的联系，它们在平流层所发生的一系列反应影响着平流层 O_3的浓度和分布。

我国“氟利昂”替代技术取得突破

全球首例以“丙烷”作为冷媒取代“氟利昂”运用到分体空调等大规模工业生产方面获得突破，同时该项目也成为我国首个通过验收的“氟利昂”替代项目。在过去20年，我国已经淘汰了超过10万t消耗臭氧层物质的生产和11万t的消费，总量约占发展中国家的一半。目前欧洲、美国越来越重视以“丙烷”为冷媒的制冷新技术的开发和应用，我国在此技术的开发与运用上走在了前列。全球第一条R290工质分体式房间空调器生产线，为全世界新型冷媒技术路线的选择开辟了一条新的出路，对推动新型环保制冷剂应用技术的发展具有重大意义。随着该技术的进一步推广使用，全球每年可减少温室气体排放1亿t。R290制冷剂技术是我国工业界应对臭氧层破坏、气候变暖等全球环境问题的一次勇敢创新，是对低碳、节能、环境友好的发展之路的大胆探索。

2.7　大气颗粒物
(Atmospheric particulate matter)

大气是由各种固体或液体微粒均匀地分散在空气中形成的一个庞大的分散体系，也可称为气溶胶体系。气溶胶体系中分散的各种粒子称为大气颗粒物。它们可以是无机物,也可以是有机物,或由两者共同组成;可以是无生命的,也可以是有生命的;可以是固态,也可以是液态。

大气颗粒物是大气的一个组分。饱和水蒸气以大气颗粒物为核心而形成云、雾、雨、雪等,它参与了大气降水过程。同时,大气中的一些有毒物质绝大部分都存在于颗粒物中,并可通过人的呼吸过程吸入体内而危害人体健康。它也是大气中一些污染物的载体或反应床,因而对大气中污染物的迁移转化过程有明显的影响。许多全球性的环境问题如臭氧层破坏、酸雨形成和烟雾事件的发生都与大气颗粒物的环境作用有关。此外,大气颗粒物对于人体健康、生物效应以及气候变化也有独特的作用。因此,自20世纪90年代以来大气颗粒物已成为大气化学研究的最前沿的领域。

2.7.1 大气颗粒物的来源与消除 (Source and elimination of atmospheric particulate matter)

1. 大气颗粒物的来源

大气颗粒物的来源可分为天然源和人为源两种。天然源如地面扬尘,海浪溅出的浪沫,火山喷发所释放出来的火山灰,森林火灾的燃烧物,宇宙陨星尘以及植物的花粉、孢子等。人为源主要是燃料燃烧过程中形成的煤烟、飞灰等,各种工业生产过程所排放出来的原料或产品微粒,汽车排放出来的含铅化合物,以及矿物燃料燃烧所排放出来的 SO_2在一定条件下转化而成的硫酸盐粒子等。大气颗粒物有很多种类,按其大小和形成原因,常见的可分为粉尘、烟、灰、雾、霭、烟尘和烟雾等。

直接由污染源排放出来的称为一次颗粒物,如土壤粒子、海盐粒子、燃烧烟尘等。一次颗粒物大部分粒径在2 μm以上。大气中某些污染组分之间,或这些组分与大气成分之间发生反应而产生的颗粒物称为二次颗粒物,如 SO_2 转化而成的硫酸盐粒子。二次颗粒物粒径一般在0.01 ~1 μm范围。

随着工业的不断发展,人类的各种活动越来越占主导地位,以致在大气颗粒物的来源中,人为源所占比例逐年增加。另外,由天然源和人为源排出的 H_2、NH_3、SO_2、NO_x、HC等气体污染物转化成的二次气溶胶粒子每年可达 $5.2\times10^8 \sim 14.35\times10^8$ t,占全球每年排放大气颗粒物总量的54% ~71%。其中细颗粒的80% ~90%都是二次颗粒物,对大气质量的影响非常大。

2. 大气颗粒物的消除

大气颗粒物的消除与颗粒物的粒度、化学性质密切相关。通常有两种消除方式:干沉降和湿沉降。

(1)干沉降。

干沉降是指颗粒物在重力作用下沉降,或与其他物体碰撞后发生的沉降。这种沉降存在两种机制:一种是通过重力对颗粒物的作用,使其降落在土壤、水体的表面或植物、建筑物等物体上。沉降速率与颗粒物的粒径、密度、空气运动黏滞系数等有关。一般来说,粒径越大,沉降速率也越大。另一种是粒径小于0.1 μm的颗粒,即爱根(Aitken)粒子,它们靠布朗(Brown)运动扩散,相互碰撞而凝聚成较大的颗粒,通过大气湍流扩散到地面或碰撞而去除。

(2)湿沉降。

湿沉降是指通过降雨、降雪等使颗粒物从大气中去除的过程。它是去除大气颗粒物和痕量气态污染物的有效方法,湿沉降也可分为雨除和冲刷两种机制。雨除对半径小于1 μm的颗粒物的去除效率较高,特别是具有吸湿性和可溶性的颗粒物更明显。冲刷对半径为4 μm以上的颗粒物的去除效率较高。

一般通过湿沉降过程去除大气中颗粒物的量占总量的80% ~90%,而干沉降只有10% ~20%。但是,无论雨除或冲刷,对半径为2 μm左右的颗粒物都没有明显的去除作用。因而它们可随气流被输送到几百公里甚至上千公里以外的地方去,造成大范围的污染。

2.7.2 大气颗粒物的粒径分布 (Particle size distribution of atmospheric particles)

1. 大气颗粒物的粒径

粒径通常是指颗粒物的直径,这就意味着把它看成球体。但是,实际上大气中粒子的形状极不规则,把粒子看成球体是不确切的。因而对不规则形状的粒子,实际工作中往往用诸如有效直径等来表示。对于大气粒子,目前普遍采用有效直径来表示。最常用的是空气动力学直径(D_p)。其定义为与所研究粒子有相同终端降落速度的、密度为1 g · cm^{-3}的球体直径。D_p可由下式求得:

$$D_p = D_g K(\rho_p/\rho_0)^{1/2} \tag{2.11}$$

式中 D_g——几何直径;

ρ_p——忽略了浮力效应的粒密度;

ρ_0——参考密度($\rho_0 = 1$ g · cm^{-3})

K——形状系数,当粒子为球状时 $K = 1.0$。

从式(2.11)可见,对于球状粒子,ρ_p对D_p是有影响的。当ρ_p较大时,D_p会比D_g大。由于大多数大气粒子满足$\rho_p < 10$ g · cm^{-3},因此D_p和D_g的差值因子必定小于3。

大气颗粒物按其粒径大小可分为如下几类:

(1)总悬浮颗粒物(total suspended particulates, TSP)。用标准大容量颗粒采样器在滤膜上所收集到的颗粒物的总质量,通常称为总悬浮颗粒物,其粒径多在100 μm以下,尤其以10 μm以下的为最多。

(2)飘尘。可在大气中长期飘浮的悬浮物称为飘尘。其粒径主要是小于10 μm的颗粒物。

(3)降尘。能用采样罐采集到的大气颗粒物称为降尘。在总悬浮颗粒物中一般直径大于10 μm的粒子由于自身的重力作用会很快沉降下来,这部分颗粒物称为降尘。

(4)可吸入粒子(inhalable particles, IP)或PM_{10}。易于通过呼吸过程而进入呼吸道的粒子称为可吸入粒子。目前国际标准化组织(ISO)建议将其定为$D_p < 10$ μm。我国科

学工作者已采用这个建议。

(5)细颗粒或 $PM_{2.5}$。气溶胶颗粒可分为细颗粒($D_p \leq 2.5\ \mu m$)和粗颗粒($D_p > 2.5\ \mu m$)两大类,$PM_{2.5}$是指粒径 $D_p \leq 2.5\ \mu m$ 颗粒物的质量浓度。

在环境保护领域常用 TSP、PM_{10}(或 IP)、$PM_{2.5}$和降尘量定量描述和评价大气气溶胶环境质量。

2. 大气颗粒物的表面性质

大气颗粒物有三种重要的表面性质,即成核作用、黏合和吸着。成核作用是指过饱和蒸气在颗粒物表面形成液滴的现象。雨滴的形成就属成核作用。在被水蒸气饱和的大气中,虽然存在着阻止水分子简单聚集而形成微粒或液滴的强势垒,但是,如果已经存在凝聚物质,那么水蒸气分子就很容易在已有的微粒上凝聚。即使已有的微粒不是由水蒸气凝结的液滴,而是由覆盖了水蒸气吸附层的物质所组成的,凝结也同样会发生。

粒子可以彼此相互紧紧地黏合或在固体表面黏合。黏合或凝聚是小颗粒形成较大的凝聚体并最终达到很快沉降粒径的过程。相同组成的液滴在它们相互碰撞时可能凝聚,固体粒子相互黏合的可能性随粒径的降低而增加,颗粒物的黏合程度与颗粒物及表面的组成、电荷、表面膜组成(水膜或油膜)及表面的粗糙度有关。气体或蒸气若溶解在微粒中,则称为吸收;若吸附在颗粒物表面,则称为吸着。涉及特殊的化学相互作用的吸着,称为化学吸附作用。例如大气中 CO_2与 $Ca(OH)_2$的颗粒反应:

$$Ca(OH)_2(s)+CO_2 \longrightarrow CaCO_3+H_2O$$

化学吸着的其他例子还有二氧化硫与氧化铝或氧化铁气溶胶的反应、硫酸气溶胶与 NH_3的反应等。当离子在颗粒物表面黏合时,可获得负电荷或正电荷,因此在大气颗粒物上的电荷可以是正的,也可以是负的。基于颗粒物带有电荷这一性质,可利用静电除尘法去除烟道气中的颗粒物。

2.7.3 大气颗粒物的化学组成 (Chemical composition of atmospheric particulate matter)

大气颗粒物的化学组成十分复杂,其中与人类活动密切相关的成分主要包括离子成分(以硫酸及硫酸盐颗粒物和硝酸及硝酸盐颗粒物为代表)、痕量元素成分(包括重金属和稀有金属等)和有机成分。按照组成,可以将大气颗粒物划分为两大类。一般将只含有无机成分的颗粒物称为无机颗粒物,而将含有有机成分的颗粒物称为有机颗粒物。有机颗粒物可以是由有机物质凝聚而形成的颗粒物,也可以是由有机物质吸附在其他颗粒物上所形成的颗粒物。

1. 无机颗粒物

无机颗粒物的成分是由颗粒物形成过程决定的。天然源的无机颗粒物,如扬尘的成分主要是该地区的土壤粒子。火山喷发出的火山灰,除主要由硅和氧组成的岩石粉末外,还含有一些如锌、锑、硒、锰和铁等金属元素的化合物。海盐溅沫所释放出来的颗粒物,其成分主要有氯化钠粒子、硫酸盐粒子,还会含有一些镁化合物。

人为源释放出来的无机颗粒物,如动力发电厂由于燃煤及石油而排放出来的颗粒物,其成分除大量的烟尘外,还含有铍、镍、钒等的化合物。市政焚烧炉会排放出砷、铍、镉、铬、铜、铁、汞、镁、锰、镍、铅、锑、钛、钒和锌等的化合物。

不同粒径的颗粒物的化学组成差异很大,如:硫酸盐粒子为细粒子,主要是二次污染物;土壤粒子大多属于粗粒子,其成分与地壳组成元素十分相近。

2. 有机颗粒物

有机颗粒物是指大气中的有机物质凝聚而形成的颗粒物,或有机物质吸附在其他颗粒物上而形成的颗粒物。大气颗粒污染物主要是这些有毒或有害的有机颗粒物。

有机颗粒物种类繁多,结构也极其复杂。已检测到的主要有烷烃、烯烃、芳烃和多环芳烃等各种烃类。另外还有少量的亚硝胺、氮杂环类、环酮、酮类、酚类和有机酸等。这些有机颗粒物主要是由矿物燃料燃烧、废弃物焚化等各类高温燃烧过程所形成的。在各类燃烧过程中已鉴定出来的化合物有300多种。按类别分为多环芳香族化合物,芳香族化合物,含氮、氧、硫、磷类化合物,羟基化合物,脂肪族化合物,羰基化合物和卤化物等。

有机颗粒物多数是由气态一次污染物通过凝聚过程转化而来的。一次污染物转化为二次污染物时,通常都含有—COOH、—CHO、$—CH_2ONO$、$—C(O)SO_2$、$—C(O)OSO_2$等基团,这是由于转化反应过程中有HO· 、HO_2·和CH_3O·自由基参与的结果。有机颗粒物的粒径一般都比较小。

3. 有机颗粒物中的多环芳烃(PAH)

在有机颗粒物所包含的各种有机化合物中,毒性较大的是PAH。PAH是由若干个苯环彼此稠合在一起或是若干个苯环和戊二烯稠合在一起的化合物。它们的蒸气压由分子中环的多少决定,环多的蒸气压低,环少的蒸气压高。因而环少的易于以气态形式存在,环多的则在固相颗粒物中。大气颗粒物中含量较多,并已证实有较强致癌性的PAH为苯并[a]芘(BaP)。其他活化致癌的PAH有苯并[a]蒽,苯并[e]芘,苯并[e]苊,苯并[j]荧蒽和茚并[1,2,3-cd]芘等。

PAH大多出现在城市大气中,其中代表性的致癌PAH浓度大约为20 $\mu g \cdot m^{-3}$,有些特殊的大气和废气中PAH浓度更高。煤炉排放废气中PAH可超过1 000 $\mu g \cdot m^{-3}$,香烟的烟气中也可达100 $\mu g \cdot m^{-3}$。

大气中的PAH是由存在于燃料或植物中较高级的烷烃在高温下分解而形成的。有机颗粒污染物能同大气中的臭氧、氮氧化物等相互作用而形成二次污染物。近年来,遗传病理学进一步证明了这些二次污染物有直接致癌和致突变作用。因此,对PAH的研究日益受到人们的重视。

2.7.4 大气颗粒物中的$PM_{2.5}$
($PM_{2.5}$ in atmospheric particulate matter)

从城市化过程开始后,大气颗粒物就成为城市空气污染的重要原因。但过去人们一直着重于研究直接排放的一次颗粒物,20世纪50年代后,人们逐渐从研究总悬浮颗粒物(TSP)转向可吸入颗粒(PM_{10},D_p<10 μm)。而在20世纪90年代后期,则开始重视二次颗粒物的问题。目前人们对大气颗粒物的研究更侧重于$PM_{2.5}$(D_p<2.5 μm)甚至超细颗

粒（纳米）的研究，并从总体颗粒的研究过渡到单个颗粒的研究。

1. 大气中 $PM_{2.5}$ 来源

通过对不同排放源、不同尺度细粒子的监测（表2.10），确定了各类排放源对细粒子（TSP、$PM_{2\sim10}$，PM_2）的贡献百分率。

表2.10　各类排放源对细粒子（TSP、$PM_{2\sim10}$ 和 PM_2）的贡献百分率

排放源	TSP的贡献百分率/%	$PM_{2\sim10}$ 的贡献百分率/%	PM_2 的贡献百分率/%
土壤扬尘	63±2	21±2	14±3
生物质燃烧	—	6±1	8±2
海洋气溶胶	—	18±2	—
矿山飞灰	—	13±2	—
二次颗粒物	—	—	25±1
公路灰尘	13±2	12±1	13±2
车辆尾气	6±1	17±2	17±2
燃煤	11±2	10±3	10±2
工业	4±1	2±2	13±2
水泥	1±1	—	—

由此可见，各种排放源对大气细粒子的含量都有所贡献。其中以土壤扬尘、海洋气溶胶和车辆尾气最为重要。车辆排气管排放的主要是细小的颗粒物即 $PM_{2.5}$。美国的资料表明，按排放源划分，上路车辆占总排放量的10%，非上路活动排放源占18%，固定源占72%。可以看出，机动车辆是城市 $PM_{2.5}$ 污染的一个重要来源。

近年来，上海市 $PM_{2.5}$ 监测点源的解析结果认为：

（1）电厂锅炉、燃煤中小锅炉等仍是上海市城区大气中富集元素的主要来源之一。

（2）在靠近长江口或者海边的地带，海盐对含量及成分的影响十分明显。

（3）在市中心交通繁忙地带，机动车尾气的排放成为相当重要的污染源。上海市是滨海城市，又属于季风性气候，从各固定污染源排出的大气污染物对各个监测点的影响大小有时呈现出较明显的季节差异。

2. 影响大气中 $PM_{2.5}$ 含量的因素

受污染排放和气象条件等多种因素影响，不同的月份之间存在着明显的差异。北京市区3~6月，细颗粒物 $PM_{2.5}$ 随季节变化逐渐升高（图2.14），可吸入颗粒物 PM_{10} 随季节变化先升高后减小。$PM_{2.5}$ 和 PM_{10} 之比是反映空气污染程度和污染物颗粒组成的一个重要指标。研究表明，北京地区 $PM_{2.5}$ 和 PM_{10} 之比年均约为0.55。污染越重的地区 $PM_{2.5}$ 和 PM_{10} 之比也越大，污染较轻的城市 $PM_{2.5}$ 和 PM_{10} 之比在0.3~0.4之间，污染较重的在0.5~0.7之间。

不同天气条件下，北京市区空气可吸入颗粒物 PM_{10} 和细颗粒物 $PM_{2.5}$ 日变化趋势不

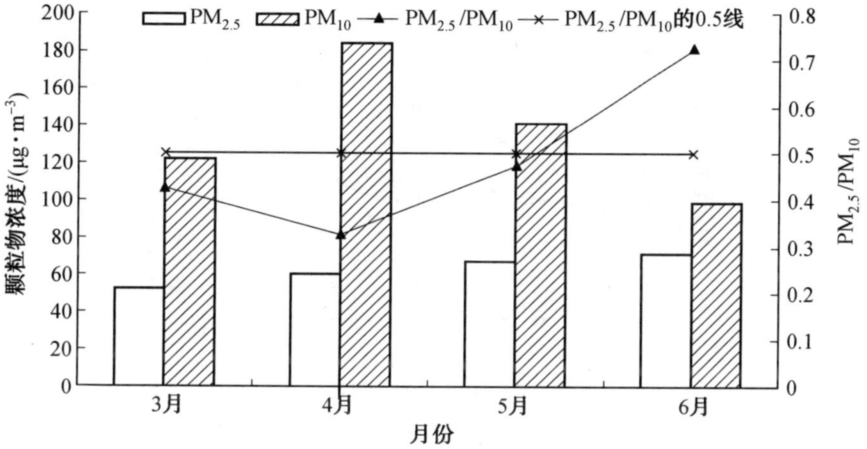

图 2.14

同。春季晴天,$PM_{2.5}$和 PM_{10}浓度日变化趋势相近,呈双峰型,一个峰出现在早上 6:00—8:00,另一个峰出现在 21:00—23:00,第一个波峰的峰值更大(图 2.15)。不同的是,$PM_{2.5}$波峰更宽,持续时间更长,说明在这种天气条件下细颗粒物扩散得更慢,更容易聚集。春季阴天,$PM_{2.5}$和 PM_{10}浓度随时间推移呈现缓慢的波动上升趋势,$PM_{2.5}$在 9:00 时有一峰值,PM_{10}在 7:00 和 13:00 有平稳的波谷。春季雨天,$PM_{2.5}$和 PM_{10}浓度随时间推移呈现"凹"型振荡下降趋势,下降幅度较阴天上升幅度更大。PM_{10}在 19:00 出现反弹上升,可能是由雨水降尘导致(降雨在 18:10 左右开始),持续 1 h 后下降。降雨对 $PM_{2.5}$也有影响,降雨前的 18:00,$PM_{2.5}$浓度为 42 $\mu g \cdot m^{-3}$,19:00 $PM_{2.5}$浓度降为 34 $\mu g \cdot m^{-3}$,降低 19.05%。

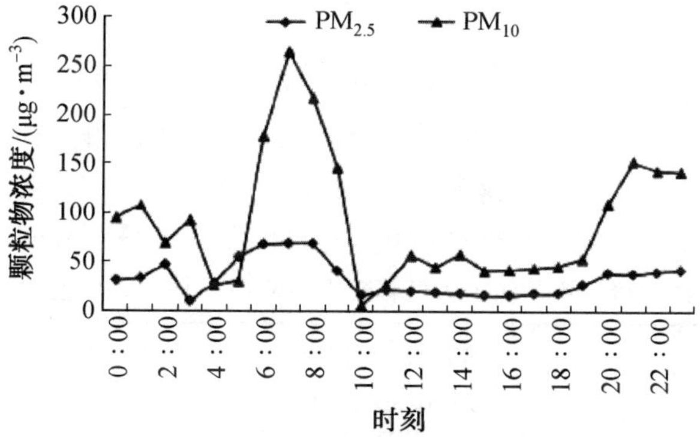

(a) 晴天(2012年4月12日)

图 2.15 春季不同天气条件下北京市区 $PM_{2.5}$和 PM_{10}日变化特征

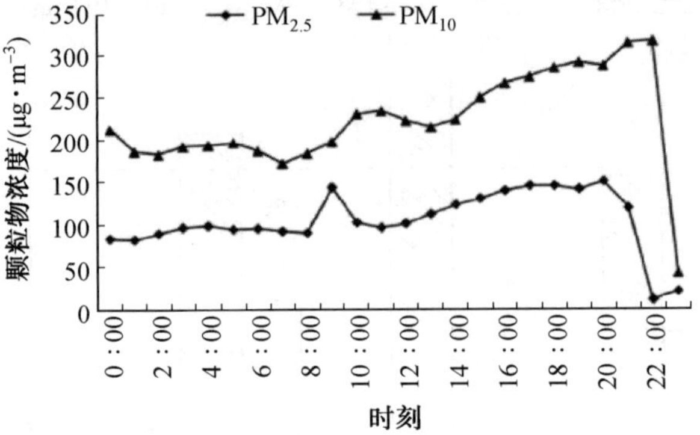

(b) 阴天(2012年4月18日)

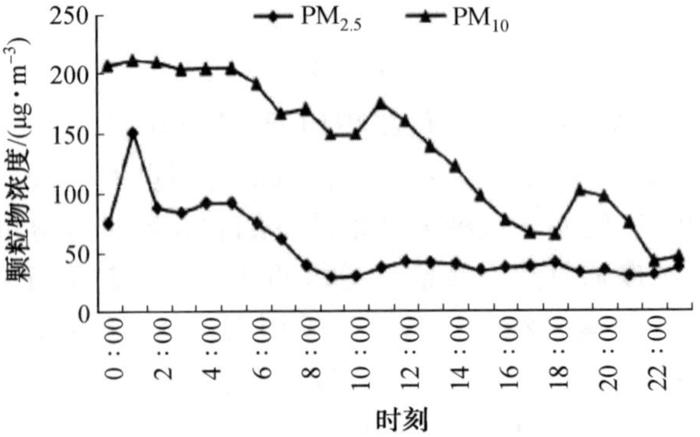

(c) 雨天(2012年4月10日,降雨量月2 mm)

续图 2.15

3. $PM_{2.5}$的危害

研究表明,$PM_{2.5}$是人类活动所释放污染物的主要载体,携带有大量的重金属和有机污染物。表2.11为不同粒径大气颗粒物中苯并[a]芘和Pb的浓度。从表2.12可以看出,粒径越小吸附苯并[a]芘的量越多,其中以$PM_{2.5}$最多,PM_{10}次之,TSP最少。同时对于TSP、PM_{10}和$PM_{2.5}$,苯并[a]芘和Pb的浓度,太原采样点均分别高于北京采样点。

表2.11 不同粒径大气颗粒物中苯并[a]芘和Pb的浓度

颗粒物来源	苯并[a]芘浓度 /($\mu g \cdot mg^{-1}$)	Pb浓度 /($\mu g \cdot mg^{-1}$)
太原 $PM_{2.5}$	0.156	1.137
太原 PM_{10}	0.092	1.054
太原 TSP	0.077	1.037
北京 $PM_{2.5}$	0.104	1.094
北京 PM_{10}	0.072	0.948
北京 TSP	0.046	0.606

空气污染对健康影响的焦点是可吸入颗粒物。$PM_{2.5}$在呼吸过程中能深入到细胞而长期存留在人体中。被吸入人体后,约有5%的$PM_{2.5}$吸附在肺壁上,并能渗透到肺部组织的深处,甚至进入到血液中,引起气管炎、肺炎、哮喘、肺气肿和肺癌等疾病,导致心肺功能减退甚至衰竭,甚至能够引起心血管疾病,因此$PM_{2.5}$对人类健康有着重要影响。同时,颗粒物与气态污染物的联合作用,还会使空气污染的危害进一步加剧,使得呼吸道疾病患者增多、心肺病死亡人数日增。细粒子污染不但对人体健康造成了严重影响,同时$PM_{2.5}$对大气能见度也起着最主要的作用。细粒子的增加会造成大气能见度大幅度降低。

由于细粒子的污染问题极为复杂,所以应运用科学合理的方法研究和解决细粒子污染问题,对细粒子污染实现有效的控制。

2.7.5 大气颗粒物研究的前沿问题 (The frontier of atmospheric particulate matter research)

20世纪90年代以来,颗粒物的气候效应问题,使它再次成为国际学术界的研究热点之一,大气颗粒物是当今大气化学研究中前沿的领域。国际全球大气化学(IGAC)计划科学指导委员会于1994年将国际全球大气化学研究计划和国际气溶胶(颗粒物)计划(ICAP)合并重组,大气颗粒物研究被列为三大研究方向之一。大气颗粒物的研究内容,发展到包括物理和化学的性状、来源和形成、时空分布、对气候变化和环境质量的影响以及对大气化学过程的影响等多方面、多层次的综合研究,也涉及大气科学的各个领域,具有很强的综合性。

现从大气颗粒物研究的4个主要方面,即颗粒物的基本特性、颗粒物的气候效应、沙尘颗粒物、颗粒物对环境和人体健康的影响等,论述大气颗粒物的研究进展。

1. 颗粒物的基本特性研究

颗粒物的基本特性研究是研究它对气候和环境影响的基础。为制订合理的空气质量标准、解析污染源、研究颗粒物对大气化学过程的影响和健康效应,也需要对颗粒物的特性进行深入的研究。自从城市化开始后,大气颗粒物就成为城市空气污染的重要因素。因此,颗粒物特性研究一直是大气环境研究的重要课题,但其研究内容不断发生变化。过去着重于一次颗粒物,20世纪50年代后,逐渐从总悬浮颗粒物(TSP)转向可吸入颗粒物PM_{10},20世纪90年代后期,重视二次颗粒物的问题。现今则更侧重于$PM_{2.5}$、亚微米(10^{-7}m),甚至超细的颗粒(nm)。以前较多地针对人为源,现今生物源、天然源都作为重要排放源来探讨。近年来,城市和区域环境的颗粒物特性的研究得到进一步重视和加强。对颗粒物颗粒的成分除一般无机元素外,还开始重视元素碳、有机碳、有机化合物,尤其是挥发性有机物VOC、多环芳烃PAH和有毒物。有些研究还对生物颗粒物(细菌、病菌、霉菌等)、元素存在形态进行分析鉴定,大大丰富了颗粒物特性研究的内容。

发现在颗粒物表面上的非均相化学过程对大气化学过程的影响是近年来的事。大气颗粒物涉及的化学过程主要有两种:一种是颗粒物形成的化学过程,光化学烟雾是城市大气颗粒物的重要来源,它是在城市污染大气中特定天气条件下发生的一种特殊现象,是气相物质经过光化学反应急剧地向颗粒态物质转化的结果;另一种是气相物质与颗粒物之间的化学过程,包括气体分子与固体颗粒表面上的气固非均相反应以及气体分子扩散到液滴内发生的气液固多相反应。它们是对流层中较为广泛而重要的化学过程,但迄今对这方面的研究还很少。

2. 颗粒物的气候效应

气候变化是当前各国政府和科学界关注的重大问题。颗粒物是影响气候变化的一个重要因子,还与其他环境问题如臭氧层的破坏、酸雨的形成、烟雾事件的发生等密切相关。

颗粒物对气候的影响通过两种方式:①通过散射和吸收太阳辐射,使大气的能见度降低,进而改变植物生长的速率和环境温度,直接影响气候;②以云凝结核的形式改变云的光学特性和云的分布而间接影响气候。在现代地球大气的温湿条件下,如果没有颗粒物粒子,将不会形成云。因此,颗粒物粒子增加的一个最直接的影响是使云滴数量增加,从而导致地表降温,并引起降水增加,进而影响地表湿度和植被,从而改变地表反照率以进一步影响气候。这一连串的间接影响至今尚无定量计算,这是研究颗粒物对气候影响的一个重要的也是极为困难的课题。

因此,大气颗粒物的气候效应比温室气体复杂得多。应当强调指出,尽管颗粒物对气候的影响与温室效应气体的影响是反向的,但二者不能简单抵消。从二者的寿命来看,对流层颗粒物的寿命只有几天到几周,它对辐射的影响集中在排放源附近,而且基本只影响北半球,而温室气体的寿命是10 a和100 a的尺度,已经在全球范围内产生影响。从影响的时间看,颗粒物的影响主要是对白天的太阳辐射,而且夏季低纬度影响较大;而温室气体则昼夜都有影响,冬季和中高纬度影响大。

3. 沙尘颗粒物

沙尘颗粒物又称沙尘暴,是对流层颗粒物的主要成分。据估计,全球每年进入大气的沙尘颗粒物达10亿~20亿t,约占对流层颗粒物总量的一半。全球沙尘颗粒物主要来自撒哈拉沙漠地区,美国西南部沙漠区和亚洲地区。亚洲沙尘源区的地理位置及其形成沙尘暴的天气系统与其他沙尘源区不同,同时,亚洲源区位于高原,起沙后更容易被输送到很远的地区。

沙尘暴是一种灾害性天气现象,当沙尘暴发生时,大量沙尘粒子悬浮于空中并随风移动,对人畜及环境造成极大危害。沙尘暴属于大气颗粒物的一种极端情况,由于它的突发性强、危害巨大,因此在后续章节中单独论述。

4. 颗粒物对环境和人体健康的影响

大气颗粒物对人体有很大的危害性。飘浮在空中的颗粒物小粒子很容易被人吸入并沉积在支气管和肺部,粒子越小,越容易通过呼吸道进入肺部,特别是粒径小于1 μm的粒子可直达肺泡内。一般来说,大于10 μm的粒子大部分被阻留在鼻腔或口腔内;穿过气管的粒径小于10 μm的颗粒物中有10%~60%可沉积在肺部而造成危害。沉积在肺部的粒子能存留数周至数年;可吸入颗粒物在鼻腔内的大量沉积可导致上呼吸道疾病如鼻窦炎、过敏症等。进入肺部的粒子,由于其本身具有毒性(如H_2SO_4、PbO、PAH等)或携带有毒物质(如吸附SO_2、NO_x等多种有毒气体),会对人体造成危害。现在普遍认为,粒径小于2.5 μm的细粒子对人体的危害最大,因此,许多发达国家开始对细粒子制定大气质量标准并进行控制。我国的空气质量标准过去只限制颗粒物粒子总量(TSP),现在也开始制定细颗粒物的控制指标。

总之,大气颗粒物的研究已进入一个崭新的阶段,就颗粒物研究的发展趋势来看,已从人为源逐渐向人为源、天然源和生物地球化学源综合源发展;从总体颗粒物的特性向单个颗粒物,由微米级向亚微米,甚至纳米级的粒度发展;从一般无机元素成分向元素碳、有机碳、离子、有机物分子发展。

思考题与习题

1. 分析大气各层次的特点和差异,并解释为什么平流层比对流层更容易受到化学污染。

2. 请利用本章所学知识解释为什么说臭氧的存在对人体既是有益的,又存在危害。面对臭氧污染,我们应该如何防护以及减少臭氧污染呢? 简述大气主要污染物的来源及汇机理。

3. 总结大气主要的污染物会引起哪些污染现象或全球环境问题。说明它们对大气污染产生的效应有哪些。

4. 影响大气中污染物迁移的主要因素是什么?

5. 为什么说"大气稳定度是大气层中一个很重要的参数,它与大气污染之间存在着密不可分的关系"?

6. 通过查阅马斯河谷烟雾事件、多诺拉烟雾事件、伦敦烟雾事件,试总结:影响以上大气污染事件中污染物扩散的主要原因是什么?

7. 举例说明污染物在大气中的迁移和转化有何本质区别。

8. 基于大气光化学定律,说明为什么波长大于 700 nm 的光一般不能引起光化学解离。

9. 大气中有哪些重要的吸光物质? 其吸光特征是什么?

10. 大气中有哪些重要自由基? 其来源如何?

11. 大气中有哪些重要含氮化合物? 说明它们的天然源和人为源及对环境的污染。

12. 总结大气中 NO 转化为 NO_2 的各种途径。

13. 大气中有哪些重要的碳氢化合物? 碳氢化合物参与的光化学反应对各种自由基的形成有什么贡献?

14. 论述控制光化学烟雾污染的策略。

15. 简述大气中 SO_2 氧化的几种途径,并说明为什么 SO_2 氧化转化机制要视具体环境条件而异。

16. 从发生源、发生条件、反应机制等角度,对比分析"光化学烟雾"和"硫酸型烟雾"两种典型大气污染现象的区别。

17. 为什么在界定酸雨 pH 界线时,会有这样的说法:"pH = 5.6 不是一个判别降水是否酸化和受到人为污染的合理界线"?

18. 以 SO_2、NO_x 造成降水酸化为例,概述酸雨的形成过程。

19. 从影响酸雨的因素分析,论述我国酸性降水区域主要集中在南方的重要原因都有什么。

20. 试述含氮化合物、甲烷及二氧化碳对平流层臭氧的影响。

21. 简述《蒙特利尔议定书》主要是针对何种环境问题提出来的。

22. 说明大气颗粒物都可以按照哪些依据进行分类。

23. 论述我国 $PM_{2.5}$的污染特征及其控制措施。

第 3 章　水环境化学
(Chapter 3 Water environmental chemistry)

【内容提要及重点要求】 水环境化学是研究化学物质在天然水中的存在形态、反应机制、迁移转化、归趋的规律与化学行为及其对生态环境的影响。本章要求了解天然水的基本组成和特征、水中重要污染物的存在形态及分布。掌握无机污染物，尤其是重金属离子在水环境中进行吸附解吸、沉淀溶解、氧化还原、配合作用等迁移过程的基本原理，并能够确定水中重金属的存在形态，确定各类化合物的溶解度以及水中主要污染物的 p*E* 计算及 p*E*-pH 图的绘制。掌握有机污染物在水中的迁移转化过程的基本原理，能够计算其分配系数、挥发速率等相关参数。水环境化学是环境化学的重要组成部分，这些研究将为水污染控制和水资源保护提供科学依据。

地球上的水圈应当包括地球系统内部各类水体中的水，如大气中水、地表地下水、岩石矿物水、生物细胞中水等。而实际上我们所经常用到的水圈的概念应该称之为狭义的水圈，它包括海洋、湖泊、河流、水库蓄水、积雪、冰川、极地冰盖和地下水。水的总量是固定的，虽然淡水资源有限，但如果时空分布得当，并保持恰当水质，还是可以满足全球目前和将来的淡水需要。然而，地球上淡水资源的时空分布极其不均匀，加上水污染日益严重以及工农业和生活用水量的增加，许多国家和地区出现了水资源严重短缺的局面。水的短缺和污染不仅影响生物生存，而且直接或间接地给人类生存带来威胁和危害，同时也造成重大的经济损失。

3.1　天然水的组成及水中污染物
(The composition of natural water and water pollutants)

3.1.1　水环境与水循环
(Water environment and water cycle)

1. 水环境

水环境是指自然界中水的形成、分布和转化所处空间的环境，是指围绕人群空间及可直接或间接影响人类生活和发展的水体，其正常功能的各种自然因素和有关的社会因素的总体。也有的指相对稳定的、以陆地为边界的天然水域所处空间的环境。在地球表面，水体面积约占地球表面积的 71%。水是由海洋水和陆地水两部分组成，分别占总水量的

97.28%和2.72%。后者所占总量比例很小,且所处空间的环境十分复杂。水在地球上处于不断循环的动态平衡状态。天然水的基本化学成分和含量,反映了它在不同自然环境循环过程中的原始物理化学性质,是研究水环境中元素存在、迁移及转化和环境质量(或污染程度)与水质评价的基本依据。

水环境主要由地表水环境和地下水环境两部分组成。地表水环境包括各种液态的和固态的水体,主要有河流、湖泊、沼泽、冰川、冰盖等。它是人类生活用水的重要来源之一,也是各国水资源的主要组成部分。

(1)河流。

河流分布较广,水量更新快,便于取用,历来就是人类开发利用的主要水源。一个地区的地表水资源条件,通常用河流径流量表示。河流径流量除了直接受降水的影响外,地形、地质、土壤、植被等下垫面因素对径流也有明显的影响。雨水、冰雪融水通过地表或地下补给河流。地下水补给河流部分称为基流,水量较为稳定,水质一般良好,对供水有重要价值。我国大小河流的总长度约为42万km,径流总量达27 115亿m,占全世界河流径流量的5.8%。我国的河流数量虽多,但地区分布很不均匀,全国河流径流总量的96%都集中在外流流域,面积占全国总面积的64%,内陆流域仅占4%,面积占全国总面积的36%。冬季是我国河川径流枯水季节,夏季则为丰水季节。这部分水量是比较容易开发利用的地表水资源。汛期洪水难以直接利用,需要修建水库调节。

(2)冰川。

冰川是指极地或高山地区地表上多年存在并具有沿地面运动状态的天然冰体。冰川是多年积雪经过压实、重新结晶、再冻结等成冰作用而形成的。它具有一定的形态和层次,并有可塑性,在重力和压力下产生塑性流动和块状滑动,是地表重要的淡水资源。

(3)湖泊。

湖泊包括湖盆及其承纳的水体。湖盆是地表相对封闭可蓄水的天然洼地。湖泊按成因可分为构造湖、火山口湖、冰川湖、堰塞湖、喀斯特湖、河成湖、风成湖、海成湖和人工湖(水库)等。按泄水情况可分为外流湖(吞吐湖)和内陆湖;按湖水含盐度可分为淡水湖(含盐度小于1 $g\cdot L^{-1}$)、咸水湖(含盐度为1~35 $g\cdot L^{-1}$)和盐湖(含盐度大于35 $g\cdot L^{-1}$)。湖水的来源是降水、地面径流、地下水,有的则来自冰雪融水。湖水的消耗主要是蒸发、渗漏、排泄和开发利用。

(4)沼泽。

沼泽是一种独特的水体,是一些生长喜湿植物的过湿地区。我国沼泽的分布很广,仅泥炭沼泽和潜育沼泽两类面积即达11.3万km,主要分布在东北三江平原、嫩江平原的低洼处以及黄河上游和沿海的一些地带。我国大部分沼泽分布于低平而丰水的地段,土壤潜在肥力高,是我国进一步扩大耕地面积的重要对象。

(5)地下水。

地下水是指赋存于地面以下岩石空隙中的水,狭义上是指地下水面以下饱和含水层中的水。在国家标准《水文地质术语》(GB/T 14157—2023)中,地下水是指埋藏在地表以下各种形式的重力水。地下水环境包括泉、浅层地下水、深层地下水等。

a. 泉。

泉是地下水天然出露至地表的地点，或者地下含水层露出地表的地点。根据水流状况的不同，可以分为间歇泉和常流泉。如果地下水露出地表后没有形成明显水流，称为渗水。根据水流温度，泉可以分为温泉和冷泉。泉可以按照其流量大小分为八级，一级泉的流量超过 2 800 $L \cdot s^{-1}$，二级泉的流量在 280 ~ 2 800 $L \cdot s^{-1}$ 之间，八级泉流量则小于 8 $mL \cdot s^{-1}$。

b. 浅层地下水。

浅层地下水是指地表以下 60 m 内的含水层，是地质结构中位于第一透水层中、第一隔水层之上的地下水，由大气降水、地表径流透水形成，埋深浅，更新较快，水质较差，水质与水量均受降水和径流影响，典型代表为井水（非机井）。由于其埋深浅，未经深层岩石过滤，水体极易被工厂排放的污水和农田残留的农药污染，饮用浅层受污染的地下水会危害健康。

c. 深层地下水。

深层地下水是指深度在地表之下 1 km 左右的蓄水层，其蓄水量要比地表河湖总蓄水量大得多，目前探明的蓄水量已是地表水量的 100 倍。某些地下蓄水层甚至还存在着被封闭了几百万年的“化石”水。

水环境是构成环境的基本要素之一，是人类社会赖以生存和发展的重要场所，也是受人类干扰和破坏最严重的领域。

2. 水循环

水循环是指地球上不同地方的水，通过吸收太阳的能量改变状态到地球上另外一个地方。地球表面各种形式的水体是不断地相互转化的，水以气态、液态和固态的形式在陆地、海洋和大气间不断循环的过程就是水循环。例如地面的水分被太阳蒸发成为空气中的水蒸气。地球中的水多数存在于大气层、地面、地底、湖泊、河流及海洋中。水会通过一些物理作用，例如蒸发、降水、渗透、表面的流动和地底流动等，由一个地方移动到另一个地方，如水由河川流动至海洋。

（1）成因与分类。

形成水循环的外因是太阳辐射和重力作用，其为水循环提供了水的物理状态变化和运动能量；形成水循环的内因是水在通常环境条件下，气态、液态、固态三种形态容易相互转化的特性。

水循环可以分为降水、蒸发和径流三个环节，这三个环节构成的水循环决定着全球的水量平衡，也决定着一个地区的水资源总量。水循环还可以分为海陆间循环、陆上内循环和海上内循环三种形式。

①海陆间循环。海洋水蒸发后到达海洋上空，其中 90% 冷凝后又降落到海洋，其余 10% 随着大气运动输送到陆地上空，冷凝形成降水，降落到陆地表面。在地表形成地表径流，渗入地下形成地下径流，地表径流和地下径流再从陆地流回海洋。简单地说，海陆间大循环包括海水蒸发、水汽输送、大气降水、地表径流、地下径流这五个主要环节。

②陆上内循环。陆地水蒸发到空中，遇冷凝结降落到地面，再蒸发再凝结，实现水的循环。

③海上内循环。海洋水蒸发到高空,遇冷凝结降落回海洋,然后循环运动。

蒸发是水循环中最重要的环节之一。由蒸发产生的水汽进入大气并随大气活动而运动。大气中的水汽主要来自海洋,一部分还来自大陆表面的蒸散发。大气层中水汽的循环是蒸发—凝结—降水—蒸发的周而复始的过程。海洋上空的水汽可被输送到陆地上空凝结降水,称为外来水汽降水;大陆上空的水汽直接凝结降水,称为内部水汽降水。一地总降水量与外来水汽降水量的比值称为该地的水分循环系数,全球的大气水分交换的周期为 10 d。在水循环中水汽输送是最活跃的环节之一。

径流是一个地区(流域)的降水量与蒸发量的差值。多年平均的大洋水量平衡方程为蒸发量=降水量-径流量;多年平均的陆地水量平衡方程是降水量=径流量+蒸发量。但是,无论是海洋还是陆地,降水量和蒸发量的地理分布都是不均匀的,这种差异最明显的就是不同纬度的差异。

我国的大气水分循环路径有太平洋、印度洋、南海、鄂霍茨克海及内陆等五个水分循环系统。它们是我国东南、西南、华南、东北及西北内陆的水汽来源。西北内陆地区还有盛行西风和气旋东移而来的少量大西洋水汽。

陆地上(或一个流域内)发生的水循环是降水—地表和地下径流—蒸发的复杂过程。陆地上的大气降水、地表径流及地下径流之间的交换称为三水转化。流域径流是陆地水循环中最重要的现象之一。

地下水的运动主要与分子力、热力、重力及空隙性质有关,其运动是多维的。通过土壤和植被的蒸发、蒸腾向上运动成为大气水分;通过入渗向下运动可补给地下水;通过水平方向运动又可成为河湖水的一部分。地下水储量虽然很大,却是经过长年累月甚至上千年聚集而成的,水量交换周期很长,循环极其缓慢。地下水和地表水的相互转换是研究水量关系的主要内容之一,也是现代水资源计算的重要问题。

3.1.2 天然水中的主要离子成分 (The main ionic components in natural water)

1. 天然水中主要离子成分的形成过程

Ca^{2+}、Mg^{2+}、Na^{+}、K^{+}、SO_4^{2-}、Cl^{-}、HCO_3^{-}和 CO_3^{2-} 等八种离子是天然水体中构成矿化度的主要物质,在一般情况下,这几种离子占水全部化学组成的 95% ~99%。水中的这些主要离子的分类,常用来作为表征水体主要化学特征的指标,如表 3.1 所示。

表 3.1 水中的主要离子组成图

硬度	酸	碱金属	阳离子
Ca^{2+}、Mg^{2+}	H^{+}	Na^{+}、K^{+}	
HCO_3^{-}、CO_3^{2-}、OH^{-}		SO_4^{2-}、Cl^{-}、NO_3^{-}	阴离子
碱度		酸根	

天然水中常见的主要离子总量可以粗略地作为水中的总含盐量(TDS):

$$TDS = [Ca^{2+} + Mg^{2+} + Na^{+} + K^{+}] + [HCO_3^{-} + SO_4^{2-} + Cl^{-}] \quad (3.1)$$

离子在天然水中积累的过程称为天然水的矿化,离子在天然水中的总量称为天然水的矿化度。因此,天然水中的离子成分主要都是通过矿化过程进入到水中的。一般来说,矿化过程主要有以下三种途径。

(1)水对土壤和岩石中盐类的溶解。

在岩石和土壤当中存在很多无机盐类,其中有一些无机盐是易溶于水的。因此,当天然水与岩石和土壤接触时,这些易溶的盐类就可以发生溶解进入到天然水中。

土壤和岩石中的盐类的溶解,主要是由风化作用造成的。在地壳深处,岩石和矿物处于高温、高压、缺氧、缺 CO_2 以及缺水的环境,而当岩石和矿物进入到地表之后,他们所处的环境条件发生了很大的改变,这时,它们处于低温、低压、有氧、有 CO_2 以及有水的环境。为了适应新的条件,岩石和矿物会发生一系列物理和化学的变化。岩石和矿物进入地表后,在新的物理化学条件下被破坏和分解的过程称为风化。

风化包含物理风化和化学风化两类,其中物理风化是指岩石和矿物解体的过程,由大变小,是简单的机械破碎的过程,它为水和空气的渗入创造了条件;而化学风化则指由化学因素所引起的风化,它使岩石和矿物的化学组成发生了改变,同时也促进了岩石和矿物中的元素释放进入天然水。一般来说,化学风化主要有以下三种形式。

①水合作用。

水合作用是指水分子进入到矿物的晶格中,形成水合物的过程:

$$Fe_2O_3(\text{赤铁矿}) + nH_2O \longrightarrow Fe_2O_3 \cdot nH_2O(\text{水赤铁矿})$$

$$Mn_2O_3(\text{褐锰矿}) + H_2O \longrightarrow Mn_2O_3 \cdot H_2O(\text{水锰矿})$$

$$CaSO_4(\text{生石膏}) + 2H_2O \longrightarrow CaSO_4 \cdot 2H_2O(\text{石膏})$$

②氧化还原作用。

在有溶解氧存在的天然水中,可以发生以下氧化反应:

$$2FeS_2 + 7O_2 + 2H_2O \longrightarrow 2FeSO_4 + 2H_2SO_4$$

在细菌作用下,有机物可以使 SO_4^{2-} 还原形成 S^{2-}:

$$CaSO_4 + 2C(\text{有机物}) \longrightarrow CaS + 2CO_2$$

③水解反应。

水解是最重要的一种风化过程,硅酸盐和硅铝酸盐经常发生水解反应:

$$K_2Al_2Si_6O_{16}(\text{正长石}) + CO_2 + H_2O \longrightarrow KHAl_2Si_6O_{16}(\text{绢云石}) + KHCO_3$$

$$KHAl_2Si_6O_{16} + CO_2 + H_2O \longrightarrow H_2Al_2Si_6O_{16}(\text{长石酸}) + KHCO_3$$

在水和 CO_2 的作用下,正长石中的 K^+ 被 H^+ 所置换,正长石由中性盐转换形成酸性盐,置换出来的 K^+ 又与 CO_3^{2-} 结合形成碳酸盐。

综上所述,岩石和矿物通过水合作用、氧化还原或水解作用,使得原有的离子晶格被破坏,形成相对比较简单的产物,包括易溶的硫酸盐和碳酸盐。

(2)天然水中盐类之间的化学反应。

溶于水中的盐类之间可以发生相互反应,这样也会导致天然水的组成发生改变。天然水中盐类之间的化学反应主要有以下几种情况:

①碱金属硅酸盐与其他盐类的反应:

$$Na_2SiO_3+Ca(HCO_3)_2 \longrightarrow CaSiO_3\downarrow+NaHCO_3$$

使含 Ca 多的水变成含 Na 多。

②碱金属碳酸盐与其他盐类的反应：

$$Na_2CO_3+CaSO_4 \longrightarrow CaCO_3\downarrow+Na_2SO_4$$

$$Na_2CO_3+MgCl_2 \longrightarrow MgCO_3\downarrow+2NaCl$$

使含 CO_3^{2-} 多的水变成含 Cl^- 和 SO_4^{2-} 多的水。

③天然水中镁盐与其他盐类的反应：

镁盐可与 $CaCO_3$ 发生反应形成白云石类的沉淀：

$$MgSO_4+2CaCO_3 \longrightarrow MgCO_3\cdot CaCO_3\downarrow(\text{白云石})+CaSO_4$$

$$MaCl_2+2CaCO_3 \longrightarrow MgCO_3\cdot CaCO_3\downarrow+CaCl_2$$

所以，地下水中的 Mg^{2+} 常常易被矿质胶体不可逆地吸收，使得水中的 Mg^{2+} 数量减少。

(3)水中阳离子与岩石、土壤中阳离子的交换反应。

天然水中的阳离子可以与岩石和土壤中的阳离子发生交换反应，从而使得天然水的离子组成发生变化。

$$Na_2SO_4+Ca^{2+}(\text{胶体}) \longrightarrow CaSO_4\downarrow+2Na^+(\text{胶体})$$

$$2NaCl+Mg^{2+}(\text{胶体}) \longrightarrow MgCl_2+2Na^+(\text{胶体})$$

$$2NaCl+Ca^{2+}(\text{胶体}) \longrightarrow CaCl_2+2Na^+(\text{胶体})$$

交换反应的结果，使得水中 Ca^{2+} 和 Mg^{2+} 大量地积累。所以，在天然的卤水中，Ca^{2+} 和 Mg^{2+} 的含量总是很高的。

2. 天然水中主要离子的来源和存在状态

(1) Ca^{2+} 和 Mg^{2+}。

①Ca^{2+} 是大多数天然水中的主要阳离子，钙元素广泛地分布于许多普通矿物中，钙在岩石中的化学组成有 $CaAl_2Si_2O_8$(钙长石)、$CaCO_3$(方解石)、CaF_2(萤石)、$CaSO_4\cdot 2H_2O$(石膏)等。这些矿石与水接触时，会溶解而使 Ca^{2+} 进入水体中，它们的溶解过程为

$$CaAl_2Si_2O_8+H_2O+2H^+ \longrightarrow Al_2Si_2O_5(OH)_4+Ca^{2+}$$

$$CaCO_3+CO_2+H_2O \longrightarrow Ca^{2+}+2HCO_3^-$$

这些盐类的溶度积很小，溶解也相当慢，但是在自然界中由于各种条件综合的和长期的作用，钙离子成为天然水中重要的离子之一。上述反应过程均在酸性条件下进行。由反应方程式可知，$CaCO_3$ 的溶解与水中 CO_2 的含量有直接关系，也即水中 Ca^{2+} 的含量随 CO_2 分压的增加而增加。这方面的一个有意义的事实是，植物根系的呼吸作用和微生物对有机物质的分解作用，使得土壤空气中 CO_2 的分压比地面大气中 CO_2 的分压高出很多。因此，地下水中的 Ca^{2+} 浓度较地表水要高出 10～100 倍。

②镁在天然水中主要以 Mg^{2+} 形式存在，而在矿石中多以硅酸盐形式存在。当含镁矿石溶解时，Mg^{2+} 就进入水中。如镁橄榄石的风化过程：

$$5MgSiO_4(\text{镁橄榄石})+8H^++2H_2O \longrightarrow Mg(OH)_8Si_4O_{10}+4Mg^{2+}+H_4SiO_4$$

因此，酸性条件有利于镁盐的溶解。

白云石 $CaMg(CO_3)_2$ 是钙和镁的同生矿物。其在天然水中溶解的方式为

$$CaMg(CO_3)_2+2CO_2+2H_2O \longrightarrow Ca^{2+}+Mg^{2+}+4HCO_3^-$$

Mg^{2+}几乎存在于所有的天然水中，其含量也仅次于Na^+。但一般很少有以Mg^{2+}为主要阳离子的天然水。在淡水中，阳离子通常以钙为主，在咸水中则以Na^+为主。淡水中Ca^{2+}显著地多于Mg^{2+}，这是由于地壳中钙的丰度大于镁；而在咸水中Mg^{2+}的含量大于Ca^{2+}，则是由于钙的氯化物和硫酸盐的溶解度较低。

③天然水按其所含阳离子的种类和多少，可分为硬水和软水。硬水是指那些含有较多的Ca^{2+}、Mg^{2+}、Fe^{2+}、Mn^{2+}、Fe^{3+}、Al^{3+}和Si^{2+}等的天然水。这种水易生成难溶盐。其中最主要的离子是Ca^{2+}和Mg^{2+}，其他离子含量很少。因此，一般常以水中的钙和镁的含量来计算硬度。

硬水在工业上不适合作为锅炉用水。因为硬水被加热时，CO_2含量降低，体系中易生成$CaCO_3$和$Mg(OH)_2$等难溶性物质。这些难溶性物质会沉积在锅炉壁上，形成水垢：

$$Ca^{2+}+2HCO_3^- \xrightarrow{\triangle} CaCO_3\downarrow+CO_2+H_2O$$

$$Mg^{2+}+2HCO_3^- \xrightarrow{\triangle} MgCO_3\downarrow+CO_2+H_2O$$

$$MgCO_3+H_2O \xrightarrow{\triangle} Mg(OH)_2\downarrow+H_2O+CO_2$$

水垢既不容易去除，同时又阻碍热的传导过程，浪费燃料。此外，用肥皂洗衣服时，也不适合使用硬水，因为肥皂在硬水中也易生成难溶盐，从而影响洗涤效果。

水中所含钙、镁离子的总量称为水的总硬度。

按照阳离子的类型可进一步分为钙硬度和镁硬度。按照阴离子的类型又可进一步分为碳酸盐硬度和非碳酸盐硬度。碳酸盐硬度是指水中钙和镁的碳酸盐和重碳酸盐的量。由于水煮沸后，会有碳酸盐沉淀析出，从而使得碳酸盐硬度降低，因此也可称其为暂时硬度。而非碳酸盐硬度则是指钙和镁的硫酸盐和氯化物的含量，也称永久硬度。

一般雨水、地表水属软水，地下水为硬水。

(2) Na^+和K^+。

由于大部分钠盐的溶解度均较高，所以就其在天然水中的分布来说，Na^+的含量在阳离子中占第一位。在溶解性固体含量高的水中，Na^+的含量超过其他阳离子的总量。

钠参与组成地壳中约25%的矿物。含钠矿石在与水接触时易于释放出Na^+。大部分自然环境中的Na^+是不易沉淀的。

天然水中K^+的含量比Na^+低得多，K^+一般为Na^+的4%～10%。这是由于钾与钠的地球化学行为不同，导致二者在环境中的迁移能力差别很大。

水体中的碱金属离子主要是指K^+和Na^+。由于它们的化学性质相近，常常合在一起测定。在含量不大时，碱金属对水质的影响不太显著。

(3) HCO_3^-和CO_3^{2-}。

HCO_3^-和CO_3^{2-}是天然水特别是淡水中的主要离子成分。它是江河、湖泊、海洋和地下水等天然水体的pH的主要控制因素。而pH又影响着水中许多物理化学与生物化学过程，因此碳酸平衡规律是天然水化学中的重要内容之一。

(4) SO_4^{2-}和Cl^-。

天然水中SO_4^{2-}的主要来源是含硫酸盐矿物的风化溶解和含硫化物矿物的氧化。

天然水中Cl^-的主要来源是含氯化物矿物的溶解。由于氯在各种岩石中的含量远低于天然水中其他各主要离子成分在岩石中的含量,所以,在大部分天然水中Cl^-含量很低,但在海洋、咸水湖中含氯量则较高。

与其他天然水中的主要离子相比,Cl^-的地球化学行为最简单。氯化物不参与任何氧化还原反应,不与任何其他离子生成重要的配合物,不被矿物表面大量地吸附,在总的生物地球化学循环中所起的作用有限。因此,在水文循环中氯的转移基本上是一种物理过程。

3.1.3 天然水中溶解的气体 (The dissolved gases in natural water)

水中存在的气体对水生生物的生存有着重要的影响。水中鱼类的呼吸需要O_2,当溶解氧含量小于4 $mg \cdot L^{-1}$时,鱼就不能生存。对于水中的藻类来说,其光合作用需要CO_2,但CO_2含量过高,会使藻类过量繁殖。而如果水中N_2含量过高,会造成鱼类死亡。因为N_2会在鱼类的血液内产生气泡。由此可见,天然水中溶解的气体影响着水体的生态平衡。

大气中的气体分子与水中同种气体分子间存在如下平衡:

$$X(g) \rightleftharpoons X(aq) \tag{3.2}$$

它服从亨利定律

$$[G_{aq}] = K_H \cdot p_g \tag{3.3}$$

式中 $[G_{aq}]$——气体在水中的溶解度;

K_H——气体在一定温度下的亨利系数,见表3.2;

p_g——气体的气相分压。

即气体在水中的溶解度正比于与水所接触的该种气体的分压。但在应用亨利定律计算气体在水中的溶解度时一定要注意,亨利定律不能说明气体在水中的进一步化学反应。因此,气体在水中的实际溶解量往往大于亨利定律的计算量。

表3.2 25 ℃时部分气体在水中的亨利系数

气体	$K_H/(mol \cdot L^{-1} \cdot Pa^{-1})$	气体	$K_H/(mol \cdot L^{-1} \cdot Pa^{-1})$
O_2	1.26×10^{-8}	HNO_2	4.84×10^{-4}
CO_2	3.34×10^{-7}	HNO_3	2.07
SO_2	1.22×10^{-5}	NH_3	6.12×10^{-4}
NO_2	9.87×10^{-8}	HCl	2.47×10^{-2}
NO	1.88×10^{-8}	N_2O	2.47×10^{-7}
H_2O_2	0.70	H_2S	1.00×10^{-6}

在计算气体溶解度时,需要对水蒸气的分压进行校正,表3.3给出了水在不同温度下的分压值。根据这些数值即可以应用亨利定律计算气体在水中的溶解度。

表 3.3 不同温度下水的分压

温度/℃	分压/($\times10^5$ Pa)	温度/℃	分压/($\times10^5$ Pa)
0	0.006 11	30	0.042 41
5	0.008 72	35	0.056 21
10	0.012 28	40	0.073 74
15	0.017 05	45	0.095 81
20	0.023 37	50	0.123 30
25	0.031 67	100	1.013 0

(1) O_2在水中的溶解度。

O_2在水中的溶解度与水温、O_2的分压和水中的含盐量等因素有关。在 101.325 kPa、25 ℃水中 O_2的溶解度可以按如下步骤进行计算。首先查表 3.3 得 25 ℃时水的蒸气压为 $0.031\ 67\times10^5$ Pa,在干空气中 O_2的含量为 20.95%,所以 O_2的分压为

$$p_{O_2}=(1.013\ 0-0.031\ 67)\times10^5\text{Pa}\times0.209\ 5=0.205\ 6\times10^5\ \text{Pa}$$

代入亨利定律,已知 25 ℃时 O_2的亨利系数为 $1.26\times10^{-8}\text{mol}\cdot\text{L}^{-1}\cdot\text{Pa}^{-1}$,即可求出 O_2的溶解度:

$$[O_{2aq}]=K_{H}p_{O_2}=1.26\times10^{-8}\text{mol}\cdot\text{L}^{-1}\cdot\text{Pa}^{-1}\times0.205\ 6\times10^5\ \text{Pa}=2.6\times10^{-4}\text{mol}\cdot\text{L}^{-1}$$

O_2的摩尔质量为 $32\ \text{g}\cdot\text{mol}^{-1}$,所以其溶解度为

$$[O_{2aq}]=2.6\times10^{-4}\ \text{mol}\cdot\text{L}^{-1}\times32\ \text{g}\cdot\text{mol}^{-1}=0.008\ 32\ \text{g}\cdot\text{L}^{-1}=8.32\ \text{mg}\cdot\text{L}^{-1}$$

气体的溶解度通常随温度上升而降低,这种影响可以用克劳休斯-克拉配龙方程来描述:

$$\lg\frac{c_1}{c_2}=\frac{\Delta H}{2.303R}\left(\frac{1}{T_1}-\frac{1}{T_2}\right) \tag{3.4}$$

式中 c_1、c_2——热力学温度 T_1和 T_2时气体在水中的浓度;

ΔH——熔解热,$\text{J}\cdot\text{mol}^{-1}$;

R——摩尔气体常数,$8.314\ \text{J}\cdot\text{mol}^{-1}\cdot\text{K}^{-1}$。

因此,若温度从 0 ℃上升到 35 ℃,氧在水中的溶解度将从 $14.74\ \text{mg}\cdot\text{L}^{-1}$降低到 $7.03\ \text{mg}\cdot\text{L}^{-1}$,可以看出一旦温度提高,溶解氧水平会迅速下降。

(2) CO_2在水中的溶解度。

25 ℃时水中 CO_2的溶解度可以用亨利定律来计算。干空气中 CO_2的含量为 0.031 4%,25 ℃时 CO_2的亨利系数是 $3.34\times10^{-7}\text{mol}\cdot\text{L}^{-1}\cdot\text{Pa}^{-1}$,则 CO_2在水中的溶解度为

$$p_{CO_2}=(1.013\ 0-0.031\ 67)\times10^5\times3.14\times10^{-4}\ \text{Pa}=30.8\ \text{Pa}$$

$$[CO_{2aq}]=3.34\times10^{-7}\times30.8\ \text{mol}\cdot\text{L}^{-1}=1.03\times10^{-5}\text{mol}\cdot\text{L}^{-1}$$

CO_2在水中会发生电离,可产生等浓度的 H^+和 HCO_3^-。H^+和 HCO_3^-的浓度可以通过 CO_2的解离常数计算:

$$[H^+]=[HCO_3^-]$$

$$[H^+]^2/[CO_2]=K_1=4.45\times10^{-7}$$

$$[H^+]=\sqrt{1.028\times10^{-5}\times4.45\times10^{-7}}\ mol\cdot L^{-1}=2.14\times10^{-6}mol\cdot L^{-1}$$

$$pH=5.67$$

则在水中的溶解度应该为$[CO_2]+[HCO_3^-]=1.24\times10^{-5}mol\cdot L^{-1}$。

3.1.4 天然水的性质 (The properties of natural water)

1. 碳酸平衡

大气中的CO_2在水中形成酸，可与岩石中的碱性物质发生反应，水中的CO_2也可以通过沉淀反应变为沉积物从水中失去。在水与生物体之间的生物化学交换中，CO_2占有独特地位，溶解的碳酸盐化合态与岩石圈和大气层进行均相、多相的酸碱反应和交换反应，在调节天然水体的pH和组成方面起着重要作用。

无机碳在水体中通常存在着CO_2、H_2CO_3、HCO_3^-和CO_3^{2-}四种化合态。常把CO_2和H_2CO_3合并为$H_2CO_3^*$，实际上H_2CO_3的含量极低，主要是溶解性气体CO_2，因此，在水中$H_2CO_3^*$～HCO_3^-～CO_3^{2-}体系可以用下面的反应平衡常数表示：

$$CO_2+H_2O \rightleftharpoons H_2CO_3^* \quad pK_0=1.46 \tag{3.5}$$

$$H_2CO_3^* \rightleftharpoons HCO_3^-+H^+ \quad pK_1=6.36 \tag{3.6}$$

$$HCO_3^- \rightleftharpoons CO_3^{2-}+H^+ \quad pK_2=10.33 \tag{3.7}$$

已知K_1、K_2值，就可以绘制以pH为主要变量的$H_2CO_3^*$～HCO_3^-～CO_3^{2-}体系形态分布图(图3.1)。

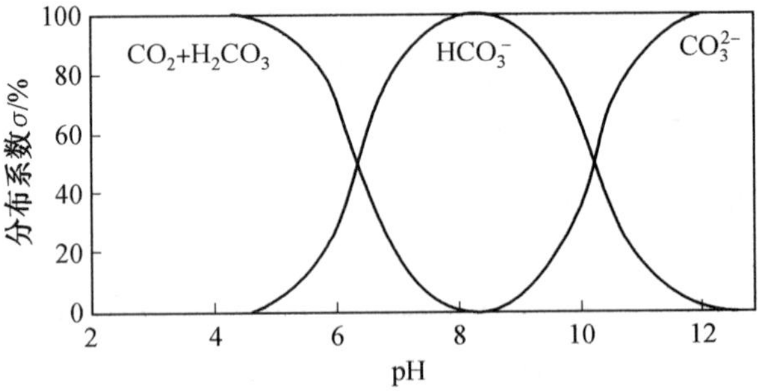

图3.1　封闭体系碳酸化合态分布图

以上讨论没有考虑溶解性CO_2与大气的交换过程，因而属于封闭体系的情况。实际上，根据气体交换动力学，CO_2在气液界面的平衡时间需要数天。因此，若所考虑的溶液反应在数小时内完成，就可以应用封闭体系固定碳酸化合态总量的模式进行计算。如果所研究的过程历时较长，则认为CO_2与水处于平衡状态，可以更接近实际情况。

比较封闭体系和开放体系可以发现，在封闭体系中，$[H_2CO_3^*]$、$[HCO_3^-]$和$[CO_3^{2-}]$等可随pH的变化而变化，但总的碳酸量C_T不变。而对于开放体系而言，$[H_2CO_3^*]$、$[HCO_3^-]$、$[CO_3^{2-}]$和C_T均随pH的改变而改变，但$[H_2CO_3^*]$总保持与大气相平衡的固定数值。因此,在天然条件下开放体系是实际存在的,而封闭体系是计算短时间水体组成的一种方法,即把其看作开放体系趋向平衡过程的一个微小阶段,在实用上认为是相对稳定而加以计算。

2. 酸度和碱度

(1)酸度。

酸度是指水中能与强碱发生中和作用的全部物质。组成水中酸度的物质主要是强酸(如 HCl、H_2SO_4、HNO_3等)、弱酸(如 H_2CO_3、H_2S、蛋白质及各种有机酸等)和强酸弱碱盐(如 $FeCl_3$、$Al_2(SO_4)_3$等)。

用强碱滴定含碳酸水溶液测定其酸度时,其反应过程如下:

$$H^+ + OH^- \rightleftharpoons H_2O \tag{3.8}$$

$$OH^- + HCO_3^- \rightleftharpoons CO_3^{2-} + H_2O \tag{3.9}$$

$$OH^- + H_2CO_3 \rightleftharpoons HCO_3^- + H_2O \tag{3.10}$$

以甲基橙作指示剂滴定至 pH=4.3,以酚酞作指示剂滴定至 pH=8.3,分别得到无机酸度和 CO_2酸度。总酸度在 pH=10.8 处得到,但此时滴定曲线无明显突跃,难以找到合适的指示剂,所以一般以 CO_2酸度作为主要的酸度指标。根据溶液质子平衡条件,可以得到酸度的表达式:

$$\text{总酸度}=[H^+]+[HCO_3^-]+2[H_2CO_3^*]-[OH^-] \tag{3.11}$$

$$CO_2\text{酸度}=[H^+]+[H_2CO_3^*]-[CO_3^{2-}]-[OH^-] \tag{3.12}$$

$$\text{无机酸度}=[H^+]-[HCO_3^-]-2[CO_3^{2-}]-[OH^-] \tag{3.13}$$

(2)碱度。

碱度是指水中能与强酸发生中和作用的全部物质。组成水中碱度的物质主要是强碱(如 $NaOH$、$Ca(OH)_2$、KOH 等)、弱碱(如 NH_3、苯胺等)、强碱弱酸盐(如碳酸盐、重碳酸盐、磷酸盐和腐殖酸盐等)。弱碱和强碱弱酸盐在与强酸的中和作用过程中,可以不断产生 OH^-,直至全部被中和。

在测定碱度的过程中,中和作用进行的程度不同,所得碱度亦不同。当用一个强酸标准溶液滴定,用甲基橙作指示剂,滴定至溶液由黄色变为橙红色时(pH 约为 4.3),停止滴定,此时所得的结果称为总碱度,也称甲基橙碱度,其化学反应计量关系如下:

$$H^+ + OH^- \rightleftharpoons H_2O \tag{3.14}$$

$$H^+ + CO_3^{2-} \rightleftharpoons HCO_3^- \tag{3.15}$$

$$H^+ + HCO_3^- \rightleftharpoons H_2CO_3 \tag{3.16}$$

由此可见,总碱度是水中各种碱度成分的总和,即加酸至 HCO_3^-和 CO_3^{2-}转化为 CO_2。根据溶液质子平衡条件,可以得到总碱度的表达式:

$$\text{总碱度}=[HCO_3^-]+2[CO_3^{2-}]+[OH^-]-[H^+] \tag{3.17}$$

如果用酚酞作指示剂,当溶液的 pH 降至 8.3 时,表示 OH^-被中和,CO_3^{2-}全部转化为 HCO_3^-,作为碳酸盐只中和了一半,此时得到的是酚酞碱度,其表达式为

$$\text{酚酞碱度}=[CO_3^{2-}]+[OH^-]-[H^+]-[H_2CO_3^*] \tag{3.18}$$

达到 $pH_{CO_3^{2-}}$所需酸量时的碱度称为苛性碱度。因为滴定终点不明显,苛性碱度在实

验室不容易迅速测得,但若已知总碱度和酚酞碱度则可以通过计算确定,其表达式为

$$苛性碱度=[OH^-]-[HCO_3^-]-2[H_2CO_3^*]-[H^+] \tag{3.19}$$

用总碳酸量 C_T 和相应的分布系数 α 来表示各种碱度,有

$$总碱度=C_T(\alpha_1+2\alpha_2)+\frac{K_w}{[H^+]}-[H^+] \tag{3.20}$$

$$酚酞碱度=C_T(\alpha_2-\alpha_0)+\frac{K_w}{[H^+]}-[H^+] \tag{3.21}$$

$$苛性碱度=-C_T(\alpha_1+2\alpha_0)+\frac{K_w}{[H^+]}-[H^+] \tag{3.22}$$

式中 K_w——水的离子积。

如果已知水体的 pH、碱度和相应的平衡常数,就可以计算出 CO_3^{2-}、HCO_3^-、$H_2CO_3^*$ 及 OH^- 在水中的浓度(假设其他各种形态对碱度的贡献可以忽略)。

【例 3.1】 某水体 pH 为 8.00,碱度为 1.00×10^{-3} mol·L^{-1},计算上述各种形态物质的浓度。

当 pH=8.00 时,水中的 CO_3^{2-} 浓度与 HCO_3^- 浓度相比可以忽略,此时碱度全部由 HCO_3^- 贡献,则有

$$[HCO_3^-]=碱度=1.00\times10^{-3}\ mol\cdot L^{-1}$$

$$[OH^-]=1.00\times10^{-6}\ mol\cdot L^{-1}$$

代入酸离解常数 K_1,可以计算出 $H_2CO_3^*$ 的浓度:

$$[H_2CO_3^*]=\frac{[H^+][HCO_3^-]}{K_1}=\frac{1.00\times10^{-8}\times1.00\times10^{-3}}{4.45\times10^{-7}}mol\cdot L^{-1}=2.25\times10^{-5}\ mol\cdot L^{-1}$$

代入离解常数 K_2,可以计算出 HCO_3^- 的浓度:

$$[CO_3^{2-}]=\frac{[HCO_3^-]K_2}{[H^+]}=\frac{4.69\times10^{-11}\times1.00\times10^{-3}}{1.00\times10^{-8}}mol\cdot L^{-1}=4.69\times10^{-6}\ mol\cdot L^{-1}$$

需要注意的是,在封闭体系中加入强酸或强碱,总碳酸量不变;而加入 CO_2 时,总碱度值不变,此时溶液的 pH 及各种碳酸化合态浓度虽然发生变化,但它们的代数综合值不变。因此,总碳酸量和总碱度在一定条件下具有守恒性。

在环境水化学和水处理工艺过程中,常会遇到向碳酸体系加入酸或碱,调整 pH 的问题。

【例 3.2】 某天然水体的 pH 为 7.00,碱度为 1.4 mmol·L^{-1},求需要加入多少酸才能把水体的 pH 降低至 6.00。

从式(3.20)可知:总碱度 $=C_T(\alpha_1+2\alpha_2)+\frac{K_w}{[H^+]}-[H^+]$,则有

$$C_T=\frac{1}{\alpha_1+2\alpha_2}(总碱度+[H^+]-[OH^-])$$

当 pH 在 5~9 的范围内、碱度 $\geqslant10^{-3}$ mol·L^{-1},或 pH 在 6~8 的范围内、碱度 $\geqslant10^{-4}$ mol·L^{-1} 时,$[H^+]$ 和 $[OH^-]$ 项可以忽略不计,则上式可以简化为

$$C_T = \frac{1}{\alpha_1 + 2\alpha_2} \cdot 总碱度$$

当 pH=7.00 时,查表 3.4 得 $\alpha_1 = 0.816\,2$,$\alpha_2 = 3.828 \times 10^{-4}$,则有

$$C_T = \frac{1}{0.816\,2 + 2 \times 3.828 \times 10^{-4}} \times 1.4 \times 10^{-3} \text{mol} \cdot \text{L}^{-1} = 1.71 \times 10^{-3} \text{mol} \cdot \text{L}^{-1}$$

若加入强酸降低水体的 pH 至 6.00,其 C_T 不变,但 $\alpha_1 = 0.308\,0$,$\alpha_2 = 1.444 \times 10^{-5}$,此时有

$$碱度 = \frac{C_T}{\frac{1}{\alpha_1 + 2\alpha_2}} = C_T \cdot (\alpha_1 + 2\alpha_2) = 1.71 \times 10^{-3} \times (0.308\,0 + 2 \times 1.444 \times 10^{-5}) \text{mol} \cdot \text{L}^{-1}$$

$$= 0.527 \times 10^{-3} \text{mol} \cdot \text{L}^{-1}$$

碱度降低的量就是加入酸的量:

$$\Delta = (1.4 - 0.527) \times 10^{-3} \text{mol} \cdot \text{L}^{-1} = 0.873 \times 10^{-3} \text{mol} \cdot \text{L}^{-1}$$

表 3.4 碳酸平衡常数

pH	α_0	α_1	α_2	α
4.6	0.982 6	0.017 41	3.250×10^{-8}	57.447
4.8	0.972 7	0.027 31	8.082×10^{-8}	36.615
5.0	0.957 4	0.042 60	1.998×10^{-7}	23.472
5.2	0.934 1	0.065 88	4.897×10^{-7}	15.179
5.4	0.899 5	0.100 5	1.184×10^{-6}	9.946
5.6	0.849 5	0.150 5	2.810×10^{-6}	6.644
5.8	0.780 8	0.219 2	6.487×10^{-6}	4.561
6.0	0.692 0	0.308 0	1.444×10^{-5}	3.247
6.2	0.586 4	0.413 6	3.074×10^{-5}	2.418
6.4	0.472 2	0.527 8	6.218×10^{-5}	1.894
6.6	0.360 8	0.639 1	1.193×10^{-4}	1.564
6.8	0.262 6	0.737 2	2.182×10^{-4}	1.356
7.0	0.183 4	0.816 2	3.828×10^{-4}	1.224
7.2	0.124 1	0.875 2	6.506×10^{-4}	1.141
7.4	0.082 03	0.916 9	1.080×10^{-3}	1.088
7.6	0.053 34	0.944 9	1.764×10^{-3}	1.054
7.8	0.034 29	0.962 9	2.849×10^{-3}	1.032
8.0	0.021 88	0.973 6	4.566×10^{-3}	1.018
8.2	0.013 88	0.978 8	7.276×10^{-3}	1.007
8.4	$0.874\,6\times10^{-2}$	0.979 7	1.154×10^{-2}	0.997 2
8.6	$0.551\,1\times10^{-2}$	0.976 3	1.823×10^{-2}	0.987 4
8.8	$0.344\,7\times10^{-2}$	0.967 9	2.864×10^{-2}	0.975 4
9.0	$0.214\,2\times10^{-2}$	0.953 2	4.470×10^{-2}	0.959 2

续表 3.4

pH	α_0	α_1	α_2	α
9.2	$0.131\ 8\times10^{-2}$	0.929 5	6.910×10^{-2}	0.936 5
9.4	$0.799\ 7\times10^{-3}$	0.893 9	0.105 3	0.905 4
9.6	$0.475\ 4\times10^{-3}$	0.842 3	0.157 3	0.864 5
9.8	$0.274\ 8\times10^{-3}$	0.771 4	0.228 3	0.814 3
10.0	$0.153\ 0\times10^{-3}$	0.680 6	0.319 2	0.758 1
10.2	$0.813\ 3\times10^{-4}$	0.573 5	0.426 3	0.701 1
10.4	$0.410\ 7\times10^{-4}$	0.459 1	0.540 9	0.649 0
10.6	$0.196\ 9\times10^{-4}$	0.348 8	0.651 2	0.605 6
10.8	$0.899\ 6\times10^{-5}$	0.252 6	0.747 4	0.573 2
11.0	$0.394\ 9\times10^{-5}$	0.175 7	0.824 2	0.548 2

3. 水的硬度

水中所含钙、镁离子的总量称为水的总硬度。由于钙、镁离子容易生成难溶性盐，若水中钙、镁离子浓度过高，即硬度大，就会给工业用水和人们的生活带来危害，同时也会危害水生生物。因此，硬度也作为衡量水质的一项指标。

雨水属于软水，钙、镁离子含量很低，地表水的硬度一般也不大，地下水的硬度往往比较高。硬度的单位为“度”，规定：10 $mg\cdot L^{-1}$的 CaO 称为 1 德国度；10 $mg\cdot L^{-1}$的 $CaCO_3$ 称为 1 法国度，若未做说明，通常默认为德国度。水的硬度分级见表 3.5。

表 3.5　水的硬度分级

总硬度	水质
0 ~ 4 度	很软水
4 ~ 8 度	软水
8 ~ 16 度	中等硬水
16 ~ 30 度	硬水
30 度以上	很硬水

4. 天然水的分类

不同天然水体，其化学成分多种多样，但它们的变化具有一定规律性，在实际应用和科学研究中，有必要对这种变化规律加以系统地分类，从而反映天然水水质的形成条件和演化过程，并且为水资源评价、利用和保护提供科学依据。

(1)天然水按离子总量(矿化度)的分类。

①苏联学者 O. A. 阿列金于 1970 年提出如下分类方案：

淡水：离子总量<1 $g\cdot kg^{-1}$。

微咸水：离子总量 1 ~ 25 $g\cdot kg^{-1}$。

具有海水盐度的咸水:离子总量 25 ~50 $g \cdot kg^{-1}$。

盐水(卤水):离子总量>50 $g \cdot kg^{-1}$。

②美国所采用的按离子总量分类的数值界线稍有区别:

淡水:离子总量<1 $g \cdot kg^{-1}$。

微咸水:离子总量 1 ~10 $g \cdot kg^{-1}$。

咸水:离子总量 10 ~100 $g \cdot kg^{-1}$。

盐水:离子总量>100 $g \cdot kg^{-1}$。

(2)天然水按优势离子的分类。

曾有很多学者按优势离子成分的原则提出多种分类方案。其中最常用的是 O. A. 阿列金提出的方案,这个分类综合了优势离子的各种划分原理以及它们之间的数量比例。首先按优势阴离子将天然水划分为三类:重碳酸盐类、硫酸盐类和氯化物盐类。然后在每一类内再按优势阳离子划分为钙质、镁质和钠质三个组。每一组内再按离子间的毫克当量比例关系划分为四个水型:

Ⅰ型: $[HCO_3^-]>[Ca^{2+}]+[Mg^{2+}]$;$[HCO_3^-]>[Ca^2]$。

Ⅱ 型: $[HCO_3^-]<[Ca^{2+}]+[Mg^{2+}]<[HCO_3^-]+[SO_4^{2-}]$。

Ⅲ 型: $[HCO_3^-]+[SO_4^{2-}]<[Ca^{2+}]+[Mg^{2+}]$或$[Cl^-]>[Na^+]$。

Ⅳ 型: $[HCO_3^-]=0$。

Ⅰ型水是弱矿化水,主要形成于含大量 Na^+ 与 K^+ 的火成岩地区,水中含有相当数量的 $NaHCO_3$成分,在某些情况下也可能由 Ca^{2+}交换土壤和沉积物中的 Na^+而形成。

Ⅱ型水为混合起源的水,其形成既与水和火成岩的作用有关,又与水和沉积岩的作用有关。大多数低矿化和中矿化的河水、湖水和地下水属于这一类型。

Ⅲ型水也是混合起源的水,但具有很高的矿化度。在此条件下离子交换作用使水的成分明显变化,通常是水中的 Na^+交换出土壤和沉积物中的 Ca^{2+}和 Mg^{2+}。大洋水、海水、海湾水、残留水和许多具有高矿化度的地下水属此类型。

Ⅳ型水是酸性水,其特点是缺少 HCO_3^-。这是酸型沼泽水、硫化矿床水和火山水的特点。在重碳酸盐类水中不包括此种类型的水。另外,在硫酸盐与氯化物类的钙组和镁组中无Ⅰ型水。

根据以上分类,可划分出 27 种类型的天然水,见表 3.6。

表 3.6 天然水的分类

类	重碳酸盐 [C] HCO_3^-			硫酸盐 [S] SO_4^{2-}			氯化物 [Cl] Cl^-		
组	钙 Ca	镁 Mg	钠 Na	钙 Ca	镁 Mg	钠 Na	钙 Ca	镁 Mg	钠 Na
型	Ⅰ Ⅱ Ⅲ	Ⅰ Ⅱ Ⅲ	Ⅰ Ⅱ Ⅲ	Ⅱ Ⅲ Ⅳ	Ⅱ Ⅲ Ⅳ	Ⅰ Ⅱ Ⅲ	Ⅱ Ⅲ Ⅳ	Ⅱ Ⅲ Ⅳ	Ⅰ Ⅱ Ⅲ

本分类中每一性质的水用符号表示，“类”采用相应的阴离子符号表示（C、S、Cl），“组”采用阳离子的符号表示，写作“类”的方次的形式。“型”则用罗马字母标在“类”符号下面。全符号写成下列形式：如[C]CaⅡ表示重碳酸盐类钙组第二型水。

5. 天然水的水质

（1）水质指标。

各种天然水系是工农业和生活用水的水源，还能借以发电和航运等。作为一种资源来说，水质、水量和水能是度量水资源可利用价值的三个重要指标，而与水环境污染密切相关的则是水质指标。由于一般水体兼作汲取用水的水源和受纳废水的对象，且用水水源经常受到污染，废水排放前一般都要先经处理，所以用水和排水两者在水质方面有逐渐相接近的趋势，存在着许多共同的水质指标。所谓水质指标，指的是水样中除水分子外所含杂质的种类和数量（或浓度）。显然，天然水在环境中迁移或加工、使用过程中都会发生水质变化。从应用角度看问题，水质只具有相对意义。例如，经二重蒸馏处理后所得纯水只是在精密化学实验室中才可称为优质水。相反，对饮用水则要求其中含有一定数量的杂质（含相当数量溶解态二氧化碳，适量钙、镁和微量铁、锰及某些有机物质等）。天然水（也兼及各种用水、废水）的水质指标可分为物理、化学、生物和放射性四类。有些指标可直接用某一种杂质的浓度来表示其含量，有些指标则是利用某一类杂质的共同特性来间接反映其含量，如有机物杂质可用需氧量（化学需氧量、生物化学需氧量、总需氧量）作为综合指标（也被称之为非专一性指标）。常用的水质指标有数十项，现将有关这些指标的意义列举如下。

①物理指标。

温度：影响水的其他物理性质和生物、化学过程。

臭和味：感官性指标，可借以判断某些杂质或有害成分存在与否。

颜色：感官性指标，水中悬浮物、胶体或溶解类物质均可生色。

浊度：由水中悬浮物或胶体颗粒物质引起。

透明度：与浊度意义相反，但两者同时反映水中杂质对透过光的阻碍程度。

悬浮物：一般表征水体中不溶性杂质的量。

②化学指标。

a. 非专一性指标。

电导率：表示水样中可溶性电解质的总量。

pH：水样酸碱性。

硬度：由可溶性钙盐和镁盐组成，使用水管路中发生沉积和结垢。

碱度：一般来源于水样中的 OH^-、CO_3^{2-}、HCO_3^-。关系到水中许多化学反应过程。

无机酸度：源于工业酸性废水或矿井排水，有腐蚀作用。

b. 无机物指标。

铁：在不同条件下可呈 Fe^{2+} 或胶粒 $Fe(OH)_3$ 状态，造成水有铁锈味和混浊，形成水垢、繁生铁细菌。

锰：常以 Mn^{2+} 形态存在，其很多化学行为与铁相似。

铜：影响水的可饮用性，对金属管道有侵蚀作用。

锌:很多化学行为与铜相似。

钠:天然水中主要的易溶组分,对水质不发生重要影响。

硅:多以 H_4SiO_4形态普遍存在于天然水中,含量变化幅度大。

有毒金属:常见的有镉、汞、铅、铬等,一般来源于工业废水。

有毒准金属:常见的有砷、硒等,砷化物有剧毒,硒化物产生嗅感和味觉异常。

氯化物:影响可饮用性,腐蚀金属表面。

氟化物:饮水浓度控制在 $1\ mg \cdot L^{-1}$可防止龋齿,高浓度时有腐蚀性。

硫酸盐:水体缺氧条件下经微生物反硫化作用转化为有毒的 H_2S。

硝酸盐氮:通过饮用水过量摄入婴幼儿体内时,可引起变性血红蛋白症。

亚硝酸盐氮:是婴幼儿高铁血红蛋白症的病原物,与仲胺类作用生成致癌的亚硝胺类化合物。

氨氮:以 NH_4^+和 NH_3形态存在,NH_3形态对鱼有危害,用 Cl_2处理水时可产生有毒的氯胺,又可引起水体富营养化问题。

磷酸盐:基本上有三种形态,正磷酸盐、多磷酸盐和有机结合磷酸盐,是生命必需物质,可引起水体富营养化问题。

氰化物:剧毒,进入生物体后破坏高铁细胞色素氧化酶的正常作用,致使组织缺氧窒息。

c. 非专一性有机物指标。

生物化学需氧量(BOD):水体通过微生物作用发生自然净化的能力标度,是废水生物处理效果标度。

化学需氧量(COD):有机污染物浓度指标。

高锰酸盐指数:易氧化有机污染物及还原无机物的浓度指标。

总需氧量(TOD):近于理论耗氧量值。

总有机碳(TOC):近于理论有机碳量值。

酚类:多数酚化合物对人体毒性不大,但有臭味(特别是氯化过的水),影响可饮用性。

洗涤剂类:仅有轻微毒性,有发泡性。

d. 溶解性气体。

氧气:为大多数高等水生生物呼吸所需,腐蚀金属,水体中缺氧时又会产生有害的 CH_4、H_2S 等。

二氧化碳:大多数天然水系中碳酸体系的组成物。

③生物指标。

细菌总数:对饮用水进行卫生学评价时的依据。

大肠菌群:水体被粪便污染程度的指标。

藻类:水体营养状态指标。

④放射性指标。

总 α 射线、总 β 射线、铀、镭、钍等,生物体受过量辐射时(特别是内照射)可引起各种放射病或烧伤等。

（2）水质标准和水质分析。

①地表水环境质量标准。

我国环境保护部于2002年发布了《地表水环境质量标准》（GB 3838—2002）［有关海水水质标准另列于《海水水质标准》（GB 3097—1997）］，在该标准中，依据环境功能和保护目标将地表水划分为以下五类：

Ⅰ类：主要适用于源头水、国家自然保护区。

Ⅱ类：主要适用于集中式生活饮用水水源地一级保护区、珍稀水生生物栖息地、鱼虾类产卵场、仔幼鱼的索饵场等。

Ⅲ类：主要适用于集中式生活饮用水地表水源地二级保护区、鱼虾类越冬场、洄游通道、水产养殖区等渔业水域及游泳区。

Ⅳ类：主要适用于一般工业用水区及人体非直接接触的娱乐用水区。

Ⅴ类：主要适用于农业用水区及一般景观要求水域。

相应以上五类水域的水质要求，提出24项水质指标并规定了它们的标准值以及相应的选配分析方法。有关内容参见表3.7。综合归纳金属类、非金属类和有机化合物类的分析方法大体有以下几种：

a. 金属类化合物：比色法（或称分光光度法，下同）、原子吸收分光光度法。

b. 非金属类化合物：比色法、离子选择电极法和容量法。

c. 有机化合物：比色法和容量法。

表3.7 地表水环境质量标准基本项目分析方法

号	项目	分析方法	最低检出限/（$mg \cdot L^{-1}$）
1	水温	温度计法	—
2	pH	玻璃电极法	—
3	溶解氧	碘量法	0.2
		电化学探头法	—
4	高锰酸钾指数	酸性（或碱性）高锰酸钾法	0.5
5	化学需氧量	重铬酸钾法	10
6	五日生化需氧量	稀释与接种法	2
7	氨氮	纳氏试剂比色法	0.05
		水杨酸分光光度法	0.01
8	总磷	钼酸铵分光光度计	0.01
9	总氮	碱性过硫酸钾消解紫外分光光度法	0.05
10	铜	2,9-二甲基-1,10-菲啰啉分光光度计	0.06
		二乙基二硫代氨基甲酸钠分光光度计	0.010
		原子吸收分光光度法（螯合萃取法）	0.001

续表 3.7

号	项目	分析方法	最低检出限/($mg \cdot L^{-1}$)
11	锌	原子吸收分光光度计	0.05
12	氟化物	氟试剂分光光度计	0.05
		离子选择电极法	0.05
		离子色谱法	0.02
13	硒	2,3-二氨基萘荧光法	0.000 25
		石墨炉原子吸收分光光度法	0.003
14	砷	二乙基二硫代氨基甲酸银分光光度法	0.007
		冷原子荧光法	0.000 06
15	汞	冷原子吸收分光光度法	0.000 05
		冷原子荧光法	0.000 05
16	镉	原子吸收分光光度法(螯合萃取法)	0.001
17	铬(六价)	二苯碳酰二肼分光光度法	0.004
18	铅	原子吸收分光光度法(螯合萃取法)	0.01
19	氰化物	异烟酸吡唑啉酮比色法	0.004
		吡啶-巴比妥酸比色法	0.002
20	挥发酚	蒸馏后4-氨基安替比林分光光度法	0.002
21	石油类	红外分光光度法	0.01
22	阴离子表面活性剂	亚甲基蓝分光光度法	0.05
23	硫化物	亚甲基蓝分光光度法	0.005
		直接显色分光光度法	0.004
24	粪大肠菌群	多管发酵法、滤膜法	—

②海水质量标准。

按照海域的不同使用功能和保护目标,海水水质可分为四类:

第Ⅰ类:适用于海洋渔业水域、海上自然保护区和珍稀濒危海洋生物保护区。

第Ⅱ类:适用于水产养殖区、海水浴场、人体直接接触海水的海上运动或娱乐区,以及与人类食用直接相关的工业用水区。

第Ⅲ类:适用于一般工业用水区、滨海风景旅游区。

第Ⅳ类:适用于海洋港口水域、海洋开发作业区。

③地下水质量标准。

根据我国地下水水质现状、人体健康基准值及地下水质量保护目标,并参照生活饮用水、工业用水、农业用水水质最高要求，将地下水质量划分为五类：

Ⅰ类：主要反映地下水化学组分的天然低背景含量，适用于各种用途。

Ⅱ类：主要反映地下水化学组分的天然背景含量，适用于各种用途。

Ⅲ类：以人体健康基准值为依据，主要适用于集中式生活饮用水水源及工业用水、农业用水。

Ⅳ类：以农业用水和工业用水为依据，除适用于农业和部分工业用水外，适当处理后可作生活饮用水。

Ⅴ类：不宜饮用，其他用水可根据使用目的选用。

(3)水质类别和水质指数。

各类天然水的化学组成是有差异的，即使同一类型天然水，其化学组成也是可变的。但这些差异和变化具有一定的规律性。在实际应用和科学研究中都要求对天然水按水质状况加以分类。然而现有各种分类法都不尽完善，未能在世界范围内得到普遍采纳和统一使用。早先已有按总溶解性固体物量(TDS)或总硬度(TH)大小进行分类的方法，但这类方法显得过于简单。地表水分类法属于国家标准法定内容，有很高的权威性，但其中涉及的水质参数多达30项，致使监测部门承担着相当繁重的分析工作任务。

因此，多年来各国都在研究采用一种综合各项水质参数的简单数字体系，用以表示水域的污染程度及相应的水质类别。如有人提出悬浮固体物量(SS)、溶解氧量(DO)、生物化学需氧量(BOD)和氨氮量(NH_3-N)四个参数来统计得到水质指数(WQI)。根据四个参数间的相对重要性赋予它们不同的加权值，并根据各参数的实测浓度值大小分别给予它们一个确定的分级值。由此，水质指数可表示为

$$\mathrm{WQI}=\frac{\text{各参数分级值总和}}{\text{各参数加权值总和}} \tag{3.23}$$

计算得到的WQI值范围在0~10之间，也就是将水质分为10级。当WQI=10时表示最优级，WQI=0时表示水体污染程度很严重。

3.1.5 天然水中的重要污染物 (The important pollutants in natural water)

水体中污染物质的种类非常多，主要来自于工业污染、农业污染和生活用水污染。工业废水是工业污染的主体，它是水体中污染物的主要来源。农业污染主要是广泛使用化肥、农药以及大量农业废弃物而造成的。随着城市人口逐渐增加，城市生活废水也已经成为水体的重要污染源。

水体本身具有一定的自净能力。这种自净能力可以使水体恢复到原来的状态，维持水体的生态平衡。而自净能力的强弱，主要取决于水体对污染物质的物理、化学和生物等一系列综合作用。一般来说，只要不超过水体的自净能力范围，污染物质就可以被水体逐渐净化。但是，如果污染物质的含量超过了水体的自净能力，就会影响水体的原有性质和用途，破坏水体的生态平衡，从而造成水体污染。

1. 重金属

重金属在地壳中的丰度并不高，但分布极其广泛。微量的重金属是生物体正常生长

所必不可少的营养物质。但是,一旦超量,将会造成生物体中毒,影响其正常的生长发育。而且有些重金属可以在生物体内发生富集或转化形成毒性更大的形态。因而重金属的危害性是非常大的。

(1)汞。

汞是最受关注的重金属污染物。天然水中的汞主要来自于下面几种途径:

①含汞矿石的自然风化。

自然界中最主要的含汞矿物是朱砂,即红色的硫化汞(HgS)。

②工业废水。

汞在工业上主要用作原材料或催化剂。在生产过程中,汞的损耗量非常大并且主要随着工业废水排放进入天然水中。如生产 1 t 粗纸浆需加入 40 g 苯基汞醋酸盐,其中 20% 的汞会随废水流失。在利用乙炔合成乙醛的过程中,每生产 1 t 乙醛需用 100 ~ 300 g 汞,其损耗量为 5%,则每年由大量汞进入废水。

③含汞农药。

含汞农药中的汞主要是有机汞化合物,包括烷基汞制剂和芳基汞制剂。它们的主要用途是用作杀菌剂,如氯化乙基汞(C_2H_5HgCl)可在农业上用于浸种,而二硫代二甲氨基甲酸苯基汞(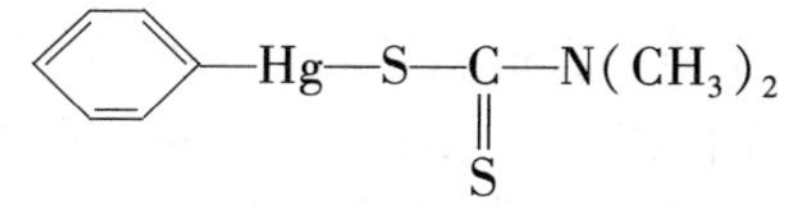)这种含汞农药也可在造纸厂用作杀菌剂和纸张霉菌抑制剂。由于烷基汞化合物非常不容易发生降解,因此它对环境的危害比芳基汞化合物以及无机汞化合物还要严重。

④煤和石油的燃烧。

煤和石油中都含有汞。在燃烧过程中,汞可随着烟尘排放进入大气,最终可以通过干湿沉降重新回到地表,进入天然水中。

汞的毒效效应主要有两种。一种是破坏神经系统,另一种是破坏染色体,可造成胎儿缺陷。轻微的汞中毒表现为精神抑郁和烦躁,严重的汞中毒可以引起瘫痪、失明或精神错乱。

汞的一个非常重要的性质就是可以在生物体内,特别是在海洋中的鱼类体内发生富集,富集系数可超过 10^3。有时海洋中鱼贝类体内的汞含量甚至要比周围海水中的汞含量高出几十万倍。正是由于食用了这种汞含量非常高的鱼贝类食物,才使得一些海鸟和海兽因汞中毒而濒于绝迹。通过食物链的不断积累,如果最终人一旦食用了这种汞含量非常高的水生生物,就会导致人体汞中毒。历史上典型的汞中毒的例子就是 20 世纪 50 年代发生在日本水俣湾地区的水俣病事件。

(2)铅。

随着工业的发展,铅的开采和使用日益增加,从而导致铅污染不断加剧。

环境中的铅虽然可以来自于许多工业和采矿污染源,但大气和陆地环境中的铅主要是来自于含铅汽油的使用。特别是城市环境的铅污染,与含铅汽油的用量以及交通的拥挤程度成正比。而汽油中的铅,最终有很多会进入天然水系统。为此,世界上有很多国家都已经限制了含铅汽油的生产和使用。此外,环境中铅的另一个重要来源是来自于含铅的石灰石和方铅矿（PbS）。含铅矿物的风化、开采和利用也会造成水体的铅污染。

在天然水中，铅的含量和存在形式明显地受水体中CO_3^{2-}、SO_4^{2-}和OH^-等离子所影响。这是因为铅与这些阴离子之间存在着一系列的平衡关系，如：

溶解平衡：

$$PbCO_3(s) \rightleftharpoons Pb^{2+} + CO_3^{2-}$$

$$Pb(OH)_2(s) \rightleftharpoons Pb^{2+} + 2OH^-$$

$$PbSO_4(s) \rightleftharpoons Pb^{2+} + SO_4^{2-}$$

配合平衡：

$$Pb^{2+} + OH^- \rightleftharpoons PbOH^+$$

$$Pb^{2+} + 2OH^- \rightleftharpoons Pb(OH)_2(s)$$

$$Pb^{2+} + 3OH^- \rightleftharpoons Pb(OH)_3^-$$

$$Pb^{2+} + Cl^- \rightleftharpoons PbCl^+$$

$$Pb^{2+} + 2Cl^- \rightleftharpoons PbCl_2(s)$$

一般在中性和弱碱性水中，铅的浓度受OH^-浓度所制约，在酸性条件下，铅的浓度受SO_4^{2-}浓度所制约。铅在天然水中的主要存在形态是$PbOH^+$，也有一定数量的Pb_2OH^{3+}和$Pb(OH)_4^{2-}$等多核配合物。但在海水中，铅的主要存在形态是Pb^{2+}和$PbSO_4$。

由于铅在水体中有很强的自净作用，因而使得天然水中铅的含量一般都比较低。这种自净作用的原因，一方面是由于铅在水体中易与CO_3^{2-}、SO_4^{2-}和OH^-等离子形成难溶化合物，另一方面是由于水体中的悬浮物和底泥对铅有很强的吸附作用。如某工业废水在排放前Pb^{2+}浓度为0.4～0.5 $mg \cdot L^{-1}$，在排放渠中流过500 m后，水中铅的含量只有3～4 $mg \cdot L^{-1}$。所以，在含铅工业废水排放口附近的底泥中会含有大量的铅。而铅在海水中的分布也有类似的关系，即随着离海岸距离的增加，海水中铅的含量逐渐降低。而在沿海港湾沉积物中，铅含量最高可达320 $mg \cdot kg^{-1}$。

铅在天然水中可被水生动物摄取。在某些海洋动物体内其富集系数可达1 400以上。铅对人的毒害是积累性的。人体急性的铅中毒会引起严重的肾、生殖系统、肝、脑和中枢神经系统机能障碍，甚至导致死亡。轻微的铅中毒会引起贫血、头痛、肌肉痛及疲劳和烦躁。

(3)镉。

水体中的镉主要来自于电镀等行业的工业废水以及镉矿开采的废弃物。镉在水体中可以以溶解物、悬浮物或沉积物的形式存在。在有氧的表层水中，镉主要以溶解性的$CdCl^+$形式存在，含镉量较高。而在缺氧的底层水中，镉的数量很少。

水生生物的体内也可以富集镉。人类的急性镉中毒反应是非常严重的，症状包括高血压、肾脏损害、血红细胞破坏等。慢性的镉中毒易引起剧烈疼痛和骨折。

典型的镉中毒是发生在日本的“痛痛病”事件。

2. 植物营养物质

植物生长所需要的营养元素主要包括碳、氢、氧、氮、磷、钾、硫、镁、钙以及一些微量元素。其中，氢和氧来自水本身。碳由大气或植物腐解产生的CO_2提供。硫酸根、镁和钙来自于与水接触的矿物层。氮、磷和钾都有天然源。磷和钾来自矿物层，氮可被蓝藻、细菌或闪电所固定。

在一般的水体中，大多数营养元素的含量都足以维持植物的正常生长。当水中植物营养素的含量过高时，会引起藻类过量生长，产生大量的植物生物量，并伴生少量的动物生物量。死生物量积累在水体底部并局部腐败，使营养物二氧化碳、磷、氮和钾再进入循环，从而加速了水体中固体物质的积累，最终导致水体严重变质，甚至会形成沼泽。这就是水体富营养化的形成过程。

一般来说，造成水体富营养化的物质主要是 N、P 和 K。它们在污水和工业废水中大量存在。特别是元素磷，通常被认为是造成水体富营养化的最主要的原因。由于家用洗涤剂是废水中磷酸根的主要来源，所以控制水体富营养化，主要是去除洗涤剂中的磷。通过在废水处理厂中去除废水中的磷酸根，可以阻止含磷的污水进入水体。

3. 肥皂、洗涤剂和洗涤增效剂

肥皂的主要成分是高级脂肪酸的钠盐。常见的肥皂组分包括硬脂酸钠（$C_{17}H_{35}COONa$）、软脂酸钠（$C_{16}H_{31}COONa$）和油酸钠（$C_{17}H_{33}COONa$）。肥皂的清洁作用主要在于其较强的乳化能力。这可以从肥皂阴离子的两性特点来理解。硬脂酸根离子的结构是由一个羧酸根离子的“头”和一条长的烃基的“尾”构成。在有油、脂和其他不溶于水的有机物质存在时，阴离子有将“尾”溶解在有机物质中，但将其“头”保留在水溶液中的倾向。这样，肥皂便能将有机物质乳化或悬浮于水中。

肥皂用作清洁剂的主要缺点是易与二价阳离子生成不溶性脂肪酸盐：

$$2C_{17}H_{31}COONa+Ca^{2+}\longrightarrow Ca(C_{17}H_{35}CO_2)_2(s)+2Na^+$$

不溶性镁盐和钙盐，不但使清洁剂完全无效，还会在衣服和洗衣机上形成难看的污垢。当然，若肥皂使用量足够，所有二价阳离子都会与肥皂反应并被去除。因此，含有过量肥皂的水具有良好的清洗效力。

虽然由于肥皂易形成难溶性的钙盐和镁盐，限制了肥皂作为清洁剂的使用，但从环境角度看，肥皂仍具有明显的优点。当肥皂进入废水或水生系统时，很快会以钙盐和镁盐的形式沉淀下来，随后进行生物降解，从环境中完全被清除。因此，除了偶尔形成难看的泡沫外，肥皂并不会引起任何实质性的污染问题。

合成洗涤剂具有优良的洗涤性能，而且不与“硬离子”如钙和镁形成难溶盐。在合成洗涤剂中，通常需加入某种表面活性剂作为“润湿剂”，以降低水的表面张力。直到 20 世纪 60 年代初期，常用的表面活性剂仍是烷基苯磺酸盐（ABS），这是一种烷基苯的磺化产物。其结构式为

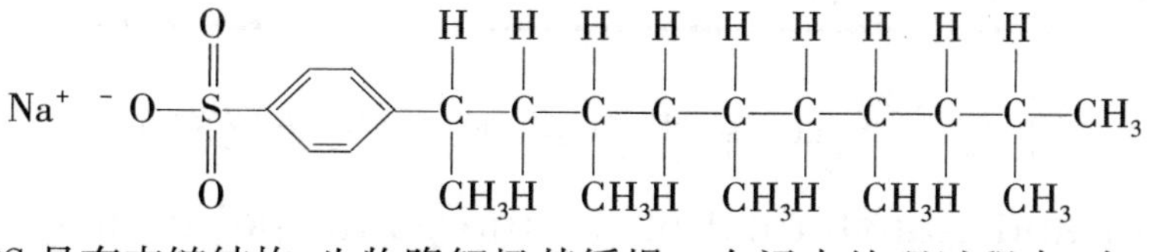

由于 ABS 具有支链结构，生物降解极其缓慢。在污水处理过程中，含 ABS 洗涤剂的废水会产生大量泡沫，甚至可以覆盖整个曝气池面和排放口，既妨碍运作，又会降低水的表面张力，使胶体抗絮凝、使固体浮起、使润滑脂和油乳化并会伤害有用的细菌。

目前，由洗涤剂所引起的大多数环境问题，并非来自为提高水的润湿性能而使用的表面活性剂，而是来自于洗涤剂中加入的增效剂。增效剂能与硬离子结合，使含洗涤剂的溶液呈碱性，并且会显著地提高洗涤剂中表面活性剂的作用，从而使固体商品洗涤剂中只需含10%～30%的表面活性剂。大多数洗涤剂中都含有能络合钙并起增效剂作用的多磷酸盐。目前，多磷酸盐已被认为是水中污染物磷酸根的一个重要来源。磷酸根是藻类的必需营养素，所以极易在天然水中积累。因此，去除来自洗涤剂的磷酸盐，便成了改善环境的一个重要途径。目前，一些国家的地方立法中，已颁布了限制含磷酸盐洗涤剂使用的法令。但是，人们迄今尚未找到能令人满意的代替多磷酸盐的化合物。

伊通河的污染治理及环境现状

伊通河是长春的母亲河，但上游的新立城水库建成后，伊通河失去了稳定的源水补给，流域中段水体污染严重，COD、氨氮、TP等指标远超过地表水Ⅴ类限值标准，属于黑臭水体。生态基流严重不足，上游东南污水厂为其唯一稳定补水水源，现状补水量约为6.1万t/d，河道水动力差，且补水水质不能满足目标要求；水生态系统严重退化，水体基本丧失自净能力。

围绕全面修复水生态，解决水污染问题，长春成立了由市委书记和市长任双组长的伊通河流域综合治理领导小组，建立了横向到边、纵向到底、不留死角的责任体系，开展了控源截污、内源治理、生态修复、活水保质“四大工程”，完成吐口治理、建成污水截纳管、完成河流清淤疏浚、清理河道垃圾、建设人工湿地、完成南溪湿地等生态工程；利用再生水进行生态补水，完成新立城水库生态补水，实施海绵城市建设项目，建成治理溢流污染调蓄池。水质不断向好，综合整治成果逐步显现。为巩固治理成果，防止河水再次污染，长春建立了“管、治、保”一体化综合治理格局，制定了《主城区水污染防治实施办法》及《已消除黑臭水体移交方案》，并将完成治理的水体及时移交属地政府，实现由治理向管理的无缝连接。全面落实“河长制”和“湖长制”，建立了四级河长、湖长体系，健全完善了配套制度，形成了“属地吹哨、部门报到”的工作机制。同时，将黑臭水体整治成效纳入全市绩效考核体系，把逐级考核、全面监管落到实处。

通过多管齐下，长春市黑臭水体治理工程基本完成，伊通河水质明显改善，两岸环境显著提升，成为百姓休闲的好去处。南溪湿地公园举办了“东北民俗+湿地文化”主题冰雪活动，吸引游客3万余人；为青少年夏令营皮划艇等水上运动项目提供训练场地，累计培训1 000人次；生态环境恢复改善，吸引多种鸟类游禽，成为摄影爱好者的“天堂”。

3.2 水中无机污染物的迁移转化

(Migration and transformation of inorganic pollutants in water)

无机污染物，尤其是重金属类污染物是环境中的一类重要污染物。一般来说，重金属一旦进入环境就不会从环境中消失，它只能从一种形态转换成另一种形态。因此我们说重金属对环境的危害是永久的。需要注意的是,重金属形态的改变常常也会使其毒性发生相应的变化。此外,价态相同的重金属所形成的不同的化合物,其毒性也不同,如砷酸铅的毒性大于氯化铅,氯化铅的毒性大于碳酸铅。

重金属在水环境中的迁移转化几乎包括在水体中已知的所有物理化学过程。重金属所参与的化学过程包括水合、水解、溶解、中和、沉淀、络合、解离、氧化、还原和有机化等;所参与的胶体化学过程包括离子交换、表面络合、吸附、解吸、吸收、聚合、凝聚和絮凝等;所参与的生物过程包括生物摄取、生物富集和生物甲基化等;所参与的物理过程包括分子扩散、湍流扩散、混合、沉淀等。由于重金属在水体中主要是存在于悬浮物和沉积物的界面上并随之迁移和沉降,因此吸附、解吸、凝聚和絮凝等胶体化学过程对重金属的迁移和归宿影响最大。此外,重金属的物理化学行为多具有可逆性。无论是形态转化还是物相转化原则上都是可逆的。因此沉淀和溶解、氧化和还原以及吸附和解吸在一定条件下都是可以互相转化的。

3.2.1 吸附作用 (Adsorption)

天然水体中具有吸附作用的物质主要是水中的颗粒物,它包括各种矿物微粒和黏土矿物、金属水合氧化物、腐殖质等有机高分子物质、生物胶体和表面活性剂等半胶体;此外,包含大量颗粒物组分的悬浮沉积物也是一个吸附剂的组合体,它既可以发生聚集沉降进入水体底部,又可以在一定条件下重新悬浮进入水体。颗粒物可以吸附水中的金属化合物,明显影响金属化合物在水体中的存在状态和迁移转化规律。

1. 吸附作用

水环境中胶体颗粒的吸附作用大体可分为表面吸附、离子交换吸附和专属吸附等。首先,由于胶体具有巨大的比表面和表面能,因此固-液界面存在表面吸附作用,胶体表面积越大,所产生的表面吸附能也越大,胶体的吸附作用也就越强,它属于物理吸附。其次,由于环境中大部分胶体带负电荷,容易吸附各种阳离子,在吸附过程中,胶体每吸附一部分阳离子,同时也放出等量的其他阳离子,因此把这种吸附称为离子交换吸附,它属于物理化学吸附。这种吸附是一种可逆反应,而且能够迅速地达到可逆平衡。该反应不受温度影响,在酸碱条件下均可进行,其交换吸附能力与溶质的性质、浓度及吸附剂性质等有关。对于那些具有可变电荷表面的胶体,当体系 pH 高时,也带负电荷并能进行交换吸附。离子交换吸附对于从概念上解释胶体颗粒表面对水合金属离子的吸附是有用的,但是对于那些在吸附过程中表面电荷改变符号,甚至可使离子化合物吸附在同号电荷的表面上的现象无法解释。因此,近年来有学者提出了专属吸附作用。

专属吸附是指吸附过程中,除了化学键的作用外,尚有加强的憎水键和范德瓦耳斯力或氢键在起作用。专属吸附作用不但可使表面电荷改变符号,而且可使离子化合物吸附在同号电荷的表面上。在水环境中,配合离子、有机离子、有机高分子和无机高分子的专属吸附作用特别强烈。例如,简单的 Al^{3+}、Fe^{3+} 高等价离子并不能使胶体电荷因吸附而变号,但其水解产物却可达到这点,这就是发生专属吸附的结果。

水合氧化物胶体对重金属离子有较强的专属吸附作用,这种吸附作用发生在胶体双电层的斯特恩(Stern)层中,被吸附的金属离子进入Stern层后,不能被通常提取交换性阳离子的提取剂提取,只能被亲和力更强的金属离子取代,或在强酸性条件下解吸。专属吸附的另一特点是它在中性表面甚至在与吸附离子带相同电荷符号的表面也能进行吸附作用。例如水锰矿对碱金属(K、Na)及过渡金属(Co、Cu、Ni)离子的吸附特性就很不相同。对于碱金属离子,在低浓度时,当体系pH在水锰矿零电位点(ZPC)以上时,发生吸附作用。这表明该吸附作用属于离子交换吸附。而对于Co、Cu、Ni等离子的吸附则不相同,当体系pH在ZPC处或小于ZPC时,都能进行吸附作用,这表明水锰矿不带电荷或带正电荷均能吸附过渡金属元素。表3.8列出水合氧化物对金属离子的专属吸附与非专属吸附的区别。

表3.8 水合氧化物对金属离子的专属吸附与非专属吸附的区别

项目	非专属吸附	专属吸附
发生吸附的表面净电荷的符号	-	-,0,+
金属离子所起的作用	反离子	配位离子
吸附时所发生的反应	阳离子交换	配体交换
发生吸附时要求体系的pH	>零电位点	任意值
吸附发生的位置	扩散层	内层
对表面电荷的影响	无	负电荷减少,正电荷增加

2. 固—液吸附过程中的吸附等温式

(1)吸附等温式与吸附等温线。

水中颗粒物对溶质的吸附过程是一个动态平衡过程,在一定的温度下,当吸附达到平衡时,颗粒物表面的吸附量G和水中溶质的平衡浓度c之间的关系,可以用吸附等温式来表达。常见的吸附等温式有三种,即亨利(Henry)型、弗罗因德利希(Freundlich)型和朗缪尔(Langmuir)型。

Henry型的表达式为

$$G=kc \tag{3.24}$$

式中 k——分配系数。

Henry型等温线为直线型,表明溶质在颗粒物和水之间按固定比值分配。

Freundlich型的表达式为

$$G=kc^{\frac{1}{n}} \tag{3.25}$$

该等温线为指数型,它不能给出饱和吸附量。

Langmuir型的表达式为

$$G=\frac{G_0c}{A+c} \tag{3.26}$$

式中 G_0——单位表面达到饱和时的最大吸附量;

A——常数,是吸附量达到最大吸附量G_0一半时溶液的平衡浓度。

Langmuir型的等温线是一条双曲线,其渐近线为$G=G_0$。

吸附等温线在一定程度上反映了吸附剂与吸附质的特性,其形式在许多情况下与实验所用溶质的浓度区间有关(图3.2)。在初始浓度区间,当溶质浓度很低时,吸附等温线可能呈现 Henry 型(H 型),当浓度升高时,吸附等温线可能会呈现 Freundlich 型(F 型),但统一起来仍属于 Langmuir 型(L 型)的不同区间。

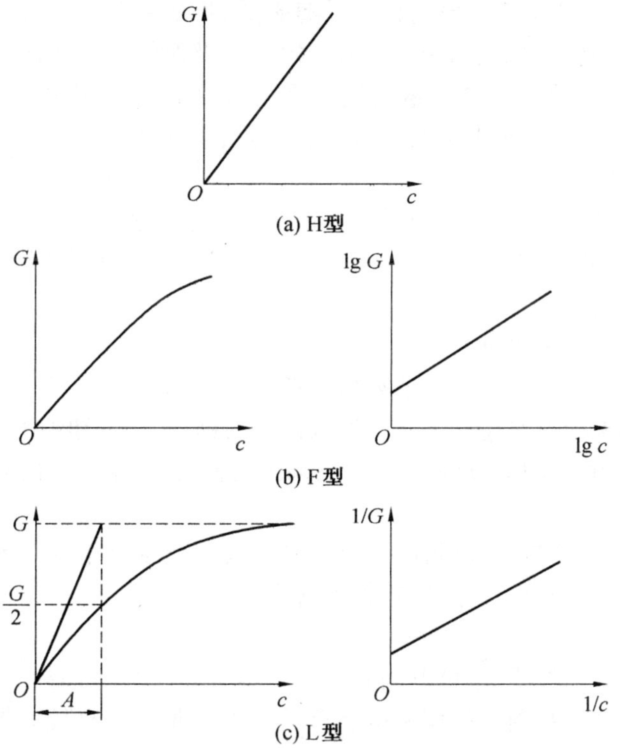

图3.2 Henry 型、Freundlich 型和 Langmuir 型吸附等温线

当溶质浓度较低时,可能在初始阶段呈现 H 型,当浓度较高时,可能表现为 F 型,但统一起来仍属于 L 型的不同区段。

(2)吸附作用与金属化合物的迁移转化。

颗粒物的吸附作用在很大程度上控制着金属在水环境中的分布与富集状态。吸附在颗粒物上的金属化合物将随着颗粒物在水中的存在状态的不同,有着不同的归宿。如果颗粒物长期稳定地分散在水中,则金属化合物也将长期存在于水体中;如果颗粒物相互作用聚集形成更大的颗粒,以致发生沉降,则金属化合物将随其沉积到水底,进入底泥。水体中几乎所有含胶体的沉淀物由于吸附作用都明显富集铜、镍、钴、钡、铅等金属。沉积物和悬浮物对镉的吸附作用是控制河水中镉浓度的主要因素。有机物对二价金属离子的吸附力较高,其对重金属离子的吸附顺序为

$$Pb^{2+}>Cu^{2+}>Ni^{2+}>Cd^{2+}>Zn^{2+}>Mn^{2+}$$

蒙脱石对二价金属离子的吸附力顺序为

$$Pb^{2+}>Cu^{2+}>Cd^{2+}>Zn^{2+}$$

胡敏酸对重金属离子的吸附力顺序为

$$Hg^{2+}>Cu^{2+}>Pb^{2+}>Zn^{2+}>Ni^{2+}>Co^{2+}$$

金属离子水解产物的吸附亲和力大于简单离子,如 $CuOH^{+}>Cu^{2+}$、$FeOH^{+}>Fe^{2+}$等。

(3)影响吸附的因素。

①pH 变化。

一般情况下,沉积物中重金属的释放量随体系 pH 的降低而升高。因为随着 pH 的降低,水中的碳酸盐和氢氧化物会溶解,氢离子的竞争吸附作用会增加金属离子的解吸量;另外,在低 pH 下,金属难溶性盐和金属配合物也会发生溶解,释放出金属离子。这也是受酸性废水污染的水体,其水中金属的浓度往往会很高的原因。

②氧化还原条件。

对于某些含大量耗氧物质的沉积物,一定深度以下沉积物中的氧化还原电位急剧降低,形成强还原性环境,使铁、锰氧化物部分或全部溶解,那么被其吸附或与之共沉淀的重金属离子同时被释放出来。

③碱金属和碱土金属含量。

碱金属和碱土金属阳离子可以把吸附在颗粒物上的重金属离子交换下来,这是金属从沉积物中释放出来的主要途径之一。如水体中的钙、镁离子和钠离子对悬浮物中铜、铅和锌的交换释放作用。在 $0.5\ mol \cdot L^{-1}$ 的钙离子的作用下,铜、铅和锌可以被解吸下来。

④配合剂含量。

一般来说,配合剂含量增加后,能与重金属形成可溶性配合物,该配合物稳定度较大,能以溶解态形式存在,使重金属从颗粒物上解吸下来。

⑤吸附温度。

吸附作用多是放热过程,温度升高有利于金属从颗粒物上解吸。当然,吸附作用受温度的影响还与吸附剂和吸附质的作用机制有关。如蒙脱石具有较大的内表面,当温度升高时,蒙脱石层间膨胀,其内表面外露,反而增强其对吸附质的吸附能力。

3. 天然水中的重要颗粒物

天然水是一种非常复杂的分散体系,其中既有溶解态的分子和离子,同时也有胶体颗粒、悬浮微粒以及沉积颗粒物。天然水中的吸附现象主要是发生在这些颗粒物的表面。根据颗粒物的性质,可以把水中的颗粒物分成三类:无机粒子、有机粒子以及无机和有机粒子的聚集体。

(1)无机粒子。

①黏土矿物微粒。

黏土矿物微粒是岩石和矿物风化的产物,通过水流冲刷土壤等途径进入水体中。黏土矿物微粒的成分主要是硅铝酸盐,具有层状的结构。

在黏土矿物微粒的结构中,一般都含有两种基本的结构单元。一种是硅四面体,由一个硅原子和四个氧原子组成;另一种是铝八面体,由一个铝原子和六个氧原子或羟基组成。常见黏土矿物微粒有三种,即高岭石、蒙脱石和伊利石。

a. 高岭石。

高岭石具有层状的结构(图 3.3),在每一层中又进一步分为两个亚层,分别是硅四面体层和铝八面体层。由于一层中铝八面体上的羟基氢可以和另一层中硅四面体上的氧原子作用形成氢键，因而使得高岭石层与层之间空隙很小，且层间距离固定。

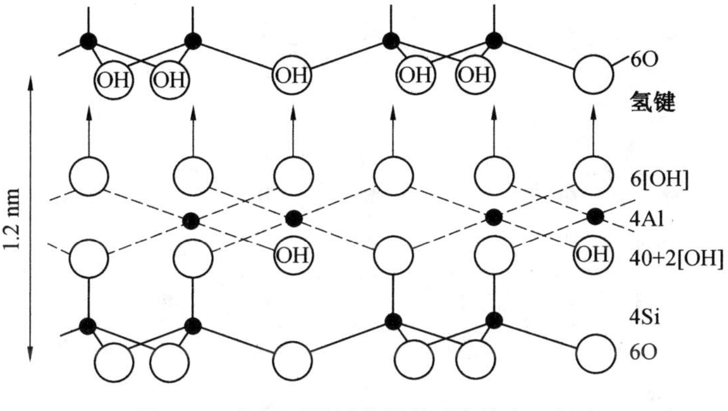

图 3.3　高岭石的层状结构(陈静生,1990)

b. 蒙脱石。

蒙脱石同样具有层状的结构(图 3.4)。与高岭石不同的是，蒙脱石的每一层又进一步分成三个亚层，是由两层硅四面体夹着一层铝八面体。这种排列顺序使得蒙脱石的层与层之间不会形成氢键，层间结合得不紧密，空隙较大，因而水分子可以进入到层间空隙中。当进入的水分子数量多时，层间距离就变大。因而蒙脱石具有膨胀性。蒙脱石在形成的过程中，其八面体中的 Al^{3+} 可以被 Mg^{2+} 或 Fe^{2+} 所替代，这种现象称为同晶置换或同晶替代。发生同晶置换时一般都是以较低价的离子代替较高价的离子，且两种离子的半径应当相似。同晶置换现象的发生使得体系带有剩余的负电荷，为了维持电中性，在蒙脱石的表面吸附有大量的阳离子，主要是 K^+ 和 Na^+。这些阳离子与蒙脱石结合得不紧密，很容易在溶液中和其他阳离子发生交换，因而使得蒙脱石的离子交换性很强。

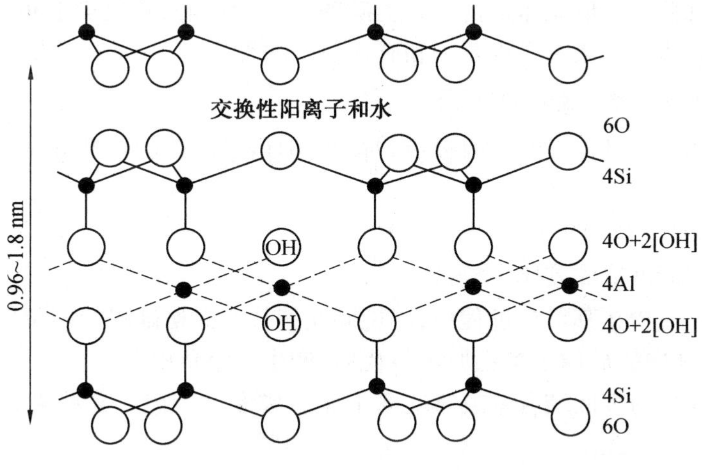

图 3.4　蒙脱石的层状结构(陈静生,1990)

c. 伊利石。

伊利石的结构与蒙脱石很相似，也是由两层的硅四面体夹着一层铝八面体(图 3.5)。所不同的是伊利石中的同晶置换现象是由 Al^{3+} 代替 Si^{4+}，而且由于层间起平衡负电荷作用的 K^+ 起着桥架作用，把相邻的两个晶层紧密地结合在一起，使得伊利石的层间距很小且是固定的,因而伊利石不具有膨胀性,离子交换作用也比蒙脱石弱。

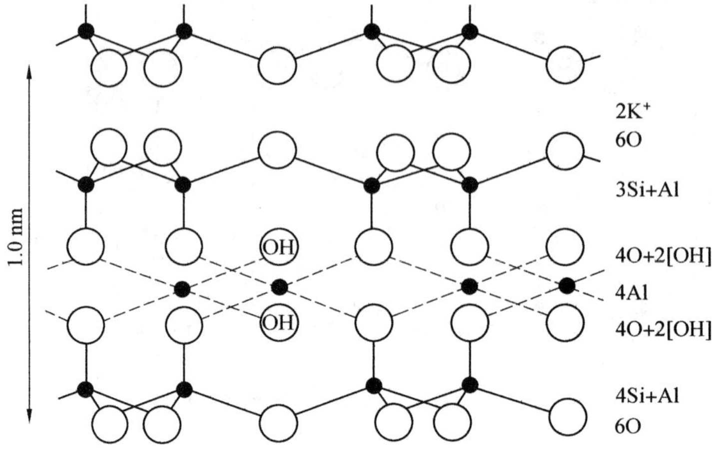

图3.5 伊利石的层状结构(陈静生,1990)

②金属水合氧化物。

常见的金属水合氧化物包括 $Al(OH)_3$、$Si(OH)_4$、$Fe(OH)_3$、MnO_2、SiO_2。它们主要是通过水中的化学反应形成的,在水中主要形成胶体分散体系。

(2)有机粒子。

水体中有机粒子的种类非常多,包括天然的或者是人工合成的高分子化合物以及肥皂、表面活性剂、石油等普通的有机化合物。此外,还有由细菌、病毒和孢子等构成的有生命的颗粒物。其中要以含腐殖质的颗粒物所起的作用最大。

(3)无机和有机粒子的聚集体。

无机和有机粒子的聚集体是指以黏土矿物微粒为中心,再结合其他的无机或有机粒子所形成的聚集体。它兼有无机粒子和有机粒子的性质。

4. 水体中胶体微粒(颗粒物)的聚沉

水体中胶体粒子可在长时间内较稳定存在,但由于胶体微粒带电,故在适宜条件下可很快聚沉。

(1)胶体微粒电荷的来源。

以下几个方面可造成胶体微粒带电。

①某些黏土矿物在其形成过程中,出现同晶替代及晶格缺陷的现象使胶体粒子带电。例如,硅氧四面体中的硅原子被铝原子替代后,产生一个负电荷。

②胶体颗粒物的表面结合氢或氢氧离子而造成表面带电。某些黏土矿物及铁、铝等水合氧化物属此类情况。

③高分子有机物的官能团解离也能使其带电,蛋白质、腐殖酸等的离解可表示如下:

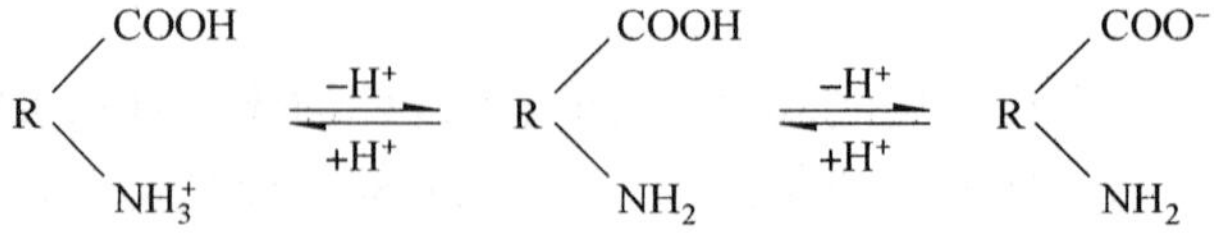

显然后两种电荷的来源，都与水体 pH 变化密切相关。在某一 pH 时，出现零电位，该点称为零电位点，简称零电点，相应的 pH 简称 pH_{zpc}（表 3.9）。因此，水体 pH 对胶体吸附有较大的影响。一方面，pH 决定着胶体的性质；另一方面，重金属的存在形态也与水体 pH 有关。

表 3.9 水体中常见物质的 pH_{zpc}

物质	pH_{zpc}	物质	pH_{zpc}
α-Al_2O_3	9.1	MgO	12.4
α-$Al(OH)_3$	5	α-MnO_2	2.8
α-AlO(OH)	8.2	β-MnO_2	2.7
CuO	9.5	SiO_2	2
Fe_3O_4	6.5	长石	2～2.4
α-FeO(OH)	7.8	高岭石	4.6
α-Fe_2O_3	6.7	蒙脱石	2.5
$Fe(OH)_3$（无定形）	8.5	钠长石	2

④胶体微粒表面结合或吸附水中某些离子、配离子或有机离子等，使颗粒表面带电：

$$FeO(OH)(s)+HPO_4^{2-} \rightleftharpoons FeOHPO_4^-(s)+OH^-$$

（2）水体中胶体微粒的双电层特征。

现以黏土矿物微粒的双电层结构为例说明胶体的结构。黏土矿物微粒的表面带负电荷，它吸附溶液中的正离子（称为反离子）。由于离子的热运动，正离子将扩散分布在微粒界面的周围。图 3.6 中，界面 *NM* 是黏土矿物微粒表面的一部分，符号"+"表示被吸附的正离子。实际界面周围的溶液中有正离子，也有负离子；因微粒负电场作用，正离子过剩，显然与界面 *NM* 距离越远的液面，由于微粒电场力不断减弱，正离子过剩趋势也越小，直至为零。

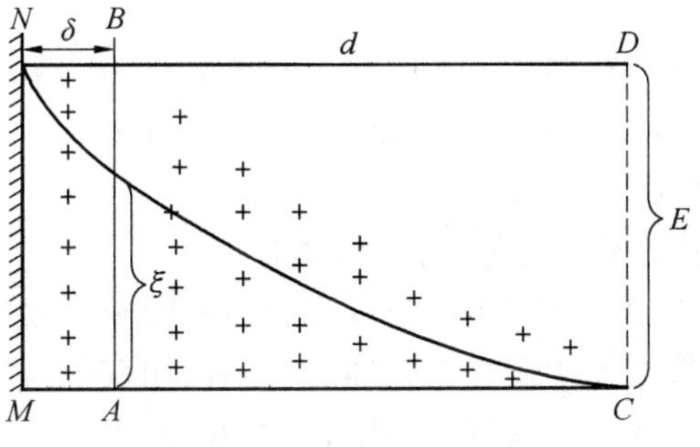

图 3.6 黏土矿物微粒双电层及其反离子扩散分布示意图

这样由界面 *NM* 和同它距离为 d 的正离子恰好为 0 的液面 *CD*，构成了微粒扩散双电层。实验证明，与微粒界面紧靠的 *NM* 至 *AB* 液层，将随微粒一起运动，称为不流动层（固定层）；其厚度为 δ，约与离子大小相近。而离界面稍远的 *AB* 至 *CD* 液层，不与微粒一起运动，称为流动液层（扩散层），其厚度为 $d-\delta$。曲线 *NC* 表示相对界面不同距离的液面电位,液面 *CD* 呈电中性,设其电位为零,并作为衡量其他液面电位的基准。界面 *NM* 电位为 *E*,称为胶体微粒总电位。不流动层与流动层交界液面 *AB* 的电位为 ξ,称为胶体微粒的 ξ 电位或电动电位。不流动液层中总有一部分与微粒电性相反的离子,所以 ξ 电位的绝对值小于总电位 *E* 的绝对值。由于同种胶体微粒具有相同的 ξ 电位,当它们彼此接近时,在静电斥力作用下分开,故胶体微粒可长时间稳定存在而不发生聚沉。

高分子电解质如腐殖酸、蛋白质等,其电荷是由官能团的离解产生的,离解度即电荷值由水体 pH 决定,其表面电位还与官能团的数量和分布特征有关。双电层的结构也与固体表面的双电层结构不同。

铁、铝、锰、硅等的水合氧化物或固体氧化物,其表面电荷是因结合氢离子或氢氧离子产生的,因而表面电荷强烈地依赖于溶液的 pH。在天然水体中时常呈电负性,在低 pH 时可呈正电性,在固定 pH 时,表面上有恒定的电位,这种双电层有明显的两性性质,因此零电点是其主要参数。

(3)胶体微粒的聚沉。

胶体微粒的聚沉是指胶体颗粒通过碰撞结合成聚集体而发生沉淀现象,这种现象也称凝聚。影响胶体微粒聚沉的因素是多种多样的,包括电解质的浓度、微粒的浓度、水体温度、pH 及流动状况、带相反电荷微粒间相互作用等,其中主要因素是电解质浓度。从微粒本身结构看,微粒带同号电荷及微粒周围有水化膜是使其稳定的两个主要原因。若消除这两个因素,微粒便可聚沉。

某些胶体微粒(如有机高分子胶体微粒)本身具有一定的亲水性,直接吸附水分子形成水化膜。对于这类胶体的聚沉来说,虽要降低 ξ 电位,但更重要的是要去除水化膜,否则带有水化膜的有机胶体微粒相互距离较大,分子间作用力很弱,难以聚沉。一般在有大量电解质存在时,可以满足上述两个方面的需要,使有机胶体微粒在水中聚沉。

胶体粒子除能聚集成沉淀外,还能形成松散状絮状物,该过程称为胶体微粒的絮凝,絮状物称凝絮物。例如,腐殖质分子中的羧基和酚羟基可与水合氧化铁胶体微粒表面的铁螯合,而腐殖质分子中可供螯合的成分很多,这样有可能形成胶体微粒-腐殖质-胶体微粒的庞大聚集体,从而絮凝沉降。

实际水体中微粒间可出现多种方式的聚沉和絮凝作用。影响胶体凝聚的因素是复杂的。除电解质外,还有胶体微粒的浓度、水体的温度、pH 及流动状况、带相反电性的胶体微粒的相互作用、光的作用等因素。

(4)胶体微粒的吸附和聚沉对污染物的影响。

吸附作用可控制水体中金属离子的浓度。胶体的吸附作用是使许多微量金属从饱和的天然水中转入固相的最重要的途径。胶体的吸附作用在很大程度上控制着微量金属在水环境中的分布和富集状况。大量资料表明,在水环境中所有富含胶体的沉积物由于吸附作用几乎都富集 Cu^{2+}、Ni^{2+}、Ba^{2+}、Zn^{2+}、Pb^{2+}、Tl、U 等金属,不同吸附剂对金属离子的吸附有较大的差别。P. A. Krenkel 和 E. B. Shin 等研究了各种天然和人工合成的吸附剂对 $HgCl_2$ 的吸附作用,其吸附能力大致顺序是:含硫的沉积物(还原态的)>商业去污剂(硅的混合物、活性炭)>三维黏土矿物(伊利石、蒙脱石)>含蛋白去污剂>铁、锰氧化物及不含硫的天然有机物>不含硫但含胺的合成有机去污剂、二维黏土矿物和细砂。若以每分钟每克吸附剂所吸附的 $HgCl_2$ 的微克数多少来排列，则吸附顺序为：硫醇(84.2)≫伊利石(65.3)>蒙脱石(35.7)>胺类化合物(10.5)>高岭石(9.7)>含碳基的有机物(7.3)>细砂(2.9)>中砂(1.7)>粗砂(1.6)。

高广生等研究了我国主要河流(珠江广州段、长江南京段、黄河花园口段、松花江和黑龙江同江段)悬浮物的地球化学性质与对镉离子吸附作用的相关性和地域分布规律，认为我国主要河流悬浮物的有效载体阳离子交换量与其黏土矿物组成有很好的相关性，并且与相应流域代表性土壤的黏土矿物类型、硅铝分子比率和胡敏酸/富里酸之比值也有较好的相关性。

水体 pH 对吸附剂吸附重金属离子有一定的影响。王晓蓉等研究了金沙江颗粒物对 Cu^{2+}、Zn^{2+}、Cd^{2+}、Co^{2+}、Ni^{2+} 的吸附作用。结果表明，江水 pH 是控制金属离子向固相迁移的主要原因。颗粒物的吸附作用使水中金属离子在较低的 pH 下向固相迁移。总吸附量随 pH 升高而增大。各元素均有一临界 pH，超过该值，离子的水解、沉淀则起主要作用。颗粒物的粒度和浓度及几种离子共存时对吸附有影响。

沉积物(底泥)是水体中污染物的源和汇，严重影响污染物特别是有机污染物在水环境中的归宿和迁移过程，也是水体中重金属、有机物二次污染的成因。因此，对沉积物与水间相互作用的研究在水污染化学及防治中具有特殊的重要性。目前，在沉积物/水间污染物的传输作用、污染物在沉积物里的吸附等界面行为、各种与沉积物相关的水质和人类健康问题等诸方面，已做了不少研究工作。

3.2.2 溶解-沉淀作用 (Dissolution-precipitation)

天然水在循环过程中，不断地与岩石中的矿物进行作用，矿物可以溶解在水中或与水进行反应，也可以聚集在水底沉积物中。溶解和沉淀是污染物在水环境中进行迁移的重要途径。通常金属化合物在水中的迁移能力可以直观地用溶解度来表示，一般溶解度越大，认为其迁移能力也越强。对于重金属难溶化合物，则可以借助于溶度积来衡量其迁移能力的强弱。

通常，水体沉积物中所含的难溶性盐大多是碳酸盐、氢氧化物和硫化物，它们的溶解度依次减小。当水体的 pH 升高时，水中的碳酸氢盐向碳酸盐转化，氢氧根离子的浓度也升高，许多金属离子很快会生成碳酸盐和氢氧化物沉积到水底。如果遇到氧化还原电位很低的强还原性环境，硫离子浓度较高，则这些金属的碳酸盐或氢氧化物就会进一步转化为更难溶解的硫化物。而当水体酸化、盐浓度升高或氧化性增强时，水底沉积物中的金属离子就会重新释放出来。

下面以碳酸盐、氢氧化物和硫化物为例介绍水中的溶解-沉淀作用。

1. 碳酸盐

二价金属离子的碳酸盐通常是些难溶性的化合物。由于碳酸盐在不同的 pH 条件下，它的溶解度不同，空气中二氧化碳的分压对水中碳酸形态也有影响，所以碳酸盐沉淀实际上是二元酸在气-液-固三相中的平衡分布问题。由于 $CaCO_3$ 的天然产物方解石在天然水体系中具有很重要的作用,因此,下面以 $CaCO_3$ 为例介绍封闭体系碳酸盐的溶解度与水体 pH 的关系。封闭体系不考虑溶解性 CO_2 与大气的交换过程,只考虑水相碳酸形态和固相碳酸盐形态,把 $H_2CO_3^*$ 当作不挥发酸处理。

当将碳酸钙在纯水中溶解时,溶液中存在着 Ca^{2+}、H^+、CO_2、HCO_3^-、CO_3^{2-} 和 OH^-。如果是封闭体系,溶液中的 CO_2、HCO_3^- 和 CO_3^{2-} 均来自于溶解的碳酸钙中的碳酸根阴离子(CO_3^{2-}),而碳酸钙中阴阳离子是等摩尔计量关系,所以溶液中存在着下面的关系式:

$$[Ca^{2+}]=[CO_2]+[HCO_3^-]+[CO_3^{2-}]$$

根据电中性原理有

$$[H^+]+2[Ca^{2+}]=[OH^-]+[HCO_3^-]+2[CO_3^{2-}]$$

此外还存在着沉淀溶解平衡和电离平衡:

$$CaCO_3 \xrightleftharpoons{K_{sp}} Ca^{2+}+CO_3^{2-}$$

$$K_{sp}=[Ca^{2+}][CO_3^{2-}]=1.48\times10^{-13}$$

$$CO_2+H_2O \xrightleftharpoons{K_1} H^++HCO_3^-$$

$$HCO_3^- \xrightleftharpoons{K_2} H^++CO_3^{2-}$$

$$K_1=[H^+][HCO_3^-]/[CO_2]=4.45\times10^{-7}$$

$$K_2=[H^+][CO_3^{2-}]/[HCO_3^-]=4.69\times10^{-11}$$

$$H_2O \xrightarrow{K_w} H^++OH^-$$

$$K_w=[H^+][OH^-]=10^{-14}$$

根据上述6个方程,可联立求得各种组分的浓度。

如果是敞开体系,即体系与大气相接触,则体系中 CO_2 的含量是固定的。此时

$$[Ca^{2+}]\neq[CO_2]+[HCO_3^-]+[CO_3^{2-}]$$

但其他5个平衡关系仍然是存在的。

2. 氢氧化物

金属氢氧化物沉淀有多种形态,它们在水环境中的行为差别很大。金属氢氧化物的溶解-沉淀过程涉及水解和羟基配合物等平衡,往往复杂多变,对于强电解质金属氢氧化物的溶解-沉淀平衡可以用如下方程式表示:

$$Me(OH)_n(s) \rightleftharpoons Me^{n+}+nOH^- \qquad (3.27)$$

沉淀溶解反应的平衡常数称为"溶度积",常用 K_{sp} 来表示(部分金属氢氧化物的溶度积见表3.10)。

$$K_{sp}=[Me^{n+}][OH^-]^n \qquad (3.28)$$

这里得到的金属离子浓度($[Me^{n+}]$)是指在金属氢氧化物沉淀的饱和溶液中与沉淀共存的金属离子浓度。或者说是在一定的 pH 条件下,溶液中可以存在的某种金属离子的最大浓度。

两端取对数:

$$\lg K_{sp}=\lg[Me^{n+}]+n\lg[OH^-]$$

代入水的离子积 $K_w=[H^+]\cdot[OH^-]=10^{-14}$，整理得

$$-\lg[Me^{n+}]=-\lg K_{sp}-n\lg[H^+]+n\lg K_w \tag{3.29}$$

用 pMe 代替 $\lg[Me^{n+}]$，pK_{sp} 代替 $\lg K_{sp}$，则有

$$pMe=pK_{sp}-npK_w+npH \tag{3.30}$$

由 pMe-pH 关系式可知，两者之间存在着线性关系。这种关系可用 pMe-pH 图(图3.7)来表示。从 pMe-pH 图上可以查得一定 pH 条件下某种金属离子可以存在的最大浓度，即饱和浓度。

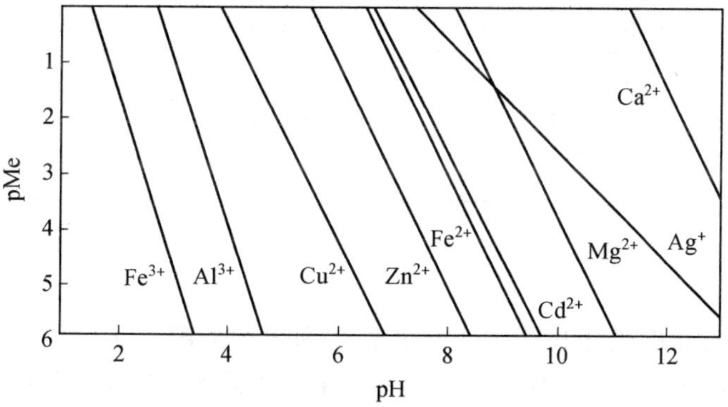

图 3.7 金属氢氧化物的 pMe-pH 图

由 pMe-pH 图可知：

(1)由于直线的斜率是 n，是金属离子的价态，所以价态相同的离子所得到的直线是相互平行的。价态越高，直线的斜率越大。

(2)图中每条直线上的点表示的是在这一点所对应的 pMe 和 pH 的条件下，沉淀和溶解处于平衡状态。

(3)图中每条直线右上方的区域为沉淀区。它表示在这一区域所对应的 pMe 和 pH 的条件下，溶液中 Me^{n+} 和 OH^- 不能稳定存在，体系中将不断有氢氧化物沉淀析出，使溶液中金属离子浓度不断降低，直到降低到直线上为止。此时沉淀溶解又达到平衡。

(4)图中每条直线左下方的区域为溶解区。它表示在这一区域所对应的 pMe 和 pH 的条件下，溶液中金属氢氧化物沉淀不能稳定存在，体系将不断有氢氧化物沉淀发生溶解，使溶液中金属离子浓度不断增加，直到增加到直线上为止。此时沉淀溶解重新达到平衡。

借助于 pMe-pH 图，可以通过调整 pH 的方法来使某种金属离子形成沉淀，从而从混合溶液中除去这种金属离子。如在含 Cu^{2+} 为 0.1 $mol\cdot L^{-1}$ 的溶液中，Fe^{3+} 的浓度为 0.01 $mol\cdot L^{-1}$，若要除去 Fe^{3+}，可将 pH 调到 3.7，由 pMe-pH 图可知。当 pH=3.7 时，溶液中 Fe^{3+} 可以存在的最大浓度为 10^{-6} $mol\cdot L^{-1}$，此时绝大部分的 Fe^{3+} 已经形成了氢氧化铁沉淀。而当 pH 为 3.7 时，Cu^{2+} 还没有开始沉淀。这样就可以将 Fe^{3+} 从 Cu^{2+} 的溶液中分离除去。需要注意的是，这种方法只适用于相隔较远的两条直线。

表3.10 部分金属氢氧化物溶度积

氢氧化物	K_{sp}	pK_{sp}	氢氧化物	K_{sp}	pK_{sp}
AgOH	1.6×10^{-8}	7.80	$Fe(OH)_3$	3.2×10^{-38}	37.50
$Ba(OH)_2$	5×10^{-3}	2.3	$Mg(OH)_2$	1.8×10^{-11}	10.74
$Ca(OH)_2$	5.5×10^{-6}	5.26	$Mn(OH)_2$	1.1×10^{-13}	12.96
$Al(OH)_3$	1.3×10^{-33}	32.9	$Hg(OH)_2$	4.8×10^{-26}	25.32
$Cd(OH)_2$	2.2×10^{-14}	13.66	$Ni(OH)_2$	2.0×10^{-15}	14.70
$Co(OH)_2$	1.6×10^{-15}	14.80	$Pb(OH)_2$	1.2×10^{-15}	14.93
$Cr(OH)_3$	6.3×10^{-31}	30.2	$Th(OH)_4$	4.0×10^{-45}	44.4
$Cu(OH)_2$	5.0×10^{-20}	19.30	$Ti(OH)_4$	1×10^{-40}	40
$Fe(OH)_2$	1.0×10^{-15}	15.0	$Zn(OH)_2$	7.1×10^{-18}	17.15

3. 硫化物

一般来说重金属的硫化物比相应的氢氧化物更难溶解。实际上在中性条件下，重金属的硫化物是不溶的。如Fe、Mn和Cd的硫化物在盐酸中才能够溶解，Ni和Co的硫化物在盐酸中也是难溶的，而Cu、Pb和Hg的硫化物只有在强氧化性的硝酸中才能够溶解。表3.11列出了部分重金属硫化物的溶度积。

表3.11 部分重金属硫化物的溶度积

金属硫化物	K_{sp}	金属硫化物	K_{sp}
硫化银	6.3×10^{-50}	硫化镍	3.2×10^{-19}
硫化镉	7.9×10^{-27}	硫化铅	8.0×10^{-28}
硫化钴	4.0×10^{-21}	硫化锌	1.6×10^{-24}
硫化铜	6.3×10^{-36}	硫化汞	4.0×10^{-53}
硫化亚铁	3.3×10^{-18}	硫化锰	2.5×10^{-13}

由于重金属硫化物的溶度积都非常小，所以只要水溶液中有少量S^{2-}存在，就可以使水中的重金属离子形成沉淀而被去除。当水中有硫化氢气体存在时，溶于水中的气体呈二元酸状态，其分级电离为

$$H_2S \rightleftharpoons H^+ + HS^- \quad K_1 = 8.9\times10^{-8} \tag{3.31}$$

$$HS^- \rightleftharpoons H^+ + S^{2-} \quad K_2 = 1.3\times10^{-15} \tag{3.32}$$

二者相加有

$$H_2S \rightleftharpoons 2H^+ + S^{2-} \quad K_{12} = \frac{[H^+]^2[S^{2-}]}{[H_2S]} = K_1K_2 = 1.16\times10^{-22} \tag{3.33}$$

在饱和水溶液中，硫化氢浓度总是保持在0.1 mol·L^{-1}，因此可以认为，饱和溶液中硫化氢分子浓度也保持在0.1 mol·L^{-1}，代入上式有

$$[H^+]^2[S^{2-}] = 1.16\times10^{-22}\times0.1 = 1.16\times10^{-23} = K_{sp'}$$

因此,可以把 1.16×10^{-23} 看成是一个溶度积 $K_{sp'}$,在任何 pH 和硫化氢饱和溶液中必须保持的一个常数。由于硫化氢在纯水溶液中的二级电离很微弱,所以可以根据一级电离,近似认为 $[H^+]=[HS^-]$,可求得此溶液中的 $[S^{2-}]$:

$$[S^{2-}]=\frac{K_{sp'}}{[H^+]^2}=\frac{1.16\times10^{-23}}{8.9\times10^{-9}}\text{mol}\cdot\text{L}^{-1}=1.3\times10^{-15}\text{mol}\cdot\text{L}^{-1}$$

在任一 pH 的水体中:$[S^{2-}]=\dfrac{K_{sp'}}{[H^+]^2}$,溶液中促成硫化物沉淀的是硫离子,若溶液中存在二价金属离子 Me^{2+},则有:$[Me^{2+}][S^{2-}]=K_{sp}$。因此,在硫化氢和硫化物均达到饱和的溶液中,可以算出溶液中金属离子的饱和浓度为

$$[Me^{2+}]=\frac{K_{sp}}{[S^{2-}]}=\frac{K_{sp}[H^+]^2}{K_{sp'}}=\frac{K_{sp}[H^+]^2}{0.1K_1K_2} \tag{3.34}$$

当天然水 pH 增加时,$[OH^-]$ 增大,$[H^+]$ 减小,电离平衡向着正反应方向移动,体系中 S^{2-} 增多,这时会更有利于重金属硫化物沉淀的形成。

例如,对于 CuS 来说,其沉淀溶解的平衡关系可表示为

$$CuS = Cu^{2+}+S^{2-}$$

其溶度积为

$$K_{sp}=[Cu^{2+}][S^{2-}]=6.3\times10^{-36}$$

一般天然水中 $[S^{2-}]=10^{-10}\text{mol}\cdot\text{L}^{-1}$,代入后得到

$$[Cu^{2+}]=\frac{K_{sp}}{[S^{2-}]}=\frac{6.3\times10^{-36}}{10^{-10}}=6.3\times10^{-26}\text{mol}\cdot\text{L}^{-1}$$

这是一般天然水中 Cu^{2+} 存在的最大浓度。其数值非常小,说明只要水中有少量 S^{2-} 存在,就可以使水中的 Cu^{2+} 全部沉淀出来,同时也说明 Cu(Ⅱ)易于以硫化物沉淀的形式存在。

【例】 含汞废水通入 H_2S 达到饱和(保持 $[H_2S]=0.10\ \text{mol}\cdot\text{L}^{-1}$),并调整 pH=9.0,生成 HgS 经沉淀后去除,处理后的废水中剩余汞离子的浓度为多少 $\text{mg}\cdot\text{L}^{-1}$?(已知 H_2S 的解离常数 $K=K_1\cdot K_2=[H^+]^2[S^{2-}]/[H_2S]=1.16\times10^{-22}$,HgS 的 $K_{sp}=2\times10^{-54}$,汞的原子量为 200.59。)

$$H_2S \rightleftharpoons 2H^++S^{2-}$$

解:

$$K_{1,2}=[H^+]^2[S^{2-}]/[H_2S]=K_{a_1}\cdot K_{a_2}=1.16\times10^{-22}$$

$$[S^{2-}]=\frac{1.16\times10^{-22}\times0.1}{[H^+]^2}=\frac{1.16\times10^{-23}}{[H^+]^2}=\frac{1.16\times10^{-23}}{(10^{-9})^2}=1.16\times10^{-5}(\text{mol}\cdot\text{L}^{-1})$$

$$[Hg^{2+}]=\frac{K_{sp}}{[S^{2-}]}=\frac{2\times10^{-54}}{1.16\times10^{-5}}=1.72\times10^{-49}(\text{mol}\cdot\text{L}^{-1})$$

$$1.72\times10^{-49}\times200.59\times1\,000=3.45\times10^{-44}\text{mg}\cdot\text{L}^{-1}$$

3.2.3 氧化-还原作用 (Oxidation-reduction)

水体中氧化还原类型、速率和平衡,在很大程度上决定了水中主要溶质的性质。如在

厌氧性湖泊中,湖水下层的元素都将以还原态存在,C 被还原形成 CH_4、N 被还原形成 NH_4^+、S 被还原为 S^{2-}、Fe^{3+}被还原为 Fe^{2+};而表层水由于可以和大气交换氧,所以形成相对氧化性环境,如果达到热力学平衡,上述元素将以氧化态存在,如 C 形成 CO_2、N 形成 NO_3^-、S 形成 SO_4^{2-}、Fe 形成 $Fe(OH)_3$。显然,各种元素的这种变化对水生生物和水质影响很大。

天然水中的一个重要的氧化还原反应是有机物耗氧分解的过程。即

$$[CH_2O]+O_2 \xrightarrow{\text{微生物}} CO_2+H_2O$$

由此反应可知,当有机物进入天然水后,水体中溶解氧的含量会迅速降低。如果有机物的数量非常多,可以使水体中溶解氧全部被消耗掉,甚至可以使水体转换成为沼泽。

而天然水中另一个常见的氧化还原反应是 NH_4^+转化形成 NO_3^-的过程,即

$$NH_4^++2O_2 \xrightarrow{\text{微生物}} NO_3^-+H_2O+2H_2$$

元素氮是一种植物营养物质,但是,只有当 NH_4^+转化形成 NO_3^-之后,以 NO_3^-形式存在的氮才易于被植物吸收和利用。因此,该反应的存在有利于水体中藻类等植物的生长。

需要注意的是,天然水中的氧化还原反应一般都有微生物参与,微生物在反应中起着催化剂的作用。如果没有微生物存在,这些氧化还原反应可能根本就不会发生。因此,有微生物参与是天然水中氧化还原反应的一个非常重要的特点。

此外,天然水中的氧化还原反应与酸碱反应有着非常密切的关系。在酸碱反应中,把能够释放出质子(H^+)的物质称为酸,把能够接受质子(H^+)的物质称为碱。如:

$$Fe(H_2O)_6^{2+} \rightleftharpoons Fe(H_2O)_5OH^++H^+$$

$$HCO_3^-+H^+ \rightleftharpoons CO_2+H_2O$$

这里 $Fe(H_2O)_6^{2+}$和 HCO_3^-分别是酸和碱。

但在天然水体中,许多氧化还原反应在得失电子的同时常常还伴随着质子的转移,如:

$$HCO_3^-+8e+9H^+ \rightleftharpoons CH_4\uparrow+3H_2O$$

$$Fe(H_2O)_6^{2+} \rightleftharpoons Fe(OH)_3\downarrow+3H_2O+3H^++e$$

这里 HCO_3^-和 $Fe(H_2O)_6^{2+}$分别作为氧化还原反应的氧化剂和还原剂。

由此可见,天然水体中的氧化还原反应与酸碱反应关系非常密切。因此,可以采取与处理酸碱反应相类似的方法来处理天然水体中的氧化还原过程。

1. 电子活度与 p*E*

酸碱反应和氧化还原反应之间存在着概念上的相似性,酸和碱是用质子给予体和接受体来解释的,pH 的定义为

$$pH=-\lg(a_{H^+}) \tag{3.35}$$

式中 a_{H^+}——氢离子在水溶液中的活度,它衡量溶液接受或迁移质子的相对趋势。

与此相似,还原剂和氧化剂可以定义为电子给予体和电子接受体,pE 的定义为

$$pE=-\lg a_e \tag{3.36}$$

式中 a_e——水溶液中电子的活度。

因此，可以利用 pE 的概念来判断体系得失电子能力的大小。如果体系的 pE 值较高，则 a_e 值较低，体系容易得电子，是一个氧化性体系。如果体系的 pE 值较低，则 a_e 值较高，体系容易失电子，是一个还原体系。

2. 天然水体的 pE 值

氧化还原半反应可以用下面的通式来表示，即

$$\text{氧化态}+ne \rightleftharpoons \text{还原态} \tag{3.37}$$

考虑到电子活度，反应的平衡常数可以表示为

$$K=\frac{[\text{还原态}]}{[\text{氧化态}]a_e^n} \tag{3.38}$$

等式两端取对数：

$$\lg K=-\lg\frac{[\text{氧化态}]}{[\text{还原态}]}-n\lg a_e$$

$$\mathrm{p}E=\frac{1}{n}\lg K+\frac{1}{n}\lg\frac{[\text{氧化态}]}{[\text{还原态}]} \tag{3.39}$$

令 $\mathrm{p}E^{\ominus}=\frac{1}{n}\lg K$，则有

$$\mathrm{p}E=\mathrm{p}E^{\ominus}+\frac{1}{n}\lg\frac{[\text{氧化态}]}{[\text{还原态}]} \tag{3.40}$$

$\mathrm{p}E^{\ominus}$表示的是体系中氧化态和还原态浓度相等时体系的 pE 值。

根据能斯特(Nernst)方程可知，标准电极电势 $E^{\ominus}$和电极电势 E 与上述半反应的平衡常数之间有如下关系：

$$E^{\ominus}=2.303\frac{RT}{nF}\lg K$$

$$E=E^{\ominus}=2.303\frac{RT}{nF}\lg\frac{[\text{氧化态}]}{[\text{还原态}]} \tag{3.41}$$

代入 $\mathrm{p}E^{\ominus}$和 pE 表达式：

$$E^{\ominus}=2.303\frac{RT}{F}(\mathrm{p}E^{\ominus})$$

$$E=2.303\frac{RT}{nF}\lg K+2.303\frac{RT}{nF}\lg\frac{[\text{氧化态}]}{[\text{还原态}]}$$

$$=2.303\frac{RT}{F}\left(\mathrm{p}E^{\ominus}+\frac{1}{n}\lg\frac{[\text{氧化态}]}{[\text{还原态}]}\right)=2.303\frac{RT}{F}(\mathrm{p}E) \tag{3.42}$$

根据手册中标准电极电势 $E^{\ominus}$的数据，可求得 $\mathrm{p}E^{\ominus}$的数值(表 3.2)。

由于化学反应的自由能与电极电势之间也存在着一定的关系，因此也可以建立起化学反应自由能与 pE 之间的关系：

$$\Delta G^{\ominus}=-nFE^{\ominus}=-2.303nRT(\mathrm{p}E^{\ominus})$$

$$\Delta G=-nFE=-2.303nRT(\mathrm{p}E) \tag{3.43}$$

表 3.12　天然水中重要氧化还原反应的 $pE^\ominus$ 值

反应	$pE^\ominus(=\lg K)$	$pE^\ominus(aq)$
(1) $\frac{1}{4}O_2(g)+H^+(aq)+e \rightleftharpoons \frac{1}{2}H_2O$	+20.75	+13.75
(2) $\frac{1}{5}NO_3^-+\frac{6}{5}H^+(aq)+e \rightleftharpoons \frac{1}{10}N_2(g)+\frac{3}{5}H_2O$	+21.05	+12.65
(3) $\frac{1}{5}MnO_2(s)+\frac{1}{2}HCO_3^-(10^{-3})+\frac{2}{3}H^+(aq)+e \rightleftharpoons \frac{1}{2}MnCO_3(s)+\frac{3}{8}H_2O$	—	+8.5
(4) $\frac{1}{2}NO_3^-+H^+(aq)+e \rightleftharpoons \frac{1}{2}NO_2^-+\frac{3}{8}H_2O$	+14.5	7.15
(5) $\frac{1}{8}NO_3^-+\frac{4}{3}H^+(aq)+e \rightleftharpoons \frac{1}{8}NH_4^++\frac{1}{3}H_2O$	14.9	+6.15
(6) $\frac{1}{6}NO_2^-+\frac{4}{3}H^+(aq)+e \rightleftharpoons \frac{1}{6}NH_4^++\frac{1}{3}H_2O$	+15.14	+5.82
(7) $\frac{1}{2}CH_3OH+H^+(aq)+e \rightleftharpoons \frac{1}{2}CH_4(g)+\frac{1}{2}H_2O$	+9.88	+2.88
(8) $\frac{1}{4}CH_2O+H^+(aq)+e \rightleftharpoons \frac{1}{4}CH_4(g)+\frac{1}{4}H_2O$	+6.94	-0.06
(9) $FeOOH(s)+HCO_3^-(10^{-3})+2H^+(aq)+e \rightleftharpoons FeCO_3(g)+2H_2O$	—	1.67
(10) $\frac{1}{2}CH_2O+H^+(aq)+e \rightleftharpoons \frac{1}{2}CH_3OH$	+3.99	-3.01
(11) $\frac{1}{6}SO_4^{2-}+\frac{4}{3}H^+(aq)+e \rightleftharpoons \frac{1}{6}S(s)+\frac{2}{3}H_2O$	+6.03	-3.30
(12) $\frac{1}{8}SO_4^{2-}+\frac{5}{4}H^+(aq)+e \rightleftharpoons \frac{1}{8}H_2S(s)+\frac{1}{2}H_2O$	+5.75	-3.50
(13) $\frac{1}{8}SO_4^{2-}+\frac{9}{8}H^+(aq)+e \rightleftharpoons \frac{1}{8}HS^-+\frac{1}{2}H_2O$	+4.13	-3.75

【例 3.1】 已知氧化还原半反应 $Fe(OH)_3(s)+3H^++e \rightleftharpoons Fe^{2+}+3H_2O$ 的标准自由能变化 $\Delta G^\ominus=-91.4$ kJ，体系 pH=5，$[Fe^{2+}]=10^{-5}$ mol·L^{-1}，求体系的 pE 值。

解：根据公式 $\Delta G^\ominus=-nFE^\ominus=-2.303nRT(pE^\ominus)$，有

$$pE^\ominus=\frac{\Delta G^\ominus}{-2.303nRT}=\frac{-91.4\times10^3}{-2.303\times1\times8.314\times298}=16.0$$

$$pE=pE^\ominus+\frac{1}{n}\lg\frac{[H^+]^3}{[Fe^{2+}]}=16.0+\lg\frac{[10^{-5}]^3}{[10^{-5}]}=6.0$$

对于只有一个氧化还原反应存在的体系，这个氧化还原反应的电势值就是体系的电势值。如果一个体系中存在有多个氧化还原反应，则每个氧化还原反应的电势值对体系的总电势都要有所贡献。如果其中某个氧化还原反应的物质的含量远远大于其他反应，则该氧化还原反应的电势值就决定着体系的电势值，将该氧化还原反应的电势值称为体系的决定电势。而起决定电势作用的氧化还原反应的 pE 值就是体系的 pE 值。

【例 2】 有两个单体系，已知：

(1)
$$Cu^{2+}+e \rightleftharpoons Cu^{+} \quad pE^{\ominus}=5.82$$
$$[Cu^{2+}]=10^{-5}mol\cdot L^{-1},[Cu^{+}]=10^{-4}mol\cdot L^{-1}$$

(2)
$$Fe^{3+}+e \rightleftharpoons Fe^{+} \quad pE^{\ominus}=13.2$$
$$[Fe^{3+}]=10^{-3}mol\cdot L^{-1},[Fe^{2+}]=10^{-1}mol\cdot L^{-1}$$

求每个体系的 pE 值和各取 1 L 构成混合体系的 pE。

解：(1)铜体系：

$$pE=pE^{\ominus}+\lg\frac{[Cu^{2+}]}{[Cu^{+}]}=5.82+\lg\frac{10^{-5}}{10^{-4}}=4.82$$

铁体系：

$$pE=pE^{\ominus}+\lg\frac{[Fe^{3+}]}{[Fe^{+}]}=13.2+\lg\frac{10^{-3}}{10^{-1}}=11.2$$

(2)混合后会发生反应：

$$Cu^{+}+Fe^{3+} \rightleftharpoons Cu^{2+}+Fe^{2+}$$

假设反应完全，则

$$[Fe^{3+}]=\frac{10^{-3}-10^{-4}}{2}=4.5\times10^{-4}$$

$$[Fe^{2+}]=\frac{10^{-1}+10^{-4}}{2}=5.005\times10^{-2}$$

$$pE_{混}=pE^{\ominus}_{Fe^{3+}/Fe^{2+}}+\lg\frac{[Fe^{3+}]}{[Fe^{2+}]}=13.2+\lg\frac{4.5\times10^{-4}}{5.005\times10^{-2}}=11.15$$

由此可见，可以直接近似地认为混合体系的 pE 值就是 11.2，这样并不会引起太大的误差。

3. 天然水体的 pE 与 pH 的关系

(1)水的氧化限度和还原限度。

在氧化还原体系中，往往有氢离子和氢氧根离子参加反应，所以，影响 pE 的因素除了氧化还原物质浓度外，还有体系的 pH。pE 与 pH 的关系可以用 pE-pH 图来描述。在绘图时，需要考虑水的氧化还原限度。水的氧化反应和还原反应如下：

$$2H_2O \rightleftharpoons O_2+4H^{+}+4e \quad (氧化反应)$$

$$2H_2O+2e \rightleftharpoons H_2+2OH^{-} \quad (还原反应)$$

由于水的氧化反应是一个释放电子的过程，因而水中电子的活度不可能无限度地降低。因为当水中电子活度降低到一定程度时，水就会被氧化释放出电子，从而阻止了电子活度的进一步降低。将使水稳定存在的水中电子活度的最小值，也就是最大的 pE 值称为水的氧化限度。同样,由于水的还原反应是一个接受电子的过程,因而水中电子的活度不可能无限度地升高。因为当水中电子活度增加到一定程度时,水就会接受电子被还原,从而阻止了电子活度的进一步增加。将使水稳定存在的水中电子活度的最大值,也就是最小的 pE 值称为水的还原限度。下面介绍水的氧化限度和还原限度随 pH 的变化关系。

选择 $1.013\ 0\times10^5$ Pa 的氧分压作为水氧化限度的边界条件,$1.013\ 0\times10^5$ Pa 的氢分压作为水还原限度的边界条件,由边界条件可以得到水的 pE 与 pH 的关系。

水的氧化限度:

$$\frac{1}{4}O_2+H^++e^-\rightleftharpoons\frac{1}{2}H_2O \tag{3.44}$$

$$pE=pE^{\ominus}+\lg(p_{O_2}^{1/4}[H^+]) \tag{3.45}$$

$$pE=20.75-pH \tag{3.46}$$

水的还原限度:

$$H^++e^-\rightleftharpoons\frac{1}{2}H_2 \tag{3.47}$$

$$pE=pE^{\ominus}+\lg[H^+] \tag{3.48}$$

$$pE=-pH \tag{3.49}$$

上式表明,水的氧化限度以上的区域为 O_2 稳定区,还原限度以下的区域为 H_2 稳定区,在这两个限度之间是 H_2O 的稳定区,也是水中各化合态物质分布的区域。经过调查,各类天然水的 pE 值及 pH 情况如图 3.8 所示。

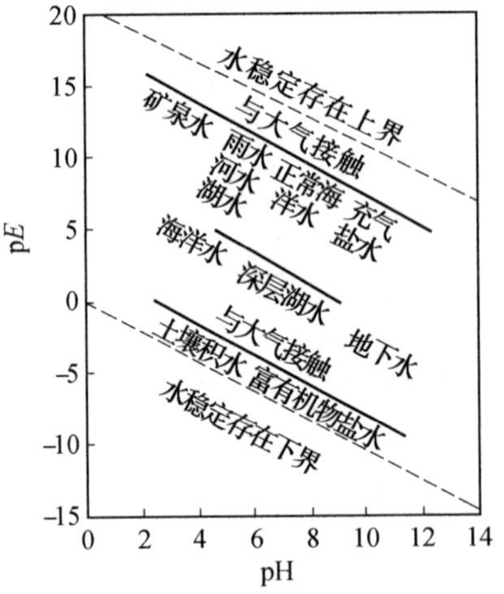

图 3.8 不同天然水在 pE-pH 图中的近似位置

图 3.8 反映了不同水质区域的氧化还原特性:氧化性最强的是上面同大气接触的富氧区,这个区域代表大多数河流、湖泊和海洋水的表层情况;还原性强的是下方富含有机物的缺氧区,这个区域代表富含有机物的水体底泥和湖、海底层水情况。在这两个区域之间的是基本上不含氧,有机物含量比较丰富的沼泽水等。

(2)铁体系的 pE-pH 图。

pE-pH 图也是表示溶液中平衡关系的一种有效手段。利用 pE-pH 图可以判断在一

定的 pE 或 pH 的条件下,某种元素的存在以及得失电子或质子的能力的大小。下面以铁体系为例,来说明 pE-pH 图(图 3.9)的绘制、含义和应用。

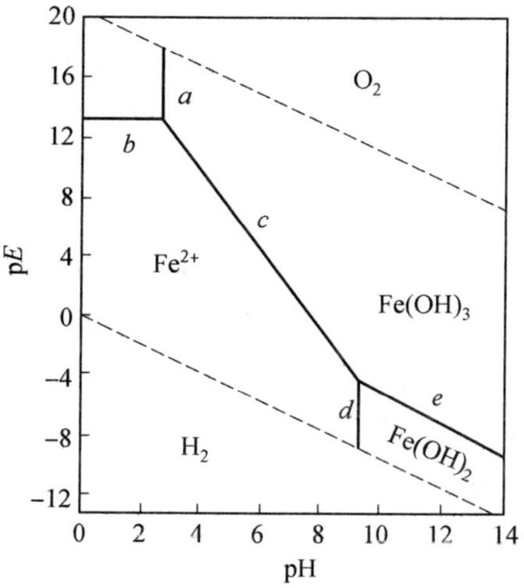

图 3.9 铁体系 pE-pH 图(S. W. Manahan,1784)

已知:体系中溶解态铁的总浓度为 1.0×10^{-5} mol · L^{-1},体系中存在着如下的平衡关系式:

$$Fe(OH)_3(s) \xrightleftharpoons{K_1} Fe^{3+} + 3OH^-$$

$$K_1 = K_{spFe(OH)_3} = 9.1\times10^{-39} \tag{3.50}$$

$$Fe(OH)_2(s) \xrightleftharpoons{K_2} Fe^{2+} + 2OH^-$$

$$K_1 = K_{spFe(OH)_2} = 8.0\times10^{-16} \tag{3.51}$$

$$Fe^{3+} + e \xrightleftharpoons{K_3} Fe^{2+}$$

$$pE^{\ominus} = 13.2 \tag{3.52}$$

$$Fe(OH)_3 + e \xrightleftharpoons{K_4} Fe^{2+} + 3OH^- \tag{3.53}$$

$$Fe(OH)_3 + e \xrightleftharpoons{K_5} Fe(OH)_2 + OH^- \tag{3.54}$$

铁体系的 pE-pH 图应该位于水的氧化限度和还原限度之间,这样体系才能够稳定存在。

①由式(3.50)可知:

$$[Fe^{3+}][OH^-]^3 = 9.1\times10^{-39} \tag{3.55}$$

等式两端取对数,代入 $K_w = [H^+][OH^-] = 10^{-14}$,$[Fe^{3+}]$ 取边界条件为 1.0×10^{-5} mol · L^{-1},整理后得

$$pH = 2.99$$

该直线为图 3.9 中的直线 a,这是一条平行于纵轴,垂直于横轴的直线,它和体系的 pE 值无关,当 pH>2.99 时,$[OH^-]$增大,式(3.50)表示平衡向着逆反应方向移动,体系中有 $Fe(OH)_3$沉淀析出。因此直线 a 右端是 $Fe(OH)_3$稳定存在的区域。当 pH<2.99 时,

$[OH^-]$减小,式(3.50)表示平衡向着正反应方向移动,体系中 $Fe(OH)_3$沉淀溶解。因此直线 a 左端是 Fe^{3+}稳定存在区域。

②由式(3.51)可知:

$$[Fe^{2+}][OH^-]^2 = 8.0\times10^{-16} \tag{3.56}$$

等式两端取对数,代入 $K_w=[H^+][OH^-]=10^{-14}$,$[Fe^{2+}]$取边界条件为 $1.0\times10^{-5}\ mol\cdot L^{-1}$,整理后得

$$pH = 8.95$$

该直线为图3.9中的直线 d,这也是一条平行于纵轴,垂直于横轴的直线,它和体系的 pE 值无关。当 pH>8.95 时,$[OH^-]$增大,式(3.51)表示平衡向着逆反应方向移动,体系中有 $Fe(OH)_2$沉淀析出。因此直线 d 右端是 $Fe(OH)_2$稳定存在的区域。当 pH< 8.95 时,$[OH^-]$减小,式(3.51)表示平衡向着正反应方向移动,体系中 $Fe(OH)_2$沉淀溶解。因此直线 d 左端是 Fe^{2+}稳定存在的区域。

③由式(3.52)可知:

$$pE = pE^{\ominus} + \lg\frac{[Fe^{3+}]}{[Fe^{2+}]} \tag{3.57}$$

取边界条件为$[Fe^{3+}]=[Fe^{2+}]$,此时得到

$$pE = 13.2$$

该直线为图3.9中的直线 b,它是一条平行于横轴的直线,它和体系的 pH 无关。当 pE>13.2 时,$[Fe^{3+}]>[Fe^{2+}]$,所以直线 b 上方是 Fe^{3+}存在区域。当 pE<13.2 时,$[Fe^{3+}]<[Fe^{2+}]$,所以直线 b 下方是 Fe^{2+}存在区域。

需要注意的是,在 pE-pH 图上任何两条直线都只能相交但不能相互越过。因为越过的直线部分表示的就不再是原来的平衡关系了。

④由式(3.53)可知:

$$pE = pE^{\ominus} + \lg\frac{1}{[Fe^{2+}][OH^-]^3} \tag{3.58}$$

这里的 p$E^{\ominus}$是未知的,但是式(3.50)、式(3.52)和式(3.53)之间存在着下面的关系:

$$式(3.53) = 式(3.50) + 式(3.52)$$

因此,式(3.50)、式(3.52)和式(3.53)的化学反应平衡常数之间存在着如下关系:

$$K_4 = K_1K_3 \tag{3.59}$$

$$\lg K_4 = \lg K_{sp} + \lg K_3 = \lg(9.1\times10^{-39}) + 13.2 = -24.8 \tag{3.60}$$

因此,可求得式(3.53)的 p$E^{\ominus}$:

$$pE^{\ominus} = \lg K_4 = -24.8 \tag{3.61}$$

将 $K_w=[H^+][OH^-]=10^{-14}$、$pE^{\ominus}=-24.8$、边界条件$[Fe^{2+}]=10^{-5}\ mol\cdot L^{-1}$,代入整理后得

$$pE = 22.2 - 3pH \tag{3.62}$$

该直线为图3.9中的直线 c,它和体系的 pE 和 pH 均有关。当 pE 值高于直线 c 时,Fe^{2+}被氧化形成 $Fe(OH)_3$沉淀,所以直线 c 上方是 $Fe(OH)_3$沉淀稳定存在的区域。当 pE 值低于直线 c 时,$Fe(OH)_3$沉淀被还原形成 Fe^{2+},所以直线 c 下方是 Fe^{2+}稳定存在的区域。在

这里可以证明直线 c 通过直线 a 和 b 的交点。

⑤又由式(3.54)可知：

$$pE = pE^{\ominus} + \lg \frac{1}{[OH^-]} \tag{3.63}$$

同样，这里的 $pE^{\ominus}$ 是未知的，但是由于式(3.50)、式(3.51)、式(3.52)和式(3.54)之间存在着下面的关系：

式(3.54) = 式(3.50) − 式(3.51) + 式(3.52)

因此，式(3.50)、式(3.51)、式(3.52)和式(3.54)的化学反应平衡常数之间存在着如下关系：

$$K_5 = \frac{K_1 K_3}{K_2} \tag{3.64}$$

因此，可求得式(3.54)的 $pE^{\ominus}$：

$$pE^{\ominus} = \lg K_5 = -9.7 \tag{3.65}$$

将 $K_w = [H^+][OH^-] = 10^{-14}$，$pE^{\ominus} = -9.7$ 代入整理后得

$$pE^{\ominus} = 4.3 - pH \tag{3.66}$$

该直线为图3.9中的直线 e，它也和体系的 pE 和 pH 均有关。当 pE 值高于直线 e 时，$Fe(OH)_2$ 沉淀被氧化形成 $Fe(OH)_3$ 沉淀，所以直线 e 上方是 $Fe(OH)_3$ 沉淀稳定存在的区域。当 pE 值低于直线 e 时，$Fe(OH)_3$ 沉淀被还原形成 $Fe(OH)_2$，所以直线 e 下方是 $Fe(OH)_2$ 稳定存在的区域。在这里同样可以证明直线 e 通过直线 c 和 d 的交点。

从铁体系的 pE-pH 图上可以看到，当体系的 pH 比较低时，铁主要以溶解态的形式存在；如果 pE 值比较高，则以 Fe^{3+} 的形式存在。如果 pE 值比较低，则以 Fe^{2+} 的形式存在。当体系的 pH 比较高时，铁主要以沉淀的形式存在。如果 pE 值比较高，则以 $Fe(OH)_3$ 沉淀的形式存在；如果 pE 值比较低，则以 $Fe(OH)_2$ 沉淀的形式存在。

由于一般天然水的 pH 在 5 ~ 9 之间，所以水中的铁主要是以 Fe^{2+} 和 $Fe(OH)_3$ 的形式存在。由于地下水的 pE 值较低，铁主要以 Fe^{2+} 的形式存在，当用水泵抽取地下水时，在水泵的出口处常常可以看到红色的氧化铁沉淀。

此外，在图中没有考虑下面的平衡关系：

$$Fe^{2+} + 2e \rightleftharpoons Fe$$

$$pE^{\ominus} = -7.45$$

根据反应式可得

$$pE = pE^{\ominus} + \lg[Fe^{2+}] \tag{3.67}$$

代入 $[Fe^{2+}] = 10^{-5} mol \cdot L^{-1}$，$pE^{\ominus} = -7.45$，得

$$pE = -9.95 \tag{3.68}$$

已知水在 pH = 7 时的还原限度为 $pE = -7$，而该反应的 pE 值比水的还原限度还要低。这说明当 Fe 与水共存时，体系不会稳定存在，水会被还原释放出 H_2，同时铁会转化形成 Fe^{2+}。因此，也可以用 pE 的概念来解释为什么在潮湿的空气中铁容易被腐蚀。

4. 天然水的 pE 和决定电位

天然水体中含有许多无机或有机氧化剂和还原剂，进行着大量的氧化还原反应，是一

个复杂的氧化还原混合体系。例如，水生植物光合作用产生的大量有机物，排入水体的耗氧有机分解均属有机物的氧化还原反应；水体中的无机物也能发生氧化还原反应，如 Cr(Ⅵ)可被有机物等还原剂还原成 Cr(Ⅲ)，从而对 Cr 的迁移产生影响。同一元素可以不同的价态存在，这主要取决于水体的氧化还原条件。水体中常见的氧化剂有溶解氧、Fe(Ⅲ)、Mn(Ⅳ)、S(Ⅵ)、Cr(Ⅵ)、As(Ⅴ)等，常见的还原剂有种类繁多的有机物质、Fe(Ⅱ)、Mn(Ⅱ)和 S^{2-}。这些氧化剂和还原剂的种类和数量决定了水体的氧化还原性质，其中最重要的氧化还原物质为溶解氧、有机化合物、铁、锰。事实上，氧参与绝大多数的氧化还原反应。根据水中是否存在游离氧可把水环境分为氧化环境和还原环境。

一般情况下，水体中起决定电位作用的物质是溶解氧。在有机物较多的缺氧情况下，有机物起着决定电位的作用；如水体处于上述两种状况之间，决定电位应是溶解氧体系和有机物体系电位的综合。除氧和有机物外，铁和锰是环境中分布相当普遍的变价元素，它们是水体中氧化还原反应的主要参与者。在特殊条件下，甚至起着决定电位的作用。至于其他微量的变价元素如 Cu、Hg、Cr、V、As 等，由于含量甚微，对水体电位不起作用。相反，水体电位对它们的迁移转化有着决定性的影响。

由于天然水体是一个复杂的氧化还原混合体系，其 pE 应是介于其中各个单体系的电位之间，而且接近于含量较高的单体系的电位。若某个单体系的含量比其他体系高得多，则此时该体系电位几乎等于混合复杂体系的 pE，称之为“决定电位”。在一般天然水环境中，溶解氧是“决定电位”物质，而在有机物含量丰富的厌氧环境中，有机物是“决定电位”物质，介于二者之间的，则其“决定电位”为溶解氧体系和有机物体系的结合。

下面是两种极端情况下体系的 pE 值。

【例 3】 求被大气氧所饱和的中性天然水的 pE 值。

解：该体系溶解氧起决定电势作用，溶解氧的氧化还原反应为

$$\frac{1}{4}O_2+H^++e \rightleftharpoons \frac{1}{2}H_2O$$

$$pE=pE^{\ominus}+\lg\left(p_{O_2}^{1/4}[H^+]\right)$$

已知：$pE^{\ominus}=20.75$，pH=7，$[H^+]=10^{-7}mol \cdot L^{-1}$，$p_{O_2}=(1-p_{H_2O})\times 20.95\%=(1-3.13\times 10^3)\times 20.95\%=2.03\times 10^4(Pa)$

将已知条件代入 pE 的表达式，得 pE=13.58。该体系的 pE 值较高，是一个氧化性体系。

【例 4】 求微生物作用产生甲烷的中性厌氧水的 pE 值及溶解氧的分压。

解：该体系中起决定电势作用的氧化还原反应为

$$\frac{1}{8}CO_2+H^++e \rightleftharpoons \frac{1}{8}CH_4+\frac{1}{4}H_2O$$

$$pE=pE^{\ominus}+\lg\frac{[H^+]p_{CO_2}^{1/8}}{p_{CH_4}^{1/8}}$$

已知：$pE^{\ominus}=2.87$，$[H^+]=10^{-7}mol \cdot L^{-1}$，假设 $p_{CO_2}=p_{CH_4}$。将已知条件代入 pE 的表达式，得

$$pE=-4.13$$

该体系 pE 值较低,是一个还原性体系。

体系中溶解氧的氧化还原反应为

$$\frac{1}{4}O_2+H^++e \rightleftharpoons \frac{1}{2}H_2O$$

$$pE=pE^{\ominus}+\lg p_{O_2}^{1/4}[H^+]$$

已知:$pE^{\ominus}=20.75$,pH=4, $[H^+]=10^{-7}\,mol\cdot L^{-1}$, $pE=-4.13$。将已知条件代入 pE 的表达式,得

$$p_{O_2}=3.0\times10^{-67}\,Pa$$

由此可见,该体系中溶解氧的分压非常低,一般水体中的溶解氧的分压均超过此值。由于天然水的 pE 值随水中溶解氧的减少而降低,因此表层水 pE 值较高,底层水 pE 值较低。

5. 水体氧化还原条件对重金属迁移转化的影响

水体氧化还原条件对重金属的存在形态及其迁移能力有很大的影响。一些元素如铬、钒、硫等在氧化环境中形成易溶的化合物(铬酸盐、钒酸盐、硫酸盐),迁移能力较强。相反,在还原环境中形成难溶的化合物,如铬在还原性环境中形成 $Cr(OH)_3$,不易迁移。另一些元素如铁、锰等在氧化环境中形成溶解度很小的高价化合物而很难迁移,在还原性环境中形成相对易溶的低价化合物;若无硫化氢存在时,它具有较大的迁移能力。但若水体中有硫化氢存在,由于形成难溶性金属硫化物,其迁移能力大大降低。硫化氢的产生是因水体缺氧,且有大量有机质和 SO_4^{2-} 存在,微生物利用 SO_4^{2-} 中的氧以氧化有机质,结果使 SO_4^{2-} 被还原为 H_2S。反应式如下:

$$C_6H_{12}O_6+3Na_2SO_4 \longrightarrow 3CO_2+3Na_2CO_3+3H_2S+3H_2O+Q$$

过程释放的能量可供微生物利用。在水体中 H_2S 的含量有时可达 $2\ g\cdot L^{-1}$,甚至更多。

在自然界中,氧化环境与还原环境的交界线具有重要的地球化学意义,可以成为许多元素的富集地。例如,在还原条件占优势的地下水中含有丰富的 Fe^{2+},当其流入湖沼时,由于那是强氧化区(水生植物光合作用放出大量游离氧),二价铁即变为三价铁化合物($Fe_2O_3\cdot nH_2O$)自溶液中沉淀出来,有时可以大量地富集成"湖铁矿"。

事实上,影响重金属存在形态及迁移能力的因素是多方面的,水体的 pH 及介质中其他物质可以对其产生影响。Hem(1972)绘制了 $Zn^{2+}-S-CO_2-H_2O$ 体系的 pE-pH 图(图 3.10)。体系中溶解的总无机碳量和总无机硫均为 $1\times10^{-3}\ mol\cdot L^{-1}$,溶解锌为 $1\times10^{-5}\,mol\cdot L^{-1}$。在此情况下,可能出现的固体物质是硫化锌、碳酸锌和氢氧化锌。从图中可看出,当 pH<8.3 时,碳酸锌是稳定态; pH>8.3 时,生成 $Zn(OH)_2$ 沉淀;在 pE 较低时,在很宽的 pH 范围内,硫化锌是稳定的。大多数重金属 pE-pH 图与上述锌的 pE-pH 图有相似之处。在有游离氧存在(pE 较高)、pH 较低的条件下,金属离子(Me^{2+})是稳定的;随 pH 增加,首先生成 $MeCO_3(s)$,再生成 $Me(OH)_2(s)$,pE 较低时,在很宽的 pH 范围内,易形成MeS(s)。

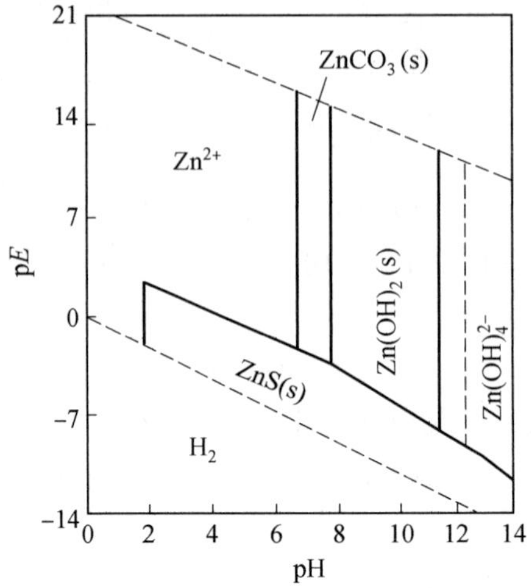

图 3.10　Zn^{2+}-S-CO_2-H_2O 体系的 pE-pH 图

3.2.4　配合作用 (Complexation)

重金属污染物大部分以配合物形态存在于水体,其迁移、转化及毒性等均与配合作用有密切关系。

天然水体中重要的配位体有 OH^-、Cl^-、CO_3^{2-}、HCO_3^-、F^-、S^{2-} 等。以上离子除 S^{2-} 外,均属于 Lewis 硬碱,它们易与硬酸进行配合。如 OH^- 在水溶液中将优先与某些作为中心离子的硬酸结合,如 Fe^{3+} 和 Mn^{3+} 等,形成羧基配合离子或氢氧化物沉淀,而 S^{2-} 则更易和重金属,如 Hg^{2+}、Ag^+ 等形成多硫配合离子或硫化物沉淀。

有机配位体情况比较复杂,天然水体中包括动植物组织的天然降解产物,如氨基酸、糖、腐殖酸,以及生活污水中的洗涤剂、清洁剂、EDTA、农药和大分子环状化合物等。这些有机物相当一部分具有配合能力。

1. 无机配位体对重金属的配合作用

水体中的无机配位体主要包括 OH^-、Cl^-、CO_3^{2-}、HCO_3^-、F^-、S^{2-},其中比较重要的是 Cl^- 和 OH^-。而 Cl^- 又被认为是天然水中最稳定的配位体,从而受到了人们特别的重视。

(1) Cl^- 对重金属的配合能力很强,可以形成四级配合反应的产物:

$$M^{2+}+Cl^- \rightleftharpoons MCl^+$$

$$M^{2+}+2Cl^- \rightleftharpoons MCl_2$$

$$M^{2+}+3Cl^- \rightleftharpoons MCl_3^-$$

$$M^{2+}+4Cl^- \rightleftharpoons MCl_4^{2-}$$

①Cl^- 与重金属的配合程度首先取决于 Cl^- 的浓度。

②重金属与 Cl^- 之间亲和力的大小也会影响 Cl^- 与重金属的配合程度。一般来说,Cl^- 与重金属之间亲和力由大到小顺序为:Hg、Cd、Zn、Pb。因此,Zn、Cd 和 Pb 只有在 $[Cl^-] > 10^{-3}\ mol \cdot L^{-1}$ 时,才可以形成配合物。

(2) Cl^-配合作用对重金属迁移转化的影响。

①提高重金属难溶化合物的溶解度。

Cl^-浓度对难溶盐溶解度有一定影响。对同一种金属离子来说,Cl^-浓度越大,溶解度增加得越多。对不同的金属离子来说,由于Cl^-与 Hg 的亲和力最大,配合能力最强,因而同样浓度的Cl^-使 Hg 的难溶盐溶解度增加得最多。

②抑制胶体对重金属离子的吸附作用。

③促进底泥中金属的释放。

2. 有机配位体对重金属的配合作用

天然水中有机配位体的数量比无机配位体要少得多。一般来说,能够和金属离子配合的有机配位体大多含有带孤对电子的官能团,如:羰基、烷氧基、芳香氨基等。

(1)天然水中的腐殖质。

未受污染的天然水中有机物的含量很低,但有机物的种类非常丰富。天然水中有机物大体可以分为两大类:腐殖质和非腐殖质。非腐殖质主要是碳水化合物、脂肪酸、蛋白质、氨基酸、色素、纤维,以及其他低分子量有机物,它们都能被生物降解为简单无机物,因此水体中大部分的天然有机物主要是腐殖质。腐殖质是植物残体中不易被微生物分解的部分,如油类、蜡、树脂及木质素等残余物与微生物的分泌物相结合形成的一种褐色或黑色的无定形胶态复合物。腐殖质分布很广,它大量存在于土壤、底泥、湖泊、河流以及海洋中。腐殖质的组成和结构目前还不是十分清楚,其分类和命名也不尽统一。按照腐殖质在碱和酸中的溶解情况,把它们分为三个主要级分:①富里酸(富里酸的结构如图 3.11 所示)又称黄腐酸,是既可溶于碱,又可溶于酸的部分,分子量在几百到几千;②腐殖酸,又称棕腐酸,它只能溶于稀碱中,其碱萃取液酸化后就沉淀,分子量由几千到几万;③胡敏酸,又称腐黑物,它是既不溶于碱,也不溶于酸的腐殖质部分。

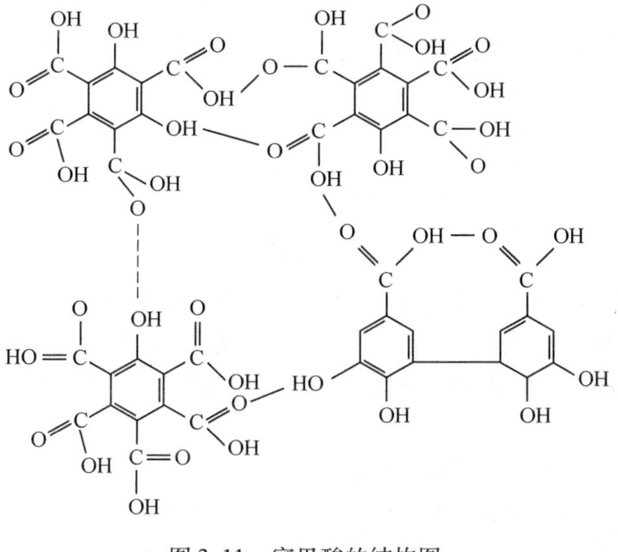

图 3.11　富里酸的结构图

腐殖质与其他天然大分子物质不同,它没有完整的结构和固定的化学构型。它们可以被认为是那些在土壤底泥等特殊环境里瞬时可得的酚类单元随机聚集的芳香多聚物，因此很多不同来源的腐殖质，其性质在总体上都是相似的。腐殖质的分子具有收缩性和膨胀性，是很好的吸附剂，能与金属离子、金属水合物及有机物产生广泛的作用，如吸附、络合、增溶等，与金属和有机物在水环境中的迁移、转化行为密切相关。众多研究表明腐殖质有如下共性：

①腐殖酸主要是由 C、H、O、N 以及少量的 S 和 P 组成。通过对从土壤提取的腐殖酸的研究，人们发现上述各种元素所占的百分比分别如下：C 为 50% ~60%；H 和 N 均为 1.5% ~6%；P 和 S 均小于 1%；其余的成分大部分为 O，占 30% ~40%。

②多数腐殖质的分子量在 300 ~ 10^6 范围内。一般来说，颜色越深的腐殖酸其分子量越高。其中富里酸颜色较浅，分子量较低，在 300 ~ 400 之间。棕腐酸颜色加深，分子量增大，在 10^3 ~ 10^4 之间。黑腐酸颜色最深，分子量也最大，在 10^4 ~ 10^6 之间。

③腐殖酸具有酸性。其原因在于腐殖酸结构里含有的羧基(—COON)和羟基(—OH)均可以解离释放出质子。

④腐殖酸具有很强的螯合力，可以作为螯合剂与众多的重金属离子形成螯合物。

⑤腐殖酸具有相对的生物和化学稳定性。

⑥腐殖酸具有多孔疏松的海绵状结构，而且其比表面积较大。

⑦不同来源的腐殖质在总体上性质相似，但会随区域和自然环境的具体条件不同而在组成和性质上有细微差别。

(2)腐殖质与重金属离子配合反应的机理。

目前，除了碱金属尚无定论外，其他金属离子都已被证明可以和腐殖质形成螯合物。腐殖质中起配位基团作用的主要是芳香核心侧链上连接的羧基和羟基。腐殖质与金属离子的配合反应一般可分为两种：

水杨酸型：

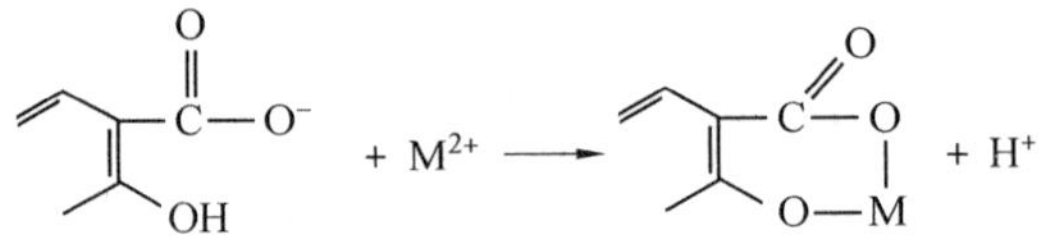

苯二酸型：

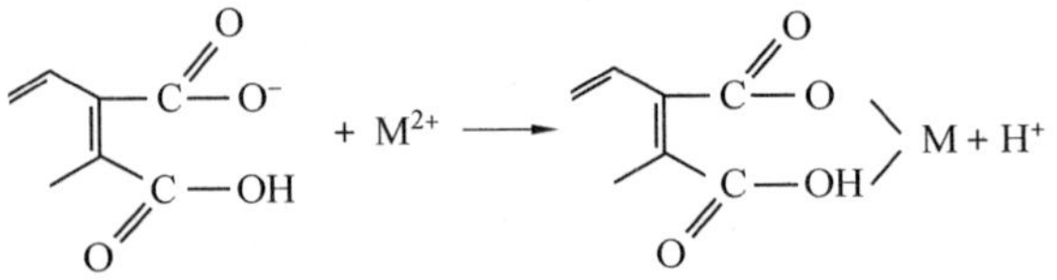

配合反应过程中羧基负离子与 M^{2+} 之间通过静电引力作用结合在一起，形成的是离子键，而羟基氧与 M^{2+} 之间是以配位键相结合，羟基氧提供未共用电子对，M^{2+} 提供空轨道。一般情况下，天然水中腐殖质与金属离子的配合反应更容易通过水杨酸型的反应机理进行。

(3)腐殖质与重金属离子配合反应的影响因素。

腐殖质与重金属离子之间的配合作用是一个十分复杂的过程，它既和反应物本身的性质有关，同时又受许多外在环境条件所影响。一般来说，影响腐殖质与重金属之间配合反应的因素主要有以下几种。

①腐殖酸的浓度。

根据质量作用定律,一般来说反应物浓度越大,反应越易于进行。例如:对于富里酸与 Cu^{2+} 的配合反应,当富里酸浓度为 1 mg·L^{-1} 时,Cu^{2+} 的配合百分率为 8%,当富里酸浓度增加到 10 mg·L^{-1} 时,配合百分率可达到 50%。

②腐殖酸的性质。

由于不同来源的腐殖质性质相似,但是不相同,因此不同来源的腐殖质对重金属离子的配合能力也是不一样的。

而对于同一种来源产生的腐殖质的不同成分来说,一般分子量越小的腐殖质,其与金属离子的螯合力越强。

③体系的 pH。

腐殖质是一种有机酸,体系的 pH 将会影响腐殖质结构中酸性基团的电离,同时也会影响到介质中许多离子的存在形式和数量的多少。当 pH 增大,螯合物的稳定性增强。这是由于 pH 增大,腐殖质结构中的羧基和羟基都更易于以负离子的形式存在,此时它们会以离子键的形式与金属离子结合。由于离子键的稳定性大于配位键,因而形成的配合物稳定性更好,配合反应也会更容易进行。

④体系的盐度。

腐殖质对重金属的配合百分率,随体系中盐度的增加而迅速降低。这是因为盐的阳离子会和金属离子争夺腐殖质,而盐的阴离子会和腐殖质争夺金属离子。因此,盐度的增加削弱了腐殖质与金属离子之间的配合作用。

3. 人工合成配位体对重金属的配合作用

氮川三乙酸[$N(CH_2COOH)_3$,NTA]的三钠盐是一种洗涤增效剂,可代替磷酸盐增效剂使用。因而 NTA 可以随工业废水和生活污水进入到天然水中。NTA 是一种三元弱酸,如果用 T 表示它的酸根,则其化学式可以简写成 H_3T。作为弱酸,NTA 在水中存在着三级电离平衡:

$$H_3T \xrightleftharpoons{K_{a_1}} H^+ + H_2T^- \qquad H_2T^- \xrightleftharpoons{K_{a_2}} H^+ + HT^{2-} \qquad HT^{2-} \xrightleftharpoons{K_{a_3}} H^+ + T^{3-}$$

$$K_{a_1} = 2.18\times10^{-2} \qquad K_{a_2} = 1.12\times10^{-3} \qquad K_{a_3} = 5.25\times10^{-11}$$

NTA 在水中不能完全电离,其电离程度与溶液 pH 有着十分密切的关系。由图可知,在一般天然水的 pH 条件下,NTA 在水中主要以 HT^{2-} 形式存在。

(1)NTA 对 Pb^{2+} 的配合作用。

已知体系 pH=7.00,其中 NTA 的浓度为 1.00×10^{-2} mol·L^{-1},二价铅总浓度为 1.00×10^{-5} mol·L^{-1}。

当 pH=7.00 时,NTA 在溶液中主要以二级电离的酸根 HT^{2-} 形式存在。此时体系中发生的配合反应为

$$HT^{2-} + Pb^{2+} \xrightleftharpoons{K} PbT^- + H^+ \tag{3.69}$$

反应的平衡常数用 K 来表示:

$$K = \frac{[PbT^-][H^+]}{[HT^{2-}][Pb^{2+}]} \tag{3.70}$$

在反应达平衡时，溶液中 Pb^{2+} 与形成配合物的铅（即 PbT^-）的比值为

$$\frac{[Pb^{2+}]}{[PbT^-]}=\frac{[H^+]}{K[HT^{2-}]} \tag{3.71}$$

这里的平衡常数 K 可通过下面两个反应的平衡常数求得：

$$HT^{2-}\xrightleftharpoons{K_{a_3}}H^++T^{3-}$$

$$K_{a_3}=\frac{[H^+][T^{3-}]}{[HT^{2-}]}=5.25\times10^{-11} \tag{3.72}$$

$$Pb^{2+}+T^{3-}\xrightleftharpoons{K_f}PbT^-$$

$$K_f=\frac{[PbT^-]}{[Pb^{2+}][T^{3-}]}=2.45\times10^{11} \tag{3.73}$$

将已知条件 $[H^+]=1.00\times10^{-7}\ mol\cdot L^{-1}$，$[HT^{2-}]=1.00\times10^{-2}\ mol\cdot L^{-1}$，$K=12.9$ 代入：

$$\frac{[Pb^{2+}]}{[PbT^-]}=\frac{[H^+]}{K[HT^{2-}]}=\frac{10^{-7}}{12.9\times1.00\times10^{-2}}=7.75\times10^{-7} \tag{3.74}$$

这个比值非常小，说明溶液中绝大部分 Pb^{2+} 都与 NTA 形成了配合物。因而可以近似地认为溶液中 PbT^- 的浓度等于二价铅的总浓度，即 $[PbT^-]=1.00\times10^{-5}\ mol\cdot L^{-1}$，则溶液中：

$$[Pb^{2+}]=7.75\times10^{-7}\times1.00\times10^{-5}=7.75\times10^{-12}mol\cdot L^{-1}$$

由此可见，NTA 对 Pb^{2+} 的配合能力是非常强的。

（2）NTA 与金属氢氧化物的反应。

如果体系中存在着 $Pb(OH)_2$ 沉淀，则存在着沉淀溶解平衡：

$$Pb(OH)_2\rightleftharpoons Pb^{2+}+2OH^- \tag{3.75}$$

当向体系中加入 NTA 时，由于 NTA 与 Pb^{2+} 的配合能力非常强，NTA 会与 Pb^{2+} 形成配合物，溶液中 Pb^{2+} 减少，平衡向着正反应方向移动，即 $Pb(OH)_2$ 沉淀发生溶解。这说明 NTA 对 $Pb(OH)_2$ 沉淀具有增溶化作用。

如果体系 pH=8.00，则体系中 NTA 主要以 HT^{2-} 形式存在。此时，体系中发生下面的配合反应：

$$Pb(OH)_2+HT^{2-}\xrightleftharpoons{K}PbT^-+H_2O+OH^- \tag{3.76}$$

反应的平衡常数

$$K=\frac{[PbT^-][OH^-]}{[HT^{2-}]}，则\frac{[PbT^-]}{[HT^{2-}]}=\frac{K}{[OH^-]} \tag{3.77}$$

未知的平衡常数 K 可通过下面两个反应的平衡常数求得：

$$Pb(OH)_2(s)\xrightleftharpoons{K_{sp}}Pb^{2+}+2OH^-$$

$$K_{sp}=[Pb^{2+}][OH^-]^2=1.6\times10^{-20} \tag{3.78}$$

$$H_2O\rightleftharpoons H^++OH^-$$

$$K_w=10^{-14} \tag{3.79}$$

反应平衡常数之间存在着下面的关系：

$$K=K_{sp}\times K_{a_3}\times K_f/K_w=2.07\times10^{-5} \tag{3.80}$$

代入上式，则有

$$\frac{[PbT^-]}{[HT^{2-}]}=\frac{K}{[OH^-]}=\frac{2.07\times10^{-5}}{10^{-6}}=20.7 \tag{3.81}$$

这说明在有 $Pb(OH)_2(s)$ 存在的体系中，如果加入 NTA，则绝大部分的 NTA 都要与铅形成配合物。因此，NTA 对 $Pb(OH)_2(s)$ 具有很强的增溶化作用。

(3) NTA 与重金属碳酸盐的反应。

在含有碳酸铅、pH=7 的体系中，NTA 仍然主要以 HT^{2-} 的形式存在。此时，体系中发生的配合反应可以表示为

$$PbCO_3(s)+HT^{2-}\xrightleftharpoons{K}PbT^-+HCO_3^-$$

反应的平衡常数用 K 来表示，则

$$\frac{[PbT^-]}{[HT^{2-}]}=\frac{K}{[HCO_3^-]}\quad K=\frac{[PbT^-][HCO_3^-]}{[HT^{2-}]} \tag{3.82}$$

未知的反应平衡常数 K 可通过下面两个反应求得：

$$PbCO_3(s)\xrightleftharpoons{K_{sp}}Pb^{2+}+CO_3^{2-}$$

$$K_{sp}=[Pb^{2+}][CO_3^{2-}]=1.48\times10^{-13} \tag{3.83}$$

$$HCO_3^-\xrightleftharpoons{K_{a_2}}CO_3^{2-}+H^+$$

$$K_{a_2}=\frac{[CO_3^{2-}][H^+]}{[HCO_3^-]}=4.69\times10^{-11} \tag{3.84}$$

反应平衡常数之间存在着下面的关系：

$$K=K_{sp}\times K_{a_3}\times K_f/K_{a_2}=4.06\times10^{-2} \tag{3.85}$$

代入上式，得

$$\frac{[PbT^-]}{[HT^{2-}]}=\frac{K}{[HCO_3^-]}=\frac{4.06\times10^{-2}}{10^{-3}}=40.6$$

这里 HCO_3 的浓度是 1.00×10^{-3} mol · L^{-1}，这是一般天然水中 HCO_3^- 的浓度。由 $[PbT^-]$ 与 $[HT^{2-}]$ 的比值可知：在有 $PbCO_3(s)$ 存在的体系中，如果加入 NTA，则绝大部分的 NTA 也会与铅形成配合物。因此，NTA 对 $PbCO_3(s)$ 也具有增溶化作用。而且根据这个比值还可以推断，在所讨论的反应条件下，NTA 对 $PbCO_3(s)$ 的增溶化作用要略高于 NTA 对 $Pb(OH)_2(s)$ 的增溶化作用。

另外，Ca^{2+} 的存在会抑制 NTA 对难溶盐的增溶化作用。在 Ca^{2+} 与 $PbCO_3(s)$ 共存的体系中，约有 2/3 的 NTA 与 $PbCO_3(s)$ 形成了配合物，与 Pb 形成配合物的 NTA 仅约占 NTA 总量的 1/3。

3.2.5 生物甲基化作用 (Biomethylation)

环境中的金属有机化合物主要包括 Hg、Sn、Pb 和 As 的有机化合物。其中，有机汞化

合物可用作杀菌剂和防腐剂，如苯基汞常常掺在油漆中使用。有机锡化合物可用作杀菌剂、杀虫剂和消毒剂。有机铅化合物也可以用作防腐剂和杀虫剂，但从环境的角度来说，它的一个更为引人注意的用途是曾经被广泛地用作汽油防爆剂。而有机砷主要是在医药领域有着广泛的应用。正是由于金属有机化合物在日常生产和生活中有着许许多多的用途，才使得这些物质仍然被大量地生产和使用着。因此，环境中金属有机化合物的一个重要的来源就是来自于这些工业产品的生产和使用过程。此外，环境中的金属无机化合物在适当的条件下也可以转化形成金属有机化合物。

1. 金属有机化合物的形成机理

一般金属无机化合物在环境中转化形成金属有机化合物时常常得到甲基化的产物，如甲基汞、甲基砷和甲基锡等。因此，将这种转化过程称为金属的环境甲基化，也称生物甲基化。甲基化过程中的甲基主要是由甲基钴氨素提供的，在环境水体中可以检测到甲基钴氨素的存在。甲基钴氨素是维生素 B_{12} 的一种衍生物（图 3.12），是一种由天然源产生的生物甲基化试剂，在生化反应中起着传递甲基的作用。甲基钴氨素所提供的甲基可以是负碳离子，也可以是正碳离子，或者是自由基。

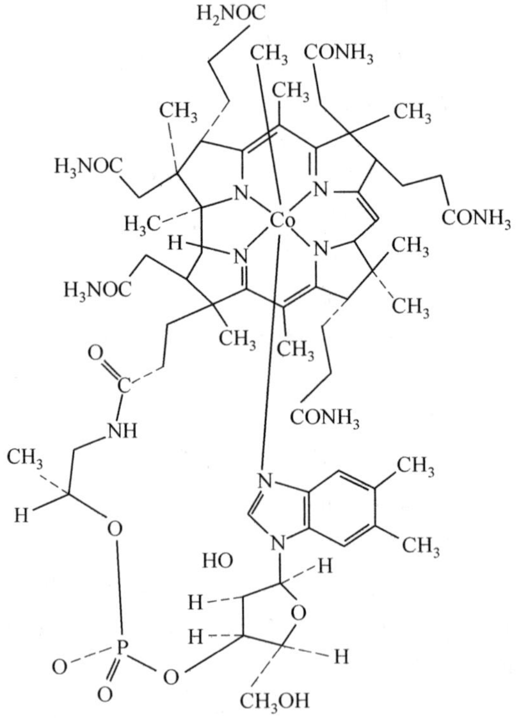

图 3.12　甲基钴氨素（CH_3CoH_{13}）的结构（轴基团是苯并咪唑）

一般来说，环境甲基化过程可以通过以下几种机理进行。

（1）直接取代。

直接取代的反应机理如下：

$$CH_3CoB_{12}+Hg^{2+}\xrightleftharpoons{H_2O}CH_3Hg^{+}+H_2OCoB_{12}^{+}$$

该反应中,甲基钴氨素提供的是以负碳离子形式存在的甲基,二价汞是汞的最高氧化态,反应过程中元素汞没有价态的改变。

(2)自由基加成。

自由基加成是指甲基自由基与某种处于较低价的金属离子相结合,使其氧化态增加一个单位,形成金属有机化合物的过程。如Sn(*n*)的自由基加成过程:

$$CH_3CoB_{12}+Sn(\mathrm{II})\longrightarrow CH_3Sn(\mathrm{III})+CoB_{12}\cdot$$

$$CH_3Sn(\mathrm{III})+O_2\longrightarrow CH_3Sn(\mathrm{IV})+O_2^-\text{(好氧条件)}$$

或 $$CH_3Sn(\mathrm{III})+H_2OCoB_{12}^+\longrightarrow CH_3Sn(\mathrm{IV})^++H_2O+CoB_{12}\cdot\text{(厌氧条件)}$$

反应中甲基来自于甲基钴氨素的甲基—钴化学键的均裂。由于甲基吸引电子的能力比金属强,使得电子偏离金属轨道,从而金属的价态升高。

(3)氧化加成。

氧化加成的机理与自由基加成的机理相类似,氧化加成可以使金属的氧化态增加两个单位:

$$CH_3^++As(\mathrm{III})(OH)_3\longrightarrow CH_3As(OH)_3^+\longrightarrow CH_3As(\mathrm{V})O(OH)_2+H^+$$

其中Acac代表双配位乙酰丙酮酯($CH_3COCH_2COCH_3$),是一种配位体。反应过程中CH_3^+相当于氧化剂。实际上许多能够发生自由基加成反应的金属也可以发生这种氧化加成反应。

(4)正碳离子转移。

正碳离子转移是指甲基正碳离子直接转移到一个氧化态较低的金属上,形成金属有机化合物的过程。该过程使金属的氧化态增加两个单位。如砷的甲基化过程:

$$CH_3^++As(\mathrm{III})(OH)_3\longrightarrow CH_3As(OH)_3^+\longrightarrow CH_3As(\mathrm{V})O(OH)_2+H^+$$

该反应过程是在酶的催化作用下完成的。

需要注意的是,有一些金属虽然也可以发生甲基化反应,但甲基化的产物不稳定,非常容易发生分解,如Cr(Ⅱ)可以按照自由基加成机理形成Cr(Ⅲ)的甲基化产物:

$$CH_3CoB_{12}+Cr(\mathrm{II})(H_2O)_6^{2+}\longrightarrow CH_3Cr(\mathrm{III})(H_2O)_5^{2+}+CoB_{12}\cdot+H_2O$$

但水相中CH_3—Cr的化学键不稳定,产物迅速分解形成甲烷和$Cr(H_2O)^{3+}$。

3.2.6 重金属的存在形态 (The existing forms of heavy metals)

元素的形态包括价态、化合态、结合态和结构状态。由于各种元素的生物有效性与元素的形态有着非常密切的关系,因此对重金属的化学形态进行研究有着非常重要的意义。

1. 溶解态金属的存在形态

如前所述,水体中的重金属根据其是否能够通过孔径为0.45 μm的滤膜,可将其划分为溶解态和颗粒态两大类,然后再进一步分别进行形态分析(图3.13)。对于溶解态的金属,可以将其进一步划分为不稳定态和稳定态、离子态和胶体态以及有机态和无机态。

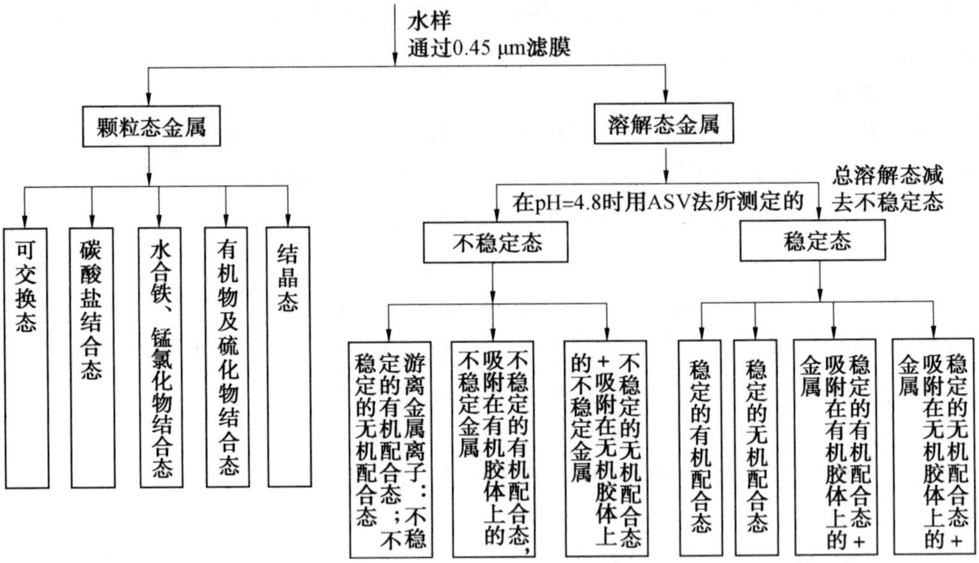

图 3.13　天然水中重金属形态分布示意图(王晓蓉,1993)

(1)不稳定态和稳定态。

金属离子在水中通常会以配合物的形式存在,由于所形成的配合物的种类非常多,人们很难将它们一一区分开来。因此,将以配合物形式存在的金属统称为不稳定态。这部分金属可以在电极上全部或部分被还原。但实际上,在形态分析中“不稳定态”并没有明确的含义,不同的分析方法所得到的“不稳定态”是不同的。如:将通过孔径 0.45 μm 滤膜的水样与 Chelex-100 螯合剂(钠型)树脂接触 24 h,然后用 1 mol · L^{-1} 的硝酸浸泡,则被树脂截留的金属为“不稳定态”金属,它包括金属水合离子及部分无机和有机配合物。

(2)胶体态和离子态。

胶体态和离子态的分离主要是利用离子螯合树脂来进行分离。当将水样通过树脂柱时,不被截留的部分就是胶体态。此外,还可以用超滤和渗析技术来分离胶体态和离子态。

(3)有机态和无机态。

通过有机质被破坏前后水中金属浓度的变化,可以求出与有机物结合的金属浓度。破坏有机质的方法包括紫外氧化法和加入氧化剂的高氯酸或过硫酸钾法。此外还可以用紫外照射、超滤、离心分离、离子交换、火焰原子吸收或中子活化等方法来确定。

2. 颗粒态金属的存在形态

颗粒态金属是指悬浮物和底泥中所结合的金属,它们是由溶解态金属通过吸附、沉淀和生物作用所形成的。因此,颗粒态金属的形态可以分为以下五类。

(1)可交换态是由沉积物或其主要成分(如黏土、铁锰水合氧化物、腐殖酸以及二氧化硅胶体等)对微量金属的吸附作用而形成的,也称被吸附态。

(2)碳酸盐结合态是指与沉积物中的碳酸盐结合在一起的微量金属。

(3)铁锰氧化物结合态是指与天然水中的铁锰氧化物相结合的微量金属。这种结合可以是简单地被铁锰氧化物包裹起来,也可以是与铁锰氧化物发生了反应从而成为铁锰氧化物组成的一部分。

(4)硫化物及有机结合态是指以硫化物沉淀形式存在的微量金属以及被有机物所束缚的微量金属。

(5)残渣是指包含在矿物晶格中从而不会释放到溶液中去的那部分金属。

对颗粒物中金属形态的研究主要是采用 Tessier 等人提出的方法,即化学提取法,就是用不同种类和浓度的溶液来进行萃取分离。

3. 不同金属形态的生物有效性

重金属的生物学效应,并不完全取决于金属的总量,在某种程度上也依赖于金属的形态。因为不同的金属形态,其生物学效应也不同。一般认为,不稳定态和可交换态两类重金属活性较大,易被生物所利用,常表现出较大的毒性;而碳酸盐结合态、铁锰氧化物结合态以及有机结合态的金属,在一般条件下较为稳定,不易被生物所吸收和利用,毒性相对较弱;而残渣态的金属性质相当稳定,基本不被生物所利用。

3.2.7 水中氮和磷的迁移转化
(The migration and transformation of nitrogen and phosphorus in water)

氮和磷是与水体富营养化密切相关的两种元素。在贫营养到中营养的水体中,氮和磷的浓度都比较低,是限制藻类繁殖的重要因素。通常认为,水体中氮含量达到 1 500 $\mu g \cdot L^{-1}$,磷浓度达到 100 $\mu g \cdot L^{-1}$时,是能促进藻类大量繁殖的一个浓度水平,氮和磷超过此浓度的水体,即属于富营养化水体。下面对氮和磷在水中的迁移转化进行介绍。

1. 水中氮的迁移转化

水体中氮的存在形态主要三种:①有机氮,如蛋白质、氨基酸、尿素、腈类、胺类和硝基类;②氨态氮,如 NH_3 和 NH_4^+;③硝酸盐氮,如 NO_2^- 和 NO_3^- 等。这些含氮化合物的水溶性一般都比较好,可以随水进行迁移,也可以被水中颗粒物吸附,沉降至水底;涉及含氮化合物转化的过程主要有生物作用和氧化还原作用等,本节重点介绍生物作用的氮化合物转化。

水中氮转化过程的生物作用主要是氨化、硝化和反硝化。生物残体或其他途径进入水体的有机氮化合物,经微生物的作用分解成氨态氮的过程,称为氨化作用。下面以蛋白质为例,简单介绍微生物降解蛋白质的氨化过程。

第一步,蛋白质在微生物分泌的水解酶的作用下肽键断裂,水解成氨基酸。第二步,氨基酸脱氨脱羧成脂肪酸:在有氧条件下,氨基酸经水解脱氨或氧化脱氨;而在无氧条件下,则氨基酸进行无氧加氢还原脱氨。如:

$$RCH(NH_2)COOH+H_2O \rightleftharpoons RCH(OH)COOH+NH_3$$

$$RCH(NH_2)COOH+O_2 \rightleftharpoons RCOOH+CO_2+NH_3$$

$$RCH(NH_2)COOH+[H] \rightleftharpoons RCH_2+NH_3$$

通过氨化作用有机氮转化为无机氮。氨在有氧条件下,通过微生物的作用,氧化生成硝酸根的过程称为硝化作用,该过程分两个阶段进行:

$$3NH_3+2O_2 \xrightarrow{\text{亚硝化细菌}} 2H^++2NO_2^-+2H_2O+\text{能量}$$

$$2NO_2^- + O_2 \xrightarrow{\text{硝化细菌}} 2NO_3^- + \text{能量}$$

上述硝化作用对环境条件的要求很高,如严格要求在充足氧的供给条件下才能很好进行;需要中性至微碱性条件,当 pH>9.5 时,硝化细菌受到抑制,而在 pH<6.0 时,亚硝化细菌被抑制;最适宜温度为 30 ℃,低于 5 ℃或高于 40 ℃细菌便不能活动。

硝酸盐在通气不良的情况下,通过反硝化细菌的作用而被还原的过程称为反硝化作用,还原产物因微生物种类不同而不同。硝酸盐在细菌、真菌和放线菌作用下,被还原为亚硝酸盐;在兼性厌氧假单胞菌属、色杆菌属作用下,被还原为氧化二氮或氮气,从水体逸出进入大气,城市生活污水处理中的脱氮过程就属于此种情况。

反硝化细菌进行反硝化作用的重要条件是厌氧环境,环境氧分压越低,反硝化越强烈。但是,硝化与反硝化往往联系在一起发生,这很可能是环境中氧分布不均匀所致。此外,反硝化的进行还必须有丰富的有机物作为碳源和能源,因为反硝化是个还原反应过程且消耗能量,必须有被氧化的还原物质存在和供给一定的能量才能进行。反硝化细菌一般适宜的 pH 范围是中性至微碱性;温度在 25 ℃左右为宜。

无机的氨态氮和硝酸盐氮通过植物的吸收和微生物的作用又可以转化为有机氮。通过上述一系列的生物作用,含氮化合物进行着不同存在形态间的转化和不同环境介质间的迁移。

2. 水中磷的迁移转化

在水环境中磷的主要存在形态有 HPO_4^{2-}、$H_2PO_4^-$、PO_4^{3-} 和 H_3PO_4 等无机磷和有机磷。磷是生命必需元素,但磷及其化合物也是造成水体养分过多以致达到有害程度的主要因素。环境中的磷是一个单向流失的过程,而不是一个循环过程,仅在水与食物链中可以见到一个短暂的局部循环,磷的迁移转化主要与水中磷的溶解-沉淀作用有关。磷的最终归宿是深海沉积物。

含磷污染物进入水体后,可溶性磷大部分直接溶于水,其余少量及不溶性磷则被水中颗粒物吸附,成为颗粒性磷。在相对封闭的水体中,大部分颗粒性磷随颗粒物沉降到水底,形成底泥。在底泥中,磷主要以磷酸钙、磷酸铁、磷酸铝及有机磷的形式存在。研究表明,磷在底泥与水体之间存在一个吸附-解吸平衡,底泥中磷的释放速率与水中的溶解氧有关。因为在底泥与水交界处有一薄薄的有氧层,当水中溶解氧大幅度降低时,有氧层消失,底泥中的磷酸铁等大量还原为可溶性的磷酸亚铁,大量磷释放到水体中。温度升高会导致溶解氧含量降低,底泥中磷的释放速率加快,这是我国大部分湖区及近海水域富营养化现象在夏季比较严重的原因之一。

在没有受重金属污染的天然水体中,主要金属离子为 Ca^{2+}、Mg^{2+}、Al^{3+}、Fe^{3+} 等,它们均可以与磷酸根发生作用。磷酸盐的溶解性与水体 pH 密切相关,下面以磷与 Ca^{2+}、Al^{3+}、Fe^{3+} 的反应为例,介绍磷在天然水体中的溶解度与水体 pH 的关系。

设在天然水中 $[Ca^{2+}]=1.0\times10^{-4}\ mol\cdot L^{-1}$,磷与其反应生成 $CaHPO_4$ 和 $Ca_3(PO)_2$ 型沉淀,与 Fe^{3+} 或 Al^{3+} 形成 $FePO_4$ 或 $AlPO_4$ 型沉淀。

当磷酸盐为 $CaHPO_4$ 时,遵循下列平衡:

$$CaHPO_4 \rightleftharpoons Ca^{2+} + HPO_4^{2-} \qquad pK_s = 7.00 \tag{3.86}$$

而 HPO_4^{2-} 在水中还须与其他磷酸形态相平衡，如：

$$H_2PO_4^- \rightleftharpoons H^+ + HPO_4^{2-} \quad pK_{a2}=7.20 \tag{3.87}$$

根据溶度积原理，有

$$pK_s = p[Ca^{2+}]+p[HPO_4^{2-}]=p[Ca^{2+}]+pK_{a2}+p[HPO_4^-]-pH \tag{3.88}$$

即

$$p[H_2PO_4^-]=pK_s-p[Ca^{2+}]-pK_{a2}+pH \tag{3.89}$$

式中　pK_{sp}、pK_{a2}——$CaHPO_4$的溶度积和磷酸的二级离解常数的负对数。

将有关常数代入上式，便得到水中磷酸盐的浓度为

$$p[H_2PO_4^-]=pH-4.2 \tag{3.90}$$

水中 $CaHPO_4$在较短时间内会转化为 $Ca_3(PO_4)_2$，类似于 $CaHPO_4$反应，当 $Ca_3(PO_4)_2$ 与水中磷达到平衡时，有

$$p[H_2PO_4^-]=2pH-11.2 \tag{3.91}$$

同理，磷与 Fe^{3+} 反应达到平衡时，磷酸盐的浓度为

$$p[H_2PO_4^-]=6.83-pH \tag{3.92}$$

磷与 Al^{3+} 反应达到平衡时，磷酸盐的浓度为

$$p[H_2PO_4^-]=6.78-pH \tag{3.93}$$

通过上述推导，得到了磷酸盐浓度与 pH 的关系，利用这些关系式作图，可以得到天然水中磷酸盐的溶解度曲线图，如图 3.14 所示。

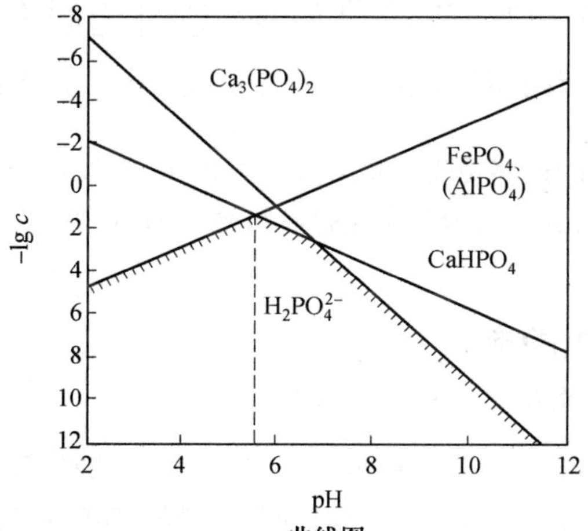

图 3.14　天然水中磷酸盐的溶解度曲线图（$[Ca^{2+}]=1.0\times10^{-4}$ mol · L^{-1}）

从图中可以看出，阴影包围的部分是磷以溶解态形式存在于天然水体中，磷的最大溶解度对应的 pH 约为 5.5。当水体的 pH>7 时，由于 $CaHPO_4$ 转化为溶解度更小的 $Ca_3(PO_4)_2$，水中磷的浓度迅速下降。

我国明确重金属污染的防控重点和中长期目标

2022年3月7日,生态环境部印发了《关于进一步加强重金属污染防控的意见》(以下简称《意见》)明确了我国重金属污染的防控重点和中长期目标。《意见》的印发将我国重金属污染问题再次提上了日程,并引起了高度重视。

根据《意见》,重点防控的重金属污染物为铅、汞、镉、铬、砷、铊和锑,并对铅、汞、镉、铬和砷五种重点重金属污染物排放量实施总量控制。重点行业包括重有色金属矿采选业(铜、铅锌、镍钴、锡、锑和汞矿采选),重有色金属冶炼业(铜、铅锌、镍钴、锡、锑和汞冶炼),铅蓄电池制造业,电镀行业,化学原料及化学制品制造业(电石法(聚)氯乙烯制造、铬盐制造、以工业固体废物为原料的锌无机化合物工业),皮革鞣制加工业等6个行业。

主要目标为:到2025年,全国重点行业重点重金属污染物排放量比2020年下降5%,重点行业绿色发展水平较快提升,重金属环境管理能力进一步增强,推进治理一批突出历史遗留重金属污染问题。到2035年,建立健全重金属污染防控制度和长效机制,重金属污染治理能力、环境风险防控能力和环境监管能力得到全面提升,重金属环境风险得到全面有效管控。

3.3 水中有机污染物的迁移转化
(Migration and transformation of organic pollutants in water)

水中有机物污染物的迁移转化主要通过分配作用、挥发作用、水解作用、光解作用和生物作用等过程来进行,其影响因素主要是有机物本身的理化性质和光照、水体的温度、pH、氧化还原性等条件。

3.3.1 有机污染程度的指标
(Indicators of organic pollution)

水体中有机污染物的种类繁多、组成复杂,现代分析技术难以分别测定它们的含量。因此,只能利用它们共同的特点,用一些指标间接反映水体中有机物的污染程度。常见的指标有:溶解氧、生化需氧量、化学需氧量、总有机碳和总需氧量。

1. 溶解氧(dissolved oxygen,DO)

溶解氧即在一定温度和压力下,水中溶解氧的含量,是水质的重要指标之一。水中溶解氧含量受到两种作用的影响,一是耗氧作用,包括耗氧有机物降解的耗氧、生物呼吸耗氧等,使DO下降;另一种是复氧作用,主要有空气中氧的溶解、水生植物的光合作用等,使DO增加。这两种作用的相互消长,使水中溶解氧含量呈现时空变化。此外,DO随水温升高而降低,还随水深增加而减小。常温下,水体中DO为8~14 $mg \cdot L^{-1}$;在水藻繁生的水中,DO可能处于饱和状态;如果水体中的有机污染量较多,耗氧作用大于复氧作用,水中DO减少;有机物污染严重时,DO为零。在缺氧的水体中,水生动植物生长将受到抑制,甚至死亡。例如,当 DO<4 mg · L^{-1}时,鱼类将死亡。因此测定水体中的溶解氧含量,可评价水体污染程度及自净状况。测定水中 DO 的方法有碘量法、叠氮化钠修正法、$KMnO_4$修正法和膜电极法,其中最常用的是碘量法。

2. 生化需氧量(biochemical oxygen demand,BOD)

水体中微生物分解有机物的过程中消耗水中的溶解氧量称为生化需氧量,通常用 BOD 表示,其单位为 mg(O_2) · L^{-1}。

BOD 反映水体中可被微生物分解的有机物总量。有机物的微生物氧化分解分两个阶段进行。第一阶段主要是有机物被转化为无机的 CO_2、H_2O 和氨;第二阶段氨被转化为 NO_2^-、NO_3^-。第二阶段的环境影响较小,所以生化需氧量一般是指第一阶段有机物经微生物氧化分解所需的氧量。微生物分解有机物的速度和程度与温度、时间有关。如在 20 ℃时,通常生活污水中的有机物需要 20 d 左右才能基本完成第一阶段的生化氧化,但经过 5 d也可完成第一阶段转化的 70%左右。为缩短测定时间,同时使 BOD 值有可比性,因而采用在 20 ℃条件下,培养 5 d 测定生化需氧量作为标准方法,称为五日生化需氧量,以 BOD_5表示。BOD 基本上能反映出有机物在自然状况下氧化分解所消耗的氧量,较确切说明需氧有机污染物对环境的影响。但 BOD 的测定时间长,对毒性大的废水因微生物活动受到抑制,而难以准确测定。若要尽快清楚水中有机物的污染状况,可测定化学需氧量。

3. 化学需氧量(chemical oxygen demand,COD)

水体中能被氧化的物质在规定条件下进行化学氧化过程中所消耗氧化剂的量,以每升水样消耗氧的毫克数表示,通常称为 COD,其单位为 mg(O_2) · L^{-1}。水体的 COD 值越高,表示有机物污染越严重。水中各种有机物进行化学氧化反应的难易程度是不同的,因此化学需氧量只表示在规定条件下,水中可被氧化物质的需氧量的总和。目前测定化学需氧量常用方法有 $KMnO_4$法和 $K_2Cr_2O_7$法,前者氧化性相对较弱,适用于测定较清洁的水样或者地表水水样,后者则用于污染严重的水样和工业废水。同一水样用上述两种方法测定的结果是不同的。因此,在报告化学需氧量的测定结果时要注明测定方法。

同生化需氧量相比较,COD 测定不受水质条件限制,测定时间短,但 COD 不能良好地表示出微生物所能氧化的有机物量。化学氧化剂不能氧化某些需氧有机物,但能氧化无机还原性物质(硫化物、亚铁等)。所以,作为需氧有机物污染的评价指标来说,化学需氧量不如生化需氧量合适。但在条件不具备或受水质限制不能做 BOD 测定时,可用 COD 代替。此外,在水质相对稳定的条件下,化学需氧量同生化需氧量之间有比较密切的相关性。一般,重铬酸钾法 COD>BOD_5>高锰酸钾法 COD。

4. 总有机碳(TOC)和总需氧量(TOD)

总有机碳(total organic carbon,TOC)是水中几乎全部有机物的含碳量。总需氧量(total oxygen demand,TOD)是水中几乎全部可被氧化的物质(基本上是有机物)变成稳定氧化物时所需的氧量。由于 BOD 测定费时,为实现快速反映有机污染程度的目的,而采用 TOC 与 TOD 测定法,一次测定只需 3 min 左右,可以连续自动测定。它们都可用化学燃烧法测定,前者测定结果以碳表示,后者则以氧表示需氧有机物的含量。它们是评价水中需氧有机污染物的一种指标。但是,总有机碳和总需氧量的测定绝不是水中有机物的完全氧化，测定时的氧化条件与自然界的氧化条件相差很远，对总需氧量有影响的无机物质未必是自然界的耗氧物质，以及测定器的标准化问题还未完全解决，所以不能把它们当作评价水体需氧有机污染物的万能指标。由于测定时耗氧过程不同，而且各种水体中有机物成分不同，生化过程差别也较大，所以各种水质之间，TOC 或 TOD 与 BOD_5 不存在固定的相关性。在水质条件基本相同的条件下，水体 BOD_5 与 TOC 或 TOD 之间有一定的相关性。

3.3.2 分配作用 (Distributive)

1. 分配作用

水中有机物在水-固体系中的分配作用，是指水中含有机质的固体物质对溶解在水中的憎水有机物表现出一种线性的等温吸附。直线的斜率只与该有机物在固体中的溶解度有关，即固体对有机物表现出一种溶解过程。这种过程与经典的有机物在水相和有机相中的溶解作用相似，服从分配定律，化学上通常把这种作用称为分配作用。

2. 分配定律

在一定温度下，溶质以相同的分子质量（即不离解、不缔合）在不相混溶的两相中溶解，即进行分配。当分配作用达到平衡时，溶质在两相中的浓度（严格来说是活度）的比值是一个常数。

3. 分配系数及标化分配系数

有机物在沉积物（土壤）与水之间的分配，可用分配系数 K_p 来表示：

$$K_p = \frac{c_s}{c_w} \tag{3.94}$$

式中 c_s——有机物在固相物质（水中的沉积物、悬浮颗粒）中的平衡浓度，$\mu g \cdot kg^{-1}$；

c_w——有机物在水中的平衡浓度，$\mu g \cdot L^{-1}$。

在水中，有机物是溶解在水相和固相两相中，要计算其在水体中的含量，需要考虑固相物质在水中的浓度。对于有机物，其在水中和固相中的总浓度为

$$c_T = c_s \times c_p + c_w \tag{3.95}$$

式中 c_T——单位体积水中有机物浓度总和，$\mu g \cdot L^{-1}$；

c_p——单位体积水中固相物质的浓度，$kg \cdot L^{-1}$。

根据分配系数的定义及式(3.95)有

$$c_w = c_T - c_s \times c_p = \frac{c_T}{1 + K_p \times c_p} \tag{3.96}$$

因此，通过式(3.96)就把有机物在水中的溶解浓度与其在固相中的分配特性联系起来了。

在水中，有机物在固相中的分配与固相中含有的有机质含量密切相关。有机物在固相-水中的分配系数与固相中有机碳含量呈正相关。为了消除各类固相物质中有机质含量对有机物溶解的影响，更准确地反映该类固相有机物对有机物的分配特征，引入了标化

分配系数,又称有机碳分配系数 K_{oc}:

$$K_{oc}=\frac{K_p}{X_{oc}} \tag{3.97}$$

式中 K_{oc}——以固相有机碳为基础的分配系数,即标化分配系数;

X_{oc}——固相有机碳的质量分数。

这样,对于每一种有机物,可得到一个与固相中有机碳含量无关的标化分配系数 K_{oc}。

如果考虑到固相颗粒的大小及其有机碳对分配系数的影响,则有

$$K_p=K_{oc}[0.2(1-f)X_{oc}^{s}+fX_{oc}^{f}] \tag{3.98}$$

式中 f——细颗粒的质量分数($d<50\ \mu m$);

X_{oc}^{s}——粗颗粒组分中有机碳含量;

X_{oc}^{f}——细颗粒组分中有机碳含量;

0.2——粗颗粒对有机物的分配能力只是细颗粒的20%。

4. 辛醇-水分配系数与分配系数的关系

由于固相颗粒物对憎水有机物的吸着是分配过程,当分配系数 K_p 不易测得或测量值不可靠需要加以验证时,可以运用 K_{oc} 与水-有机溶剂的分配系数的相关关系。Karichoff 等于 1979 年通过研究揭示了 K_{oc} 与憎水有机物的辛醇-水分配系数 K_{ow} 之间的关系:

$$K_{oc}=0.63K_{ow} \tag{3.99}$$

式中 K_{ow}——辛醇-水分配系数,即化学物质在辛醇中的质量和在水中的质量的比值。

Karichoff 等的研究还表明,脂肪烃、芳烃、有机氯和有机磷等农药、多氯联苯和芳香酸等有机物的辛醇-水分配系数与其在水中的溶解度也存在一定的关系,其表达式为

$$\lg K_{ow}=5.00-0.670\lg\frac{s_w\times10^3}{M_t} \tag{3.100}$$

式中 s_w——有机物在水中的溶解度,$mg\cdot L^{-1}$;

M_t——有机物的分子量。

【例1】 某有机物的分子量为192,溶解在含有悬浮物的水体中,若悬浮物中85%为细颗粒,有机碳含量为5%,其余粗颗粒物有机碳含量为1%,已知该有机物在水中溶解度为0.05 $mg\cdot L^{-1}$,那么,其分配系数(K_p)就可根据如下方式计算:

$$\lg K_{ow}=5.00-0.670\lg(0.05\times\frac{10^3}{192})\Rightarrow K_{ow}=2.46\times10^5$$

$$K_{oc}=0.63K_{ow}\Rightarrow K_{ow}=0.63\times2.46\times10^5=1.55\times10^5$$

$$\begin{aligned}K_p&=K_{oc}[0.2(1-w_f)w_{oc}^{s}+w_f w_{oc}^{f}]\\&=1.55\times10^5[0.2(1-0.85)\times0.01+0.85\times0.05]\\&=6.63\times10^3\end{aligned}$$

【例2】 某水体中含有300 $mg\cdot L^{-1}$的悬浮颗粒物,其中70%为细颗粒,有机碳含量为10%,其余的粗颗粒有机碳含量为5%。已知苯并[a]芘的 K_{ow} 为 10^6,请计算该有机物的分配系数。

解 $$K_{oc}=0.63K_{ow}=0.63\times10^6$$

$$
\begin{aligned}
K_{\mathrm{p}} &= K_{\mathrm{oc}}[0.2(1-w_{\mathrm{f}})w_{\mathrm{oc}}^{\mathrm{s}}+w_{\mathrm{f}}w_{\mathrm{oc}}^{\mathrm{f}}] \\
&= 0.63\times10^{6}[0.2(1-0.70)\times0.05+0.7\times0.1] \\
&= 4.6\times10^{4}
\end{aligned}
$$

3.3.3 挥发作用 (Volatilization)

挥发作用是有机物从水相转入气相的迁移过程,有机物在水体中的挥发性对其迁移转化具有现实意义。如果有机物具有高挥发性,那么在其迁移转化过程中,其挥发速率将是一个重要参数;如果有机物是低挥发性的,其挥发作用对其迁移转化的影响可以忽略。

对于有机物,其在水面上的挥发速率可以用如下式子表示:

$$R_{\mathrm{v}}=\frac{K_{\mathrm{v}}(c-c_{o})}{Z}=\frac{K_{\mathrm{v}}\left(c-\dfrac{p}{K_{\mathrm{H}}}\right)}{Z} \tag{3.101}$$

式中 R_{v}——挥发速率;

K_{v}——挥发速率常数;

c——水中有机物的浓度;

c_0——水中有机物达到挥发平衡时的浓度;

p——在研究的水面上有机物在大气中的分压;

K_{H}——亨利常数;

Z——水体的混合高度。

式(3.101)中用到了亨利定律 $p=K_{\mathrm{H}}c_0$,其中亨利系数可以通过多种方法求得,常用的方法是

$$K'_{\mathrm{H}}=\frac{c_a}{c_{\mathrm{w}}} \tag{3.102}$$

K_{H} 与 K'_{H} 的关系为

$$K_{\mathrm{H}}=RTK'_{\mathrm{H}} \tag{3.103}$$

式中 K'_{H}——亨利定律的常数的替换形式,量纲为1;

c_a——有机物在空气中的浓度,$\mathrm{mol\cdot m^{-3}}$;

c_{w}——有机物在水中的平衡浓度,$\mathrm{mol\cdot m^{-3}}$;

R——摩尔气体常数;

T——水的热力学温度,K。

在应用亨利定律计算挥发速率时,要注意其适用的质量浓度范围为 34 000 ~ 227 000 $\mathrm{mg\cdot L^{-1}}$,有机物的摩尔质量范围为 30 ~ 200 $\mathrm{g\cdot mol^{-1}}$。

3.3.4 化学降解 (Chemical degradation)

有机物的化学降解可通过氧化、水解、还原等反应完成。

1. 氧化反应

有机物的氧化反应是指在有机物分子中的加氧或脱氢的反应。例如：

$$2CH_3OH+O_2 \xlongequal{} 2CH_2O+2H_2O$$（脱氢氧化）

$$2CH_2O+O_2 \xlongequal{} 2HCOOH$$（加氧氧化）

各类有机物均能被氧化，化学氧化是有机物降解的重要方式之一。但各类有机物氧化的难易程度差别很大，如饱和的脂肪烃、含有苯环结构的芳香烃、含氮的脂肪胺类化合物等不易被氧化，不饱和的烯烃和炔烃、醇及含硫化合物（如硫醇、硫醚）等比较容易被氧化，最容易被氧化的是醛、芳香胺等有机物。

酚的化学氧化历程包括：①被分子氧所氧化；②被过氧化物氧化；③电化学氧化；④通过一系列过程得到稳定的最终产物。酚的结构不同，化学氧化速率不同，中间产物和反应历程也不同。水中酚的化学氧化及分解的各个过程可同时进行，每一过程的速度随环境的活化程度、空气的通入速度、酚的浓度及 pH 的不同而异。

应当指出，只含碳、氢、氧三种元素的有机物，其氧化产物是二氧化碳和水；含氮、硫、磷的有机物氧化的最终产物中除有二氧化碳和水以外，还分别有含氮、硫或磷的化合物。有机物氧化的最终结果是转化为简单的无机物。但实际水体中各类有机污染物种类繁多，结构复杂，它们的氧化是有限度的，往往不能分解完全。

2. 还原反应

在有机物分子中加氢或脱氧的反应称为有机物的还原反应。例如：

$$HCHO+H_2 \longrightarrow CH_3OH$$（加氢还原）

有人在用重金属对催化还原 DDT、六六六方面做了大量工作。实验证明：Cu、Zn 或 Cu、Fe 金属对可将 DDT 还原为 DDD，将六六六还原为苯及氯离子。在反应中 Zn 或 Fe 起了还原剂作用，Cu^{2+}起催化作用。实验还表明：在酸性条件下，由于氢离子浓度较高，故上述反应很快。但若在纯丙酮介质中，由于无氢离子，所以六六六不被金属对还原。因此，有机物还原时存在着溶剂效应和温度效应。

3. 水解作用

水解作用是有机物与水之间最重要的反应。在反应中，有机物的官能团 X^-与水中的 OH^-发生交换，其水解平衡为

$$RX+H_2O \rightleftharpoons ROH+HX \tag{3.104}$$

在环境条件下，能发生水解作用的有机物主要包括以下几种：

（1）烷基卤、烯丙基卤、苄基卤等有机卤化物；

（2）脂肪酸酯、芳香酯和氨基甲酸酯等；

（3）膦酸酯、磷酸及硫代磷酸酯、卤代磷酸酯等；

（4）酰化剂、烷化剂和农药等；

（5）环氧化物和酰胺等。

水解作用改变了有机物的原有化学结构，是其在环境中消失的一条重要途径。通过水解作用，有机物结构发生了变化，其生成产物可能比原来的化合物更容易或更难挥发，与 pH 有关的离子化水解产物的挥发性为零，而且水解产物一般比原来的化合物更易被

微生物降解。水解产物通常毒性会降低，当然也有例外，如2,4-D酯类的水解产物为2,4-D酸，其毒性更强。影响水解速率的因素主要是pH、温度、离子强度，某些金属的催化作用也会对水解速率产生影响。

3.3.5 光解作用 (Photodegradation)

光解作用是有机物的真正分解过程，它强烈影响水中有机物的归趋。有机物的光解速率受水体化学因素、环境因素、光的吸收性质、光辐射强度和光迁移特征等影响。光解反应一般分为直接光解、间接光解（又称敏化光解）和氧化反应。

1. 直接光解

直接光解是有机物本身吸收了太阳光后进行的分解反应。光解反应中，只有吸收了光子的有机物才会进行分解反应，这一转化的先决条件是有机物的吸收光谱与太阳发射的光谱在水中能被利用的那部分辐射相匹配。太阳辐射及其在水中的基本特征为：进入水体的太阳光组成与大气有关，如大气层中的臭氧会吸收紫外光，从而削弱进入水体的紫外光强；进入水体的太阳光会发生折射，并且会因反射、散射等作用损失部分光强；任何天然水体对太阳光的吸收率基本不变。

水环境中，有机物的浓度一般都很低，其对光的平均吸收速率可以近似为一级反应：

$$I' = K_{\alpha\lambda} C \tag{3.105}$$

式中 I'——有机物对太阳光的平均吸收速率；

$K_{\alpha\lambda}$——与太阳光波长和该光被水吸收时的吸收系数以及有机物的摩尔吸光系数有关的一级速率常数；

C——有机物的浓度。

虽然所有的光化学反应都吸收光子，但并不是每一个被吸收的光子都能引发一个光化学反应。因为，有机物吸收光子后，除了发生化学反应外，还可能产生磷光、荧光等再辐射，光子能量内转化为热能等。因此，一个分子被活化是由体系吸收光量子或光子进行的。光解速率只正比于单位时间内有机物吸收的光子数，而不是正比于吸收的总能量，由此引入光量子产率（φ）的概念：

$$\varphi = \frac{\text{生成或破坏的有机物的物质的量}}{\text{有机物体系吸收光子的物质的量}} \tag{3.106}$$

对于某一有机物，光量子产率是恒定的，对于许多有机物来说，在太阳光波长范围内，光量子产率值基本不随波长变化。但环境条件影响光量子产率，如 O_2 在一些反应中是淬灭剂，但对其他反应没有影响。因此，在测量光解速率常数或光量子产率时，需标明水中溶解氧的浓度。

水中颗粒物也影响光解速率，颗粒物会增加光的衰减，还会改变吸附在其上的有机物的活性。化学吸附也影响光解速率，一种有机酸或碱的不同存在形式可能有不同的光量子产率，以及出现有机物的光解速率随pH变化等。

2. 间接光解

有些化合物能在吸收太阳光能后，将一部分过剩能量转移到另一种化合物上，引起后者发生反应,这一过程被称为敏化反应。

在敏化反应中,光量子产率为

$$\varphi = Qc \tag{3.107}$$

式中 Q——常数;

c——被敏化的有机物浓度。

这种关系说明敏化分子将能量传给被敏化的有机物时,表观上的光量子产率与有机物分子的浓度成正比。

3. 氧化反应

有机物在水中与一些受光解而产生的氧化剂发生反应,这些物质有纯态氧、烷基过氧自由基、羟基自由基等强氧化剂。这些强氧化剂是光化学反应的产物,因此水中有机物的这种氧化反应也是一种间接的光解反应。

3.3.6 生物作用 (Biotransformation)

众多研究表明,生物转化是有机污染物转化为简单有机物和无机物的最主要途径之一。水体中的生物转化主要依赖于微生物通过酶催化反应实现对有机污染物的分解转化。微生物的种类繁多,有机物的微生物转化主要有两种代谢模式,一种是生长代谢,另一种是共代谢。这两种代谢的特征和转化速率差别很大。影响微生物转化有机污染物的因素很多,既有有机物本身的化学结构、微生物的种类,又有很多环境因素,如温度、溶解氧、pH 等。

1. 生长代谢

在生长代谢中,有机污染物是作为微生物的碳源和能源,通过为其提供生长基质和能量而被转化。通常只要用有机污染物作为微生物的唯一碳源,观察微生物能否生长,便可以鉴定是否属于生长代谢。在生长代谢中,微生物能够对有机污染物进行比较彻底的降解和矿化。

由于生长基质和生长浓度均随时间变化,因而生长代谢动力学表达式非常复杂。对于有机污染物作为唯一碳源的生长代谢,其速率可以用 Monod 方程来描述:

$$-\frac{\mathrm{d}c}{\mathrm{d}t} = \frac{1}{Y} \cdot \frac{\mathrm{d}B}{\mathrm{d}t} = \frac{\mu_{\max}}{Y} \cdot \frac{Bc}{K_s + c} \tag{3.108}$$

式中 c——有机污染物浓度;

B——细菌浓度;

Y——消耗一个单位碳所产生的生物量;

$\mu_{\max}$——最大的比生长速率;

K_s——半饱和常数,即在最大比生长速率一半时的基质浓度。

Monod 方程可以用于描述唯一碳源的基质转化速率,而且不论细菌菌株是单一种还是天然的混合种群。但需要指出的是,在实际环境中并非被研究的有机物都是微生物的唯一碳源。一个天然微生物群落总是从大量各种有机物中获取能量并降解它们。

2. 共代谢

共代谢是指有机污染物不能作为微生物生长的唯一碳源和能源,必须有其他化合物存在提供微生物碳源和能源时,该有机物才能被微生物降解利用的现象。共代谢在难降解有机物的代谢过程中起重要作用,它可以通过几种微生物的一系列共代谢作用,使这些特殊有机物有被彻底降解的可能。共代谢的动力学特性不同于生长代谢,共代谢没有滞后期,降解速率一般比完全驯化的生长代谢慢,共代谢并不提供微生物任何能量,不影响微生物种群的多少,但共代谢速率与微生物种群的多少成正比。

3. 有机污染物的生物氧化

水中有机物可以通过微生物的作用而逐步降解转化为无机物。在有机物进入水体后,微生物利用水中的溶解氧对有机物进行有氧降解,其反应式可表示为

$$\{CH_2O\}+O_2 \xrightarrow{\text{微生物}} CO_2+H_2O \tag{3.109}$$

如果进入水体有机物不多,其耗氧量没有超过水体中氧的补充量,则溶解氧始终保持在一定的水平上,这表明水体有自净能力,经过一段时间有机物分解后,水体可恢复至原有状态。如果进入水体有机物很多,溶解氧来不及补充,水体中溶解氧将迅速下降,甚至导致缺氧或无氧,有机物将变成缺氧分解。对于前者,有氧分解产物为 H_2O、CO_2、NO_3^-、SO_4^{2-}等,不会造成水质恶化,而对于后者,缺氧分解产物为 NH_3、H_2S、CH_4等,将会使水质进一步恶化。

3.3.7 水中有机污染物的降解 (Degradation of organic pollutants in water)

有机物在水环境介质中的降解是环境污染物自然净化的主要过程,它主要通过水解、氧化、光解、生物化学分解等途径来实现。水体中有些物质如碳水化合物、脂肪、蛋白质等比较容易降解;有机氯农药、多氯联苯、多环芳烃等难降解。下面分别简单介绍有机农药、石油、合成洗涤剂、多环芳烃和多氯联苯等的降解情况。

1. 有机农药的降解

目前世界上有机农药有 1 000 多种,常用的大约有 200 多种。有机农药按用途可分为杀虫剂、杀菌剂、除草剂、选种剂等;按化学成分,农药则可分为有机氯农药、有机磷农药、有机汞农药、氨基甲酸酯类农药等。有机氯农药品种较多,大多数用作杀虫剂,如DDT、六六六、艾氏剂等,特点是化学性质稳定、不易分解、毒性较缓慢、残留时间长、微溶于水而溶于脂肪、蓄积性很强,水生生物对其的富集系数可高达几十万倍。有机氯农药目前已经限制使用,我国于1983 年开始停止生产。有机磷农药大多数也用作杀虫剂,如对硫磷、敌百虫、敌敌畏等,其特点是毒性大,但易分解,蓄积作用微弱,因而对生态系统的影响不明显,有取代有机氯农药的趋势。氨基甲酸酯农药,如杀虫剂西维因、除草剂灭草灵、芽根灵等,这类农药对动物的毒性低,残留时间短,易于分解。有机汞农药多是杀菌剂,如赛力散、西力生等,由于汞污染,现已减少使用。

(1)DDT的降解。

DDT可以通过光化学、催化和生化反应降解。

①DDT的光化学降解。

在紫外光的作用下,DDT可经碳碳键均裂过程而生成氯苯游离基,后者相互结合生成二氯联苯。这类光化反应中可能还伴生有三氯联苯、四氯联苯、3,6-二氯苯并呋喃等,并可按自由基历程生成多氯联苯。

②DDT的催化降解。

金属对可以通过催化还原降解DDT。DDT的脱氯反应可能有两种方式:a.脱去一个氯原子变成DDD,然后再脱氯得DDMS和DDEt;b.脱去三个氯原子得到DDEt。DDD的毒性与DDT相当,而DDEt的毒性不及DDT的千分之一,所以它是DDT还原降解最理想的产物。

③DDT的生化降解。

关于DDT的生化降解研究得较多,有人曾用各种微生物在缺氧和有氧条件下做培养试验。在不同情况下检出的降解产物包括DDD、DDE、DDMV、DDMS、DDNV、DDA、DDM、DBH、DBP、Kelthane和DDCN等。DDT的降解途径目前还不清楚。不同微生物对DDT的降解并不完全相同,然而DDE及DDD是一般的降解产物,其中DDE要比DDD稳定得多。DDCN是下水道污泥中厌氧降解的一个主要产物,据推测DDCN经化学过程形成的可能性较大,而污泥中生物作用可能有助于保证维持适宜的还原条件,从而间接影响DDT、DDCN的转变。

(2)六六六的解降。

六六六较DDT容易降解,其降解同样是通过光化学、化学及生化反应等途径。

①六六六的光化降解。

一般情况下六六六不易直接吸收光子而发生光化反应,但当水体中存在某些物质(如苯胺、芳酚等芳香化合物,$S_2O_3^{2-}$等无机阴离子)时,这些物质的分子或离子能在光的激发下发生光化反应,产生某种还原性活性中间体,可以进一步与六六六分子反应,使六六六像直接接受光能一样,发生化学键的断裂而降解。有人根据动力学稳定态处理方法得出六六六的光化学反应为一级反应,并指出光化学反应的速率常数K与水体中给电子物质的浓度成正比;K与水体中其他能结合电子物质的浓度成反比,这些结合电子的物质(如Cu^{2+}、Zn^{2+}、溶解氧、H_3O^+)等的存在能降低六六六的光化学反应速率。所以水体中有溶解氧存在时,六六六的光化学降解速率极慢。

②六六六的化学降解。

有人认为六六六化学降解的产物为四氯环己烯、五氯环己烯,降解时均需脱除HCl,因此在碱性介质中六六六易降解,而在酸性介质中六六六比较稳定。

③六六六的生化降解。

在六六六的降解中,微生物对其降解起着决定性作用。γ-六六六可经脱氯化氢形成γ-五氯环己烯,也可以在厌氧条件下转化为α,β,δ-六六六异构体,在水中完全迅速地降解。实验结果表明,微生物存在下,六六六浸水2个月后,四种异构体基本消失。

(3)有机磷农药的降解。

有机磷农药既能直接水解,也能被微生物降解。如甲基对硫磷、乙基对硫磷、杀螟松等有机农药均可在微生物的作用下发生氧化、还原、水解等过程,以完成降解。乙基对硫磷的氧化过程即为硫代磷酸酯的脱硫氧化,还原过程即为硝基还原成氨基,水解过程即为有关酯键断裂,形成相应化合物。其他有机磷农药如马拉硫磷、敌敌畏、敌百虫等也均能被微生物降解。

值得指出的是,水解是农药在环境中降解的一条重要途径。不同农药的水解速率既受温度的影响,又受介质酸度的影响。例如,25 ℃时,蒸馏水中农药的稳定性依次为:马拉松>杀灭磷>杀螟松>杀扑磷。在碱性水溶液中农药稳定性为:杀螟松>杀扑磷>杀灭磷>马拉松。

(4)氨基甲酸酯农药的降解。

这类农药易被微生物降解,在环境中残留时间短。降解过程为在微生物作用下,引起其中的烷基或芳香基发生羧基化作用,或整个分子水解。

西维因的降解过程如图3.15所示。

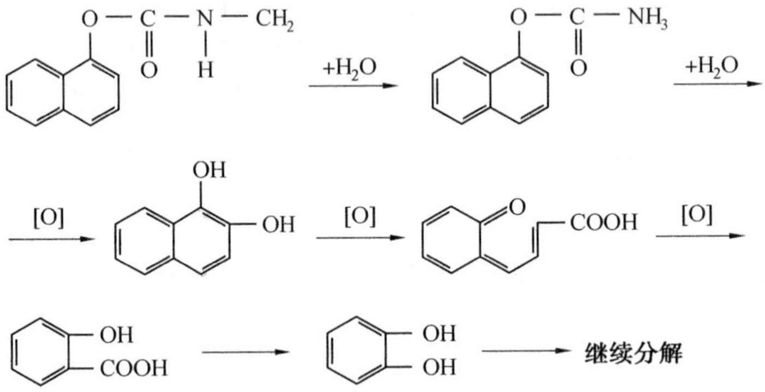

图3.15　西维因的降解过程

继续分解时苯环再破裂,氧化成有机酸,最后分解为二氧化碳和水。

由此可见,每一种农药都有其自身的降解过程,即使是同种农药,在不同条件下或由不同微生物降解时,降解过程也不会完全相同。

2. 石油的降解

石油是水体重要的污染物之一。它是由烷烃、环烷烃、芳香烃和杂环化合物等结构不同、分子量不等的物质组成的。石油进入水体后将发生一系列复杂的迁移、转化作用,如扩散、汽化、溶解、乳化、光化学氧化、吸附沉淀、生物吸收和生物降解等。石油进入水体后,先成浮油,再成油膜以及一些非碳氢化合物溶解而成的乳化油。油膜可吸附在水中微粒和水生生物上并扩散或下沉至水体深处。石油在水中可经过光化学氧化或生物氧化而分解。

(1)光化学氧化。

在阳光照射下,石油中的烷烃及侧链芳烃受激发活化进行光化学氧化。通常石油在光作用下电离形成自由基,逐渐变成过氧化物,最后变成醇等化合物。光化学氧化对于清除油膜污染有重要作用。据测,油浓度为 2 000 kg·km^{-3}的水面,油膜厚度约 2.5 μm,由于光化学氧化,几天光照即能把油膜清除。

(2)微生物降解。

与一般需氧有机物相比,石油的生物降解较难、速度慢,但生物降解仍然比化学降解快 10 倍。水体中微生物在降解石油烃方面起着重要作用。烃类的生物降解顺序为:直链烃>支链烃>芳烃>环烷烃。烃类氧化菌广泛分布于海水和底泥中,不同的石油烃可被不同的氧化菌分解。由于石油中各成分的结构不同,其降解途径略有不同。

①烷烃的降解。

饱和烃的降解按醇、醛、酸的氧化途径进行。较高级烷烃在微生物作用下经过单端氧化或双端氧化,或次末端氧化生成脂肪酸,再经有机酸的 β-氧化,最后分解为二氧化碳和水。

②烯烃的降解。

当双键在中间位置时,主要的降解途径与烷烃相似。当双键位在碳 1 和碳 2 位时,在不同微生物的作用下,主要降解途径有三种:即烯烃的不饱和端氧化成环氧化物、不饱和末端氧化成醇、饱和末端氧化成醇。上述三种化合物进一步氧化成酸。

③芳香烃的降解。

石油中苯、苯的同系物、萘等在微生物作用下先氧化成芳香二醇,然后苯环分裂成有机酸,再经有关生化反应,最终分解为二氧化碳和水。

④环烷烃降解。

环烷烃最稳定,只有少数微生物(如小球诺卡氏菌)能使它降解。如环己烷在微生物作用下缓慢氧化(图 3.16),最后经有关生化过程降解为二氧化碳和水。

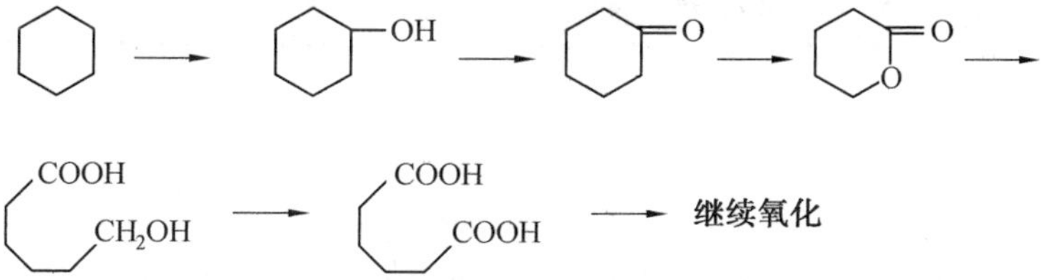

图 3.16　环烷烃的降解过程

石油降解速率与油的来源、成分、微生物群落和环境条件(如水温)有关。已经证明,石油排入低温水体(如北冰洋),其持久性很强,轻馏分蒸发极慢。另外,水体温度低,生物活性特别低,石油降解也就缓慢。水体中溶解氧对石油降解影响很大,估计分解 1 mg 石油烃需 3 ~4 mg 氧,1 L 油类氧化需消耗 400 m^{3}海水中的溶解氧。在缺氧条件下,油类降解速率降低。此外,被沉入水底的油类也可被微生物作用而降解。

3. 多氯联苯(PCBs)和多环芳烃(PAHs)

多氯联苯(PCBs)和多环芳烃(PAHs)的污染在全球已较为普遍。许多天然水体及土壤样品中均存在 PCBs 和 PAHs 的污染。PCBs 和 PAHs 剧毒,脂溶性大,易被生物吸收,化学性质十分稳定;一些 PAHs 又是"三致"物质,因而对人体健康构成威胁。研究 PAHs 在水体中的环境化学行为和生物效应,已越来越受到人们的重视。

综上所述，有机污染物的降解过程是复杂的。在实际水体中，某种有机污染物往往可以有几种降解途径同时进行，或因环境条件不同而以某种降解途径为主。有机物的最终分解要靠微生物作用来完成。

持久性有机氯农药存在较大环境风险

多氯联苯(PCBs)是目前国际上关注的12种持久性有机污染物(POPs)之一，是联苯的1～10氯代化合物，有209种异构体和同系物。自1968年日本首次发生由多氯联苯引起的“米糠油事件”带来人群大量发病和死亡的环境污染公害事件后，有机污染物对水环境的影响已成为现代社会优先研究课题之一。

珠江三角洲地区一些水体(包括澳门河口湾)多氯联苯的含量以广州市附近的样品含量最高，澳门内港码头次之，从珠江干流上游至下游，PCBs含量具有明显降低的趋势。多氯联苯在珠江广州段水体、沉积物及生物体三者之间存在明显的富集和放大作用。白洋淀地区不同类型纸厂排水口底泥及保定市排污渠底泥中检出了多氯联苯和有机氯农药。

多氯联苯污染环境，对动物和人有毒性作用，存在潜在致癌性。对藻类细胞成分、光合能力等产生影响；对鱼和水生无脊椎动物的生长起抑制作用，浓度高时导致死亡；对动物的繁殖具有阻碍作用；对人体有毒害作用，可通过胎盘进入胎儿体内。我国加入世贸组织后，水产品出口面临严峻挑战。美国、欧盟是我国水产品出口的主要市场，欧盟对进口水产品的质量控制要求多氯联苯等为“不得检出”，美国控制要求为多氯联苯$<2.0\ \mu g \cdot g^{-1}$。多氯联苯仍存在于许多水域中，并对水生生物产生影响，间接危害人类健康。所以应加强对水环境的监测，研究有效的降解方法，开发性能良好的替代物。从而减少污染，保护环境。

思考题与习题

1. 地下水是一种十分宝贵的水资源，一般地下水不易发生污染，一旦污染，又不如地表水那样易净化，为什么？

2. 请推导封闭和开放体系碳酸平衡中$[H_2CO_3]$、$[HCO_3^-]$和$[CO_3^{2-}]$的表达式，并讨论这两个体系之间的区别。

3. 什么是天然水的硬度？水的硬度如何分级？

4. K^+和Na^+同为天然水中存在的主要碱金属离子，为什么K^+的含量要小得多？

5. 某水系水质分析结果如下：

离子	K^+	Na^+	Ca^{2+}	Mg^{2+}	HCO_3^-	Cl^-	SO_4^{2-}	CO_3^{2-}
含量/$(mg \cdot L^{-1})$	1.34	28.5	39.3	11.6	168	12.3	6.91	0

试判断该水系属哪种类型水。

6. 使用亨利定律计算水中溶解的气体，有哪些条件限制？

7. O_2的溶解度和DO的区别是什么？

8. 用化学方程式来描述天然水体中藻类的光合作用，并判断光合作用导致该水体的碱度和pH分别发生什么变化。

9. 已知水体碱度为1.0×10^{-3} mol · L^{-1}，求若使水体pH由7增加到10，有多少无机碳转化成生物量。（假设pH改变完全由光合作用引起，体系为封闭体系。）

10. 用Langmuir方程描述悬浮物对溶质的吸附作用，假设溶液平衡浓度为3×10^{-3}mol · L^{-1}，溶液中每克悬浮固体吸附溶质为0.5×10^{-3}mol · L^{-1}，当平衡浓度降至1×10^{-3}mol · L^{-1}时，每克吸附剂吸附溶质为0.25×10^{-3}mol · L^{-1}，求吸附剂的饱和吸附量。

11. 含镉废水通入H_2S达到饱和（保持$[H_2S]=0.10$ mol · L^{-1}），并调整pH=9.0，请计算说明：该废水中是生成$Cd(OH)_2$沉淀还是CdS沉淀？处理后的废水中镉离子的浓度可降到多少mg · L^{-1}？（已知H_2S的解离常数$K=K_1\cdot K_2=[H^+]^2[S^{2-}]/[H_2S]=1.16\times10^{-22}$，CdS的$K_{sp}=7.9\times10^{-27}$，$Cd(OH)_2$的$K_{sp}=2.5\times10^{-14}$，镉的原子量为112.4。）

12. 什么是电子活度pE？它与pH有何区别？

13. 在$Fe(OH)_3(S)+3H^++e = Fe^{2+}+3H_2O$中，$\lg K=17.9$，当pH=6.5，p$E$=3.5时，水溶液中$Fe^{2+}$的浓度为多少？（温度为298 K。）

14. 厌氧消化池中和pH=7.0的水接触的气体含65%的CH_4和35%的CO_2，请计算pE值。（$pE^{\ominus}=2.87$。）

15. 河流氧垂曲线各段的含义是什么？

16. 如何区分：有机污染物的分配系数；标化分配系数；辛醇-水分配系数和生物浓缩因子？

17. 矿物燃料、木材以及其他含碳氢化合物的不完全燃烧或在还原条件下热解，简单烃类和芳香烃在高温热解都可以形成大量PAHs，特别是从吸烟者喷出的烟气中迄今已检测到150种以上的多环芳烃。你认为去除污水中多环芳烃的最简单有效的方法是什么？为什么？

18. 美国国家环保局发行的《污染物修复的PRB技术手册》将可渗透反应墙（PRB）定义为：在地下安置活性材料墙体以便拦截污染羽状体，使污染羽状体通过反应材料后，其污染物能转化为环境接受的另一种形式，从而实现使污染物溶度达到环境标准的目标。当反应填料为铁粉时，结合铁元素的pE-pH图试分析其去除污水中重金属离子的机理。

19. 蒙脱石散是家庭常备治疗腹泻的药剂，结合黏土矿物微粒的组成和特征试分析其止泻的原理。

20. 超市货架上有各种各样的包装饮用水：矿泉水、矿物质水、纯净水……我们应该如何选择？它们在来源、水质、处理过程、执行标准、适用人群等方面有什么区别吗？

第4章 土壤环境化学

(Chapter 4 Soil environmental chemistry)

【内容提要及重点要求】 本章主要介绍土壤的组成与性质、土壤污染物及其迁移转化和土壤污染防治及其修复,要求了解土壤的性质,土壤的粒级与质地分组特性;掌握氮和磷在土壤中的迁移转化作用机制、重金属污染物在土壤中迁移的特点及作用机制、农药在土壤中的迁移原理以及主要农药在土壤中的转归规律与效应。

土壤是地球表面具有肥力、生长植物的疏松层。对于人类和陆生生物而言,土壤是岩石圈中最重要的部分。地表土壤的厚度仅为十几或者几十厘米,与地球直径相比微乎其微。但正是这薄薄的一层土壤,才使得地球上有了广袤的森林、农田和草原,人类得以从中获取宝贵的生产和生活资源,拥有肥沃的土壤及与之相适宜的气候。

土壤曾被认为具有无限抵抗人类活动干扰的能力。其实,土壤也是很脆弱又容易被人类活动所损害的环境要素。例如,每年数十亿吨地下矿藏(包括煤)被采掘出来,造成的土壤污染是显而易见的。大量化石燃料的燃烧,造成大气 CO_2 过量而引起全球气温变暖;全球雨量分布发生变化,使肥沃的土壤变得干旱荒芜,将土地变成有毒化学品的堆放地;大量农药和化肥施入土壤,不仅造成土壤污染,而且造成地下水和地表水污染,直接危及人类的健康。因此,为了使土壤圈永远成为适于人类生存的良好环境,保护土壤环境是每个人义不容辞的责任,也是环境化学要研究的关键问题之一。土壤环境污染化学就是研究和掌握污染物在土壤中的分布、迁移、转化与归趋的规律,为防治土壤污染奠定理论基础。

4.1 土壤组成与性质

(Soil composition and properties)

4.1.1 土壤组成

(Soil composition)

土壤是由固体、液体和气体共同组成的多相体系。土壤溶质的种类和含量导致土壤溶液组成成分和浓度的变化,并影响土壤溶液和土壤的性质。

它们的相对含量因时因地而有所变化。固相物质主要包括土壤矿物质(包括原生矿物质和次生矿物质)、土壤有机质和土壤生物三类物质;土壤液相是指土壤中的水分及其水溶物；土壤气相是指在各相物质之间，存在形状和大小不同的孔隙，孔隙中充满的气体。土壤是一个以固相为主的不均匀的多相体，三相物质相互制约、联系，构成有机整体。所以土壤具有疏松的结构(图4.1)。

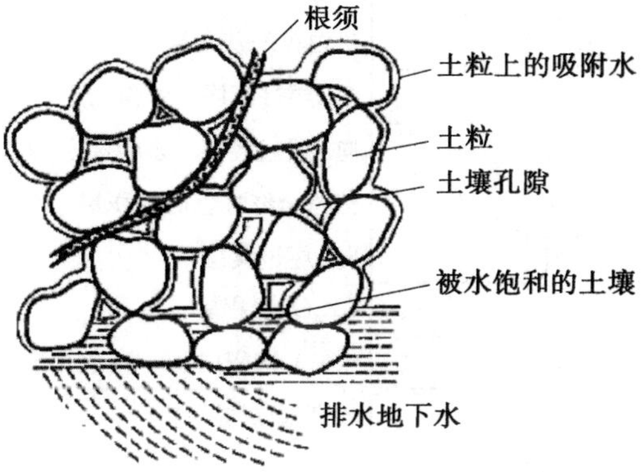

图4.1 土壤中固、液、气相结构图

土壤三相物质的比率因土壤种类而异，并且经常变化。图4.2所示为粉砂壤土组分的大致比例。

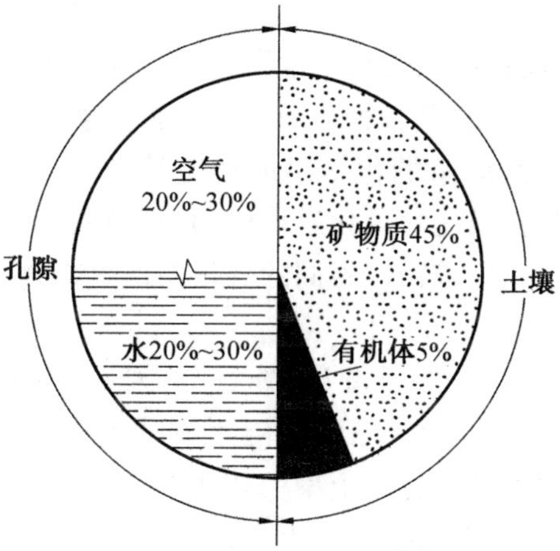

图4.2 粉砂壤土组分的大致比例

(摘自：何燧源，环境化学，2000)

典型土壤随深度呈现不同的层次(图4.3)。最上层为覆盖层(A_0)，由地面上的枯枝落叶等所构成。第二层为淋溶层(A)，是土壤中生物最活跃的一层，土壤有机质大部分在这一层，金属离子和黏土颗粒在此层被淋溶得最显著。第三层为淀积层(B)，它接纳来自上一层淋溶出来的有机物、盐类和黏土颗粒类物质。下一层为母质层(C)，是由风化的成土母岩构成。母质层下面为未风化的基岩，常用D层表示。

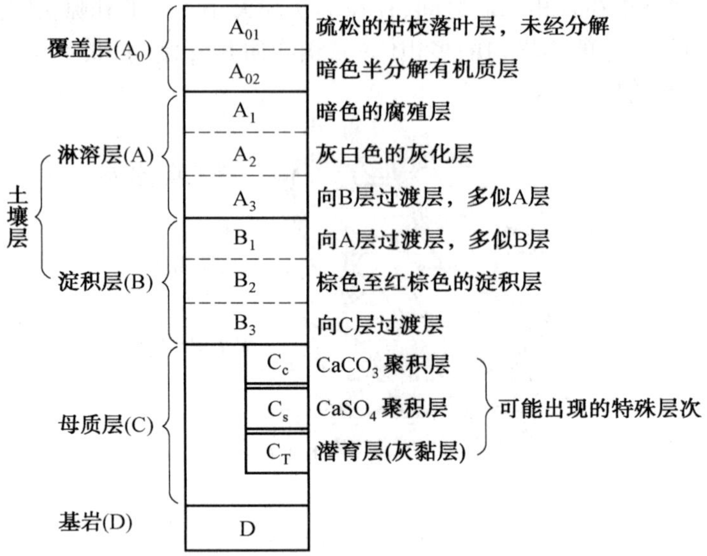

图4.3　自然土壤的综合剖面图

1. 土壤矿物质

土壤矿物质是岩石经过物理风化和化学风化形成的。按其成因类型可将土壤矿物质分成两类:一类是原生矿物,它们是各种岩石(主要是岩浆岩)受到程度不同的物理风化而未经化学风化的碎屑物,其原来的化学组成和结晶结构都没有改变;另一类是次生矿物,它们大多数是由原生矿物经化学风化后形成的新矿物,其化学组成和晶体结构都有所改变。在土壤形成过程中,原生矿物以不同的数量与次生矿物混合成为土壤矿物质。

(1)原生矿物。

原生矿物主要有石英、长石类、云母类、辉石、角闪石、黑云母、橄榄石、赤铁矿、磁铁矿、磷灰石、黄铁矿等。其中前五种最常见。土壤中原生矿物的种类和含量随母质的类型、风化强度和成土过程的不同而异。土壤中0.001～1 mm的砂和粉砂几乎全部是原生矿物。在原生矿物中,石英最难风化,长石次之,辉石、角闪石、黑云母易风化,因而石英常成为较粗的颗粒,遗留在土壤中,构成土壤的砂粒部分;辉石、角闪石和黑云母在土壤中残留较少,一般都被风化为次生矿物。土壤中最主要的原生矿物有四类:硅酸盐类矿物、氧化物类矿物、硫化物类矿物和磷酸盐类矿物。其中硅酸盐类矿物占岩浆岩质量的80%以上。

(2)次生矿物。

土壤中次生矿物的种类很多,不同的土壤所含的次生矿物的种类和数量也不尽相同,通常根据其性质与结构可分为三类:简单盐类、三氧化物类和次生铝硅酸盐类。

次生矿物中的简单盐类属水溶性盐,易淋溶流失,一般土壤中较少,多存在于盐渍土中,三氧化物和次生铝硅酸盐是土壤矿物中最细小的部分,粒径小于0.25 μm,一般称为次生黏土矿物。土壤很多重要物理、化学过程和性质都与土壤所含的黏土矿物,特别是次生铝硅酸盐的种类和数量有关。

①简单盐类：如方解石($CaCO_3$)、白云石[$(Ca,Mg)(CO_3)_2$]、石膏($CaSO_4 \cdot 2H_2O$)、泻盐($MgSO_4 \cdot 7H_2O$)、岩盐($NaCl$)、芒硝($Na_2SO_4 \cdot 10H_2O$)、水氯镁石($MgCl_2 \cdot 6H_2O$)等。它们都是原生矿物经化学风化后的最终产物，结晶结构也较简单，常见于干旱和半干旱地的土壤中。②三氧化物类：如针铁矿($Fe_2O_3 \cdot H_2O$)、褐铁矿($2Fe_2O_3 \cdot 3H_2O$)、三水铝石($Al_2O_3 \cdot 3H_2O$)等，它们是硅酸盐矿物彻底风化后的产物，结晶结构较简单，常见于湿热的热带和亚热带地的土壤中，特别是基性岩(玄武岩、安山岩、石灰岩)上发育的土壤中含量最多。③次生铝硅酸盐类：这类矿物在土壤中普遍存在，种类很多，是由长石等原生硅酸盐矿物风化后形成。它们是构成土壤的重要成分，故又称为黏土矿物或黏粒矿物。母岩和环境条件的不同，使岩石风化处在不同的阶段，在不同的风化阶段所形成的次生黏土矿物的种类和数量也不同。但其最终产物都是铁铝氧化物。例如，在干旱和半干旱的气候条件下，风化程度较低，处于脱盐基初期阶段，主要形成伊利石；在温暖湿润或半湿润的气候条件下，脱盐基作用增强，多形成蒙脱石和蛭石；在湿热气候条件下，原生矿物迅速脱盐基、脱硅，主要形成高岭石。如进一步脱硅，矿物质彻底分解，造成铁铝氧化物的富集(即红土化作用)。所以土壤中次生硅酸盐可分为三大类，即伊利石、蒙脱石和高岭石。

伊利石、蒙脱石和高岭石所表现的土壤性质上的差异与它们的晶体结构有密切关系。虽然它们均属片层状结构，即由硅氧原子层(又称硅氧片，由硅氧四面体连接而成)和铝氢氧原子层(又称水铝片，由铝氢氧八面体连接而成)所构成的晶层相重叠而成，但是由于重叠的情况各不相同，所以性质不同。

2. 土壤有机质

土壤有机质是土壤中含碳有机物的总称。其一般占土壤固相总质量的10%以下，却是土壤的重要组成部分，是土壤形成的主要标志，对土壤性质有很大的影响。

根据土壤中有机质的来源和存在状态，广义的土壤有机质可分为两大类：一类是活的有机体，包括植物根系和土壤生物；另一类是各种有机化合物。

本章介绍的有机物为后一种，即狭义的土壤有机质。它也分为两类，非腐殖质和腐殖质。非腐殖质占土壤有机质总量的10%～15%，腐殖质则占85%～90%。

(1)非腐殖质。

土壤非腐殖质是生物残体分解的简单产物，主要有以下几类有机物：不含氮的有机化合物，如单糖和有机酸、多糖类、树脂、脂肪、蜡质和木质素等。含氮有机化合物，即以蛋白质为主，土壤中的植物残体、土壤动物和微生物均含有相当多的蛋白质。灰分物质，即植物体经过燃烧残留的无机物。

(2)腐殖质。

腐殖质是动植物残体在土壤微生物的作用下，通过复杂的反应转化而成的暗色、无定型、难以分解、组成复杂的高分子有机物。它是一类特殊有机化合物，不属于有机化学中现有的任何一类。根据腐殖质在酸、碱、醇溶液中的溶解行为，可把腐殖质分为不同的级分(图4.4)。

目前，研究较多的是腐殖酸(HA)、富里酸(FA)和胡敏素。

土壤腐殖质属两性胶体，但通常以带负电为主。电荷来源主要是分子表面的羧基和酚基的离解以及氨基的质子化。

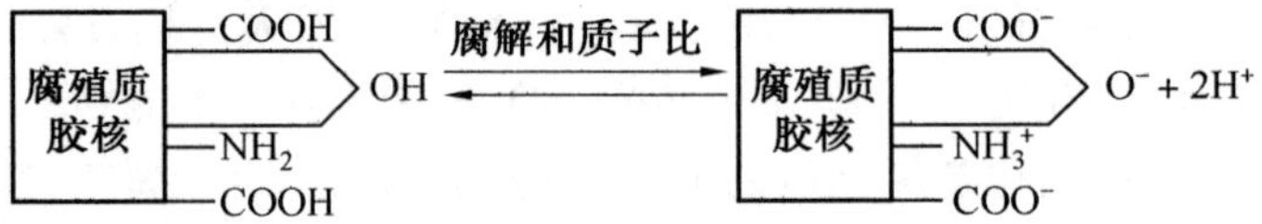

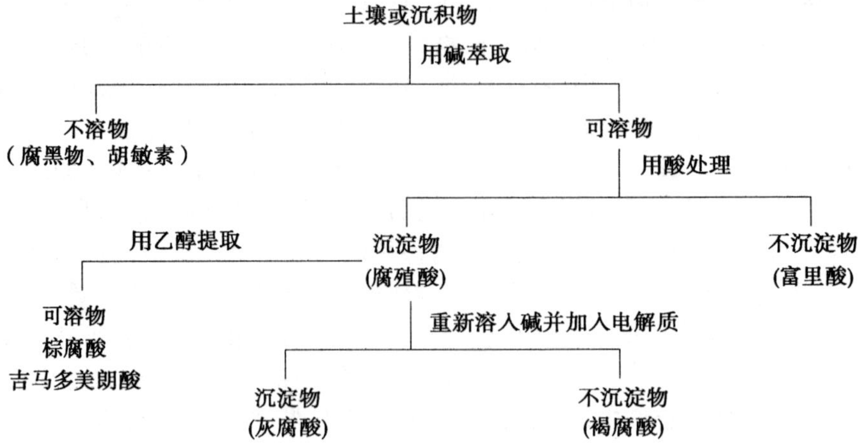

图4.4　土壤腐殖质的分级

由于上述离解或质子化程度是随介质pH而变化的,故腐殖质所带电荷属于受pH制约的可变电荷。

土壤中腐殖质组分有很重要的环境意义。这些大分子化合物能通过毛细管作用和渗透作用保持土壤水分,且对土壤有隔热保温作用。它还可通过氢键等作用形成疏松的聚集体,具有很大的表面积,对污染物有强的吸附能力。此外,它具有多种官能团(如羧基、酚羟基、醇羟基、羰基、甲氧基等),对金属元素离子有强的络合、螯合能力。如果这些物质是植物的营养物,则是有利的;如果是污染物,那便是有害的。

3. 土壤水分和溶液

土壤水分是土壤三相(固、液、气)中的要素。它把土壤、大气中的植物养分溶解成营养溶液,输送到植物根部,最大限度地提供给植物体。因此,土壤水分是植物吸收养料的主要媒介。土壤溶液占土壤总体积的20%～30%,含有Na^+、K^+、Mg^{2+}、Ca^{2+}、Cl^-、NO_3^-、SO_4^{2-}、HCO_3^-等无机离子,还含有机物。

土壤水分主要来源于降雨、雪和灌溉。在地下水位接近于地面(2～3 m)的情况下,地下水也是上层土壤水分的重要来源。土粒表面的吸附力和微细孔隙的毛细管力可把进入土壤的水分保持住。土壤固体保持水分的牢固程度,在很大程度上决定了土壤中水分的运动和植物对水分的利用。

水进入土壤以后,土壤颗粒表面的吸附力和微细孔隙的毛细管力,可将一部分水保持住,但不同土壤保持水分的能力不同。砂土由于土质疏松,孔隙大,水分容易渗漏流失;黏土土质细密,孔隙小,水分不容易渗漏流失。气候条件对土壤水分含量影响也很大。当水分进入土壤后,即和其他组成物质发生作用,其中的一些可溶性物质如盐类和空气将溶解在水里。这种溶有盐类和空气的土壤水即为土壤溶液。土壤水分既是植物养分的主要来源,也是进入土壤的各种污染物向其他环境圈层(如水圈、生物圈等)迁移的媒介。

土壤溶液的形成是土壤三相成分间进行物质和能量交换的结果,因此,其组成非常复杂。常见的溶质有:无机胶体、无机盐类、有机化合物类、络合物类及溶解性气体类等。而溶液具有渗透势、养分等特点,对土壤生物有很大的影响。

4. 土壤中的空气

土壤孔隙中所存在的各种气体的混合物称为土壤空气。这些气体主要来自大气,其组成成分和大气基本相似,以 O_2、N_2、CO_2 和水汽等为主。另外,土壤空气中某些特殊成分是大气所没有的,这是土壤进行生物化学作用的结果,如 H_2S、NH_2、H_2、CH_4、NO_2、CO 等,另外一些醇类、酸类以及其他挥发性物质通过挥发作用也进入土壤。

土壤空气不同于大气。首先,土壤空气是不连续的,存在于被土壤固体隔离开的土壤孔隙中,使其组成在土壤中各不相同。其次,土壤空气中的含水量和 CO_2 比大气高,含氧量比大气低。如大气中 CO_2 含量(质量分数)为 0.02% ~0.03%,甚至高达5%,而土壤空气中 CO_2 含量一般为 0.15% ~0.65%。土壤含水量适宜时,相对湿度接近 100%。除此之外,由于土壤空气经常被水汽所饱和,在通气不良情况下,厌氧细菌活动产生的少量还原性气体如 CH_4、H_2S、H_2 也积累在土壤空气中;而土壤中植物根系的呼吸作用、微生物活动中有机物的降解及合成时消耗其中的 O_2,放出 CO_2。

土壤空气是土壤的重要组分之一。它对土壤微生物活动、营养物质的转化以及植物的生长发育都有重要的作用。因此,土壤空气的状况是决定土壤肥力的重要因素之一。

4.1.2 土壤粒级分组与质地分组 (Soil particle size and texture grouping)

1. 土壤矿物质的粒级划分

土壤矿物质是以大小不同的颗粒状态存在的不同粒径的土壤矿物质颗粒(即土粒),其性质和成分都不同。为了研究方便,人们按粒径的大小将土粒分为若干组,称为粒组或粒级,同组土粒的成分和性质基本一致,组间则有明显差异。中国科学院南京土壤研究所和西北水土保持生物土壤研究所,总结了我国的经验,拟定了我国的土壤粒级划分标准,如表 4.1 所示。

表 4.1 我国土粒分级标准 mm

颗粒名称		粒径	颗粒名称		粒径
石块		>10	粉粒	粗粉粒	0.05 ~0.01
石砾	粗砾	10 ~3		细粉粒	0.01 ~0.005
	细砾	3 ~1	黏粒	粗黏粒	0.005 ~0.001
砂粒	粗砂砾	1 ~0.25		细黏粒	<0.001
	细砂砾	0.25 ~0.05			

2. 粒级的主要矿物成分和理化特性

由于各种矿物抵抗风化的能力不同,它们经受风化后,在各粒级中分布的多少也不相同。石英抗风化的能力很强，故常以粗的土粒存在，而云母、角闪石等易于风化，故多以较细的土粒存在。矿物的粒级不同，其化学成分有较大的差异。在较细的土粒中，钙、镁、磷、钾等元素含量增加。一般来说，土粒越细，所含养分越多；反之，则越少（表4.2）。

表4.2 不同粒径土粒的化学组成

粒径/mm	质量分数/%						
	SiO_2	Al_2O_3	Fe_2O_3	CaO	MgO	K_2O	P_2O_5
1.0～0.2	93.6	1.6	1.2	0.4	0.6	0.8	0.05
0.2～0.04	94.0	2.0	1.2	0.5	0.1	1.5	0.1
0.04～0.01	89.4	5.0	1.5	0.8	0.3	2.3	0.2
0.01～0.002	74.2	13.2	5.1	1.6	0.3	4.2	0.1
<0.002	53.2	21.5	13.2	1.6	1.0	4.9	0.4

由于土粒大小不同，矿物成分和化学组成也不同，各级所表现出来的物理化学性质和肥力特征差异很大。

（1）石块和石砾。

石块和石砾多为岩石碎块，粒径大于1 mm。山区土壤和河漫滩土壤中常见。土壤中含石块和石砾多时，其孔隙过大，水和养分易流失。

（2）砂粒。

砂粒主要为原生矿物，大多为石英、长石、云母、角闪石等，其中以石英为主，粒径为1～0.05 mm，在冲积平原土壤中常见。土壤含砂粒多时，孔隙大，通气和透水性强，毛细管水上升高度很低（小于33 cm），保水保肥能力弱，营养元素含量少。

（3）粉粒。

粉粒也称面砂，是原生矿物与次生矿物的混合体，原生矿物有云母、长石、角闪石等，其中白云母较多；次生矿物有次生石英、高岭石，含水氧化铁、铝，其中次生石英较多。粒径为0.05～0.005 mm，在黄土中含量较多。粉粒的物理及化学性状介于砂粒与黏粒之间，团聚、胶结性差，分散性强，保水保肥能力较好。

（4）黏粒。

黏粒主要为次生矿物，粒径小于0.005 mm。含黏粒多的土壤，营养元素含量丰富，团聚能力较强，有良好的保水保肥能力，但土壤的通气和透水性较差。

3. 土壤质地分类及其特性

由不同的粒级混合所表现出来的土壤粗细状况，称为土壤质地（或土壤机械组成）。

土壤质地分类是以土壤中各粒级含量的相对百分比作标准的。各国土壤质地的分类标准也不尽相同，主要有国际制（表4.3）、美国制和苏联制。国际制和美国制均采用三级分类法，即按砂粒、粉砂粒、黏粒三种粒级的百分数，划分为砂土、壤土、黏壤土和黏土四类十二级。

表 4.3 国际制土壤质地分类

质地分类		各级土粒质量分数/%		
类别	质地名称	黏粒 (<0.002 mm)	粉砂粒 (0.02 ~ 0.002 mm)	砂粒 (2 ~ 0.02 mm)
砂土类	砂土及壤质砂土	0 ~ 15	0 ~ 15	85 ~ 100
壤土类	砂质壤土	0 ~ 15	0 ~ 45	55 ~ 85
	壤土	0 ~ 15	35 ~ 45	45 ~ 55
	粉砂质壤土	0 ~ 15	45 ~ 100	0 ~ 55
黏壤土类	砂质黏壤土	15 ~ 25	0 ~ 30	55 ~ 85
	黏壤土	15 ~ 25	20 ~ 45	30 ~ 55
	粉质黏壤土	15 ~ 25	45 ~ 85	0 ~ 40
黏土类	砂质黏土	25 ~ 45	0 ~ 20	55 ~ 75
	壤质黏土	25 ~ 45	0 ~ 45	10 ~ 55
	粉质黏土	25 ~ 45	45 ~ 75	0 ~ 30
	黏土	45 ~ 65	0 ~ 35	0 ~ 55
	重黏土	65 ~ 100	0 ~ 35	0 ~ 35

我国 1975 年由中国科学院南京土壤所和西北水土保持生物土壤研究所拟定了我国土壤质地分类方案(表 4.4)。

表 4.4 我国土壤质地分类标准(暂行方案,1975 年)

质地组	质地号	质地名称	各级土粒质量分数/%		
			砂粒 (1 ~ 0.05 mm)	粗粉粒 (0.05 ~ 0.001 mm)	胶粒 (<0.001 mm)
砂土组	1	粗砂土	>70	—	—
	2	细砂土	60 ~ 70	—	<30
	3	面砂土	50 ~ 60	—	—
两合土组	4	砂性两合土	>20	>40	<30
	5	小粉土	<20	>40	<30
	6	两合土	>20	<40	<30
	7	胶性两合土	<20	<40	<30
黏土	8	粉黏土	—	—	30 ~ 35
	9	壤黏土	—	—	35 ~ 40
	10	黏土	—	—	>40

土壤质地可在一定程度上反映土壤矿物组成和化学组成,同时土壤颗粒大小与土壤

的物理性质有密切关系,并且影响土壤孔隙状况,因此对土壤水分、空气、热量的运动和养分转化均有很大的影响。质地不同的土壤表现出不同的性状,如表4.5所示。由表可见,壤土兼有砂土和黏土的优点,而克服了二者的缺点,是理想的土壤质地。

表4.5　土壤质地和土壤性状

土壤性状	土壤质地		
	砂土	壤土	黏土
比表面积	小	中等	大
紧密性	小	中等	大
孔隙状况	大孔隙多	中等	细孔隙多
通透性	大	中等	小
有效含水量	低	中等	高
保肥能力	小	中等	大
保水分能力	低	中等	高
在春季的土温	暖	凉	冷
触觉	砂	滑	粘

4.1.3　土壤吸附性
(Soil adsorption capacity)

土壤中两个最活跃的组分是土壤胶体和土壤微生物,它们对污染物在土壤中的迁移、转化有重要作用。土壤胶体以其巨大的比表面积和带电性而使土壤具有吸附性。

1. 土壤胶体的性质

(1)土壤胶体具有巨大的比表面积和表面能。

比表面积是单位质量物质的表面积。一定体积的物质被分割时,随着颗粒数的增多,比表面也显著增大。物体表面的分子与该物体内部的分子所处的条件是不同的。而处于表面的分子所受到的吸引力是不相等的,表面分子具有一定的自由能,即表面能。物质的比表面积越大,表面能也越大。

(2)土壤胶体的电性。

土壤胶体微粒具有双电层,微粒的内部称微核,一般带负电荷,形成一个负离子层(即决定电位离子层),其外部由于电性吸引,而形成一个正离子层(又称反离子层,包括非活动性离子层和扩散层),即合称为双电层。决定电位层与液体间的电位差通常称为热力电位,在一定的胶体系统内它是不变的。在非活动性离子层与液体间的电位差称为电动电位,它的大小由扩散层厚度决定,随扩散层厚度增大而增大,扩散层厚度取决于补偿离子的性质和电荷数量,而水化程度大的补偿离子(如Na^+),形成的扩散层较厚;反之,扩散层较薄。

(3)土壤胶体的凝聚性和分散性。

由于胶体的比表面积和表面能都很大,为减少表面能,胶体具有互相吸引、凝聚的趋势,这就是胶体的凝聚性。但是在土壤溶液中,胶体常带负电荷,即具有负的电动电位,所以胶体微粒又因相同电荷而相互排斥,电动电位越高,相互排斥力越强,胶体微粒呈现出的分散性也越强。

影响土壤凝聚性能的主要因素是土壤胶体的电动电位和扩散层厚度,例如,当土壤溶液中阳离子增多,由于土壤胶体表面负电荷被中和,从而加强了土壤的凝聚。阳离子改变土壤凝聚作用的能力与其种类和浓度有关。一般来说,土壤溶液中常见阳离子的凝聚作用能力顺序如下:$K^+<NH_4^+<H^+<Mg^{2+}<Ca^{2+}<Al^{3+}<Fe^{3+}$。此外,土壤溶液中电解质浓度、pH 也将影响其凝聚性能。

2. 土壤胶体的离子交换吸附

在土壤胶体双电层的扩散层中,补偿离子可以和溶液中相同电荷的离子以离子价为依据作等价交换,称为离子交换(或代换)。离子交换作用包括阳离子交换吸附作用和阴离子交换吸附作用。

(1)土壤胶体的阳离子交换吸附。

土壤胶体吸附的阳离子可与土壤溶液中的阳离子进行交换,其交换反应如下:

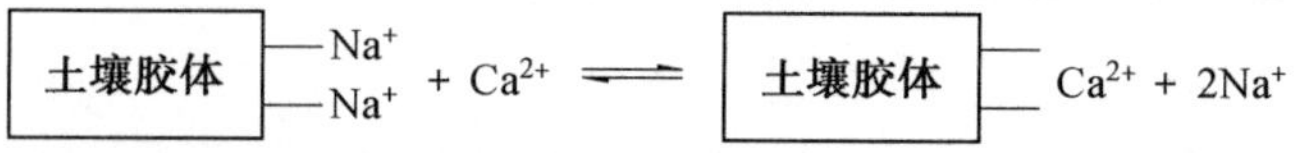

土壤胶体阳离子交换过程除以离子价为依据进行等价交换和质量作用定律支配外,各种阳离子交换能力的强弱主要依赖于以下因素。

①电荷数:离子电荷越高,阳离子交换能力越强。

②离子半径及水化程度:同价离子中,离子半径越大,水化离子半径就越小,因而具有较强的交换能力。土壤中一些常见阳离子的交换能力顺序如下:$Na^+<K^+<NH_4^+<Cs^+<Mg^{2+}<Ca^{2+}<Sr^{2+}<Ba^{2+}<H^+<Al^{3+}<Fe^{3+}$。

每千克干土中所含全部阳离子总量称为阳离子交换量,以($cmol \cdot kg^{-1}$)表示。

a. 不同土壤的阳离子交换量不同。不同种类胶体的阳离子交换量的顺序为:有机胶体>蒙脱石>水化云母>高岭土>含水氧化铁、铝。

b. 土壤质地越细,阳离子交换量越高。土壤胶体中 SiO_2/R_2O_3 值越大,其阳离子交换量越大,当 SiO_2/R_2O_3 小于 2,阳离子交换量显著降低。

c. 因为胶体表面—OH 基团的解离受 pH 的影响,所以 pH 下降,土壤负电荷减少,阳离子交换量降低;反之交换量增大。

土壤的可交换性阳离子有两类:一类是致酸离子,包括 H^+ 和 Al^{3+};另一类是盐基离子,包括 Ca^{2+}、Mg^{2+}、K^+、Na^+ 和 NH_4^+ 等。当土壤胶体上吸附的阳离子均为盐基离子,且已达到吸附饱和时的土壤,称为盐基饱和土壤。当土壤胶体上吸附的阳离子有一部分为致酸离子,则这种土壤为盐基不饱和土壤。在土壤交换性阳离子中盐基离子所占的百分数称为土壤盐基饱和度:

$$\text{盐基饱和度}=\frac{\text{交换性盐基总量}(cmol \cdot kg^{-1})}{\text{阳离子交换量}(cmol \cdot kg^{-1})}\times 100\% \quad (4.1)$$

(2)土壤胶体的阴离子交换吸附。

土壤中的阴离子交换吸附是指带正电荷的胶体所吸附的阴离子与溶液中阴离子的交换作用。阴离子的交换吸附比较复杂,它可与胶体微粒(如酸性条件下带正电荷的含水氧化铁、铝)或溶液中的阳离子(Ca^{2+}、Al^{3+}、Fe^{3+})形成难溶性沉淀而被强烈地吸附。

4.1.4 土壤酸碱性 (Soil acidity and alkalinity)

由于土壤是一个复杂的体系,其中存在着各种化学和生物化学反应,因而使土壤表现出不同的酸性或碱性。根据土壤的酸度可以将其划分为九个等级(表4.6)。

表4.6 土壤酸碱度分级

酸碱度分级	pH	酸碱度分级	pH
极强酸性	<4.5	弱碱性	7.0~7.5
强酸性	4.5~5.5	碱性	7.5~8.5
酸性	5.5~6.0	强碱性	8.5~9.5
弱酸性	6.0~6.5	极强碱性	>9.5
中性	6.5~7.0		

1. 土壤酸度

根据土壤中H^+的存在方式,土壤酸度可分为两大类。

(1)活性酸度。

土壤的活性酸度是土壤中氢离子浓度的直接反映,又称为有效酸度,通常用pH表示。

土壤溶液中氢离子的来源,主要是土壤中CO_2溶于水形成的碳酸和有机物质分解产生的有机酸,以及土壤中矿物质氧化产生的无机酸,如硝酸、硫酸和磷酸等。此外,由于大气污染形成的大气酸沉降,也会使土壤酸化,所以它也是土壤活性酸度的一个重要来源。

(2)潜性酸度。

潜性酸度是由土壤胶体吸附H^+和Al^{3+}造成的。当这些致酸离子处于吸附状态时,是不显酸性的,但当它们被交换入土壤溶液之后,即可增加其H^+的浓度,使土壤pH降低。由于这些离子只有通过离子交换作用才能产生H^+而显示酸性,故称为潜性酸度。只有盐基不饱和土壤才有潜性酸,其大小与土壤交换量和盐基饱和度有关。

根据测定潜性酸度所用提取液的不同,可把潜性酸度分为交换性酸度和水解性酸度。

①交换性酸度。

用过量中性盐溶液(如KCl或NaCl)淋洗土壤,溶液中的金属离子(如K^+、Na^+)与土壤中H^+和Al^{3+}发生离子交换作用呈现的酸度,为交换性酸度。H^+在溶液中与Cl^-结合成HCl,Al^{3+}在溶液中生成三氯化铝,三氯化铝再水解产生氢氧化铝和盐酸(氢氧化铝是弱碱,解离度很小,故溶液中的OH^-很少)。

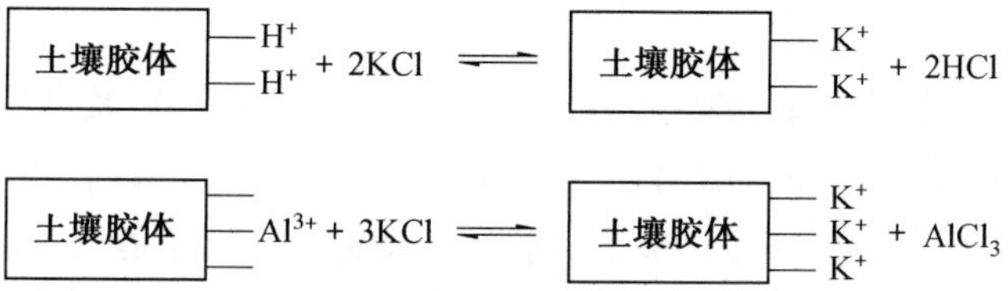

$$AlCl_3+3H_2O \rightleftharpoons Al(OH)_3+3HCl$$

上述交换反应是可逆反应，不能把土壤胶体上的 H^+ 和 Al^{3+} 全部交换出来，所测得的交换性酸度只是潜性酸度的大部分，而不是它的全部。有研究表明，交换性 Al^{3+} 是矿质土壤中潜性酸度的主要来源。例如，红壤的潜在酸度95%以上是由交换性 Al^{3+} 产生的。

②水解性酸度。

用弱酸强碱盐溶液(如醋酸钠)淋洗土壤，溶液中的金属离子(如 Na^+)可将绝大部分土壤胶体吸附的 H^+、Al^{3+} 交换出来，同时生成弱酸(如醋酸)。此时所测得的该弱酸的酸度称为水解性酸度。以醋酸钠为例，它首先发生水解，水解生成解离度很小的醋酸；而同时生成的 NaOH 可完全离解，得到高浓度的 Na^+，能交换出绝大部分吸附性 H^+、Al^{3+}，即

$$CH_3COONa \longrightarrow CH_3COO^- + Na^+$$

$$CH_3COO^- + H_2O \longrightarrow CH_3COOH + OH^-$$

$$CH_3COONa \longrightarrow CH_3COO^- + Na^+$$

$$CH_3COO^- + H_2O \longrightarrow CH_3COOH + OH^-$$

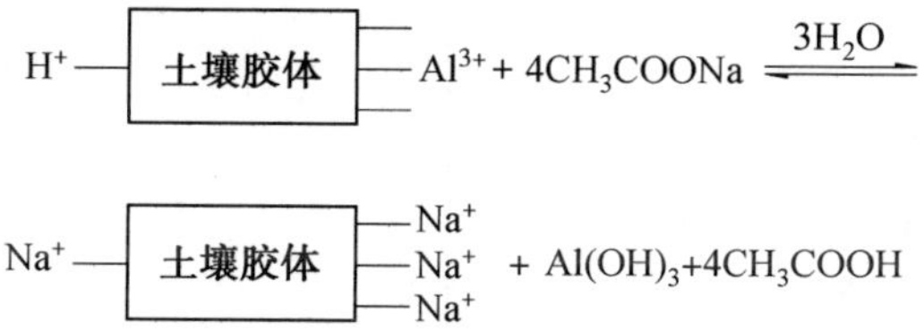

上述反应的生成物中，$Al(OH)_3$ 在中性到碱性的介质中沉淀，CH_3COOH 主要是分子态，故反应不断向右进行。当反应达到平衡时，溶液中出现的醋酸与从胶体交换出来的 H^+ 和 Al^{3+} 有当量关系。

③交换性酸度与水解性酸度的关系。

由于中性盐测得的交换性酸度只是水解性酸度的一部分，土壤碱性增大时，吸附的 H^+ 较多地被置换出来，所以水解性酸度一般比交换性酸度高。但是也有例外，在红壤、灰化土中，水解性酸度等于甚至小于交换性酸度，原因是胶体中 OH^- 中和醋酸，并可吸附醋酸分子。

④活性酸度与潜性酸度的关系。

土壤的活性酸度与潜性酸度是同一个平衡体系的两种酸度。两者可以相互转化，在一定条件下处于暂时平衡状态。土壤活性酸度是土壤酸度的根本起点和现实表现。土壤胶体是 H^+ 和 Al^{3+} 的贮存库，潜性酸度是活性酸度的储备。一般来说，土壤的潜性酸度往往比活性酸度大得多，两者的比例在砂土中约为 1 000，在有机质丰富的黏土中则可高达 5×10^4，甚至更高。

2. 土壤碱度

土壤碱性强弱的程度称碱度。土壤溶液中 CO_3^{2-} 和 HCO_3^- 的碱金属(Na、K)及碱土金属(Ca、Mg)的盐类,是其碱性(OH^-)的主要来源。用中和(土壤水浸液)滴定法测定,可得到碳酸盐碱度和重碳酸盐碱度的总和,称为总碱度。总碱度是土壤碱性的容量指标,而不是强度指标(pH)。溶解度小的碳酸盐和重碳酸盐对土壤碱性的贡献也小,如碳酸钙和碳酸镁,在正常的 CO_2 分压下,它们在土壤溶液中溶解的浓度很低,故含 $CaCO_3$ 和 $MgCO_3$ 的石灰性土壤呈弱碱性(pH=7.5~8.5);而溶解度大的 Na_2CO_3、$NaHCO_3$、$Ca(HCO_3)_2$,在土壤溶液中浓度较高,故使土壤溶液的总碱度很高,如含 Na_2CO_3 的土壤,其 pH 可达 10 以上。

此外,当土壤胶体上吸附的 Na^+、K^+、Mg^{2+}(主要是 Na^+)等离子的饱和度增加到一定程度时,会引起交换阳离子的水解作用,使土壤溶液中产生了 NaOH 而呈碱性,即

$$\boxed{\text{土壤胶体}}\!-\!xNa^+ + yH_2O \rightleftharpoons \boxed{\text{土壤胶体}}\begin{cases}(x-y)Na^+\\ yH^+\end{cases} + yNaOH$$

胶体上所吸附的盐基离子种类也对土壤 pH 或土壤碱度产生不同的影响,如表 4.7 所示。

表 4.7 不同盐基离子完全饱和吸附于黑钙土时的 pH

吸附性盐基离子	黑钙土的 pH
Na^+	8.04
K^+	8.00
Ca^{2+}	7.84
Mg^{2+}	7.59
Ba^{2+}	7.35

3. 土壤缓冲性能

土壤的缓冲性能是指土壤具有缓和其酸碱度发生激烈变化的能力,它可以保持土壤反应的相对稳定,为植物生长和土壤生物的活动创造比较稳定的生活环境。所以土壤的缓冲性能是土壤的重要性质之一。

(1)土壤溶液的缓冲作用。

土壤溶液中含有碳酸、硅酸、磷酸、腐殖酸和其他有机酸等弱酸及其盐类,构成一个良好的缓冲体系,对酸碱具有缓冲作用。以碳酸及其钠盐为例,当加入盐酸时,碳酸钠与它作用,生成中性盐和碳酸,大大抑制了土壤酸度的提高。

$$Na_2CO_3+2HCl \longrightarrow 2NaCl+H_2CO_3$$

当加入 $Ca(OH)_2$ 时,碳酸与它作用,生成溶解度较小的碳酸钙,也限制了土壤碱度的变化范围。

$$H_2CO_3+Ca(OH)_2 \longrightarrow CaCO_3+3H_2O$$

土壤中的某些有机酸(如氨基酸、胡敏酸等)是两性物质,具有缓冲作用,如氨基酸含

氨基和羧基可分别中和酸和碱,从而对酸和碱都具有缓冲能力。

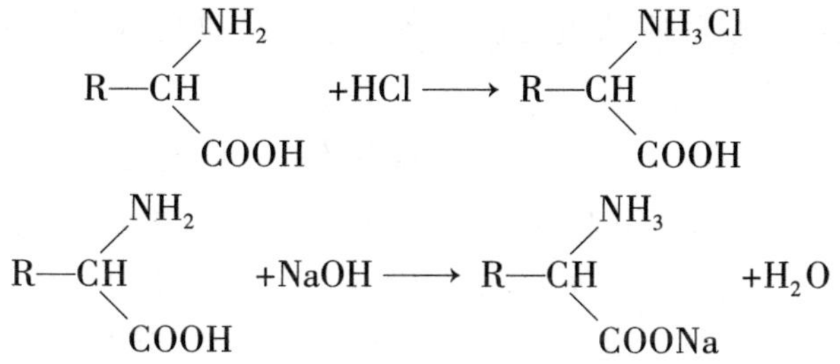

(2)土壤缓冲作用。

土壤胶体吸附有各种阳离子,其中盐基离子和氢离子能分别对酸和碱起缓冲作用。

①对酸的缓冲作用(以 M 代表盐基离子):

$$\boxed{\text{土壤胶体}}-M+HCl \rightleftharpoons \boxed{\text{土壤胶体}}-H+MCl$$

②对碱的缓冲作用。

$$\boxed{\text{土壤胶体}}-H+MOH \rightleftharpoons \boxed{\text{土壤胶体}}-M+H_2O$$

土壤胶体的数量和盐基代换量越大,土壤的缓冲性能就越强。因此,砂土掺黏土及施用各种有机肥料,都是提高土壤缓冲性能的有效措施。在代换量相等的条件下,盐基饱和度越高,土壤对酸的缓冲能力越大;反之,盐基饱和度越低,土壤对碱的缓冲能力越大。

③铝离子对碱的缓冲作用:

$pH<5$ 的酸性土壤里,土壤溶液中 Al^{3+}有 6 个水分子围绕着,当加入碱类使土壤溶液中 OH^-增多时,铝离子周围的6个水分子中有一两个水分子解离出与加入的 OH^-中和,并发生如下反应:

$$2Al(H_2O)_6^{3+}+2OH^- \longrightarrow [Al_2(OH)_2(H_2O)_3]^{4+}+4H_2O$$

水分子解离出来的 OH^-则留在铝离子周围,这种带有 OH^-的铝离子很不稳定,它们要聚合成更大的离子团,可多达数十个铝离子相互聚合成离子团。聚合的铝离子团越大,解离出的 H^+越多,对碱的缓冲能力就越强。在 $pH>5.5$ 时,铝离子开始形成 $Al(OH)_3$沉淀,而失去缓冲能力。一般土壤缓冲能力的大小顺序是:腐殖质土>黏土 >砂土。

4.1.5 土壤氧化还原性 (Soil oxidation and Reduction)

1. 土壤的氧化还原电位

氧化还原反应是土壤中无机物和有机物发生迁移转化并对土壤生态系统产生重要影响的化学过程。土壤环境氧化或还原某种元素的能力可用土壤的氧化还原电位(E)值来衡量。可表示为

$$\text{氧化剂}+ne \rightleftharpoons \text{还原剂}$$

$$E=E^{\ominus}+\frac{0.059}{n}\lg\frac{[\text{氧化剂}]}{[\text{还原剂}]}$$

2. 土壤的氧化还原平衡体系

土壤中的主要氧化剂有土壤中的氧气、NO_3^- 和高价金属离子(如 Fe(Ⅲ)、Mn(Ⅳ)、V

(V))等。主要还原剂有有机质和低价金属离子。此外,土壤中植物的根系和土壤微生物也是土壤发生氧化还原反应的重要参与者。它们分别构成下列主要的氧化还原平衡体系

	氧化态		还原态
铁体系	Fe^{3+}	$\rightleftharpoons$	Fe^{2+}
锰体系	Mn^{4+}	$\rightleftharpoons$	Mn^{2+}
硫体系	SO_4^{2-}	$\rightleftharpoons$	H_2S
氮体系	NO_3^-	$\rightleftharpoons$	NO_2^-
	NO_3^-	$\rightleftharpoons$	N_2
	NO_3^-	$\rightleftharpoons$	NH_4^+
有机碳体系	CO_2	$\rightleftharpoons$	CH_4

土壤氧化还原能力的大小可以用土壤的氧化还原电位(E_h)来衡量,其值是以氧化态物质与还原态物质的相对浓度比为依据的。由于土壤中氧化态物质与还原态物质的组成十分复杂,因此计算土壤的实际 E_h 很困难。主要以实际测量的土壤 E_h 衡量土壤的氧化还原性。一般旱地土壤的 E_h 为+400 ~ +700 mV;水田的 E_h 在−200 ~ +300 mV。根据土壤的 E_h 值可以确定土壤中有机物和无机物可能发生的氧化还原反应和环境行为。当土壤的 E_h>700 mV 时,土壤完全处于氧化条件下,有机物质会迅速分解;当 E_h<400 mV 时,土壤中的 NO_3^- 反硝化开始发生;当 E_h<200 mV 时 NO_3^- 开始消失,出现大量的 NH_4^+。当土壤渍水时,E_h 值降至−100 mV, Fe^{2+} 浓度已经超过 Fe^{3+};E_h 值再降低,小于−200 mV 时,H_2S 大量产生,Fe^{2+} 就会变成 FeS 沉淀,其迁移能力降低。其他变价金属离子在土壤中不同氧化还原条件下的迁移转化行为与水环境相似。

3. 土壤的氧化还原反应在土壤化学过程中的重要地位

(1)影响元素迁移转化过程。

土壤氧化还原反应是元素迁移转化的一类重要化学反应,这种反应可以改变离子的价态。因此,氧化还原反应强烈地影响某些元素及其化合物的溶解度,从而改变元素的迁移能力。对于多数变价元素来说,它们的高价离子化合物的溶解度一般较小,而低价离子的化合物则较易溶解,在溶液中又较为稳定。所以这些元素的低价离子比高价离子更易迁移,Fe、Mn、Co、Ni、Ti、Pb 等就是如此。另一些元素如 U、V、Mo、Cr 等则相反,它们的高价离子分别成为$(UO_4)^{2-}$、$(VO_4)^{2-}$、$(MoO_4)^{2-}$和$(CrO_4)^{2-}$等络离子的中心阳离子,大大增强了它们在水溶液中迁移能力,但遇到还原环境时,就被还原为低价离子并易被水解成沉淀。

(2)氧化还原反应对土壤养分的影响。

如上所述,氧化还原反应影响着各种元素的存在价态。而植物所需的氮素和各种矿质养料大多需要呈氧化状态才能被吸收利用,因此,为了保证土壤有效养分的供应,应使土壤的 E_h 值保持在适当高的水平上,一般土壤 E_h 值在 200 ~ 700 mV 时,养分供应正常,

植物根系生长发育良好。

(3)氧化还原反应影响土壤酸碱性。

氧化作用可使土壤酸化,这是由于土壤中强碱性的氧化亚铁氧化成为弱碱性的氧化铁,氧化锰氧化变为酸性的二氧化锰,微酸性的硫化氢氧化变为硫酸。相反,还原作用则可增强土壤碱性。上述各反应示意如下:

$$FeO \rightleftharpoons Fe_2O_3$$

$$MnO \rightleftharpoons Mn_2O_3 \rightleftharpoons MnO_2$$

$$H_2S \rightleftharpoons SO_2 \rightleftharpoons SO_3 \longrightarrow H_2SO_4$$

4.1.6 土壤生物学性质 (Soil biological properties)

土壤中存在着由土壤动物、原生动物和微生物组成的生物群体。土壤微生物是土壤生物的主体,它的种类繁多,数量巨大。特别是在土壤表层中,每克土壤含有以亿和十亿计的细菌、真菌、放线菌和酵母等微生物。它们能产生各种专性酶,因而在土壤有机质的分解转化过程中起主要作用。土壤微生物和其他生物对有机污染物有强的自净能力,即生物降解作用。土壤这种自身更新能力和去毒作用为土壤生态系统的物质循环创造了决定性的有利条件,也对土壤肥力的保持提供了必要的保证。污染物可被生物吸收并累积在体内,植物根系对污染物的吸收是植物污染的主要途径。

土壤普查

1949年以来,我国进行了两次全国范围的土壤普查和两次土壤污染状况调查。第一次土壤普查在1959—1961年间开展,主要了解我国的耕地资源到底有多少、在哪儿,初步建立了一个土壤分类系统,摸清了耕地资源分布与土壤基本性状。

对比第一次土壤普查,第二次土壤普查范围更大、更精细。巨大的工作量加上交通、工作条件的限制,让调查过程从1975年持续到1994年,历时整整20年。“二普”采用“自下而上”的方式,从乡镇级开展调查采样,最终汇总全国。通过这次调查,我国第一次全面查清了全国土壤资源的类型、数量、分布、基本性状等,建立了我国土壤分类系统,并编制了《中国土壤》《中国土种志》等资料和图件,摸清了中低产田的比例、分布,以及影响植物生长的主要障碍类型,为改革开放后40多年农业综合开发、耕地开垦、中低产田改造、科学施肥、农业区划等提供了重要的基础支撑。

2022年2月16日,国务院印发《关于开展第三次全国土壤普查的通知》,决定自2022年起开展第三次全国土壤普查,利用四年时间全面查清农用地土壤质量家底。全面查明查清我国土壤类型及分布规律、土壤资源现状及变化趋势,真实准确掌握土壤质量、性状和利用状况等基础数据,提升土壤资源保护和利用水平,为守住耕地红线、优化农业生产布局、确保国家粮食安全奠定坚实基础,为加快农业农村现代化、全面推进乡村振兴、促进生态文明建设提供有力支撑。

4.2 土壤污染物及其迁移转化

(Soil pollutants and their migration and transformation)

土壤既是环境的四大要素之一,又是连接自然环境中无机界和有机界、生物界和非生物界的中心环节。土壤和人类的关系十分密切,人类生活上所需要的物质,绝大部分是从土壤中生长出来的。若土壤被污染,则不仅土质变坏,造成作物减产,更严重的是土壤中的污染物质通过食物链会在人和牲畜体内累积,危害人体健康。因此,研究土壤环境污染的发生,污染物在土壤中的迁移、转化、降解、残留以及研究土壤环境污染的防治和消除,对保护人类环境具有十分重要的意义。

土壤环境污染具有以下特点。

(1)隐蔽性。

土壤污染不像大气、水体污染那样容易被人们发现和觉察,因为各种有害物质在土壤中总是与土壤相结合,有的有害物质被土壤生物分解或吸收,从而改变了其本来性质和特征,它们可被隐藏在土壤中或者以难被识别、发现的形式从土壤中排出。土壤的污染往往是通过农作物,如粮食、蔬菜、水果以及家畜、家禽等食物污染,再通过人食用后身体的健康状况来反映,而土壤本身可能还会继续保持其生产能力。因此,土壤污染具有隐蔽性强的特点,既看不到,也闻不着,受到污染很难直接观察出来,从开始污染到导致后果,有一段很长的间接、逐步、积累的隐蔽过程。因此,土壤污染是一个隐藏的"环境定时炸弹"。

(2)累积性。

当污染物进入土壤后,通过土壤对污染物质的物理吸附、过滤阻留、胶体的物理化学吸附、化学沉淀、生物吸收等过程,使污染物不断在土壤中积累,当其含量达到一定数量时,便引起土壤发生污染。

(3)难治理性。

如果大气、水体受到污染,切断污染源后通过稀释作用和自净作用,其污染状况可以得到改善或消除。但土壤一旦受污染,即使切断污染源,长期积累在土壤中的难降解的污染物也很难靠稀释作用和自净作用来消除,往往需要淋洗土壤或换土才能解决问题。因此,土壤污染常常是不可逆转的过程,治理污染土壤通常成本高、周期长。

(4)间接性。

土壤污染主要是通过它的产品——植物表现其危害性。植物从土壤中吸取它所必需的营养物质以外,同时也被动地吸收土壤中的有害物质,使有害物质在植物体内富集以至达到危害生物自身或人、畜的含量水平。即使没有达到有害水平的含毒植物性食物,只要被人、畜食用,当它们在人或动物体内排出率较低时,也可以日积月累,最后引起病变。

4.2.1 土壤污染源

(Soil pollution sources)

土壤环境污染是指土壤中积累化学有毒有害物质,引起对植物生长的危害,或者残留在农作物中进入食物链而危害人体健康。土壤污染就其危害而言,比大气污染、水体污染更为持久,其影响更为深远。

土壤环境污染物的发生特征主要是与土壤的特殊地位和功能相联系的。其主要污染源有以下三个方面。

(1)工农业和城市的废水及固体废物。

污水灌溉和污泥作为肥料施用,常使土壤受到重金属、无机盐、有机物和病原体的污染。工业废物和城市垃圾的堆放场,往往也是土壤的污染源。禽畜饲养场的厩肥和屠宰场的废物,其性质近似人粪尿。利用这些废物作肥料,如果不进行物理和生化处理,则其中的寄生虫、病原菌和病毒等可引起土壤和水域污染,并通过水和农作物危害人群健康。

(2)农药和化肥。

为了提高农产品的数量和质量,往往大量施用化肥和农药,它们的残留物在土壤中累积起来,会直接污染土壤,其主要方式有:①直接的施用;②通过浸种、拌种等施药方式进入土壤;③漂浮在大气中的农药随降雨和降尘落到地面进入土壤,如有机氯杀虫剂、DDT、六六六等能在土壤中长期残留,并富集在生物体内。氮、磷等化学肥料也是潜在的环境污染物,当它们未被植物吸收利用和未被根层土壤吸附固定时,养分都在根层以下积累或转入地下水。土壤侵蚀也是使土壤污染范围扩大的一个重要原因,这是因为凡是残留在土壤中的农药和氮、磷化合物,在发生地面径流或土壤风蚀时,会向其他地方转移,进而扩大土壤污染范围。

(3)大气沉降物。

大气中的二氧化硫、氮氧化物和颗粒物,通过沉降和降水而降落到地面。大气层核试验的散落物也可造成土壤的放射性污染。放射性散落物中^{90}Sr、^{137}Cs的半衰期较长,易被土壤吸附,滞留时间也较长。

4.2.2 土壤主要污染物 (Main pollutants in soil)

通常把输入土壤环境中的足以影响土壤正常功能、降低作物产量和生物学质量、有害于人体健康的一些物质,统称为土壤环境污染物。

根据土壤环境污染物的性质,可以把土壤污染物大致分为无机污染物和有机污染物两大类。无机污染物主要有:重金属,如汞、镉、铅、铬、铜、锌、镍,以及类金属砷、硒等;放射性元素,如铯137、锶90等;氟、酸、碱、盐等。其中以重金属和放射性物质的污染物危害最大。有机污染物主要有人工合成的有机农药、酚类物质、氰化物、石油、稠环芳烃、洗涤剂、有害生物及高浓度好氧有机物等。其中有机氯农药、有机汞农药、稠环芳烃等性质稳定、不易分解的有机物,在土壤环境中易积累,造成污染危害。

土壤中污染物的含量可以用下式计算:

$$C_S = W+S+R+F-P-O-A$$

式中,C_S为土壤环境中污染物含量;W为污水灌溉输入量;S为污染或肥料使用输入量;R为降水中输入量;F为降尘中输入量;P为农作物生长输入量;O为径流输入量;A淋溶输出量。

4.2.3 氮和磷的污染与迁移转化
(Pollution and migration transformation of nitrogen and phosphorus)

肥料是农业的重要生产资料,充分、合理地使用化学肥料,是促进作物增产,加速农业发展的一条行之有效的途径。长期过量施用化肥或施用不当会造成明显或潜在性的环境污染。化肥使用过程中存在的主要问题有:化肥用量大、利用率低、化肥施用不合理等,使环境受到污染,农产品品质下降,尤其在集约化高产区或农村经济发达地区更加明显。食品、饮用水中硝酸盐含量超标,主要是氮素化肥过量施用所致。化肥污染对生态和人体的影响越来越受到世界各国的重视。

氮、磷素是构成生命体的重要元素。在作物生产中,作物对氮、磷的需要量较大,土壤供应不足是引起农产品产量下降和品质降低的主要限制因子。同时,氮、磷素肥料施用过剩会造成江、湖水体富营养化,地下水硝态氮积累及毒害等。了解氮、磷素循环及其来源、形态、转化特性是现代农业和环境保护面临的有挑战性的问题。

常用化肥类别及品种如下:①氮肥,主要包括铵(氨)态氮肥(硫酸铵等)、硝态氮肥(硝酸铵等)、酰胺态氮肥(尿素)。②磷肥,主要有水溶性磷肥(过磷酸钙)、弱酸性磷肥(钙镁磷肥)、难溶性磷肥(磷矿粉等)。

1. 氮在土壤中的形态

土壤中氮素形态可分为无机态和有机态两大类。无机态又称为矿质态氮,主要指土壤中未与碳结合的含氮化合物,包括铵态氮、亚硝态氮、硝态氮、氮气及气态氮氧化物,一般多指铵态氮和硝态氮。大多数情况下,土壤中无机氮含量很少,表土中一般只占含氮量的1% ~2%。土壤中无机氮是微生物活动的产物,它易被植物吸收,而且也易挥发和流失,所以其含量变化很大。

土壤有机物结构中的结合氮称为土壤有机氮。土壤有机氮一般可占全氮量的95%以上,按其溶解度和水解难易程度可分为以下三类:①水溶性有机氮,主要是一些较简单的游离态氨基酸、铵盐及酰胺类化合物,在土壤中数量很少。它们分散在土壤溶液中,很容易水解释放出铵根离子,称为植物的有效性氮源。②水解性有机氮,用酸、碱或酶处理能水解成简单的易溶性氮化合物。它是土壤中氮素数量最多的一类化合物,主要存在于微生物体内,水解后分解成多种氨基酸和氨基。③非水解性有机氮,这类含氮有机物质结构极其复杂,不溶于水,用一般的酸、碱处理也不能水解。主要有杂环含氮化合物、糖类与铵类的缩合物、铵或蛋白质与木质素类物质作用形成复杂结构态物质等。

2. 土壤中氮素的迁移转化

(1)氮素的矿化与生物固定作用。

在微生物的作用下,土壤中的含氮有机质分解形成无机氮的过程,称为有机氮的矿化作用。矿化过程主要可分为两个过程:①先把复杂的含氮有机质通过微生物的作用逐级简化形成含氨基的简单有机化合物,这个过程也可以称为氨基化过程,其作用也称为氨基化作用。②通过微生物作用把所产生的各种氨基化合物分解成氨,这一过程称为氨化作用。在氨化过程中,由于条件的不同,还可以产生有机酸、醇、醛等较简单的中间产物,最后完全矿化，所有有机质成分都变成了无机化合物形态，如碳变成了 CO_2、氨变成 NH_3 等。以蛋白质为例，过程如下：

$$\text{蛋白质}\xrightarrow{\text{第一过程}}\text{RCHNH}_2\text{COOH(或 R—NH}_2\text{)}+CO_2+$$

$$\text{其他产物}+\text{能量}\xrightarrow{\text{第二过程}}CO_2+NH_3+\text{其他产物}+\text{能量}$$

由肥料施入的 NH_4^+ 或 NO_3^- 和矿化后释放的无机氮可被微生物吸收，发生生物固定，也可被黏土矿物吸附固定，或与有机质结合，这些统称为氮素的固定。土壤中铵根离子的离子半径和 2∶1 型黏粒矿物晶架表面孔穴的大小相近，所以它可能陷入晶穴内而被固定。土壤有机质中的木质素及其衍生物和腐殖质等，能与亚硝酸产生化学反应，使亚硝态氮固定为有机质成分中的一部分，这种作用一般在微酸性条件下更易产生。由矿质化所生成的铵态氮、硝态氮和某些简单氨基态氮，通过微生物和植物的吸收同化，转化成有机态氮。从氮素营养的角度来看，这里植物和微生物之间在短时期内是存在着一定的竞争现象的，但从土壤氮素循环的总体来说，微生物对速效氮的吸收同化，有利于土壤整个氮素的保存和周转。

(2) 土壤中氨态氮和硝态氮的转化。

土壤中的铵根离子在硝化细菌的作用下氧化为硝酸的过程称为硝化作用。这一作用包括两个过程：第一过程是铵根离子在亚硝化细菌的作用下氧化为亚硝酸，称为亚硝化作用；第二过程是亚硝酸在硝化细菌的作用下氧化为硝酸，称为硝化作用。反应式如下：

$$NH_4^+ + 3/2O_2 \longrightarrow NO_2 + H_2O + 2H^+$$

$$NO_2^- + 1/2O_2 \longrightarrow NO_3^-$$

在一般土壤中，由于亚硝酸盐极少积累，因而硝化作用的主要产物是硝酸盐。但是在碱性环境中，由于硝酸细菌的活性受抑制，亚硝酸盐可能有所积累。亚硝酸盐的积累可能对作物产生毒害，硝化作用形成的硝酸盐是植物氮素供养的重要来源。但是，硝酸盐的移动性和流失性比铵盐大得多，这些损失既减少了土壤中可供作物利用的氮素，又可导致土壤酸化、水体富营养化等环境问题。因此，适当控制施入土壤中的铵态氮肥和尿素肥料的硝化作用是十分有益的。

影响硝化作用的因素很多，其中主要的有土壤的水、气、热条件，pH，施入肥料的种类和数量，耕作制度和植物根系等。在土壤相对含水量为 50% ~60% 时，土壤中硝化作用往往最为旺盛。硝化作用的最适土温为 20 ~25 ℃，但长期处于不同气候条件下土壤中的硝化细菌对温度的需求是不一致的。土壤 pH 在 5.6 ~8.0 范围内，随着 pH 上升，硝化速率成倍增加。土壤 pH 不仅影响硝化活性，还影响其进程，即影响到铵氧化成亚硝酸根及亚硝酸根继续氧化为硝酸根这两个过程的快慢。另外，增施有机肥，可以促进硝化作用；土壤中植物根系的生长，则抑制硝化作用。

由硝酸根离子还原为铵离子的作用称为硝酸还原作用。硝酸还原作用稍慢于反硝化作用，但比微生物同化铵离子的过程快。硝酸还原作用的大小主要受土壤氧化还原电位的影响，土壤氧化还原电位越低，生成的铵根离子越多，有机氮也越多。

(3) 土壤氮素的气态挥发。

土壤中无机氮在一定条件下可形成 NH_3、N_2、N_2O、NO 和 NO_2 等气态氮而从土壤中挥发损失。其机制为 NH_3 的挥发、NO_3^- 和 NO_2^- 的反硝化作用。

（4）NH_3 的挥发。

土壤中施入铵态氮肥或尿素，或土壤本身的铵根离子含量高时，可使土壤 pH 升高并发生一系列变化形成氨（NH_3），随后挥发到空气中。影响 NH_3 挥发的主要因素有：①pH。一般当 pH < 7.5 时，氨的损失较小，随着 pH 的增加，NH_3 损失量增多。②土壤 $CaCO_3$ 的含量。NH_3 的损失与 $CaCO_3$ 含量呈正相关。铵盐施入土壤后，与 $CaCO_3$ 反应生成 $(NH_4)_2CO_3$，$(NH_4)_2CO_3$ 不稳定，很容易分解造成 NH_3 的挥发。NH_3 损失的多少除与土壤 pH 有关外，还与铵盐伴随阴离子与 Ca^{2+} 形成的钙盐溶解度有关，钙盐溶解度低的如硫酸钙，则 NH_3 的挥发损失越大，反之形成的钙盐溶解大，NH_3 损失就小一些。③温度。温度影响 NH_3 在水中的溶解性和在土壤中的扩散速率，温度高，水中的溶解度减小，而在土壤中的扩散速率增大，因此 NH_3 的挥发损失增加。④施肥深度。大量试验表明，铵态氮肥深施于表土下 10 cm 左右肥效较好，且随深度加深 NH_3 挥发明显减少。此外，土壤水分、NH_4^+ 和 NH_3 的浓度都影响 NH_3 的挥发损失。

（5）反硝化作用。

土壤中的亚硝态氮或硝态氮通过微生物作用或化学作用还原为 N_2、N_2O、NO 等的过程，称为反硝化作用。反硝化作用实质上是硝化作用的逆过程，主要由反硝化细菌引起。在通气不良的条件下，反硝化细菌可夺取硝态氮及其还原产物中的化合氧，使硝态氮变为氮气而挥发至大气中。试验表明，随着土壤溶液中的溶解氧浓度减少，反硝化的强度逐渐加强，当氧浓度减少到 5% 以下时，反硝化强度明显增高。普通土体在一般含水量情况下，即使达到田间持水量，土壤结构内或分散土粒间的小孔隙中已充满水，但其结构间的非毛管孔仍然充有空气。因此，在这种土壤中硝化作用和反硝化作用往往可以并存（图 4.5）。但也有例外，有些土壤的排水条件并不恶劣，但因为含有大量的易分解有机质，使土壤产生了局部的厌氧环境，也会产生强烈的反硝化作用。

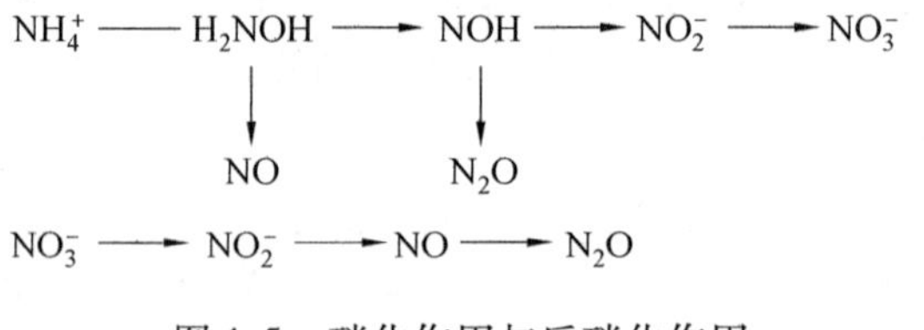

图 4.5　硝化作用与反硝化作用

（6）土壤氮素的淋洗迁移。

铵根离子和硝酸根离子在水中溶度很大，铵根离子因带正电荷，易被带负电的土壤胶体表面所吸附，硝酸根离子带负电荷，是最易被淋洗的氮形态。随着渗漏水的增加，硝态氮随着水从上层土壤剖面淋至较深的土层，进入地下水（图 4.6）。自然条件下，硝态氮的淋失受到土壤剖面构型、耕作、灌溉、降雨、施肥的影响，例如，在湿润和半湿润地区的土壤的淋洗量较多，半干湿地区较少，而在干湿地区除少数砂质土壤外，几乎没有淋洗。地表覆盖亦与硝酸盐的淋洗有密切关系，植物生长的旺盛季节，土壤根系密集，吸氮强烈，即使在湿润地区，氮的淋失也较弱；相反，休闲地、裸露地的氮淋失则较强。

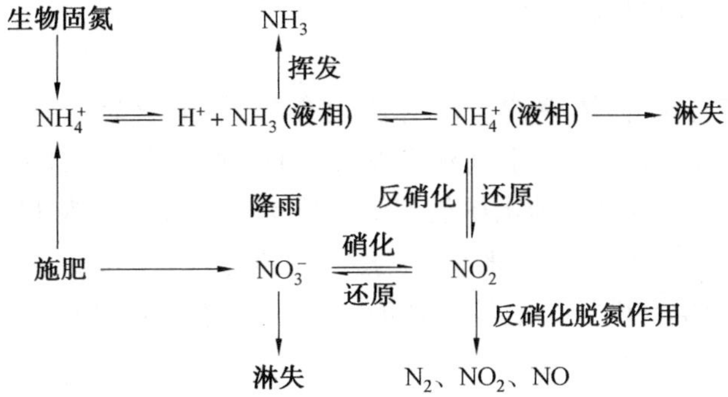

图4.6 土壤中氮的补给和损失过程

土壤氮还可以随地表径流进入河流、湖泊等水体中，由地表径流带走的氮，除硝酸盐外，还有土壤黏粒表面铵根离子和部分有机氮。通过淋洗或径流进入地下水或河、湖的氮，能引起水体富营养化。

3. 土壤中磷素的迁移转化

(1)磷在土壤中的形态及特点。

我国土壤中磷含量(以 P_2O_5计)一般在0.5～4.6 $g \cdot kg^{-1}$，平均为1.28 $g \cdot kg^{-1}$。全国由北向南逐渐减少，南岭以南的砖红壤全磷含量最低；其次是华中地区的红壤；而东北地区和由黄土性沉积物发育的土壤，磷含量一般较高。耕地土壤的全磷含量变幅很大，主要受其原来土壤类型、地形部位、耕作制度和施肥等因素的影响。土壤中的磷素主要分无机态和有机态两大类。

①无机态磷。

土壤中无机态磷的种类较多，成分十分复杂，根据磷与土壤结合程度可以分为矿物态、吸附态和水溶态三种形态，其中以矿物态为主。含磷矿物主要是石灰性土壤中的磷灰石与酸性土壤中的磷酸铁铝两大类。磷灰石包括氟磷灰石[$Ca_{10}(PO_4)F_2$]、羟基磷灰石[$Ca_{10}(PO_4)_5OH_2$]和碳酸磷灰石三种类型的混合物或中间产物。三种磷灰石中磷的有效性以氟磷灰石最低，碳酸磷灰石最高，羟基磷灰石居中。除磷灰石外，土壤中还有诸如磷酸一钙、磷酸二钙、磷酸三钙、磷酸八钙和磷酸十钙等多种磷酸盐的化合物，以及一系列的水化和含羟基的磷酸钙。其中，磷酸一钙、磷酸二钙和磷酸三钙有效性较高，磷酸八钙为缓效性磷源，磷酸十钙只是一种潜在性磷源。

吸附态磷是土壤中为黏土矿物或有机物所吸附的那部分磷酸盐。土壤中吸附态磷的含量一般很低，且随pH下降而升高，能通过pH调节而释放。在相同pH条件下，胶体吸附磷的数量因胶体种类而异，如氧化铁、铝吸附量最大，蒙脱石最少，高岭石介于其间。土壤水溶态磷是可供植物直接吸收利用的磷，其含量极低，一般只有0.1～1 $mg \cdot kg^{-1}$。它的补给主要依赖于磷酸盐矿物的溶解和吸附固定态磷的释放。

②有机态磷。

有机态磷在总磷中所占的比例及其变化范围是十分宽的，可占表土全磷的20%～80%。一般来说，有机磷随土中有机质的含量的增加而增加，而表层土又较次层土有机磷含量高，有机磷在表层土的含量变化较大。

（2）土壤中有机态磷分类。

①植素类。

植素是普遍存在于植物体中的含磷有机化合物，是由植酸（又称环己六醇磷酸）与钙、镁、铁、铝等离子结合而成，占土壤有机磷总量的 20% ~50% 之间，是土壤有机态磷的主要类型之一。据报道，植素在纯水中的溶解度可达 10 mg · L^{-1} 左右，并且随溶液 pH 升高溶解度增大。但对大部分植素来说，一般须先通过微生物的植素酶的水解，产生 H_3PO_4，从而对植物产生有效性。土壤中还有一部分植素呈铁盐状态，其溶解度比钙、镁盐小。

②核酸及其衍生物类。

核酸是一类含磷、含氮的复杂有机化合物，多数认为是从动植物残体特别是微生物中的核蛋白质分解而来，这类核酸态磷在土壤有机态磷中所占比例一般在 5% ~10%。除了核酸外，土壤中还存在少量核蛋白质，也属有机态磷化合物，它们都是通过微生物酶系作用，分解为磷酸盐后才能为植物所吸收。

③磷脂类。这是一类醇溶性、醚溶性的含磷有机化合物，其中较复杂的还含氮，普遍存在于动植物及微生物组织中。土壤中磷脂类含量通常不到总有机态磷含量的 1%，须经过微生物的分解，才能成为有效磷。

4. 土壤中磷的迁移转化

（1）土壤中有效磷的固定。

土壤中各种磷化合物从可溶性或速效性状态转变为不溶性或缓效性状态，统称为土壤的固磷作用。据统计，我国施用化学磷肥的有效率都不到 30%，较氮肥、钾肥低得多，其重要原因之一就是土壤具有强大的固定作用。

土壤中磷的固定形式主要有以下四种。

①沉淀固定。

在石灰性和中性土壤中，磷的固定主要由钙镁体系所控制，土壤溶液中磷酸根离子与钙离子以及土壤胶体上的交换性钙离子经化学作用产生一系列磷酸钙盐，大致以下列模式转化：

$$Ca(H_2PO_4)_2+Ca^{2+} \longrightarrow 2CaHPO_4+2H^+$$

$$6CaHPO_4+2Ca^{2+} \longrightarrow Ca_8H_2(PO_4)_6+4H^+$$

$$Ca_8H_2(PO_4)_6+2Ca^{2+}+2H_2O \longrightarrow Ca_{10}(PO_4)_6(OH)_2+4H^+$$

即由磷酸二钙转化为磷酸八钙，进一步生成磷酸十钙。随着这一转化的进行，生成物的溶度积常数相继增大，溶解度变小，生成物趋于稳定。酸性土壤中的磷酸根离子与活性铁、铝或交换性铁、铝以及赤铁矿等化合物作用生成一系列溶解度较低的 Fe-P 或 Al-P 化合物，如磷酸铁铝（$FePO_4 \cdot AlPO_4$）等固定下来。

②吸附固定。

由于土壤固相性质的不同，吸附固定分为非专性吸附和专性吸附。非专性吸附是由带正电荷的土壤胶粒通过静电引力（库仑力）产生的吸附，它发生在胶粒的扩散层，故这种结合较弱，极易被解吸，随着土壤 pH 的降低，非专性吸附增加。专性吸附是由化学力作用引起的,不易发生逆向反应,又称为化学吸附。例如,磷酸根离子与氢氧化铁、铝,氧化铁、铝的 Fe-OH 或 Al-OH 发生配位基因交换,为化学力作用,比库仑力强。

③闭蓄固定。

闭蓄固定是指磷酸盐被溶度积很小的无定形铁、铝、钙等胶膜所包蔽的过程(或现象)。这种被包蔽的磷酸盐化合物称为闭蓄态磷(O-P 表示)。闭蓄态磷在干旱条件下难以被作物吸收利用,但在淹水还原条件下氧化铁发生还原,铁的溶解度增加,磷可释放出来。

④生物固定。

由于土壤中微生物本身需要磷才能生长繁殖,当土壤中有机磷含量不足或 C/P 比值大时,微生物与作物竞争磷,发生磷的生物固定。磷的生物固定是暂时的,当生物分解后磷又被释放出来供作物利用。

(2)难溶性无机磷的释放。

在一定条件下,土壤中的难溶性磷酸盐和有机态含磷化合物转化水溶性磷酸盐的过程,称为土壤难溶性磷的释放过程。土壤难溶性无机磷的释放主要依靠 pH、E_h 值的变化和螯合作用。在石灰性土壤中,难溶性磷酸钙盐可借助于生物与微生物的呼吸作用和有机肥分解所产生的二氧化碳和有机酸的作用,逐步溶解为有效性较高的磷酸盐和磷酸二钙。螯合作用:植物、微生物和有机肥料分解时产生的螯合物,促使难溶性磷溶解。

$$2Ca(PO_4)_3 \cdot F + H_2CO_3 \longrightarrow Ca(PO_4)_2 + 2CaCO_3 + 2HF \quad \text{磷酸三钙(酸溶性)}$$

$$Ca_3(PO_4)_2 + H_2CO_3 \longrightarrow 2CaHPO_4 + CaCO_3 \quad \text{磷酸二钙(弱酸溶性)}$$

$$2CaHPO_4 + H_2CO_3 \longrightarrow Ca(HPO_4)_2 + CaCO_3 \quad \text{磷酸一钙(水溶性)}$$

土壤氧化还原电位的下降,使高价铁还原成低价铁,磷从其中释放出来。土壤淹水后,pH 升高,E_h 值下降,促进磷酸铁水解、提高无定形磷酸铁盐的有效性,使一部分闭蓄态磷胶膜溶解而变成非闭蓄态磷,活性提高。所以在水旱轮作田,淹水种稻后,土壤供磷能力提高。

(3)土壤有机态含磷化合物的分解转化。

土壤中含磷的化合物(植素、核酸、磷脂等)需经磷细菌的分解转化为无机态磷或被根际的磷酸酶脱磷酸后,以供作物吸收利用,或与土壤中的金属离子结合,形成溶解度较低的磷酸盐,而降低其有效性。因此在有机态磷化合物转变为无机态磷化合物的过程中,微生物分泌的酸性和碱性磷酸酶、肌醇六磷酸酶等发挥着重要的作用。微生物对有机态磷的作用主要是酶促作用,许多微生物能够分泌多种磷酸酶、蛋白酶等,水解有机态磷化合物,释放出磷酸盐。土壤中分解有机态磷能力强的微生物种类很多,细菌中主要有假单胞菌属(*Pseudomonas*)、杆菌属(*Bacillus*)、埃希氏菌属(*Escherichia*)、欧文氏菌属(*Erwinia*)、沙雷氏菌属(*Serratia*)、肠细菌属(*Enterbacter*)、微球菌属(*Micrococcus*)和根瘤菌属(*Rhizobium*)中的部分菌种,真菌中主要有青霉属(*Penicillium*)、曲霉属(*Aspergillus*)和根霉属(*Rhizopus*),放线菌中主要是链霉菌属(*Streptomyces*)。

4.2.4 土壤重金属污染 (Heavy metal pollution in soil)

1. 土壤中重金属的存在形态及特点

重金属是土壤无机污染物中比较突出的一类。土壤污染中所关注的重金属，主要是指汞、镉、铬、铅和类金属砷五种生物毒性显著的元素，也包括有一定毒性的锌、铜、钴、钼、镍、锡等常见的元素。进入土壤中的重金属的归宿由一系列复杂的化学、物理与生物过程所控制。然而不同重金属之间某些化学行为有相似之处，但它们并不存在完全的一致性。当它们进入土壤后，最初的迁移转化将在很大程度上依赖重金属的形态，也就是说这将依赖于重金属的来源。随着时间的流逝，土壤组成的复杂性和土壤物理化学性状的可变性，造成了重金属在土壤环境中的存在形态的复杂性和多样性。重金属大多属于过渡性元素，而过渡性元素原子特有的电子层结构使其具有可变价态，能在一定范围内发生氧化还原反应。不同价态的重金属，其活性和毒性是不同的，例如，As^{3+}、Cr^{6+}的毒性分别比 As^{5+}、Cr^{3+}的毒性大得多。

最近，大多数研究工作者在进行土壤中重金属形态分级分析时，普遍采用不同的浸提剂连续浸提，将土壤环境中重金属存在形态分为：①水溶态（以去离子水浸提）；②交换态（如以 $MgCl_2$溶液为浸提剂）；③碳酸盐结合态（如以 NaAc－HAc 为浸提剂）；④铁锰氧化物结合态（如以 NH_2OH-HCl 为浸提剂）；⑤有机结合态（如以 H_2O_2为浸提剂）；⑥残留态（如以 $HClO_4$-HF 消化，1∶1 HCl 浸提）。由于水溶态一般含量较低，又不易与交换态区分，常将水溶态合并到交换态之中。

不同存在形态的重金属，其生理活性和毒性均有差异。其中以水溶态和交换态的活性、毒性最大，残留态的活性、毒性最小，而其他结合态的活性、毒性居中。研究资料表明，在不同的土壤环境条件下，包括土壤的重金属类型、土地利用方式（水田、旱地、果园、林地、草场等）、土壤的物理化学性状（pH、E_h值、吸附作用、络合作用等）等因素的差异，都可以引起土壤中重金属元素存在形态的变化，从而影响重金属的转化和作物对重金属的吸收。

重金属在土壤中的存在形态随着土壤环境条件的变化而发生转化。在一定的条件下，这种转化处于动态平衡状态，基本上符合一般的溶解与沉淀平衡、氧化还原平衡、络合-螯合平衡，以及吸附与解吸平衡原理。但是，由于土壤环境的复杂性，应用溶液化学的某些理论，常有偏离现象。例如，一些难溶化合物在土壤溶液中的实际浓度，常常偏离溶度积原理。这是因为土壤分散体系是一高度异相介质，土壤液相中离子浓度除受溶度积原理控制外，还受发生在固液相界面上的交换吸附和解吸的影响，不易形成“纯”的相，或离子浓度不易达到溶度积所允许的浓度。同时，还因土壤溶液中组分的复杂性，常易发生共沉淀现象，导致某种离子浓度受另一种离子浓度所控制。但是，水溶液化学的基本原理仍然是研究土壤溶液化学的理论基础。

2. 重金属的土壤环境行为

(1)土壤胶体对重金属的吸附作用。

①吸附作用。

土壤中含有丰富的无机和有机胶体。土壤胶体对进入土壤中的重金属元素具有明显的固定作用。一般来说,在土壤中重金属元素呈两种存在形式。

a. 重金属元素在土壤溶液中呈胶体状态。

这主要发生在湿润气候地区和富含有机质的酸性条件下,如铁、锰、铬、钴、钒、砷等元素可以胶体形式存在,铜、铅、锌等也部分以胶体形态迁移。

b. 土壤中存在的有机和无机胶体对金属离子的吸附固定。

它是许多金属离子和分子从不饱和溶液中转入固相的主要途径,是重金属在土壤中积累而被污染的重要原因,也是重金属重要的迁移转化方式之一。

土壤胶体对金属离子的吸附能力与金属离子的性质及胶体种类有关。同一类型的土壤胶体对阳离子的吸附与阳离子的价态及离子半径有关。阳离子的价态越高,电荷越多,土壤胶体与阳离子之间的静电作用力也就越强,吸附力也越大。具有相同价态的阳离子,离子半径越大,其水合半径相对越小,较易被土壤胶体所吸附。在胶体对金属离子吸附时,如金属元素吸附在胶体表面的交换点上,则较易释放;若重金属离子被同晶替代作用吸附在晶格中,则很难释放。

有机胶体属于无定形胶体,比表面积大,因此其吸附容量比无机胶体的大,有机胶体对金属离子的吸附顺序是:$Pb^{2+} > Cu^{2+} > Cd^{2+} > Zn^{2+} > Hg^{2+}$。土壤中各种胶体对重金属的吸附影响极大,以 Cu^{2+} 的吸附为例,土壤中各类胶体的吸附顺序为:氧化锰>有机质>氧化铁>伊利石>蒙脱石>高岭石。

②吸附类型。

土壤胶体对重金属的吸附作用通常分为非专性吸附和专性吸附。

a. 非专性吸附。

非专性吸附又称极性吸附,主要是指离子与土壤表面电荷的静电吸附作用,这种作用的发生与土壤胶体微粒带电荷有关。因各种土壤胶体所带电荷的符号和数量不同,对重金属离子吸附的种类和吸附交换量也不同。应当指出,离子从溶液中转移到胶体上是离子的吸附过程,而胶体上原来吸附的离子转移到溶液中去是离子的解吸过程,吸附与解吸的结果表现为离子相互转换,即所谓的离子交换作用。重金属阳离子多数为二价(如镉、铅、铜、锌等),在通常情况下,对吸附的竞争性大于土壤中通常存在的 Ca^{2+}、Mg^{2+}、NH_4^+ 等离子,较易被吸附;在酸性土壤中,由于对吸附位竞争力较强的某些阳离子浓度较高,如 H^+、Fe^{3+}、Al^{3+} 等,外源重金属团离子趋向游离,增加了活性;在环境改变时,吸附的离子容易被解吸。

b. 专性吸附。

重金属离子能进入土壤胶体氧化物的金属原子的配位壳中,并通过共价键或配位键结合在固体表面。与非专性吸附的根本区别在于,被专性吸附的重金属离子是非交换态的,通常不被氢氧化钠或醋酸钙等中性盐所置换,其只能被吸附亲和力更强的离子或有机络合剂解吸,也可在 pH 较低的条件下解吸。由于专性吸附较牢固,可以减少重金属对植物的有效性,对决定土壤容量的意义很大。在重金属浓度很低的情况下,专性吸附量的比例较大。一般认为,当土壤 pH > 6.5 时,土壤重金属含量低于土壤阳离子代换量(CEC),不表现污染危害。

(2)土壤中重金属的配合作用(与氧化)。

重金属可与土壤中的各种无机和有机配位体发生配合作用,生成的配位化合物的性质影响着土壤中重金属离子的迁移活性。配合作用主要分为表面配合作用和晶间配合作用两种。红外光谱分析证明,硅酸盐中有大量 SiO_4^{4-}、AlO_4^{5-} 基团,在固-液体系中硅酸盐颗粒表面可以与水形成水合氧化物覆盖层,表面呈负电性,有利于配合作用产生。在黏土矿物层与层之间是分子引力相联结,重金属离子可以进入层间与 SiO_4^{4-} 发生配合作用。

土壤配位体分为无机配位体和有机配位体两种,其中无机配位体包括 OH^-、Cl^-,羟基离子对重金属的络合作用实际上是重金属离子的水解反应。重金属在较低的 pH 条件下可以水解。汞、镉、铅、锌等离子的水解作用表明,羟基与重金属的络合作用可大大提高重金属氢氧化物的溶解度。氯络合重金属离子的形式只会出现在含盐土壤中氯离子浓度较高时。一般土壤中氯离子浓度很低,则不会形成重金属离子的氯络合物。黏土矿物羟基化表面可以通过静电作用与溶液中的离子发生表面配合反应,如 Pb^{2+} 能与高岭石表面进行配合反应。由于层状硅酸盐矿物结构单元层外层存在着羟基基团,结构单元层之间的键力联结较弱,重金属离子可以进入层间与羟基发生配合作用,因此在其晶体内部的相邻两结构单元层之间,也存在显著的配合作用。如高岭石为 T - O 型层状硅酸盐矿物,重金属离子可以进入层间与八面体片中的羟基发生配合作用。

有机配位体包括腐殖质、蛋白质、多糖类、本质素、多酸类、有机酸等,其中最重要的配位体是腐殖质。重金属通过与腐殖质中的氨基、亚氨基、羟基、羧基、羰基、硫醚等基团配位,而形成稳定的配合物和螯合物。一般认为,腐殖质中的富里酸与重金属离子形成的螯合物,溶解度较大,易于在土壤中迁移,而腐殖质中的腐殖酸与重金属形成的螯合物溶解度小,不易在土壤中迁移。

(3)土壤中重金属的沉淀和溶解。

沉淀和溶解是重金属在土壤环境中迁移的重要途径。其迁移能力可直观地以重金属化合物在土壤溶液中的溶解度来衡量。溶解度小者,迁移能力小;溶解度大者,迁移能力大。而溶解反应时常是一种多相化学反应,是各种重金属难溶化合物在土壤固相和液相间的多相离子平衡,其变化规律遵守溶度积原则,并受土壤环境条件的显著影响。

土壤 pH 直接影响重金属的迁移转化。例如,石灰施入土壤可提高土壤 pH,进而促使土壤中 Cd、Hg、Pb、Zn 等污染物形成氢氧化物或碳酸盐结合态沉淀,土壤中磷酸根离子也可与金属离子直接形成溶解度很小的金属磷酸盐沉淀,从而降低重金属污染物在土壤中的生物有效性和毒性。通过 X 射线衍射、傅里叶变换红外光谱、扫描电镜等技术研究发现,磷酸盐对镉的钝化作用主要受 pH 影响,而几乎不受磷酸盐种类的影响。在磷酸根的作用下,镉污染物主要形成稳定的磷酸盐沉淀,当 pH 逐渐升高,沉淀反应产物的晶格结构逐渐变差。

土壤的氧化还原状况(E_h值)也会影响重金属的存在形态,使重金属的溶解度发生变化,从而影响重金属在土壤中的迁移和对植物的有效性。例如,在富含游离氧、E_h值高的土壤环境中，Hg、Pb、Co、Sn、Fe、Mn 等重金属常以高价存在，高价金属化合物一般比相应的低价化合物溶解度小，迁移能力低，对作物危害也轻；而呈高氧化态的重金属铬、钒，由于形成了可溶性的铬酸盐、钒酸盐，则具有很高的迁移能力。在不含硫化氢的还原性土壤中（E_h值约为 100 mV），砷酸铁可还原为亚铁形态、E_h值进一步降低，砷酸盐可还原为易溶的亚砷酸盐，使砷的移动性增高。而在含硫化氢，$E_h < 0$ 的还原性土壤中，重金属大多与硫离子形成金属硫化物，溶解度大大降低，迁移能力变小，危害减轻。

土壤水溶性有机质也会影响土壤重金属的沉淀与溶解作用。水溶性有机质可以与重金属形成螯合物，从而影响沉淀颗粒的生长、絮凝、凝结和溶解等表面反应，进而提高重金属在土壤中的溶解度。例如，水溶性有机质可以抑制 HgS 的沉淀，提高其溶解度。另外，土壤中的水溶性有机质也会因为絮凝反应和微生物作用影响重金属的溶解度。在富里酸浓度较高时，容易形成难溶性胶体，进而形成更大的絮状物，导致有机-铜复合体的沉淀。

(4)土壤重金属的生物作用。

①植物作用。

土壤生物对重金属的转化起着重要的作用。植物可以吸收、挥发、活化、稳定土壤中的重金属。

a. 植物提取作用。

利用植物大量吸取土壤中的金属元素，通过收获植物体并加以适当处理，达到去除或降低土壤中元素污染物的目的。这些植物就是特指的超积累植物。超积累植物是指对重金属元素的吸收量超过一般植物 100 倍的植物。它积累的 Cr、Co、Ni、Ca、Pb 的含量一般在 0.1% 以上，积累的 Mn、Zn 含量一般在 1% 以上。根据从世界各地所收集的植物分析结果表明，植物超富集体茎叶中的重金属浓度可达其干重的 1% 。这些重金属主要是 Zn、Ni、Se、Cu、Co 或 Mn，对 Cd 的积累为 0.1% 以上。其超富集状况见表 4.8。

表 4.8　某些植物对重金属的超富集状况

重金属元素	植物名称	叶片中重金属质量比/($mg \cdot kg^{-1}$)	发现地点
Zn	遏蓝菜属	39 600	德国
Cd	遏蓝菜属	1 800	宾夕法尼亚
Ni	叶下珠属	38 100	新喀里多尼亚
Se	黄芩属	14 900	怀俄明
Mn	串珠藤属	11 500	新喀里多尼亚

b. 植物活化作用。

植物吸收土壤重金属的关键之一在于对这些金属的活化，使其进入土壤溶液。一般来说，植物对土壤结合态金属的活化主要有以下三种方式：金属-螯合分子分泌进入根际螯合、溶解“土壤结合态”金属。根系分泌物中某些金属结合蛋白和某些特殊的有机酸能螯合重金属。根分泌的黏胶物质与根际中的 Pb^{2+}、Cu^{2+}、Cd^{2+} 等重金属离子络合，形成稳定的螯合体，将污染物固定在污染土壤中。某些金属结合蛋白（可能类似于金属硫蛋白或植物螯合肽）可作为植物的离子载体，部分植物还可能分泌某些化合物，促进土壤中金属溶解。植物的根通过专性原生质膜结合的金属还原酶来还原“土壤结合态金属离子”。植物通过根部释放质子来酸化土壤环境，从而溶解重金属。在 pH 较低时，“土壤-结合态”的重金属离子进入土壤溶液的量增加。现已有报道指出超积累植物根系能分泌特殊有机物，或者其根毛直接从土壤颗粒上交换吸附重金属，以促进土壤重金属元素的溶解和植物对其的吸收。如 Reeves 和 Brooks 认为遏蓝菜属植物具有活化土壤中其他植物不能吸收利用的 Zn 形态的能力。

c. 植物挥发作用。

利用一些植物根系吸收重金属、类金属及有机污染物，转变为可挥发的形态，从而让其离开土壤和植物表面。有人研究了利用植物挥发去除土壤环境中的 Hg，即将细菌体内的汞还原酶基因转入模式植物拟南芥中，这一基因在该植物体内表达，将植物从土壤环境中吸收的汞还原为 Hg，使其成为气体而挥发。另有研究表明，利用植物也可将环境中的 Se 转化为气态形式二甲基硒[$(CH_3)_2Se$]和二甲基二砷[$(CH_3)_2Se_2$]，但挥发进入大气的污染物有可能产生二次污染问题。

d. 植物稳定作用。

植物稳定是利用耐重金属植物降低土壤中有毒金属的移动性，从而减少重金属被淋滤到地下水或通过空气扩散，进一步污染环境的可能性。植物的稳定作用主要有两种功能：保护污染土壤不受侵蚀，通过减少土壤渗漏来防止重金属污染物的淋移；通过重金属在根部积累和沉淀或根表吸收来加强土壤中污染物的固定。研究发现，一些植物可降低 Pb 的生物可利用性，缓解 Pb 对环境中生物的毒害作用。植物根分泌的有机物质对土壤中金属离子的可溶性与有效性方面起着重要作用。

②微生物作用。

土壤生物对重金属的转化起着重要的作用。土壤微生物能够通过烷基化、去烷基化、氧化、还原、配位和沉淀作用转化重金属，并影响它们的迁移能力和生物的有效性。土壤微生物对重金属的作用机理包括细胞代谢（专一性的代谢途径可使金属生物沉淀或通过生物转化使其低毒或易于回收）、表面生物大分子吸收转运、生物吸附（利用活细胞、无生命的生物量、金属结合蛋白和多肽或生物多聚体作为生物吸附剂）、空泡吞饮、沉淀和氧化还原反应等。土壤微生物是土壤中的活性胶体，它们比表面积大、带电荷、代谢活动旺盛。受到重金属污染的土壤，往往富集多种耐重金属的真菌和细菌，微生物可通过多种作用方式影响土壤重金属的毒性。

微生物对土壤中重金属活性的影响主要体现在以下四个方面。

a. 生物吸附和富集作用。

微生物可通过带电荷的细胞表面吸附重金属离子，或通过摄取必要的营养元素主动吸收重金属离子，将重金属离子富集在细胞表面或内部。

b. 溶解和沉淀作用。

微生物对重金属的溶解主要是通过各种代谢活动直接或间接进行的，如土壤微生物的代谢作用能产生多种低分子量的有机酸，如甲酸、乙酸、丙酸和丁酸等。

c. 氧化还原作用。

土壤中的一些重金属元素可以多种价态存在，它们以高价离子化合物存在时溶解度通常较小,不易迁移;而以低价离子形态存在时溶解度较大,易迁移。微生物的氧化作用能使这些重金属元素的活性降低。微生物能还原土壤中多种重金属元素。微生物还可以通过对阴离子的氧化,释放与之结合的重金属离子。

d. 菌根真菌与土壤重金属的生物有效性关系。

菌根真菌与植物根系共生可促进植物对养分的吸收和植物生长。菌根真菌也能借助有机酸的分泌活化某些重金属离子。菌根真菌还能以其他形式如离子交换、分泌有机配体、激素等间接作用影响植物对重金属的吸收。

重金属在土壤中的迁移转化一般会受到植物和微生物的同时作用,植物在生长过程中,根系向生长介质分泌质子和大量有机物质,这些物质可以加强土壤中微生物的活性。大量活跃的微生物一方面可以把大分子化合物转化为小分子化合物,活化根际重金属;另一方面微生物也可以分泌出质子、有机质,保护植物的生长,同时活化植物根际重金属。

4.2.5 土壤化学农药污染 (Soil chemical pesticide pollution)

人们在20世纪30年代先后发现2,4-D(2,4-二氯苯氧乙酸)具有清除杂草的能力、DDT(双对氯苯基三氯乙烷)具有杀虫的功效,从此开始了农药使用的时代。有关专家指出,世界粮食产量的一半被各类病虫害糟蹋在农田或粮库里。人们生产各种农药就是为了将其用于控制土壤中的有害生物种群,以保护庄稼作物。目前,世界范围年产农药200多万吨,种类数达150种之多(大量生产又广泛应用的约有300种)。自20世纪40年代广泛应用以来,累计已有数千万吨农药散入环境,大部分进入土壤。

广义地说,农药包括杀虫剂、除草剂以及其他如杀螨剂、杀鼠剂、引诱剂、忌避剂、植物生物调节剂和配制农药的助剂等。施用农药确实能对农作物的增产增收起重要作用。但也应看到世界范围内连年大量使用农药,会引起许多不良后果,如药效随害虫抗药性不断增强而相对降低;施用农药对抑制害虫的天敌也有毒杀作用,从而破坏了农业生态平衡。更为重要的是由施用农药而引起环境污染,并通过食物链使农作物或食品中的残毒引入人体,危及人体健康。

1. 农药的分类

我国目前生产的农药品种有百种以上,新的品种每年都在增加,根据农药的成分及用途,可分为表4.9中所示的几类。

表4.9 农药的分类

- 杀虫剂
  - 无机杀虫剂:砷酸铅、砷酸钙机油乳剂等
  - 有机杀虫剂
    - 天然农药:除虫菊、尼古丁、鱼藤等
    - 合成农药
      - 有机氯杀虫剂:六六六、DDT等
      - 有机磷杀虫剂:乐果、甲基对硫磷、马拉硫磷、敌敌畏
      - 有机氮杀虫剂:异索威、西维因等
    - 微生物杀虫剂:苏云金杆菌、核多角体病毒等
    - 熏蒸剂:溴甲烷、氯化苦、氢氰酸等
- 杀蜡剂:二硝甲酚、三硫磷、三硫磷三氯杀螨砜等

杀菌剂：稻瘟净、多菌灵等

杀线虫剂：二溴乙烷、二溴氯丙烷等

除草剂：2,4-D、2,4,5 -T、除草醚、敌稗、西玛津等

在我国农药生产中，杀虫剂的种类和数量占绝大多数，也是使用范围最广的一类。

2. 农药在土壤中的环境行为

制农药环境行为的主要因素有三个，即吸附、迁移和降解。通过吸附过程，将使农药滞留在土壤中，减轻了因挥发引起大气污染和因淋溶引起地下水污染的程度；通过挥发、淋溶、径流及作物吸收等迁移过程，会促使农药转移到其他环境要素中去；通过降解过程，农药在土壤中逐渐转为小分子或简单分子化合物，乃至彻底无机化，转成为 CO_2、H_2O 等。农药的残留性又是上述这些过程的集中体现。从保持药效、药尽其用的角度看，农药应有相当的残留能力，但从无害化角度看，其在土壤中的滞留时间又不能太长。一些残留能力特别强的农药如汞、砷制剂、六六六和 DDT 等已被淘汰使用，原因即在于此。

(1)吸附。

土壤对农药的吸附是影响农药在土壤中动态行为的最重要因素之一。农药被吸附的能力主要与其分子本身性质相关，其他有关因素还有土壤的性质、类型以及介质条件。

农药的分子结构、电荷特性和水溶能力是影响吸附的主要因素。首先，几何尺寸大、伸展平直又有柔性的分子可与土壤胶粒表面以较大面积接触，吸附力也大；凡具有 —NHR、—OCOR、—NH_2、—NHCOR、—OH、—$CONH_2$、—N^+R_3 官能团的分子都有较强的被吸附能力。其次，能离解为离子的农药被吸附力强；相对而言，极性分子电性较弱，被吸附能力也相应减弱；非离子型或中性分子可在电场作用下暂时极化，就此被吸附在带电荷的土壤胶粒上，但这种吸附力较弱。此外，正辛醇/水分配系数是分子疏水性指标，此值越大的农药，其被吸附能力越强。

就土壤性质而言，影响吸附的主要因素是黏土矿物和有机质的含量、组成特征以及铝、硅氧化物和它们水合物的含量。这些物质或者经由电荷特性，或者借助含 O、N、S 的官能团，或者凭借其巨大的比表面积对农药分子进行吸附。土壤有机质和各种黏土矿物对非离子型农药吸附能力的顺序是：有机质>蛭石>蒙脱土>伊里石>绿泥石>高岭土。

言及介质条件，土壤溶液的 pH 是影响吸附的最重要因素。土壤胶粒表面通常带有电荷，且按电荷发生缘由可分为两类。一类是永久性电荷，发生在铝硅酸盐表面，由同晶离子置换引起。另一类是 pH 制约性电荷，发生在腐殖质和细菌体表面，即当介质 pH 小于其等电点时，它们的表面带正电，否则带负电。又如黏土胶粒、铁和铝水合氧化物表面都带有 OH^- 基团，根据介质 pH 的大小也会如腐殖质那样带上正电或负电，同属 pH 制约性电荷。由于上述土壤组分的等电点大多较低，在土壤溶液相对较高的 pH 条件下，它们的胶粒表面大多带负电，因此在土壤溶液中易离解为阳离子的农药，具有较强的被吸附能力。

土壤对农药的吸附平衡大抵符合弗罗因德利希(Freundlich)方程

$$\frac{x}{m}=K_a\times c_w$$

式中　x——处于吸附平衡时农药在每千克土壤中的被吸附量(mg)；

m——每千克土壤中所含有机碳量(kg);

c_w——土壤溶液中农药的平衡浓度($mg \cdot L^{-1}$);

K_{OC}——吸附平衡常数($L \cdot kg^{-1}$),其值大小与土壤有机碳量(OC)值有关。

K_a——吸附平衡常数,表4.10列举了一些常见农药的K_a值。

由表4.10可知,2,4-D在土壤中只有很弱的被吸附能力,DDT等则是强吸附的(表列数值并不非常确定,实际K_a值还随土壤性质而异)。OC是一个与吸附能力密切相关的土壤特性参数,考虑及此,以上方程可写为

$$\frac{x}{m}=K_{OC}\times c_w$$

表4.10 常见农药的吸附平衡常数K_a值

农药	K_a	农药	K_a
DDT	$(1\sim10)\times10^4$	阿特拉津	26
林丹	7~50	西玛津	1~7
2,4-D	2	百草枯	200~500

土壤吸附农药的机理,简略地说有如下四种。

①异性电荷相吸。这是指带负电土壤组分与呈正离子状态的农药通过静电引力相吸引。

②非专一的物理性键合。这是范德瓦耳斯引力在起作用,这种作用力发生在被吸附的非离子型分子之间,而不是发生在分子和土壤组分之间。所以在这种情况下,范德瓦耳斯引力以与其他键力加合的形式发生作用。

③氢键。例如,含═NH基的农药分子可通过生成氢键与黏土表面的氧原子或土壤有机物分子内的羰基氧原子结成一体。

④配位键。配位键是指农药分子与土壤组分分子通过未共享电子对所发生的结合。

(2)迁移。

一些农药的蒸气压(与挥发能力有关)、溶解度(与滞留在土壤溶液中的能力有关)及分配系数(与在气液两相间的扩散能力有关)数据列举在表4.11中。由此可见,不同农药的性质相差悬殊。表中分配系数D被定义为平衡时农药在土壤溶液和土壤空气间的浓度比。一般物质在气相中的扩散能力约是在液相中的10^4倍,所以当$D>10^4$时以液相扩散为主,当$D<10^4$时以气相扩散为主。

表4.11 与迁移能力有关的农药物性参数

农药	蒸气压(温度)/Pa	溶解度(温度)/($\mu g \cdot mL^{-1}$)	分配系数D
二溴乙烷	1 466(25 ℃)	4.3×10^3(30 ℃)	40
氟乐灵	0.013(25 ℃)	0.58(25 ℃)	3.2×10^2
乙伴磷	0.024(20 ℃)	15(20 ℃)	5.5×10^3
乐果	1.13×10^{-3}(20 ℃)	3×10^4(20 ℃)	2.5×10^3
西玛津	8.13×10^{-7}(20 ℃)	5(20 ℃)	7.4×10^7

(3)降解。

土壤中微生物的生命活动是农药降解的最主要因素。此外,包括蚯蚓在内的非脊椎动物对农药的代谢作用也是很重要的。还有些农药能在摄入植物体内后被代谢降解。农药生物降解的最终产物是 CO_2 和 H_2O,如分子中含 S、N、P,还能生成硫酸盐、硝酸盐和磷酸盐。

试验表明,经灭菌处理过的土壤中也会发生农药降解。这表明除生物降解外,还存在着诸如水解、氧化还原等化学降解作用。此外,在光照条件下,分布在土壤表面的很多农药都有可测得其降解速率的光分解作用。总之,土壤介质对于农药的纳污容量和自净能力都是很大的。

以下以 DDT 为例简述农药降解的具体情况。DDT 农药具有一定挥发、降解和分解的能力,但在一般的环境条件下,过程进行得很慢,很不显著。例如一般环境条件下,残留在土壤中的 DDT 95% 分解需时约 10 年;经试验,在 90 ~ 95 ℃水相介质中,紫外光照条件下,使 DDT 彻底降解(即最终生成 CO_2)其总量的 75% 需 120 h。

土壤中某些微生物能较快分解 DDT。在缺氧条件下(例如土壤灌溉后),而且温度较高时,这种分解进行得特别快。土壤中的二价铁盐或氯化铬还能加速 DDT 的还原分解。例如,当土壤中 DDT 含量为 200 mg/kg,有二价铁离子存在和温度为 35 ℃时,在 28 d 之内 DDT 几乎全部分解。

DDT 的生物代谢是按还原、氧化和脱氯化氢的机理进行的。如下所示的是经多方简化的过程:

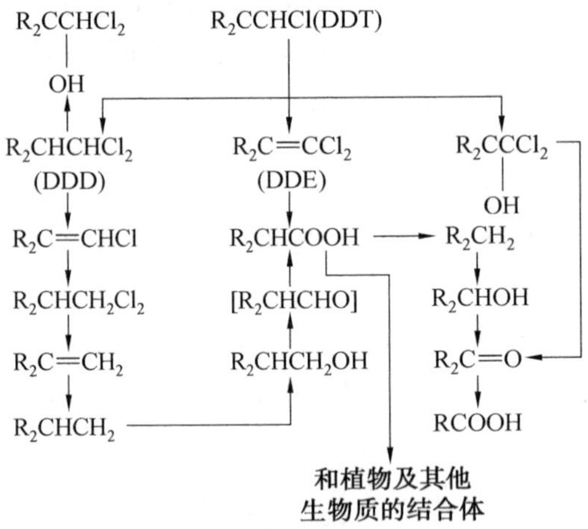

(R=4-或2-ClC_6H_4)

(4)残留性和危害性。

农药污染土壤的程度可用残留性表示。各类农药在土壤中的半衰期见表 4.12。由此可见,汞、砷制剂等农药几乎将永远残留在环境之中,DDT 等有机氯农药的残留期也是十分长久的。这些农药虽然早已被禁止使用,但在环境中的残留量还是十分可观。表中所列半衰期有很大的宽度范围。这表示,决定农药在土中的残留能力除与其本身性质有关外,还取决于多种环境因素,如药剂用量、植被情况、土壤类型、酸度、土壤中水和有机质等的含量及微生物种类和数量等。

表4.12 各类农药在土壤中的半衰期

农药种类	半衰期/a	农药种类	半衰期/a
含铅、铜或砷等农药	10～30	有机磷农药	0.02～0.2
有机氯农药	2～4	氨基甲酸酯类农药	0.02～0.1

土壤中农药可通过如下途径进入各类生物体内：

土壤⟶陆生植物⟶食草动物；

土壤⟶土壤中无脊椎动物⟶脊椎动物⟶食肉动物；

土壤⟶水中浮游生物⟶鱼和水生生物⟶食鱼动物；

比较起来，随雨水径流、灌溉水排入水体的农药能对生物产生最直接的危害。

多数农药有很强的脂溶性和很弱的水溶性，可通过食物链在生物体中高度浓集。如DDT农药可使居于食物链末端的生物体内的蓄积浓度比最初环境所含农药浓度高出数百万倍，对机体构成危害。在DDT农药所到之处，食物链上的鱼虾、禽、鸟也是非常危险的，常发生大批死亡的案例，因为这些小动物群体数量大，个体的致死剂量限值又很低。

DDT由苯环和三氯乙烷基团构成，苯环是其致毒部位；后者则是脂溶性部分，对昆虫外表皮中的几丁层有高度亲和力，能使DDT透过昆虫体壁而进入虫体，从而起到杀灭作用。

DDT不易为哺乳动物的富蛋白质的皮肤所吸收，对哺乳动物也无急性的毒杀作用，但能在动物体内积存。DDT进入人体后易贮积于副肾、睾丸、甲状腺等富有脂肪的器官，进而转入肝脏、肾脏，破坏它们的正常机能。人体内DDT的累积量达到20 $mg \cdot kg^{-1}$时，神经系统发生障碍；达到500 $mg \cdot kg^{-1}$时，能致人死亡。

喷洒在蔬菜或水果表皮上的DDT，很容易渗入其蜡质层中，使食品中残留量有所提高。此外，DDT的毒杀范围十分广泛，因此对害虫的天敌如瓢虫、寄生蜂也能大量杀灭。DDT扰乱了自然界中生物间的相互制约作用，破坏了生态平衡，导致了种种不良的后果。

4.2.6 土壤中的其他污染 (Other pollutants in soil)

随着工业化发展进程加快，各类化学品不断地被大批量生产、使用。截至2020年，美国化学文摘(CAS)登记的化学品数量已达到1.55亿种，近年来以每年数百万至千余万种的速度在不断增加，并通过各种途径进入环境。随着分析技术的进步，环境中新化学品不断被发现。一些新的污染物对人类和生态环境的危害正逐步显现并日趋严重。

对于“新污染物”，至今我们对其认知依旧很零碎。“新”意味着新兴的产业以及较短的发现时间，即：在这些污染物的生产规模、理化性质、对生态环境的影响，以及如何最好地控制其带来的未知风险等方面，我们对这些污染物知之甚少。从源头方面而言，新污染物通常是外源性化合物、人工合成或天然的化合物。此外，经由不受监测或管制的微生物群落也有可能将新污染物引入周围环境，因而对生态环境和人类健康造成不利影响。通常来说，新污染物的出现与工业生产、交通运输、食品加工、城市化等现代社会发展所必需的人类活动密切相关。在某些情况下，向环境中排放新污染物可能已经持续了很长一段时间，但检测、识别和量化该物质，可能要等到特定的分析方法出现后才能进行。除此之外，新污染物也被用作传统污染物的替代品而生产及应用。同时，也有一部分新污染物是在处理传统污染物的过程中而产生的新污染物源，其可以从点污染源或分散污染源释放，例如：从城市或工业区经由大气传输沉积或农作物、动物活动所产生的废水流动。尽管关于环境中新污染物输入情况、发生频率、最终命运和环境影响的相关文献发表率很高，但是对于新污染物实际影响的认识仍未形成完整体系。

关于“新污染物”一词，目前尚未达成国际共识。联合国教育、科学及文化组织（UNESCO）定义这些污染物主要包括“药品和个人护理品（PPCPs）、杀虫剂、工业和家用产品、金属、表面活性剂、工业添加剂和溶剂中发现的化学物质。其中很多甚至以极低的数量被持续使用和释放到环境中，有些可能会造成慢性毒性，扰乱人类和水生野生动物的内分泌，并产生细菌病原体耐药性”。根据近年来文献中的描述，“新污染物”是指任何人工合成或自然存在的化学品或微生物，其环境赋存可引起显著的已知或可疑的毒性作用与健康危害。现阶段国际上主要关注的新污染物包括：持久性有机污染物（POPs）、环境内分泌干扰物（EDCs）、抗生素抗性基因（ARGs）、微塑料等四大类。而随着分析检测技术的进步以及对化学物质环境和健康危害认识的不断深化，可被识别并监测的新污染物还会不断增加。在上述传统定义类型之外，新污染物还应包括药品和个人护理品（PPCPs）、消毒水副产物（DBPs）、肥胖物质、新型农药、微塑料、纳米颗粒物等。其中，在传统 POPs（艾试剂、氯丹、DDT、多氯联苯、二噁英等）之外，还应密切关注近年来被新增列入《斯德哥尔摩公约》的 POPs，包括：多溴二苯酪（PBDEs）、全氟辛基磺酸及其盐类（PFOSs）、全氟辛基磺酰氟（POSF）、六溴环十二烷（HBCDs）、多氯萘（PCNs）、五氯苯酚（PCP）、六氯丁二烯（HCBDs）等。此外，新发现的污染物也需要密切关注，如：UV 稳定剂、抗氧化剂、四溴双酚 A（TBBPAs）及衍生物、全氟碘烷、重点废物流（如，纳米废物、塑料废物、含 POPs 废物、含汞废物）等。

总体来说，新污染物（除非故意产生外）具有以下共性特征：①绝大多数为目前大量生产和应用的化工产品，在各国生产量大，并尚未有效对其生产和环境排放加以控制；②污染正在发生，环境介质中的存量较高，对污染的源和汇及迁移特征仍缺乏认知；③有关生态风险、健康风险和毒理的基础数据尚在收集和补充之中，对其环境风险还缺乏全面的科学评估。

（1）有机磷酸酯。

随着工业和生产水平的高速发展，新污染物在环境中被不断发现。有机磷酸酯（organophosphorous-esters，OPEs）和新型溴代阻燃剂（novel brominated flame retardants，NBFRs）作为新型阻燃剂被广泛生产和使用，随着包括多溴联苯醚在内的阻燃剂逐步受控和禁用，作为溴代阻燃剂主要替代品的 OPEs 和 NBFRs 产量大幅增长，因其良好的阻燃性能，被大量用于电子产品、纺织品、建筑材料、家具、包装行业等领域。这些阻燃剂主要以掺杂的方式添加，容易通过磨损、挥发和浸出等途径引入环境，释放到各种环境介质中，并通过饮食摄入、呼吸吸入、皮肤接触等方式进入人体，对环境和人体健康的负面影响不容忽视。已有大量研究报道了各类环境介质中 OPEs，但对人体中的 OPEs 研究仍较少。

研究表明,OPEs会被植物根系吸收富集在体内,OPEs的根系吸收过程与机理由OPEs理化性质和植物生理共同决定。通过植物水培实验研究发现,OPEs在植物根部的富集系数(root concentration factor, RCF)随其lg K_{ow}的增加而增加,亲水性强的OPEs会随着蒸腾流进入植物根系,且蒸腾作用越强的植物对OPEs吸收速率越大;而亲脂性强的OPEs会与转运蛋白结合被根系吸收,OPEs根系吸收速率与根系中的非特异性转运蛋白(non-specific lipid transfer protein, nsLTP)的结合能成正比,表明植物对OPEs的吸收能力随K的增加而增大。对于OPEs的生物分布与代谢效应,相关研究结果差异较大,OPEs在生物体内快速地代谢转化很可能是影响其生物富集作用的主要因素。

一般而言,作为传统化合物的替代品,与多溴联苯醚(polybrominated biphenyls, PBDEs)、全氟辛酸(perfluorooctanoic acid, PFOA)、全氟辛烷磺酸(perfluorooctane sulfonates, PFOS)、双酚A等相比,新污染物可能具有较低的毒性。然而越来越多的证据显示,这些新的阻燃剂也可能对生物体的甲状腺内分泌系统、生殖内分泌系统、神经系统、肝脏肾脏、心血管系统及免疫系统等造成损伤。

(2)抗生素。

抗生素是改变人类历史进程的化学品之一,然而由于长期使用与排放、污水处理厂的不完全去除等原因,使其成为新的环境污染物。抗生素对环境的潜在危害与风险,在发光菌、无脊椎动物、鱼类等多种受试生物上得到广泛研究,这些研究大多集中在急性毒性,而且相应的板书致死浓度(LC_{50})也都在mg · L^{-1}的水平。流行病学与实验室研究均表明,抗生素的大量使用与肥胖相关联,抗生素成为新的环境诱胖剂,其潜在机理与健康风险亟待系统研究。抗生素的使用与排放具有持续性,其环境降解速率较低,导致其在环境中具有假持久性,因而具有低浓度、长期暴露的特征。与此同时,抗生素能够穿透胎盘屏障、通过脐带从孕期母体传递到胎儿体内,也可通过母乳从哺乳期母亲传递到婴儿体内;还能够通过食物以及抗生物滥用等用途对儿童、成年人、老年人等不同年龄段的人群产生持续性的长期暴露。

已有研究表明,抗生素具有跨世代传递与跨世代毒性效应。研究表明,磺胺嘧啶(SD)、磺胺砒啶(SP)、磺胺甲噁唑(SMX)、磺胺甲嘧啶(SMZ)等磺胺抗生素对秀丽线虫具有跨世代毒性效应,其中SMX对秀丽线虫的行为和生长均产生了与暴露浓度、暴露时间的依赖性,而在SD、SP、SMZ效应汇总中,身体弯曲频率(BBF)表现出更强的敏感性。秀丽线虫的后代与母代相比,部分效应得以恢复,但部分效应更加严重,结果表现出了磺胺抗生素的世代间可传递的效应。抗生素一代暴露、多代残留的毒性效应研究中,秀丽线虫的后代表现出一定的修复能力,但最终表现出与母代(F0)相似的抑制效应。并且磺胺抗生素诱胖效应也表现出对暴露世代的显著依赖,即多世代的连续暴露对抗生素的诱胖效应有显著影响。

SMZ导致秀丽线虫后代的代谢紊乱效应、还扰乱了其发育、生殖和行为等方面。目前对于抗生素的绝大多数研究几乎从零开始探索其毒性效应,因此表观效应的类别、生化指标的选择、分子机制的探索多沿用其他环境污染物的毒性效应研究的成果和方法。潜在机制研究的相关结论目前也尚未超越经典环境污染物(POPs)的左右机制范畴,因此对新污染物的生态毒性效应研究尚需开展针对性、前瞻性、系统性、深入性的毒性效应与机制研究。

(3)纳米材料。

随着纳米技术的快速发展,人工纳米材料被大量生产和使用,并在此过程中不可避免地被释放到环境中,其赋存特征、环境行为和生物效应已引起人们的广泛关注。人为活动也可导致大量的次生纳米级颗粒物进入到环境中,如化石燃料燃烧释放的黑炭,以及磁性颗粒物,如磁铁矿颗粒(Fe_3O_4)和赤铁矿颗粒(Fe_2O_3)、针铁矿[$FeO(OH)$]和水铁矿(氢氧化铁类矿物)等。常见的纳米材料形态如图4.7所示。

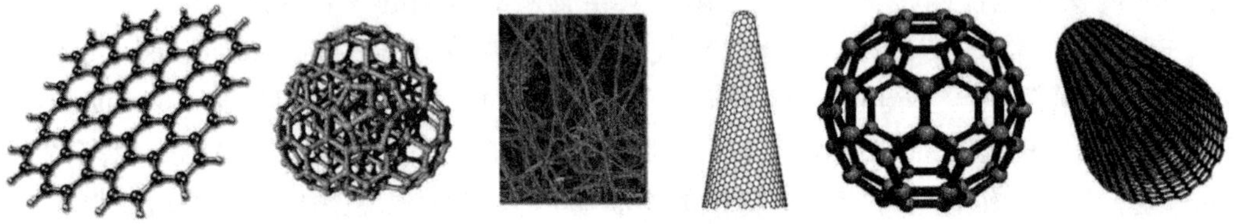

图4.7 常见的纳米材料形态

纳米材料(NMs)在生产、使用、废弃等生命周期中,可通过多种途径进入环境。随着NMs生产和使用量的增加,不可降解或缓慢降解的NMs将在土壤中逐渐累积。此外,一些NMs由于具有优良的吸附性能和反应活性,已被应用于土壤污染和地下水修复工程,导致高浓度NMs直接进入土壤环境。近年来,NMs在环境中的浓度呈直线上升的趋势。土壤中NMs的迁移转化不仅会直接影响土著生物,还会与土壤组分和广泛存在的污染物相互作用,产生复杂的生物生态效应,影响土壤生态安全和人群健康。目前NMs在土壤中的环境行为与生态效应仍存在大量未知,需进一步发展土壤中NMs的分析检测技术,为阐明NMs在土壤中的迁移转化规律及其对土壤生态系统的影响提供技术支持,以促进纳米科技的持续健康发展。

黑土地上的"北大荒精神"

黑土是地球上最珍贵的土壤资源,是我国重要的商品粮基地。北大荒地处祖国东北边疆,多年平均气温在2.6 ℃,是一片人迹罕至的大荒原。但是北大荒土壤资源丰富,是世界三大黑土带之一,黑土厚度多达1 m以上,土质肥沃,非常有利于农作物生长。20世纪40年代,先后有100万的军人、学生、知青和地方干部农民组成垦荒大军,为共和国开垦了4 000多万亩(1亩=667 m^2)的黑土耕地,建成了名副其实的"北大仓"。在这片黑土地上开创出"艰苦奋斗、勇于开拓、顾全大局、无私奉献"的北大荒精神。

北大荒人在完成粮食生产任务的同时,启动了"黑土耕地保护"计划,推进保护性耕作、推进轮作试点和粮改饲、推进化肥农药减量增效和水土流失治理工作,黑土地的有机质含量为全国平均水平的三倍以上。

4.3 土壤污染防治及修复
(Soil pollution prevention and remediation)

土壤污染的防治对策主要从两方面考虑,一是防,二是治。由于土壤污染后极难治理,因此土壤污染的防治要以预防为主。国外土壤污染防治的成功经验表明,要从根本上解决土壤污染问题,除了需要国家有关部门采取积极的措施,加大防治力度外,更重要的是要制定专门的《土壤污染防治法》;另外,土壤污染发生后,治理难度极大,需要耗费大量资金,技术上也有很高的要求,必须建立起一整套完整有效的制度和措施,保证治理工作的顺利进行。要改变这种状况,就需要建立起长期稳定的法律制度,使土壤污染防治工作步入法治化轨道。与此同时,加强污染土地调查、分类管理与修复技术的开发研究也十分重要。

4.3.1 土壤污染防治
(Soil pollution prevention)

土壤污染主要来自灌溉水、固体废物的农业利用以及大气沉降物等。控制和消除土壤污染源是防止污染的根本措施。

1. 控制和消除工业"三废"的排放

在工业方面,应认真研究和大力推广闭路循环,无毒工艺。生产中必须排放的"三废"应在工厂内进行回收处理,开展综合利用,变废为宝,化害为利。对于目前还不能综合利用的"三废",务必进行净化处理,使之达到国家规定的排放标准。重金属污染物,原则上不准排放;城市垃圾,一定要经过严格机械分选和高温堆腐后方可施用。

2. 合理施用化肥和农药

为防止化学氮肥和磷肥的污染,应控制化肥农药的使用,研究确定出适宜用量和最佳施用方法,以减少在土壤中的累积量,防止流入地下水体和江河、湖泊进一步污染环境。为防止化学农药污染,应尽快研究筛选高效、低毒、安全、无公害的农药,以取代剧毒有害化学农药。积极推广应用生物防治措施,大力发展生物高效农药。同时,应研究残留农药的微生物降解菌剂,使农药残留降至国家标准以下。

3. 增加土壤环境容量,提高土壤净化能力

增加土壤有机质含量,采取砂土掺黏土或改良砂性土壤等方法,可以增加或改善土壤胶体的性质,增加土壤对毒性物质的吸附能力和吸附量,从而增加土壤环境容量,提高土壤的净化能力。

4. 建立土壤环境质量监测网络系统

在研究土壤背景值的基础上,加强土壤环境质量的调查、监测与预控。在有代表性的地区定期采样或定点安置自动监测仪器,进行土壤环境质量的测定,以观察污染状况的动态变化规律。以区域土壤背景值为评价标准,分析判断土壤污染程度,及时制定出预防土壤污染的有效措施。当前的主要工作是继续进行区域土壤背景值的研究,调查区域土壤污染状况和污染程度，对土壤环境质量进行评价和分级，确定区域污染物质的排放量、允许的种类、数量和浓度。

4.3.2 土壤污染修复 (Soil pollution remediation)

受污染的土壤可以通过修复降低其风险或危害，恢复其功能，但一般需要大量的资金和较长的时间。土壤修复是指通过物理、化学和生物的方法转移、吸收、降解和转化土壤中的污染物，使其浓度降低到可接受水平，或将有毒有害的污染物转化为无害的物质。一般包括生物修复、物理修复和化学修复3类方法。由于土壤污染的复杂性，有时需要采用多种技术。

(1)生物修复。

生物修复技术是20世纪80年代发展起来的，其基本原理是利用生物特有的分解有毒有害物质的能力，达到去除土壤中污染物的目的，主要包括植物修复技术、微生物修复技术和生物联合修复技术。优点是不破坏土壤有机质，不对土壤结构做大的扰动，成本低；缺点是修复周期长，通常不适宜对高浓度污染土壤的修复。

(2)物理修复。

物理修复是指通过各种物理过程将污染物从土壤中去除或分离的技术。目前常用的技术包括客土法、热脱附、土壤气相抽提、机械通风等。优点是修复效率高、速度快；缺点是往往成本偏高等。

(3)化学修复。

化学修复是指向土壤中加入化学物质，通过对重金属和有机物的氧化还原、螯合或沉淀等化学反应，去除土壤中的污染物或降低土壤中污染物的生物有效性或毒性的技术。主要包括土壤固化稳定化、淋洗、氧化还原等。优点是修复效率较高、速度相对较快；缺点是容易破坏土壤结构、因添加化学药剂易产生二次污染等。以下对各项修复技术做以详细介绍。

1. 土壤污染的物理修复技术

物理修复技术是最常用的土壤修复方法，广泛应用于各种污染土壤。遇到土壤污染时，应首先考虑物理修复法。可根据不同土壤质地、通透性和污染物类型，以及具体的修复后土壤可再利用价值，选择不同的土壤物理修复方法，在成本一定的情况下，达到良好的土壤修复效果。多用于小型污染地块的修复。

(1)物理分离修复技术。

物理分离修复是一项借助物理手段将污染物从环境介质上分离开来的技术。通常情况下，物理分离技术被作为初步的分选技术，以减少待处理被污染物的体积，优化后续处理工作。一般来说，物理分离技术不能充分达到环境修复的要求。通常，都是在流动的单元内原位开展修复工程，它的修复能力是每天能处理9 ~ 450 m^3 的土壤。

物理分离技术来源于化学、采矿和选矿工业中。在原理上，大多数污染土壤的物理分离修复基本上与化学、采矿和选矿工业中的物理分离技术一样，主要是根据土壤介质及污染物的物理特征而采用不同的操作方法。其包括粒径分离、水动力学分离、重力（或密度)分离、脱水分离、泡沫浮选分离、磁分离等技术。

物理分离技术主要应用在污染土壤中无机污染物的修复技术上,它最适合用来处理小范围射击场污染的土壤,从土壤、沉积物、废渣中分离重金属、清洁土壤、恢复土壤正常功能。大多数物理分离修复技术都有设备简单、费用低廉、可持续高产出等优点,但是在具体分离过程中,其技术的可行性要考虑各种因素的影响。例如:物理分离技术要求污染物具有较高的浓度并且存在于具有不同物理特征的相介质中;筛分干污染物时会产生粉尘;固体基质中的细粒径部分和废液中的污染物需要进行再处理。物理分离技术在应用过程中还有许多局限性,例如,用粒径分离时易塞住或损坏筛子;用水动力学分离和重力分离时,当土壤中有较大比例的黏粒、粉粒和腐殖质存在时很难操作;用磁分离时处理费用比较高等。这些局限性决定了物理分离修复技术只能在小范围内应用,不能广泛推广。

(2)换土法。

换土法即用未受到污染的土壤替换掉已经受到污染的土壤。这种方法方便、直接、高效,立竿见影,但因换土工程量大、造价高,只能适用于修复后利用价值很高的土壤,例如景区花园、科研场所土壤等。换土法(图4.8)主要的工艺有直接全部换土、地下土置换表层土、部分换土法、覆盖新土降低土壤污染物浓度法。通过实地考察,根据实际情况单一选择一种换土法或者多种换土法综合使用等,一般可以很快达到土壤修复的目的。

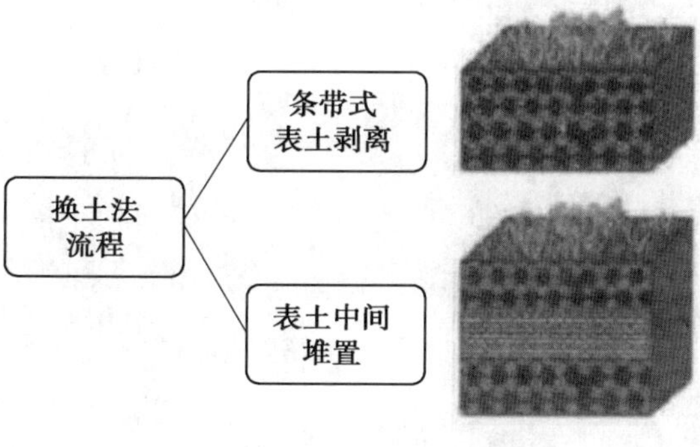

图4.8 换土法原理示意

(3)热化法修复。

热化法修复是通过直接加热、水蒸气加热、红外线加热、微波辐射加热等方式将土壤加热到一定的温度,土壤中可挥发性的污染物会迅速汽化,再将这些可挥发性污染物收集,就可以降低土壤中污染物的浓度。热化法能耗高,要求土壤渗透性高,只是用于可挥发性好的土壤污染物。一般也只用于快速修复土壤,例如医院、池塘、花园、科研单位等地方的土壤。热处理技术适用于受有机污染的土壤修复,已在苯系物、多环芳烃、多氯联苯和二噁英等污染土壤的修复中得到应用。

(4)土壤气相抽提技术。

土壤气相抽提技术也被称为土壤真空抽提、土壤通风或蒸气抽提,是指通过降低土壤空隙蒸气压,把土壤中的污染物转化为蒸气形式而加以去除的技术,是利用物理方法去除不饱和土壤中挥发性有机组分污染的一种修复技术(图4.9)。该技术是利用真空泵产生负压驱使空气流过污染的土壤孔隙而解吸并夹带有机组分流向抽取井,最终于地上进行处理。为增加压力梯度和空气流速,很多情况下在污染土壤中也安装若干空气注射井。该技术适用处理污染物为高挥发性化学成分,如汽油、苯和四氯乙烯等环境污染。土壤气相抽提技术种类:原位土壤气相抽提技术、异位土壤气相抽提技术、多相抽提技术(两相抽提、两重抽提)、生物通风技术。

土壤气相抽提技术的主要优点:能够原位操作且较简单,对周围环境干扰较小;能高效去除挥发性有机物;经济性好,在有限的成本范围内能处理更多污染土壤;系统安装转移方便;可以方便地与其他技术组合使用。此项技术在应用过程中也有一些限制因素,例如在原位土壤蒸气浸提技术的应用中,下层土壤的异质性、低渗透性的土壤、地下水位高等都成为其限制因素。

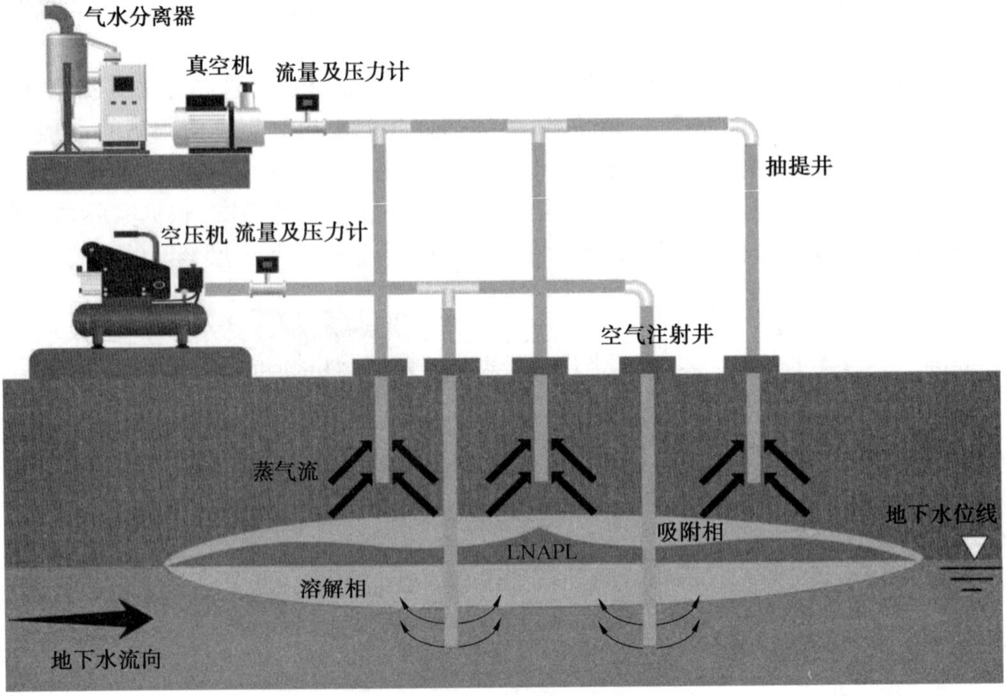

图 4.9 土壤气相抽提技术示意
LNAPL—密度比水轻非水相液体

(5)固化/稳定化技术。

固化/稳定化技术包含两个概念。其中,固化是指利用水泥一类的物质与土壤相混合将污染物包被起来,使之呈颗粒状或大块状存在,进而使污染物处于相对稳定的状态。封装可以是对污染土壤进行压缩,也可以是由容器来进行封装。固化不涉及固化物或固化的污染物之间的化学反应。稳定化是利用磷酸盐、硫化物和碳酸盐等作为污染物稳定化处理的反应剂,将有害化学物质转化成毒性较低或迁移性较低的物质。

防止、降低污染土壤释放有害物质或降低其中污染物转移性的修复技术,包括原位固化/稳定化和异位固化/稳定化。稳定化不一定改变污染物及其污染土壤的物理化学性质。

固化/稳定化常用的材料主要有:无机黏结剂,如水泥、石灰、碱激发胶凝材料等;有机黏结剂,如沥青、聚乙烯等热塑性材料;热固性材料,如尿素、聚酯、酚醛塑料和环氧化物等;化学稳定药剂,如无机药剂(如硫化物、氢氧化钠等)、有机药剂(如EDTA等);土聚物,它是一种新型的无机聚合物,其分子链由Si、O、Al等以共价键相连而成,是具有网络结构的类沸石。

固化/稳定化技术适用于多种土壤污染类型。固化/稳定化处理技术对污染土壤进行修复具有以下几个方面的优点:可以处理多种复杂金属废物;费用低廉;加工设备容易转移;所形成的固体毒性降低,稳定性增强;凝结在固体中的微生物很难生长,不致破坏结块结构。

该技术在应用过程中的影响因素也较多,例如,土壤中水分及有机污染物的含量、亲水有机物的存在、土壤的性质等都会影响技术的有效性,并且该技术只是暂时降低了土壤的毒性,并没有从根本上去除其污染物,当外界条件改变时,这些污染物质还有可能释放出来污染环境。另外,在固化/稳定化过程中,可能导致封装后污染物的泄漏、处理过程中所用的过量处理剂的泄漏与污染,以及应用固化剂/稳定剂导致其中可能产生的挥发性有机污染物等的释放等问题。

(6)玻璃化技术。

玻璃化技术通过高强度能量输入,使污染土壤熔化,将含有挥发性污染物的蒸气回收处理,同时污染土壤冷却后呈玻璃状团块固定。

玻璃化技术包括原位玻璃化技术和异位玻璃化技术两个方面。其原理是对土壤固体组分(或土壤及其污染物)进行1 600~2 000 ℃的高温处理,使有机物和一部分无机化合物如硝酸盐、磷酸盐和碳酸盐等得以挥发或热解从而从土壤中去除的过程。

(7)电动力学修复技术。

电动力学修复技术的基本原理类似电池,利用插入土壤的两个电极在污染土壤两端加上低压直流电场,在低强度直流电的作用下,水溶的或者吸附在土壤颗粒表层的污染物根据各自所带电荷的不同而向不同的电极方向运动:阳极附近的酸开始向土壤毛隙孔移动,打破污染物与土壤的结合键,此时,大量的水以电渗透方式在土壤中流动,土壤毛隙孔中的液体被带到阳极附近,这样就将溶解到土壤溶液中的污染物吸收至土壤表层得以去除。污染物去除过程主要涉及电迁移、电渗析、电泳和酸性迁移带4种电动力学现象。

电动力学修复技术在土壤中金属修复方面有很大优势,其优点可以归纳为:与挖掘、土壤冲洗等异位技术相比,电动力学技术对现有景观、建筑和结构等的影响最小;与酸浸提技术不同,电动力学技术改变土壤中原有成分的pH使金属离子活化,这样土壤本身的结构不会遭到破坏,而且该过程不受土壤低渗透性的影响;与化学稳定化不同,电动力学技术中金属离子从根本上完全被驱除而不是通过向土壤中引入新的物质与金属离子结合产生沉淀物实行的;对于不能原位修复的现场,可以采用异位修复的方法;可能对饱和层和不饱和层都有效;水力传导性较低特别是黏土含量高的土壤适用性较强;对有机和无机污染物都有效。

电动力学技术在应用上也存在一些限制因素:污染物的溶解性和污染物从土壤胶体表面的脱附性能对技术的成功应用有重要影响;需要电导性的孔隙流体来活化污染物;埋

藏的地基、碎石、大块金属氧化物、大石块等会降低处理效率;金属电极电解过程中发生溶解,产生腐蚀性物质,因此电极需采用惰性物质如碳、石墨、铂等;污染物的溶解性和脱附能力限制技术的有效应用;土壤含水量低于10%的场合,处理效果大大降低;非饱和层水的引入会将污染物冲洗出电场影响区域,埋藏的金属或绝缘物质会引起土壤中电流的变化;当目标污染物的浓度相对于背景值(非污染物浓度)较低时,处理效率降低。

(8)热解吸法。

热解吸法是利用直接或间接热交换,通过控制热解吸系统的床温和物料停留时间有选择地使污染物得以挥发去除的技术,主要用于修复有机物。它可分为两步:加热污染介质使污染物挥发和处理废气防止污染物扩散到大气。

它是通过加热升温土壤,收集挥发性污染物进行集中处理。

热解吸技术主要包括土壤加热系统、气体收集系统、尾气处理系统、控制系统等;加热方式有蒸汽注入、射频加热、电阻加热、电传导加热。

热解吸法需要消耗大量的能量并且容易破坏土壤中的有机质和结构水,同时还会向空气挥发有害蒸气而造成二次污染。

2. 土壤污染的化学修复技术

(1)土壤有机污染的化学修复。

化学修复方法包括各种中和或去除有毒物质的技术,涉及化学淋洗修复、溶剂浸提修复、化学氧化修复、化学还原修复、化学脱氯修复、电化学修复、真空浸提修复、沉淀修复和活性炭吸附修复等。

①化学淋洗修复技术。

化学淋洗修复技术是将清洗液注入被污染土壤土层,使土壤污染物发生溶解或迁移,再将带有污染物的溶液从土壤中抽取出来进行分离处理。该项技术的关键是要选择合适的清洗液,既不会破坏土壤结构,也不会对土壤产生二次污染。常用的清洗液包括水、无机酸、无机盐化合物。此外,螯合剂可与土壤污染物如重金属离子结合形成较为稳定的螯合物,例如,乙二胺四乙酸等能有效降低土壤重金属的生物有效性,柠檬酸、苹果酸、草酸、胡敏酸等天然螯合物具有较强的应用潜力。既可以在原位进行修复,也可进行异位修复。在原位修复时,该技术主要用于处理地下水位线以上、饱和区的吸附态污染物,其化学机制在于淋洗液或"化学助剂"与介质中的污染物结合,并通过淋洗液的解吸、螯合、溶解或固定等化学作用,达到修复污染土壤的目的。影响原位化学淋洗工程是否有效、是否可实施,以及处理费用的因素很多,其中起决定作用的是土壤、沉积物或污泥等介质的渗透性。异位化学淋洗技术始于1980年,由美国国家环保局和其他国家的环保机构开始研究。与原位化学淋洗技术不同的是,异位化学淋洗技术要把污染土壤挖掘出来,用水或溶于水的化学试剂来清洗、去除污染物,再处理含有污染物的废水或废液,洁净的土壤可以回填或运到其他地点。

a. 原位化学淋洗。

原位化学淋洗指通过注射井等向土壤施加淋洗剂,使其向下渗透,穿过污染带与污染物结合,通过解吸、溶解或络合等作用,最终形成可迁移态化合物。含有污染物的溶液可以用提取井等方式收集、存储,再进一步处理,以再次用于处理被污染的土壤。该技术需要在原地搭建修复设施，包括清洗液投加系统、土壤下层淋出液收集系统和淋出液处理系统。同时，有必要把污染区域封闭起来，通常采用物理屏障或分割技术。

该技术对于多孔隙、均质、易渗透的土壤中的重金属、具有低辛烷/水分配系数的有机化合物、羟基类化合物、低分子量醇类和羟基酸类等污染物具有较高的分离与去除效率。优点包括：无须对污染土壤进行挖掘、运输，适用于包气带和饱水带多种污染物去除，适用于组合工艺中。缺点有：可能会污染地下水，无法对去除效果与持续修复时间进行预测，去除效果受制于场地地质情况等。

b. 异位化学淋洗。

异位化学淋洗指把污染土壤挖掘出来，通过筛分去除超大的组分并把土壤分为粗料和细料，然后用淋洗剂来清洗、去除污染物，再处理含有污染物的淋出液，并将洁净的土壤回填或运到其他地点。该技术操作的核心是通过水力学方式机械地悬浮或搅动土壤颗粒，土壤颗粒尺寸的下限是9.5 mm，大于这个尺寸的石砾和颗粒才会较易由该方式将污染物从土壤中洗去。通常将异位化学淋洗技术用于降低受污染土壤量的预处理，主要与其他修复技术联合使用。当污染土壤中砂粒与砾石含量超过50%时，异位化学淋洗技术就会十分有效；而对于黏粒、粉粒含量超过30%，或者腐殖质含量较高的污染土壤，异位化学淋洗技术分离去除效果较差。

一般的异位化学淋洗修复技术流程如下：①挖掘土壤。②土壤颗粒筛分，剔除杂物如垃圾、有机残体、玻璃碎片等，并将粒径过大的砾石移除。③淋洗处理，在一定的土液比下将污染土壤与淋洗液混合搅拌，待淋洗液将土壤污染物萃取后，静置，进行固液分离。④淋洗废液处理，含有悬浮颗粒的淋洗废液经处理后，可再次用于淋洗。⑤挥发性气体处理达标后排放。⑥淋洗后的土壤符合控制标准，进行回填或安全利用，淋洗废液处理中产生的污泥经脱水后可再进行淋洗或送至最终处置场处理。

②化学氧化/还原修复技术。

化学氧化/还原修复技术是通过向污染区域的土壤注入氧化剂或还原剂，通过氧化或还原作用，使土层中的污染物转化为无毒或毒性相对较小的物质，达到修复的目的。化学氧化/还原修复技术在国内外污染场地修复中应用非常广泛，通过向污染土壤/地下水中添加氧化剂/还原剂，氧化/还原污染物，使土壤/地下水中的污染物转化为无毒或毒性相对较小的物质。常见的氧化剂包括高锰酸盐、过氧化氢、芬顿试剂、过硫酸盐和臭氧等；常见的还原剂有硫化氢、连二亚硫酸钠、亚硫酸氢钠、硫酸亚铁、多硫化钙、二价铁、零价铁等。技术特点：可处理石油烃、苯系物BTEX、酚类、含氯有机溶剂、多环芳烃、农药等大部分有机物；对不同性质土壤均有效；原位、异位修复均可；污染物被转化为无毒或相对毒性较小的物质；修复价格适中；治理时间短。

修复工程中，如果土壤存在腐殖酸、还原性金属等物质，将会消耗较多的氧化剂；而渗透性较差的土层（如黏土）会使药剂传输速率减慢；另外还可能会存在产热、产气等不利影响，同时，土壤的pH也会对反应产生较大影响。

化学氧化/还原修复技术的一般流程如下。

a. 前期准备。

施工前需要经过充分的试验研究确定药剂处理效果和投药量，并通过中试试验进一步确定和优化设计参数,确定注入点的水平和垂直影响半径、土壤结构分布、污染去除率、反应产物等;系统设计时,还需重点考虑注入井布设的间距和深度、药剂注入量、监测井布设的间距和深度等;注入井的数量和深度根据污染区的大小和污染程度进行设计。还可以通过建立场地概念模型、反应传质模型等方式指导系统设计和运行。另外,要注意对操作人员的培训、化学药剂的安全操作以及修复产生废物的管理。

b. 主要实施过程。

i. 处理系统建设,即依据现场中试试验确定的注入井位置和数量等参数,按照事先设计的方案建立起处理系统。

ii. 药剂注入过程,即依据前期实验确定的药剂对污染物的降解效果,选择适用的药剂。

iii. 再结合中试试验,确定注入浓度、注入量和注入速率,通过药剂搅拌系统对药剂进行充分混合,然后注入药剂,药剂注入过程中做好对温度和压力变化的实时监视。

iv. 开展修复中及修复后的监测,主要包括对污染物浓度、pH、氧化还原电位等参数的监测,如果污染物浓度出现反弹,则需要进行补充注入。

c. 维护和监测。

化学氧化/还原修复技术的运行维护相对简单,只需对药剂注入系统以及注入井和监测井进行相应的运行维护即可。监测包括修复过程监测和修复效果监测。修复过程监测通常在药剂注射前、注射中和注射后很短时间内进行,监测参数包括药剂浓度、温度和压力等。若修复过程中产生大量气体或场地正在使用,则还需要对挥发性有机污染物、爆炸下限(LEL)等参数进行监控。效果监测的主要目的是依据修复前的背景条件,确认污染物的去除、释放和迁移情况,监测参数为污染物浓度、副产物浓度、金属浓度、pH、氧化还原电位和溶解氧。若监测结果显示污染物浓度上升,则说明场地中存在未处理的污染物,需要进行补充注入。

(2)土壤重金属的化学修复。

土壤中重金属的化学修复方法就是研究对被污染的土壤采取化学技术措施,使存在于土壤中的污染物浓度减少或毒性降低或完全无害化,使得土壤能够部分或全部恢复到原始状态。随着修复技术的发展,土壤修复的理论研究不断深入,形成目前工程、物理、化学、生物多种修复方法共存的局面,并有由物理化学方法向生物方法发展的趋势,但是化学修复手段作为土壤修复的传统、有效的修复方式仍然有其不可替代的优势和特点。

目前重金属的化学修复方法主要包括土壤重金属化学淋洗方法、化学固定化/稳定化修复方法、化学还原修复方法、可渗透反应墙修复方法等。

①土壤重金属化学淋洗方法。

土壤重金属化学淋洗方法是指在土壤中注入或渗入冲洗液,使其流经需治理的土层,解析土壤中的污染物,再对含有污染物的冲洗液进行处理及回用的过程。土壤固持金属的机制可分为两大类:一是以离子态吸附在土壤组分的表面;二是形成金属化合物的沉淀。土壤重金属化学淋洗原理是运用试剂与土壤固相中的重金属作用,形成溶解性的重金属离子或金属络合物,然后用清水把污染物冲至根层外,再利用含有一定配位体的化合物冲淋土壤,使之与重金属离子形成更稳定的络合物。

淋洗液的注入可改变土壤与污染物的吸附-脱附特性、氧化还原电位、界面张力、酸碱度及分配、溶解、沉淀状态等,从而增加污染物的溶解度,使其与溶液形成浮液或发生化学反应,促使土壤中污染物去除。土壤质地、污染物类型及赋存状态对土壤淋洗的效果有重要影响。土壤淋洗技术可用于放射性物质、有机物、重金属或其他无机物污染土壤的处理或前处理,砂砾、沙、细沙以及类似土壤中的污染物更容易被淋洗出来,而黏土中的污染物则较难淋洗。土壤冲洗有多种实现形式,包括原位修复和异位修复,或用带有阴离子的溶液,如碳酸盐、磷酸盐冲洗土壤,使重金属形成化合物沉淀。该方法的技术关键是寻找一种既能提取各种形态的重金属又不破坏土壤结构的淋洗液。目前,用于淋洗土壤的淋洗液较多,包括有机或无机酸、碱、盐和螯合剂。主要的重金属淋洗液种类包括:清水;螯合剂,EDTA、DTPA 类人工螯合剂和柠檬酸、苹果酸、酒石酸盐等天然螯合剂;表面活性剂;无机溶剂,如酸、碱、盐等。

目前,化学淋洗修复方法对于重金属的重度污染效果较好,适合砂土和砂壤土等透水性好的土壤。弱有机酸盐(柠檬酸和酒石酸盐)和强螯合剂(EDTA 和 DTPA)对重金属铬(Cr)、汞(Hg)和铅(Pb)污染土壤修复有效,EDTA 和 DTPA 能有效地去除 Hg 以外的重金属元素,也提取出大量的土壤营养元素;弱有机酸盐(柠檬酸和酒石酸盐)只淋滤少量的营养元素,同时能改善土壤结构。有研究表明,EDTA 加入土壤仅 7 d,水溶态的镉增加数百倍,交换态的镉增加了数十倍。

②化学固定化/稳定化修复方法。

化学固定化/稳定化修复方法是指向被重金属污染的土壤中加入化学试剂或化学材料(如水泥和硅土),使得重金属钝化形成不溶性或移动性差、毒性小的物质而降低其在污染土壤中的生物有效性,减少其向其他环境系统的迁移或结合其他修复技术手段永久地消除污染(图 4.10)。

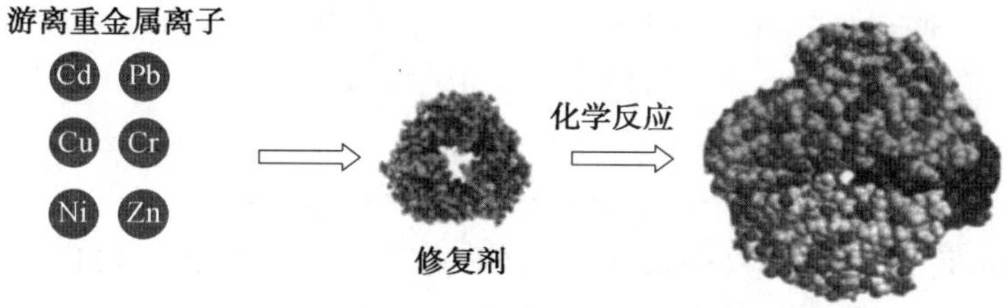

图 4.10 重金属的沉淀修复示意

目前,常用于处理重金属污染土壤的固化方法包括水泥及其他凝硬性材料固化法、热塑性微包胶处理、玻璃化及微波固化等方法。常用固化剂有水泥、硅酸盐、高炉渣、石灰、磷灰石、窑灰、飘尘、沥青、沸石、磷肥、海绿石、含铁氧化物材料、堆肥和钢渣等。含 80% 高炉矿渣的水泥固化铬污染土壤,对铬质量分数超过 0.1% 的土壤固化后,土壤中铬质量分数低于 0.000 5%,并且随着矿渣比例的提高,铬质量分数进一步降低。黏土矿物和氧化物与重金属生成络合、螯合物,性质稳定,能在原位固化重金属。旧轮胎橡胶可固化污染土壤中二价汞,并降低其活性,如用乙酸浸提经旧轮胎橡胶固化的土壤。

③化学还原修复方法。

化学还原修复方法是一种原位修复方法,是利用化学还原剂将污染环境中的污染物质还原,从而去除的方法。如,可利用铁屑、硫酸亚铁或其他一些容易得到的化学还原剂将六价铬还原为三价铬,形成难溶的化合物,从而降低铬在环境中的迁移性和生物可利用性,减轻铬污染的危害。还原剂可以直接加入到土壤中,或采用可渗透氧化还原反应墙的形式。根据采用的不同还原剂化学还原修复法,可以分为无机还原法和有机还原法。加入亚铁溶液将六价铬还原时,形成不溶沉淀——铬和铁的复合氢氧化物,可以用该法还原处理铬污染土壤。使用硫酸亚铁将被铬污染土壤中的六价铬转变为低毒性的三价铬。例如,美国新泽西州哈得逊县1905—1976年产出200万t铬渣,由于底部填富含腐烂植物有机层,层中细菌和有机物将雨水带入的六价铬还原。俄罗斯发明的铬渣安全储坑内垫有一层富含腐殖土的泥煤,能将雨水从铬渣中淋溶流入的六价铬还原,并生成稳定的三价铬络合物而固定,致流出储坑的地下水不含铬。

④可渗透反应墙。

可渗透反应墙(PRB)又称渗透反应格栅技术,是一种被动原位处理技术。目前,在欧美许多国家新兴起一种用于原位去除地下水及土壤中污染组分的方法。美国环保署1998年发行的《污染物修复PRB的技术》手册中指出,PRB是在地下安置活性材料墙体以便拦截污染羽状体,使得污染羽状体通过反应介质后,其污染物能转化为环境接受的另一种形式,实现使污染物浓度达到环境标准的目标。当重金属沿地下水水流方向进入PRB处理系统,在具有较低渗透性的化学活性物质的作用下,发生沉淀反应、吸附反应、催化还原反应或催化氧化反应,使得污染物转化为低活性的物质或降解为无毒的成分。

PRB重金属离子的去除作用机理为,金属铁与无机离子发生氧化还原反应,将重金属以单质或不可溶的化合物析出。同时金属铁也能去除地下水中部分无机阴离子。具体化学反应如下:

$$Fe^0+CrO_4^{2-}+8H^+\longrightarrow Fe^{3+}+Cr^{3+}+4H_2O$$

$$(1-x)Fe^{3+}+xCr^{3+}+2H_2O\longrightarrow Fe(1-x)Cr(x)OOH_{(S)}+3H^+$$

$$Fe^0+UO_2^{2+}\longrightarrow Fe^{2+}+UO_{2(S)}$$

$$3Fe^0+HSeO_4^-+7H^+\longrightarrow 3F^{2+}+SeO_{(S)}+4H_2O$$

$$4Fe^0+NO_3^-+10H^+\longrightarrow 4Fe^{2+}+NH_4^++3H_2O$$

由上述反应可知,铁以$Fe(OH)_2$或$Fe(OH)_3$形式沉淀,阻碍反应进一步进行。因此,在地下水进入反应单元之前,应采取一定的措施降低或消除水中的溶解氧。由于反应产生OH^-,导致反应单元中水的pH升高,使一些污染物降解速率降低,并易形成碳酸钙、碳酸铁以及其他不溶解金属氢氧化物沉淀而将铁的表面包围起来,从而降低PRB的可渗透性,造成堵塞现象。在天然地下水中,溶解的碳酸及重碳酸盐起到缓冲体系的作用,限制了pH升高和沉淀生成。PRB常采用铁粉和铁屑作为反应材料,加大其反应表面,使铁的活性可以保持5年以上。

现场修复实验表明,金属铁与无机离子的化学反应可以很快完成,可以被金属铁去除的重金属污染物有铬、铀、硒、钴、铜、汞、砷等,同时金属铁也可以通过生物降解反应去除硝酸根、硫酸根等无机阴离子。

⑤氧化修复技术。

氧化修复技术是指在土壤污染区域添加化学氧化剂,氧化剂与污染物发生氧化反应,对污染物进行分解,进而实现降低污染物毒性的目标。由于土壤中的氧气较少,而很多元素自身就会发生氧化反应,添加氧化剂能够加快污染物的氧化反应,提高土壤对污染物的分解能力。如果土壤污染物无法分解,人们可以在土壤中添加适量的还原剂,使污染物能够充分进行氧化还原。此技术还处于发展阶段,需要有关部门强化技术研究,科学应用污染物的氧化还原反应,完成土壤环境污染的修复作业,减少生成物对环境所造成的污染。

氧化还原技术在重金属土壤污染修复中具有很强的应用性。重金属污染土壤包含大量污染物,而添加氧化剂、还原剂后,其能够与金属元素发生氧化还原反应,产生新的物质。

具体原理:在土壤污染区域投入化学改良剂等物质,经过改良剂的吸收作用,使原有土壤中的重金属发生还原反应并产生沉淀,有效减少土壤中的金属元素含量,降低金属物质对土壤的危害。石灰等物质在还原土壤中可以发挥重要的作用,通过提高土壤酸碱度,将土壤中的金属污染物氧化还原,使其形成新的碳酸类沉淀物,能够起到良好的修复效果。此外,将生物技术与氧化还原技术融合是现阶段研究的主要内容,人们需要加大研究力度,使其发挥更大的修复作用。

3. 土壤污染生物修复技术

(1)植物修复技术。

植物修复技术是指利用植物忍耐和超量积累某种或某些化学元素的功能,或利用植物及其根际微生物体系将污染物降解转化为无毒物质的特性,通过植物在生长过程中对环境中的金属元素、有机污染物以及放射性物质等的吸收、降解、过滤和固定等功能来净化环境污染的技术。植物修复技术包括利用植物超积累或积累性功能的植物吸取修复、利用植物根系控制污染扩散和恢复生态功能的植物稳定修复、利用植物代谢功能的植物降解修复、利用植物转化功能的植物挥发修复、利用植物根系吸附的植物过修复等技术。可被植物修复的污染物有重金属、农药、石油和持久性有机污染物、炸药、放射性核素等。其中,重金属污染土壤的植物吸取修复技术在国内外都得到了广泛研究,已经应用于砷、镉、铜、锌、镍、铅等重金属以及与多环芳烃复合污染土壤的修复,并发展出包括络合诱导强化修复、不同植物套作联合修复、修复后植物处理处置的成套集成技术。这种技术的应用关键在于筛选具有高产和高去污能力的植物,摸清植物对土壤条件和生态环境的适应性。

①植物转化修复。

植物转化也称植物降解,指通过植物体内的新陈代谢作用将吸收的污染物进行分解,或者通过植物分泌出的化合物(比如酶)的作用对植物外部的污染物进行分解。植物转化技术使用于疏水性适中的污染物,如 BTEX、TCE、TNT 等。对于疏水性非常强的污染物,由于其会紧密结合在根系表面和土壤中,从而无法发生运移,对于这类污染物,更适合采用之后提到的植物固定和植物辅助生物修复技术来治理。

②根滤作用。

根滤作用的原理是借助植物羽状根系所具有的强烈吸持作用,从污水中吸收、浓集、沉淀金属或有机污染物,植物根系可以吸附大量的铅、铬等金属。另外也可以用于放射性污染物、疏水性有机污染物(如三硝基甲苯 TNT)的治理。进行根滤作用所需要的媒介以水为主，因此根滤是水体、浅水湖和湿地系统进行植物修复的重要方式，所选用的植物也以水生植物为主。

③植物挥发。

植物挥发通过植物的吸收促进某些重金属转移为可挥发态，挥发出土壤和植物表面，达到治理土壤重金属污染的目的。有些元素如硒(Se)、砷(As)和汞(Hg)通过甲基化挥发，大大减轻土壤的重金属污染。如芥菜(*Brassica juncea*)能使土壤中的Se以甲基硒的形式挥发去除。还有的研究表明烟草能使毒性大的二价汞转化为气态的零价汞。细菌的汞还原酶基因转入拟南芥(*Arabidopsis thaliana*)中，发现该植物对$HgCl_2$的抗性和将Hg^{2+}还原为Hg的能力明显增强。这一方法只适用于挥发性污染物，植物挥发要求被转化后的物质毒性要小于转化前的污染物质，以减轻环境危害。由于这一方法只适用于挥发性污染物，应用范围很小，并且将污染物转移到大气和(或)异地土壤中对人类和生物有一定的风险，因此，它的应用将受到限制。

④植物吸取。

植物吸取是通过种植一些特殊植物，利用其根系吸收污染土壤中的有毒有害物质并运移至植物地上部，收割地上部物质带走土壤中污染物的一种方法。植物吸取作用是目前研究最多、最有发展前景的方法。该技术利用的是一些对重金属具有较强忍耐和富集能力的特殊植物。要求所用植物具有生物量大、生长快和抗病虫害能力强的特点，并具备对多种重金属较强的富集能力。此方法的关键在于寻找合适的超富集植物和诱导出超级富集体。

⑤植物固定。

植物固定是利用植物根际的一些特殊物质使土壤中的污染物转化为相对无害物质的一种方法。植物在植物固定中主要有两种功能：保护污染土壤不受侵蚀，减少土壤渗漏来防止金属污染物的淋移；通过重金属根部的积累和沉淀或根表吸持来加强土壤中污染物的固定。应用植物固定原理修复污染土壤应尽量防止植物吸收有害元素，以防止昆虫、草食动物在这些地方觅食后可能会对食物链带来的污染。然而植物固定作用并没有将环境中的重金属离子去除，只是暂时将其固定，使其对环境中的生物不产生毒害作用。

植物修复技术属于原位修复技术，其成本低、二次污染易于控制，植被形成后具有保护表土、减少侵蚀和水土流失的功效，可大面积应用于矿山的复垦、重金属污染场地的植被与景观修复。但植物修复技术主要依赖于生物进程，与一些常用工程措施相比见效慢，修复耗时长，对于深层污染的修复有困难，气候及地质等因素使得植物的生长受到限制，存在污染物通过“植物-动物”的食物链进入自然界的可能。

(2)微生物修复技术。

微生物修复技术是指微生物能以有机污染物为唯一碳源和能源或者与其他有机物质进行共代谢而降解有机污染物。利用微生物降解作用发展的微生物修复技术是农田土壤污染修复中常见的一种修复技术。这种生物修复技术已在农药或石油污染土壤中得到应用。

土壤微生物利用有机物(包括有机污染物)为碳源，满足自身生长需要，并同时将有机污染物转化为低毒或者无毒的小分子化合物，如二氧化碳、水、简单的醇或酸等，达到净化土壤的目的。对具有降解能力的土著微生物特性的研究，始终是环境生物修复领域的研究重点。常见的降解有机污染物的微生物有细菌(假单胞菌、芽孢杆菌、黄杆菌、产碱菌、不动杆菌、红球菌和棒状杆菌等)、真菌(曲霉菌、青霉菌、根霉菌、木霉菌、白腐真菌和毛霉菌等)和放线菌(诺卡氏菌、链霉菌等)，其中以假单胞菌属最为活跃，对多种有机污染物，如农药及芳烃化合物等具有分解作用。有些情况下，受污染环境中溶解氧或其他电子受体不足的限制，土著微生物自然净化速度缓慢，需要采用各种方法来强化，包括提供氧气或其他电子受体例如 NO_3^-，添加氮、磷营养盐，接种经驯化培养的高效微生物等，以便能够提高生物修复的效率和速率。

有机污染物质的降解是由微生物酶催化进行的氧化、还原、水解、基团转移、异构化、酯化、缩合、氨化、乙酰化、双键断裂及卤原子移动等过程。该过程主要有两种作用方式：①通过微生物分泌的胞外酶降解；②污染物被微生物吸收至其细胞内后，由胞内酶降解。微生物从胞外环境中吸收摄取物质的方式主要有主动运输、被动扩散、促进扩散、基团转位及胞饮作用等。

一些有机污染物不能作为碳源和能源被微生物直接利用，但是在添加其他的碳源和能源后也能被降解转化，这就是共代谢。研究表明，微生物的共代谢作用对于难降解污染物的彻底分解起着重要作用。例如甲烷氧化菌产生的单加氧酶是一种非特异性酶，可以氧化多种有机污染物，包括对人体健康有严重威胁的三氯乙烯和多氯联苯等。

微生物对氯代芳香族污染物的降解主要依靠两种途径：好氧降解和厌氧降解。脱氯是氯代芳烃化合物降解的关键步骤，好氧微生物可以通过双加氧酶和单加氧酶使苯环羟基化，然后开环脱氯；也可以先脱氯后开环。其厌氧降解途径主要依靠微生物的还原脱氯作用，逐步形成低氯的中间产物。一般情况下微生物对多环芳烃的降解都需要氧气的参与，在加氧酶的作用下使芳环分解。真菌主要是以单加氧酶催化起始反应，把一个氧原子加到多环芳烃上，形成环氧化合物，然后水解为反式二醇化合物和酚类化合物。而细菌主要以双加氧酶起始加氧反应，把两个氧原子加到苯环上，形成二氢二醇化合物，进一步代谢。除此之外，微生物还可以通过共代谢降解大分子量的多环芳烃。此过程中微生物分泌胞外酶降解共代谢底物维持自身生长的物质，同时也降解了某些非微生物生长必需的物质。

总体上，微生物修复研究工作主要体现在筛选和驯化特异性高效降解微生物菌株，提高功能微生物在土壤中的活性、寿命和安全性，修复过程参数的优化和养分、温度、湿度等关键因子的调控等方面。微生物固定化技术因能保障功能微生物在农田土壤条件下种群与数量的稳定性和显著提高修复效率而受到青睐。通过添加菌剂和优化作用条件发展起来的场地污染土壤原位、异位微生物修复技术有生物堆沤技术、生物预制床技术、生物通风技术和生物耕作技术等。运用连续式或非连续式生物反应器、添加生物表面活性剂和优化环境条件等可提高微生物修复过程的可控性和高效性。目前，正在发展微生物修复与其他现场修复工程的嫁接和移植技术，以及针对性强、高效快捷、成本低廉的微生物修复设备，以实现微生物修复技术的工程化应用。

微生物不仅能降解环境中的有机污染物，而且能将土壤中的重金属、放射性元素等无机污染物钝化、降低毒性或清除。重金属污染环境的微生物修复近年来受到重视，微生物可以对土壤中重金属进行固定、移动或转化，改变它们在土壤中的环境化学行为，从而达到生物修复的目的。因此，重金属污染土壤的微生物修复原理主要包括生物富集（如生物积累、生物吸附）和生物转化等作用方式。微生物可以将有毒金属被吸收后储存在细胞的不同部位或结合到胞外基质上，将这些离子沉淀或螯合在生物多聚物上，或者通过金属结合蛋白（多肽）等重金属特异性结合大分子的作用，富集重金属原子，从而达到消除土壤中重金属的目的。同时，微生物还可以通过细胞表面所带有的负电荷通过静电吸附或者络合作用固定重金属离子。生物转化包括氧化还原、甲基化与去甲基化以及重金属的溶解和有机络合配位降解等作用方式。在微生物的作用下，汞、砷、镉、铅等金属离子能够发生甲基化反应。其中，假单胞菌在金属离子的甲基化作用中起到重要作用，它们能够使多种金属离子发生甲基化反应，而使金属离子的活性或者毒性降低；一些自养细菌如硫杆菌类能够氧化 As^{+}、Cu^{2+}、Mo^{4+}、Fe^{2+}等重金属。生物转化中具有代表性的是汞的生物转化，Hg^{2+}可以被酶催化产生甲基汞，甲基汞和其他有机汞化合物裂解并还原成 Hg，进一步挥发，使得污染消除。

4.3.3 国内土壤修复技术发展趋势（Development trend of soil remediation technology in China）

我国场地土壤修复经数年发展，修复市场上的修复工程由少变多，项目规模由小变大，业务结构由单一变综合。如今产业整体特点是，竞争态势开始显现，专业从事土壤修复的企业逐渐增多。统计 2008—2016 年我国 177 个土壤修复项目中修复技术的应用（图 4.11）可看出，我国现阶段土壤修复以污染介质治理技术（物理、化学以及物理/化学联合）为主，占比 68%；污染途径阻断技术（封顶、填埋、垂直/水平阻断）占比 32%。

从具体修复技术种类来看，固化/稳定化占 23%、水泥窑协同处置占 5%、氧化还原占 5%、植物修复占 4%、抽提处理占 3%、土壤淋洗占 1%、化学改良占 1%、热解吸占 1%、气相抽提占 0.5%、高温焚烧占 0.5%。

整体来看，目前我国土壤修复技术中，固化/稳定化、水泥窑协同处置、氧化还原、热解吸、抽提处理以及植物修复是应用最广泛的技术。值得一提的是在污染场地中，原位修复技术逐渐得到认可和应用，已有不少试点示范项目，并得以推广。

2016 年 5 月《土壤污染防治行动计划》（简称“土十条”）发布后，我国的土壤修复技术发展方向已悄然发生变化。由于修复资金紧缺，“土十条”强调土地利用方式，同时提出“预防为主、保护优先、风险管控，分类管控”的思路，更加强调了风险防控技术。结合“土十条”，土壤修复技术的未来发展方向及需求将主要呈现以下特点。

（1）“风险消除”下，阻断污染扩散和/或暴露途径的安全阻控技术，工程控制措施和制度控制将越来越广泛地应用到土壤修复中。

当前，污染场地的修复和管理对策已由早期的“消除污染物”转向了更加经济、合理、有效的“风险消除”。污染场地风险管理强调“源—暴露途径—受体”链的综合管理，采取安全措施阻止污染扩散和阻断暴露途径是风险管理框架中可行且经济有效的手段。当污染暴露途径以室内蒸气入侵为主时，可以考虑在污染区域建筑物底部混凝土下方铺设蒸气密封土工膜，以阻断蒸气吸入暴露途径；当以接触表层污染土壤为主要暴露途径时，可

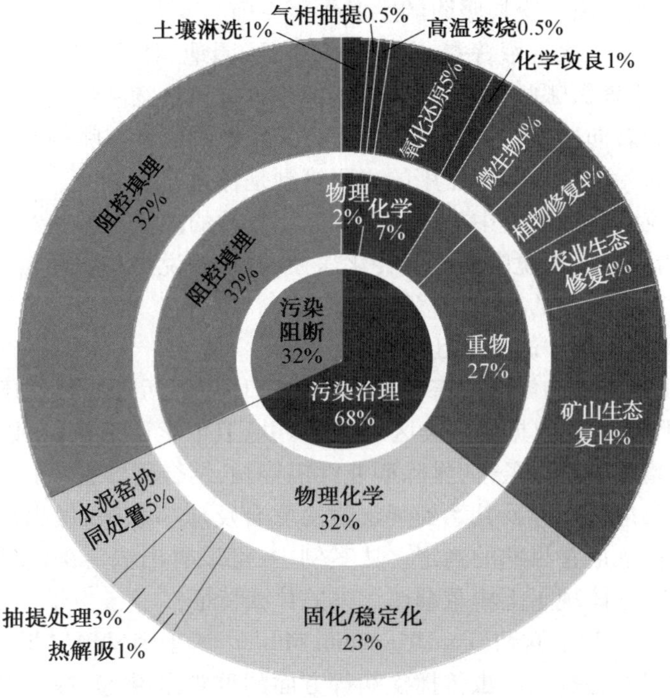

图4.11 2008—2016年我国土壤修复技术应用现状

以考虑在污染土层上方浇注水泥地面或铺设一定厚度的干净土壤来阻隔土壤直接接触途径。

(2)原位修复技术将替代异位修复技术,成为土壤修复的主力军。

"土十条"中提出"治理与修复工程原则上在原址进行,并采取必要措施防止污染土壤挖掘、堆存等造成二次污染"。借鉴发达国家土壤修复的治理经验,我国土壤修复必然将从异位修复向原位修复过渡,并成为土壤修复的主力军。

(3)基于设备化的快速场地污染土壤修复技术得以发展。

土壤修复技术的应用在很大程度上依赖修复设备和监测设备的支撑,设备化的修复技术是土壤修复走向市场化和产业化的基础。植物修复后的植物资源化利用、微生物修复的菌剂制备、有机污染土壤热脱附或蒸气浸提、重金属污染土壤的淋洗或固化/稳定化、修复过程及修复后环境监测等都需要设备。尤其是对城市工业遗留的污染场地,因其特殊位置和土地再开发利用的要求,需要快速、高效的物化修复技术与设备。开发与应用基于设备化的场地污染土壤的快速修复技术是一种发展趋势。

思考题与习题

1. 土壤具有哪些基本特性?
2. 何谓土壤的活性酸度和潜性酸度?两者之间有何联系?
3. 土壤的缓冲作用有哪几种?举例说明其作用原理。
4. 什么是盐基饱和度?它对土壤性质有何影响?

5. 试比较土壤阳、阴离子交换吸附的主要作用原理与特点。

6. 我国正在开展第三次土壤普查,实现全国耕地、园地、林地、草地等土壤全面体检。针对这次土壤体检,应该做哪些指标监测,上述指标具有什么意义?

7. 在土壤中重金属向植物体内转移的主要方式及影响因素有哪些?

8. 植物对重金属污染产生耐性作用的主要机制是什么?

9. 举例说明影响农药在土壤中进行扩散和质体流动的因素有哪些?

10. 试述有机磷农药在环境中的主要转化途径,并举例说明其原理。

11. 简述氮、磷在土壤中的主要迁移转化行为。

12. 简述重金属在土壤中的主要迁移转化行为。

13. 为早期发现镉污染的健康危害,我国制定了《环境镉污染所致健康危害区判定标准(GB/T 17221—1998)》。根据镉污染区现场的环境卫生学调查资料,以当地接触镉的定居人群镉负荷量增加为先决条件,排除职业性镉接触,结合靶器官肾脏重吸收功能和肾小管细胞损害的健康危害指标及其达到判定值的联合反应率水平,做出该污染区镉是否已构成当地人群慢性镉危害早期的判定。从案例中,可以看出镉污染的健康危害判定程序较为复杂,时间长,这体现了土壤重金属污染的什么特征?

14. 1939 年,瑞士化学家穆勒(Paul Hermann Müller)博士因发现二氯二苯基三氯乙烷(DDT)的杀虫活性以及在控制昆虫传播疾病等方面的重要作用,获 1948 年诺贝尔生理学或医学奖。有机氯杀虫剂最初为人类做出了巨大贡献;而在连续使用了十余年后则造成人类生存环境的极大破坏。以 DDT 在土壤中的迁移转化为例阐述有机氯杀虫剂的“淘汰之旅”。

15. 简述土壤污染的物理修复技术及其原理。

16. 简述土壤污染的化学修复剂及其修复原理。

17. 什么是生物修复?

18. 我国部分场地土壤污染存在重金属和有机物复合污染,如石油化工企业存在石油烃和镍、铅、锌等重金属复合污染。针对这一复合污染场地,如果由你设计修复技术路线,请给出可行技术路线图。

19. 我国盐碱地分布广泛,形成原因多样,其治理措施也不同,请针对东北地区典型苏打盐碱土,描述其典型特征,并基于你所学知识提供适宜治理技术。

第5章　生物体内污染物质的运动过程及毒性
(Chapter 5 The movement process and toxicity of pollutants in living organisms)

【内容提要及重点要求】 本章主要介绍污染物质与生物机体之间的相互作用，涉及机体对污染物质的吸收、分布、转化、排泄等过程和污染物质对机体毒性两方面的内容。要求掌握：污染物质的生物富集、放大和积累；耗氧和有毒有机污染物质的微生物降解；若干元素的微生物转化；微生物对污染物质的转化速率；毒物的毒性、联合作用和致突变、致癌及抑制酶活性等作用；定量构效关系中几种应用的分析方法。要求了解：有关重要辅酶的功能；有毒有机污染物质生物转化的类型。

5.1　生物机体的组成及环境中的微生物
(The composition of biological organisms and microorganisms in the environment)

5.1.1　生物机体的组成
(The composition of biological organisms)

生命体的最小结构单位为细胞，组成细胞的主要成分是原生质，可以说原生质是生命活动的物质基础。原生质的主要组成元素如下：

含量最多元素：碳、氢、氧、氮等，约占总质量的98%。

含量最少的元素：磷、硫、氯、钠、钾、镁、钙、铁等。

含微量的元素：铜、锰、锌、硼、钼、碘等。

从化学元素组成和分子化学的观点来看有机生物体，人们可以发现，所有有生命的系统都由相对简单的无机分子(在生物体体液中呈电离状态)和碳水化合物所组成；非生物系统所遵循的所有物理的和化学的定律同样也适用于生物系统。从化学物质组成来看，生命有机体的原生质由下列化合物组成：

$$\text{有机体组分}\begin{cases}\text{有机物}\begin{cases}\text{一般组分：碳水化合物、酯类、蛋白质、核酸}\\\text{功能性组分：维生素、酶、激素}\end{cases}\\\text{无机物：水、无机盐}\end{cases}$$

以上所列举的各种化合物在细胞中的含量不同。一般情况下，这些化合物占细胞鲜重的比例是：水60%～90%，无机盐1%～1.5%、蛋白质7%～10%、脂类1%～2%，碳水化合物和其他有机物1%～1.5%。这些化合物在细胞中存在的形式和所具有的功能也各不相同。

1. 碳水化合物

这里所说的碳水化合物即糖类，可用 $C_x(H_2O)_y$ 表示这类化合物的分子通式。糖类可以分为单糖、二糖和多糖三大类。从化学结构看，碳水化合物是多羟基醛和多羟基酮；或者是通过水解能生成多羟基醛(或酮)的化合物。多羟基醛又称醛糖，多羟基酮又称酮糖，糖类广泛地分布在动植物界的体内。

(1)单糖。

一般是能溶于水的无色结晶，是一类不能进一步水解成更简单的多羟基醛(或酮)的碳水化合物。按照其分子中含碳原子的数目又可分为三碳糖、四碳糖、五碳糖、六碳糖和七碳糖。在动植物界的细胞中，最重要的单糖是五碳糖和六碳糖。核糖和脱氧核糖是五碳糖，它们都是组成核酸的必要物质。葡萄糖和果糖是六碳糖，它们的分子式是$C_6H_{12}O_6$。葡萄糖是植物光合作用的产物，也是有机体内的重要能量物质。

(2)二糖。

一般也是易溶于水的晶体。在植物细胞中最重要的二糖是蔗糖和麦芽糖；在动物细胞中最重要的二糖是乳糖。

(3)多糖。

在植物细胞里，最重要的多糖是淀粉、纤维素和半纤维素，动物细胞中最重要的多糖是糖原。淀粉分子量范围在20 000～1 000 000，是植物细胞中储存能量的物质，在各类粮食中富含淀粉。纤维素是地球上最丰富的一种有机化合物，分子量范围含300 000～500 000植物的细胞壁几乎全部由纤维素组成，借以支撑植物本体。由于它具有复杂的分子结构和不可溶解的性质，所以不能直接作为生物的食料。半纤维素的基本构成单元有六碳糖和五碳糖，大多数天然木材中除含纤维素外，还含相当多的半纤维素。糖原的分子量更大于淀粉，有更多支链，它在肝脏和肌肉中含量较多，是动物细胞中的储能物质。

二糖和多糖的重要的相关性质是它们能通过生物酶作用水解为单糖。如图5.1所示，所有二糖和多糖都能水解产生葡萄糖。

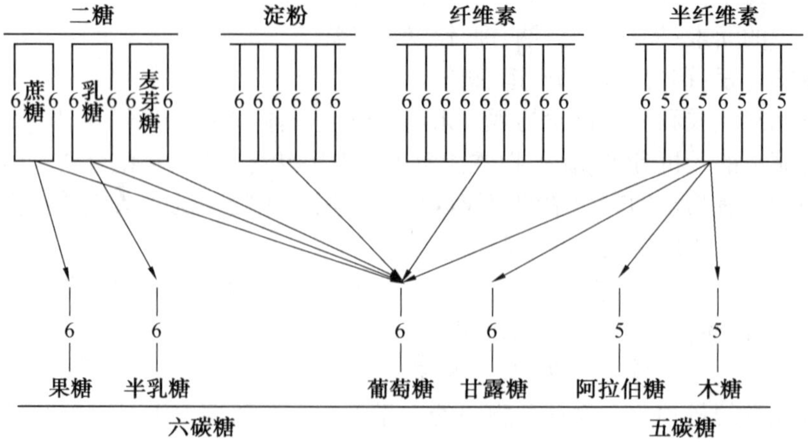

图5.1 二糖和多糖的水解产物

2. 脂类

对脂类难以下一个确切的定义。简而言之,它们是动植物组织中能溶解于低级性溶剂(氯仿、四氯化碳、乙醚、苯等)的组分。在很多脂类物质中,除碳、氢、氧三种元素外,还含氮、磷等元素。脂类主要包括脂肪、类脂和固醇。

(1)脂肪。

脂肪是生物体内的储能物质。动物和人体内脂肪具有减少身体热量散失、维持体温的作用。脂肪在室温下呈固态,纯脂肪是无色、无臭、无味的物质,大多数以丙三醇和脂肪酸相结合的形式存在。

(2)类脂。

类脂包括磷脂和糖脂。磷脂是由甘油、脂肪酸、磷酸等组成的分子,是构成生物膜(细胞膜、内质网膜、线粒体膜等)的主要成分。糖脂的组成与磷脂相似,它是动物细胞膜的重要成分。

(3)固醇。

固醇主要包括胆固醇、性激素、肾上腺皮质激素和维生素 D 等,这些物质对于生物体维持正常的新陈代谢起着积极的作用。

脂类的重要化学性质有水解作用和加成作用。由于这类化合物分子中多含有不饱和双键,所以在水溶液中可能发生卤素加成作用。但因脂类大多难溶于水,所以一般化学反应条件下加成反应的速度很慢。

3. 蛋白质

蛋白质存在于所有机体之中,在细胞中的含量仅次于水,约占细胞干中的 50% 以上。蛋白质的种类多、结构复杂,但多种蛋白质都含有碳、氢、氧、氮四种元素,许多蛋白质还常常含有少量的硫,有的还含有磷、铁等元素。蛋白质的元素百分组成如下:C(51% ~ 55%)、H(6.5% ~ 7.3%)、O(20% ~ 24%)、N(15% ~ 18%)、S(0.0% ~ 2.5%)、P(0.0% ~1.0%)。

蛋白质由几千甚至几十万个原子组成,分子量从几万一直到几百万以上。氨基酸是蛋白质的基本组成结构,约有 20 多种。实际上,每个蛋白质分子就是由不同种类的、上百成千的氨基酸按照一定的排列次序连接而成的长链高分子化合物。每种氨基酸分子至少都含有一个氨基酸相连接,发生缩合作用而脱去一个水分子,从而形成了联结两个小分子的肽键。由甘氨酸和半胱氨酸通过肽键联结生成高分子蛋白质的过程如下所示。

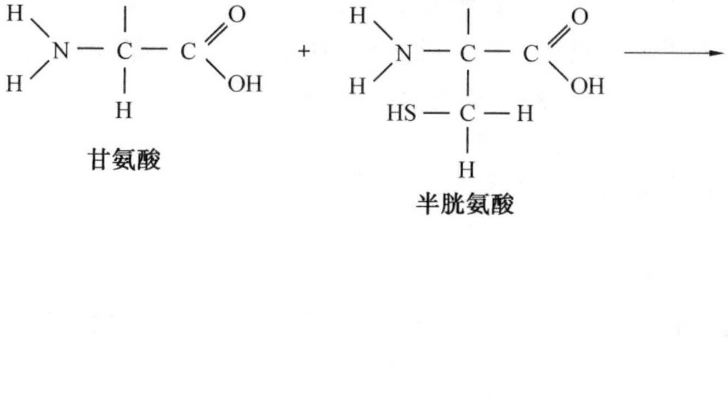

甘氨酸　　半胱氨酸

生成二肽：
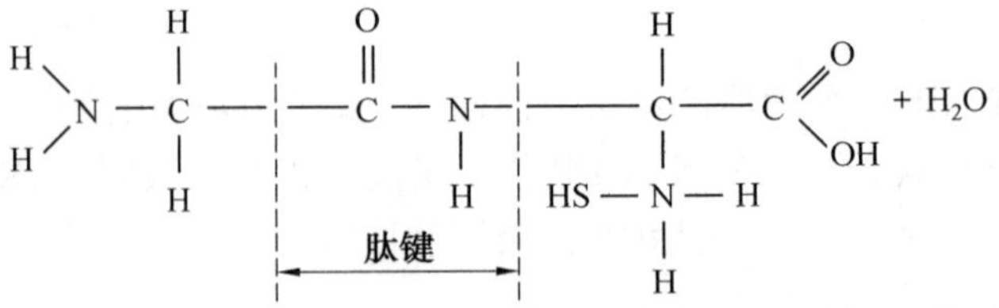

蛋白质分子结构的多样性，决定了蛋白质分子具有多种重要功能。作为结构材料，由蛋白质分子组成许多非骨骼性的机体物质（肌肉、皮肤、毛发等）；作为催化剂，蛋白质分子可起生物酶的作用；作为激素，能在生物体内起调节代谢过程的作用；作为抗生物质，又能抵御外来有毒物质和病菌的侵入。

4. 酶和辅酶

酶（enzyme）是一类由细胞制造和分泌的、以蛋白质为主要成分的、具有催化活性的生物催化剂（biocatalyst）。生物在体内的新陈代谢过程中，几乎所有的化学反应都是在酶的催化作用下进行的。酶催化的生物活性反应称为酶促反应（enzymatic reaction）。在酶的催化下发生活性变化的物质称为底物（substrate）。

酶催化作用的特点如下：

①专一性高。

一种酶只作用于一类化合物或一定的化学键，以促进一定的化学变化，并生成一定的代谢产物，这种现象称为酶的特异性或专一性（specificity）。如脲酶，只能催化尿素水解成 NH_3 和 CO_2，而不能催化甲基尿素水解。

②催化效率高。

酶催化的化学反应速率比普通催化剂高 10^7 ~ 10^{13} 倍。

③温和的外部条件。

酶是蛋白质，酶催化要求一定的 pH、温度等温和的条件，强酸、强碱、有机溶剂、重金属盐、高温、紫外线、剧烈振荡等任何使蛋白质变性的理化特性因素都可能使酶变性而失去催化活性。

酶的种类很多，已知的酶有 2 000 多种。根据起催化作用的场所、酶分为胞外酶和胞内酶两大类。这两类都在细胞中产生，但是胞外酶能通过细胞膜，在细胞外对底物起催化作用。根据催化反应的类型，可以把酶分成六大类：氧化还原酶、水解酶、转移酶、裂解酶、异构酶和合成酶。按酶的成分可分为单成分酶和双成分酶。单成分酶只含有蛋白质，如脲酶、蛋白酶。双成分酶除了含有蛋白质外，还含有非蛋白质部分，前者称为酶蛋白，后者称为辅基（prosthetic group）或辅酶（coenzyme）。辅酶的成分是金属离子、含金属的有机化合物或小分子的复杂有机化合物。辅酶有 30 多种。同一辅酶可以结合不同的蛋白酶，构成许多种双成分酶，可对不同底物进行相同的反应。辅酶在酶促反应中常参与特定的化学反应，主要起着传递氢、传递电子、传递原子或化学集团以及“搭桥”（某些金属元素）等作用。它们决定着酶促反应的类型。

最主要的辅酶有以下几种。

① FMN 和 FAD。

辅酶黄素单核苷酸（FMN）和黄素-腺嘌呤二核苷酸（FAD）都是核黄素（维生素 B2）

的衍生物，是一些氧化还原酶的辅酶，在酶促反应中具有传递氢原子的功能。

②NAD^+和 $NADP^+$。

辅酶 NAD^+和 $NADP^+$又分别称烟酰胺腺嘌呤二核苷酸（辅酶Ⅰ）和烟酰胺腺嘌呤二核苷酸磷酸（辅酶Ⅱ），NAD^+和 $DANP^+$是一些氧化还原酶的辅酶，在酶促反应中有传递氢的作用。NAD^+是一种载氢体，常与脱氢酶、还原酶、过氧化氢酶配合反应。NADH 是它的还原形态。$NADP^+$的结构和功能与 NAD^+相似，只是在分子上含有三个磷原子而不是两个。还原形态是 NADPH。

③辅酶 Q。

辅酶 Q 又称泛醌，简写为 CoQ，广泛存在于动物和细菌的线粒体中。辅酶 Q 的活性部分是它的醌环结构，主要功能是作为线粒体呼吸链氧化还原酶的辅酶，在酶与底物分子之间传递氢。

④细胞色素酶系的辅酶。

细胞色素酶系的辅酶是一类含铁的电子传质体，是催化底物氧化的一类酶系，主要有细胞色素 b、c_1、c、a 和 a_3等几种。它们的酶蛋白部分各不相同，辅酶都是铁卟啉。在酶促反应时，辅酶铁卟啉中的铁不断地进行氧化还原，当铁获得电子时从三价还原为二价，二价铁离子被传递出去后又被氧化为三价，从而起到传递电子的作用。

⑤辅酶 A。

辅酶 A 是一种转移酶的辅酶，是泛酸的重要活性形式，常简写为 CoA。辅酶 A 主要起到传递酰基的作用，是各种酰化反应的辅酶。由于携带酰基的部位在—SH 基上，故也常可以用 CoASH 表示。

4. 核酸

核酸最初是从细胞核中提取出来的，呈酸性，由此得名。核酸由 C、H、O、N、P 等元素组成，是细胞中的另一类高分子化合物，分子量可达十万至几百万。核酸的基本组成单位是核苷酸。一个核苷酸分子由一个含氮的芳香族碱基、一分子五碳糖和几分子磷酸所组成。每个核酸分子是由几百个到几千个核苷酸互相连接而成的长链分子。

核酸可分为两大类：一类含脱氧核糖，称为脱氧核糖核苷酸，简称 DNA；另一类含核糖，称为核糖核酸，简称 RNA。DNA 主要存在于细胞核内，是细胞中的遗传物质。此外，在线立体和叶绿体中，也含有少量 DNA。RNA 主要存在于细胞质中。核酸对生物体的遗传性、变异性及蛋白质的生物合成具有极其重要的作用。

5.1.2 环境中的微生物 (Microorganisms in the environment)

微生物在环境中几乎无所不在。以细菌为例，在 15 cm 表面土壤中的含有数约为 10^{13}个 · m^{-2} ~ 10^{14}个 · m^{-2}，在脏的天然水体中约 10^{15}个 · mL^{-1}，即使是在洁净的空气中也可能含有 4 000 个 · m^{-3}，而且很多种细菌在极端条件下生活。微生物形体小、结构简单、在环境条件下分布广、繁殖快，就生态学观点来看，它们中大多数还是还原者。微生物具有很大的比表面积，从环境中摄取化学物质的能力极强，还由于它们的细胞中含有各种酶催化剂，由此引起生物化学反应的速度也非常快，所以它们是推动生态系统中物质循环的一员。

1. 环境微生物的类别

微生物包括细菌、病毒、真菌以及一些小型的原生生物、显微藻类等在内的一大类生物群体，它个体微小，与人类关系密切。涵盖了有益与有害的众多种类，广泛涉及食品、医药、工农业、环保等诸多领域。它们体内不具有复杂的器官，也缺乏足够的组织分化，以致有时会难以判定其究竟是属于动物性还是植物性的。

通常可将环境微生物分为以下三类。

①原核细胞型微生物。

原核细胞型微生物主要是细菌，它们有其特殊的类群，如蓝细菌、放线菌、光合细菌等。这类微生物仅有原始核，核膜和核仁未分化，缺乏细胞器。

②真核细胞型微生物。

真核细胞型微生物包括单核细胞藻类、单细胞原生动物、真菌(霉菌、酵母菌等)。这类微生物体内细胞核的分化程度较高，细胞内有完整的细胞器(如叶绿体、线粒体等)。

③非细胞性微生物。

这类微生物体积最微小，不具细胞结构，只能在活细胞中生长繁殖，如病毒。

在环境化学中大多涉及前两类微生物，它们的机体结构如图5.2所示。

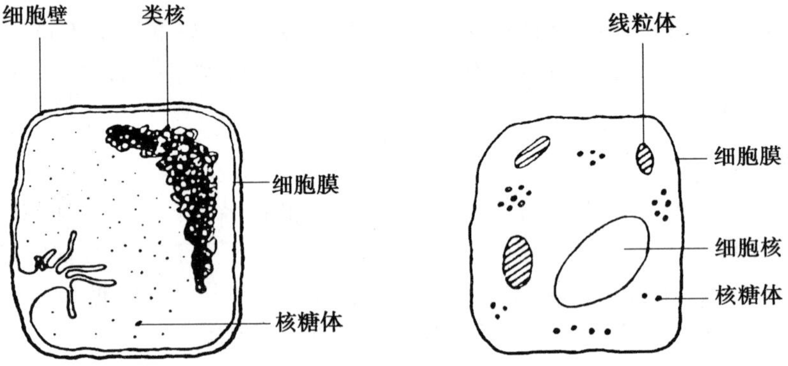

(a) 原核细胞　　(b) 真核细胞

图5.2　原核细胞和真核细胞的结构

此外，根据微生物所处环境中的运动能力可将它们分为植物性微生物和动物性微生物两类，前者如细菌、藻类等，后者如原生动物等。

2. 细菌

(1)细菌的类别及其机体的组成。

按外形可将细菌分为：①球菌，直径0.5 ~ 4 μm；②杆菌，长度0.5 ~ 20 μm，宽度0.5 ~ 4 μm；③螺旋菌，长度大于10 μm，宽度约0.5 μm。细菌大小是就单细胞细菌而言。实际上，细菌甚至可能以几百万个细胞的群体合体形态存在。

按营养方式，可将细胞分为自养菌和异养菌两类。自养菌具有将无机碳化合物转化为有机物的能力，光合细菌(绿硫细菌、紫硫细菌等)和化能合成细菌(硝化菌、铁细菌、氢细菌、硫氧化细菌等)属于此类。大多数细菌属于化能异养型，它们合成有机物的能力弱,需要现成有机物作为自身机体的营养物。异养菌又分为腐生菌和寄生菌。前者包括腐烂菌、放线菌等,它们从死亡的生物体中摄取营养物;寄生菌则生活在活的机体中,一些病原性细菌属于此类,它们还能以进入水体的生物排泄物为媒介,传播各类疾病。

按照有机营养物质在氧化过程(即呼吸作用)中所利用的受氢体种类,还可将细菌分为以下几类:①好氧细菌,如醋酸菌、亚硝酸菌等。这类菌体生活在有氧环境中,以氧分子(大气中氧或水体中溶解氧)作为呼吸中的受氢体;②厌氧细菌,如油酸菌、甲烷菌等。这类菌体只能在无氧环境中(土壤深处、生物体内)呼吸、生长繁殖,呼吸过程中以有机物分子本身或 CO_2 等作为受氢体;③兼氧细菌,如乳酸菌、大肠菌等。这类细菌兼能在有氧或无氧条件下进行两种不同的呼吸过程。

如图 5.3 所示,细菌单细胞机体系由以下几部分组成:黏质层(包括微胶囊、夹膜和黏质)、细胞壁、细胞膜、细胞核、细胞质(含多量的液泡、贮藏物颗粒、染色体、核糖体颗粒等)。细胞体表夹膜层由多糖或多肽类化合物组成,既有保护自身免受其他微生物的进攻和在干燥环境中避免脱水等功能,在夹膜层上还连接着很多基团(羧基、氨基、羟基等),所以水中细菌在水体 pH 发生变化时,可通过这些基团的脱质子或质子化作用等使细菌体表面带电。

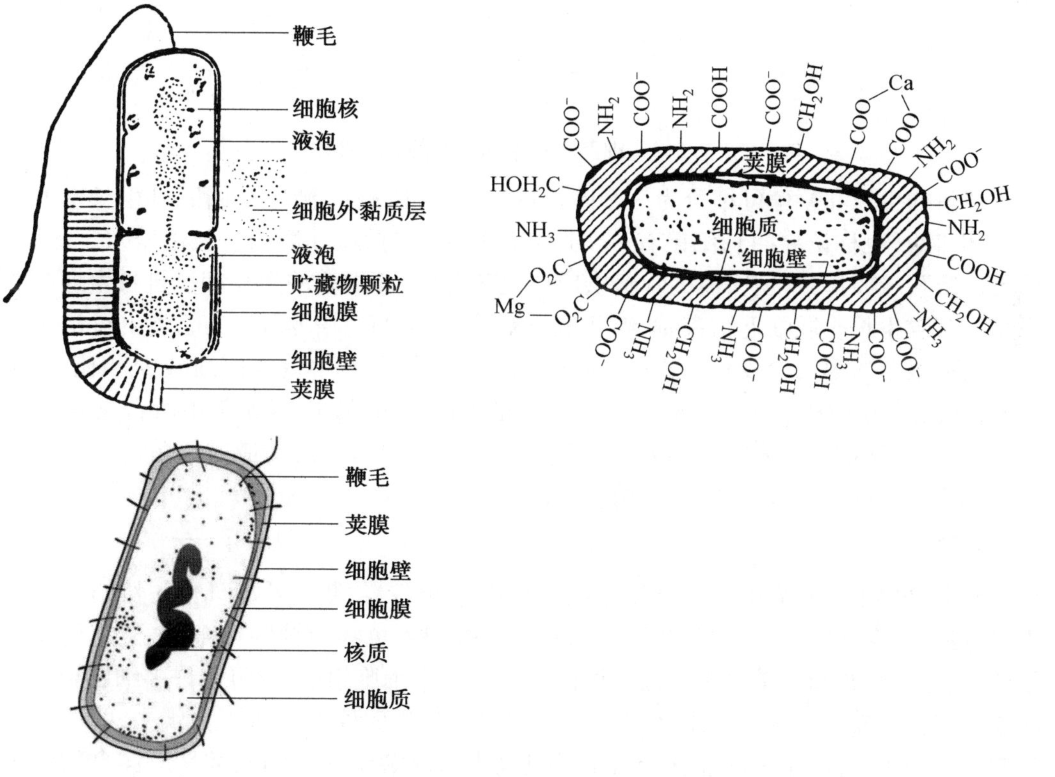

图 5.3 细菌的细胞结构以及体表的结构

(2)细菌的生境。

在空气中由于缺乏营养物和水分,所以空气层并非细菌的良好生境。其在空气中存在的种类和数量都很少。与之相反的是土壤中存活细菌数因土壤类型、季节、土层深度与层次等不同而异。一般，在土壤表面，由于日光照射及水分不足，细菌不宜生存。在表土10～30 cm间菌数最多。深层土壤由于有机物含量少，缺氧，菌数随土壤深度反而减少。此外，土壤越肥沃，细菌数越多。

凡江、河、湖、海、地下水以及温泉、下水道等几乎一切有水的地方均可有细菌生存，不过其种类和数量有所差异。实际上在水体中各种界面大多是营养物质富集之处，这些界面都可以作为良好的细菌生长繁殖的生境。

（3）细菌生长繁殖曲线。

细菌通过不断呼吸而生长，又通过不断分裂的方式而繁殖（在适宜的环境条件下每20～30 min分裂一次）。将少量细菌接种于一定量的培养基内，在适宜温度下培养，定时测定其数量，则可得到细菌的生长和繁殖曲线，如图5.4所示。

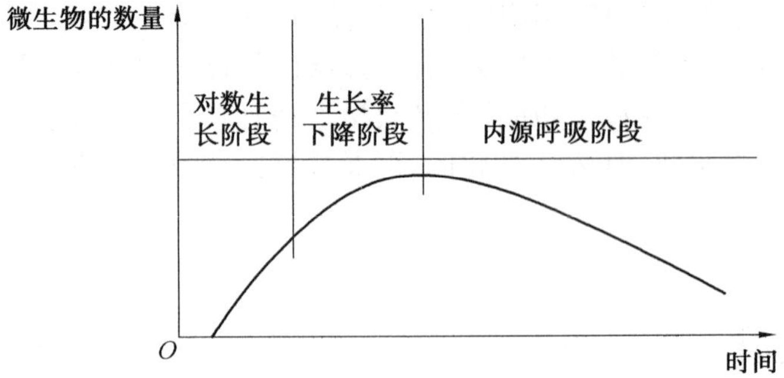

图5.4　细菌生长率随时间的变化曲线

细菌的生长和繁殖可细分为三个阶段：第一个阶段是对数生长阶段，即生长率上升阶段。其初期（也称诱导期），细菌有一个适应新环境的过程，一般只生长不繁殖。此后，细菌迅速繁殖，这时为繁殖所需的食料供应应是充分的，而细菌的生长却受自身生理机能的限制。对数生长阶段临近结束时，细菌生长率最大，它们对培养基中有机物的分解速度最快。细菌繁殖的第二阶段是生长率下降阶段。由于培养基中食料逐渐减少，细菌排泄物积累，从而影响了细菌的生长率。第三阶段是内源呼吸阶段，培养基中所含食料所剩无几，细菌内储存物甚至体内酶都被当作营养物质维持细菌生命。最后细菌进入衰老死亡时期，但在体内还可保留一定的残留细胞。

3. 藻类

藻类是原生生物界中一类真核生物。体型大小各异，既有小至1 μm长的单细胞鞭毛藻，也有大至60 m长的大型褐藻。虽然藻类被归入植物或植物样生物，但它们没有真正的根、茎、叶，也没有维管束。藻类可由一个或数个细胞组成，也可由许多细胞聚合成组织群的结构。藻类以水生为主，但几乎无处不在，某些变种可生活于土壤中，既能耐受长期缺水的沙土条件，也可能生存于雪中或温泉中。浮游于水中的藻类是海洋食物链中非常重要的环节，所有高等水生生物的生存全靠藻类的存在。

按照生态观点看，藻类是水体中的生产者，它们能在阳光辐照条件下，以水、二氧化碳和溶解性氮、磷等营养物为原料，不断生产出有机物，并放出氧。合成有机物一部分供其呼吸消耗用，另一部分供合成藻类自身细胞物质之需。在无光条件下，藻类消耗自身体内有机物以营生,同时也消耗着水中的溶解氧。

一般河流中可见到的有绿藻、硅藻、甲藻、金藻、蓝藻、黄藻等大类,它们的外观大多数有鲜明的色泽,这是因为在它们的体内除含叶绿素外,还含有各种附加色素,如藻青蛋白(青色)、藻红蛋白(红色)、胡萝卜素(橙色)、叶黄素(黄色)等。水体中藻类种类和数量可依季节和水体环境条件(底质状况、含固量、水体流速、污染状况等)而有很大变化。

藻类等浮游植物体内所含碳、氮、磷等主要营养元素间一般存在着一个比较确定的比例。按质量计为 41 : 7.2 : 1,按原子数计为 106 : 16 : 1。大致的化学结构式为 $(CH_2O)_{106}(NH_3)_{16}H_3PO_4$。藻类大量繁殖是水体营养化的标志,由此可从多方面影响水体的水质。

5.2 生物转运

污染物在生物体内的吸收、分布和排泄过程主要依据物理学规律,具有类似的机理,其本身不发生结构改变,统称为生物转运(biotransport)。生物转运的过程都是反复通过生物膜的过程,只有充分了解生物膜的结构和功能,才能更好地理解外源化学物质在机体内的吸收、分布和排泄。下面介绍污染物在人体内的转运,其内容基本适用于哺乳动物,而涉及的一般原理也适用于其他的生物,如鱼类等。

5.2.1 物质通过生物膜的方式 (The way substances pass through biofilms)

细胞是构成生命的基本结构和功能单位。细胞膜(cell membrane)或质膜(plasma membrane)与细胞内膜(如线粒体膜、叶绿体膜、内质网膜、高尔基体膜、核膜等)统称为生物膜(biomembrane)。生物膜具有重要的生理功能,主要由蛋白质、脂质和糖类组成。

20 世纪 70 年代,Singer 和 Nicolson 提出了生物膜的液态镶嵌模型(图 5.5):由脂质双分子层和蛋白质镶嵌组成,厚度 7 ~ 10 mm。生物膜具有流动性,膜蛋白和膜质均可侧向运动。脂质的主要成分是磷脂,亲水的极性基团由磷脂和碱基组成,排列于膜的内外表面;疏水的两条脂肪链端伸向膜的中部,所以,在双分子层中央存在一个疏水区,生物膜是类脂层屏障。膜上镶嵌的蛋白质,有附着在磷脂双分子层表面的表在蛋白,有深埋或贯穿磷脂双分子层的内在蛋白。有的蛋白质是物质转运的载体,有的是接受化学物质的受体,有的是能量转换器,还有的是具有催化作用的酶。因此,生物膜在生态毒理学研究中非常重要,许多物质的毒性作用与生物膜有关,因为它控制着外源物质及其代谢产物的进出细胞。

物质通过生物膜的方式称为生物转运,可分为三类:被动转运、特殊转运和膜动转运。

1. 被动转运

被动转运(passive transport)的特点是生物膜对物质的转运不起主动作用,是一种纯物理化学过程。被动转运又可以分为简单扩散和滤过两种方式。

(1)简单扩散。

大部分外源化学物质通过简单扩散(simple diffusion)进行生物转运。生物膜两侧的

图5.5　生物膜脂质双分子层结构

化学物质从浓度高的一侧向浓度低的一侧扩散，称为简单扩散。大部分外源化学物质主要借助简单扩散通过生物膜的脂质双分子层。

扩散速率服从菲克定律：

$$\frac{\mathrm{d}Q}{\mathrm{d}t}=-DA\frac{\Delta c}{\Delta x} \tag{5.1}$$

式中　$\mathrm{d}Q/\mathrm{d}t$——物质膜扩散速率，即 $\mathrm{d}t$ 间隔时间内垂直方向通过膜的物质的量；

Δx——膜厚度；

Δc——膜两侧物质浓度梯度；

A——扩散面积；

D——扩散系数。

影响简单扩散的因素主要有如下几点：

①生物膜两侧化学物质的浓度梯度（concentration gradient）越大，化学物质通过膜的速度越快，反之亦然。

②一般化学物质的脂水分配系数（lipo-hydro partition coefficient）越大，越容易通过生物膜。因此，水溶性的化合物一般不易通过简单扩散进入细胞，如葡萄糖、氨基酸、钠离子和钾离子等。但是，脂水分配系数过大而水溶性极低的物质，也不容易通过简单扩散进行跨膜转运，如磷脂。

③化学物质的解离度和体液的 pH。许多化学物质如弱酸、弱碱的盐类，在溶液中呈离子态时脂溶性很低，不易通过生物膜；而非离子态的脂溶性高，较易通过生物膜。因此，物质在体液中的解离度越大，就越难通过简单扩散的方式进入生物膜。体液的 pH 可影响弱酸（如苯甲酸等有机酸）和弱碱（如苯胺等有机碱）的解离度。当 pH 降低时，弱酸化合物的非离子型百分比增加，易于简单扩散通过生物膜，而弱碱类化合物的离子型百分比增加，不易通过生物膜；当体液偏碱时，则发生与上述过程相反的过程。

化学物质简单扩散不需要耗能，不需要载体参与，没有特异性选择、竞争性抑制及饱和现象。

（2）滤过。

滤过（filtration）是外源化学物质通过生物膜上的亲水性孔道的过程。生物膜具有极性，常含有水的微小孔道，称为膜孔。直径小于膜孔的水溶性物质，可借助膜两侧的静水压及渗透压，以水作为载体，经膜孔通过生物膜。一些水溶性的物质可以通过滤过完成生物转运过程。

2. 特殊转运

有些化合物不能通过简单扩散或滤过作用进行扩膜转运，它们必须通过生物膜上的特殊转运系统完成转运过程。特殊转运的特异性较强，只能转运具有一定结构的化合物，而且必须借助载体或运载系统完成。特殊转运（specialized transport）根据机理可以分为主动转运和易化扩散。

（1）主动转运。

在消耗一定代谢能量条件下，物质由低浓度向高浓度处转运以通过生物膜的过程称为主动转运（active transport）。其主要特点如下：

①需要载体的参加。载体一般是生物膜上的蛋白质，可与被转运的化学物质形成复合物，然后将化学物质运到生物膜另一侧并将化学物质释放。与化合物结合时载体构型发生改变，但组成成分不变，释放化学物质后，又恢复原有构型，以进行再次转运。

②化学物质逆浓度梯度转运，需要消耗一定的能量，一般所需要的能量来自于ATP，代谢抑制剂可以阻止次转运过程。

③载体对转运的化学物质具有选择性，必须具有一定基本结构的化学物质才能被转运，结构稍有改变，即可影响转运过程。

④载体有一定的容量限制，当化学物质达到一定的浓度时，载体可以饱和，转运量达到极限值。

⑤若两种化学物质结构相似，转运载体相同，则这两种化学物质之间出现竞争抑制。

主动转运在代谢物排出、营养物吸收以及维持细胞内多种离子的正常浓度等方面具有重要意义。在正常生理状况下，神经细胞膜内钾离子浓度远远高于膜外介质中的浓度；钠离子与此相反。保持细胞内正常生理功能必需的钠离子、钾离子浓度主要通过钠离子-钾离子-ATP酶转运载体（钠钾泵）来维持。又如铅、镉、砷等化合物，可通过肝细胞的主动转运进入胆汁并排出体外。

（2）易化扩散。

不易溶于脂质的物质，利用特异性蛋白载体由高浓度向低浓度处移动的过程，称为易化扩散（facilitated diffusion），又称载体扩散。由于不需要浓度梯度由低到高移动，所以不消耗代谢能量。由于利用载体，生物膜具有一定主动性或选择性，但又不能逆浓度梯度，故又属于扩散性质。水溶性葡萄糖由肠胃道进入血液、由血浆进入红细胞并由血液进入神经组织都是通过易化扩散。它受到膜特异性载体及其数量的制约，因而呈现特异性性质，类似物质竞争性抑制和饱和现象。

3. 膜动转运

少数物质与膜上某种蛋白质具有特殊的亲和力，当其与膜接触后，可改变这部分膜的表面张力，引起膜的外包或内陷而被包围进入膜内，固体物质的这一转运称为吞噬（phagocytosis），液体物质的这一转运称为胞饮（pinocytosis）。因此，膜动转运（cytosis）对体内外源化学物质的消除具有重要意义，例如白细胞吞噬微生物，肝脏网状内皮细胞对有毒异物的消除都与此有关。膜动转运也需要消耗能量。

总之，物质通过生物膜的方式取决于膜内外环境、膜的性质和需要转运物质的结构。

5.2.2 吸收 (Absorption)

吸收是污染物质从机体外通过生物膜进入血液的过程。以人体为例，主要通过消化道、呼吸道和皮肤三条途径吸收。

1. 消化道吸收

消化道吸收是吸收污染物的主要途径。水和食物中的有害物质主要是通过消化道被人体吸收。消化道的任何部位都有吸收作用，主要吸收部位在小肠，其次是胃。因肠道黏膜上有绒毛，可增加小肠吸收面积，大多数化学物质在消化道中以简单扩散方式被吸收。因此，污染物的脂溶性越高在小肠内的浓度越高，被小肠吸收也越快。另外，血液流速越大，则膜两侧的浓度梯度越大，机体对污染物的吸收速率也越大。相反，一些极性污染物，因其脂溶性小，在被小肠吸收时经膜扩散成了限速因素，对血液流速影响不敏感。

2. 呼吸道吸收

空气中的污染物主要从呼吸道侵入机体。从鼻腔到肺泡的整个呼吸道各部分由于结构不同，对毒物的吸收情况也不同，越入深部，因面积越大，停留时间越长，吸收量越大。因此，呼吸道吸收是以肺泡吸收为主。以人体为例，肺泡数量约3亿个，表面积达50～100 m^2，相当于皮肤吸收的50倍左右。肺泡周围布满长约2 000 km的毛细血管网络，血液供应很丰富，毛细血管与肺泡上皮细胞膜很薄，仅1.5 μm左右，有利于外来化学物质被吸收。因此，气体污染物如CO、NO_2、SO_2，挥发性物质如苯、四氯化碳的蒸气及气溶胶硫酸烟雾等经肺泡吸收的速度很快，仅次于静脉注射。

颗粒物质的吸收主要取决于颗粒的大小，直径大于10 μm的颗粒，因重力作用迅速沉降，吸入后因慢性碰撞而大部分黏附在上呼吸道；直径为5～10 μm的颗粒因沉降作用，大部分被阻留在气管和支气管；直径为1～5 μm的颗粒可随气流到达呼吸道深部，并有部分到达肺泡；直径小于1 μm的颗粒可在肺泡内扩散而沉积下来。因此随空气吸入的颗粒物并非都被吸收。呼吸系统对吸入的颗粒有两种清除机理：黏液-纤毛运载系统清除和肺泡清除。到达肺泡的颗粒物质可通过下列途径清除：①直接从肺泡吸收入血液；②随黏液咳出或咽入胃肠道；③游离的或被吞噬的颗粒物可通过肺的间质进入淋巴系统；④有些颗粒可长期留在肺泡内，形成肺泡灰尘病灶或结节。

3. 皮肤吸收

皮肤是保护机体的有效屏障，外源化学物质一般不易穿透。但不少化合物可通过皮肤吸收引起毒性作用。例如，四氯化碳可通过皮肤吸收而引起肝损害；某些有机磷农药可经皮肤吸收，引起人体中毒。环境毒物经皮肤吸收主要通过两条途径：一是表皮；二是毛囊、汗腺和皮脂等皮肤附属器，外源化学物质依靠简单扩散通过表皮，再经真皮乳头层的毛细血管进入血液。一般分子量大于300的物质不易通过无损伤的皮肤。具有一定的水溶性的脂溶性化合物如苯胺，可为皮肤迅速吸收，而水溶性很差的脂溶性的苯，经皮肤吸收量较少。经毛囊吸收的物质不经过表皮屏障，化学物质可直接通过皮脂腺和毛囊壁进入真皮。电解质和某些金属，特别是汞，在紧密接触毛囊后可被吸收。

"餐桌革命 公筷行动"

围桌共食、不用公筷的就餐方式存在风险，给病毒传播提供了便捷的途径。传染病毒如慢性乙型肝炎、幽门螺杆菌感染等都存在家族聚集性的特点。这是一个基本的生活常识，已宣传和普及了很多年。作为新一代青年，我们更应该改变用餐习惯，使用公筷公勺，树立文明新风。

5.2.3 分布与贮存 (Distribution and storage)

外源化学物质通过吸收进入血液和体液后，随血流和淋巴液分散到全身各组织的过程称为分布(distribution)。化合物在体内并不均匀分布到各组织，不同的毒物在体内的分布不一样。这是因为毒物在各组织的分布与该组织的血流量、亲和力以及其他一些因素有关。有些外源化学物质与某种组织的亲和力或具有较高的脂溶性而在某种组织累积，累积的部位可能是其主要毒性作用部位，也可能不呈现毒性作用而称为贮存库。

1. 分布

分布是指污染物质被吸收后或其代谢转化物质形成后，由血液转送至机体各组织，与组织成分结合，从组织返回血液，以及再反复等过程。在污染物质的分布过程中，污染物质的转运以被动扩散为主。

导致外源化学物质在体内分布不均匀的另一原因是机体的特定部位对外源化学物质的转运具有明显的屏障作用。屏障是机体阻止或减少化学物质由血液进入某组织器官的一种生理保护机制，使其不受化学物质的危害。主要的屏障有血脑屏障和胎盘屏障。

血脑屏障对外源化学物质进入中枢神经系统有主要屏蔽作用，比机体其他部位通透性小，许多化学物质在血液中浓度相当高时仍不能进入大脑。新生儿和新出生的动物，血脑屏障没有完全建立，对某些化学物如吗啡和铅的毒性反应比成人大。胎盘屏障的主要功能之一是阻止母体血液中一些有害物质通过胎盘，以保护胎儿正常发育。营养物质通过主动转运方式通过胎盘进入胎儿体内，而大部分化学物质通过胎盘的方式是简单扩散。胎盘保障由位于母体血液循环系统和胎盘之间的几层细胞组成。

2. 贮存

进入血液的化学物质，大部分与血浆蛋白或体内不同组织结合，在特定的部位累积，而浓度较高的部位称为靶部位，即靶组织和靶器官。但化学物质对这些部位产生的毒性作用并不相同。有的部位化学物质含量较高，且可直接发挥其毒作用，如甲基汞积累于脑，百草枯积累于肺，均可引起这些组织病变。有的部位化学物质含量虽高，但未显示明显的毒副作用，称为贮存库。下面介绍以下几种贮存组织或器官。

(1)肝和肾。

肝和肾组织的细胞中含有特殊的结合蛋白，能将血浆中与蛋白结合的有毒物质夺取过来。例如:肝细胞中有一种配体蛋白,能与多种有机酸、有机阴离子、皮质类固醇及偶氮染料等结合,使这些物质进入肝脏。肝和肾中还有巯基氨基酸蛋白,能与锌和镉等重金属结合,称为金属硫蛋白。肝和肾既是许多外来化学物质的贮存库,又是体内代谢转化和排泄的重要器官。

(2)脂肪组织。

许多环境化学物质是脂溶性的,易于分布和蓄积在脂肪组织中。如各种有机氯农药(氯丹、DDT、六六六等)和有机汞农药。

(3)骨骼组织。

由于骨骼组织中某些成分与某些污染物有特殊亲和力,因此这些物质在骨骼中的浓度很高,氟化物、铅、锶等能与骨基质结合而贮存其中。据分析,体内90%的铅贮存于骨骼中。

有毒物质在体内的贮存具有双重意义:一方面对急性中毒具有保护作用,因它降低了毒物在体内的浓度;另一方面贮存库可能成为一种在体内提供毒物的来源,具有慢性中毒的潜在危险。如铅的毒作用部位在软组织,贮存于骨骼内具有保护作用,但在缺钙、体液pH下降或甲状旁腺激素溶骨作用的情况下,可导致骨骼内铅重新释放至血液中毒。

5.2.4 排泄 (Excretion)

排泄是外源化学物质及其代谢产物向机体外转运的过程。排泄器官有肾、肝脏、肺、外分泌腺等,排泄的主要途径是经肾随尿液排出和经肝脏随同胆汁通过肠道随粪便排出。肾脏是最主要的排泄器官,经肾随尿液排出的化学物质数量超过其他各种途径排泄化学物质的总和。但其他各种特殊途径往往对特殊化合物的排泄具有特殊的意义。例如,由肺随呼气排出CO_2,由肝脏随胆汁排泄DDT和铅。

1. 肾排泄

肾排泄是污染物通过肾而随尿液排出的过程。下面介绍两个主要排泄机理:肾小球被动滤过和肾小管排泄。

肾小球被动滤过是一种被动转运的过程。肾小球毛细管具有7~10 nm的微孔,大部分外源化学物质或者其代谢产物如果分子量不超过60 000,一般均可滤除,但与血浆蛋白结合的化学物质因分子量过大,不能滤过而留在血液内。

肾小管排泌指肾小管上皮细胞可将毒物及其代谢称为以主动转运的方式排泄到肾小管中。此种主动转运可分为两种系统:①供有机阴离子化学物质转运;②供有机阳离子化学物质转运。这两种转运系统均位于肾小管的近曲小管,均可以转运与蛋白质结合的物质,且存在两种化学物质通过同一转运系统时的竞争作用。

2. 经肝脏随同胆汁排泄

经肝脏随同胆汁排出体外是外源化学物质在体内消除的一种途径,其作用仅次于肾脏。来自肠胃的血液携带者所吸收的化合物先通过门静脉进入肝脏,然后流经肝脏再进入全身循环。化合物在肝脏中先经过生物转化,形成的一部分代谢产物,可被肝细胞直接排入胆汁,再混入小肠随粪便排出体外。外源化学物质随同胆汁进入小肠后,有两种去向:①一部分胆汁混入粪便排出体外;②一部分脂溶性的、易被吸收的化合物及其代谢产物可在小肠中重新被吸收,经门静脉系统返回肝脏,再随同胆汁排泄,即进行肝肠循环(enterohepatic circulation)。肝肠循环具有重要的生理学意义,可使机体需要的化合物被重新利用,例如各种胆汁酸平均有95%被小肠壁重吸收,并再被利用。在毒理学方面则由于毒物的重吸收,使其在体内停留时间延长,毒性作用也将增强。例如,甲基汞主要通过胆汁从肠道排出,由于肝肠循环,其生物半减期达70 d,因而在治疗水俣病时,常利用泻剂或口服多硫树脂,使其与汞化合物结合以阻止汞的重吸收,并促进排出。

3. 经肺随同呼吸排泄

许多气态外来化合物可经呼吸道排出体外。如一氧化碳、某些醇类和挥发性有机化合物都可以通过简单扩散方式经肺排泄。排泄的速度主要取决于气体在血液中的溶解度、呼吸速度和流经肺部的血流速度。

4. 其他排泄途径

外源化学物质还可经过其他途径排出体外。例如,经肠胃排泄、随同汗液和唾液排泄、随同毛发和指甲脱落排泄、随同乳汁排泄等。许多外来化合物可通过简单扩散进入乳汁。有机氯杀虫剂、乙醚、多卤联苯、咖啡碱和某些金属都可以随同乳汁排出。

5.3 生物富集、放大与积累

5.3.1 生物富集 (Bioconcentration)

生物富集又称生物浓缩,是指生物通过非吞食方式,从周围环境中蓄积某种元素或难降解性物质,使其在机体内的浓度超过周围环境浓度的现象。生物富集常用生物富集因子(bioconcentration factors,BCF)表示:

$$BCF=\frac{C_b}{C_e} \tag{5.2}$$

式中 C_b——平衡时,某种污染物质在生物体内的浓度;

C_e——平衡时,某种污染物质在机体周围环境中的浓度。

BCF是表征生物富集化学物质能力的一个度,是描述化学物质在生物体内累积趋势的重要指标。如生活在多氯联苯(PCBs)含量为1 $\mu g \cdot L^{-1}$水体中的鱼类,28 d后的富集量为水体的含量的3 700倍,再放回不含PCBs的清洁水中,84 d后净化率为61%。生物富集作用的研究,在阐明污染物物质在生态系统内的迁移和转化规律、评价污染物进入生物体后可能造成的危害,以及利用生物体对被污染的环境进行修复等方面,具有重要的意义。

一般来说,同一种生物对不同物质的富集程度有很大差别,不同种生物对同一种物质的富集能力也有很大差异。例如,褐藻对钼的富集系数是11,对铅的富集系数是70 000;

虹鳟鱼对2,2′-四氯联苯和4,4′-四氯联苯的富集系数为12 400,而对四氯联苯的富集系数为17.7。影响生物富集的因素主要有以下三方面。

(1)污染物性质因素:脂溶性、水溶性和可降解性。一般来说,可降解性低、脂溶性高、水溶性低的物质,其BCF高。

(2)生物特征方面影响因素:生物种类、大小、性别、器官和发育阶段。

(3)环境条件方面的影响因素:温度、盐度、硬度、pH、氧含量、光照状况等。如翻车鱼对多氯联苯的富集系数在水温为5 ℃时为6 000,而在15 ℃时为50 000;又如光照强度在40 000 lx时,植物吸收SO_2的能力随光照增强而增强。

5.3.2 生物放大 (Biomagnification)

生物放大是指在同一食物链上的高营养级生物,通过吞食低营养级生物蓄积某种元素或难降解物质,使其在机体内的浓度随营养级数提高而增大的现象。一般来讲,较低营养级的生物会被较高营养级的生物捕食,顶级营养者必须吃掉相当于本身体重很多倍的食物来维持其存活、繁殖以及生长、生物放大的结果使食物链上高级营养级生物体中的这种物质的浓度显著超过环境的浓度。

生物放大专指具有食物链关系的生物来谈的,如果生物之间不存在食物链关系,则用生物富集或生物积累来解释。1973年起,科学家才开始用生物放大一词,并将生物富集作用、生物积累和生物放大三者的概念区分开来。研究生物放大,特别是研究各种食物链对哪些污染物具有生物放大的潜力,对于确定环境中污染物的安全浓度等,具有重要的意义。1996年有研究报道,美国图尔湖和克拉斯南部自然保护区内生物受到DDT污染,在位于食物链的顶级,以鱼类为食的水鸟体中的DDT浓度,比当地湖水高出100 000 ~ 120 000倍。

由于生物放大作用,进入环境中的污染物,即使是微量的,也会使生物尤其是处于高营养级的生物受到毒害,甚至会影响人类的健康。然而影响生物放大的因素是多种多样的,并不是所有的条件下都能产生生物放大现象。深入研究生物放大作用,特别是研究各种食物链对哪些污染物具有生物放大的潜力,对于评价化合物的生态风险和健康风险有着重要的意义。

5.3.3 生物积累 (Bioaccumulation)

生物放大或生物富集是生物积累的一种情况。生物积累是生物从周围环境(水、土壤、大气)和食物链积蓄某种元素或难降解性物质,使其在机体中浓度超过周围环境中浓度的现象。生物积累也用生物富集系数来表示。水生生物对某种物质的积累等于从水中的吸收速率、从食物链上的吸收速率及其本身消除、稀释速率的代数和。

生物富集、生物放大和生物积累三者具有一定的联系。对其进行深入研究,可以更好地阐明物质在生态系统内的迁移和转化规律,评价化合物的生态风险和健康风险。

5.4 生物转化
(Biotransformation)

物质在生物作用下经受的化学变化称为生物转化或代谢(转化)。外源化学物质的生物转化过程分为两个阶段:第一阶段称为第一相反应(phase Ⅰ reaction),主要包括氧化(oxidation)反应、还原(reduction)反应和水解(hydrolysis)反应;第二阶段称为第二相反应(phase Ⅱ reaction),主要为结合(conjugation)反应,结合反应指化学物质经第一相反应形成的中间代谢产物与某些内源化学物质的中间代谢产物相互结合的反应过程。在第一相反应中,外源化学物质的分子结构中将加入一些极性基团,例如—OH、—COOH、—SH、—NH_2等,借此可以使外源化学物质易于进行第二相反应并生成极性强的亲水性化合物,易于排出体外。任何外源化学物质在第一相反应中无论经过氧化、还原还是水解,最后必将在第二相反应中发生结合反应。

外源化学物质的生物转化过程皆为酶促反应。肝脏是机体最重要的代谢器官,外源化学物质的生物转化过程主要在肝脏进行。其他组织器官,例如肺、肾、肠道、脑、皮肤等也具有一定的生物转化能力,虽然其代谢能力及代谢容量可能相对低于肝脏,但有些外源化学物质可在这些组织中发生不同程度的代谢转化过程,有些还具有特殊的意义。

5.4.1 生物氧化中的氢传递反应
(Hydrogen transfer reaction in biological oxidation)

有机物在细胞内氧化分解成二氧化碳和水,释放能量被腺苷三磷酸(ATP)贮存的过程称为生物氧化(biological oxidation)。生物氧化实际上是需氧细胞呼吸作用的一系列氧化-还原反应,所以又称为细胞氧化或细胞呼吸(cellular respiration)。ATP是由一分子腺嘌呤、一分子核糖和三个相连的磷酸基团构成的,如图5.6所示。

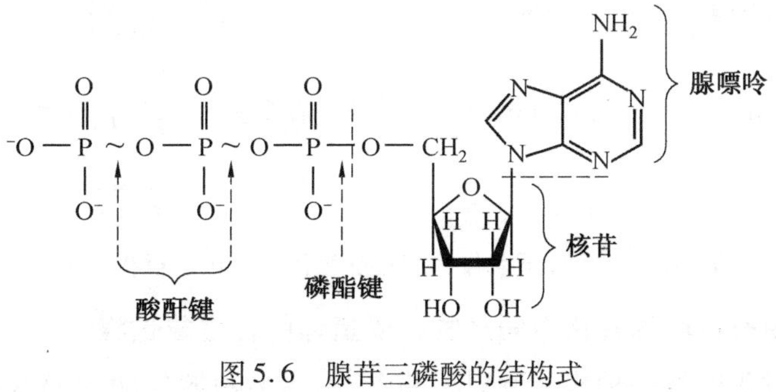

图5.6 腺苷三磷酸的结构式

生物氧化实际上就是氧化磷酸化(oxidative phosphorylation),是NADH和$FADH_2$上的电子通过一系列电子传递载体传递给氧气伴随NADH和$FADH_2$的再氧化,使ADP磷酸化生成的ATP的过程。有机物的氧化多为去氢氧化,脱落的氢以原子或电子的形式,由相应的氧化还原酶按一定顺序传递至受体。这一氢原子或电子的传递过程称为氢传递或电子传递的过程,其受体称为氢受体或电子受体。受氢体如果为细胞内的分子氧就是有氧氧化,若为非分子氧的化合物则是无氧氧化。

1. 有氧氧化中以分子氧为直接受氢体的传递氢过程

以氧为直接受氢体的氧化还原酶称为氧化酶(oxidase)。氧化酶一般是含金属 Cu^{2+} 和 Fe^{3+} 的蛋白质,通过它们的氧化态与还原态的互变将传递体或底物的电子传递给氧并使其形成激活态 O^{2-},与 H^+ 化合形式水。如图 5.7 所示,这类氢传递过程只有一种酶作用于有机底物。

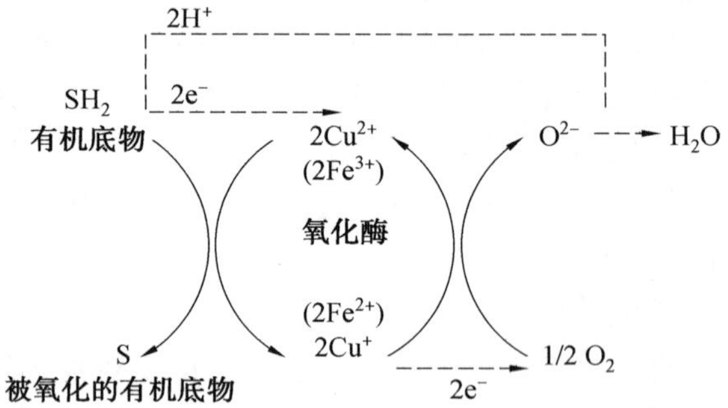

图 5.7　分子氧作为直接受氢体的氢传递过程

2. 有氧氧化中以分子氧为间接受氢体的传递氢过程

这类氢传递过程中的几种酶共同发挥作用:第一种酶催化底物脱氢生成 $NADH^+$,由其余的酶顺序传递,最后把其中的电子传递给分子氧形成激活态 O^{2-},并与脱落氢中的 H^+ 结合成水,如图 5.8 所示,NADH 氧化呼吸链是细胞内最重要的呼吸链,生物氧化中绝大多数都是以 NAD^+ 为辅酶的脱氢酶。

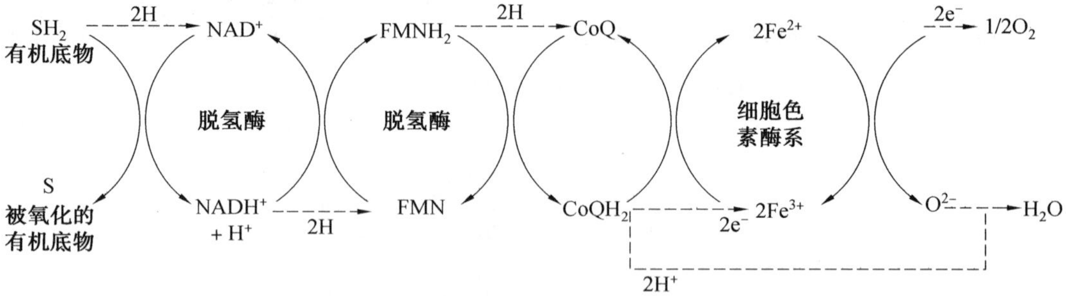

图 5.8　分子氧作为间接受氢体的氢传递过程

3. 无氧氧化中有机底物转化中间产物作受氢体的传递氢过程

这类氢传递过程中有一种或一种以上酶参与,最后由脱氢酶辅酶 NADH 将所含来源于有机底物的氢,传给该底物生物转化的相应中间产物。如,兼氧厌氧的酵母菌在无分子氧存在下以葡萄糖为生长底物时,用葡萄糖转化中间产物乙醛作为受氢体,乙醛被还原成乙醇,如图 5.9 所示;厌氧的乳酸菌在以葡萄糖作为生长底物时,糖转化的中间产物丙酮酸是受氢体,丙酮酸被还原为乳酸。

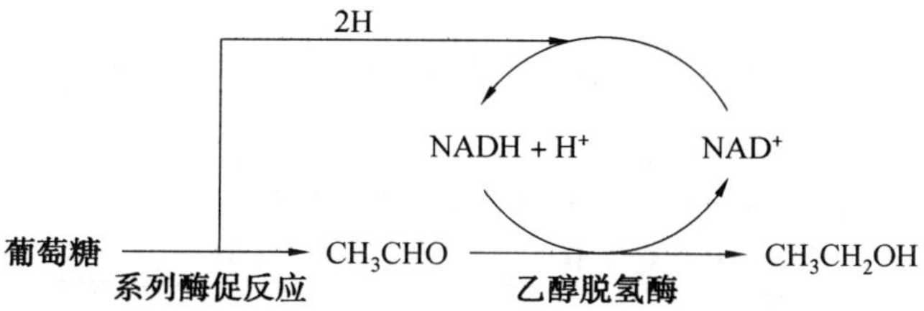

图5.9 葡萄糖转化中间产物乙醛作为受氢体的氢传递过程

4. 无氧氧化中某些无机含氧化合物作受氢体的传递氢过程

在这类氢传递过程中，最常见的受氢体是硝酸根、硫酸根和二氧化碳。它们接受来源于有机底物由酶传递来的氢，而被分别还原为氮分子（或一氧化二氮）、硫化氢和甲烷。例如：

$$10[H]+2NO_3^-+2H^+ \xrightarrow[\text{反硝化菌}]{\text{兼性厌氧}} N_2+6H_2O$$

$$24[H]+3H_2SO_4 \xrightarrow[\text{硫酸还原菌}]{\text{兼性厌氧}} 3H_2S+12H_2O$$

$$8[H]+CO_2 \xrightarrow{\text{厌氧甲烷菌}} CH_4+2H_2O$$

5.4.2 有毒有机污染物的生物转化类型 (Biotransformation types of toxic organic pollutants)

进入生物机体的有毒有机污染物质，一般在细胞或体液内进行酶促转化生成代谢物，但其在机体中的转化部位不尽相同。在人及动物中主要转化部位是肝脏，很多有机毒物是肝细胞中一组专一性较低酶的底物。此外，肾、肺、肠黏膜、血浆、神经组织、皮肤、胎盘等也含相当量酶，对有机毒物也具有不同程度的转化功能。生物转化的结果，一方面往往使有机毒物水溶性和极性增加易于排出体外；另一方面也会改变有机毒物的毒性，多数是毒性减小，少数毒性反而增大。

有机毒物的生物转化途径复杂多样，但其反应类型主要是氧化、还原、水解和结合反应四种。通过前三种反应将活泼的极性集团引入亲脂的有机毒物分子中，使之不仅具有比原毒物较高的水溶性及极性，还能与机体内某些内源性物质进行结合反应，形成水溶性更高的结合物，从而容易排出体外。因此，把氧化、还原和水解反应称为有机毒物生物转化的第一阶段反应，而将第一阶段反应的产物或具有适宜功能集团的原毒物所进行的结合反应称为第二阶段反应。

有毒有机物质生物转化的主要反应类型情况如下。

1. 氧化反应

（1）加氧酶加氧氧化。

碳双键环氧化：

$$R_1CH{=}CHR_2+O \longrightarrow R_1\underset{\diagdown\, O \,\diagup}{CH{-}CHR_2}$$

碳羟基化:

$$CH_3(CH_2)_nCH_3+O \longrightarrow CH_3(CH_2)_nCH_2OH$$

氧脱烃:

$$R—O—CH_3+O \longrightarrow ROH+HCHO$$

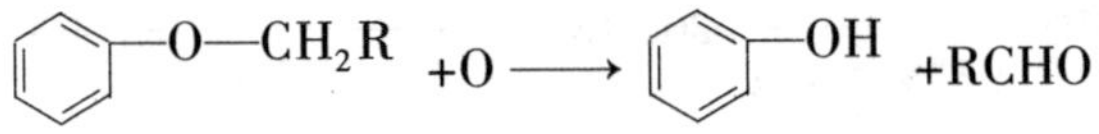

氮脱烃、脱氮:

$$RNH—CH_3+O \longrightarrow RNH_2+HCHO$$

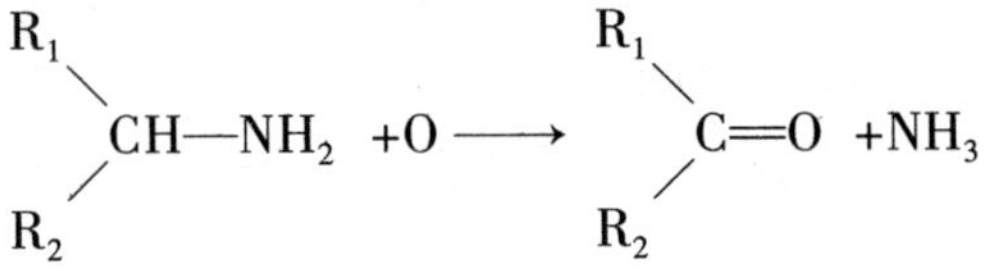

$$RCH_2NH_2+O \longrightarrow RCHO+NH_3$$

硫脱烃、脱硫:

$$R—S—CH_3+O \longrightarrow R—SH+HCHO$$

在有机磷化物中可以发生这一反应。如对硫磷可转化为对氧磷,使其毒性增高。

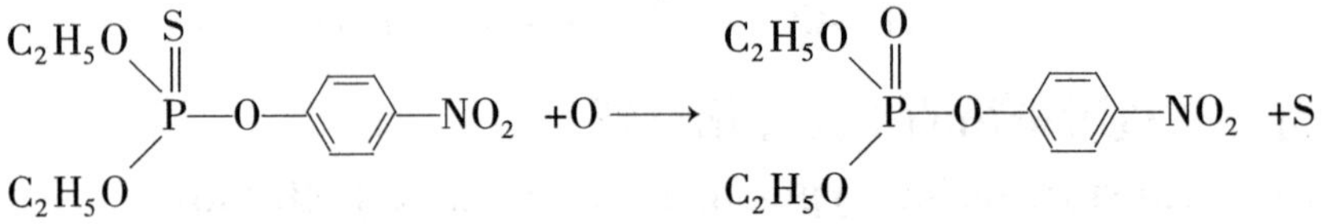

硫-氧化反应:多发生在硫醚化合物中。代谢产物为亚砜,亚砜可以氧化为砜类。

$$R—S—R' \longrightarrow R—SO—R' \longrightarrow R—SO_2—R'$$

氮-羟化反应:化合物的氨基($—NH_2$)上的氢与氧结合的反应。苯胺经 N-羟化反应形成 N-羟基苯胺,可使血红蛋白氧化成高铁血红蛋白。

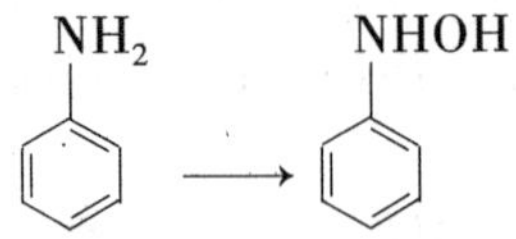

苯胺　　N-羟基苯胺

(2)脱氢酶脱氢氧化。

脱氢酶是伴随有氢原子或电子转移,以非分子氧化合物为受氢体的酶类。脱氢酶能使相应的底物脱氢氧化。

醇氧化成醛:

$$RCH_2OH \longrightarrow RCHO+2H$$

醇氧化成酮:

$$R_1CHOHR_2 \longrightarrow R_1COR_2+2H$$

醛氧化成羧酸:

$$RCHO+H_2O \longrightarrow RCOOH+2H$$

如乙醇进入体内后,首先经过醇脱氢酶催化成乙醛,再由线粒体乙醛脱氢酶催化形成乙酸。乙醇对机体的毒性作用主要来自于乙醛。如体内的醛脱氢酶活力低,可导致饮酒后酒精积聚，引起酒精中毒。

（3）氧化酶氧化。

氧化酶是伴随有氢原子或电子转移，以分子氧为直接受氢体的酶类。氧化酶使相应底物氧化。例如：

$$RCH_2NH_2+H_2O \longrightarrow RCHO+NH_3+2H$$

2. 还原反应

催化还原反应的酶类主要存在于肝、肾和肺的微粒体的胞液中。根据外源化学物质的结构以及反应机理，可将还原反应分为不同的类型。

（1）羰基还原反应。

醛类和酮类在醇脱氢酶的作用下可以分别被还原成伯醇和仲醇。例如：

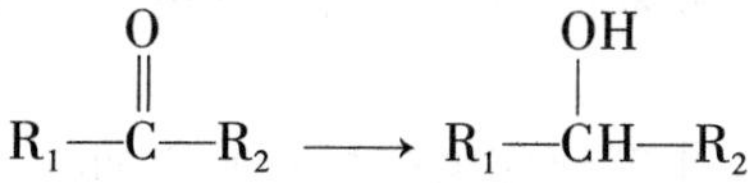

（2）含氮基团还原反应。

含氮基团还原反应主要包括硝基还原、偶氮还原及 N-氧化还原。

①硝基还原反应（nitro reduction）。

催化硝基化合物还原的酶类主要是微粒体 NADPH 依赖型硝基还原酶、胞液硝基还原酶、肠菌从细菌的 NADPH 硝基还原酶。NADPH 和 NADH 为供氢体，前者比后者更有效。硝基化合物被还原生成相应的胺。

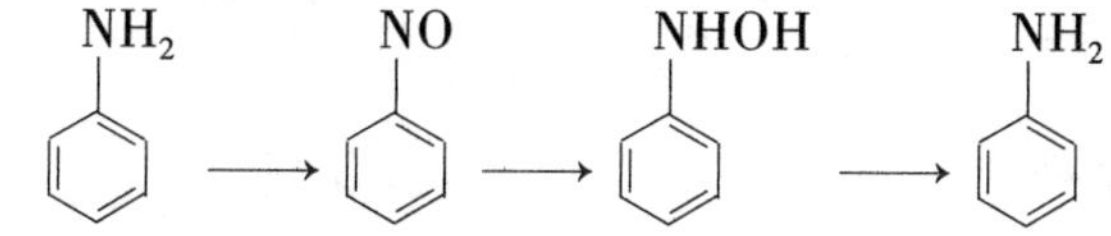

硝基苯　亚硝基苯　苯羟胺　苯胺

②偶氮还原反应（azoreduction）。

偶氮还原酶可以催化这类反应，形成苯肼衍生物，进一步还原裂解成芳香胺，有些偶氮色素还原后具有致癌作用。

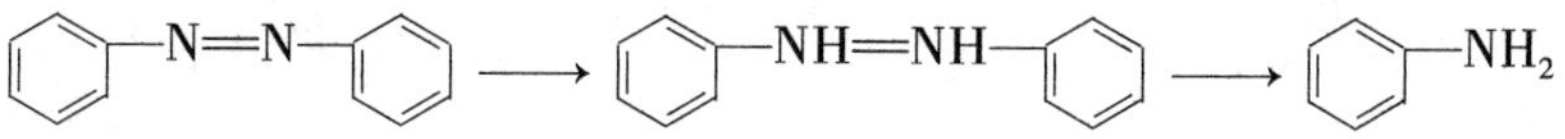

③N-氧化物还原。

N-氧化物的主要代表物烟碱和吗啡在 N-氧化反应中形成的烟碱 N-氧化物和吗啡 N-氧化物，在生物转化过程中可以被还原。

（3）含硫基团还原反应。

二硫化物、亚砜化合物等可以在体内被还原。杀虫剂三磷酸可以被氧化成三硫磷亚砜，在一定条件下可以被还原成三硫磷。

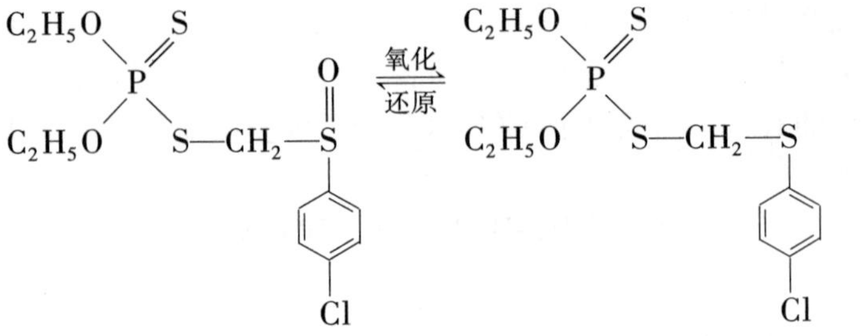

三硫磷亚砜　　　　三硫磷

2. 水解反应

水解反应(hydrolysis reaction)是在水解酶的催化下,化学物质与水发生化学作用而引起的分解反应。根据外源化学物质的结构以及反应机理,可将水解反应分为以下类型。

(1)酯类水解反应。

酯类在酯酶的催化下发生水解反应生成相应的酸和醇:

$$RCOOR'+H_2O \longrightarrow RCOOH+R'OH$$

水解反应是许多有机磷杀虫剂在体内的主要代谢方式。例如,敌敌畏、对硫磷及马拉硫磷等水解后的毒性降低或消失。此外,拟除虫菊酯类杀虫剂也可以通过水解反应而解毒。

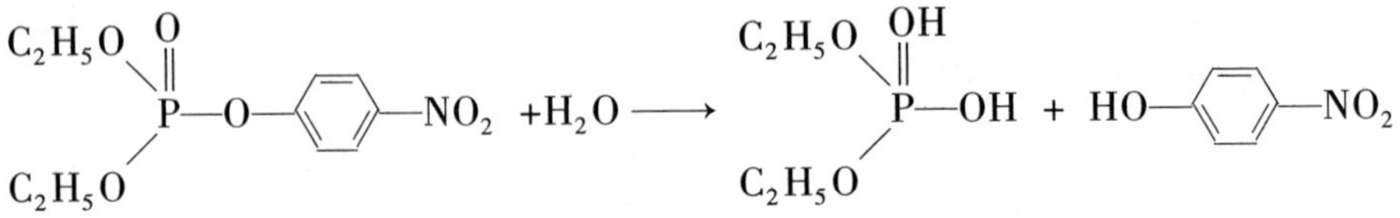

对氧磷　　　　二乙基膦酸　　　　对硝基酚

(2)酰胺类水解反应。

酰胺酶能特异地作用于酰胺键,使酰胺类化合物发生水解。

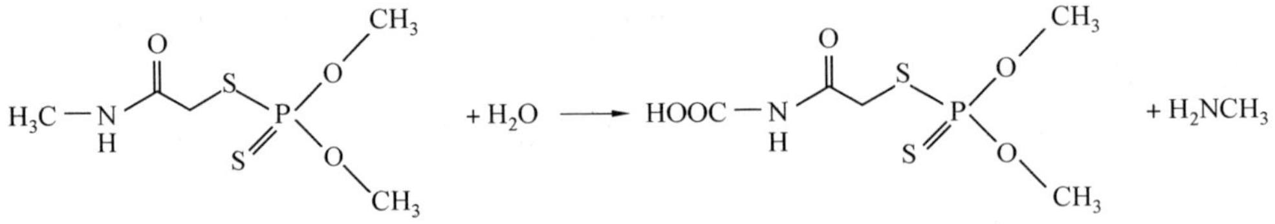

乐果　　　　乐果酸

(3)环氧化的水和反应。

环氧化的水和反应是含有不饱和双键的三键的化合物在相应酶的催化下,与水分子化合的反应,又称水和反应。最简单的水和反应是乙烯与水结合成乙醇的反应:

$$H_2C=CH_2+H_2O \longrightarrow CH_3CH_2OH$$

3. 结合反应

绝大多数外源化学物质在第一相反应中无论发生氧化、还原还是水解反应,最后必须进行结合反应排出体外。结合反应的类型不多,常见的有葡萄糖醛酸结合、谷胱甘肽结合、硫酸结合和氨基酸结合等形式。

(1)葡萄糖醛酸结合。

葡萄糖醛酸结合(glucuronic acid conjugation reaction)是最重要的一种结合反应。葡萄糖醛酸的来源是尿苷二磷酸葡萄糖醛酸(UDPGA),在葡萄糖醛酸基转移酶的作用下与外来化学物质的羟基、氨基、羧基、巯基结合,生成β-葡萄糖醛酸苷(β-glucronide)。根据进行结合反应的外源化学物质结构及结合方式或部位不同,可分为O-葡萄糖醛酸结合、N-葡萄糖醛酸结合和S-葡萄糖醛酸结合,统称葡萄糖醛酸化。

该结合反应在生物中很常见,也很重要。由于葡糖糖醛酸具有羧基及多个羟基,所以结合物呈现高度的水溶性,而有利于自体内排出。葡萄糖苷酸结合物的生成,可避免许多有机毒物对RNA、DNA等生物大分子的损伤,而起到解毒作用。但也有少数结合物的毒性比原有机物质更强。如与2-巯基噻唑相比,其葡萄糖苷酸结合物的致癌性更强。

(2)谷胱甘肽结合。

在谷胱甘肽S-转移酶(GST)的催化下,环氧化物、卤代芳香烃、不饱和脂肪烃类及有毒金属等能与谷胱甘肽(GSH)结合而解毒,GSH的结构如图5.10所示,反应生成谷胱甘肽结合物。GST主要存在于肝、肾细胞的微粒体和胞液中。

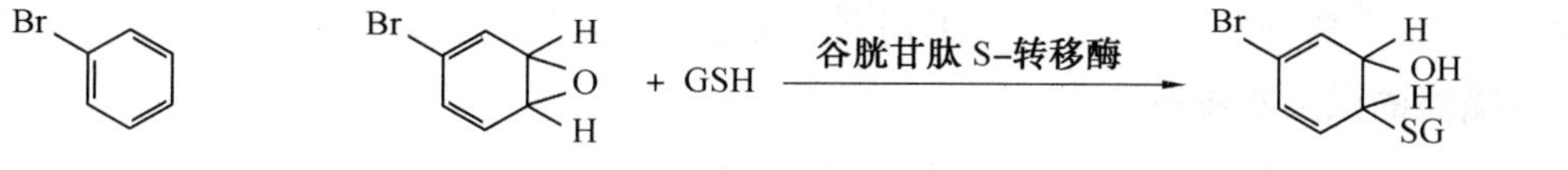

溴化苯　　环氧溴化苯　　谷胱甘肽　　溴化苯谷胱甘肽结合物

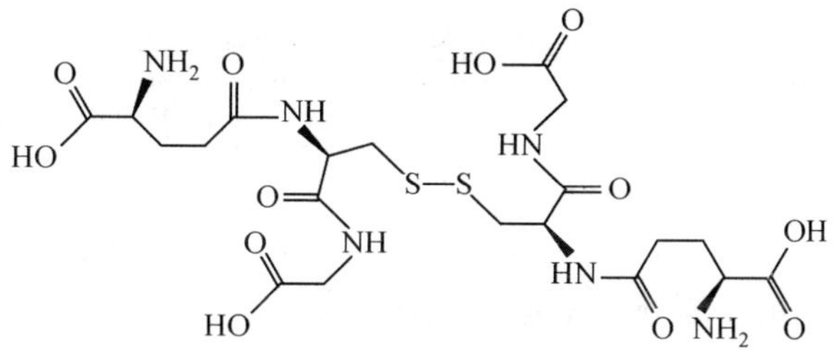

图5.10　谷胱甘肽的结构

(3)硫酸结合。

外源化学物质及其代谢产物中的醇类、酚类和胺类化合物可以与硫酸结合生成硫酸酯。内源性硫酸来自含硫氨基酸的代谢产物,但必须先经三磷酸腺苷(ATP)活化,成为3′-磷酸腺苷-5′-磷酸硫酸(PAPS),再在磺基转移酶的催化下与醇类、酚类或胺类结合为硫酸酯。苯酚与硫酸结合较为常见。

一般来说,形成硫酸酯后的结合物极性增加,而容易排出体外,实际上起到解毒作用。但也有个别物质与硫酸结合后毒性增加。虽然有较多的有机物质可与硫酸成脂,但是这一结合不如葡萄糖醛酸结合重要。

(4)氨基酸结合。

含有羧基的外源化学物质也可与氨基酸结合,反应的本质是胎式结合反应的氨基酸主要来自食物或衍生体的甘氨酸。如苯甲酸可与甘氨酸结合形成马尿酸而排出体外:

$$C_6H_5COOH+NH_2CH_2COOH \longrightarrow C_6H_5CONHCH_2COOH+H_2O$$

苯甲酸　　甘氨酸　　马尿酸

5.4.3 耗氧性有机污染物的微生物降解 (Microbial degradation of oxygen consuming organic pollutants)

耗氧性有机污染物是生物残体、排放废水和废弃物中的糖类、脂肪和蛋白质等较易生物降解的有机物质。耗氧性有机污染物的微生物降解，广泛地发生于水体和土壤之中。其有氧分解的反应式可表示为

$$\{CH_2O\}+O_2 \xrightarrow{微生物} CO_2+H_2O$$

对于某一水体，在有机物输入量少时，反应耗氧量不会超过水体中氧的补充量，则溶解氧(DO)始终保持在一定的水平上，这时主要进行有氧氧化，产物为 H_2O、CO_2、NO_2^-、SO_4^{2-}等，此时，水体具有自净能力，经过一段时间的有机物分解，水体可恢复至初始状态。相反，在有机物大量输入时，水体中溶解氧迅速下降且来不及补充，充实有机物将变成缺氧分解，主要产物一般为 NH_3、CH_4、H_2S 等，这将会使水质进一步恶化。

1. 糖类的微生物降解

糖类通式 $C_x(H_2O)_y$，分为单糖、二糖和多糖三类。它们的微生物降解基本途径及产物见表5.1。

表5.1　糖的类别以及微生物降解方式

类别	通式	实例	微生物转化方式	转化产物
单糖	$C_5H_{10}O_5$	戊糖：木糖、阿拉伯糖	酵解	丙酮酸
	$C_6H_{12}O_6$	己糖：葡萄糖、半乳糖、甘露糖、果糖		
二糖	$C_{12}H_{22}O_{11}$	蔗糖、麦芽糖、乳糖	水解	单糖
多糖	$(C_6H_{10}O_5)_n$	淀粉、纤维素与半纤维素	水解	二糖、单糖(以葡萄糖为主)

在表5.1中，单糖酵解是指单糖在微生物细胞内，无论是有氧氧化还是无氧氧化条件，都可经过相应的一系列酶促富氧形成丙酮酸。例如，葡萄糖酵解的总反应为

$$C_6H_{12}O_6+2NAD^+ \longrightarrow 2CH_3COCOOH+2NADH+2H^+$$

单糖酵解生成的丙酮酸，在有氧氧化条件下通过酶促富氧转化为乙酰辅酶A，总反应为

$$CH_3COCOOH+NAD^++CoASH \longrightarrow CH_3COSCoA+NADH+H^++CO_2$$

乙酰辅酶A与草酰乙酸经酶促反应，转变为柠檬酸，反应式为

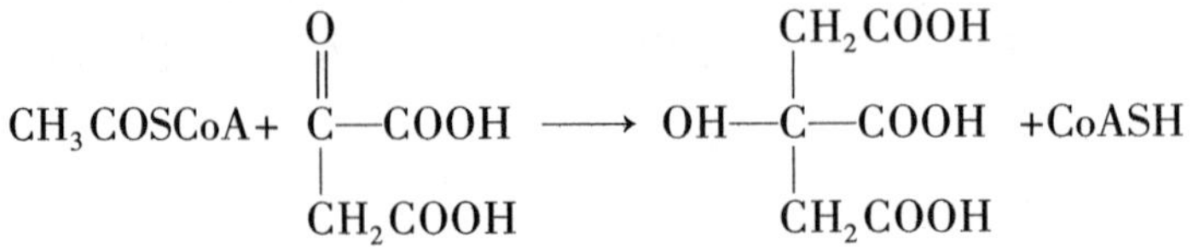

柠檬酸通过图5.11的循环酶促反应的途径，形成草酰乙酸，与上述丙酮酸持续生成的乙酰辅酶A反应转化为柠檬酸，再进行一轮循环转化。这种生物转换的循环途径称为三羧酸循环或柠檬酸循环，简称TAC循环。

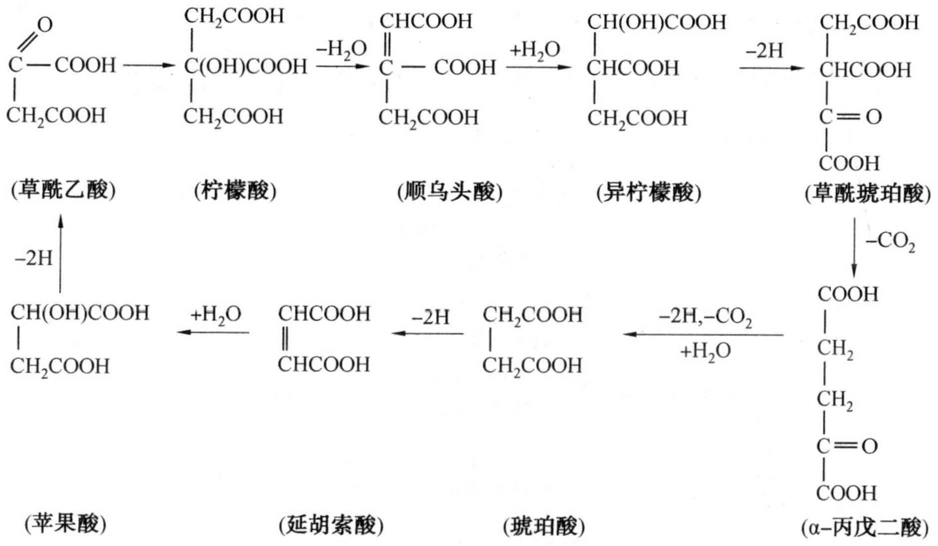

图5.11 三羧酸循环

图5.11所示TAC循环中氢的脱落，是由有氧氧化中氢传递过程完成的。由上面叙述可知，一分子丙酮酸经过一系列反应循环后，共脱羧(去 CO_2)3次，脱氢5次(每次2个氢)，与分子氧受氢体化合共生成5个水分子，而过程中其他转变所需净水分子数为3。因此，丙酮酸受到完全氧化，总反应为

$$CH_3COCOOH+\frac{5}{2}O_2 \longrightarrow 2H_2O+3CO_2$$

在无氧氧化条件下，丙酮酸通过酶促反应，往往以其本身作受氢体还原为乳酸，或以其转化的中间产物作受氢体，发生不完全氧化生成低级的有机酸、醇及 CO_2 等，反应如下：

$$CH_3COCOOH+2[H]\xrightarrow[\text{乳酸菌}]{\text{厌氧}}CH_3CH(OH)COOH$$

$$CH_3COCOOH \longrightarrow CO_2+CH_3CHO$$

$$CH_3CHO+2[H]\longrightarrow CH_3CH_2OH$$

$$CH_3COCOOH+2[H]\xrightarrow[\text{酵母菌}]{\text{兼性厌氧}}CO_2+CH_3CH_2OH$$

综上，糖类通过微生物作用，在有氧氧化条件下被完全氧化为 CO_2 和水降解彻底；在无氧氧化条件下通常氧化不完全，不彻底，生成简单有机酸、醇及 CO_2 等。无氧氧化过程因由大量有机酸生成，体系pH下降，属于酸性发酵；发酵的机体产物取决于产酸菌种类和外界条件。

2. 脂肪的微生物降解

脂肪是由脂肪酸和甘油合成酯组成的。常温呈固态的是酯，多来自动物；而呈液态的是油，多来自植物。微生物降解脂肪的基本途径如图5.12所示。在此脂肪降解过程中，

共包括四个基本的过程:脂肪水解成脂肪酸和甘油;甘油转化为丙酮酸;有氧氧化条件下脂肪酸通过酶促 β-氧化途径变成酯酰辅酶 A 和乙酰辅酶 A;酯酰辅酶 A 和乙酰辅酶 A 最终氧化成 CO_2 和 H_2O,并使辅酶 A 复原。

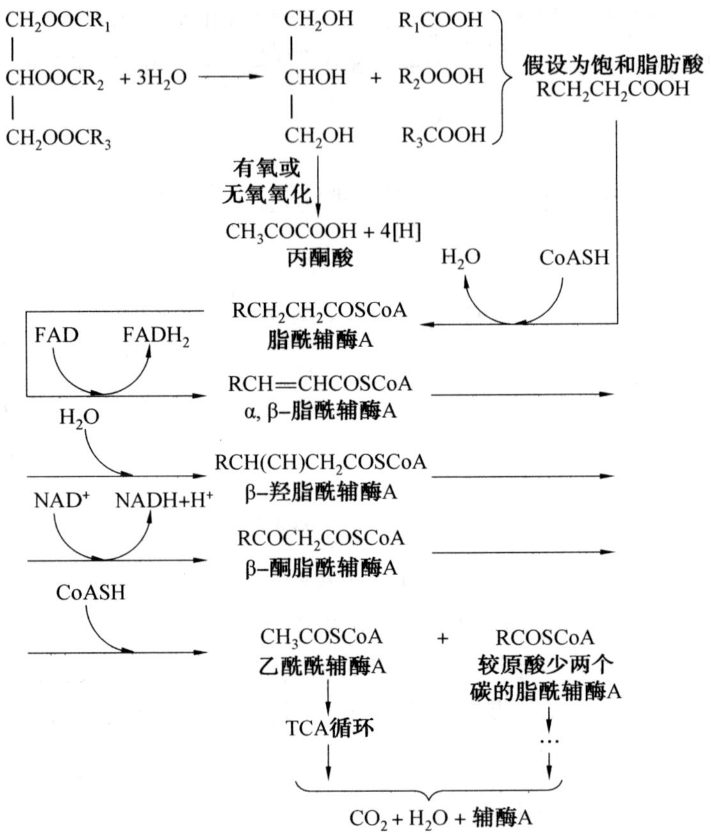

图 5.12 脂肪的微生物降解途径

此外,在无氧氧化条件下,脂肪酸通过酶促反应,往往以其转化的中间产物作受氢体而被不完全氧化,转化为低级的有机酸醇和 CO_2 等。

综上,脂肪通过微生物作用,在有氧氧化条件下彻底降解,形成 CO_2 和 H_2O;而在无氧氧化条件下,常进行酸性发酵,形成简单有机酸、醇和 CO_2 等。

3. 蛋白质的微生物降解

蛋白质是一类由氨基酸通过肽键联合的大分子化合物,其中 α-氨基酸有 20 多种。在蛋白质中,有一个氨基酸的羧酸与另一个氨基酸的氨基脱水形成的酰胺键(—CO—NH—),称为肽键。通过肽键,有两个,三个或三个以上氨基酸结合,依次成为二肽、三肽或多肽。多肽分子中氨基酸首尾相互衔接,形成大分子的长链,称为肽链。多肽与蛋白质的主要区别,不在于多肽分子量(<1 000)小于蛋白质,而在于多肽中肽链没有一定的空间结构,蛋白质分子的长链卷曲折叠成多种不同形态,呈现各种特有的空间结构。

微生物降解蛋白质的基本途径如下:蛋白质由胞外水解酶催化水解形成氨基酸;氨基酸在有氧氧化及无氧氧化条件下,脱氨脱羧。其中氨基酸脱羧形成脂肪酸的反应可以表

示为

$$\begin{array}{c} NH_2 \\ | \\ R—C—COOH \\ | \\ H \end{array} + H_2O \xrightarrow{\text{有氧氧化}} \begin{array}{c} OH \\ | \\ R—C—COOH \\ | \\ H \end{array} + NH_3$$

$$\begin{array}{c} NH_2 \\ | \\ R—C—COOH \\ | \\ H \end{array} + O_2 \xrightarrow{\text{有氧氧化}} RCOOH + NH_3 + CO_2$$

$$\begin{array}{c} NH_2 \\ | \\ R—C—COOH \\ | \\ H \end{array} + 2[H] \xrightarrow{\text{无氧氧化}} RCH_2COOH + NH_3$$

$$\begin{array}{c} NH_2 \\ | \\ RH_2C—C—COOH \\ | \\ H \end{array} \xrightarrow{\text{无氧氧化}} RCH{=}CHCOOH + NH_3$$

上述各种脂肪酸继续转化的最终产物如前所述。

综上，蛋白质通过微生物作用，在有氧氧化条件下可彻底降解，生成 CO_2、H_2O 和 NH_3 或 NH_4^+；而在无氧氧化条件下，通常酸性发酵，不彻底降解为简单有机酸、醇和 CO_2 等。值得注意的是，蛋白质中含有硫的氨基酸有半胱氨酸、脱氨酸和蛋氨酸，它们在有氧氧化条件下可形成硫酸，在无氧氧化条件下还有 H_2S 产生。

4. 甲烷发酵

如前所述，无氧氧化条件下糖类、脂肪和蛋白质都可在产酸菌的酸性发酵作用下不彻底降解为简单有机酸、醇等化合物。如果条件适宜，这些化合物继而在产氢菌和产乙酸菌作用下转化为乙酸、甲酸、H_2 和 CO_2，然后经产甲烷菌作用产生 CH_4。复杂有机物质降解的这一总过程，称为甲烷发酵或沼气发酵。在甲烷发酵中，一般以糖类的降解率和降解速率最高，脂肪次之，蛋白质最低。

产甲烷菌作用产生甲烷的主要途径可表示为

$$CH_3COOH \xrightarrow{\text{产甲烷菌}} CH_4 + CO_2$$

$$CO_2 + 4H_2 \xrightarrow{\text{产甲烷菌}} CH_4 + 2H_2O$$

应当指出，甲烷发酵需要满足各种菌所需的生存条件，它只能在适宜的环境条件下进行。

5.4.4 有毒有机污染物的微生物降解 (Microbial degradation of toxic organic pollutants)

微生物对环境有毒有机污染物的降解及转化过程的每一步都是由细胞产生的特定的酶所催化，所以生物体的酶的种类、化合物的结构特性和外界环境因素（氧和有机质含量、温度、pH、盐度等)对微生物降解有机物都存在一定的影响。有机物的食物转化一般都包含着一系列连续反应,转化途径多种多样,下面就典型的有机污染物的微生物降解途径进行介绍。

1. 烃类的微生物降解

(1)脂肪烃的微生物降解。

①烷烃。

由于它们与自然界普遍存在的脂肪酸、植物蜡结构相似,环境中许多微生物都能利用直链烷烃作为唯一碳源和能源。甲烷降解途径一般认为是

$$CH_4 \longrightarrow CH_3OH \longrightarrow HCHO \longrightarrow HCOOH \longrightarrow CO_2+H_2O$$

烃类微生物降解以有氧氧化占绝对优势。正烷烃的降解途径大致有三类:通过烷烃的末端氧化,或亚末端氧化,逐步生成醇、醛及脂肪酸,而后经β-氧化进入三羧酸(TAC)循环,并彻底被矿化成为 CO_2 和 H_2O(图5.13)。

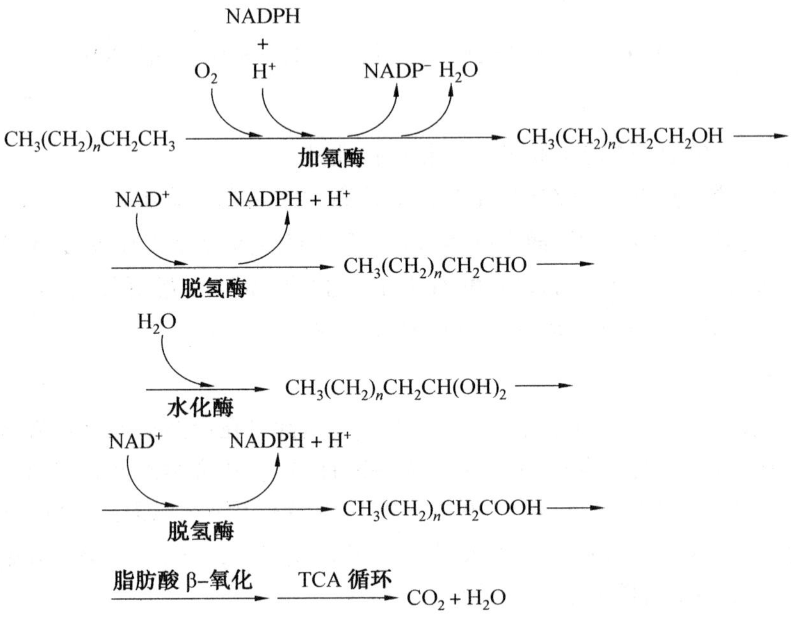

图5.13 烷烃末端氧化降解过程

②烯烃。

研究表明烯烃和烷烃具有相当的生物降解速率。烯烃的微生物降解途径主要是对末端或亚末端甲基的氧化攻击,攻击方式类似于烷烃,或者是攻击双键产生伯醇、仲醇和环氧化物。这些最初的产物又会被进一步氧化生成伯脂肪酸,像烷烃一样经β-氧化被降解,进入TAC循环,并被降解成为 CO_2 和 H_2O(图5.14)。

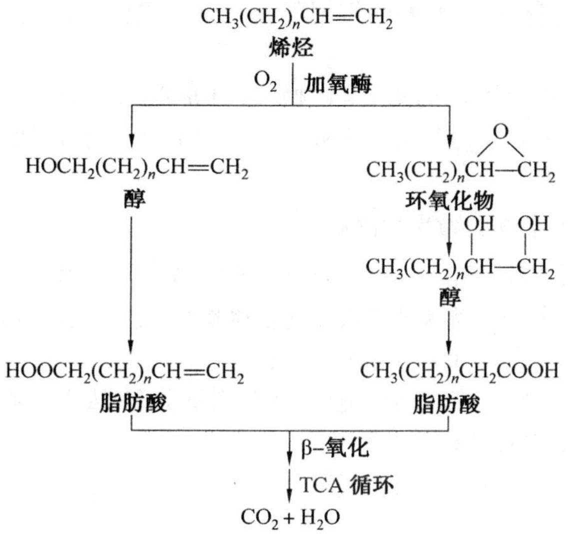

图 5.14　烯烃的微生物降解途径

(2)芳香烃的微生物降解。

研究表明,大量的真菌和细菌能够在各种环境条件下部分或完全转化成芳香烃化合物。在好氧条件下,普遍的初始转化是在加单氧酶和加双氧酶的催化作用下,芳香烃基化生成儿茶酚;然后在第二个加双氧酶的作用下,儿茶酚的环被打开,两个羟基之间打开为邻位途径;此后,进一步反应直至完全降解(图 5.15)。

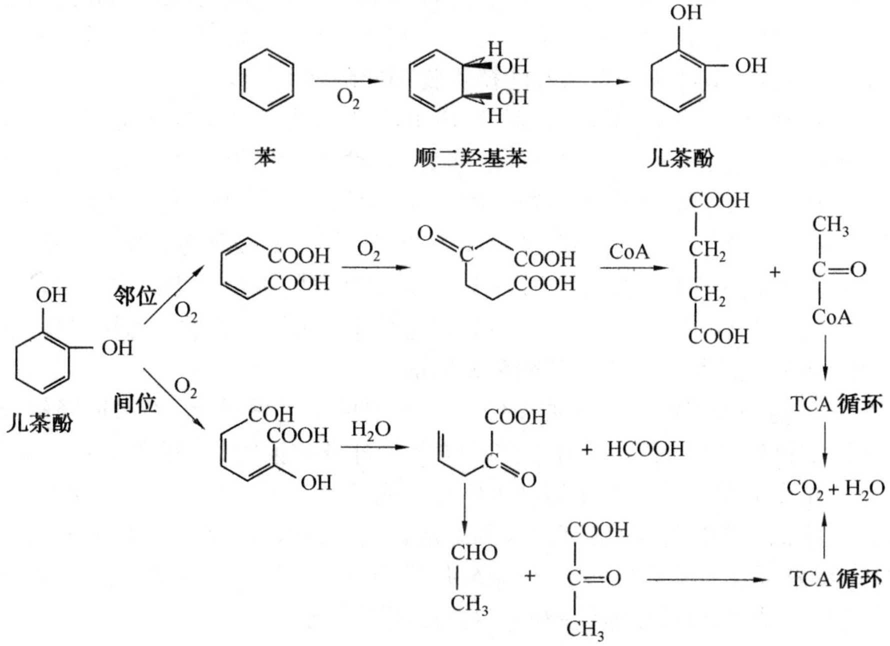

图 5.15　苯的微生物降解途径

萘、蒽、菲等二环和三环的芳香化合物,其生物降解先经过单加氧酶作用在内的若干步骤生成双酚化合物,再在双加氧酶的作用下逐一开环成侧链,然后转化成儿茶酚,再进一步矿化成 CO_2 和 H_2O。

一般来说,饱和脂肪烃和烯烃的降解性相当,中等链长的直链脂肪烃(链长 10～18 个碳的直链烷烃)更容易被利用,烃的支链和卤素取代基会降低生物降解性。而芳烃较难生物降解,多环芳烃更难。

2. 难降解性有机污染物的微生物降解

难降解性有机污染物是指在一般自然环境下,不能被普遍微生物部分降解或完全降解,或者在任何环境条件下不能以足够快的速度降解以阻止自身环境累积的有机污染物。一般认为,难降解性有机物具有 4 个基本特性:

①长期残留性,即一旦被排放到环境中,便难以被分解,因此可以在水体、土壤和底泥环境介质中存留数年或更长的时间。

②生物蓄积性,即难降解性有机物一般具有低水溶性、高脂溶性的特点,能够在生物脂肪中积蓄。

③半挥发性,很多难降解性有机物具有半挥发性,可以在大气环境中远距离迁移。

④高毒性,对人和动物一般具有毒性作用,有的可以导致生物体内分泌紊乱、生殖及免疫机能失调,有的甚至引起癌症等严重疾病。

难降解性有机污染物很多,例如有些多环芳烃、卤代烃、杂环类化合物、有机氯化物、农药等。下面介绍几种典型难降解性有机污染物的微生物降解过程。

(1)多环芳烃的微生物降解。

多环芳烃(PAHs)在环境中是一种极为稳定的难降解性物质,尽管如此,由于其在环境中分布的广泛性,经过适应和诱导产生了一些环境微生物,可以对 PAHs 进行代谢分解,甚至矿化,而且厌氧环境和好氧环境微生物都能降解 PAHs。

研究发现,在好氧环境中,微生物对 PAHs 的降解首先是产生加氧酶,并且 PAHs 的降解取决于微生物产生加氧酶的能力。一般而言,一种微生物所产生的加氧酶只适用于一种或几种 PAHs,所以环境中多种多样的 PAHs 必须依赖环境中多种微生物的共同参与。环境中的丝状菌一般产生单加氧酶,该酶间单个氧原子加到多环芳烃化合物中,形成一种新的羟基化合物,这是 PAHs 降解的第一步,也是很重要的一步。细菌类主要产生双加氧酶,双加氧酶将两个氧原子加入到多环芳烃化合物分子中,生成双氧乙烷,进一步氧化生成双氢乙醇,再被继续氧化形成儿茶酚和龙胆酸。

PAHs 在环境中的降解速率主要受第一步加氧酶活性的控制。PAHs 降解至苯环开裂时所产生的降解产物一部分被用来合成微生物自身的生物量,并产生 CO_2 和 H_2O 等,图 5.16 是土壤中假单胞杆菌对菲的微生物降解途径。

以上是好氧环境中微生物对 PAHs 的降解。此外,在还原型环境中,同样存在多环芳烃化合物的降解。在反硝化条件下,以硝酸盐作为电子受体。而在硫酸盐还原条件下,以硫酸盐作为电子受体,可降解萘、菲和一些蒽的同系物等。

(2)多氯联苯的微生物降解。

多氯联苯(PCBs)性质稳定,可降解 PCBs 的微生物不多。在自然条件或人工实验条件下,PCBs 的生物降解过程大多是共代谢,这表明环境的复杂性环境基质的异质性和环

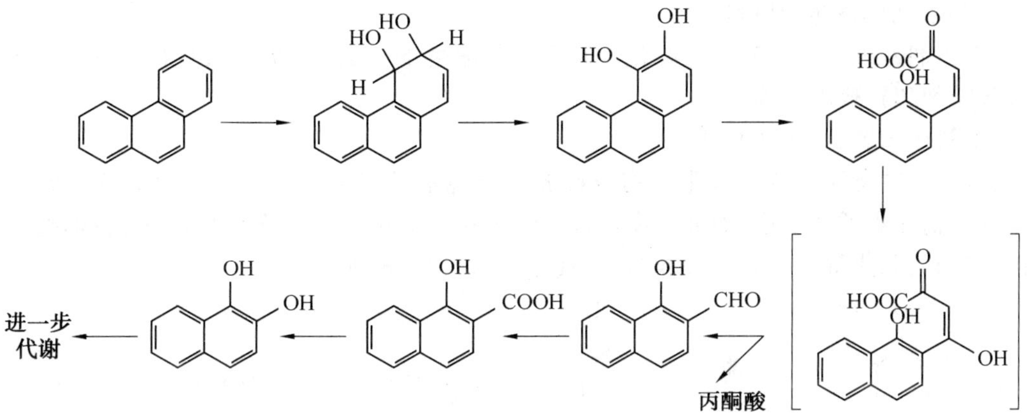

图 5.16　假单胞杆菌对菲的微生物降解途径

境微生物的多样性，是降解 PCBs 类化合物的重要基础。

PCBs 分子中含氯越多，越难生物降解。生物降解卤代化合物时，先进行还原脱卤，PCBs 分子中含氯越多，需要经过的脱氯过程越多。分子中含氯原子越多，脱氯的难度越大。研究 PCBs 混合物发现，混合 PCBs 含氯量在 42% 以下时可在 48 h 内经生物降解而明显减少，而含氯量达 54% 时，PCBs 几乎不被生物降解。图 5.17 显示了 PCBs 在环境中的一种微生物降解途径。

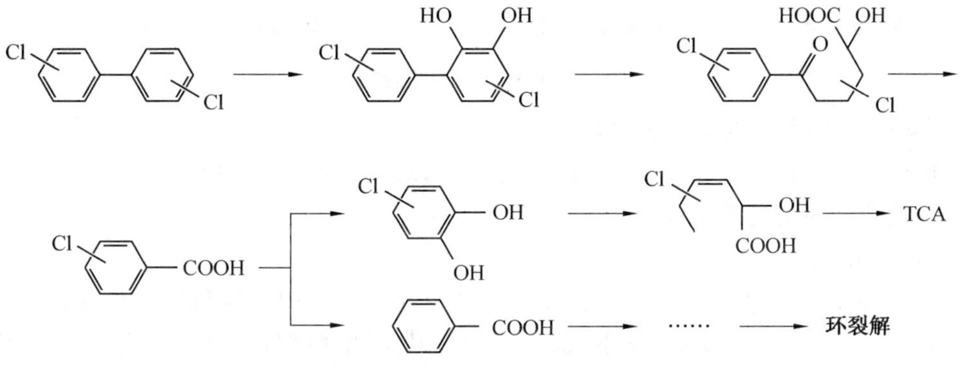

图 5.17　PCBs 的一种微生物降解途径

(3) 五氯酚的微生物降解。

卤代酚具有很大的毒性，特别是氯代酚类的化合物。五氯酚（PCP）作为除草剂、防腐剂或粘胶添加剂，被大量生产和使用。许多国家和地区都发现了较严重的 PCP 污染。

PCP 既可以被微生物好氧降解，也可以被缺氧降解。研究发现，假单胞菌 *Pseudomonas* sp. CS5 在好氧条件下可以对 PCP 进行有效降解。在缺氧条件下，PCP 的邻位氯较容易脱去，例如 PCP 经过厌氧污泥处理，首先脱氯形成 3,4,5-三氯酚，即与羟基相邻的 2 位和 6 位上的氯先行被脱除，然后依次转化生成 3,5-二氯酚和 3-氯酚，最终全部被脱除，形成的苯酚遵循普通芳香化合物的降解代谢途径。另外 3,4,5-三氯酚也可以脱除间位上的氯，还是先脱除间位上的氯原子，形成 4-氯酚。对于 PCP，邻位上氯脱除后，是先脱除对位上的氯，还是先脱除间位上的氯，取决于脱氯的条件。

(4)农药的微生物降解。

杀虫剂是进入环境的非电源化学物质。代表性的农药有 DDT、2,4-D、六六六、艾氏剂、狄氏剂和异狄氏剂等。

①氯代苯氧基乙酸的降解。

2,4-D 这类氯代苯氧型化合物被释放到环境中已有 40 多年,在农业上可以做除草剂,杀灭阔叶双子叶杂草,能被生物降解。作用较强的微生物有无色杆菌属、假单胞细菌等一些细菌和曲霉属中的一些真菌等,其过程如图 5.18 所示。

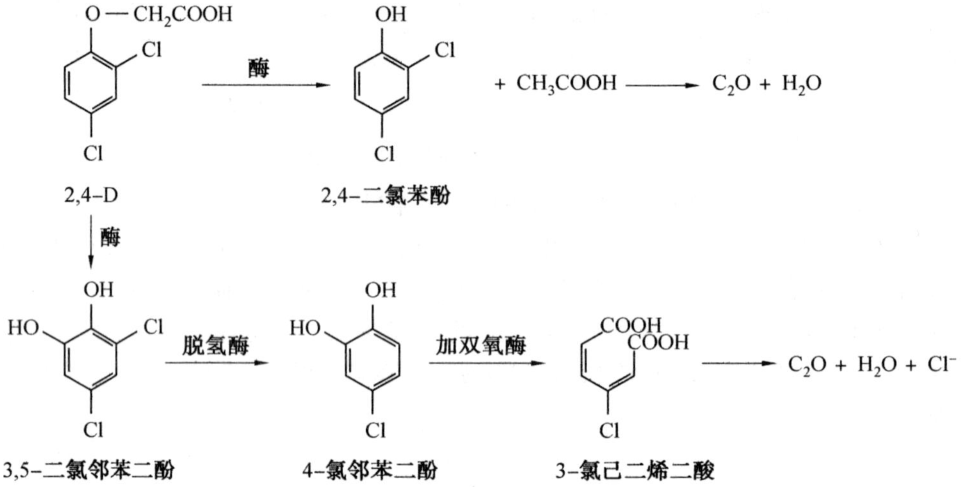

图 5.18　2,4-D 的微生物降解途径

②有机磷杀虫剂马拉硫磷的降解。

马拉硫磷是一种含有硫、磷的人工合成药,可以有效地被微生物降解,对其有较强的降解作用的微生物主要是霉菌。

③DDT 的降解。

DDT 曾经是广泛使用的有机氯杀虫剂。DDT 因其分子中特定位置上的氯取代而变得特别稳定,如果分子中的氯被氢取代,可以增加其生物降解性。而且和有氧条件相比,在无氧条件下更有利于其脱氯加氢还原,能降解 DDT 的微生物种类很多,已知的细菌有 12 属;放线菌有 1 属;真菌有 2 属。

5.4.5　氮、硫和金属元素的生物甲基化 (Biological methylation of nitrogen, sulfur, and metal elements)

1. 氮的微生物转化

氮元素在整个生物界中处于重要的地位,自然界中的氮元素存在形式主要有以下三种:①空气中的分子氮;②生物体内的蛋白质、核酸以及生物体残体变成的有机氮化合物;③铵盐、亚硝酸盐、硝酸盐等无机氮化合物。在生物体的协同作用下,三种形式的氮互相转化,构成氮循环。其中,微生物在转化过程中起着重要作用。主要的微生物转化是固氮、硝化、反硝化、同化、氨化作用,氮的微生物转化过程如图 5.19 所示。

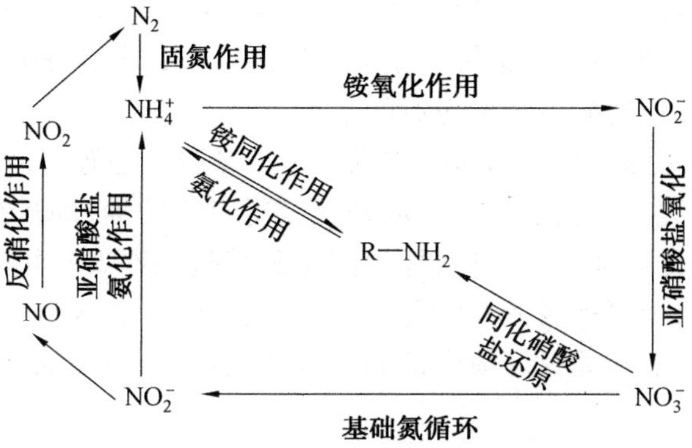

图5.19 氮的微生物转化过程

生物固氮是指分子氮通过固氮微生物固氮酶系的催化而形成氨的过程。此时,氨不释放到环境中,而是继续在机体中转化,进一步组成蛋白质等。在陆地环境中,好氧根瘤菌是最主要的可以起到固氮作用的微生物;在土壤中,以自身固氮菌为主,如固氮菌属、红假单细胞属等;在水环境中,蓝细菌如鱼腥藻和念球藻是最主要的固氮菌。细菌的固氮作用需要消耗大量的ATP能量和还原性辅酶;在叶子表面和根际中所进行的固氮具有重要的生态意义,因为合成的氨可以直接供给植物进行合成有机氮化合物。

$$3\{CH_2O\}+2N_2+3H_2O+4H^+ \longrightarrow 3CO_2+4NH_4^+$$

硝化作用(nitrification)是微生物将氨转化为硝酸盐和亚硝酸盐的过程。硝化过程是一个大量耗氧的过程。氨被微生物氧化为NO_3^-的过程是NH_4^+中氮被氧化为NO_3^-,氢被还原为水的过程。

$$2NH_3+3O_2 \longrightarrow 2H^++2NO_2^-+2H_2O+\text{能量}$$

$$2NO_2^-+O_2 \longrightarrow 2NO_3^-+\text{能量}$$

上式分别由亚硝化单细胞菌属和硝化杆菌属引起。硝化作用是两步产能反应,产生的能量用来固定CO_2。硝化作用最适合pH为6.6~8.0。pH<6.0的环境中,硝化速率下降;pH<4.5,硝化作用完全被抑制。

反硝化作用是指硝酸盐在通气不良的条件下,通过微生物作用而还原成氮气的过程。主要有以下三种情况:

①包括细菌、真菌、放线菌在内的多种微生物,能将硝酸盐还原成亚硝酸盐:

$$HNO_3+2H \longrightarrow NHO_2+H_2O$$

②兼性厌氧假单胞菌种属、色杆菌属等能使硝酸盐还原成氮气:

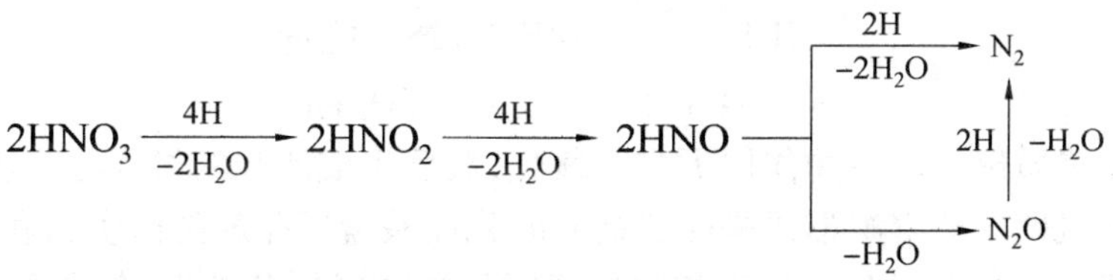

③梭状芽孢杆菌等常将硝酸盐还原成亚硝酸盐和氮:

$$HNO_3 \xrightarrow[-H_2O]{2H} HNO_2 \xrightarrow[-H_2O]{2H} HNO \xrightarrow[-H_2O]{} NH(OH)_2 \xrightarrow[-H_2O]{2H} NH_2OH \xrightarrow[-H_2O]{2H} NH_3$$

在生物圈内反硝化作用具有一定的生态学意义:可以减少造成水体富营养化的氮化合物;土壤中发生的反硝化作用,会因为硝酸盐的减少而降低土壤的肥力;保持大气中分子氮含量的稳定,维持自然界各种形态氮的平衡。

氮的同化作用是指绿色植物和微生物吸收硝态氮和铵态氮,组成机体中的蛋白质、核酸等含氮有机物的过程。生物生长需要从外界获得氮素营养,即进行同化作用。硝酸盐氮微生物利用过程就是硝酸还原反应,称为同化硝酸盐还原。同化硝酸盐还原和反硝化都是还原 NO_3^- 的过程,但是前者的产物是有机氮化合物,后者为分子氮;所需要的环境也不完全相同,前者在有氧和无氧环境中都能进行,后者只能在无氧环境中进行;起作用的酶系也不同。

2. 硫的微生物转化

硫是生命所必需的元素。在环境中硫的存在形态有:单质硫、无机硫化合物和有机硫化合物三种。有机硫化合物包括含硫的氨基酸、磺胺酸等。这些硫可以在微生物的作用下互相转化,构成硫循环,如图 5.20 所示。

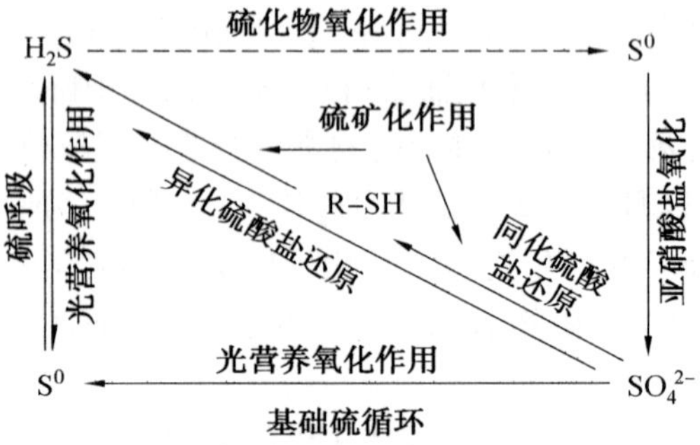

图 5.20 硫的微生物转化

能氧化还原硫化合物的微生物主要是光能自养菌和化能自养菌。能氧化单质硫的光能自养菌主要是氯硫菌科和着色菌科的微生物,它们都能利用光能作为能源,以硫化氢(H_2S)作为供氢体还原 CO_2 生成有机物和元素硫。这些生物在硫转化中是很重要的,可以有效地阻止硫化物进入大气或者以金属硫化物的形式生成沉淀。

$$CO_2+2H_2S \xrightarrow{光} [CH_2O]+2S^0+H_2O$$

化能自养生物大部分都能将硫化氢氧化成单质硫,单质硫沉积在细胞中。如丝硫菌属能氧化 H_2S,当环境中缺少 H_2S 时,就将元素硫氧化为硫酸盐,在此获得能力,反应如下:

$$2H_2S+O_2 \longrightarrow 2H_2O+2S^0+能量$$

$$2S^0+3O_2+2H_2O \longrightarrow 2H_2SO_4+能量$$

硫化氢和单质硫在微生物作用下进行氧化,最后生成硫酸的过程称为硫化。

土壤中无机硫主要溶解形式是硫酸盐。同化硫酸盐还原就是微生物利用硫酸盐合成含硫细物质(R—SH)的过程。异化硫酸盐还原是在厌氧的条件下,硫酸盐被微生物还原为 H_2S 的过程。异化硫酸盐还原菌一般是能进行无氧氧化呼吸的异养菌,如脱硫弧菌。

硫酸盐和亚硫酸盐在微生物作用下还原,最后生成 H_2S 的过程称为反硫化。

3. 金属元素的生物甲基化

金属元素的生物甲基化(biological methylation of metals)是指通过生物的作用,生成带有甲基的挥发性的有机金属化合物的过程。生物甲基化可以改变金属的物理和化学性质,对环境中金属的归宿及其对生物的影响有重要的作用。甲基化可以使金属更容易挥发,脂溶性高。脂溶性增加的结果使得甲基化金属不易被排泄,这样就容易在生物体内积累而引起中毒。汞、砷、铅和硒等元素,都能发生甲基化作用。

汞是环境中最普遍的金属污染物之一。微生物能在好氧和缺氧条件下利用机体内的甲基钴氨蛋氨酸转移酶将汞甲基化。该酶的辅酶是甲基钴氨酸(CH_3CoB_{12}),属于含三价钴离子的一种钴啉衍生物。其中钴离子位于四个氢化吡咯相继连接成的钴啉环中心。其有6个配位体,以及钴啉环上的4个氮原子、咕啉D环支链上二甲基苯并咪唑(Bz)的一个氮原子和一个负甲基离子。

汞的生物甲基化途径如图5.21所示,辅酶把负甲基离子传递给汞离子形成甲基汞(CH_3Hg^+),本身变为水合钴氨素。水合钴氨素中的钴被辅酶$FADH_2$还原,并失去水而转变为5个氮配位的一个钴氨素。最后,辅酶甲基四叶氢酸将正甲基离子转移给五配位钴氨素,并从一价钴上得到两个电子,以负甲基离子与之络合,完成甲基钴氨素的再生,使汞的甲基化能够继续进行。在上述过程中,若以甲基钴取代汞离子的位置,便可以形成二甲基汞[$(CH_3)_2Hg$]。二甲基汞的生成速率比甲基汞的生成速率约慢6 000倍,二甲基汞化合物挥发性很大,容易从水体逸至大气。在缺氧条件下,汞甲基化速度快得多。环境中汞的微生物转化过程如图5.22所示。

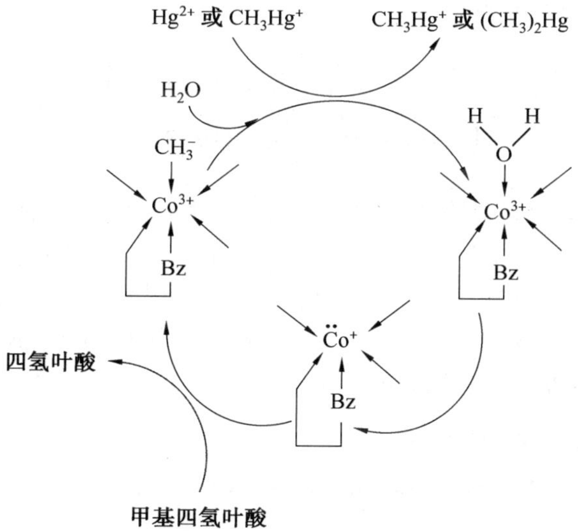

图5.21 汞的生物甲基化途径

多种厌氧微生物,如甲烷菌等以及好氧微生物,如荧光假单胞菌等都具有生成甲基汞的能力。在水体中还存在一类抗汞微生物,能使甲基汞或无机化合物变成金属汞,这是微生物以还原作用转化汞的途径,如:

$$CH_3HgCl+2H \longrightarrow Hg+CH_4+HCl$$

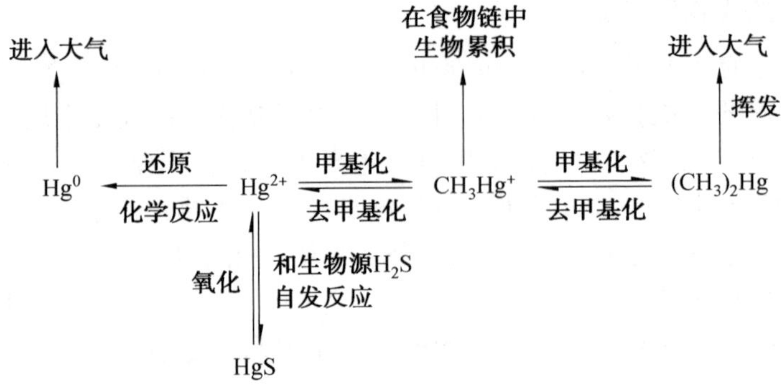

图 5.22　环境中汞的微生物转化过程

$$(CH_3)_2Hg+2H \longrightarrow Hg+2CH_4$$

$$HgCl_2+2H \longrightarrow Hg+2HCl$$

式中反应方向与汞的生物甲基汞的生物甲基化相反，故又称为汞的生物区甲基化。常见的抗汞微生物是甲基单胞菌。

甲基汞容易被活生物体吸收，在鱼类和贝类生物体积累较高水平。吃了受汞污染的鱼类和贝类，汞就会转移到食用者的体内。如果长期食用这种鱼类，汞就会逐渐积累至毒水平。1953—1961 年在日本流行的水俣病就是甲基汞中毒。其他金属如硒和铅在环境中经过甲基化形成亲油性的有机金属化合物，和汞一样，也能在食物链中发生生物积累现象。然后某些金属的甲基化可能是一种解毒基质，例如砷甲基化生成甲基砷，毒性更小、反应性更弱、更容易从体内排泄出来。

5.5　污染物质的毒性
(Toxicity of pollutant)

大多数环境污染物都是毒物。毒物是进入生物机体后能使体液和组织发生生物化学变化，干扰和破坏机体的正常生理功能，并引起暂时性或永久性的病理损害，甚至危及生命的物质。毒物的种类按作用于机体的主要部位，可分为作用于神经系统、造血系统、心血管系统、呼吸系统、肝、肾、眼、皮肤的毒物等；根据作用性质，毒物可分为刺激性、腐蚀性、窒息性、致突变、致癌、致畸、致敏的毒物等。

5.5.1　污染物质的毒性及分类
(Toxicity and classification of pollutants)

按污染物进入机体的途径可将生物毒性分为经口毒性、经皮毒性、呼吸毒性等；按毒性发作的缓急轻重又可分为急性毒性和慢性毒性、亚急性毒性三类。急性毒性是一次性或 24 h 内多次作用于人或动物所引起的机体损伤作用，其作用强弱常用半数致死剂量或半数致死浓度等的数值大小来衡量。慢性毒性是在人或动物全生命期内持续作用于机体所引起的机体损伤作用，这种特性的特点是小剂量、多次摄入、作用持续时间长、引起损伤缓慢细微且易呈耐受性，并有可能通过遗传贻害后代。致癌性、致畸性、致突变性等作用大体可归入慢性毒性类。由环境激素类污染物导致生殖功能畸变的作用也可归纳为此类毒性。亚急性毒性介于以上两类毒性之间。

（1）半数致死剂量（LD_{50}）。在一定时间内引起受试生物群体半数个体死亡的毒物剂量为半数致死剂量，半数致死剂量也是指进入受试生物体内的剂量。其分子为毒物的质量，分母为受试生物体的质量，单位为 $mg \cdot kg^{-1}$。

（2）半数致死浓度（LC_{50}）。在一定的观察时间内，试验生物群体死亡一半的浓度为半数致死浓度。例如，48 h $LC_{50} = 2\ mg \cdot L^{-1}$ 表示在 48 h 试验生物死亡 50% 的浓度为 $2\ mg \cdot L^{-1}$。半数致死浓度是急性毒性试验中最常用的参数。其原因是，如果使用最低致死浓度或最高致死浓度作为参数在实验中出现个别动物特别耐毒或特别敏感的情形，会对观测结果产生很大影响，而用半数致死浓度作为参数，即使出现上述情形，结果也不会有很大变化。显然，LC_{50}的值越低，毒物的毒性越大。

5.5.2 毒物的联合作用 (The combined effect of toxins)

在实际环境中往往同时存在多种化学污染物，它们会通过不同的途径进入生物体并产生一定毒性作用，这种毒性往往不是一种化合物单独作用的结果而是多种化合物共同作用的结果。两种或两种以上的毒物，同时作用于机体所产生的综合毒性称为毒物的联合作用。联合作用有独立作用、相加作用、协同作用、拮抗作用等。

1. 独立作用

两种或两种以上化合物作用于机体，各自的作用方式、途径、受体和部位不同，彼此互无影响，各化学物质所致的生物学效应表现为各个化学物质本身的毒性效应，称为独立作用（independent action）。如苯巴比妥和二甲苯的二元混合物，如果以死亡率作为毒性指标，则二者为独立作用。

2. 相加作用

相加作用是指多种外源化学物质产生的综合生物学效应，是各种化学物质分别产生的生物学效应总和。如按比例将一种化学物质用另一种化学物质代替，混合物作用的效应并无改变。产生相加作用（additive action）的机理，可能在于外源化学物质的化学结构比较近似或者是拥有相同的靶器官或靶组织，或者产生的生物学效应的性质类似。

独立作用和相加作用往往很难区分。例如，乙醇与氯乙烯的联合作用使肝脂质过氧化作用增加，呈明确的相加作用。但基于亚细胞水平的研究发现，乙醇引起的线粒体基质过氧化，而氯乙烯引起微粒体脂质过氧化，彼此无明显影响，为独立作用。

3. 协同作用

两种或两种以上的化学物质同时作用于机体所产生的综合生物学效应大于它们单独引起的生物学效应的总和，即为化学物质的协同作用（synergistic effect action）。如马拉硫磷与本黄磷的协同作用、四氯化碳与乙醇协同作用等。产生协同作用的机理可能是由于一种外源化学物质可以促进另一种外源化学物质的吸收或者使其生物转化趋向于形成毒性更高的毒性物。

4. 拮抗作用

两种化学物质同时作用于机体时,其中一种化学物质可以干扰另一种化学物质的生物学效应,或两种化学物质间相互干扰,使两者的综合毒性效应低于各自单独作用的效应总和,称为拮抗作用(antagonistic action)。拮抗作用的机理很复杂,可能是各种化学物质作用相同的系统、受体或酶之间发生竞争,例如:阿托品与有机磷化合物之间的拮抗作用是生理性拮抗,而使毒性降低。

如果各个化学物质对机体作用的途径、方式、部位及其机理类似,并且各个化学物质对机体的毒性作用不影响,则这种联合作用为简单相似作用;如果各个化学物质对机体作用的途径、方式、部位及其机理类似,而且各个化学物质对机体的毒性作用互相有影响,则这种联合作用为复杂相似作用;如果化学物质对机体作用的途径、方式、部位及其机理不同,而且各个化学物质对机体的毒性作用不互相影响,则这种联合作用为独立作用;如果化学物质对机体作用的途径、方式、部位及其机理各不相同,并且各个化学物质对机体的毒性作用互相影响,则这种联合作用为依赖作用。

5.5.3 毒性作用的生物学化学机制 (The biological and chemical mechanisms of toxic effects)

外源化学物质的毒性作用机理是多方面的并且非常复杂,理解各种化合物的毒性作用机理,无论对其毒性的全面评价,还是对其毒性作用的有效防治都具有重要的意义。一般来说,化合物可与化学成分结合,主要有脂质、蛋白质和核酸,也可以改变生物大分子结构的功能。毒物的毒性作用,会在分子、细胞、亚细胞以及生物个体等不同水平层次上表现出多种效应。观察指标水平的不同,毒物在生物体内的作用机理亦不同。

1. 影响酶活性

酶在机体的生命活动过程中起着重要的作用。毒物在进入生物体后,一方面在酶的催化作用下进行代谢转化,另一方面也可以干扰酶的正常作用,可能导致对有机体的损害。在对酶的活性影响作用下,最常见的是对酶的抑制。

(1)干扰正常受体-配体的相互作用。

受体(receptor)是许多组织成分的大分子,与化学物质即配体(ligand)相结合形成受体-配体复合物,能产生一定的生物效应。许多外源化学物质尤其是某种神经毒物的毒性作用与其干扰正常受体-配体相互作用的能力有关。例如,有机磷农药可以与胆碱酯酶发生共价结合,从而抑制其活性,导致乙酰胆碱的积累,后者与毒碱型胆碱受体结合,将使神经过分刺激,而引起机体痉挛、瘫痪等一系列神经中毒病症,甚至死亡。

(2)干扰细胞内钙稳定。

正常情况下,细胞内的钙浓度较低(10^{-7} ~ 10^{-8} mol · L^{-1}),细胞外的钙浓度较高(10^{-3}mol · L^{-1}),内外浓度相差10^{-3} ~ 10^{-4}倍。钙离子作为细胞的第二信使,在调节细胞内功能各方面起着关键的作用。外源化学物质通过干扰细胞内的钙稳态而引起细胞损伤和死亡。各种细胞毒物如硝基酚、醌、过氧化物、醛类、二噁英类和Cd^{2+}、Pb^{2+}、Hg^{2+}等金属离子均能干扰细胞内钙稳态。例如,非生理性地增加细胞内钙浓度可激活磷脂酶而促进膜磷脂分解,引起细胞损伤和死亡。

2. 细胞膜损伤

细胞膜在物质运转、能量转化、物质代谢、细胞识别以及信息传递等过程中起着重要的作用。许多外源化学物质可以作用于细胞膜,引起细胞膜的结构和功能的改变。例如,四氯化碳可以引起大鼠细胞膜磷脂和胆固醇含量下降;还有一些物质会影响膜上某些酶的活性,如 Pb^{2+}、Cd^{2+} 可以与 Ca^{2+}-ATP 酶上的巯基结合,使其活性受抑制;DDT 等高脂溶性物质也可以与膜脂相容而改变膜的通透性。

3. 干扰细胞能量的产生

生命活动所需要的能量来源于有机体内糖类和脂肪的生物氧化,产生的能量以三磷酸腺苷(ATP)的形式贮存起来,为各种生命活动提供能量,这种氧化磷酸化的过程又称产物细胞呼吸。有些外源化学物质可以干扰糖类的氧化,使细胞不能产生 ATP。例如,氰化物、硫化氢和叠氮化钠与细胞色素氧化酶的 Fe^{3+} 结合,使其失去传递电子的功能,导致呼吸链中断,氧不能被利用,出现细胞内窒息;有些外源化学物质,如硝基酚类、氯化联苯等,可以使氧化磷酸化解偶联,导致糖类产生的能量不能以 ATP 的形式存储。

4. 与生物大分子的共价结合

化学物质及其活性代谢产物会与有机体的一些重要大分子发生共价结合,从而改变核酸、蛋白质、酶、膜脂质等生物大分子的化学结构与其生物学功能。化学物质与细胞内的大分子之间通过共价键形成的加合物,使外源化学物质或其代谢物嵌入到生物大分子中而成为其中的组分,一般的生物化学或化学方法不能使其解离。如直接烷化剂和二亚硫酸钠等可与核酸发生共价结合,产生 DNA 损伤。

5.5.4 污染物的“三致作用”(The "three effects" of pollutants)

一些环境污染具有使人或动物致突变、致癌和致畸的作用,统称“三致作用”。

1. 致突变作用

突变(mutation)是指生物体内的遗传物质 DNA 的改变而引起的遗传特性改变的过程。致突变作用可以自然方式发生,称为自发突变;突变也可以人为地或受各种因素诱发产生,称为诱发突变。环境中存在的诱发突变的因素多种多样,包括化学因素、物理因素(如电离辐射、紫外线)、生物因素(如病毒)。能引起致突变作用的物质称为化学诱变剂(chemical mutagen)。环境中常见的诱变剂有亚硝胺类、苯并[a]芘、甲醛、苯、砷、铅、烷基汞化合物、甲基对硫磷、敌敌畏以及黄曲霉素 B_1 等。

突变的类型可以分为基因突变和染色体突变。

(1)基因突变(gene mutation)是指基因中 DNA 排列顺序发生改变。它包含碱基对的转换、颠换、插入和缺失四种类型。

(2)染色体突变(chromsoomal mutation)也称染色体畸变,是指染色体结构或数目的改变。

染色体突变属于细胞水平的变化,一般可以通过光学显微镜直接观察。染色体结构改变的基础是DNA断裂,把能引起染色体畸变的因素称为断裂剂(clastogen)。任何断裂剂产生的染色单体畸变,都将在下一次细胞分裂时演变为染色体畸变。染色体数目的改变也称为染色体数目畸变。

引起基因突变和染色体突变的靶主要是DNA。其中DNA损伤的分子机理如下:①共价键结合成加合物。多芳香类化合物经过代谢活化后形成亲电子基团,可以与DNA上的亲核中心形成加合物。如苯并[a]芘的活化形式7,8-二氢二醇-9,10-环氧化物为亲电子剂,可以与DNA发生共价结合形成加合物分子,从而诱发突变并最终产生致癌作用。烷化剂可以使碱基发生烷化,导致碱基置换突变;也可能导致碱基与脱氧核糖结合力下降,引起脱嘌呤、嘧啶作用,最终导致移码突变、DNA链断裂等。②碱基类似物的取代。有一些环境污染物与DNA分子中的四种天然碱基的结构非常相似,称之为碱基类似物。这些化学物质可以在DNA合成器中与碱基竞争,取代其位置。③改变碱基的结构。某些诱变剂可以与碱基发生相互作用,如亚硝酸可以使胞嘧啶、腺嘌呤氧化脱氨基形成新的碱基,使配对关系发生变化,引起DNA突变。④大分子嵌入DNA链。一些具有平面结构的化学物质能够以非共价结合的方式嵌入核苷酸链之间或碱基之间,干扰DNA复制酶或修复酶,引起碱基对的增加或缺失,导致移码突变。

2. 致癌作用

致癌作用(carcinogenesis)是指正常细胞发生恶性转变并发展成癌细胞的过程。环境致癌因素包括物理因素(电离因素等)、生物因素(病毒等)和化学因素。能够诱发人或动物患癌症的化学物质称为致癌物(carcinogen)。

按照对任何动物的致癌作用,致癌物可分为:确证致癌物、可疑致癌物和潜在致癌物。确证致癌物是经人群流行病调查和动物实验均已确定有致癌作用的化学物质。可疑致癌物是已确定对实验动物有致癌作用,而对人致癌性的证据尚不充分的化学物质。潜在致癌物是对实验动物致癌,但无任何资料表明对人有致癌作用的化学物质。

根据致癌作用机制,致癌物又可分为遗传性致癌物和非遗传性致癌物。遗传性致癌物包括直接致癌物和间接致癌物。直接致癌物能够直接与DNA分子共价结合形成加合物。这类物质大多是合成的有机物,包括内酯类和活性卤代烃类。间接致癌物,也称前致癌物,本身没有致癌性,需要经过生物的代谢转化才有致癌活性。主要有多环或杂环芳烃,如苯并[a]芘、苯并[a]蒽;单环芳香胺,如邻甲苯胺、邻茴香胺。

非遗传性致癌物不与DNA发生化学反应,主要包括促癌剂和固定致癌物。促癌剂虽然单独不具有致癌毒性,但可使已经癌变细胞不断增殖而形成瘤块,如DDT、氯丹、丁羟基甲苯、己烯雌酚等。固体致癌物,如石棉,它的纤维状结构是其致癌原因,经试验发现其他纤维如玻璃纤维,也可以产生同样的效应。

3. 致畸作用

人或动物在胚胎发育过程中由于各种原因所形成的形态结构异常称为先天性畸形(malformation)或畸胎。遗传因素、化学因素、物理因素(如电离辐射等)、生物因素、母体营养缺乏或内分泌障碍等都可能引起先天性畸形,称为致畸作用(teratogenesis)。20世纪60年代以前,化学物质的致畸作用未被人们注意。20世纪60年代初,西欧和日本突然出现不少畸形新生儿。后经流行病学调查证实,主要是孕妇在怀孕后第 30 ~ 50 天,服用镇静剂“反应停”所致,这种药就具有致畸作用。目前已经确认的致畸物有甲基汞和某些病毒等。

关于致畸作用的机理,一般认为有以下几个方面:①环境污染物作用于生殖细胞的DNA,使之发生突变,导致先天性畸形。②生殖细胞在分裂过程中出现染色体数目缺少或过多的现象,从而造成发育缺陷。③核酸的合成过程受破坏引起畸形。④母体正常代谢过程被破坏,使子代细胞在生物合成过程中缺乏必需的物质(如维生素),影响正常发育等。关于致畸作用机制,尚待深入讨论。

长江十年禁渔,恢复长江生态

伴随着市场化和商品化进程,在利益驱动下,长江水域作为公共资源,曾经遭遇“公地的悲剧”。没有禁忌、没有节制地过度捕捞,导致长江水域珍稀特有物种持续衰退,经济鱼类资源接近枯竭。长江生态环境破坏不是一天两天的事情,拦河建坝、长江航运、污染排放等问题经常被很多专家学者锐评,但对生态影响最严重的仍是过度捕捞,国家也为此做出了应对。早从 2003 年开始,长江流域就实行过每年 3 个月的禁渔期;2016 年,禁渔时间又延长到了 4 个月,并把禁渔范围扩大到长江所有主要干支流和重要湖泊。然而,短暂的休渔时间可谓杯水车薪。每年休渔期一过,大量的渔船争先恐后涌上长江,当年繁殖的成果很快被打捞一空,出生几个月的幼鱼根本得不到繁衍生息的机会。

从 2021 年 1 月 1 日起,长江流域重点水域实行“十年禁渔”。“十年禁渔”初衷是通过休养生息恢复长江生态,彰显了党和国家建构人与自然生命共同体的决心与魄力。作为扭转长江生态环境恶化趋势、保护生物多样性的关键之举,“十年禁渔”是为子孙计、为全局谋的重要决策。当前为科学评估全面禁捕效果及水生生物完整性指数,开展了水生生物监测。从监测情况来看,禁渔成效显著,无论是渔获物数量,还是物种出现数量都明显增加,特别是一些珍稀特有物种出现频率增高。长江武汉段江豚成群现身,长江重庆水域在监测过程中两次发现能够繁殖后代的国家二级保护动物岩原鲤,都生动地说明:“十年禁渔”有效推动了长江生态环境持续向好,生物多样性功能明显增强。

思考题与习题

1. 简述生物膜的透过机理。
2. 物质通过生物膜的方式主要有哪几种?
3. 有机体吸收污染物质有哪几种途径?
4. 试述苯的微生物降解途径。
5. 简要说明金属汞的甲基化过程。
6. 说明化学物质致突变、致畸和致癌作用的机理。
7. 用查阅到的新资料,说明毒物的联合作用。

8. 近年来胶原蛋白饮品逐渐进入人们的视线，如“养生堂”胶原蛋白饮品。为什么有人想要补充胶原蛋白？这体现了蛋白质的哪一功能？口服胶原蛋白饮品究竟补的是什么？广告是真还是假？

9. 2011 年汕头大学何田静发表《粤东食管癌的相关环境饮食因素——生态学与伦理流行病学研究》论文，结果显示膳食结构中，烟酒消费量、腌制食品的摄入量、饮茶方式和温度均可能为粤东地区食管癌死亡的危险因素。这一研究结果与污染物在生物体内转运有何联系？

第6章 污染控制与受污染环境的修复
(Chapter 6 Pollution control and remediation of polluted environment)

【内容提要及重点要求】 污染控制与受污染环境的修复指采取人为或自然过程,使环境介质中的污染物去除或无害化,使受污染场址恢复原有功能的技术。它是当今环境科学的热点领域,也是最具有挑战性的研究方向之一,是环境化学的一个重要分支。本章主要介绍了目前几种常见的修复技术,即物理化学技术、生物技术等基本概念及原理、影响因子与适用范围。本章要求重点掌握修复技术的基本原理、修复过程中污染物的降解和消除过程以及影响因素,还要了解各技术适用的污染物及介质。

6.1 物理化学技术
(Physical and chemical technology)

物理化学技术是指综合应用物理和化学的方法使污染物从水中分离或去除,通常是一个传质过程,即将污染物从一相转移到另一相。常用的物理化学法有气提吹脱、萃取、气浮、吸附、离子交换、沉积与絮凝、膜分离技术等,处理对象主要是废水中无机的或有机的、难生物降解的溶质或胶体物质。物理化学技术特别适用于高浓度废水的回收利用和低浓度废水的深度处理,以及有毒有害且不易被微生物降解的工业废水的处理。

6.1.1 吸附法
(Absorption)

利用物质表面存在的未平衡的分子引力或化学键力,把混合物的某个或某些组分吸附在其表面,这种分离化合物的过程称为吸附。这是一种物质附着在另一种物质表面的过程,可以发生在气-液、气-固、液-固界面。其中,具有吸附作用的物质称为吸附剂(adsorbent),被吸附的物质称为吸附质(adsorbate),不能被吸附的物质称为惰性组分。吸附剂一般采用多孔固体,也有一些技术采用泡沫进行气-液吸附来净化污染物。

1. 吸附原理

(1)吸附的本质。

吸附的本质是吸附质与吸附剂之间的相互作用。处在固体表面的原子会受到来自周围原子的作用力,由于这些作用力是不对称的,所以会导致固体表面的原子所受的力不饱和,存在剩余力场。某些物质接近这一固体表面时,就会受到这个力场的影响而被吸附。

也就是说,固体表面可以自动吸附那些能够降低其表面自由能的物质。这些作用力被称为吸附力,包括范德瓦耳斯力、化学键力和静电引力。根据吸附力的种类,吸附可以相应分为物理吸附(physical adsorption)、化学吸附(chemical adsorption)和离子交换吸附(ion exchange adsorption)三种类型。其中,离子交换吸附是一种特殊的吸附过程,将在6.1.2节简单介绍。物理吸附和化学吸附的比较见表6.1。

表6.1 物理吸附和化学吸附的比较

项目	物理吸附	化学吸附
吸附力	范德瓦耳斯力	化学键力
吸附热	较小,近似于液化热,一般在每摩尔几百到几千焦	较大,近似于化学反应热,一般大于每摩尔几万焦
选择性	无选择性	有选择性
吸附稳定性	不稳定,易解析	比较稳定,不易解析
分子层	单分子层或多分子层	单分子层
吸附速率	较快,不受温度影响,故一般不需要活化能	较快,温度升高则速率加快,故需要活化能

物理吸附与化学吸附在许多情况下是相伴或者交替发生的。有时温度可以改变吸附力的性质,如Ni对H_2的吸附(图6.1)。低温时,具有较高能量的分子数目很少,因而化学吸附的速率很慢,以物理吸附为主,在此阶段温度上升时,吸附量(q)减少;当温度升高至可以活化氢分子时,化学吸附速率开始加快,吸附量开始增加;随着温度继续升高,活化分子的数目会迅速增多,所以在此阶段吸附量随温度的升高而增加;达到最高点时,化学吸附达到吸附平衡,但由于化学吸附大多是放热效应,故随着温度继续上升,吸附量又会下降,平衡开始向脱附方向移动。

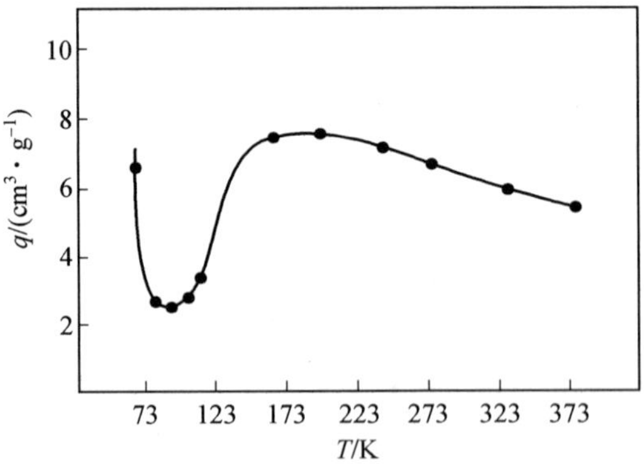

图6.1 H_2在Ni粉上的等压线

在溶液中,多孔吸附剂对吸附质的吸附过程基本上可以分为四个阶段,如图6.2所示。第一阶段,吸附质从主体相扩散至膜表面;第二阶段为膜扩散阶段;第三阶段为孔隙扩散阶段;第四阶段是吸附反应阶段,吸附质被吸附在吸附剂孔隙的内表面,并逐渐形成吸附与脱附的动态平衡。吸附速度一般主要受控于膜扩散速度或孔隙扩散速度。

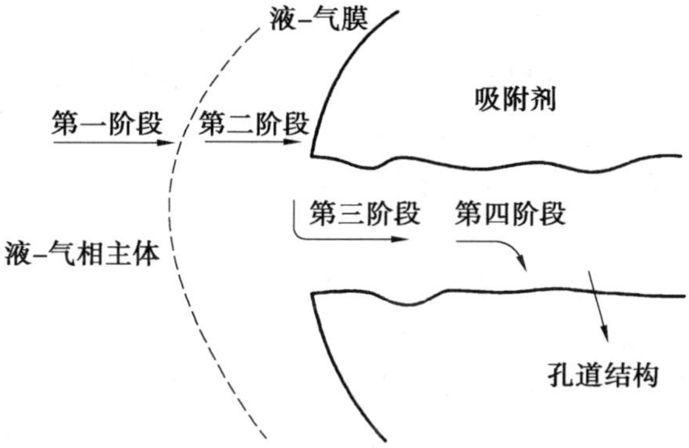

图6.2 吸附过程

(2)吸附作用的影响因素。

①吸附剂的性质。

由于吸附作用发生在吸附剂表面,所以吸附剂的表面积越大,吸附能力越强。另外,吸附剂的颗粒大小、孔隙构造和分布情况以及表面化学特性对吸附力也有很大的影响。

吸附剂的极性不同,吸附效果也不同。一般来说,极性分子型吸附剂易吸附极性的吸附质,非极性分子型吸附剂易吸附非极性的吸附质。

②吸附质的性质。

一般来说,吸附质的溶解度越低,从溶剂中逃离的趋势越大,越容易被吸附。从吸附的本质上说,能使液体表面自由能降低得越多的吸附质,越容易被吸附。

③溶液的 pH。

pH 对吸附质在水体中的存在形态(分子、离子、络合物等)和溶解度均有影响,进而影响吸附效果。

④共存物的影响。

实际废水中往往含有多种污染物,它们有的能相互诱发吸附,有的能相互独立地吸附,有的则能相互干扰。现有研究表明,任何溶质都能以某种方式与其他溶质竞争吸附。

⑤操作条件。

吸附是放热过程,低温有利于吸附,升温有利于脱附。另外,吸附质与吸附剂的接触时间、吸附剂的制备工艺等都会影响产生效果。

2. 活性炭吸附

活性炭是应用最为广泛的一种吸附剂。目前,活性炭吸附已经成为城市污水和工业废水深度处理以及污染水源净化的一种手段,用于去除这些水中少量难降解的有害物质,如色素、杀虫剂、洗涤剂以及一些重金属离子如汞、锑、铋、铬、铅、镍等。在气体净化中,活性炭也发挥着重要的作用。例如,煤气厂以及炼油厂常用活性炭来脱除气体的硫化物。

活性炭是一种非极性吸附剂,外观为暗黑色,其主要成分除碳以外,还含有少量的氧、氢、硫等元素,以及水分和灰分。活性炭具有良好的吸附性能和稳定的化学性质,可以耐强酸、强碱,能经受水浸和高温高压的作用,不易破碎。

活性炭具有巨大的比表面积和发达的微孔。活性炭的比表面积通常为 800～2 000 $m^2 \cdot g^{-1}$。活性炭的孔隙分为三类:①微孔,孔径在 2 nm 以下,孔容为 0.15～0.9 $mL \cdot g^{-1}$,表面积占总表面积的 95% 以上;②过渡孔,孔径为 2～100 nm,孔容为 0.02～0.1 $mL \cdot g^{-1}$,表面积不超过总表面积的 5%(特殊活化工艺处理过的活性炭除外);③大孔,孔径 100 nm 以上,孔容为 0.2～0.5 $mL \cdot g^{-1}$,比表面积仅为 0.2～0.5 $m^2 \cdot g^{-1}$。其中,微孔对吸附量影响最大,对活性炭的吸附效率起决定作用;过渡孔为吸附质的扩散提供通道,并会在一定相对压力下发生毛细管凝结,而且分子量较大的吸附质主要依靠过渡孔来完成吸附;大孔主要为吸附质的扩散提供通道。

活性炭的吸附特性不仅取决于其孔隙结构,也取决于其表面化学性质。活性炭的吸附位点有两类:一类是物理吸附活性点,数量很多,没有极性,是构成活性炭吸附能力的主体部分;另一类是化学吸附活性点,主要是在制备过程中形成的一些具有专属反应性能的含氧官能团,如羧基(—COOH)、羟基(—OH)、碳基(—C ═O)、甲氧基($—OCH_3$)等,这些官能团对活性炭的吸附性能有很大的影响。因此,对活性炭表面的化学性质的研究引起了人们的高度重视。活性炭的表面特征由两方面决定:制备方法(主要是活化工艺)和后处理技术(主要是表面改性技术)。

利用活性炭吸附法处理重金属废水以及氧化性废水时,活性炭除起到吸附作用外,还具有还原作用。例如,在净化含镉废水时,酸性条件下,活性炭可将吸附在表面的 Cr^{6+} 还原为 Cr^{3+}。

活性炭的种类包括颗粒活性炭(granular active carbon,GAC)、粉状活性炭(powdered activated carbon,PAC)和纤维状活性炭(也即活性炭纤维,activated carbon fiber,ACF)三种(表 6.2)。目前在工业上及废水处理中采用最多的是颗粒活性炭。活性炭纤维是一种在 20 世纪 60 年代发展起来的新型高效吸附材料,是继颗粒活性炭和粉末活性炭之后的第三代活性炭材料,是采用有机碳纤维(carbon fiber,CF)经活化处理后所制得的具有发达孔隙结构的功能性碳纤维,与前两代活性炭材料相比具有三方面的优势:首先,活性炭纤维的直径较小,具有发达的微孔且孔隙分布窄,还具有众多的官能团,其吸附能力大大超过普通的活性炭;其次,活性炭纤维的再生更为容易;再次,活性炭纤维的漏损小,滤阻小,吸附层薄,体密度小,易于制作轻便及小型化的生产设备。因此,作为新一代污染控制材料,活性炭纤维具有很好的应用前景。

表 6.2 不同种类活性炭的比较

项目	吸附能力	成本分析	应用前景
粉状活性炭	强	生产成本低,但再生困难,不宜重复使用	劳动条件差,应用前景较差
颗粒活性炭	较粉状活性炭弱	生产成本较高,但可重复使用	操作管理方便,已经得到广泛应用
纤维状活性炭	很强	生产成本较高	新型高效吸附材料,应用前景较好

6.1.2 离子交换法
(Ion exchange)

离子交换法是利用固相离子交换剂的功能基团所带的可交换离子,与跟交换剂接触的溶液中相同电性的离子进行交换反应,以达成对离子的置换、分离、去除和浓缩的一种方法。与其他吸附过程相比,离子交换过程是一种特殊的吸附过程,主要吸附水中的离子化物质,并进行等电荷数的离子交换,是一个化学计量过程。

离子交换技术是目前最重要的,也是应用最广泛的化学分离方法之一,在化工、冶金、环保、生物、医药、食品等许多领域中都已取得巨大的经济效益。在水处理领域中,离子交换技术主要用于水质软化、污水中有用物质的回收以及废水中金属离子和有机物的去除。

1. 离子交换的基本理论

离子交换剂是一种带有可交换离子(阳离子或阴离子)的不溶性固体物质,由固体骨架和交换基团两部分组成,交换基团内含有可游离的交换离子。带有阳离子的交换剂称为阳离子交换剂,带有阴离子的交换剂称为阴离子交换剂。离子交换反应可以相对应地分为阳离子交换和阴离子交换两种类型。

典型的阳离子交换反应:

$$B^{n+1}+nRA \underset{再生}{\overset{交换}{\rightleftharpoons}} R_nB+nA^+$$

离子交换剂　　饱和的离子交换剂

典型的阴离子交换反应:

$$D^{n-}+nRC \underset{再生}{\overset{交换}{\rightleftharpoons}} R_nD+nC^-$$

离子交换剂　　饱和的离子交换剂

两式中,R 为交换剂的骨架;A^+、C^- 为交换剂上所带的可交换离子;B^{n+}、D^{n-} 为废水中待交换的离子。

离子交换过程是平衡可逆的,反应方向受交换剂的交换基团的性质、溶液中离子的性质和浓度、溶液的 pH、温度等因素的影响。利用这种平衡可逆性质,可使饱和的离子交换剂再生,从而反复使用。

离子交换反应实际上是一个复杂的过程,通常可以归纳为 5 个阶段:

①交换离子从溶液中扩散到交换剂表面外层的液膜。

②交换离子进入交换剂内的交联网孔进行扩散。

③交换离子达到交换位置后进行交换反应。

④被交换下来的离子向交换剂表面扩散。

⑤被交换下来的离子从交换剂表面穿过液膜,向溶液中扩散。

这 5 个阶段中,交换反应的速度最快,而扩散步骤控制整个过程的速度。因此,离子交换过程不仅受溶液中被交换离子的性质和交换剂的性能影响,也受到操作条件等因素的影响。

2. 离子交换树脂

离子交换剂可分为无机离子交换剂和有机离子交换剂两类。前者有天然沸石和人造沸石、硅胶等,后者有磺化煤和各种离子交换树脂(ion exchange resin)。其中离子交换树脂是人工合成的一类高分子聚合物,是使用最广泛的离子交换剂。离子交换树脂由树脂骨架和活性基团两个部分组成。活性基团又包括固定离子和活动离子(或称交换离子)。固定离子固定在树脂的骨架上,交换离子则依靠静电引力与固定离子结合在一起,并与周围溶液中的离子发生离子交换反应。

(1)离子交换树脂的分类。

离子交换树脂的分类繁多,按活性基团的性质分,可分为阳离子交换树脂和阴离子交换树脂。阳离子交换树脂可解离出氢离子或其他阳离子(多为 Na^+),能与溶液中的阳离子进行交换反应。阴离子交换树脂可解离出氢氧根离子或其他阴离子(多为 Cl^-),能与溶液中的阴离子进行交换反应。根据在水溶液中解离的离子性质,离子交换树脂又可分为强酸性的、弱酸性的、强碱性的和弱碱性的,如图 6.3 所示。其中,活性基团中的 H^+ 和 OH^- 分别用 Na^+ 和 Cl^- 代替,因此阳离子交换树脂又有氢型和钠型之分,阴离子交换树脂有氢氧型和氯型之分。

- **离子交换树脂**
  - **阳离子交换树脂**
    - **强酸性:磺酸基** ($—SO_3H$)
    - **弱酸性**
      - **磷酸基**($—PO_3H_2$)、**砷酸基**($—AsO_3H_2$)
      - **羟酸基**($—COOH$)、**酚基**($—OH$)
  - **阴离子交换树脂**
    - **强碱性:季胺基** ($—N^+(CH_3)_3OH^-$、$—N^+(CH_3)_2OH^-$ | CH_2CH_2OH)
    - **强碱性:伯胺基** ($—NH_2$)、**仲胺基**($—NHR$)、**叔胺基**($—NR_2$)

图 6.3 离子交换树脂的分类及相应的活性基团

强酸性阳离子交换树脂和强碱性阴离子交换树脂的吸附能力强,在碱(酸)性、中性,甚至酸(碱)性介质中都有离子交换功能,但是难以解吸再生;弱酸(碱)性阳(阴)离子交换树脂仅能在接近中性和碱(酸)性介质中才能解离并表现出离子交换功能。

(2)离子交换树脂的基本特性。

①选择性。

交换树脂的选择性可用离子交换势的大小表示,经过长期的研究及实践,人们总结出了如下规律:

a. 在常温低浓度的水溶液中,阴离子价态越高交换势越大。同价阳离子的交换势随原子序数增大而增大,例如:

$$Th^{4+}>Al^{3+}>Ca^{2+}>Na^+,Rb^+>K^+>Na^+>Li^+$$

b. H^+ 和 OH^- 的交换势取决于它们与固定离子所形成的酸或碱的强度,强度越大,交换势越小。例如,对于强酸性阳离子交换树脂,H^+ 的交换势介于 Na^+ 和 Li^+ 之间;对于弱酸性阳离子交换树脂,H^+ 的交换势最强,居于首位。

c. 在常温低浓度的水溶液中,不同类型离子交换树脂对各种离子的交换势顺序如下:

弱碱性阴离子交换树脂的选择性顺序：

$OH^- > Cr_2O_7^{2-} > SO_4^{2-} > CrO_4^{2-} > C_6H_5O_7^{3-} > C_4H_4O_6^{2-} > NO_3^- > AsO_4^{3-} > PO_4^{3-} > MoO_4^{2-} > AC^-$、$I^-$、$Br^- > Cl^- > F^-$

强碱性阴离子交换树脂的选择性顺序：

$Cr_2O_7^{2-} > SO_4^{2-} > CrO_4^{2-} > NO_3^- > Cl^- > OH^- > F^- > HCO_3^- > HSiO_3^-$

弱酸性阳离子交换树脂的选择性顺序：

$H^+ > Fe^{3+} > Cr^{3+} > Al^{3+} > Ca^{2+} > Mg^{2+} > K^+$、$NH_4^+ > Na^+ > Li^+$

强酸性阳离子交换树脂的选择性顺序：

$Fe^{3+} > Cr^{3+} > Al^{3+} > Mg^{2+} > K^+$、$NH_4^+ > Na^+ > H^+ > Li^+$

位于选择性顺序前列的离子可以取代位于选择性顺序后列的离子。

d. 在高温、高浓度时，位于离子交换树脂的选择性顺序后列的离子也可以取代位于选择性顺序前列的离子，这也是树脂再生的原理之一。

②溶胀率。

各种离子交换树脂都含有极性很强的交换基团，因此亲水性很强。树脂的这种结构使其具有溶胀和收缩的性能。树脂溶胀或收缩的程度以溶胀率表示，溶胀率受下列因素的影响：

a. 所接触的介质。

b. 树脂自身的结构特征。

c. 电荷密度。

d. 反离子的种类。

树脂的溶胀率直接影响树脂的操作条件，所以在离子交换器的设计和使用过程中，都应注意这一因素。

③物理和化学性质稳定。

树脂的物理稳定性是指树脂受到机械作用时（包括使用过程中的溶胀和收缩）的磨损程度，以及树脂受温度变化影响的程度。树脂的化学稳定性包括承受酸碱度变化的能力、抵抗氧化还原的能力等。

6.1.3 混凝法
(Coagulation)

混凝是指在混凝剂的作用下，水中的胶体和细微悬浮物凝聚为絮凝体，然后将这些絮凝体从水中予以分离去除的水处理方法，这一方法在给水和排水中的应用非常广泛。混凝分为凝聚和絮凝两种，这两个概念的区分并不是很严格。通常来讲，由电解质促成的聚集称为凝聚（aggregate），而由聚合物促成的聚集称为絮凝（flocculation）。混凝所处理的对象主要是水中的微小悬浮物和胶体杂质。与大颗粒的悬浮物不同，微小粒径的悬浮物和胶体虽是热力学不稳定系统，却能在相当长的时间内稳定存在。本节将简要介绍溶胶的相对稳定性，以及混凝破坏其稳定性的原理。

1. 胶体的稳定性理论

(1)胶体粒子的双电子层模型。

双电层理论由 Otto Stern 于 1924 年提出。胶体微粒都带有电荷(如天然水中的黏土类胶体微粒、污水中的胶态蛋白质和淀粉微粒等都带有负电荷),其结构如图 6.4 所示。胶体的中心为胶核,胶核表面选择性地吸附着一层负电荷离子或一层正电荷离子,该离子层称为胶体微粒的电位离子,决定了胶体电荷的大小和种类。由于电位离子的静电引力,其周围又吸附了大量的异号电荷,异号离子中紧靠电位离子的部分被牢固地吸引着,当胶核运动时,它们也随着一起运动,形成固定的离子层,因此被称为吸附层。异号电荷形成的吸附层与电位离子组成的结构被称为"双电层(electric double layer)",有时也称为斯特恩层(Stern layer)。其他异号离子离电位离子较远,受到的引力较弱,不随胶核一起运动,并有远离胶核的趋势,形成的结构称为扩散层。吸附层与扩散层之间的交界面称为滑动面,滑动面以内的部分称为胶粒。胶粒与扩散层之间有一个电位差,称为胶体的电动电位,常称为 ζ 电位。胶核表面的电位离子与溶液之间的电位差称为总电位,也称 ψ 电位。

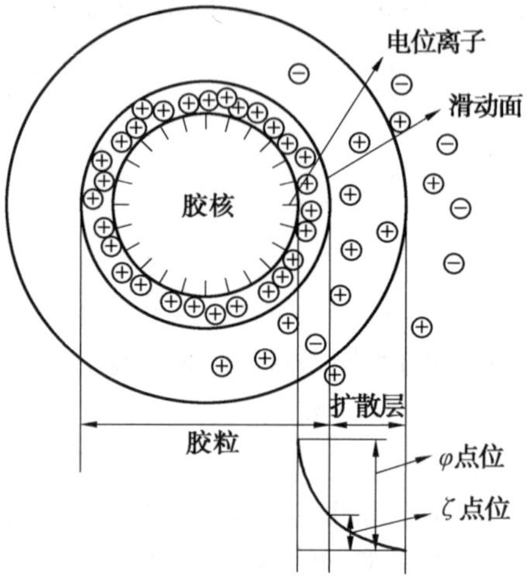

图 6.4　胶体结构和双电层示意图

(2)胶体稳定的原因。

胶粒能在水中保持稳定悬浮的原因主要有三点:

①胶粒表面带有电荷,带相同电荷的胶粒之间具有静斥力,且 ζ 电位越高,静电斥力越大。

②受水分子热运动的撞击,微粒在水中做不规则的运动,即布朗运动。

③胶粒带电,会将极性水分子吸引到它的周围,形成一层水化膜,同样能够阻止胶粒间的相互接触。对于亲水性胶体(如蛋白质、淀粉等有机胶粒),稳定性主要由它表面的水化膜来保持;而对于憎水性胶体(如黏土等一些无机胶粒),其表面吸附的水分较少,稳定性主要由胶粒表面的电荷来保持。

2. 混凝的原理

混凝就是在混凝剂的电离和水解产物的作用下,水中的胶体污染物和细微悬浮物脱稳,并聚集为具有可分离性的絮凝体的过程。混凝的影响因素很多,如水中杂质的成分和浓度、水温、水的 pH 和碱度以及投加的混凝剂的性质和混凝条件等。但归纳起来,可以认为混凝主要受以下四个方面的作用。

(1)压缩双电层。

根据 DLVO 理论(即胶体稳定性理论,指 20 世纪 40 年代,由 Derjaguin、Landau、Verwey 和 Overbeek 共同提出的一项理论,用于阐释颗粒间同时存在范德瓦耳斯力和静电斥力时位能的变化),离子浓度增大到一定的程度时,胶体的扩散层厚度减小、ζ 电位降低,压缩了双电层的尺寸,综合作用位能(V_T)增大,胶体间范德瓦耳斯力占优势,促使胶体相互之间进一步靠近,直至 V_T 达到最小值,此时胶体就可以相互结合,即发生凝聚(图 6.5)。在水中投加电解质作为混凝剂时,就会发生凝聚(图 6.6)。

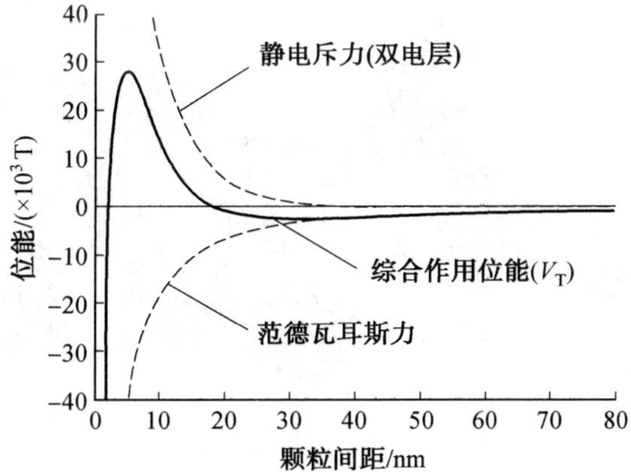

图 6.5 DLVO 理论中综合作用位能与颗粒间距的关系

DLVO 理论是怎么来的?

DLVO 理论的前身是由 Debye(美籍荷兰裔科学家)和 Hückel(德国科学家)于 1923 年提出的离子互吸理论;随后,Gronwall、La Mer 和 Sandved (1928 年),Falkenhagen 和 Vernon(1932 年),以及 Kirkwood(1934 年)等诸多科学家,都为完善这一理论做出了贡献;之后在 1939 年,Levine 和 Dube 在研究胶体的过程中发现了该理论的不足。1940 年,苏联科学家 Derjaguin 和 Landau 对之前的理论进行了修正并在此基础上提出了一个新的理论,对引力和斥力同时存在的情况进行了阐释;1948 年,荷兰科学家 Verwey 和 Overbeek 也提出了相同的新理论。在此期间,两国科学家并没有据该理论进行合作,而是各自提出的新理论。因此,新理论以这四位科学家的姓名首字母命名为 DLVO 理论。从 DLVO 理论的发展史可以看出,任何一个理论的成型,都不是依靠某一个人独立实现的,而是需要由许多相同或不同国度的人投入大量精力,耗费少则数十年、多则数百年的时间来完成。当今科学的发展也都是建立在这些前人成果的基础上,我们今天在科学研究中所做的努力也将惠及当下、造福未来。

(2)电性中和作用。

当作为混凝剂投加的电解质为铁盐、铝盐时,它们能在一定条件下电离和水解,生成各种络合离子，如$[Al(H_2O)_6]^{3+}$、$[Al(OH)(H_2O)_5]^{2+}$、$[Al_2(OH)_2(H_2O)_8]^{4+}$和$[Al_3(OH)_5(H_2O)_9]^{4+}$等。这些络合离子不但能够压缩双电子层，而且能够通过胶核外围的反离子层（指胶体的吸附层与扩散层）进入固-液界面，并中和电位离子所带电荷，使胶体的电位下降，即电性中和，从而减少胶体间的静电斥力，实现胶粒的脱稳和凝聚。

（3）吸附架桥作用。

三价铝盐或铁盐以及其他高分子混凝剂溶于水后，经水解和缩聚反应形成具有线性结构的高分子聚合物。这类高分子物质可以被胶体微粒强烈吸附，因其线性长度较大，当一端吸附某一胶粒后，另一端又会吸附另一胶粒，在相距较远的两胶粒间架桥，使颗粒逐渐变大，形成肉眼可见的粗大絮凝物。这种由于高分子物质吸附架桥作用而使胶粒相互黏结的过程称为絮凝（图6.6）。

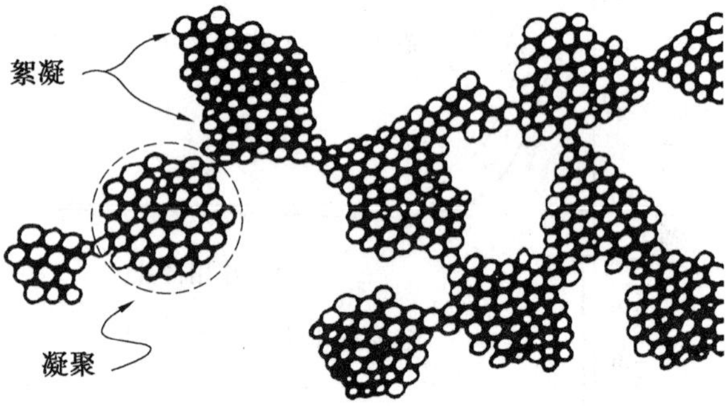

图6.6　凝聚与絮凝

（4）网捕作用。

三价铝盐或铁盐等水解生成的沉淀物在降解过程中，能集卷、网捕水中的胶体等颗粒，使胶体黏结。

在不同的混凝剂中，每种作用各自的贡献不同。对于高分子混凝剂，特别是有机高分子混凝剂，吸附架桥可能起主要作用；对于硫酸铝等混凝剂，压缩双电层、电性中和以及网捕都具有重要作用。

3. 混凝剂及其作用机理

能够使水中的胶体微粒相互黏结和聚集的物质称为混凝剂（coagulant）。用于水处理的混凝剂应该具有良好的混凝效果，对人类健康无害，廉价易得，使用方便。混凝剂的种类较多，目前常用的混凝剂按化学组成分为无机盐类混凝剂和有机高分子混凝剂两大类。

（1）无机盐类混凝剂。

铝盐、铁盐、碳酸盐、活性硅酸、高岭土等都可以作为混凝剂，目前应用最广泛的是铝盐和铁盐。

①铝盐。铝盐主要有硫酸铝、明矾和聚合氯化铝等。铝盐溶于水后，在一定条件下发生水解、聚合、成核以及沉淀等一系列化学反应。

②铁盐。铁盐的作用机理与铝盐颇为相似，铁离子也能在一定条件下发生水解、聚合、成核以及沉淀等物理化学反应，生成各种水解组分。常用的主要有三氯化铁（$FeCl_3 \cdot 6H_2O$）、硫酸亚铁（$FeSO_4 \cdot 7H_2O$）和聚合硫酸铁等。其中，三氯化铁是黑褐色的结晶体，

极易溶于水,处理低水温或低浊度水的效果比铝盐好,适合的 pH 范围较广,但处理后水的色度比铝盐处理后的色度高,且三氯化铁腐蚀性强,不易保存。与普通铁铝盐相比,聚合硫酸铁所需投加量少,絮体生成快,对水质的适应范围广,水解时消耗水中碱度少,因而在废水处理中的应用越来越广。

(2)有机高分子混凝剂。

有机高分子混凝剂有天然和人工合成两种,前者远不如后者应用广泛。高分子混凝剂是由许多具有长分子量(一般为几百到几千)的多元羧酸及其衍生物通过缩聚反应而制得的高分子聚合物,其结构呈链状,由许多链节组成,每一链节为一化学单体,各单体间以共价键结合。聚合物的分子量为各单体的分子量的总和,单体的数目称为聚合度,高分子混凝剂的聚合度一般为 1 000 ~ 5 000 甚至更高。高分子混凝剂溶于水中将生成大量的链状高分子。

根据高分子聚合物所带基团能否离解及离解后所带离子的电性,有机高分子混凝剂可分为阴离子型、阳离子型和非离子型三类。阴离子型主要是含有—COOM(M 为 H^+或金属离子)或—SO_3H 的聚合物,如阴离子型聚丙烯酰胺(HPAM)和聚苯乙烯磺酸钠(PSS)等。阳离子型主要是含有—NH_2^+ 等基团的聚合物,如阳离子型聚丙烯酰胺(APAM)。非离子型是所含基团不发生离解的聚合物,如聚丙烯酰胺(PAM)和聚氧乙烯(PEO)等。我国当前使用较多的有机高分子混凝剂是 PAM。PAM 发生霍夫曼重排反应(Hofmann rearrangement,指一级酰胺重排变为伯胺并减少一个碳原子的有机反应)以及在碱性溶液中(pH>10)发生水解反应,可分别得到阳离子型聚丙烯酰胺(APAM)和阴离子型聚丙烯酰胺(HPAM),其分子结构如图 6.7 所示。

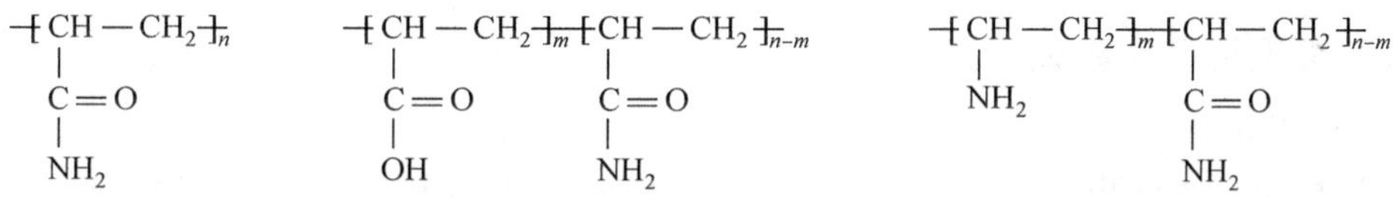

(a) PAM　　(b) APAM　　(c) HPAM

图 6.7　非离子型、阳离子型和阴离子型聚丙烯酰胺高分子混凝剂的结构式

有机高分子混凝剂由于分子上的链节与水中胶体微粒有极强的吸附作用,混凝效果相当好。即使是负电胶体,阴离子型聚合物对其也有相当强的吸附作用,但对于未经脱稳的胶体,由于静电斥力会对吸附架桥作用产生阻碍,阴离子聚合物通常作助凝剂使用。阳离子型的吸附作用尤其强烈,且在吸附的同时,对负电胶体有电中和的脱稳作用。但有机高分子混凝剂制造过程复杂,价格昂贵,有些还有一定的毒性,需要合理使用以免造成二次污染。

6.1.4　膜分离法
(Membranes separation)

膜分离是以选择性透过膜为分离介质,在两侧施加某种推动力,使被分离物质选择性地透过膜,从而达到分离或提纯的目的。这是一项近几十年发展起来的新的物理化学技术。近年来,膜分离技术迅速发展,除应用于水处理外,在化工、医疗、轻工、生化等领域都得到了广泛应用。

1. 膜分离技术的类型

目前常见的膜分离技术有扩散渗析(diffusion dialysis)、电渗析(electrodialysis,ED)、反渗透(reverse osmosis,RO)、超滤(ultrafiltration,UF)、液膜(liquid membrane,LM)分离、隔膜电解等。这些膜分离技术有许多共同点,例如:被处理的溶液没有物质相的变化,因而能量转化的效率高;大多不消耗化学药剂;可在常温下操作,不消耗热能。它们各自的特征及区别见表6.3。

表6.3 几种膜分离法的特征及区别

分离过程	膜名称及类型	膜功能	推动力	适用范围
扩散渗析	渗析膜、固体多孔膜	离子选择透过	浓度梯度	分离离子态的溶质
电渗析	离子交换膜、固体多孔膜	离子选择透过	电位梯度	分离浓度为1 000~5 000 $mg \cdot L^{-1}$的离子态溶质
反渗透	反渗透膜、固体致密膜	水分子选择透过	压力梯度	分离浓度为1 000~10 000 $mg \cdot L^{-1}$的小分子溶质
超滤	超滤膜、固体多孔膜	分子选择透过	压力梯度	分离分子量大于500的大分子溶质
液膜分离	液膜	促进迁移	浓度梯度	分离离子和分子态溶质
隔膜电解	离子交换膜、固体多孔膜	离子选择透过	电能	分离离子态溶质

2. 膜分离技术的基本原理

(1)电渗析。

电渗析是在直流电场的作用下,以电位差为推动力,利用离子交换膜的选择透过性,把电解质从溶液中分离出来,从而实现溶液的淡化、浓缩、精制或纯化的方法。在水处理中,电渗析可用于海水淡化、水的软化、造纸黑碱液处理、酸的回收等。利用电渗析法去除水中电解质的基本过程可看作电解和渗析的组合。由于离子交换膜的选择透过性,即理论上阳膜只允许阳离子通过,阴膜只允许阴离子通过,在外加直流电场的作用下,阴、阳离子分别向阳极和阴极迁移,从而去除水中的电解质。以电渗析脱盐为例,其原理及可能发生的过程如图6.8所示。其中"1"为反离子迁移,是电渗析的主要过程,也是脱盐或电解质分离的过程,其迁移通量应该占总迁移通量的90%以上;"2"为同号离子迁移过程,发生在盐浓度很高或离子交换膜超负荷的情况下,其作用在电渗析初期是微乎其微的;"3"代表水的渗透过程,淡室中水的压力比浓室大,因此会向浓室渗水;"4"代表着水在渗透压的作用下由水电离生成的离子迁移。过程"3"和"4"均会造成淡水产量的降低。

(2)扩散渗析。

扩散渗析是指高浓度溶液中的溶质透过薄膜向低浓度中迁移的过程。其推动力是薄膜两侧的浓度差,且渗析速度与膜两侧的浓度差成正比。

最初使用的扩散渗析薄膜是惰性膜,多用于高分子物质的提纯。使用离子交换膜的

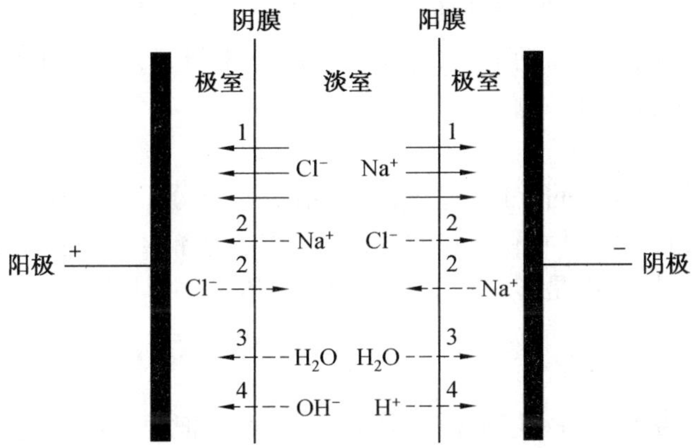

图6.8　电渗析脱盐原理及可能发生的过程

扩散渗析,可利用膜的性质透过性来分离电解质。离子交换膜扩散渗析除了没有电极以外,其他构造与电渗析基本相同。但与电渗析相比,分离效率较低。

(3)反渗透。

只透过溶剂而不透过溶质的膜称为半透膜,当施加压力于与半透膜相接触的浓溶液时,所产生的与自然渗析现象相反的过程称为反渗透,如图6.9所示。

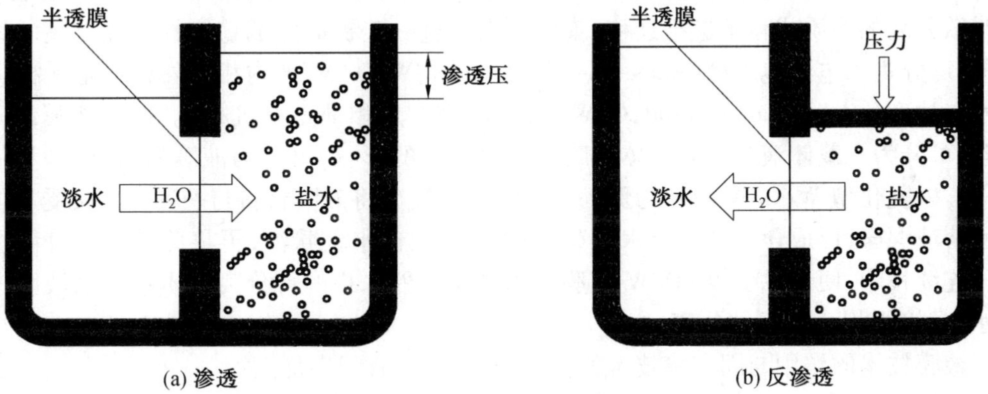

图6.9　渗透和反渗透原理示意图

目前主要有三种理论解释反渗透过程的机理:溶解—扩散理论、选择性吸附—毛细流理论和氢键理论。

①溶解—扩散理论。该理论把半透膜视为一种均质无孔的固体溶剂,不论是溶质还是溶剂都能溶解于半透膜中,但是它们各自具有不同的溶解度;此外,溶质和溶剂在膜中的扩散系数也不相同,溶质的扩散系数要远小于水,导致水分子透过膜的数量更多。

②选择性吸附—毛细流理论。该理论把半透膜看作一种微细多孔结构物质,具有选择性吸附水分子而排斥溶质分子的化学特性,并因此会在半透膜与溶液的界面上形成一层具有一定厚度的纯水层。在反渗透压的作用下,纯水层中的水会通过膜上的微孔在毛细作用下持续透过膜层流出,而溶质则被膜截留下来。

③氢键理论。该理论认为,半透膜表面致密,具有许多能够与水分子形成氢键的官能

团，由此在膜中形成“结合水”，而溶质的离子或分子由于不能与这些官能团结合，不能进入结合水；在反渗透压力的推动下，水分子从氢键位置断开，转移到膜的另一个位置形成新的氢键，直至抵达膜的另一侧。

(4)超滤。

一般认为超滤是一种筛孔分离过程，主要用来截留分子量大于500的大分子以及胶粒微粒。超滤膜具有一定尺寸和形状的孔，因此具有选择性。但也有人认为，除了膜孔结构外，膜表面的化学性质也是影响超滤分离的重要因素，并认为反渗透理论可以作为研究超滤的基础。

(5)液膜分离。

液膜是悬浮在液体中的一层薄薄的乳液微粒，可以把两个不同组分的溶液隔开，并能通过渗透作用对物质进行分离。液膜分离是20世纪60年代开发的一种新型膜分离技术。在石油和化工工业中，液膜可用于分离一些物化性质相近而不能用常规的蒸馏、萃取方法分离的烃类混合物。随着液膜分离技术的开发和研究，其应用领域遍及环保、生化、冶金、石油、化工和医药等诸多领域。

液膜主要由膜溶剂、表面活性剂、流动载体和膜增强剂制成。膜溶剂(水或有机溶剂)构成膜的基体；表面活性剂具有亲水基和疏水基，可以定向排列以固定油水分界面，稳定模型，同时还对组分通过液膜的传质速率等有显著的影响；流动载体的作用是选择性携带欲分离的溶质或粒子进行迁移；膜增强剂可进一步提高膜的稳定性。按照膜的组成不同，可分为水包油包水型(water-in-oil-in-water，W/O/W，即内相和外相都是水相)，油包水包油型(oil-in-water-in-oil，O/W/O，即内相和外相都是有机相)。按照液膜传质的机理，可分为无载体液膜和有载体液膜。按照液膜的形状，可分为液滴型、乳化型和隔膜型等。以乳化型W/O/W液膜为例，其形成过程是：先将液膜材料与一种作为接受相的试剂水溶液混合，形成含有许多小水滴(内水相)的油包水乳状液，再将此乳状液分散在溶液的连续相中，便形成了W/O/W液膜分离体系。外水相的待分离物质可透过液膜进入内水相(接受相)，进而被分离。

液膜技术的作用与固态膜技术的作用相似，并具有很多优点：

①特殊的选择性。

②较高的从低浓度区向高浓度区迁移的定向性。

③极大的渗透性。据计算，以NaOH溶液为内相溶液，可使酚浓缩10^4倍。

④传质速度快(与膜表面积大有关)。

⑤制备简单，加入不同载体可制成各种用途的膜体系。

不过，液膜分离技术需要制乳、萃取和破乳三个过程，既要求乳液具有足够的稳定性以保障分离效果，又要易于破乳，以便高效分离膜组分与内相溶液。合理协调这两项要求是液膜分离技术的关键。

6.1.5　溶液萃取法
(Solvent extraction)

溶剂萃取法是指通过物质由一个液相(通常为水相)转移到另一个基本不相容的液

相(通常为有机相)这一传质过程来实现物质的提取或分离的方法。此类方法在有机化工、炼油、农药和焦化等行业都有应用,主要是用于从废水中回收酚、有机溶剂和重金属等物质。

1. 萃取体系的组成

萃取体系(extraction system)一般由基本不相容的两相——水相和有机相组成。水相即被萃取物的水溶液。基于萃取的需要,有时还需要在水相中添加络合剂、盐析剂等。有机相通常由萃取剂和稀释剂组成。萃取剂是指能与被萃取物发生化学结合并能溶于有机相的试剂;稀释剂是在萃取过程中构成连续有机相的惰性试剂,它能溶解萃取剂且不与被萃取物发生化学反应,一般是饱和烃、芳烃及某些卤代烃,如庚烷、苯、氯仿、煤油等。当萃取剂是固体或黏度较大的液体时,稀释剂对于有机相的构成不可或缺。若萃取剂本身流动性好,在有机相中也可以不添加稀释剂。同时,有机相中也可以加入一些改质剂来增人萃取剂及萃合物在有机相中的溶解度,消除和避免水相和有机相之间第三相的产生,以实现更好的分离效果。

2. 萃取剂

萃取剂(extractant)是研究萃取的重要部分。正确选用萃取剂、研制新型萃取剂、解释萃取剂机理等,都需要萃取剂的基本知识。一般来说,萃取剂应该具有如下的性质:

①具有一个或几个萃取功能基。萃取剂通过萃取功能基与萃取物相结合形成萃合物。对于金属离子,常见的功能基是氧、氮、硫和磷四种原子,这四种原子都具有没配对的孤对电子,功能基通过这些孤对电子与金属离子配合。

②具有良好的溶解性。一是对萃取物的溶解度高,即分配系数大;二是萃取剂本身在水中的溶解度要低,不会发生乳化现象,容易与水分离。

③具有良好的选择性和较大的分离因子,即只萃取某些物质,而对其他物质的萃取能力很差。

④具有较大的萃取容量,即单位体积的萃取剂能萃取大量的被萃取物。

除以上特征之外,萃取剂还应满足黏度低、化学性质稳定、所形成的萃合物易反萃合再生以及无毒等要求。

萃取剂的分类有很多种方式,按萃取剂本身的性质及官能团释放或接受质子的情况,可分为四类,见表6.4。

表6.4 萃取剂的分类

萃取剂的类型	特点	举例
酸性萃取剂	有机酸,在水中可电离出氢离子,包括含氧、氮、硫螯合萃取剂和酸性磷氧萃取剂	混合脂肪酸、环烷酸、叔碳酸、水杨酸等
中性萃取剂	中性有机化合物	醚、酮、醇、酯、酰胺、硫醚、亚砜和冠醚等
碱性萃取剂	有机碱,在水中能加入氢离子	伯胺、仲胺、叔胺、季胺等
螯合萃取剂	同时含有两个或两个以上配位原子(或官能团),可与中央离子形成螯环	噻吩甲酰三氟丙酮(HTTA)、八羟基喹啉(HOX)、磷酸二丁酯(DBP)等

3. 污染控制中常用的萃取体系

萃取体系种类繁多,分类方法尚不统一。有人建议按照萃取剂的种类来分类,还有人主张按照被萃取金属离子的外层电子构型来分类。目前,国内较为通行的是徐光宪在1962 年提出的分类法,根据萃取机理或萃取过程中生成的萃合物性质,将萃取剂分为简单分子萃取、中性配合萃取、酸性配合(或螯合萃取)、离子蒂合萃取和协同萃取剂六大类。

6.2 环境修复技术 (Environmental remediation technologies)

环境污染修复(pollution remediation)是指对被污染的环境采用物理、化学和生物等技术手段,以降低或清除环境中的污染物浓度、毒性,使其能够部分或者全部恢复到未污染状态的过程。环境污染修复和传统的"三废"治理是不完全相同的。传统的"三废"治理强调的是减少、转化或清除排放物质,主要目的是降低工业生产中产生的废物对环境的负面影响,以保护环境和人类健康。而环境污染修复更广泛,包括了各种环境要素的修复,如土壤、水体、大气等,更注重对已经受到污染的环境的修复,还原其自然状态。污染预防、传统的环境治理("三废"治理)和环境污染修复分别属于污染控制的产前、产中和产后三个环节,它们共同构成污染控制的全过程体系。污染修复技术有不同的分类方法,按照环境污染修复的对象可分为土壤污染修复、水体污染修复、大气污染修复、固体废物污染修复四个类型:按照环境污染修复的技术可分为物理修复、化学修复和生物修复三种。

6.2.1 物理修复 (Physical remediation technologies)

物理修复技术是通过改变环境中的物理结构,控制或限制污染物的迁移、扩散等过程,达到将污染物从环境中去除、分离的目的。主要包括物理分离修复、蒸气浸提修复、固定/稳定化修复、电动力修复及热力学修复技术(表 6.5)。

表 6.5 物理修复法的主要类别

物理修复技术	基本原理	应用范围
物理分离修复	根据粒径、密度、磁性及表面特性等物理特征进行分离	污染物浓度较高且存在于不同物理特征的相介质中,常用来初步分选以优化后续处理
蒸气浸提修复	引入清洁空气降低土壤空隙蒸气压,将污染物转化为蒸气而去除	在渗透性较好的介质中去除挥发性有机污染物
固定/稳定化修复	采用物理、化学方法将污染物固定或包封在密实的惰性基材中使其稳定化	常用于重金属和放射性物质污染土壤的无害化处理

续表 6.5

物理修复技术	基本原理	应用范围
电动力修复	通过电化学和电动力的复合作用,使土壤中的污染物定向迁移,进而使污染物得到富集或回收	重金属及有机污染物的去除
热力学修复	利用热传导或辐射,实现对污染环境的修复	挥发或半挥发性有机物的去除

1. 物理分离修复

(1)修复原理。

物理分离修复是一种利用物质的物理特性对污染介质进行分离和分选的修复技术。其分离原理基于污染物在空间分布上的不同物理特性,如粒径、密度、磁性以及表面特性。物理分离修复主要通过以下四种方式进行。

①粒径分离:不同颗粒大小的物质在介质中具有不同的沉降速度,这一特性可用于分离。物理分离修复通过调控沉降速度,使用筛网、沉淀槽等设备来分离颗粒大小不同的污染物。

②密度分离:不同密度的物质在介质中也有不同的沉降或浮升速度。物理分离修复可以利用这一特性,采用离心机、沉降槽等设备进行密度分离。

③磁性分离:针对具有磁性的污染物,物理分离修复可以利用磁场的作用,通过磁选机等设备将磁性物质分离出来。

④表面特性分离:污染物的表面特性,如亲水性或疏水性,也可用于物理分离。例如,通过湿法或干法分离,根据表面特性差异将不同性质的物质分开。

(2)影响因子。

物理分离修复的效果受到多种环境因子的影响,这些因子包括但不限于介质性质、水分状况、温度和物质特性等。

①介质性质:不同介质对物理分离修复的适用性不同。例如,粒径分离对于颗粒大小差异大的介质效果较好,而密度分离对于密度差异大的介质适用。

②水分状况:充足的水分对于物理分离修复的进行至关重要,特别是在液相介质中。水分不足可能影响物质的流动性和分离效果。

③温度:温度会影响物质的流动性和活动性,从而影响分离的效果。较高的温度通常有助于提高分离效率。

④物质特性:不同污染物具有不同的物质特性,如颗粒大小、密度、磁性等。

因此,选择适当的物理分离方法要考虑污染物的具体特性。

2. 蒸气浸提修复

(1)修复原理。

蒸气浸提修复是一种利用清洁空气引入,通过降低土壤空隙中的蒸气压,将挥发性有机污染物转化为蒸气而去除的物理修复技术。蒸气浸提修复的主要通过以下四种方式进行。

①引入清洁空气：在受污染土壤中通过注入清洁空气，增加土壤中的气体浓度。清洁空气中不含有挥发性有机污染物，因此在引入的过程中，会提高土壤中有机污染物与空气之间的平衡。

②降低土壤蒸气压：引入清洁空气会导致土壤空气中的蒸气压增加，而有机污染物通常具有较高的蒸气压。通过提高土壤空气中的气体浓度，蒸气压的升高将促使挥发性有机污染物从土壤中转化为蒸气。

③污染物转化为蒸气：挥发性有机污染物在土壤中主要以液体或气体形式存在。在蒸气浸提修复过程中，清洁空气的引入促使污染物从土壤中挥发，转化为蒸气状态。

④移除蒸气：通过引入清洁空气，将挥发性有机污染物转化为蒸气后，可以采用适当的排气系统将产生的蒸气从土壤中移除，达到清除有机污染物的效果。

（2）影响因子。

蒸气浸提修复的效果受到多种环境因子的影响，这些因子包括但不限于土壤性质、温度、湿度和土壤通透性等。

①土壤性质：不同土壤性质对蒸气浸提修复的适用性不同。土壤的渗透性和孔隙度等性质影响气体在土壤中的传输效率。

②温度：温度对挥发性有机污染物的蒸发速率有很大影响。较高的温度有助于提高污染物的挥发率，从而增强修复效果。

③湿度：土壤中的湿度会影响有机污染物在土壤中的分配和传输。通常来说，较低的湿度有助于有机污染物向气体相转化。

④土壤通透性：土壤通透性影响了清洁空气在土壤中的分布。通透性好的土壤有利于清洁空气的均匀分布，提高修复效果。

3. 固定/稳定化修复

（1）修复原理。

固定/稳定化修复是一种采用物理和化学方法，将污染物固定或包封在密实的惰性基材中，使其稳定化的修复技术。其主要原理是通过改变污染物的物理和化学状态，将其转化为较稳定的形式，减缓其迁移和毒性释放。固定/稳定化修复主要通过以下四种方式进行。

①物理固定：利用惰性基材（如黏土、氧化铁等）形成具有较高稳定性的结构，将污染物物理固定在这些结构中。这一过程降低了污染物的可溶性和迁移性。

②化学固定：引入化学物质，与污染物发生反应，形成稳定的化合物，从而减少其活性和毒性。化学固定常涉及添加固化剂、螯合剂等。

③包封：采用覆盖层或固化材料将污染物封存在土壤中，防止其与外部环境接触，减缓其释放。这也包括使用覆盖物、防渗膜等材料。

④惰性基材选择：选择具有较好惰性和稳定性的基材，确保其与污染物之间的相互作用有助于稳定化修复效果。

（2）影响因子。

固定/稳定化修复的效果受多种环境因子的影响，这些因子包括但不限于土壤性质、温度、湿度、pH 和固化剂选择等。

①土壤性质:不同土壤性质对固定/稳定化修复的适用性不同。土壤的质地、有机质含量、氧化还原状态等因素会影响修复效果。

②温度:温度影响固定/稳定化修复的反应速率。较高的温度有助于提高反应速度，但也需考虑对基材和环境的影响。

③湿度:土壤中的湿度会影响化学反应的进行。适当的湿度有助于化学固定反应的进行,但过高湿度可能导致反应物的稀释。

④pH:pH 对于化学固定反应至关重要。不同的污染物和固化剂在不同的 pH 条件下有不同的固定效果。

⑤固化剂选择：固化剂的选择直接影响修复效果。不同的固化剂对不同类型的污染物有不同的适用性。

4. 电动力修复

(1)修复原理。

电动力修复是一种利用电化学和电动力的复合作用,通过引导电场、电流或电化学反应,使土壤中的污染物发生定向迁移,进而实现污染物的富集或回收的修复技术。电动力修复主要通过以下四种方式进行。

①电场引导:在受污染土壤中建立电场,通过电场的作用,促使带电粒子(如离子、分子)在土壤中定向迁移。电场的建立可以通过直流电流、交流电场等方式实现。

②电动力:利用电场的作用,引导带电粒子在土壤中迁移,从而使污染物沿着电场方向定向移动。这有助于将污染物从原位置移动到希望的目标区域。

③电化学反应:通过在电极上施加电压,诱发土壤中的电化学反应。这些反应可能涉及金属离子的还原或氧化,从而影响土壤中污染物的形态和迁移性。

④电渗流:通过电场引导土壤中的水分发生电渗流,这有助于带动污染物的迁移。电渗流是水分在电场作用下的电动力迁移。

(2)影响因子。

电动力修复的效果受到多种环境因子的影响,这些因子包括但不限于土壤性质、电场设置、电流密度、温度和湿度等。

①土壤性质：不同土壤性质对电动力修复的适用性不同。土壤的电导率、孔隙度、质地等特性影响电场的分布和电动力迁移效率。

②电场设置：电场的设置对电动力修复的效果至关重要。电场的形状、大小、电极间距等参数需要根据具体情况进行合理设计。

③电流密度：电流密度是电场中电流通过单位面积的量度,影响电动力修复的强度。适当的电流密度有助于提高修复效率。

④温度：温度对电化学反应速率和土壤电导率有影响。较高的温度可能提高反应速率,但需注意土壤和污染物的稳定性。

⑤湿度：土壤中的湿度影响电动力修复中电渗流的效果。过高或过低的湿度可能影响电场的稳定性和电动力的传递效率。

5. 热力学修复

(1)修复原理。

热力学修复是一种利用热传导或辐射的原理,通过加热污染环境,实现对挥发或半挥发性有机物的去除的修复技术。热力学修复主要通过以下三种方式进行。

①热传导:通过在土壤中加热,提高土壤温度,促使污染物发生蒸发或挥发,从而将其从土壤中移动到气相中。这是一种基于热传导的物理修复手段。

②辐射加热:利用辐射源,如微波、红外线等,对受污染环境进行加热。这种加热方式可以更为精确地作用于特定区域,提高挥发性有机物的释放。

③升温蒸发:通过提高土壤温度,使污染物发生蒸发,然后通过通风或其他方式将蒸发出的污染物捕获或排放。这种方法也属于热力学修复的一部分。

(2)影响因子。

热力学修复的效果受到多种环境因子的影响,这些因子包括但不限于土壤性质、温度、湿度、污染物特性和加热方式等。

①土壤性质:不同土壤性质对热力学修复的适用性不同。土壤的导热系数、热容量等性质会影响加热的传递和储存效果。

②温度:温度是热力学修复中的核心因素,直接影响污染物的挥发速率。较高的温度通常有助于提高修复效率。

③湿度:土壤中的湿度对热传导和蒸发有重要影响。过高的湿度可能降低热传导效率,但有助于提高污染物的蒸发速率。

④污染物特性:挥发性有机物的特性,如蒸发性、沸点等,直接影响其在热力学修复中的去除效果。

⑤加热方式:不同的加热方式,如电阻加热、微波加热等,对修复效果会产生不同影响。选择适当的加热方式有助于提高修复效率。

6.2.2 化学修复 (Chemical remediation technology)

化学修复技术主要是通过加入到被污染环境中的化学修复剂与污染物发生一定的化学反应,清除污染物或降低其毒性。化学修复剂可以是液体、气体,也可以是氧化剂、还原剂、沉淀剂、解吸剂或增溶剂。通常采用井注射技术、土壤深度混合和液压破裂等技术将化学物质渗透到土壤表层以下。根据污染物的类型和污染环境的特征,当生物修复在广度和深度上不能满足污染物修复的需要时才选择化学修复方法。

化学修复主要有化学淋洗修复、化学氧化修复、可渗透反应格栅等技术。

1. 化学淋洗修复

化学淋洗修复技术是一种主要应用于污染土壤的修复技术。它是将清水、无机溶剂、螯合剂(如EDTA、柠檬酸等)、表面活性剂及共溶剂等注入被污染土层,使之与污染物结合,并通过溶剂的解吸、螯合、溶解或络合等物理化学作用降低污染物浓度。其中,表面活性剂及共溶剂淋洗技术是化学淋洗修复技术中具有良好应用前景的一种。

(1)基本原理。

土壤中的重金属或有机溶剂往往以吸附态形式存在,大大影响了大多数修复技术的修复效率。为了增加污染物的溶解性和移动性,表面活性剂及共溶剂淋洗技术受到重视。表面活性剂(surfactant)是指能够显著降低溶剂表面张力和液-液界面的张力并具有一定结构、亲水亲油特性和特殊吸附性能的物质。从结构看,所有的表面活性剂都是由极性的亲水基和非极性的亲油基两部分组成的。在水溶液中,表面活性剂将憎水基靠拢而分散在溶液相。当达到一定浓度时,表面活性剂单体急剧聚集,形成球状、棒状或层状的“胶束(micelle)”,如图 6.10 所示。该浓度称为临界胶束浓度(critical micelle concentration, CMC)。低于此浓度,表面活性剂以单分子体方式存在于溶液中,高于此浓度,表面活性剂以单体和胶束的方式同时存在于溶液中。当胶束溶液达到热力学稳定时可形成微乳溶液。该技术就是利用表面活性剂的增溶作用对水溶性小、生物降解缓慢的有机污染物及重金属实现了很好的去除,且已经得到了实际应用。

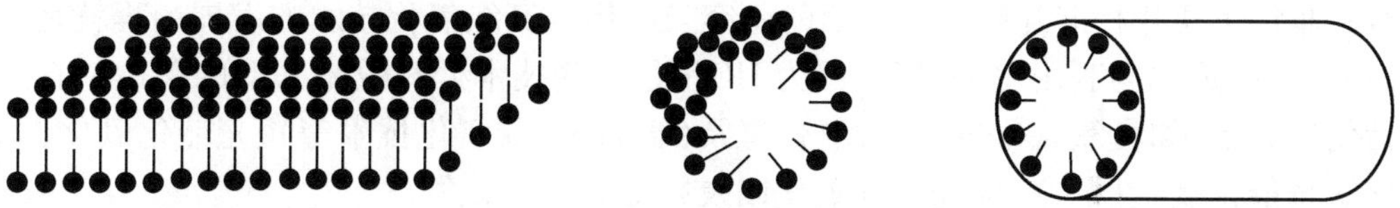

(a) 层状胶束　(b) 球状胶束　(c) 棒状胶束

图 6.10　胶束结构示意图

(2)影响因素。

①表面活性剂的浓度。

这个因素至关重要,因为表面活性剂的浓度不同,所起到的作用也不同。在表面活性剂浓度较低时,它也能吸附在土壤颗粒表面,起到一种修饰作用,反而促进污染物在土壤颗粒上的吸附。因此,工程设计时,应该计算发生吸附的表面活性剂量,修复完成时,也必须冲洗残留的表面活性剂。

②土壤地质及水文特征。

由于土壤淋洗法对含 20% 以上的黏质土壤效果不佳,因此应用该技术时,必须先做可行性研究,对于沙质、壤质土和黏土的处理可以采用不同的淋洗方法。工程实践时,也必须冲洗残留的表面活性剂。

③表面活性剂的种类。

同一种表面活性剂对不同污染物的去除效果是不同的,对特定的污染应该选择合适的表面活性剂。一般来说,非离子表面活性剂的淋洗效率高于阴离子表面活性剂,可能原因是:a. 阴离子表面活性剂的 CMC 较高,同等浓度下不容易形成胶束;b. 阴离子型表面活性剂成分可能会在含水层中沉积,这可能导致土壤中有机碳含量的增加,同时增加土壤的憎水性。而阳离子型表面活性剂则易于吸附在介质的表面,这种特性使得它们在实际使用中具有较高的利用效率。选择具有较低土壤扩散性和低表面张力的表面活性剂,可以优化其在土壤中的分布和作用效果。

2. 化学氧化修复

化学氧化修复技术是处理各种形态污染物的有效方法，它利用氧化势较高的氧化剂来分解破坏污染物的结构，达到转化分解污染物的目的。常规化学氧化剂包括氯、二氧化氯、高锰酸钾、高铁酸钾。然而常规化学氧化法的缺点是：①氧化过程有选择性，生成的产物不一定是 CO_2、水或其他矿物盐，可能还会产生二次污染，以及生成其他有害毒副产物；②有机物在这些过程中降解速率较慢，故处理成本高。

高级氧化技术是对传统水处理技术中的常规化学氧化法革新的基础上应运而生的一种新技术方法。高级氧化技术(advanced oxidation process，AOPs)是指通过化学或物理的方法，使水中的污染物直接矿化为 CO_2 和 H_2O 及其他无机物，或将污染物转化为低毒、易生物降解的小分子物质。AOPs 通常被认为是利用其过程中产生的化学活性极强的羟基自由基(HO·)将污染物氧化的。由于这一技术具有高效、彻底、操作简便、使用范围广、无二次污染等优点，对水体中有毒害、难降解的污染物具有较强的应用优势，因此世界各国对其非常重视并相继开展了该方面的研究与应用。高级氧化技术的发展历程就是不断提高 HO·生成率与利用率的过程，因为 HO·是这些技术处理效率高低的关键。它主要包括化学氧化(如臭氧氧化技术、过氧化氢及(类)Fenton 氧化技术等)、光催化氧化(如二氧化钛光催化氧化技术)、湿式空气氧化以及超临界水氧化等。

(1) 常规化学氧化技术。

①氯化。

氯氧化通常称为氯化，是应用最早，而且是国内目前使用最普遍的一种饮用水氧化方法。水处理中常利用氯与某些无机物的氧化反应来完成它们的去除问题，较常见的应用有除铁和除锰。地下水中呈溶解态的二价铁可以通过氯氧化为氢氧化铁沉淀物：

$$2Fe(HCO_3)_2+Cl_2+Ca(HCO_3)_2 = 2Fe(OH)_3+CaCl_2+6CO_2$$

水中溶解的锰化合物同样可以通过氯氧化成二氧化锰沉淀，但 pH 应为 7～10，反应式为

$$MnSO_4+Cl_2+4NaOH = MnO_2+2NaCl+Na_2SO_4+2H_2O$$

②二氧化氯氧化。

二氧化氯(ClO_2)是汉弗莱·戴维于 1811 年发现的，一般由亚氯酸钠反应现场制作，具有氧化作用强，生产简单，成本低等特点。在 pH>7.0 的条件下，二氧化氯能迅速氧化水中的铁离子和锰离子，形成不溶解性的化合物。其主要反应式如下：

$$2ClO_2+5Mn^{2+}+6H_2O = 5MnO_2\downarrow+12H^++2Cl^-$$

二氧化锰不溶于水，可以滤掉。二氧化氯能迅速将二价铁离子氧化为三价铁离子，以氢氧化铁的形式沉淀出来。

$$ClO_2+5Fe(HCO_3)_2+13H_2O = 5Fe(OH)_3\downarrow+10CO_3^{2-}+21H^++Cl^-$$

二氧化氯可以有效控制水中藻类的繁殖。作为一种较强的氧化剂，二氧化氯对藻类的控制主要是由于它对苯环有一定的亲和性。叶绿素中的吡咯环与苯环非常相似，二氧化氯也同样能够作用于吡咯环。这样，二氧化氯氧化叶绿素，藻类的新陈代谢终止，使得蛋白质的合成中断，这是个不可逆过程，导致藻类死亡。二氧化氯在废水处理方面的应用与研究已有越来越多的报道。其机理大多是利用强氧化性氧化降解水中的有机污染物为

少数挥发或不挥发的有机化合物，再降解为二氧化碳和水。二氧化氯在煤气废水、含硫废水、高浓度含氰废水、对氨基苯甲醚废水、苯酚和甲醛废水及印染废水的处理中均取得了较好的结果。有资料表明，二氧化氯处理含硫废水，操作方便，安全可靠，硫化物去除率高，其处理效果不受废水 pH 和温度的影响，无二次污染，处理后的废水中的硫化物含量可达到排放标准，是一种简便高效的处理方法。二氧化氯催化氧化法是一种新型高效的催化氧化技术，它是利用二氧化氯氧化降解废水中的有机污染物，可直接矿化有机污染物为最终产物或将大分子有机污染物氧化成小分子物质，提高废水的可生化性。

③高锰酸钾氧化。

高锰酸盐是一种强氧化剂，是一种有结晶光泽的紫黑色固体，易溶于水。早在 20 世纪五六十年代，国外就将高锰酸钾用于饮用水的处理，主要用于除铁、锰和除臭除味。一般认为，高锰酸钾是通过吸附和氧化的共同作用去除饮用水水源中的微量有机污染物。高锰酸钾作为强氧化剂在污水处理方面研究较少，但资料表明，高锰酸钾预氧化对洗车废水的含酚废水可以起到强化混凝的作用，少量高锰酸钾的投入可以大大节省混凝剂的投加，也可以减轻后续单元处理的负荷，有一定的实际应用价值。

(2)高级氧化技术。

① 臭氧氧化。

臭氧作为一种强氧化剂，在酸性溶液中，其氧化能力仅次于氟、高氯酸根离子和原子氧。目前，臭氧氧化技术(ozone oxidation technique)已经在饮用水和废水净化上得到了广泛的应用。臭氧同污染物的反应机理包括直接反应(臭氧同有机物直接反应)和间接反应(利用臭氧分解生成 HO·进行氧化还原反应)。

臭氧能够将氨及亚硝酸盐氧化成硝酸盐，也能将水中的硫化氢氧化成硫酸，从而减小臭味。此外，臭氧能够氧化许多有机物，如蛋白质、氨基酸、有机胺、芳香族化合物、木质素、腐殖质等。在有机物浓度较低的水处理中，采用臭氧氧化法不仅可以有效去除污染物，且反应快，设备小。此外，某些有机物，如某些表面活性剂，微生物无法使其分解，而臭氧则很容易氧化分解这些物质。

臭氧氧化被广泛用于各种废水(如医药废水、农药废水、印染废水、垃圾渗透液、含芳香族化合物废水、炼油厂废碱液等)的处理中，以满足日益严格的出水排放标准。大多数工业废水有机物含量较高、成分复杂、可生化性差，单纯靠物理化学方法处理成本高不经济，普通的生化处理又根本行不通，所以先用臭氧氧化预处理以提高废水的可生化性，为后续生物处理降低难度，同时降低 COD。

② 过氧化氢及芬顿(Fenton)氧化技术氧化。

过氧化氢分子中氧的价态是-1，它可以转化成-2 价，表现出氧化性；可以转化成 0 价，表现出还原性。过氧化氢在水溶液中的氧化还原性由下列电势决定：

$$H_2O_2+2H^++2e^-\longrightarrow 2H_2O \quad E^{\ominus}=1.77\ V$$

$$O_2+2H^++2e^-\longrightarrow H_2O_2 \quad E^{\ominus}=0.68\ V$$

$$HO_2^-+H_2O+2e^-\longrightarrow 3OH^- \quad E^{\ominus}=0.87\ V$$

过氧化氢主要用于处理高浓度有机废水，如有机染料废水、造纸及纺织工业废水、含硫废水和含氰废水处理。在饮用水处理中过氧化氢分解速度很慢，同有机物作用温和，可保证较长时间的残留消毒作用；又可作为脱氯剂，不会产生有机卤代物。因此，过氧化氢是较为理想的饮用水预氧化剂和消毒剂。

Fenton 试剂是由亚铁离子（Fe^{2+}）和过氧化氢组成的。Fe^{2+}与过氧化氢发生反应，能够产生高反应活性的 HO·，反应路径如下。

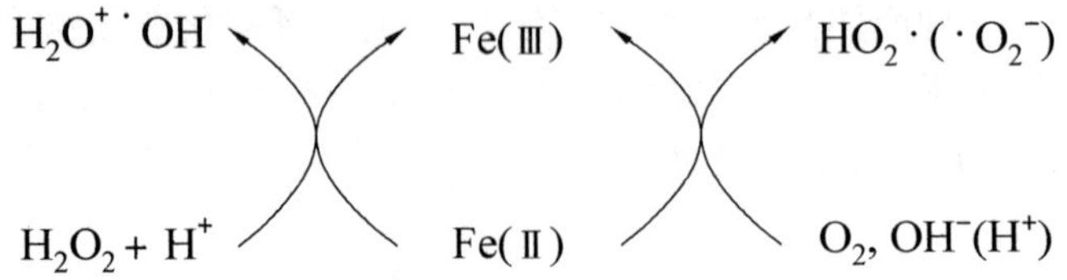

总反应方程式为

$$Fe^{2+}+H_2O_2 \longrightarrow Fe^{3+}+HO\cdot+OH^-$$

该试剂作为强氧化剂应用已有100多年的历史，在精细化工、医药卫生以及环境污染治理等方面得到广泛的应用。羟基自由基能够与有机物（RH）快速反应，使之氧化降解甚至矿化：

$$RH+HO\cdot \longrightarrow R\cdot+H_2O$$

$$R\cdot+Fe^{3+} \longrightarrow R^++Fe^{2+}$$

$$R^++O_2 \longrightarrow \text{降解产物}$$

③光催化氧化。

光催化降解技术，通常是以 TiO_2、ZnO、CdS、WO_3、SnO_2、Fe_2O_3 等半导体材料为催化剂。在已知的光催化半导体材料中，TiO_2不仅光催化活性优异，而且具有耐酸耐碱腐蚀、耐化学腐蚀、稳定性好、成本低、无毒等优点，成为应用最广泛的光催化剂。光催化氧化技术对多种有机物（如4-氯酚、三氯乙酸、对苯二酚、乙醇）和无机物以及染料、硝基化合物、取代苯胺、多环芳烃、杂环化合物、烃类和酚类等进行有效脱色、降解和矿化，如 CN^-、S^{2-}、I^-、Br^-、Fe^{2+}、Ce^{3+}和 Cl^-等离子都能发生作用，很多情况下能将有机物彻底无机化，从而达到污染物无害化处理的要求，消除其对环境的污染及对人体健康的危害，并作为一种能量利用率高、费用较低的新型污染处理技术逐渐受到人们的重视。

目前光催化氧化法已经较多地被利用到印染废水、含酚废水、抗生素废水、有机磷农药废水、垃圾渗沥液、生物制药废水、草浆纸厂等有机废水的处理研究中，能有效地将废水中的有机物降解为 H_2O、CO_2、SO_4^{2-}、PO_4^{3-}、NO_3^-、卤素离子等无机小分子，达到完全无机化的目的。此外，光催化氧化法还被应用于深度处理饮用水中的腐殖质、邻苯二甲酸二甲酯、环己烷、阿特拉津等的处理研究。目前应用较多的光催化氧化技术有 UV/O_3、UV/H_2O_2、$UV/H_2O_2/O_3$、UV/TiO_2、$UV/O_3/TiO_2$工艺等。

④催化湿式氧化。

催化湿式氧化（catalytic wet oxidation，CWO）技术是一种治理有机高浓度废水的新技术。它指在高温、高压下，在液相中以空气中的氧气为氧化剂（现在也有使用其他氧化剂的，如臭氧、过氧化氢等），在催化剂作用下，氧化水中溶解态或悬浮态的有机物或还原态的无机物的一种处理方法。使污水中的有机物、氨氮等分别被氧化分解成 CO_2、H_2O 及 N_2等无害物质，达到净化的目的。

根据催化剂在反应中存在的状态，可分为均相湿式空气催化氧化和非均相湿式空气催化氧化。a. 均相湿式空气催化氧化：湿式催化氧化反应，通过向反应液中加入可溶性的催化剂，以分子或离子形态对反应过程起催化作用。因此均相催化的反应过程较温和，反应性能好，有特定的选择性。b. 非均相湿式催化氧化：非均相催化氧化就是在氧化过程中使用固体氧化剂，催化剂的形状有球形、短柱形、蜂窝状等。该工艺采用浸渍法、溶胶凝胶法、气相沉积法等方法将贵金属等催化剂负载到载体上，制备出非均相催化剂。

⑤超临界水氧化。

通常条件下，水以蒸气、液态水和冰三种状态存在，是一种极性溶剂，可以溶解包括盐类在内的大部分电解质，而对气体和大部分有机物溶解能力则较差，其密度几乎不随压力而改变。但是，若将温度和压力升高到临界点(T=374.3 ℃，p=22.05 MPa)以上，水的密度、介电常数、黏度、扩散系数等就会发生巨大变化，水就会处于一种既不同于气态，也不同于液态的和固态的流体状态——超临界状态，此状态下的水称为超临界水。超临界水氧化(supercritical water oxidation，SCWO)技术以超临界水为介质，均相氧化分解有机物。在此过程中，有机碳转化为 CO_2，而硫、磷和氮原子分别转化为硫酸盐、磷酸盐和亚硝酸根离子或氮气。SCWO 技术作为一种针对高浓度难降解有害物质的处理方法，因其具有效率高、反应器结构简单、适用范围广、产物清洁等特点已受到广泛关注，是目前国内外的一个研究热点。

SCWO 反应的基本原理是以超临界水为介质，氧化剂如 O_2 或 H_2O_2 与有机物发生反应，水在超临界状态下的特殊性质，使得上述反应能够在均一相中进行，不会因为相间的转移而受到限制。SCWO 反应属于自由基反应，在超临界状态下，有机污染物与氧化剂可形成自由基。SCWO 处理范围很广，已经较多用于有机氮废水、卤化脂肪和卤代芳香类废水、农药废水、炸药废水、化学废水、焦化废水、电镀废水、选矿含氰废水、造纸废水，垃圾渗透液的处理，还可以用于分解有机物，如甲烷、十二烷基磺酸钠等，均获得了很好的降解效果。

3. 可渗透反应格栅

可渗透反应格栅技术是以活性填料组成的构筑物，垂直立于地下水水流方向，污水流经过反应格栅，通过物理的、化学的以及生物的反应，使污染物得以有效去除的地下水净化的技术。按照美国环保局的定义，可渗透反应格栅是一个反应材料的原位处理区，这些反应材料能够降解和滞留该墙体地下水的污染组分，从而达到治理污染的目的。反应材料一般安装在地下蓄水层中，使处于地下水走向上游的"污染斑块"中的污染物能够顺着地下水流以自身水力梯度进入处理装置(图 6.11)。

根据污染物的特征，反应材料可采取不同的活性物质，如活性铝、活性炭、有机黏土、沸石、泥炭、褐煤、膨润土、磷酸盐、石灰石、胶态零价铁、离子交换树脂、三价铁氧化物和氢氧化物、磁铁、钛氧化物和某些微生物等，使有机污染物通过离子交换、表面络合、表面沉淀以及生物分解等不同机制被吸附、固定或降解。目前 PRB 最常采用的材料是金属铁(铁屑或铁粉)，因其能有效吸附和降解多种重金属和有机污染物，且廉价易得，因而得到了广泛的重视和实际应用。以零价铁为反应活性填料，依靠化学过程去除污染物的 PRB，即零价铁渗透反应墙(Fe-PRB)占整个技术的 70%。下面以 Fe-PRB 为例，对其化

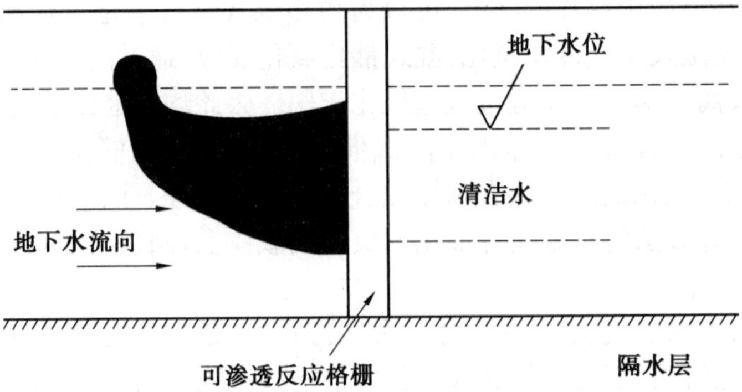

图6.11　可渗透反应格栅剖面图

学机理进行详细介绍。

Fe-PRB是一类原位修复污染土壤及地下水的新技术。它可以用于还原有机污染物,氯代化合物、硝基取代化合物、偶氮染料等,还可以用于还原无机阴离子,如硫酸根、硝酸根及重金属。它的反应机理非常复杂,包括还原降解、还原沉淀(沉积)、吸附、共沉淀,表面络合、表面微电解等化学过程。很多情况下,即使对同一种污染物,也是多种过程同时起作用。

(1)零价铁与有机污染物的反应机理。

Fe^0还原降解有机污染物过程中主要产生还原性物质:Fe^0、Fe^{2+}和H_2。在Fe^0-H_2O体系中,Fe^0对目标化合物的还原作用主要有以下三种途径(以氯代有机物的脱氯过程为例):

①金属表面的电子直接转移至有机氯化物:

Fe^0 在阳极的半电池反应:$Fe-2e^- \longrightarrow Fe^{2+}$

氯代烃在阴极的半电池反应:$RCl+H^++2e^- \longrightarrow RH+Cl^-$

总反应方程:$Fe+RCl+H^+ \longrightarrow Fe^{2+}+RH+Cl^-$

②金属铁腐蚀产生的Fe^{2+}还原作用使部分有机氯化物脱氯:

$$Fe+2H_2O \longrightarrow Fe^{2+}+H_2+2OH^-$$

$$Fe^{2+}+RCl+H^+ \longrightarrow Fe^{2+}+RH+Cl^-$$

③Fe^0-H_2O体系内部反应产生的氢气使有机氯化物还原脱氯:

$$H_2+RCl \longrightarrow RH+H^++Cl^-$$

大量研究表明,Fe^0可实现卤代有机污染物的连续脱氯。而对于硝基化合物及偶氮染料,对应的产物芳香胺需经过好氧生物降解进一步去除。

(2)零价铁与无机污染物的反应机理。

关于Fe-PRB技术用于去除无机污染物,最成熟的是对Cr、U和Tc等重金属的去除。主要反应是还原沉淀,此外还有吸附和共沉淀过程。Fe^0在水中会逐渐发生腐蚀反应,生成多种形式的铁的氧化物或氢氧化合物,这些新生成的沉淀具有高度反应活性,并具有巨大的表面积,可以吸附和截留水中的重金属离子。

以CrO_4^{2-}为例,还有生成的Cr(Ⅲ)与铁离子形成氢氧化物共沉淀。活性反应如下:

$$CrO_4^{2-}+Fe+8H^+ \longrightarrow Fe^{3+}+Cr^{3+}+4H_2O$$

$$(1-x)Fe^{3+}+xCr+2H_2O \longrightarrow Fe_{1-x}Cr_xOOH+3H^+ \quad (x<1)$$

从热力学角度出发，Fe^0对重金属的去除还应包括还原沉积途径，如Cu^{2+}可与Fe^0发生如下反应：

$$Cu^{2+}+Fe \longrightarrow Fe^{2+}+Cu$$

原则上说，氧化还原电位比Fe^{2+}/Fe^0大的金属都可以通过此途径去除。

(3)地下水的化学反应。

地下水流经Fe-PRB后会导致一系列的水化学的变化，例如，Fe^0会和H^+反应而消耗氢离子，进而导致水体pH升高，同时地下水中原来存在的Ca^{2+}容易和HCO_3^-反应生成$CaCO_3$沉淀，对pH的改变起到一定的缓冲作用。

(4)Fe-PRB技术存在的问题及解决方法。

虽然Fe-PRB技术在原位处理污染物时显现出强大的优势，但仍然有很多问题有待于进一步的研究。例如：

①大量沉淀的生成容易造成格栅的堵塞，降低格栅的寿命。

②大量的铁氧化物包覆在铁表面，减少了活性位点，降低了反应活性。

③金属铁对某些氯化物反应性较低，降解不完全，生成毒性更大的含氯产物。

针对以上问题，学者们做了大量的研究，希望可以采用有效的措施来改善Fe^0的反应活性，使其可以在PRBs的实际应用中更具有稳定性和有效性。近年来的研究工作还涉及如下两方面：①纳米级Fe^0的研制及应用；②双金属体系的开发。即在Fe^0表面镀上适当比例的另外一种还原电位较高的金属，如镍、铜、钯等，形成二元金属系统，可增加铁表面的活性吸附点，从而大大提高Fe^0对氯代烃的脱氯速率。

6.2.3 生物修复 (Bioremediation technologies)

生物修复技术是指在人为强化的条件下，利用细菌、真菌、水生藻类、陆生植物等的代谢活性降解有机污染物，改变重金属的活性或存在形态，进而影响它们在环境中的迁移转化，减轻毒性。生物修复技术是20世纪80年代迅速发展起来的一项环境污染修复技术。1989年，美国阿拉斯加海域受到大面积石油污染，生物修复技术首次得到大规模应用并取得成功，可以认为阿拉斯加海滩溢油污染的生物修复技术是生物修复史上的里程碑。而且实践证明，采用生物修复技术与传统的物理、化学技术相比可以节省大量投资，并且可以就地进行，对周围环境的影响较小。

1. 微生物修复

(1)微生物修复技术原理。

①基本概念。

有毒有害的有机污染物不仅存在于地表水中，更广泛地存在于土壤、地下水和海洋中。利用生物特别是微生物催化降解有机污染物，从而去除(removing)或消除(eliminating)环境污染的一个受控或自发进行的过程，称为生物修复(bioremediation)。

大多数环境中都存在着天然微生物降解净化有毒有害有机污染物的过程。研究表明,大多数土壤内部含有能降解低浓度芳香化合物(如苯、甲苯、乙基苯和二甲苯)的微生物,只要地下水中含足够的溶解氧,污染物的生物降解就可以进行。但是在自然的条件下,溶解氧不足、营养盐缺乏和有效微生物生长缓慢等限制性因素,使以微生物作用为主的环境自然净化速度很慢,在环境的人工治理中需要采用各种方法来强化这一过程。例如,提供氧气或其他电子受体,添加氮、磷营养盐,接种经驯化培养的高效微生物等,以便能够迅速去除污染物,这就是生物修复的基本思想。就原理来讲,生物修复与生物处理是一致的,两个名词的区别在于生物修复几乎专指已被污染的土壤、地下水和海洋中有毒有害有机污染物的原位生物处理,旨在使被污染区域恢复"清洁";而生物处理则有较广泛的含义。微生物降解技术在废水处理中的应用已有几十年的历史,而用于土壤和地下水的有机污染治理却是崭新的,有待大力发展的。

微生物修复技术的出现和发展反映了污染防治工作已从耗氧有机污染物深入到影响更为深远的有毒有害有机污染物的治理,而且从地表水扩展到土壤、地下水和海洋。对于污染土壤采取微生物修复的方法,是传统的生物处理方法的延伸,与物理、化学修复技术相比,具有以下优点:①处理成本低于物理化学方法以及热处理;②对植物生长所需的土壤环境不存在破坏作用,且处理过程中污染物的氧化比较完全,因此不造成二次污染;③处理效果好,尤其是对于低分子量污染物,去除率非常高;④可对污染土壤进行原位处理,操作相对比较简单。由于以上原因,近年来这种新兴的环境微生物技术已受到环境科学界的广泛关注。

②微生物修复类型。

可以用来作为生物修复菌种的微生物分为三大类型:土著微生物、外来微生物和基因工程菌(GEM)。

a. 土著微生物。

微生物降解有机化合物的巨大潜力是生物修复的基础。由于微生物具有种类多、代谢类型多样,"食谱"广等特点,因此凡是自然界存在的有机物都能被微生物利用、分解。例如,假单胞菌属的一些种,能分解90种以上的有机物,而且可利用其中的任何一种作为唯一碳源和能源进行代谢,并将其分解。虽然目前大量出现,且数量日益上升的许多人工合成有机物对微生物是"陌生"的,但是因为微生物本身具有强大的变异能力,所以针对这些难降解,甚至有毒的有机化合物,如杀虫剂、除草剂、增塑剂、塑料、洗涤剂等,陆续地都已找到能分解它们的微生物种类。自然界中存在着各种各样的微生物,在遭受有毒有害的有机物污染后,自然地存在着一个筛选、驯化过程,一些特异的微生物在污染物的诱导下产生分解污染物的酶系,或通过协同氧化作用将污染物降解转化。

目前在大多数生物修复工程中,实际应用的都是土著微生物,其原因一方面是由于土著微生物降解污染物的潜力巨大,另一方面也是因为接种的外来微生物在环境中难以保持较高的活性以及工程菌的应用受到较严格的限制。引进外来微生物和工程菌时必须注意这些微生物对环境土著微生物的影响。

b. 外来微生物。

污染环境尤其是污染土壤中虽然存在许多土著微生物,但其生长速度缓慢,代谢活性不高，或者由于污染物的存在而造成土著微生物的数量下降，导致降解污染物的能力降低。因此，需要接种一些降解污染物的高效菌。例如，处理受2-氯苯酚污染的土壤时，只添加营养物，7周内2-氯苯酚浓度从245 mg·L^{-1}降为105 mg·L^{-1}，而同时添加营养物和接种恶臭假单胞菌(*Peseudomonas putita*)纯培养物后，4周内2-氯苯酚的浓度即有明显降低，7周后仅为2 mg·L^{-1}。

目前，用于生物修复的高效降解菌大多数为多种微生物混合而成的复合菌群，而且其中不少已被制成商业化产品。例如光合细菌(PSB)，这类细菌在厌氧光照下进行不产氧光合作用。其中红螺菌科(Rhodospirillaceae)光合细菌的复合菌群是目前得到广泛应用的PSB菌剂之一，具有即使在厌氧光照及好氧黑暗条件下都能以小分子有机物作为基质进行代谢和生长的特点，因而不仅对有机物有很强的降解转化能力，同时对硫、氮素的转化也起了很大的作用。国内出售的许多PSB菌液、浓缩液、粉剂及复合菌剂，已经用于治理水产养殖水体及天然有机物污染河道并且显示出一定的成效。美国Polybac公司推出了20余种复合微生物的菌制剂，可分别用于不同种类有机物的降解、氨氮硝化等。还有DBC(Dried Bacterial Culture)及美国的LLMO(Liquid Live Microorganisms)生物活液等也已被用于污染河道的生物修复，后者含有芽孢杆菌、假单胞菌、气杆菌、红色假单胞菌等七种细菌。

c. 基因工程菌。

自然界中的土著菌，虽然可以通过将污染物作为其唯一碳源和能源或以共代谢等方式，对环境中的污染物起到一定的净化作用，且有的甚至达到效率极高的水平，但是与日益增多的大量人工合成化合物相比，就显得有些不足。因此通过基因工程技术，将降解性质粒转移到一些能在污水和受污染土壤中生存的菌体内，从而定向构建高效降解难降解污染物的工程菌的研究具有重要的实际意义。采用细胞融合技术等遗传工程手段可以将多种污染物降解基因转入到同一微生物体中，使之获得广谱的降解能力。例如，将甲苯降解基因从恶臭假单胞菌转移给其他微生物，从而使受体菌在0 ℃时也能降解甲苯。这种方法，解决了简单地接种特定天然微生物比较艰难而又不一定能很好地适应接种地环境的矛盾，是一种更为有效的技术手段。

基因工程菌(GEM)引入现场环境后，会与土著微生物菌群发生激烈的竞争，必须有足够的存活时间，其目的基因方能稳定地表达出特定的基因产物——特异的酶。如果在基因工程菌生存的环境中最初没有足够的合适能源和碳源，就需要添加适当的基质促进其增殖并表达其产物。引入土壤的大多数外源GEM在无外加碳源的条件下，很难在土壤中生存与增殖。目前分离出以联苯为唯一碳源和能源的多个微生物菌株，它们对多种多氯联苯化合物(PCBs)有共代谢功能，相关的酶有四个基因编码，这些酶将PCBs转化为相应的氯苯酸，这些氯苯酸可以逐步被土著微生物降解。由多氯联苯降解为二氯化碳的限速步骤是在共代谢氧化的最初阶段。联苯可为降解微生物提供碳源和能源，但其水溶性低和毒性强等特点给生物修复带来困难。解决这一问题的新途径是为目的基因的宿主微生物创建一个适当的生态位，使其能利用土著菌不能利用的选择性基质。

因此要将这些基因工程菌应用于实际的污染治理系统中，最重要的是要解决工程菌的安全性的问题，用基因工程菌来治理污染势必要使这些工程菌进入到自然环境中，如果对这些基因工程菌的安全性没有绝对的把握,就不能将它应用到实际中去,否则将会对环境造成可怕的不利影响。目前在研制工程菌时,都采用给细胞增加某些遗传缺陷的方法或是使其携带一段“自杀基因”,使该工程菌在非指定底物或非指定环境中不易生存或发生降解作用。美、日、英、德等国家在这方面进行了大量的研究,希望能为基因工程菌安全有效地净化环境提供有力的科学依据。科学家们对某些基因工程菌的考察后初步总结出以下几个观点:基因工程菌对自然界的微生物和高等生物不构成有害的威胁,基因工程菌有一定的寿命;基因工程菌进入净化系统之后,需要一段适应期,但比土著种的驯化期要短得多;基因工程菌降解污染物功能下降时,可以重新接种;目标污染物可能大量杀死土著菌,而基因工程菌却容易适应生存,发挥功能。当然,对基因工程菌的安全有效性的研究还有待深入。但是它不会影响应用基因工程菌治理环境污染目标的实现,相反会促使该项技术的发展。

③微生物修复的影响因素。

由于微生物修复技术具有效果好、处理成本低、对环境影响小,且没有二次污染等优点,被认为具有广阔的发展前景。但另一方面,污染物质种类繁多,土壤生态系统复杂,以及环境条件千变万化等原因,使得微生物修复技术在实际应用方面受到极大的限制。修复技术往往存在对一个地点有效,对另一个地点却不起作用的缺陷。因此这些影响因素的确定和消除成为决定微生物修复技术效果的关键。环境中微生物的活性受到许多因素的影响,为了提高微生物的活性,增强其降解污染物的能力,必须为微生物的生存提供适宜的环境条件,同时还要考虑污染物本身的特性。

a. 微生物营养盐。

在微生物的生长繁殖和代谢过程中需要碳源、氮、磷和多种无机盐类。有机污染物中含有大量的碳和氢,同时土壤中存在各种无机盐,基本可以满足降解过程中微生物的营养需求。因为氮、磷营养物是常见的微生物生长的限制条件,所以适量地添加不仅可以使微生物活性提高,而且可以促进降解反应的进行。目前,在石油污染治理上的大量研究表明,补充氮、磷营养除了能够显著提高降解菌的数量和活性外,还可以缩短去除污染物所需要的时间。

为达到良好的效果,在向修复对象(污染土壤和污染水体等)添加营养盐之前,必须首先确定营养盐的形式、浓度以及比例。目前,已经用于生物修复的营养盐类型很多,如铵盐、正磷酸盐、聚磷酸盐、酿造废液和尿素等,尽管很少有人比较过各种类型盐的具体使用效果,但已有的研究表明,其效果会因地而异。因为施肥是否能够促进有机物的生物降解作用,不仅取决于施肥的速度和程度,也取决于治理土壤的性质。虽然可以在理论上估算氮、磷的需要量,但一些污染物降解速度太慢,且不同环境和地点的氮、磷可得性变动很大,计算值只能是一种估算,与实际值会有较大的偏差。例如,同样是石油类污染物的生物修复,不同的研究者得到的适宜 C∶N∶P 比值分别是 800∶60∶1 和 70∶50∶1,相差一个数量级。鉴于上述原因,在选择营养盐浓度的比例时,通常需要多次小试研究才能确定。

b. 电子受体。

微生物的活性除了受到营养盐的限制外,污染物氧化分解的最终电子受体的种类和浓度也极大地影响着污染物生物降解的速度和程度。电子受体的缺乏常常成为影响生物活性的重要因子,因此需要进行补充以增强微生物的呼吸速率。对于好氧降解常用的补充氧的方法包括:土壤深耕、富氧水加注、气泵充氧或注入 H_2O_2 以释放游离氧。H_2O_2 在水中的溶解度约为氧的 7 倍,每分解 1 mol 能产生 0.5 mol 氧气,具有较好的充氧效果,相关研究和应用的报道较多。在缺氧条件下可以投加硝酸盐和碳酸盐作为替代的电子受体,比氧能更有效地提高降解菌的生物活性。也有研究者应用一种固体产氧剂提供游离氧,发现微生物的数量增加了 10 ~ 100 倍,其活性也有了很大的增强。微生物氧化还原反应的电子受体主要包括氧、有机物分解的中间产物和含氧无机物(如硝酸根和硫酸根)等三大类。

土壤中氧的浓度有明显的层次分布,一般是好氧层、缺氧层和厌氧层从表面到深层依次分布。分子氧有利于大多数污染物的生物降解,是现场处理中的关键因素。然而由于微生物、植物和土壤微型动物的呼吸作用,土壤中的氧浓度要比空气中的低,而二氧化碳含量高。土壤微生物代谢所需的氧主要来自大气中氧的扩散,当空隙充满水时,氧传递会受到阻碍,当呼吸耗氧量超过复氧量时,就会变成土壤环境缺氧。黏性土会保留较多水分,因而不利于氧的传递。环境中有机物质的增加会提高微生物的活性,而微生物代谢强度的增加有可能造成环境缺氧。缺氧或厌氧时,兼性和厌氧微生物就成为土壤中的优势菌。土壤中溶解氧的情况不仅影响污染物的降解速度,也决定着一些污染物降解的最终产物形态。如某些氯代脂肪族的化合物在厌氧降解时,会产生有毒的分解产物,但在好氧条件下这种情况较为少见。

在厌氧环境中,硝酸根、硫酸根和铁离子等无机物以及一些小分子有机物都可以作为有机物降解的电子受体。厌氧过程进行的速率比较缓慢,除甲苯以外,其他一些芳香族污染物(包括苯、乙基苯、二甲苯等)的生物降解需要很长的启动时间才能显现出效果,而且厌氧工艺的控制较为困难,所以一般不采用。但也有一些研究表明,许多在好氧条件下难以生物降解的重要污染物,包括苯、甲苯和二甲苯以及多氯取代芳香烃等, 都可以在还原性条件下被降解成二氧化碳和水。另外,对于一些多氯化合物,厌氧处理比好氧处理更为有效,已有研究证实多氯联苯在受污染的底泥中可被厌氧微生物降解。目前,在一些实际工程中已有采用厌氧方法对土壤和地下水进行生物修复的实例,并取得良好效果。应用硝酸盐作为厌氧生物修复的电子受体时,应特别注意对地下水中硝酸盐浓度的限制,以免其通过生物转化和生物富集对人畜造成危害。

c. 共代谢基质。

研究表明,微生物的共代谢(co-metabolism)对一些难降解污染物的转化起着重要作用,因此,共代谢基质对生物修复有重要影响。据报道,一株洋葱假单胞菌(*Pseudomonas* cepacia G4)以甲苯作为生长基质时可以对三氯乙烯共代谢降解。有些研究者发现,某些分解代谢酚或甲苯的细菌也具有共代谢降解三氯乙烯、1,1-二氯乙烯、顺-1,2-二氯乙烯的能力。近来的研究表明,某些微生物能共代谢降解氯代芳香类化合物,已引起各国学者的广泛兴趣。共代谢机制的深入研究,有可能使许多原来认为难降解的有机污染物通过微生物的共代谢作用得到降解。因此,共代谢作用也成为环境生物修复的重要理论依据。

(2)微生物修复技术的优、缺点。

①微生物修复技术的优点。

a. 费用低:微生物修复技术是所有处理技术中最经济的一种,其费用为热处理费用的1/3～1/4。20世纪80年代末,采用生物修复技术处理每立方米的土壤需95～260美元,而采用热处理或填埋处理需260～1 050美元。

b. 环境影响小:微生物修复只是对自然过程的强化,不破坏植物生长所需要的土壤环境,土壤的物理、化学和生物性质保持不变甚至优于原有的性质。其最终产物是二氧化碳、水、脂及酸等,不会形成二次污染或导致污染物转移,可以达到将污染物永久去除的目的,使土地的破坏和污染物的暴露降到最低。

c. 可高效处理多种污染物:可处理各种不同性质的污染物,如石油、炸药、农药、除草剂、塑料等。微生物修复技术可以将污染物的残留浓度降得很低,如某一受污染的土壤经微生物修复技术处理后,苯、甲苯和二甲苯的总浓度降为0.05～0.10 $mg \cdot L^{-1}$,甚至低于检测限度。

d. 处理形式灵活多样:微生物修复可就地进行,且操作相对简单。当受污染的土壤位于建筑物或公路下面不能挖掘和搬出时,可以采用原位生物修复技术进行治理。因而,微生物修复技术的应用范围有其独到的优势。

e. 应用范围广:微生物修复技术不仅可应用于去除不同性质的土壤污染物,并可同时处理受污染的土壤和地下水。在环境科学界,微生物修复技术被认为比物理和化学处理技术更具发展前途,它在土壤修复中 的应用价值是难以估量的。根据预计,美国对微生物修复治理的技术服务及其产品的需求,在今后若干年中的平均增长率可达15%。

②微生物修复技术的缺点。

a. 微生物不能降解所有进入环境的污染物:污染物的难生物降解性、不溶性,以及与土壤腐殖质或泥土结合在一起等因素,常常会使微生物修复难以进行。对于重金属及其化合物的治理,微生物也往往无能为力。

b. 微生物修复需要具体考察:微生物修复技术的应用需要对实施地点的状况和存在的污染物进行详细的考察,如在一些低渗透性的土壤中可能不宜使用微生物修复技术,因为这类土壤或在这类土壤中的注水井会由于细菌过度生长而阻塞。

c. 生物修复的效果受微生物类型的制约:特定的微生物只降解特定类型的化学物质,污染物的结构稍有变化就可能不会被同一微生物酶转化降解。

d. 受各种环境因素的影响较大:生物修复过程将会受到各种环境因素的制约,因为微生物活性受温度、氧气、水分、pH以及其他环境条件变化的影响。与物理法和化学法相比,微生物修复技术治理污染土壤所需要的时间相对较长。

(3)污染控制微生物修复工程技术。

污染土壤生物修复工程技术主要可分为三大类型,即原位处理(in-situ)、非原位处理(ex-situ)和生物反应器(bioreactor)工艺。

①原位处理工艺。

原位处理工艺是在不破坏土壤基本结构的情况下的微生物修复技术,有投菌法、生物培养法和生物通气法等。投菌法是指直接向污染土壤中接入高效降解菌,同时提供给这些微生物生长所需营养的过程。Hwang 等使用 3 种补充的营养液与分枝杆菌属(*Mycobacterium* sp.)一起注入土壤中,已经取得了良好的效果。李顺鹏等在农药(如有机磷类等)污染土壤的微生物修复方面做了一系列工作,也取得了明显进展。生物培养法是定期向受污染土壤中加入营养和作为微生物电子受体的氧或 H_2O_2,以满足污染环境中已经存在的降解菌的需要,提高土著微生物的代谢活性,将污染物彻底地矿化为 CO_2 和 H_2O。生物通气法采用真空梯度井等方法把空气注入污染土壤以达到氧气的再补给,可溶性营养物质和水则经垂直井或表面渗入的方法予以补充。丁克强等研究了通气对石油污染土壤生物修复的影响,结果表明,通气可为石油烃污染土壤中的微生物提供充足的电子受体,并可保持土壤 pH 稳定,从而促进微生物的生物活性,强化了对石油污染物的氧化降解作用。原位处理法是不需对污染土壤进行搅动、挖出和搬运,而直接向污染部位提供氧气、营养物或接种微生物,以达到降解污染物目的的生物修复工艺。一般采用土著微生物处理,有时也加入经驯化和培养的微生物以加速处理。在这种工艺中经常采用各种工程化措施来强化处理效果,这些措施包括泵处理,也称 P/T(pump/treatment)工艺、生物通气(bioventing)、渗滤(percolation)、空气扩散等形式。以 P/T 工艺为例,它主要应用于修复受污染的地下水和由此引起的土壤污染。该工艺需在受污染区域钻井,井分为两组,一组是注入井,用来将接种的微生物、水、营养物和电子受体(如 H_2O_2 等)等物质注入土壤中;另一组是抽水井,通过向地面上抽取地下水造成地下水在地层中流动,促进微生物的分布和营养等物质的运输,保持氧气供应,其工艺如图 6.12 所示。通常需要的设备是水泵和空压机。有的系统还在地面上建有采用活性污泥法等手段的生物处理装置,将抽取的地下水处理后再注入地下。

由于原位处理工艺采用的工程强化措施较少,处理时间会有所增加,而且在长期的生物修复过程中,污染物可能会进一步扩散到深层土壤和地下水中,因而比较适用于处理污染时间较长、状况已基本稳定的地区或者受污染面积较大的地区。

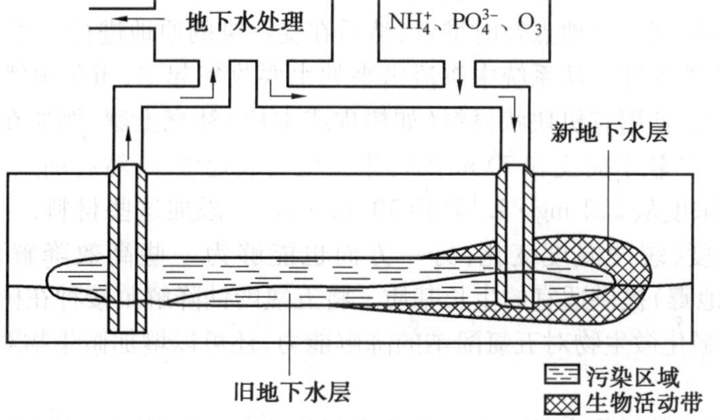

图 6.12　污染土壤与地下水生物修复 P/T 工艺示意图

原位处理工艺的特点是:a. 工艺路线和处理过程相对简单,不需要复杂的设备;b. 处理费用较低;c. 由于被处理土壤不需搬运,对周围环境影响小,生态风险小。

②非原位处理工艺。

该工艺是将受污染的土壤移离原地,在异地用生物的、工程的手段进行处理,使污染物降解,使受污染的土壤恢复到原有的功能,主要的工艺类型包括土地耕作、堆肥化和挖掘堆置处理。

a. 土地耕作工艺。

土地耕作工艺就是对污染土壤进行耕耙,在处理过程中施加肥料,进行灌溉,施加石灰,从而尽可能为微生物代谢污染物提供一个良好的环境,使其有充足的营养、水分和适宜的 pH,保证生物降解在土壤的各个层面上都能较好地发生。这种方法的优点是简易、经济,但污染物有可能从处理地转移。一般在污染土壤的渗滤性较差、土层较浅、污染物易降解时,采用这种方法。

b. 堆肥处理工艺。

堆肥处理工艺的原理如同有机固体废弃物的堆肥化过程,将污染土壤与有机废物(木屑、秸秆、树叶等)、粪便等混合起来,依靠堆肥过程中微生物的作用来降解土壤中难降解的有机污染物,如石油、洗涤剂、多氯烃、农药等。操作方法是将污染土壤与水(至少有 35% 的含水量)、营养物、泥炭、稻草和动物肥料混合后,使用机械或压气系统充氧,同时加石灰以调节 pH。经过一段时间的发酵处理,大部分污染物被降解,标志着堆肥处理的完成。污染土壤经处理后,可返回原地或用于农业生产。

堆肥处理系统可以根据反应设备类型、固体流向和空气供给方式等分为风道式堆肥处理、好氧静态堆肥处理和机械堆肥处理等。

c. 挖掘堆置处理。

挖掘堆置处理工艺是为了防止污染物继续扩散和避免地下水污染,将受污染的土壤从污染地挖掘起来,运输到一个经过各种工程准备(包括布置衬里,设置通气管道等)的地点堆放,形成上升的斜坡,进行生物恢复的处理技术,处理后的土壤再运回原地。

复杂的系统可以布置管道,并用温室封闭,简单的系统则露天堆放。有时先将受污染土壤挖掘起来运输到一个地点暂时堆置,然后在受污染的原地进行一些工程准备,再把受污染土壤运回原地处理。从系统中渗流出来的水要收集起来,重新喷洒或另外处理。其他一些工程措施包括用有机块状材料(如树皮或木片)补充土壤,例如在一受氯酚污染的土壤中,用 35 m^3 的软木树皮和 70 m^3 的污染土壤构成处理床,然后加入营养物,经过三个月的处理,氯酚浓度从 212 $mg \cdot L^{-1}$ 降到 30 $mg \cdot L^{-1}$。添加这些材料,一方面可以改善土壤结构,保持湿度,缓冲温度变化,另一方面也能够为一些高效降解菌(如 *Geotrichum candidum*,即白地霉)提供适宜的生长基质。将五氯酚钠降解菌接种在树皮或包裹在多聚物材料中,能够强化微生物对五氯酚钠的降解能力,还可以增加微生物对污染物毒性的耐受能力。

非原位处理工艺的优点是可以在土壤受污染之初及时阻止污染物的扩散和迁移,减少污染范围。但用在挖土方和运输方面的费用显著高于原位处理工艺,另外在运输过程中可能会造成进一步的污染物暴露,还会由于挖掘而破坏原地点的土壤生态结构。

③生物反应器处理工艺。

生物反应器处理工艺是将受污染的土壤挖掘起来,和水混合后,在接种了微生物的生物反应装置内进行处理,其工艺类似污水的生物处理方法,处理后的土壤与水分离后,脱水处理再运回原地。处理系统排出的废水,一般需送到污水处理厂进行处理后才能最终排放。土壤修复生物反应器工艺示意图如图 6.13 所示。反应装置不仅包括各种可以拖动的小型反应器,也有类似稳定塘和污水处理厂的大型设施。在有些情况下,只需要在已有的稳定塘中装配曝气机械和混合设备就可以用来进行生物修复处理。

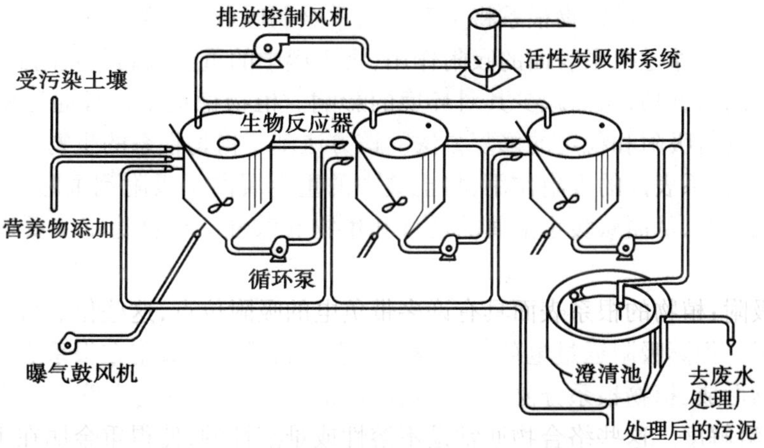

图 6.13 土壤修复生物反应器工艺示意图

高浓度固体泥浆反应器能够用来直接处理污染土壤,其典型的方式是液固接触式。该方法采用序批式运行,在第一单元中混合土壤、水、营养、菌种、表面活性剂等物质,最终形成含 20% ~25% 土壤的混合相,然后进入第二单元进行初步处理,完成大部分的生物降解,最后在第三单元中进行深度处理。现场实际应用结果表明,液固接触式反应器可以成功地处理有毒有害、有机污染物含量超过总有机物浓度 1% 的土壤和沉积物。反应器的规模与土壤中污染物浓度和有机物含量有关,一般介于 100 ~250 $m^3 \cdot d^{-1}$之间。

由于以水相为主要处理介质,污染物、微生物、溶解氧和营养物的传质速度快,而且避免了不利自然环境变化的影响,处理工艺的各项运行参数(如 pH、温度、氧化还原电位、氧气量、营养物浓度、盐度等)便于控制在最佳状态,因此反应器处理污染的速度明显加快,但其工程复杂,处理费用较高。另外,在用于难生物降解物质的处理时必须慎重,以防止污染物从土壤转移到水中。

研究证明,在以上介绍的三种土壤修复工艺中,生物反应器的处理效果最好,而且降解速率也最高。对于同种污染土壤的处理,生物反应器的处理周期比原位处理减少一半,而其去除率比原位处理提高 25% 以上。所以,生物反应器技术是污染土壤生物修复的最有效的处理技术,其次是非原位处理,而原位处理的效果较差。由于污染土壤的情况千差万别,这三种工艺又各有特点,因此在实际应用中应根据具体情况,有针对性地选择适宜的处理方法和工艺。在生物修复实践中,可以根据不同情况将几种处理方法加以优化组合,从而形成更为完善的处理系统,达到提高处理效果、扩大适用范围的目的。

2. 植物修复

植物修复(phytoremediation)。植物修复是以植物忍耐和超积累某种或某些化学元素的理论为基础，利用植物及其根际圈共存微生物体系的吸收、挥发、降解和转化作用来清除环境中污染物的一项污染修复技术。它的应用范围较为广泛，包括利用植物修复重金属及有机污染物的土壤，净化水和空气，清除放射性核素，利用根系分泌物来积累和沉淀根际圈附近的污染物质等。

（1）植物稳定。

植物稳定是一种通过植物根系将土壤中的重金属吸收、稳定并减缓其迁移的修复方法。某些植物能够通过根系表面的吸附作用，将土壤中的重金属离子吸附到根际土壤中，形成不易溶解的络合物，从而减少其对环境的影响。植物稳定是一种通过植物根系对土壤中的重金属进行吸附和稳定的修复方法。该方法基于植物根系的生物吸附和离子交换机制，通过植物根系表面的吸附作用，将土壤中的重金属离子吸附到根际土壤中，形成难溶的络合物或沉淀，从而减缓重金属的迁移和生物有效性。植物稳定主要通过以下三种途径进行。

①根际吸附：植物的根系表面具有许多带负电的吸附位点，这些位点可以吸附带正电的重金属离子。根际吸附通过电荷间的静电吸引力将重金属吸附在根系表面。

②络合物形成：植物根系分泌的有机物质（如有机酸）可以与土壤中的重金属形成络合物，降低其溶解度。这些络合物通常是不溶性或难溶性的，使得重金属在土壤中更难以迁移。

③沉淀形成：植物根系通过分泌物质改变土壤 pH，导致土壤中的重金属形成沉淀。在一些情况下，根际区域的 pH 变化有助于重金属的沉淀，将其稳定在土壤中。

研究者通过对智利铜尾矿中黑麦草对 Cu、Zn、Mo 和 Cd 等的修复作用，发现其对重金属的累积主要集中在根部，向茎叶处转移很少。东方香蒲对土壤中 As、Cd、Pb 的累积主要在根部，其累积量可达 31.69、35.12、87.12 $mg \cdot kg^{-1}$，茎叶中仅为 2.06、2.83、20.18 $mg \cdot kg^{-1}$。因此，东方香蒲可作为 As、Cd、Pb 污染土壤植物稳定修复的潜在目标植物之一。目前，利用麻疯树、芦苇、芦竹、荻、五节芒、芥菜和红麻等经济植物，对重金属污染农田进行植物修复，有利于实现生态、环境效益的统一。

（2）植物提取。

植物提取也称为植物富集或植物蓄积，是一种通过植物的生长、根系吸收和转运，将土壤中的重金属富集到植物体内的修复方法。这一方法的基本原理涉及植物根系对土壤中重金属的选择性吸收和积累。植物的根系通过根毛等结构与土壤颗粒紧密接触，利用活性吸附、根渗透、离子交换等机制，将土壤中的溶解态重金属离子吸收到根系内。

植物提取是目前研究最多并且最有发展前景的一种方法。1977 年 Brooks 提出了超富集植物的概念，1983 年 Chaney 提出了利用超富集植物清除土壤重金属的思想。植物提取技术利用的是一些对重金属具有较强富集能力的特殊植物，要求所用植物具有生物量大、生长快和抗病虫害能力强的特点，并具备对多种重金属较强的富集能力。重金属经植物根系吸收后，继而转移、储存到植物茎叶，然后收割茎叶，从而达到去除土壤重金属元素的目的。一般认为重金属含量超过一般植物 100 倍的植物属于超积累植物，具体规定为植物积累的 Cr、Co、Ni、Cu、Pb 等含量达到 1 $g \cdot kg^{-1}$ 以上，积累的 Mn、Zn 含量一般在 10 000 $mg \cdot kg^{-1}$ 以上，积累的 Cd 含量一般在 0.1 $g \cdot kg^{-1}$ 以上。通常，超积累植物的界定可考虑以下两个主要因素：①植物地上部富集的重金属应达到一定的量；②植物地上部的重金属含量应高于根部。

东南景天是一种典型的金属超积累植物，特别对镉、铅等重金属有较高的吸收和富集能力。其根系能够选择性吸收土壤中的重金属离子，将其转移到植物体内。东南景天的生长周期相对短，生长迅速，适合用于修复受重金属污染的土壤。蜈蚣草是另一种被广泛用于土壤重金属修复的植物。它具有高度的耐受性，对砷、镉、铬等重金属有良好的吸附和富集能力。蜈蚣草的根系通过分泌有机酸等物质，改变土壤的化学性质，提高土壤中重金属的溶解度，并促使其进入根系。随着生长，蜈蚣草将重金属积累在地上部分，尤其是茎和叶。

陈同斌教授开发蜈蚣草修复技术体系

蜈蚣草的发现与应用是我国土壤修复治理技术发展的写照。早年，陈同斌结合地理学、地球化学、植物学、土壤学、生态学等多学科交叉知识判断，在我国南方地区有可能存在能够大量富集砷的超富集植物。他们通过两年多的大量植物采集、室内分析和盆栽试验，对2 000多个矿区植物样本的砷吸收、富集和转运能力等进行了筛选。1999年，陈同斌课题组发现了砷的超富集植物蜈蚣草，其砷富集能力是普通植物的20万倍。2002年2月，《砷超富集植物蜈蚣草及其对砷的富集特征》一文在国内著名期刊《科学通报》以封面论文形式发表，被该刊评价为“推动植物修复领域迅速发展的里程碑”。然而，要把蜈蚣草用于植物修复，大规模的繁殖是关键。虽然蜈蚣草在我国有广泛的自然分布，但其人工繁殖是一个难点。陈同斌研究团队随即在蜈蚣草育苗参数上进行了大量的研究，保证了育苗的存活率，并进一步开展大量工作来缩短育苗时间，建立了蜈蚣草的快速育苗技术，并不断降低其育苗成本。在国家高技术研究发展计划（“863”计划）重点项目、环保部重金属专项、中国科学研究院STS计划等支持下，广西环江县人民政府和中国科学研究院地理资源所联合桂林理工大学等单位在广西环江开展成套技术示范，修复重金属污染农田1 280亩，培育蜈蚣草苗40万株。每年利用蜈蚣草和东南景天修复土壤中砷、镉的效率均达到10%以上，修复4年后即可达到农田环境质量标准。利用间作修复、钝化修复和植物阻隔等修复技术使得农产品重金属含量的合格率达到95%以上。同时，间作修复使作物增产8.8%～12.9%。据介绍，该工程是世界上最大的植物修复工程。我国从“十五”期间开始研发土壤污染治理与修复技术，特别是“十二五”以来，在重金属污染防治专项资金支持下，初步建立了针对不同土壤污染物、污染程度、土地利用类型等的土壤污染治理与修复技术，它们的发展路径与蜈蚣草的研发与应用相仿。

（3）植物挥发。

植物挥发主要利用植物根系分泌的特殊物质或根际微生物的协同作用，将土壤中的污染物转化为气态物质，然后挥发到植物表面和土壤间隙，最终释放到大气中。植物挥发要求被转化后的物质毒性小于转化前的污染物质，以减轻环境危害。植物挥发主要通过以下三种方式。

a. 植物根系分泌物质：植物根系能分泌一系列有机酸、螯合剂、酶和氨等物质，这些物质具有能够与土壤中的污染物发生反应的性质。有机酸和螯合剂能够促使污染物形成可挥发的络合物,从而便于植物将其吸收。

b. 根际微生物协同作用:植物根际存在着丰富的微生物群落,这些微生物具有降解、还原等作用。它们与植物根系形成共生关系,通过分泌酶类和其他代谢产物,协助植物将土壤中的污染物转化为挥发性的形式。

c. 气孔导气:植物通过气孔导气的过程,将在根系内部转化为气态物质的污染物排放到大气中。气孔是植物表面的微小开口,通过它们,植物能够调控水分蒸发和气体交换,包括将挥发的污染物释放到空气中。

植物挥发修复的效果受到多种环境因子的影响,这些因子包括土壤、水体或空气中的环境条件。以下是一些主要的环境因子:①土壤性质:土壤的质地、pH、有机质含量等直接影响植物挥发修复效果。不同植物对土壤性质的适应能力不同,选择适宜的植物种类对修复效果至关重要。②水分状况:充足的水分对于植物的正常生长和污染物吸收至关重要。水分不足可能限制植物的挥发修复效果。③温度和季节:温度影响植物的生长速率、根系活动和微生物的活性。季节变化也会对植物挥发修复的效果产生影响。④污染物种类和浓度:不同植物对不同污染物的挥发修复效果存在差异。某些植物可能对特定元素如汞、硒、砷等有更高的挥发能力。

湿地植物芦苇对汞具有挥发修复的潜力。通过植物根系分泌物和根际微生物的作用,芦苇可以将土壤中的汞转化为挥发性汞化合物,然后释放到大气中。亚洲硬草被发现对土壤中的硒有显著的挥发修复效果。植物通过根系分泌物和根际微生物的作用,将土壤中的硒转化为挥发性的形式,随后通过气孔排放到大气中。一些湿地植物如剑藻通过根际微生物的协同作用,将土壤中的砷转化为挥发性的砷化合物,然后释放到大气中。龙头菜通过其根系分泌物和根际微生物的作用,可以将土壤中的挥发性有机化合物转化为气体,从而减缓对土壤的污染。

思考题与习题

1. 污染控制中常用的物理化学技术有哪些?简述其原理。
2. 臭氧氧化的机理有哪两种?
3. 试述 Fenton 氧化技术的影响因素及其相应的改进技术。
4. 什么是 Fe-PRB 技术?它的原理、优势及面临的挑战是什么?
5. 简述微生物修复的原理。
6. 简述植物修复的原理。
7. 刘先生购买了一台净水器,连接在自来水管上使用,没想到使用了一年半之后,才发现当初净水器的安装人员将管道安装错误,刘先生一家喝的水都是净水器排出的废水,真正经过净水器过滤之后产生的"好水"却从下水道排放掉了。对此,刘先生非常气愤,他担心饮用这些废水会对身体造成伤害。请向刘先生解释一下,净水器在工作中都涉及哪些工艺,其过程和原理分别都是什么。
8. 2023 年,上海陆家嘴金融贸易区开发股份有限公司将苏钢集团等相关方告上法庭,并向苏钢集团索赔100.44亿元,理由是其在2016年竞得的苏钢挂牌出让的14块土地污染程度远超所披露的污染情况。“毒地”事件再次引发公众对土壤污染防治问题的高度关注。未来,随着产能治理新机制工作的推进,将闲置出更多的工业土地,所遗留的有毒有害物质因无法被直接利用而亟待治理修复。请结合本章内容回答:针对工业用地的土壤污染,应当选取哪种修复方式?其原理是什么?

9. 近年来,“镉大米事件”层出不穷,这严重威胁了人体健康。“镉大米”主要是在受镉污染的土壤中种植水稻导致水稻籽粒中镉含量超标,因此如何阻止镉从土壤迁移到水稻体内是治理“镉大米”的关键。请结合本章内容,提出有哪些方法可以稳定土壤中的镉。其机制是什么?

第 7 章　绿色化学的基本原理与应用
(Chapter 7 Basic principles and applications of green chemistry)

【内容提要及重点要求】 绿色化学是使人类和环境协调发展的更高层次的化学，其根本目的在于从节约资源和防止污染的观点来重新审视和改革传统化学。本章围绕着绿色化学的基本原理，分别介绍了绿色化学的内涵、绿色化学的产生和发展以及绿色化学在化工行业中的应用等内容。

随着世界人口的急剧增加，人类对资源的消耗在日益扩大。人均耕地、淡水和矿产等资源占有量在逐年减少，人口与资源的矛盾日益突出。另外，在物质财富逐渐充裕的今天，大量的生活污染物和工业污染物的排放使人类的生存环境更加恶化。因此，寻求一条既节约资源又防止污染的可持续发展的道路，成为环境科学研究的目标。绿色化学是使人类和环境协调发展的更高层次的化学，其根本目的在于从节约资源和防止污染的观点来重新审视和改革传统化学，它也成为 21 世纪的中心科学，是实现社会和经济可持续发展的新科学和新技术，已成为世界各国政府、国际科技界和企业界关注的热点。

发达国家对环境的治理，已开始从治标，即从末端治理污染转向治本，即开发清洁工业技术，削减污染源头，生产环境友好产品。

21 世纪是绿色化学技术和绿色产业快速发展的时代，对未来社会和经济的发展将产生深远的影响。绿色化学是当今国际化学化工研究的前沿，绿色化学技术的开发正成为人们关注的焦点。

绿色化学是从源头上解决污染的一门学科，对环境、经济和社会的和谐发展具有重要的意义。

7.1　绿色化学的内涵
(Connotation of green chemistry)

7.1.1　绿色化学的定义
(Definition of green chemistry)

目前人类正面临着严重的环境危机，20 世纪 90 年代初随着对化学与环境、化学与资源关系的不断反思和总结，化学家们提出了“绿色化学”的新对策。绿色化学又称环境无害化学（environmentally benign chemistry）、环境友好化学（environmentally friendly chemistry)、清洁化学(clean chemistry)。绿色化学即用化学的技术和方法去减少或消灭那些对人类健康、生态环境有害的原料、催化剂、溶剂和试剂、产物、副产物等的使用和产生的化学。绿色化学是涉及化学的有机合成、催化、生物化学、分析化学等学科,是当今国际化学科学研究的前沿,它的理想在于不再使用有毒有害的物质,不再产生废物,不再处理废物,是一门从源头上阻止污染的化学。而今天的绿色化学更多的是指能够保护环境的化学技术,它可通过使用自然能源避免给环境造成负担、避免排放有害物质。

绿色化学概念从一提出来就明确了它的现代内涵,即研究和寻找能充分利用的无毒害原材料,最大限度地节约能源,在各环节都实现净化和无污染的反应途径。绿色化学的现代内涵又体现在以下五个方面:①原料绿色化,以无毒、无害可再生资源为原料;②化学反应绿色化,选择“原子经济性反应”;③催化剂绿色化,使用无毒、无害可回收的催化剂;④溶剂绿色化,使用无毒、无害可回收的溶剂;⑤产品绿色化,产品可再生、可回收。

传统的化学虽然可以得到人类需要的新物质,但是在许多场合中却既未有效地利用资源,又产生了大量排放物,造成严重的环境污染。相比较传统的化学,绿色化学既可以充分利用资源,又不产生污染。因此,传统化学向绿色化学的转变可以看作化学从“粗放型”向“集约型”的转变,充分体现了变废为宝的理念,使经济效益大幅度提高。

7.1.2 绿色化学的基本原理 (Basic principles of green chemistry)

美国的总统科技顾问P. T. Anastas博士和马萨诸塞大学的J . C. Waner教授通过大量的研究工作,提出了绿色化学十二条原则。这些原则目前已成为世界范围内公认的指导绿色化学发展的基本原则,为绿色化学的进一步发展奠定了理论基础:

(1)防止污染优于污染治理——防止产生废弃物,从源头制止污染,而不是从末端治理污染;

(2)提高原子经济性——尽量使参加过程的原子都进入最终产物;

(3)绿色化学合成——在合成中尽量不使用和产生对人类健康和环境有害的物质,不进行有危险的合成反应;

(4)设计安全的化学品——设计具有高使用效益、低环境毒性的化学产品;

(5)使用无毒无害的溶剂和助剂——尽量不用溶剂等辅助物质,不得已使用时它们必须是无害的;

(6)合理使用和节省能源——生产过程应该在温和的温度和压力下进行,使能耗最低,高效率地使用能量;

(7)利用可再生资源代替消耗性资源合成化学品——尽量采用可再生的原料特别是用生物质代替石油和煤等矿物原料;

(8)减少不必要的衍生步骤——尽量减少副产品;

(9)采用高选择性催化剂优于使用化学计量助剂;

(10)产物的易降解性——化学品在使用完毕后应能降解成无害的物质并且能进入自然生态循环;

(11)防止污染的快速检测和控制——发展分析方法,对污染物实行在线监测和

控制;

(12)减少使用易燃易爆物质,降低事故隐患——选择合适的物质及生产工艺,尽量减少发生意外事故的风险。

随着人们对绿色化学研究和认识的不断深入,Anastas 等顺应绿色化学不断向前发展的新形势,围绕无毒无害原料、催化剂和溶剂的使用以及原子经济性反应生产安全化学品的绿色化学理想,又对其最早提出的十二条绿色化学原则进行了适当的完善,提出了绿色化学的十二条补充原则,如下:

①尽可能利用能量而避免使用物质实现转换;

②通过使用可见光有效地实现水的分解;

③采用的溶剂体系可有效地进行热量和质量传递的同时,还可催化反应并有助于产物分离;

④开发既具有原子经济性,又对人类健康和环境友好的合成方法"工具箱";

⑤不使用添加剂,设计无毒无害、可降解的塑料与高分子产品;

⑥设计可回收并能反复使用的物质;

⑦开展"预防毒物学"研究,使得有关对生物与环境方面的影响机理的认识可不断地结合到化学产品的设计中;

⑧设计不需要消耗大量能源的有效光电单元;

⑨开发非燃烧、非消耗大量物质的能源;

⑩开发大量 CO_2 和其他温室效应气体的使用或固定化的增殖过程;

⑪实现不使用保护基团的方法进行含有敏感基团的化学反应;

⑫开发可长久使用、无须涂布和清洁的表面和物质。

这些原则涉及了光解水、新能源开发和温室效应等经济和社会发展过程中亟待解决的热点问题,是对其最早提出绿色化学十二条原则的深化和发展。

化学反应原子经济性——侯氏制碱法

1912 年,我国著名化学家侯德榜从清华学堂毕业后赴美留学,学成回国之后,为了振兴中华民族工业,下决心从事制碱工业。他在担任总工程师期间,经常脱下西服换上工作服和胶鞋,身先士卒,同工人们一起操作,赢得了工人们,甚至外国技师的赞赏和钦佩。当时盛行的是索尔维制碱法,但国外都采取严格的保密措施,不少人的探索大都以失败告终。侯德榜迎难而上,经过 5 年的艰苦探索,终于掌握了索尔维制碱法的各项技术要领。1926 年,永利碱厂生产的"红三角"牌纯碱在美国费城万国博览会上为中国赢得了一枚金质奖章,被誉为"中国近代工业进步的象征"。更难能可贵的是侯德榜在揭开外国人控制的"索尔维制碱"技术的奥秘后,将此技术毫无保留地公布于世,献给各国人民,随后,凭借其聪明才智以及强烈的爱国之心,潜心研制出了"侯氏制碱"技术,对我国化学工业发展做出了突出贡献。

7.1.3 绿色化学的研究内容和研究重点 (Research content and focus of green chemistry)

绿色化学的研究是围绕化学反应、催化剂、溶剂和产品的绿色化展开的。绿色化学研究没有或尽可能小的环境副作用,并在技术上、经济上可行的化学品和化学过程,是实现污染预防的基本和重要的科学手段。因此,绿色化学研究的基本内容主要有以下五个方面。

(1)原子经济性反应和零排放。

最大限度地利用原材料、最大限度地减少副产物、减少废物的排放或使此反应的副产物成为彼反应的原料。从原子的角度讲,尽可能使原料中的原子百分之百参与目标产物的形成,从而达到原子经济性。

(2)化学反应原料的绿色化。

传统化学反应很多是采用不可再生资源,如石油、煤,或者对环境有害的物质,如用氢氰酸、光气(碳酰氯)、苯、甲苯、硫酸二甲酯等作为原料,而绿色化学则致力于采用无毒、无害原料和可再生资源作为原料,替代有毒的、对环境有害的原 料来生产化学品。

(3)催化剂的绿色化。

许多化学反应中催化剂是必不可少的,而传统化学反应中催化剂是一些酸、碱或含重金属的催化剂。它们的排放会对环境造成巨大的污染。应该寻找对环境无害的绿色催化剂取代那些对环境有害的催化剂,如各种生物酶催化剂。

(4)溶剂的绿色化。

目前,广泛使用的有机溶剂如苯、甲苯等都是有害的、易挥发的、易燃的物质。绿色化学要求抛弃这些对环境有害的溶剂,采用具有环境友好型的绿色溶剂。

(5)产品的绿色化。

绿色化学要求生产的产品是绿色的,不应对环境造成损害。如:生产的塑料应该是能降解的绿色塑料;生产的农药应该是低残毒的绿色农药;生产的制冷剂不应对大气臭氧层造成破坏。

绿色化学的研究重点就是依照绿色化学十二条原则的要求,运用化学原理,用最现代化的手段和方法,使化学品的设计、生产和使用的整个过程对人类和环境均不产生危害,主要包括以下三方面内容。

(1)设计或重新设计对人类健康和环境更安全的化合物。

要想从源头上消除污染,首先必须保证所需要的物质分子,即目标分子是完全有效的。因此,绿色化学的一大关键任务就是利用化学构效关系和分子改性以达到效能和毒性之间的最佳平衡。一方面,设计安全有效的目标分子或设计比被代替的其他分子更安全有效的目标分子;另一方面,对多种现代化工产品重新评价和研究,即对已有的有效但不安全的分子进行重新设计,使这类分子保留其已有的功效,消除掉不安全的性质,得到改进过的安全有效的分子。例如联苯胺是个很重要的染料中间体,但因强致癌作用而被国家禁用,当将其分子结构改造后,既保持了染料的功能,又消除了致癌性。值得注意的是,这里的“更安全”概念不仅是对人类健康的影响,还包括化合物整个生命周期中对生态环境、动物、水生生物和植物的直接或间接的影响。此外,借助现代计算机分析技术,可通过分子设计和分子模拟研究探明分子结构与性能的关系,使得安全有效化学品的设计得到了更大、更快的发展。

(2)探求新的、更安全的、对环境更友好的化学合成路线和生产工艺。

这可从研究、变换基本原料和起始化合物以及引入新试剂入手,包括寻找安全有效的反应原料、寻找安全有效的合成路线以及寻找新的转化方法等。

寻找安全有效的反应原料可以从两方面入手,一方面可以用无毒无害原料取代有毒有害原料。例如,用二氧化碳代替光气与胺反应生成异氰酸酯,不仅避免了使用剧毒物质光气,其生成的副产物水也不会污染环境;再比如,生产尼龙的原料己酸,一直是使用有致癌作用的苯为起始物制备,在生产过程中还产生氮氧化合物,造成环境污染。在1999年,科学家采用遗传工程获得的微生物为催化剂,以葡萄糖为起始物成功合成了己二酸,这个新技术废除了大量有毒的苯,且在技术上、经济上都完全可行,是绿色化学的一个范例。另一方面,用可再生的生物资源来代替煤和石油等不可再生的资源。例如,由纤维素(38% ~50%)、半纤维素(23% ~32%)和木质素(15% ~25%)等天然高分子组成的植物生物质,就是很好的可再生生物资源,可将其转化成动物饲料、工业化学品和燃料等。

原料和目标产物确定之后,合成路线对环境是否友好同样有着十分重要的影响。美国斯坦福大学 Paul A. Wender 曾指出,一条理想的合成路线应该是采用价格便宜的、易得的反应原料,经过简单的、安全的、环境可接受的和资源有效利用的操作,快速和高产率地得到目标分子,而不管这一目标分子是天然物分子还是根据需要设计的分子。在设计新的安全有效的合成路线时,既要考虑到产品的性能优良、价格低廉,又要使产生的废物和副产品最少,同时对环境还要无害,这也是绿色化学技术面临的新挑战。

而在这个过程中,一个特别需要考虑的问题就是合成路线的原子经济性。例如,由硝基苯合成对苯二胺的4条合成路线中,通过对比反应物中的相对质量之总和、目标产物的量,计算出反应的原子利用率,从而确定了原理利用率最高的合成途径。

近年来的研究发现采用一些特别的非传统化学方法,可在化学过程中减少有毒有害物质的使用,如催化等离子体方法、电化学方法、光化学及辐射方法,均可作为新兴的转化方法,改变传统过程,避免有毒有害物质的使用。

(3)改善化学反应条件,降低对人类健康和环境的危害,减少废弃物的产生和排放。

在合成化学品的过程中,采用的反应条件对整个反应过程、对环境产生的影响大小起着决定性的作用。经济上比较容易评价,而且目前考虑较多的是能耗。过程对环境的影响程度由于评估比较困难,因此,目前仍然考虑不多。化学化工产业对人类、对环境的影响不仅来自于其原料及产物,而且一切与整个过程相关的其他因素对人类和环境也都有很大的影响。在这些因素中,反应所用的催化剂和溶剂是两个重要的因素。因此,寻找安全有效的催化剂(如活性组分的负载化及固体酸代替液体酸)和安全有效的反应介质(如选择超临界流体作溶剂以及水作溶剂的两相催化法)均是改善化学反应条件的重要手段。

7.1.4 绿色化学的特点 (Characteristics of green chemistry)

绿色化学主要有以下四个特点:①绿色化学能够实现对自然资源的充分利用,采用无毒、无害的原料提高能源的利用率;②在不对环境造成危害的前提下实现化学反应,减少废物向环境的排放量;③提高原子的利用率,力图使所有作为原料的原子都被产品所消纳,提高化学物质的分解率,实现工业生产的“零排放”;④生产出对环境和人类健康有利的化学产品。

绿色化学与传统化学的不同之处在于前者更多地考虑社会的可持续发展,促进人和自然关系的协调,充分体现了变废为宝的理念,使经济效益大幅度提高,是更高层次上的化学;与环境化学的不同之处在于前者是研究与环境友好的化学反应和技术,特别是新的催化反应技术,如酶催化反应、膜催化反应、清洁合成技术、生物工程技术等,而环境化学则是研究影响环境的化学问题;与环境治理的不同之处在于前者是从源头上防止污染的生成,即污染预防 (pollution prevention),环境治理则是对已被污染的环境进行治理即“末端治理”。

综上所述,从科学观点看,绿色化学是对传统化学思维的创新和发展;从环境观点看它是从源头消除污染,保护生态环境的新科学和新技术;从经济观点看,它是合理利用资源和能源,实现可持续发展的核心战略之一。从这种意义上说,绿色化学是对化学工业乃至整个现代工业的革命。

绿色化学思想

生态文明建设是关系中华民族永续发展的根本大计。党的二十大擘画了全面建设社会主义现代化国家、以中国式现代化全面推进中华民族伟大复兴的宏伟蓝图,提出到2035年“广泛形成绿色生产生活方式,碳排放达峰后稳中有降,生态环境根本好转,美丽中国目标基本实现”的目标任务,围绕“推动绿色发展,促进人与自然和谐共生”做出重大部署。

绿色化学不是一门独立的学科,它是一种战略方针、一种指导思想、一种研究政策。在我国生态文明建设的大背景下,绿色化学无论在促进树立生态文明观方面还是走绿色发展之路方面都应该能够发挥出更好的作用。

7.2 绿色化学的诞生及发展 (The birth and development of green chemistry)

从1960年化学农药的污染问题被提出来开始,人们已经注意到人口的急剧增加、工业的高度发达、资源的极度消耗、污染的日益严重,使人类不得不面对严重的环境危机。这些问题不但影响一个国家的经济发展,而且对环境造成的危害将对人类自身的健康甚至是生存都造成了严重的威胁。解决问题的办法,初期主要以治理为主,但这些办法效果有限、费用昂贵。在积累了30年治理污染的经验后,人们提出了污染预防这一新的概念,最后美国环保局提出了“绿色化学”这一“新化学婴儿”。它涉及有机合成、催化、生物化学、分析化学等学科,内容广泛。绿色化学的最大特点是在初始端就采用预防污染的科学手段,因而过程和末端均为零排放或零污染。世界上很多国家已把“化学的绿色化”作为新世纪化学进展的主要方向之一。

7.2.1 绿色化学在各国的兴起
(The rise of green chemistry in various countries)

1990 年美国颁布污染防治法案,并确立其为国策,推动了绿色化学在美国的迅速兴起和发展。1991 年,美国化学会(ACS)首次提出“绿色化学”这一词语,并成为美国环境保护署的中心口号,确立了绿色化学的重要地位。1992 年,美国环保局又发布了“污染预防战略”。这些活动推动了绿色化学在美国的迅速兴起和发展,并引起全世界的极大关注。在这一年,在巴西里约热内卢召开了联合国环境与发展大会(UNCED),后被称为“绿色国际会议”。大会通过了《21 世纪议程》,正式奠定了全球发展的最新战略——可持续发展。从此,人类从工业文明的发展模式转向生态文明的发展模式。绿色化学也在这一大背景下产生并逐渐成为可持续发展理论的重要内容。1995 年,美国前总统克林顿设立了“总统绿色化学挑战奖”,从 1996 年开始每年颁发一次,这是化学领域唯一的总统级科学奖,旨在奖励利用化学原理从根本上减少化学污染方面的成就。1997 年,美国国家实验室、大学和企业联合成立了绿色化学院,美国化学会成立了“绿色化学研究所”。1999 年,绿色化学的发展达到了世界性发展阶段。首先诞生了世界上第一本英文国际杂志 *Green Chemistry*,同时还建立了绿色化学网站。世界上第一本绿色化学专著 *Theory and Application of Green Chemistry* 在英国诞生。澳大利亚皇家化学研究所(RACI)也于 1999 年设立了绿色化学挑战奖,旨在推动绿色化学在澳大利亚的发展。同时日本制定了环境无害制造技术等以绿色化学为内容的“新阳光计划”,欧洲、拉美地区也纷纷制定了与绿色化学相关的科研计划。有关绿色化学的国际学术会议不断增加,展示了绿色化学的最新研究成果,受到学术界的高度重视,如美国每年有以绿色化学为主题的哥登会议。美国化学学会于 2004 年 9 月在纽约召开了“绿色化学:应用于解决全球环境问题的多学科的科学和工程”专题会议。Elsa Reichmanis 指出:能源、气候变化、人类健康和生物多样性相互深层次地交织在一起,而且与重大的经济、政治和社会问题相关联。2005 年,绿色化学的“哥登会议”在英国牛津召开,同时出版了《绿色化学:理论与应用》专集,同年英国皇家化学会创办了《绿色化学》国际性化学期刊,旋即在欧洲掀起了绿色化学的浪潮。总之,绿色化学已经成为世界各国政府、企业和学术界所关注的重要研究与发展方向。

7.2.2 绿色化学在我国的发展
(The development of green chemistry in China)

随着国际上兴起的绿色化学技术浪潮,我国在绿色化学方面的研究活动也逐渐活跃起来。1995 年,中国科学院化学部确定了“绿色化学与技术——推动化工生产可持续发展的途径”的院士咨询课题,并建议“国家科技部组织调研,将绿色化学与技术研究工作列入‘九五’基础研究规划”,从此“绿色化学”一词在我国慢慢成长。1996 年,召开了“工业生产中绿色化学与技术"研讨会,并出版"绿色化学与技术研讨会学术报告汇编"。1997年,国家自然科学基金委员会与中国石油化工集团公司联合资助了"环境友好石油化工催化化学与化学反应工程"重大基础研究项目。自1998年开始举办的国际绿色化学高级研讨会,推动了我国绿色化学的发展。以后每年举行1次,至今已成功举办了9届(举办地点分别是合肥、成都、广州、济南、合肥、成都、珠海、北京、合肥),推动了我国绿色化学的发展。1999年,国家自然科学基金委员会设立了"用金属有机化学研究绿色化学中的基本问题"的重点项目。同年12月,在北京九华山庄举行了第16次九华科学论坛,会议从科学发展和国家长远需求的战略高度,对绿色化学的基本问题进行了充分的研讨和论证,并提出了如何在"十五"期间优先安排和部署我国在该领域研究工作的意见,确定了绿色化学三方面研究重点:①绿色合成技术、方法学和过程的研究;②可再生资源的利用和转化中的基本科学问题;③绿色化学在矿物资源高效利用中的关键科学问题。此外,一些院校也纷纷成立了绿色化学研究机构,如中国科学技术大学绿色科技研究与开发中心、四川大学绿色化学与技术研究中心等。绿色化学在我国虽然起步较晚,但在近几年受到了充分的重视,得到了长足的发展。

进入21世纪后,绿色化学作为未来化学工业发展的方向和基础,在我国政府、企业以及学术界也逐步受到重视,并在2000年提出"绿色可持续发展化学(GSC)"的概念,即通过包括产品设计、原料选择、制造方法、使用方法及循环利用等技术革命,保证人与环境的健康与安全及能源和资源节省。随着我国科研人员在基础研究和技术开发方面不断取得的新进展,每年都有大量与绿色化学相关的研究论文发表。一些相关的专利授权也已经投入使用,形成了一批新兴产业,并呈现出良好的发展势头。如获得美国总统化学挑战奖的2010年绿色合成路线奖的双氧水制环氧丙烷(HPPO)项目。它与传统环氧丙烷工艺相比最大的优点在于生产过程中只生产终端产品——环氧丙烷和水,而不产生副产品。同时投资成本可减少25%,污水排放可减少70%~80%,能源消耗可减少35%。此外,HPPO装置的占地面积非常小,所需配套设施也较少。2013年1月,中国石化计划采用自主开发的HPPO技术,在长岭炼化建设一套10万t/a工业装置。2014年7月,该装置建成,同年12月投料试车成功。标志着中国石化成为世界上第三家拥有双氧水制环氧丙烷技术的专利商,打破了国外对这一技术的垄断。受下游带动,环氧丙烷需求量近几年稳步增长。目前全球产能在800多万t,如果全部采用类似的绿色技术,其所带来的节能减排效果十分可观。2013年11月30日,全国绿色化学化工科学与技术学科博士后论坛在杭州市浙江工业大学举行。论坛以"绿色化学化工领域的新理论与新技术"为主题,从绿色化学合成技术,可再生能源的开发与利用,节能降耗新工艺和新方法,保护生态和环境友好的新技术等方面开展学术交流与讨论。

结合我国国情,选择重点领域开发绿色化学技术,打造属于中国的"绿色化学"之路,即运用当代物理先进技术和化学方法相结合,研究和开发环境友好的新反应、新工艺、新技术、新产品,站在可持续发展的高度,实现资源—环境—经济—社会发展的协调与和谐。主要在以下五方面加以发展:①防治污染的洁净煤技术;②绿色生物化工技术;③矿产资源高效利用的绿色技术;④精细化学品的绿色合成技术;⑤生态农业的绿色技术。绿色化学的发展不仅将对我国环境保护产生重大影响,而且将为我国企业尽快与国际接轨创造有利条件。

保护生态环境的先锋和卫士——雷切尔·卡逊

1962年,《寂静的春天》开始在书店出售。杀虫剂开始引起全社会的广泛关注,1963年,在哥伦比亚广播公司的电视节目中,卡逊和化学公司的发言人进行了一场辩论,这时她的病情已经很严重,但她尽量克制。年底她被选为美国艺术和科学学院院士并获得许多奖项,包括奥杜本学会颁发的奥杜本奖章和美国地理学会颁发的库兰奖章。最重要的是为了引起美国政府的重视,她最后一次在公众中露面就是在参议院调查委员会上作证,从而导致1972年在美国全面禁止DDT的生产和使用,美国厂家开始向国外转移,但其后世界各国纷纷效法。目前几乎全世界已经没有DDT的生产厂了。《寂静的春天》成为促使环境保护事业在美国和全世界迅速发展的导火线。当今,在人类为消除各种污染,保护生态环境,科学利用和节约资源能源而努力奋斗时,更加敬佩雷切尔·卡逊——这位在癌症缠身、生命濒危时仍然全力保护生态环境的先锋和卫士。

7.3 绿色化学的研究及应用
(Research and application of green chemistry)

20世纪40~90年代,世界各国在吃尽了粗放型经济高速发展的苦头以后,悟出了“可持续发展”才是正确的战略。工业的可持续发展意味着通过不断创新和应用清洁工艺以降低污染水平和资源消耗。对化学和化学工程界来说,是要设计降低或消除有害物质的使用或产生,生产可循环利用的或可生物降解的化学产品。从过程和系统的水平上降低产品对环境的冲击,改善了工业可持续性的需求。

绿色化学所追求的目标是:淘汰有毒原材料,探求新的合成路线,采用无污染的反应途径和工艺,能最大限度地减少“三废”,并实行“原材料遴选——产品生成——产品使用——循环再利用”全过程控制。绿色化学技术的发展和应用不但能提高生产效率和优化产品,而且能提高资源和能源的利用率,减轻污染负荷,从而大幅度提高生产的社会和经济效益。因此,绿色化学与技术的推广应用使环境—经济性(而不再仅是经济性)成为技术创新的主要推动力。近年来,绿色化学在原子经济性反应,原料、催化剂、溶剂以及产品的绿色化等诸多领域取得了一系列研究成果。

7.3.1 化学反应的绿色化
(The greenization of chemical reactions)

绿色化学是更高层次的化学,它的主要特点是“原子经济性(atom economy)”,“原子经济性”概念是由化学家Trost在1991年提出的,是指参与化学反应的所有原料的原子都被结合到目标产物的分子中。这是原子经济反应的核心理念,也是绿色化学的追求。他认为高效的有机合成应最大限度地利用原料分子的每一个原子,使之结合到目标分子中,达到零排放。实现原子经济性的程度可以用原子利用率来衡量。采用催化工艺过程可以简化合成步骤,实现原子经济反应。例如由乙烯制环氧乙烷的过程,乙烯与氧气以2∶1的物质的量比投料,Ag作催化剂,原子利用率可达100%(实达产率99%)。以往制备抗帕金森病药物Lazabemide是从2-乙基吡啶出发8步反应合成,总产率仅8%,而采用Pd催化剂可一步完成,且原子利用率可达100%,已进行规模生产。

己二腈的生产,以往由丁二烯经氯化、腈化、加氢,产率仅为54%;而DuPont公司由丁二烯和氢氰酸在Ni复合催化剂的作用下制备己二腈,原子利用率达100%。孟山都(Monsanto)由甲醇和一氧化碳在催化剂作用下制乙酸的流程,因采用廉价原料和原子经济性取代沿用已久的Wacker流程赢得了世界市场。Sumitomo Chemicals和Enichem公司联合建立的70ktpa己内酰胺工厂采用两个催化工艺过程,取代了生成有毒且有腐蚀性的硫酸羟胺路线,并避免了SO_2和NO_x的排出。但是现在已经应用于工业上的一些技术——"原子经济性反应",还需要进一步从环保、技术、经济等方面进行研究及相关的改进。人们在化学反应中想要实现高原子经济性,还需要开发新的途径或者用催化反应来替代化学计量反应等方式来实现。1997年的新合成路线奖的获得者BCH公司的工作即是一个很好的例证。该公司开发了一种合成布洛芬的新工艺,传统生产工艺包括6步化学计量反应,原子的有效利用率低于40.1%,新工艺采用3步催化反应,原子的有效利用率达77.4%,如果再考虑副产物乙酸的回收利用,则原子利用率达到99%。

我国于2007年首次实现了原子经济反应工业化生产,这是一种高效抗旱保水剂,它的原理是用玉米淀粉或玉米粉作主要原料,在引发剂的作用下,首先在淀粉天然高分子的骨架上产生游离基,然后用乙烯或丙烯单体在游离基上接枝共聚,最后接枝共聚物靠爆聚放热自交联,从而生产出具有三维空间的网络结构,不溶于水但同时能吸水保水、吸肥保肥,且能缓慢释放水、肥的高效抗旱保水剂。磁化学技术利用微观的磁场了解物质的化学结构,然后通过控制反应的路径,有选择地获取所需的产物,大大提高产品的纯度,使反应达到原子经济性。我国石油化工科学院采用空心结构的HTS型钛硅分子筛催化剂和"单釜连续淤浆床反应器——无机膜过滤"新工艺,由环己酮一步合成环己酮肟,实现了原子经济反应,70ktpa的工业装置已经投产。山东鲁北化工厂堪称全国实施绿色化学、清洁生产的典范,例如,该厂由磷矿石与硫酸反应制成磷酸和硫酸钙,磷酸与氨反应制成磷酸氢铵复合肥,而硫酸钙经加热分解成二氧化硫和氧化钙,前者经催化氧化、水合制成硫酸,后者与采用劣质煤的发电厂产生的炉渣混合制成水泥,现已形成30万$t \cdot a^{-1}$复合肥、40万$t \cdot a^{-1}$硫酸(厂内自用)、60万$t \cdot a^{-1}$水泥的产能,原材料中的每种元素都得到合理利用,除电厂排出的CO_2外,再无废渣废气排放。

乙二醇(MEG)是一类重要的大宗化工中间体,其传统生产过程采用环氧乙烷(EO)的直接水合。为得到高MEG选择性,反应体系中需要大大过量的水[通常$n(H_2O)$∶$n(EO)$可高达20],反应液中MEG的含量低于10%。因此产品的蒸馏提纯是高能耗过程。近年来,大连化物所催化基础国家重点实验室李灿院士和杨启华研究员领导的研究团队致力于发展将分子催化剂封装于纳米反应器的多相化策略,以期实现纳米反应器中的催化反应,发现封装于氧化硅基纳米笼中的Co(Salen)分子催化剂在环氧化合物手性拆分反应中显示协同耦合加速效应,在此基础上进而发现在环氧乙烷催化水合反应中,利用纳米反应器,在40 ℃、接近计量水比(~2)条件下,可获得98%的EO转化率和98%的

MEG 选择性,反应体系中的乙二醇含量达到 75% 以上,大幅度降低了 MEG 生产中的能耗。同时,该多相催化剂避免了传统液体和固体酸催化过程的环境污染问题,可实现催化剂的分离和再循环利用,是一个典型的绿色催化过程。

7.3.2 原料的绿色化 (The greening of raw materials)

实现原料的绿色化是绿色化学研究的一个很重要内容,原料是化学反应的基础和必备要素,如果能够合理地选择化工产业的反应原料,真正实现化学反应原料的绿色化的目的,就基本上迈出了从源头消除和治理化学污染的第一步,这无疑是一个良好的开端。在此需要对绿色化学原料给出一个明确的定义,原料的绿色化就是指利用可再生资源作为原料或者利用低毒无害的原料替代高毒原料。

1. 用无毒无害原料取代有毒有害原料

当前使用的化工原料一般都带有剧毒性,如光气、甲醛、氢氰酸、丙烯腈、苯等原料,这些原料不仅会危害人类的健康和安全,有的可能直接危及人的生命,造成间接的环境污染, 有的还会严重污染环境。以光气为例,它本身是一种军用毒气,但它又能与许多有机化合物发生反应,生产出许多种产品。在生产聚氨酯中,传统的工艺是以胺和光气为原料合成异氰酸酯:

$$RNH_2+COCl_2 \longrightarrow RNCO+2HCl$$

再用 RNCO 与 R′OH 反应生成聚氨酯:

$$RNCO+R'OH \longrightarrow RNHCOOR'$$

这一工艺不仅要使用剧毒的光气为原料,而且产生有害的副产物氯化氢。美国 Monsanto 公司开发的新工艺为

$$RNH_2+CO_2 \longrightarrow RNCO+H_2O$$

$$RNCO+R'OH \longrightarrow RNHCOOR'$$

彻底解决了传统工艺的两大问题。

Monsanto 公司在改进的聚氨酯生产工艺中,用二氧化碳来替代剧毒光气作为原料,是绿色化学产生以来的有名案例。众所周知,二氧化碳虽然无毒,但它是典型的温室气体,但在生产聚氨酯工艺中,CO_2是被消耗的原料,为地球上 CO_2的减排做出了贡献。同时,CO_2中的 CO 被消耗以后,剩下的氧与氢结合成水,更是一种无污染的副产物。由于该工艺设计巧妙,且指导思想是绿色化学,因此 Monsanto 公司在 1996 年获得了美国总统绿色化学挑战奖。

另外,己二酸生产工艺的改进也是成功利用无毒无害物质代替有毒有害物质的典型例子,传统己二酸制取工艺多采用石油路线,以苯为原料制造,通过加氢制得环己烷,环己烷氧化得到环己酮和环己醇,再用硝酸氧化环己酮和环己醇得到己二酸。

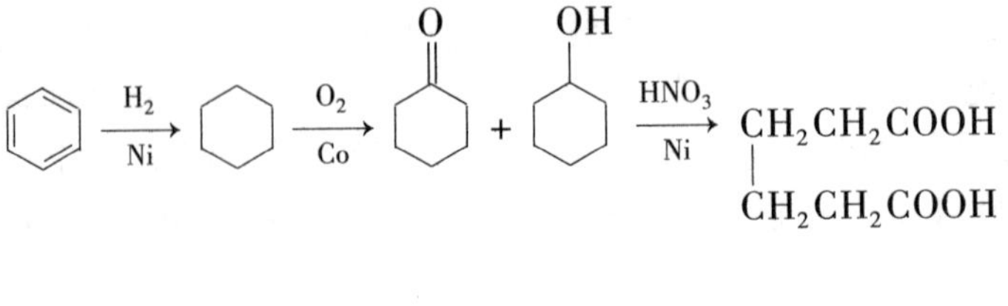

苯是石油生产的产品，消耗的是不可再生的资源，另外，苯是一种易挥发的有机物，室温下容易汽化，长期吸入苯可以导致白血病和癌症。而且在合成己二酸的过程中，最后一步是利用硝酸氧化环己酮和环己醇，这一反应的副产物 N_2O 以每年 10% 的水平增长，该副产物 N_2O 是造成酸雨、臭氧消耗、光化学烟雾和全球变暖的“多功能”污染物。通过国内外学者的不断研究，发现可将葡萄糖转化为顺-己二烯二酸，然后经氧化形成己二酸。或以含钨化合物为催化剂，采用过氧化氢直接氧化环己烯或环己醇、环己酮合成己二酸，这一过程不需要使用溶剂，不再使用有毒害的原料苯，过氧化氢氧化剂的腐蚀性也远比硝酸小，同时不产生其他有害污染物，绿色合成己二酸具有可行性，不会对环境造成污染，是清洁合成方法。用过氧化氢催化氧化合成己二酸，替代传统的硝酸氧化法，有望成为今后己二酸生产的趋势。

在橡胶合成领域，随着全球低碳经济的兴起，“绿色制造”已经成为我国橡胶工业可持续发展的战略方针之一。开发杜仲橡胶、反式异戊橡胶、集成橡胶和炭黑共凝橡胶等推动新型橡胶产业发展；通过全面实现橡胶助剂工业的清洁生产工艺技术，超促进剂 TMTD 等品种和含多环芳烃的芳烃油的替代，氧化锌的减量和替代等实现橡胶助剂工业的绿色发展。

2. 以可再生资源为原料

当前，有机化学品及化学工业主要是不可再生的化石燃料石油，石油工业的基础很好并且效率很高，我国现阶段所应用的能源主要以石油为主，但是石油的世界储备量以及我国石油的储备量都在不断减少，而且石油这种能源会产生一些有害的化学物质，污染环境。如果从可持续发展的角度考虑，寻找另外一种可再生资源替代化石燃料是一件非常迫切的事情。

目前研究比较热门的生物质就是具有广泛来源的物质，且无毒无害。地球上的植物通过光合作用每年生产 2 000 亿 t 的生物质，其中被人类利用的仅占 3% ~4%。生物质的利用对可持续发展和降低全球温室效应起着重要的作用。它的两个主要的开发领域是：①生物质直接或间接地用作能源；②生物质用作化学品、材料或产品的资源。对化学工业来说，目前集中在三个研究、开发领域：①取代石化原料用作可再生的原料；②生物过程取代传统的化学过程制备有机物和其他化学品；③开发新的生物产品。以生物质为原料、酶为催化剂，生产有机化合物，因其条件温和、设备简单、选择性好、无污染，已成为绿色化学研究的重点之一。目前，可再生资源的应用主要表现在以可再生资源为原料生产可降解产品和常规化学原料。

Texas A &. M 大学的 Haltzapple 教授，把废弃生物质成功转化成了动物饲料、工业化学品和燃料，并于 1996 年获得了美国总统绿色化学挑战奖中的学术奖。Cross 等人利用新的可再生的农业废料作为原料合成新的聚合物。相比较传统合成技术，该合成原理是生物催化转化，不需要用到许多试剂，且其产物也可完全被生物降解，不存在使用后对环境产生污染的问题，因此，该技术同时解决了原料的可持续性问题和原料的污染问题。

Cargill 和 Dow 共同开发的合成聚乳酸（PLA）新工艺，采用可再生的淀粉质原料，通过变性或发酵制取聚乳酸（PLA），它具有生物兼容性、降解性、耐热性和舒适性，可以用于制造医疗器材、服装和非服装织物。在生物聚合物领域，PLA 是第一个由可再生资源生产的合成聚合物。

作为地球上最丰富的可再生资源之一,木质素是一种广泛存在于高等植物体细胞壁中的多聚酚类,以它代替三醛胶作木材胶黏剂,不仅可以减少对人体健康的损害,还可以节省石油资源。在能源方面,美国用纤维废料制取乙醇,以此作为可再生能源战略的重要组成。由植物糖类生产的生物乙醇及其衍生物 ETBE 以及从木质纤维素生产的生物甲醇及其衍生物 MTBE,都可以作为可再生的燃料,还可以对废弃生物质进行回收再利用,并且其所占比重逐年增加。生物柴油,即脂肪酸甲酯,在欧洲已有几个工厂投产。在美国,生物乙醇掺和的汽油已占所有汽车燃料的 12%。

在大宗化工原料方面,每年 1.9×10^6t 的己二酸原来主要从石油馏分苯氧化开环而生产,且造成 NO_x 等污染,Michigan State University 开发了由葡萄糖经微生物转化成己二烯酸,再经加氢成己二酸的技术路线,既可采用可更新的生物质原料,又避免了污染物的产生。利用碳水化合物为起始原料包括淀粉、农业纤维水解液以及葡萄糖,用 *Klebsiella Oxytoca* 菌发酵,使葡萄糖转化得 2,3-丁二醇,除去菌体后加入 5% 的硫酸热处理 45 min,2,3-丁二醇顺利转化成甲乙酮,转化率 100%。最后将硫酸处理过的发酵液经蒸馏获得 99% 的商品甲乙酮。美国环境保护局的 Anastas、Kirchchoff 和 Williamson 开发的 Biofine Process 以农作物、农业残余物、纸厂沉淀物、废纸、废木、城市固体废弃物等生物质为原料,采用高温、稀酸水解过程使纤维素生物质转化成乙酰丙酸及其衍生物,再分别经催化加氢等步骤制成燃料添加剂、农药、除莠剂、涂料等有实用价值的化学品,开辟了利用废弃生物质生产有用化学品的新途径,获 1999 年美国总统"绿色化学奖"。Misubishi Rayon 公司首先用酶工程技术生产丙烯酰胺,酶转化是在釜式反应器中,维持 5 ℃以防止聚合,转化率和选择性>99.99%,收率约 $2\ kg\cdot L^{-1}\cdot d^{-1}$。Draths 和 Frost 已经研制出另一种基因修饰的大肠杆菌,可抑制 DHS(一种抗氧化剂 BHT 的潜在替代物)和邻苯二酚的进一步反应,故可将这些化合物作为产品分离出来。因此,从葡萄糖出发通过生物合成 DHS 和邻苯二酚的合成路线与传统合成方法相比,不仅可利用再生资源,而且可以避免有毒的苯及其加工过程中生成的 N_2O 等造成的环境影响和对人体健康的危害。

我国在再生铅、再生铝、再生锌、废钢铁屑、废旧轮胎的利用等方面也都有新的突破,其中利用废旧蓄电池回收铅的生产与研究取得了较大进展,回收率高达 98%;用易拉罐配制成"6063"或"38"号合金铝;废铝熔炼铝硅铁复合脱氧剂和铝锰铁复合脱氧剂,炼钢脱氧可节省 A00 铝 35%,已经获得国家专利;废旧轮胎细碎和改性技术及其应用也获得成功,并开始在全国推广。另外我国在垃圾发电和产热技术及农作物秸秆综合开发利用技术方面也都取得了一定的进展。

7.3.3 催化剂的绿色化
(Greenization of catalyst)

人类在化学工业上利用使用催化剂进行化学反应从而生产了大量的各类有机产品时,大部分是采用了催化氧化的手段得到的,所以这种方法生产的产品占了相当大的比例,而很少采用烃类催化氧化的方式进行。这类方式的选择性较低的主要原因之一是因为烃类的烷基化反应大都使用诸如 H_2SO_4 溶液、$AlCl_3$ 溶液等作为催化剂,但是这样的催化剂存在着很大的缺点,即在使用中会对设备产生腐蚀,并且还会危害人类的身体健康及安全等,反应所产生的工业三废(废水、废渣、废气)还会对人类的居住环境产生大量的十分严重的污染。所以,“绿色化学”所追求的最终的目标就是利用对人类及生态环境无毒害的“绿色催化剂”得到所需的产品。为了达到这个目标,研究如何应用催化转化并开发新的催化剂越来越受到科学家们的重视,而且也研究出了很多新的科研成果。

催化剂的种类繁多,选择适当的催化剂,不仅能够加快反应历程,同时能够改善化学反应的选择性,从而提高转化效率和产品质量,并且能够在一定程度上降低反应成本,从根本上减少甚至消除副产物,从而降低对环境的污染,最大限度地利用各种资源。例如,分子筛是一种具有均一微孔结构,常被用作选择性反应的固体吸附剂或催化剂。分子筛作为催化剂具有高活性、高选择性、高稳定性和强抗毒能力等优点,因此有着十分广泛的应用。常有国等用水热合成二步晶化法制备 β/MCM-41 中微孔复合分子筛,用 XRD、N_2 的吸附-脱附法和 IR 等方法进行表征,结果表明,合成的复合型分子筛同时具有中孔与微孔结构,且由苯与长链烯烃烷基化反应结果表明,合成的 β/MCM-41 中微复合型分子筛比 β 及 MCM-41 具有更好的催化活性、催化稳定性和选择性,可以替代 HF 成为一种环境友好的新型绿色催化剂。吴宝萍等采用直接和间接的方法将硼原子嵌入介孔分子筛 SBA-15 骨架中,并用于催化柠檬酸与正丁醇的酯化反应,制备出的催化剂孔径大、水热稳定性好、催化活性高、易于产品分离且环境友好。

杂多酸是一种由中心原子和配位原子按一定的空间结构借助氧原子桥连形成的含氧多元酸。杂多酸有类似溶液的拟液相,具有很高的催化活性,既能够表面发生催化反应,还能够在液相中发生催化反应。我国研究人员在催化异丁烷与 1-丁烯进行烷基化反应时,用杂多酸作为催化剂,在控制一定温度,保持一定的烷烯比条件下,C8 的选择性可达 100%,该项成果在 1996 年申请了国家发明专利。陈诵英等用二元杂多酸为催化剂,双氧水为氧化剂,醋酸为溶剂,催化氧化三甲基苯酚(TMP)合成三甲基苯醌(TMBQ),这与传统方法先用发烟硫酸磺化 TMP,然后在酸性条件下用固体氧化剂氧化得到 TMBQ 相比,能减少排放大量废水以及 10 t 以上的固体废物,且其摩尔收率可达 86%,大大提高了原子利用率。

将化工过程中常用到的酸催化剂进行负载化或使均相催化剂多相化,是克服这类催化剂缺点的方法之一。例如,把三氯化铝负载于蒙脱土上后构成负载型催化剂(K10-$AlCl_3$)用于芳香族化合物的烷基化反应,不但具有与传统的三氯化铝同样高的催化活性,且其单烷基化选择性还高于三氯化铝及其他传统催化剂,且通过简单的过滤就可使催化剂复原重新投入使用。

用固体酸代替传统的液体酸也是使有毒有害催化剂转化为绿色催化剂的有效方法。固体超强酸催化剂是一类酸性极强的酸,具有很好的催化性能,并且能够反复使用,在工业上有着很广泛的应用。Wilson 等采用磺酸功能化的氧化硅作为固体酸催化剂代替浓硫酸,进行醇的酯化和醛、酮缩合反应。用无毒、无害的液体取代挥发性的有机溶剂,也是绿色化学研究的重点之一。

7.3.4 溶剂的绿色化 (Greenization of solvent)

溶剂是开展化学反应分离和洗涤的一个重要的中间物质，它会对环境造成非常不利的影响，当前所使用的溶剂大部分都是具有挥发性质的化学物质，在应用的过程中会对环境造成十分不利的影响，所以必须要对这种溶剂的使用量予以严格的控制。选择那些对环境污染相对较小的溶剂，同时还要对以往的溶剂进行有效的改善，这也是绿色化学发展过程中非常重要的一项内容。

超临界流体是指处于超临界温度及超临界压力下的流体，是一种介于气态与液态之间的流体状态。很低的温度和压力变化就会使得临界流体密度出现非常显著的转变，同时还会使得其介电常数和离子积也产生非常重大的变化。由于超临界流体的性质，它在萃取、色谱分离、重结晶以及有机反应等方面表现出特有的优越性，从而在化学化工中获得实际应用。其中小分子如二氧化碳在压力 1.38 MPa、温度 31.06 ℃时就可达到临界点，也使其成为当前最为安全，应用也最为广泛，成本投入最低的一种介质。离子液体在反应的过程中提供了一个相对更加安全健康的溶剂，使用离子液体作为反应溶剂，一方面可以给设计合成提供多项便利，在这一过程中只需要对阴阳离子进行适当的调整，同时还不会对环境构成非常不利的影响，杂质的含量也非常少，所以在应用的过程中也体现出了非常好的效果。在电子行业的单晶硅芯片加工厂，每天要产生 115 万 t 废水，且用大量乙醇作为干燥剂。SCORR Process 采用超临界 CO_2取代湿式处理以除去芯片上的污染物，且 CO_2还可回收，循环利用。美国 Los Alamos 国家实验室已验证，在超临界溶剂中进行的非对称催化反应，特别是加氢和氢转移反应，其选择性都相当于或超过在常规有机溶剂中的结果。在高分子聚合反应、酶转化和均相催化等许多场合中，超临界 CO_2也都已证明是可以使用的、性能超群的溶剂。Tsang 等在超临界 CO_2溶剂中进行的醇的氧化脱氢反应，采用疏水处理过的活性炭担载的贵金属催化剂，显著提高了催化剂的活性和选择性。中国科学院山西煤炭化学研究所研究了甲醇和二氧化碳直接合成碳酸二甲酯(DMC)的方法，以二氧化碳为超临界介质，与传统方法相比，反应速度快，DMC 的产率高，无副产物，DMC 选择性高。中国科学院广州化学研究所采用超临界二氧化碳流体作为反应介质，以丙烯腈、醇和氧气为原料合成 3,3-二烷氧基丙腈，原料易得，反应转化率和选择性都很高，由于大大减少了有机溶剂的用量而降低了对环境的污染。

现在人类除了在化工生产中采用“超临界溶剂”外，还在研究以水或“近临界水”作为溶剂。“近临界水”对有机物的溶解性能相当于丙酮或乙醇，介电常数介于常态水和超临界水之间。采用水作为溶剂虽然能避免有机溶剂的使用，但是由于物质在水中的溶解度具有一定的限度，大大限制了水在化工生产中的大量利用。并且在利用水作溶剂时还要注意废水对生态环境造成的污染。Li 曾因在水中实现有机合成反应而获得美国总统“绿色化学奖”。Burgess 等曾发现在水介质中用硫酸锰和碳酸钠作催化剂，H_2O_2作氧化剂可以进行烯烃环氧化反应制备环氧化合物。Chan 则在离子液体中用硫酸锰和碳酸氢四甲胺为催化剂，H_2O_2作氧化剂进行烯烃环氧化反应制备环氧化合物，取得了转化率和收率≥99%的反应结果。经分离后的离子液体可以反复使用 10 次，这属于清洁的、可循环的、环境友好的催化反应。称为“绿色溶剂”的离子液体因其易于循环利用从而减少对环境的污染,近年来在作为环境友好的溶剂方面有很大的潜力,可用于分离过程、化学反应,特别是催化反应以及电化学等方面。

另外,采用无溶剂的固相反应也是避免使用挥发性有机溶剂的一个研究动向,无溶剂体系是指不使用溶剂而进行反应的体系,不仅对人类健康与环境安全方面具有显著的益处,而且也有利于降低反应成本。在无溶剂存在下进行的反应大致分为三类:试剂与原料同时作溶剂的反应;原料和试剂充分混合在熔融状态下的反应;固体表面的反应。固态化学反应的研究吸引了无机、有机材料及理论化学等多学科研究人员的关注,某些固态反应已用于工业生产。固态化学反应实际上是在无溶剂化作用的化学环境下进行的反应,有时可比溶液反应更为有效并达到更好的选择性。

7.3.5 产品的绿色化 (Greenization of the product)

绿色产品已经成为人们熟知的理念,即要求生产的产品是绿色的,不应对环境造成损害。但是一直以来绿色产品都未真正地完全地走入人们的生活。现如今,经济的发展和绿色化学的研究愈加深入,产品安全意识已经深入到人们的意识当中,化工产品的绿色化是势在必行的趋势,合成产品绿色化已经成为可能。化学合成产品在绿色化学理念的应用下,终究会实现绿色化。当前有些化学合成产品实现了绿色化。

(1)乙醇无铅汽油。

推广乙醇汽油是“十五”计划的重点工作之一。我国从2003年起陆续宣布黑龙江、吉林、辽宁、河南、安徽等省及河北、山东、江苏、湖北等省的27个城市全面停用普通无铅汽油,改用添加10%酒精的乙醇汽油。在9个城市调查报告中,使用乙醇汽油期间,城市空气中的二氧化氮、一氧化碳季均值与使用普通汽油比较,分别下降了8%、5%。作为一种新型清洁燃料,乙醇汽油是当前世界上可再生能源的发展重点,符合我国能源替代战略和可再生能源发展方向。

(2)可降解塑料。

可降解塑料属于碳中和概念,而碳中和是我国的重大战略决策之一,未来国家势必进一步支持可降解塑料产业发展,可降解塑料财政支持力度将持续加大。“十四五”期间生物降解塑料将得到更好的发展。从不同品种可降解塑料的成长空间来看,PBAT及PLA由于在特定条件下能够实现完全降解,未来仍将是可降解塑料行业的主流产品。我国在新型可降解材料的研发方面也取得一定进展。如新型合成材料二氧化碳共聚物,国外最早研究二氧化碳共聚物的国家主要为日本和美国,但一直没有工业化生产。我国内蒙古蒙西集团公司采用长春应用化学研究所的技术,已建成年产3 000 t二氧化碳/环氧化合物共聚物树脂的装置,产品主要应用在包装和医用材料上。此外还有甲壳素、聚酰胺、聚天冬酸、聚糖、纤维素等均在研发之中。

(3)低残留农药。

推广使用低毒低残留农药是从源头上保障农产品质量安全和农业生态安全、减轻农村面源污染的关键措施,是发展现代农业、实现农业可持续发展的根本要求。为支持使用高效肥和低残留农药,从2014年开始,中央财政安排高效缓释肥集成模式示范项目资金300万元,在黑龙江、吉林、河南、甘肃和山东5个省重点推广玉米种肥同播一次性施用高效缓释肥料技术模式和地膜春玉米覆盖栽培底施高效缓释肥料技术模式。2015年财政专项安排996万元,继续在北京等17个省(市)的42个蔬菜、水果、茶叶等园艺作物生产大县开展低毒生物农药示范补助试点,补助农民因采用低毒生物农药而增加的用药支出,鼓励和带动低毒生物农药的推广应用。

(4)环保涂料。

相关数据显示,我国每年溶剂型涂料产品VOCs排放总量高达400万t,相当于燃烧2.7亿t煤的排放量。涂料行业作为石油化工行业的细分领域之一,碳排放存在着总量较小但强度较为突出的特点。在挥发性有机物综合整治工程中,《石化行业挥发性有机物综合整治方案》提出深化石化化工等行业挥发性有机物污染治理,到2025年,溶剂型工业涂料、油墨使用比例分别降低20和10个百分点,溶剂型胶黏剂使用量降低20%。因此,涂料产品由高VOC含量的溶剂型涂料慢慢转向低VOC含量的环保涂料替代,是符合"双碳"政策下涂料行业绿色发展的有效措施。环保型涂料包括水性涂料、粉末涂料、无溶剂涂料、光固化涂料和高固体分涂料等,水性涂料以水作为分散剂,有时需要10%左右的有机溶剂辅助溶解和分散,粉末涂料则几乎是100%固含量,水性和粉末涂料是目前环保型涂料的主流品种。河北晨阳工贸集团有限公司与中国科学院过程工程研究所组建"纳米功能材料联合实验室",促使水性环保涂料向高、精、尖的方向迈进;蓝海洋抗甲醛水性环保涂料获两项国家发明专利;富士通公司与其集团中的研究机构富士通研究所合作开发出低VOC水性环保涂料;花王涂料获批组建广东省水性木器涂料工程技术研究中心;展辰涂料水性环保涂料项目获高新技术成果转化项目认定;科瑞达获准筹建天津市水性汽车涂料重点实验室;长江涂料的水性玻璃涂料获国家重点新产品证书等;嘉宝莉化工集团股份有限公司、三棵树涂料股份有限公司、迪邦涂料实业有限公司在内的一大批涂料企业都在与高校、科研院所等展开积极的产学研合作,攻破水性环保涂料研发瓶颈。

(5)绿色发泡剂。

由淄博正华发泡材料有限公司和山东理工大学联合研发的绿色环保型聚氨酯化学发泡剂CFA-A8在北京通过科技成果鉴定,达到国际先进水平。这是由我国科学家首次化学合成的一种完全水溶性的非水化学发泡剂。该产品可替代世界上现有含氯氟烃的物理发泡剂。聚氨酯化学发泡剂CFA-A8不含卤素元素,生产原料易得、成本较低、生产过程无三废排放、清洁环保,该产品的研制成功,有利于加速淘汰现有世界上含氯氟烃的物理发泡剂,对我国按时履行蒙特利尔协定书的国际公约,淘汰含氯氟烃化合物提供了技术支撑。

7.3.6 可循环使用的新材料 (Recyclable advanced material)

生态环境化学品正是从其设计阶段就考虑到原料的再生循环利用,如何定量地评价化学品寿命周期中的环境负荷并进而减少它,如何在使用后尽可能完全地对原料和物质进行再利用和再生循环利用,以便使化学品的生产、使用过程和地球生态圈达到尽可能协调的程度,从而根本上解决资源日益短缺,大量废弃物造成生态环境日益恶化等问题。

环境意识材料(environmental conscious materials)也是绿色化学重要的研究内容,即在生产材料产品时不仅考虑产品的生产、运输、使用直至其“生命”结束过程中对环境的影响,还要考虑其“生命”结束后循环再利用的问题,一则减少对环境的压力,二则是资源的合理利用。

传统墨粉和纸张之间的吸引力过大,纸张和墨粉都难以回收再利用。美国博泰尔(Battelle)公司研发了一种生物基墨粉,这种墨粉的印刷质量和普通墨粉一样,却很容易从纸张上去除,墨粉和纸张都可以回收重复利用,这种新技术以大豆油、蛋白质和从谷物里提取出来的碳水化合物为原料,通过博泰尔公司创新的合成方法可以制成生物基墨粉,而且易于降解。这种新技术不仅可以节约大量能源,还能减少二氧化碳排放。据估算,到2010 年,新技术每年可以节约 9.76×10^{13} J,减少二氧化碳排放 36 万 t。因此该公司被美国政府授予了 2008 年的绿色合成路线奖。

塑料是人类的一项伟大发明,也是人们日常生活中比较常见的,小到食品包装、大到建筑材料等,像一次性餐盒在学校食堂、医院、商场等公共场所更是屡见不鲜。这些废物掩埋起来将永久地留在土地中,焚烧则会放出剧毒对环境造成更大的危害。因而解决这些问题的根本出路在于研制出可自然降解或生物降解的新型塑料。目前国内外均有成功的范例。国外主要生产降解材料的国家有美国、日本、德国、意大利、加拿大等,生产的品种有光降解、光/生物降解、崩坏性生物降解及完全生物降解,降解塑料的产量约为 120 万 t,占塑料总用量的 3.3%。我国近年来在降解塑料的基础和应用研究方面也取得了较大的进展,为治理“白色污染”,中国科学研究院利用化学合成法合成脂肪族聚酯,该技术采用脂肪族二元醇酸为原料,通过缩合聚合法制备聚丁二酸丁二醇酯(PBS),具有如下特点:①采用高效催化体系,分步进行控制,直接合成高分子量的脂肪族二元醇酸聚酯;②缩短了反应时间、简化了合成工艺,降低了成本。③利用聚酯与淀粉及无机粉体的复合技术,使复合材料具有良好的加工性能;④性能完全达到通用塑料水平,而且可以完全生物降解。但目前市场上较多的是部分降解产品,主要品种有淀粉填充型生物降解材料、光/生物降解聚苯乙烯发泡餐具、光/生物降解聚丙烯发泡餐具、包装袋、垃圾袋等,这些产品的生产成本都比较高。若能进一步降低成本,可望形成大规模生产而得以普及。另外,利用大气中的 CO_2 降解塑料也正在被世界上许多国家研究。

此外,德国政府已规定卫生纸只能用回收废纸制造,日本汽车材料的回收利用率也在逐年提高。绿色化学不是局限于绿色合成,而是扩展到整个生命循环过程。美国环球油品公司开发了“一种用于从可再生原料如植物油和动物脂肪和油制备航空燃料的方法”的专利。可以预见,可再生资源的应用前景十分光明。

7.3.7 能源工业中的绿色化学 (Green chemistry in the energy industry)

20 世纪 90 年代初,为了保护环境,美国等国家以法律形式强制推行“环境友好”的新配方汽油和柴油,迫使石油炼制工业技术改造或更新,以满足环境友好要求,并从中获利。

1. 环保新汽油

为实现新汽油的限制要求,在炼油技术中要做以下工艺改进和更新:催化裂化由单一生产高辛烷值汽油,转向既生产高辛烷值汽油,又生产异丁烯、异戊烯等醚化原料。催化裂化汽油是我国催化裂化领域生产规模最大的燃料油品,在我国成品油市场占80%以上。催化裂化汽油烯烃含量一般在40%~50%之间,加工石蜡基油和掺炼渣油比例高的装置,烯烃含量超过60%,远远超过质量指标。为了提高我国汽油质量,一要降低汽油的烯烃含量,二要确保汽油原有的辛烷值不降低。为此较好的方法是将汽油中的直链烯烃转化为异构烷烃和部分芳烃,以弥补大量降低烯烃引起的辛烷值损失,增加汽油稳定性。降烯烃目前主要有两个发展方向,一是催化裂化生产中开发降烯烃技术,但由于受催化裂化反应本质的限制,虽然取得了一定效果,但不能从根本上解决问题;二是催化裂化汽油降烯烃改质技术。探索低烯烃催化裂化汽油生产技术与催化裂化汽油降烯烃改质技术成为炼油企业可持续发展的关键。大连理工大学王祥生等用新合成方法合成的20~50 nm的ZSM-5分子筛为活性组分,采用水热处理、负载金属活性组分改性的组合改性方法制备的催化汽油改质催化剂使催化汽油的烯烃降低到20%左右,除少量的烯烃裂解为C2、C3外,大部分烯烃通过异构化、芳构化以及烷基化等反应途径转化为高辛烷值的汽油组分,催化剂同时具有降烯、除苯和部分脱硫的综合性能,有效地改善了催化汽油的品质。

2. 柴油超深度脱硫

为达到环境友好柴油的硫含量指标,一是要开发性能优异的加氢脱硫催化剂,二是要开发芳烃饱和工艺及其所用的抗硫加氢催化剂。由合成气通过催化合成生产优质柴油也将是今后生产清洁燃料的重要方向。柴油的超深度脱硫是目前迫切需要解决的世界性课题。目前,正在开发的非传统脱硫技术有:沉积、吸附、萃取、氧化与吸附组合、氧化和萃取组合、加氢和吸附组合以及生物脱硫方法等。美国Sulphco等公司采用氧化和萃取组合实现超深度脱硫。美国Phillips石油公司开发的工艺则将加氢反应和吸附进行了组合,脱硫效率有所提高。但加工成本仍然较高,柴油中的二苯并噻吩及其衍生物仍很难脱除。最近,美国宾夕法尼亚大学Ma和Vellu研究小组开发了一种除去航空燃料油中噻吩类化合物的新的吸附脱硫技术,在硅胶和Y型分子筛上负载过渡金属和稀土金属制备吸附剂,脱硫效果较好,但吸附剂吸附容量较低。采用纳米粒度分子筛有望解决现存在的问题。

7.3.8 造纸工业中的绿色化学 (Green chemistry in the paper industry)

造纸工业是我国污染最严重的产业之一,每年有害废水排放量高达50亿t,约占全国废水的1/6,其中主要是制浆黑液和漂白废水,总负荷占90%以上。制浆造纸工业的污染问题既不能依靠国内现有的技术和装备,也不能仅仅通过简单地引进技术与装备得到解决,发展新的无污染制浆技术是解决制浆黑液污染的关键,其中包括生化法、催化氧化降解法和机械制浆法。生化法制浆是从众多的微生物中筛选出能高效、专一地分解纤维的菌种,经生物技术处理使之适应大规模生产,目前尚在实验阶段,缺点是占地面积较大。

催化氧化降解法受美国能源部、农业部和国家基金资助已进行中试。该法是用杂多酸盐($Na_6[SiV_2W_{10}O_{40}]$)作催化剂在厌氧条件下将木质素解聚、降解，保留的纤维素经分离造纸，液体部分经湿式氧化，生成 CO_2 和 H_2O，催化剂可循环使用。这种无污染制浆工艺可得高质量的(不含木质素)纤维素材料，从而制得高品质纸张。机械制浆法也可避免造纸黑液，但易损伤纤维素结构；化学热机械制浆有较好发展前景。

绿色化学的发展为制浆造纸工业提供了绿色产业的崭新前景，造纸工业节能减排、综合治理的新技术和新方法，环保科技创新等，为实现我国制浆造纸污染治理技术达到国际先进水平，实现我国制浆造纸工业的绿色可持续发展做出新的贡献。"十三五"期间，随着国民绿色化学清洁生产的环保意识日益增强，以及国家对造纸行业环境管理和整治力度的加大，与造纸行业相关的产业政策、标准和法规相继出台，这一方面促使国家对造纸环保研发支持力度不断加大，同时企业也自主加大治污资金投入，从而使我国制浆造纸污染治理技术的研究与应用步入了一个新的历史时期。从制浆造纸废液、废水的处理，到固体废物的资源化利用，再到废气、噪声的处理、用水的控制及能量的回收，大量的新技术不断涌现，且相当一部分已陆续进入产业化应用阶段。主要体现在以下几方面：

(1)采用无毒、无害原料。

因地制宜利用当地各种农作物秸秆等禾本科植物造纸，例如稻、麦草、竹子、芦苇、荻、麻等各种非木材植物纤维。实现秸秆的高效转化，保护森林资源，发展生态农业，发展绿色造纸。

(2)用可再生资源为原料。

我国资源稀缺，为降低成本，降低能耗，减少排放，实现资源的再生循环利用、保护环境，目前废纸作为二次纤维回用，其废纸制浆造纸已超过60%。

(3)蒸煮工艺改良及蒸煮助剂的应用。

使用连续蒸煮技术或DDS超级间蒸替代落后的蒸球等蒸煮，实现绿色生产。

(4)采用新的漂白工艺。

无元素氯漂白(ECF)、全无氯漂白(TCF)。这些新的漂白工艺可提高料浆的可漂性，减少漂白工序中含氯漂白剂的用量，从而降低二噁英的生成量。采用无元素氯漂白和全无氯漂白技术漂白工艺是目前能够最大限度削减有机氯化物生成的漂白工艺。

(5)碱法化学制浆黑液处理。

采用碱回收技术将回收后的碱重复使用于制浆环节中的蒸煮工段，从而避免了黑液的直接排放，提高了化学品的循环使用，从源头上减少了污染物的排放，减轻了环境的污染，使生产更加绿色化。

绿色化学与清洁生产是实现制浆造纸工业向现代工业形态的转变，实现我国制浆造纸工业的绿色可持续发展，虽然目前还有许多路要走，但这是制浆造纸产业的必然趋势。

7.3.9 生态农业中的绿色化学 (Green chemistry in ecological agriculture)

对于我国的经济发展来说，农业的发展所占的比重非常大。在这种大的经济发展背景下，我国在农业上如何提高农作物的产量成为亟待解决的问题，同时农产品的质量也被广泛关注。农业是国民经济的基础产业,农业生产不仅肩负着生态环境保护与建设的重任,而且维系着城乡居民的生存与生活,其主要功能充分体现在生产清洁度高、安全性好、营养丰富、口感佳的绿色食品上。而开发绿色食品的前提是在重点加强农业的生态环境建设中发展绿色农业。要实现绿色农业生产就应该运用生态经济学原理,以绿色化学技术进步为基础,集节约能源、杜绝化学污染源、保护与改善农业生态环境、发展农业经济于一体,进行各种农业资源的可持续性开发与保护,并在开发中保持和实现农业生态系统的良性循环,在农业生态系统良性循环的基础上实现农业资源的可持续利用。

另外,化肥、农药工业是支撑农业生产发展不可动摇的基石。我们目前所用的化肥主要是氮肥、磷肥、钾肥。这些化肥的长期使用一方面会造成土地的盐碱化,同时也会造成严重的环境污染。因此,研究开发高利用率无污染的生态肥料和高效低毒的生态农药,以及农副产品高附加值的绿色转化技术,对于促进农业绿色产业化,发展我国的生态业具有重要意义。近年来,研究者的注意力也从农药的强杀伤力和广谱性上逐渐转移到了高选择性和环境友好性上来。Dow AgroScience LLC 由于发展了高效低毒的杀虫剂而被授予1999 年美国总统绿色化学挑战奖的设计安全化学品奖。

绿色农药是指对人类安全、环境生态友好、超低用量、高选择性、作用模式及代谢途径清晰、具有绿色制造过程和高技术内涵的化学农药和生物农药。在化学农药的发展中,杂环化合物是新药发展的主流,在世界农药的专利中,大约有 90% 是杂环化合物,很多是超高效的农药,农药的用量为 $10\sim100\ g\cdot hm^{-2}$, 有的甚至仅为 $5\sim10\ g\cdot hm^{-2}$。这样不仅使用成本低,对环境的影响也很小。从 20 世纪 60 年代以来,我国生物农药的研究、开发和生产迄今为止已有多年历史。苏云金菌属于芽杆菌类,是目前世界上用途最广、开发时间最长、产量最大、应用最成功的生物杀虫剂。目前我国的苏云金菌技术已达到了世界领先水平,已用于水稻、玉米、棉花、蔬菜及林业上多种鳞翅目害虫的防治。科学发展“绿色农药”是社会关注的热点。专家建议,有关部门应加大研发投入,特别要加大对原创生物农药的支持力度;应在全国范围内开展大规模有针对性的推广生物农药的宣传活动,让广大农民认识、掌握生物农药的杀虫机理和施用技能。同时强调,必须结合实际生产情况,合理选用“绿色农药”,科学设计耕作措施,贯彻“以防为主,防治并举”的方针,让“绿色农药”在高产、高效、优质、生态、安全农业发展过程中发挥更重要的作用。

绿色化学在很多领域都进行了探索和尝试,取得了很好的效果,但是依然很难实现大规模的工业化,因此目前绿色化学给环境带来的改观还是十分有限的。由于环境友好的特征,绿色化学必将成为未来化学的发展方向,但是还会面临很多巨大的挑战,这就要求科研工作者不断对原有化学技术进行改良,并对新的化学工艺进行积极探索,如努力尝试合成新型的高效催化剂,真正实现化学的绿色化。

思考题与习题

1. 什么是绿色化学?结合绿色化学的特点,简述绿色化学与传统化学有什么不同。
2. 绿色化学与环境治理的根本区别是什么?
3. 基于 1996—2013 年美国“总统绿色化学挑战奖”的获奖项目,谈谈你从中可得到哪些重要启示。

4. 为什么说"绿色化学是我国化学工业可持续发展的必由之路"?

5. 绿色化学的研究内容有哪些?

6. 简要论述绿色化学十二条原则及其重要意义。

7. 从发展对策的角度出发,谈谈如何加快我国绿色化学的发展与进步。

8. 什么是原则经济性? 举例说明如何实现原子经济反应,其意义是什么。

9. 可再生资源生物质作为化学化工原料正受到人们的极大重视,举例说明如何将生物质转化为化学化工原料。生物质作为化学化工原料的利弊各是什么?

10. 下列反应分别是以不同原料生产乙二酸。从绿色化学角度(原料、溶剂、原子经济性等)对这三个反应过程进行分析、讨论。

反应1:以苯为原料加氢制得环己烷,环己烷氧化得到环己酮或环己醇,再用硝酸氧化得到乙二酸。

反应2:用环己烯与过氧化氢直接发生氧化反应,生成己二酸。

反应3:以葡萄糖为原料直接转化生成乙二酸。

11. 传统的有机溶剂在使用过程中对人体和环境的危害都很大,请论述可以采取哪些安全的溶剂代替传统的溶剂,并针对一种进行举例说明。

12. 说明杂多酸作为一种新型的绿色催化剂的优势。

13. 如何理解真正的"零排放"只是一种理论的、理想的状态。

14. 什么是绿色有机合成技术? 举例说明都有哪些合成技术。

15. 举例说明绿色化学技术在某个领域的新进展。

第 8 章　环境化学其他专题
(Chapter 8 Other topics of environmental chemistry)

【内容提要及重点要求】　本章主要介绍与人们生产和生活息息相关的热点环境化学专题,包括室内环境的污染、恶臭污染、环境化学技术在消毒方面的应用、新型脱氮除磷技术、环境内分泌干扰物、垃圾焚烧与二噁英,以及全球气候变化与国家"双碳"战略。这些专题重点阐述污染物来源、危害、污染或危害机理以及污染控制或治理技术等相关的研究进展,更有国家相关的政策与法规层面最新内容,既可供教师用于各章节教学的拓展素材,又可供学生自行选学。本章立足于环境化学领域热点、前沿专题,结合部分专题相关的课程思政案例,力求抛砖引玉,激发学生主动学习、获取专业知识的兴趣和积极参与科研创新训练的热情,促进学生对环境化学研究内容与目标的深入理解,更意在指引学生勇担生态文明建设的国家重任,时刻准备着迈上复合型专业人才的深造之路,为中华民族的伟大复兴和可持续发展贡献力量。

8.1　室内环境污染
(Indoor environmental pollution)

8.1.1　室内环境污染问题的提出
(The problem of indoor environmental pollution)

通常,人们较为关注室外环境污染问题,而室内环境污染问题则长期被人们所忽视。事实上,室内环境污染的危害程度并不比室外低,有时甚至比室外更高。人们一直在追求那种装有空调设施、装修豪华并配备现代化办公设备的环境,但研究发现,如果对这种室内环境中的污染源不加控制和防范,其对人的危害程度要远远高于一间普通的办公室。

现代成年人 70% ~80% 的时间是在室内度过,老弱病残者在室内的时间更高,可达 90% 以上,每天要吸入 10 ~13 m^3的空气,长时间停留在室内并大量吸入含多种污染物且浓度严重超标的空气,会引起"建筑综合征"(sick building syndrome,SBS),包括头痛、眼、鼻和喉部不适,干咳,皮肤干燥发痒,头晕恶心,注意力难以集中,对气味敏感等。根据美国的一项调查,室内空气中可检出 500 多种挥发性有机化合物。加拿大健康部的调查表明,当前人们 68% 的疾病都与室内空气污染有关。从 20 世纪 80 年代开始,西方发达国家纷纷开展了室内环境污染问题的系统研究,并逐渐成为环境研究领域中的一个活跃的研究分支,室内环境与健康问题也成为公众瞩目的新热点。现已证明,室内环境污染除能引起 SBS 症状外,长期接触室内污染物还有可能导致“三致”:致癌、致畸、致突变。

影响室内环境的因素主要是建筑物的结构和材料、通风换气状况、能源使用情况以及生活起居方式等。总体上讲,当室内与室外无相同污染源时,空气污染物进入室内后浓度则大幅度衰减,而室内外有相同污染源时,室内浓度一般高于室外。

目前室内空气污染已经成为对大众健康危害最大的五种环境因素之一。有专家认为,在经历了 18 世纪工业革命带来的“煤烟型污染”和 19 世纪石油和汽车工业带来的“光化学烟雾污染”之后,现代人正经历以“室内空气污染”为标志的第三污染时期。

8.1.2 室内环境的主要污染物及其危害 (Main pollutants and their hazards)

室内环境的研究对象为所有全封闭或半封闭的空间,特别是内部具有某种或某几种特殊污染源的空间。例如,车间、办公室、居室、公共设施(包括学校、车站、宾馆、饭店、电影院、歌舞厅、美发厅、博物馆、图书馆、证券交易厅)以及特殊用途空间(温室、潜艇、坑道、载人航天器)等。

室内环境污染研究的主要内容是室内环境污染物对人的健康危害以及如何防治这些危害等。按污染物的性质可将室内空气污染分为化学污染、生物污染、物理污染和放射性污染四大类型,以化学性污染最为严重。化学污染物主要来源于建筑材料,装饰材料,日用化学品,人体排放物,香烟烟雾,燃烧产物如二氧化硫、一氧化碳,氨,甲醛,挥发性有机物等。生物污染物包括细菌、真菌、病菌、花粉、尘螨等,可能来自于室内生活垃圾、室内植物花卉、家中宠物、室内装饰与摆设。物理污染指的是噪声、电磁辐射、光线等。放射性污染主要来源于地基、建材、室内装饰石材、瓷砖、陶瓷洁具。室内环境的典型污染物介绍如下。

1. 甲醛

甲醛在室温时是无色、易溶、易挥发、有刺激性气味的气体,用于涂料、树脂或建筑材料的黏合剂。有多种甲醛树脂混合物,主要的有酚醛树脂(PP)、三聚氰胺甲醛树脂(MF)、脲醛树脂(UF)。脲醛树脂因为其水溶性,成为室内空气污染中贡献最大的混合物。

室内甲醛主要的污染源是吸烟、炊事燃气、油漆、化纤地毯、复合木制品如中密度纤维板(MDF)和碎料板等。MDF 是家具、橱柜、棚架生产中最常用的材料,含有 2 ~4 倍标准碎料板中脲醛树脂的量,存在于这些建筑木料中的甲醛可保持连续释放达 15 a。

当室内空气中甲醛浓度为 $0.1\ mg \cdot m^{-3}$ 时,就有异味和不适感,会刺激眼睛引起流泪;浓度再高时,将引起咽喉不适、恶心、呕吐、咳嗽和肺气肿;当空气中甲醛含量达到 $30\ mg \cdot m^{-3}$ 时,便能致人死亡。人们长期低剂量吸入,会引起慢性呼吸道疾病,还会使妇女月经紊乱,影响生育并引起新生儿体质下降和染色体异常,甚至可诱发鼻咽癌。醛还可能损害人的中枢神经,导致神经行为异常。1987 年美国环保局已将它列为可致癌的有机物之一。

最有效的控制方法是尽量避免在室内建筑材料中使用含有脲醛树脂的材料,或使用良好的通风设备以控制甲醛的积累。

2. 挥发性有机化合物

挥发性有机化合物（VOCs）是指沸点在 50 ~ 260 ℃之间、室温下饱和蒸气压超过 1 mmHg的易挥发性化合物。其主要成分为烃类、氧烃类、含卤烃类、氮烃及硫烃类、低沸点的多环芳烃类等，是室内外空气中普遍存在且组成复杂的一类有机污染物。它主要产生于各种化工原料加工及木材、烟草等有机物不完全燃烧过程；汽车尾气及植物的自然排放物也会产生 VOCs。VOCs 广泛存在于建筑涂料、地面覆盖材料、墙面装饰材料、空调管道衬套材料及胶黏剂中，在施工过程中大量挥发，在使用过程中缓慢释放，是室内挥发性有机物的主要来源之一。已经确定了 400 多种不同的 VOCs，其中地毯中就有 250 多种。这些物质品种、类别很多，对人体的危害随品种、接触程度而异。

许多 VOCs 具有神经毒性、肾毒性、肝毒性或致癌作用，还可能损害血液成分和心血管系统，引起胃肠道紊乱。最常见的症状包括头痛、瞌睡、眼睛刺激、皮疹、呼吸疾病、鼻窦充血等。急性高浓度苯可引起中枢神经抑制和发育不全性白血病，已有研究表明，儿童白血病患者与家庭豪华装修有一定相关性。甲苯、乙苯、二甲苯对眼睛和上呼吸道黏膜有刺激作用，并能引起疲乏、头痛、意识模糊、中枢神经抑制，高浓度时可造成脑萎缩。甲苯的急性毒作用为神经毒性和肝毒性，二甲苯的急性毒作用为肾毒性、神经毒性和胚胎毒性。

通过认真选择室内装饰材料可减少 VOCs 的排放。如限制化学地毯的使用，尽可能使用羊毛或棉花垫子和没有橡胶底的地毯；尽量少使用黏合剂，使用水溶性涂料和密封剂；尽可能使用天然材质家具，如果是用复合材料做的，把所有暴露面用水溶性或低毒的密封剂密封；使用良好的通风设备。还有一个降低 VOCs 排放的方法就是加热。在房屋建好、重新粉刷或重新装修后，加热房屋到一定温度（一般 38 ℃），全部窗户打开，持续通风 2 ~ 3 d。其原理是高温下挥发性物质挥发速率加快，使得常态下需要几月几年时间释放的物质在短时间内释放出来。

由于 VOCs 的成分复杂，其所表现出的毒性、刺激性、致癌作用和具有的特殊气味对人体健康造成较大的影响。因此，研究环境中 VOCs 的存在、来源、分布规律、迁移转化及其对人体健康的影响一直受到人们的重视，并成为国内外研究的焦点。

3. 重金属铅等

室内铅的主要来源是涂料、污染的灰尘和水管。铅盐及镉、铬氧化物，铅黄，铅白，红丹等是颜料、油漆涂料的主要成分。在大城市，交通工具排放的铅可能污染城市并附着在人的衣物上，从而引入室内。给水系统使用铅衬可能向饮用水引入铅，即使不用铅衬，使用钢管的系统其接头的焊料含铅也会渗入水中。这种情况一般只在前一两年有问题，之后会生成覆盖层隔绝铅和水的接触。打开水龙头后先放流几分钟，饮用冷却的沸水等都是简单地避免大量接触铅的方法。

铅的毒性对神经系统、造血系统、心血管系统、生殖系统均有明显的影响。婴幼儿由于血脑屏障发育未完善，对铅的毒性更敏感。如美国波士顿对某幼儿园进行追踪调查结果表明，3 岁儿童若血中铅浓度超过 30 $mg \cdot L^{-1}$，到 7 岁时将会呈现明显的智力及行为缺陷。据英国某室内卫生组织的调查发现，住宅内尘埃平均含铅量可达 1 300 $mg \cdot L^{-1}$，比公园土壤高出 1 倍。这对于常在室内地上活动的幼童威胁很大。由于铅的毒性，一些国家的绿色建材中标明不得含有铅及其化合物。

4. 一氧化碳

一氧化碳主要来自燃料的不完全燃烧过程。室内源包括燃气加热装置、煤气炉、通风不好的煤油炉、吸烟等。

CO 与血液运送氧分子的血红素结合的能力远高于氧气（220 倍），因此，一氧化碳一旦吸入就会和血红素结合为羧基血红素，抑制向全身各组织输送氧气，症状为头痛，恶心，注意力、反应能力和视力减弱，瞌睡。在高浓度引起昏迷，甚至死亡。室内一氧化碳的平均浓度在 0.5 ~ 5 $mg \cdot L^{-1}$，如果有通风不好的炉子可能达到 100 $mg \cdot L^{-1}$，在浓度为 500 $mg \cdot L^{-1}$时可能引起死亡。研究表明，孕妇吸烟会导致后代阅读能力和数学能力发展滞后。

5. 氮氧化物

氮氧化物包括一氧化氮和二氧化氮。这两种气体的室内源包括未通风的燃料燃烧设备（燃气炉、煤油炉等）、反向气流加热装置和吸烟。两种气体都高度刺激皮肤、眼睛和黏膜，在高浓度时可刺激喉咙，引起严重的咳嗽，甚至致癌。一氧化氮也可与血红蛋白结合，在高浓度时引发的症状与一氧化碳相似，引起缺氧、中枢神经麻痹。二氧化氮的毒性是一氧化氮的 4 ~ 5 倍，可引起神经衰弱，肺部纤维化，心、肝、肾及造血系统的生理机能破坏。

6. 二氧化硫

二氧化硫是无色、有刺激性气味的气体，本身毒性不大。二氧化硫来自含硫燃料的燃烧，进入空气中后吸水可转化为亚硫酸或被氧化为三氧化硫，进一步生成硫酸和硫酸盐颗粒物，对生物体和各种表面造成损害。二氧化硫的室内源主要是炊事、供暖用燃煤和燃油。

二氧化硫对上呼吸道黏膜有强烈的刺激作用，损害纤毛，使呼吸系统功能减退，引起支气管哮喘、肺气肿等。此外，形成的酸性物质对家具、水管、墙壁等有腐蚀作用。控制室内二氧化硫的根本方法是采用低硫煤或以燃气代替。

7. 臭氧

臭氧是蓝色、强刺激性气味的气体，因为高活性和不稳定性，臭氧的半衰期在 6 ~ 8 h 之间。在室内，臭氧可以因为使用高压或紫外光的任何设备生成，比如电动摩托，高压办公设备如复印机、激光打印机等。虽然臭氧在室内外都可以生成，但是许多研究表明，室外的臭氧浓度对室内的臭氧浓度起着相当大的决定作用。存在空气污染物和光化学烟雾问题的大城市通常会有地面臭氧生成，可能导致产生高浓度的室内臭氧。要尽可能地控制室内的臭氧源，购买和使用利用臭氧净化空气和水的设备，在通风系统上安装过滤装置，通常使用活性炭或木炭，通过化学手段将臭氧转变为氧气。

臭氧在相当低的浓度就可以影响人体健康。臭氧可以刺激眼睛和呼吸道，包括鼻子、喉咙和气管，引起咳嗽和胸部发紧。在较高浓度时，臭氧会削弱肺功能；长期在高浓度臭氧存在的环境中生活，可能发生细菌感染、肺组织增厚和中枢神经系统病变等症状。

8. 多环芳烃

多环芳烃(PAHs)是有机化合物,大多数不挥发,在含碳和氢的物质燃烧时产生,已经确定了100多种化合物,是室内空气中最重要的致癌物和致突变物。PAHs的主要室内源包括吸烟、烧柴、食物的燃烧和焦化。苯并芘是多环芳烃污染物中的一种,也是测定最多的一种,常用来表征混合PAHs的存在,长期暴露其中可能导致癌症的生成。

多环芳烃的室内源很容易去除或很好地控制,例如,使烧柴的设备燃烧良好、通风良好,不吸烟,尽量不要食用烧焦的食物,保持室内通风良好。

9. 石棉

石棉是一系列有用的、纤维状的硅酸盐材料的统称,呈化学惰性。从陶器到建筑,石棉已经使用了几个世纪。石棉不可燃烧并且是热的不良导体,因此,用来生产消防员的救生衣和绝热产品。石棉也用于很多其他产品的生产,比如建筑材料、沥青、纺织品、导弹、喷气机部件、涂料、防渗漏剂、刹车衬面等。与室内污染问题相关的是石棉绝热材料的使用。

石棉绝热材料可以向空气中释放微小的纤维,有的比人体细胞还要小。这些纤维不能被生物降解,被吸入肺部后永久地停留下来。吸入这些粒子和石棉尘会导致石棉沉着病(一种慢性的肺炎),石棉病患者的临床特征是支气管内膜炎和肺气肿。在经过30年或更久的潜伏期后转化为严重的癌症,特别是肺癌和间皮瘤(胸部和腹部内侧的不宜手术的癌症),还可能导致其他部位的癌症,如胃、肠、喉、食管。据统计,我国在死于石棉沉着病人中,患各种癌症的死者占37.8%。

10. 尘螨

尘螨属于节肢动物,在温暖潮湿的环境下繁育兴旺,靠分解有机物生存,如人和动物的皮屑。室内的地毯、床、毛毯和家具等都给尘螨创造了条件。粉尘螨和屋尘螨属于麦食螨科,它们不仅是储藏物螨类,而且是重要的医学螨类。粉尘螨和屋尘螨不仅危害各种储藏的粮食和其他储藏物品,也是居室的害螨。尘螨很小,肉眼不易见,但其分布几乎遍及全世界。尘螨是人类过敏性哮喘病的一种过敏源,尘螨变态反应已被国际公认为全球的保健问题之一。日本调查证实,哮喘病患者约占日本人口的1%。美国旧金山市华人居住区的居室调查结果发现,在老的建筑物中有较多的尘螨,影响了人们的健康。

尘螨需要高湿度、暖和以及食物条件才能存活,可通过降低湿度(理想的室内相对湿度是35%,尘螨需要相对湿度60%或更高才能生存)、减少尘量(勤换洗毛毯、窗帘、枕头,勤清扫床脚,勤打扫房间,保持整洁)等方法来控制尘螨的数量以减少空气中尘螨粪的量。

11. 霉菌

霉菌是某些类型的真菌在有机物上生长形成的。霉菌有很多种,颜色各不相同,有黑色、红色、绿色、蓝色、白色,都需要高湿度才能生长。霉菌可以释放孢子到空气中并长期停留。夏季因为温度和湿度比冬季高,有利于霉菌生长。室内温度和湿度比较高而光线较弱的地方霉菌也可以生长,这样的环境包括卫生间、地板下、阁楼、地窖、保养不当的加湿器和空调、潮湿的衣物和毛毯等。

霉菌释放到空气中的孢子是影响健康的严重问题,可导致过敏和哮喘反应,还有发热、头痛、抑郁、疲乏等。对霉菌过敏的人最好避免接触源自真菌的产品。如烘焙产品(酵母)、蘑菇、干酪、熏肉、酸奶酪、剩菜等。要保持室内湿度在35% ~45%,因为霉菌生长一般要求湿度在50%以上。如果发现霉菌的生长,可使用漂白剂和水清除,并且要弄清楚来源。

12. 氡气

氡气是土壤及岩石中的铀、镭、钍等放射性元素的衰变产物,是一种无色、无味、具有放射性的气体。某些含铀系元素高的建筑材料,如砖、花岗岩、混凝土中含有氡气,它会不知不觉地从房屋的地基、土壤、墙壁和天花板中溢出,并在室内积累。世界卫生组织、国际辐射防护委员会、联合国原子能辐射效应科学委员会等国际学术团体公认,长期在氡浓度高的环境中生活,会导致肺癌发病率增加,以及其他病症的产生。据科学家统计,在英国每年约有1.4万人死于氡气导致的肺癌,其死亡率在各种危害因素中仅次于车祸,占第二位;在瑞典,每年约有1 100人死于因氡气导致的肺癌,占瑞典肺癌死亡人数的30%。世界卫生组织已将氡气列为使人致癌的19种物质之一。

8.1.3 国内外室内环境研究现状及进展 (Current status and progress of indoor environment research at home and abroad)

在西方发达国家,由于呈SBS症状的人数急剧增加,政府与民间组织、大公司等众多机构都投入了大量的人力和财力来从事室内环境问题的研究和开发工作。由于室内污染物的多样性、微量性和累积性,许多研究机构投巨资建立了专门用于室内环境研究的受控环境舱,如美国劳伦斯·伯克利实验室的室内环境系、丹麦理工大学的室内环境和能源国际中心等,因而占据着此领域的领先地位。大量文献显示,目前国外所从事的室内环境领域的研究开发工作多集中在病态建筑物综合征(SBS)的成因及预防、氡(Rn)辐射的控制、室内环境污染与人类健康等方面。总之,许多国家已经初步建立了室内空气质量标准、检测标准和分析标准,发明了一些专用的痕量气体检测器和分析仪器,其便携产品已经上市,室内环境健康咨询、室内环境监测等相关产业也悄然兴起,室内环境污染已经得到了一定程度的控制。但从总体来看,仍是理论研究较多,真正做到对室内环境污染的有效控制还有漫长的过程。

我国室内环境的研究起步较晚,目前,国内只有少数几家科研单位和大专院校做了一些有关室内环境方面的研究工作,主要集中在对燃料燃烧、吸烟以及不同场合的VOCs的排放、室内装修及家具带来的污染、室内环境污染的治理与对人体的健康效应以及对氡的检测等几个方面的研究上。

8.1.4 室内空气质量控制 (Indoor air quality control)

室内空气质量的控制方法主要有以下几点。

1. 保障通风良好

开窗通风是解决大多数室内空气污染问题的简单而有效的方法，大多数污染物可以通过改善通风而降低室内集聚的可能性。对于使用空调的房间，如果有充足的室外空气进入，循环使用空气达到70%就不会造成健康影响。从人的感官讲，同样温度、湿度的自然风的舒适度等方面显著优于人造风。

2. 控制污染源

保持室内清洁，经常清理换洗被褥、衣物等可防止或减少生物性污染；采用污染小的能源，比如用燃气代替燃煤、使用电能等，可减少气态和颗粒污染物的排放；减少或禁止吸烟，是减少致癌性和潜在致癌性物质排放的重要手段；安装排风装置、改变烹调习惯、使用绿色的建筑和装饰材料。

3. 植物净化

某些类型的植物除了作为观赏性装饰品外，还可以净化空气、除尘、杀菌。需要注意的是，某些植物的释放物对人体是有害的，因此要慎重选择室内观赏植物。

4. 化学去除法

通过化学的方法将挥发性化学污染物转化为固体或者无害的或者低毒的气态或固体物质而除去，包括从源头建筑材料的制造中杜绝各种有害物质和在室内通过普通化学反应、催化氧化和生物化学方法将毒物降解、分解或氧化。目前在市场上有用上述原理制造的各种产品销售。如有用活性炭、硅胶或其他如分子筛等为吸附剂用于排风机制造的吸附式空气净化器、有用能与室内毒气发生氧化反应或配位化学反应的化学试剂的溶液制成的喷雾剂、有利用光催化原理设计制造的光催化空气净化器等。至于市场上出售的各种喷雾剂目前主要是针对甲醛污染。它是能与甲醛发生氧化和配位缩合作用的一些非挥发性化学试剂水溶液，当它喷洒在室内空间或家具的表面，可与甲醛反应生成非挥发和有一定热稳定性的化合物。最近，这些产品市场上很多，且不论其效果如何，单就经常使用造成室内物品的潮湿腐蚀这一点而言，有一定的弊端，所以自推出以来尚未被消费者完全接受。由于上述的几种化学污染物主要释放于墙壁或家具，是一个非常缓慢的过程，经验表明，一个装修并入住几年的房间仍然具有“装修气味”。因此，解决室内污染不能采用“权宜之计”，必须寻找一种既能彻底地将它们转变成无害的物质，又使用方便、性能持久、价格低廉的净化方法。光催化氧化技术目前被认为是较为理想的一种。

光催化是20世纪70年代以来逐步发展起来的一门新兴研究领域。发现某些半导体氧化物材料，如TiO_2，在光照下表面能受激活化从而产生空穴和电子，这些光生电子和空穴能与吸附在表面的氧分子作用生成具高活泼和强氧化还原能力的羟基自由基和超氧阴离子自由基，从而可氧化分解有机物和某些无机物。半导体氧化物在这个过程中并不消耗，光照结束后会恢复原态，它起催化剂的作用。显然，光催化就是在催化剂存在下的光化学过程。有数百种主要的有机或无机污染物可在光催化下被完全氧化。目前市场上见到的光催化空气净化器就是按照上述原理设计的，其核心部件包括一个由光催化剂载件和紫外光源组成的净化单元和吸排风机。工作时带有污染物的气体被风机吸入机内穿过催化剂单元，空气中的毒气分子由被光照的催化剂单元氧化分解成无毒物，流出的无污染物的空气再从净化器里排放到室内，房间的空气经过如此反复分批循环处理将得到净化。为了使机器的性能能长久稳定、催化剂能长期使用，不少此类净化器在设计时常附有空气过滤单元和高压静电单元（用于除烟去尘）、负离子发生单元（使空气清新）和臭氧发生装置等。近年来，还研制出了光催化自清洁瓷砖，即将光催化剂溶胶覆着在建筑瓷砖的表面，再经过焙烧使之在瓷砖表面形成一层坚固的光催化剂膜。这种光催化瓷砖具有分解油污、杀菌灭菌等功能，可以用于厨房、卫生间的墙面，它对于室内的有害有机气体还具有一定的氧化分解作用。

随着我国的生产方式由粗放型向技术集约型转变以及第三产业的迅猛发展，室内从业人员的比例将大大上升，人们在室内生活的时间将越来越长，受到各种室内污染的概率将会大大增加。为此，从人们健康的长远角度出发，室内环境污染的治理已成为必须高度重视的研究领域。

宅在家里也要预防空气污染？

为了提高室内空气质量、保护居民健康，2002 年我国发布了第一版《室内空气质量标准》，对检测室内空气质量的物理性（温度、湿度、新风量、风速）、化学性（臭氧、二氧化氮、二氧化硫、二氧化碳、一氧化碳、甲醛、氨、苯、甲苯、二甲苯、总挥发性有机化合物、苯并[a]芘、可吸入颗粒物）、生物性（细菌总数）、放射性（氡-222）指标做出了规定。

随着经济和社会的发展，新污染物不断出现，我们在日常生活中也更加频繁地接触到装修材料和日用化学品等易造成空气污染的室内用品用具。在此背景下，新版《室内空气质量标准》（GB/T 18883—2022）于 2023 年正式实施，成为建设健康家庭、办公环境的技术支撑。

那么，对于本次标准修订中的两个新增检测指标——三氯乙烯、四氯乙烯，你是否了解呢？

（1）三氯乙烯。

三氯乙烯是一种常见的有机溶剂，可用作清洗剂、金属脱脂剂、萃取剂等。对于居民日常生活而言，家庭和办公场所中三氯乙烯的主要来源是装修材料及部分日常用品，如室内涂料、胶黏剂、胶带等。

三氯乙烯的危害主要包括皮肤刺激（可致皮疹和皮炎等）、脏器损害、神经毒性和遗传毒性。此外，研究表明它与食管癌、结肠癌、乳腺癌等癌症有关。

2014 年，国际癌症研究机构（IARC）将三氯乙烯确定为“1 类人类致癌物”，即有足够的证据表明对人类有致癌性的物质。

现有的检测研究表明，三氯乙烯在家庭和办公场所空气中的浓度一般很低，主要经吸入途径进入人体，可导致困倦、头晕、恶心、浑身无力等低剂量暴露的健康危害。

然而，接触高浓度的三氯乙烯将会非常危险，可导致昏迷、呼吸麻痹甚至死亡。

从事五金、制衣洗衣等易接触三氯乙烯职业的人群须特别注意防护。

（2）四氯乙烯。

四氯乙烯又称全氯乙烯，是一种容易蒸发至空气中的污染物，常用作干洗剂、有机溶剂、干燥剂等。目前,家庭和办公场所中的四氯乙烯主要来源于干洗衣物、纺织品、具有金属器件的产品挥发。

四氯乙烯具有致癌和非致癌毒性:在癌症方面,四氯乙烯与肾癌、膀胱癌、肺癌等有关;其非致癌毒性则包括对神经、肝、肾、免疫系统、生殖系统、发育、遗传等方面的损害。

2014 年,IARC 将四氯乙烯升级为“2A 类很可能的人类致癌物”。

室内空气中的四氯乙烯主要经吸入途径进入人体,再扩散分布到全身所有组织中,造成急性、亚慢性、慢性伤害。目前,我国对室内空气中四氯乙烯的关注较少。但在家庭和办公场所室内空气检测中,曾出现四氯乙烯浓度较高,造成致癌风险超出可接受水平的案例。

环境学科以解决源于生产、生活和自然界中的环境问题为己任,在不同时期乃至不同的经济和社会发展时期,不可避免会涌现新的环境问题,比如室内空气质量标准中新增了三氯乙烯和四氯乙烯的指标。因此,学习专业知识一定要懂得知识的更新,不能满足于课堂讲解,更要有自主获取知识的意识和能力。

生活中其实随处可见环境问题,室内空气质量比大气污染更引起人们的重视。对于新污染物和新环境问题的出现,作为环境保护专业的大学生应立足于专业知识,理性分析并尝试指导解决问题,力求将专业知识学以致用。关于室内空气污染,反映空气质量的各类指标标准及防控措施急需向群众科普,以避免群众走入误区,过度防控甚至被不法分子坑骗,环境保护专业的学生应担起必要的科普宣传责任。

8.2 恶臭的污染
(Odor pollutants)

在城市,被污染的河流、垃圾堆场不断散发一些恶心的腐烂性气味,一些环保设施如污水、污泥、垃圾的处理设施也给周围环境带来新的臭气污染。因而,一些发达国家较早开始该方面的研究,对恶臭进行专项立法,把臭气污染作为世界上七大环境公害之一(大气污染、水污染、土壤污染、噪声、震动、土地下沉、恶臭)。我国环保监督部门近几年也越来越重视对恶臭的控制与治理。

8.2.1 恶臭的产生与种类
(Generation and types)

恶臭污染是指能引起人们嗅觉器官多种多样臭感的物质对环境的污染,危害着人们的身体健康和生活的安宁与舒适。迄今为止,凭人嗅觉感知的恶臭物质有 4 000 多种。恶臭的天然源包括在不流动的湖泊沼泽中,各种水草、藻类分解代谢产生的甲基硫、甲基硫醇等,动物尸体与植物残骸等腐败分解常放出的硫化氢、氨等腐败性臭气。人为源见表 8.1。

表 8.1 恶臭物质的主要来源及异臭味性质

物质名称	主要来源	异臭味性质
硫化氢	牛皮纸浆、炼油、炼焦、石化、煤气、粪便、硫化碳的生产或加工、生活垃圾	腐蛋臭
硫醇类	牛皮纸浆、炼油、煤气、制药、农药、合成树脂、合成纤维、橡胶、生活垃圾	烂洋葱臭
硫醚类	牛皮纸浆、炼油、农药、生活垃圾、下水道、氨氮肥、硝酸、炼焦、粪便、肉类加工、家畜饲养	尿臭、刺激臭
胺类	水产加工、畜产加工、皮革、骨胶、油脂化工、生活垃圾	粪臭
吲哚类	粪便、生活污水、炼焦、肉类腐烂、屠宰牲畜	刺激臭
硝基化合物	染料、炸药	刺激臭
烃类	炼油、炼焦、石油化工、电石、化肥、内燃机排气、油漆、油墨、印刷	刺激臭
醛类	炼油、石油化工、医药、内燃机排气、生活垃圾、铸造 脂肪酸类石油化工、油脂加工、皮革制造、合成洗涤剂、酿造、制药、粪便	刺激臭
醇类	石油化工、油脂加工、皮革制造、肥皂、合成材料、酿造、林产加工	刺激臭
酚类	溶剂、涂料、油脂工业、石油化工、合成材料	刺激臭
脂类	合成纤维、合成树脂、涂料、黏合剂	香水臭、刺激臭
含卤素化合物	合成树脂、合成橡胶、溶剂灭火器材、制冷剂	刺激臭

生活垃圾类物质的恶臭成分主要是蛋白质、脂肪与碳水化合物等在厌氧或好氧过程的产物或不完全产物，其中大多数恶臭气体是经由厌氧过程产生的。厌氧状态下，氧气转移到生活垃圾堆中的过程受到限制，存在于垃圾中的微生物难以得到呼吸所需的溶解氧。此时硫酸盐还原菌得以繁殖，它们就利用硫酸根作为氧源进行呼吸，该过程副产物就是 H_2S。由于 H_2S 在污水中的溶解性较低，绝大部分释放到周围环境中（例如下水道等）。当然，该过程中也有其他典型的致臭化合物，如硫醇（mercaptan）、胺（amine）等。而好氧过程则主要产生作为降解中间产物的低级醇、醛、脂肪酸等恶臭物质。我国《恶臭污染物排放标准》（GB 14554—93）中，规定了 8 种恶臭污染物（氨、三甲胺、硫化氢、甲硫醇、甲硫醚、二甲二硫、二硫化碳、苯乙烯）的排放浓度限制和复合恶臭物质的复合浓度限制等。

8.2.2 恶臭物质的危害 (Harm of odor pollutants)

恶臭对人体的危害主要表现在以下几个方面。

1. 危害神经系统

长期受到一种或几种低浓度的恶臭物质刺激，首先使嗅觉失灵，继而导致大脑皮层兴奋与抑制过程的调节功能失调。有的恶臭物质，如硫化氢不仅有异臭作用，同时也对神经系统产生毒性。

2. 危害呼吸系统

当人们嗅到臭气时,会反射性地抑制吸气,妨碍正常呼吸功能。

3. 危害循环系统

如氨等刺激性臭气,会使血压出现先下降后上升,脉搏先减慢后加快的变化。硫化氢还能阻碍氧的输送,而造成体内缺氧。

4. 危害消化系统

经常接触恶臭物质,使人食欲不振与恶心,进而发展成为消化功能减退。

5. 其他危害

恶臭会使内分泌系统的分泌功能紊乱,而影响机体的代谢活动。氨和醛类对眼睛有刺激作用,常引起流泪、疼痛、结膜炎、角膜浮肿。长期受到恶臭的持续作用会使人烦躁、忧郁、失眠、注意力不集中、记忆减退,从而使学习和工作效率降低。

硫化氢是一种无色、有毒、有腐蛋臭感的气体,其浓度达到0.07 $mg \cdot L^{-1}$时,将影响人眼对光的反射。高于10 $mg \cdot L^{-1}$的浓度水平会刺激人的眼睛,可发生暂时性支气管收缩。更为危险的是硫化氢可以造成暂时性脑肿胀,并往往遗留下连续数年的头痛、发烧、智力欠佳、痴呆、脑膜炎或肺炎等。硫化氢浓度达到800 ~ 1 000 $mg \cdot L^{-1}$时,30 min内能使人死亡,浓度再高则会导致立即死亡,比氰化物的致死作用还迅速。此外,由于硫化氢麻痹呼吸系统与嗅觉神经,因此更具有危险性。以硫化氢为主的恶臭气体还会产生严重的腐蚀问题。

若人在氨气浓度为17 $mg \cdot L^{-1}$的环境中暴露7 ~ 8 h,则尿中的NH_3量增加,氧的消耗量降低,呼吸频率下降。如暴露在高浓度三甲胺气体下,会刺激眼睛、催泪并患结膜炎等。

此外,恶臭气体引起令人不快的环境条件,使工作人员工作效率降低,进而影响受污染地区的经济建设、商业销售额、旅游事业,使经济效益受到影响。

8.2.3 恶臭污染的控制技术 (Control technology of odor pollutants)

恶臭的控制难度较大,这是由于:恶臭物质不仅成分复杂,而且嗅阈值极低。由于人的嗅觉对臭味很敏感,嗅阈值极低,所以,恶臭给人的感觉量与恶臭物质对人嗅觉刺激量(恶臭物质浓度)的对数成正比。即使将恶臭物质去除了90%,人的嗅觉也只能感觉到臭气浓度减少了一半左右,因此恶臭气体治理难度比较大。对于生活垃圾转运站、垃圾填埋场、被污染了的河流等来说,臭气的扩散面大,收集困难。恶臭治理设施不但要处理效果好,而且要求运行简单可靠,同时,投资和运行费用均不能太高。

恶臭物质一般为多组分低浓度的混合气体。除臭过程也就是将这些恶臭分子隐蔽、破坏或者降解的过程,可以分为物理、化学和生物处理过程。物理处理过程并不改变恶臭物质的化学性质,而是用一种物质将恶臭化合物的臭味掩蔽、稀释或者将恶臭物质由气相转移至液相或者固相。常见的方法有掩蔽法、稀释法、中和法和吸附法等。化学处理是通过氧化恶臭化合物,改变恶臭物质的化学结构,使之转变为无臭物质或者臭味强度较低的物质。常见的方法有热分解法、催化燃烧法、化学氧化法、臭氧氧化法和氯化等。生物脱臭过程是以微生物为恶臭物质治理的执行者，通过提供适宜生长繁殖的环境条件，例如温度、载体等使得恶臭物质得以控制。工业生产中大量采用的是吸收法、吸附法、氧化法，而在污水收集与处理系统中应用最多的应属生物脱臭法。

1. 掩蔽法

掩蔽法是指通过在恶臭气体中施加某些药剂来掩蔽恶臭的感官气味或进行气味调和来改变恶臭的不愉快感官气味。掩蔽法因每个人的嗅觉感觉程度各异而效果不尽相同，它与其他治理方法相比较，仅在价格便宜时才可考虑使用。

2. 吸附法

吸附法就是依据多孔固体吸附剂的化学特性（除官能团作用外）和物理特性（微孔容量、比表面积、微孔构造），达到积聚或凝缩在其表面上而达到分离目的的一种脱臭方法。有不可再生的吸附剂吸附和可再生的吸附剂吸附，目前国内外最广泛应用的吸附剂是活性炭。这主要是因为活性炭有很高的比表面积，对恶臭物质有较大的平衡吸附量。当待处理气体的相对湿度超过50%时，气体中的水分将大大降低活性炭对恶臭气体的吸附能力。而且由于有竞争性吸附现象，对混合臭气的吸附效果不能彻底。

活性炭吸附法的特点是对进气流量和浓度的变化适应性强，设备简单，维护管理方便，尤其适用于低浓度恶臭气体的处理，一般多用于复合恶臭的末级净化。对于一些只是间断运行的排气源的恶臭气体，活性炭可以用来提高过滤器的缓冲能力，从而在设计上大大地降低填料的容积需求。但是由于活性炭价格昂贵，处理成本成为限制其应用的主要因素，而且它还有不适宜于处理高浓度臭气、每隔一段时间需要进行吸附剂再生的缺点。

3. 吸收法

吸收法也称湿式气体洗涤法，本质上也是一个分离过程，是指通过恶臭气体与液体溶剂（水或酸碱等）接触而达到使污染物从气相转移到液相的一种操作。可用来处理任何具有水溶性的恶臭物质。处理恶臭气体常用的吸收剂见表8.2。

表8.2 处理恶臭气体常用的吸收剂

气体	吸收剂
NH_3	水或稀硫酸
胺类	水或乙醛水溶液
H_2S	氢氧化钠或次氯酸钠混合液
甲硫醇	氢氧化钠或次氯酸钠混合液
酚	水或碱液
丙烯醛	氢氧化钠或次氯酸钠混合液

据吸收原理的不同，可将吸收法分为物理吸收和化学吸收两种。物理吸收中常用的吸收液为甲醇、丙烯碳酸酯、聚乙二醇二甲醚、N-甲基吡咯烷酮等。化学吸收中常用的吸收液一般为弱碱水溶液。由于化学溶剂一般吸收容量大，安全程度高，因而获得广泛的应用。

吸收法处理恶臭的效率通常可以达到95% ~98%，常用来处理大体积含中低浓度的恶臭物质的气体。在设计、操作合理的情况下具有良好的脱臭效果,但对设备及运行管理的要求较高,操作费用与运行成本均较高。另外,吸收法只是将污染物质由气态转入或转变为液态,并没有真正地被去除,还会带来二次污染,该工艺也存在吸收液的再生和处理处置等问题。而且,它不适宜于处理低浓度臭气,往往需要同吸附法等配合使用。在设计和运行中的最大难题是如何将化学物质的使用量降至最小,以及在实现完全、灵活与可靠的处理时,考虑怎样将运行费用降至最低。

4. 氧化法

氧化法除臭主要有以下几种。

(1)干法。

干法包括空气氧化(如直接燃烧、催化燃烧、界面燃烧)、化学氧化(如氯、臭氧等氧化剂的氧化)及光催化氧化。

(2)湿法(氧化吸收)。

湿法是指采用过氧化氢、漂白粉氧化剂、高锰酸钾氧化剂来破坏。

其中直接燃烧法是在有氧条件下,将具有可燃性的恶臭物质燃烧分解成水和二氧化碳等的过程。燃烧法适用性广,脱臭效率高,但是设备易腐蚀,消耗燃料,成本高,并且焚烧过程中产生氮氧化物、硫氧化物等二次污染物质。当恶臭气体以高浓度有机物为主,且足以提供绝大部分能量时,采用直接燃烧或氧化法是有效的。否则要在燃烧过程中为持续燃烧而增加能量。

催化燃烧法是利用催化剂在低温下实现对恶臭气体分子的完全氧化。催化燃烧的净化效率高,工作温度低,能量消耗少,操作简便。处理系统中,恶臭气体首先经过预处理除去粉尘或某些催化毒物,加热至起燃温度以后,送入催化床反应。此法处理低浓度恶臭气流时运行费用很高。而且由于有氧氧化法的运行温度高,有产生氮氧化物与二噁英的可能。

臭氧氧化法是用 O_3 作氧化剂。在条件适宜以及与待处理气体迅速混合均匀时,臭氧与硫化氢的反应速度极快,只需 1 s。但臭氧发生装置性能不稳定,臭氧的净化效率不高(对有机恶臭成分更是如此),很难跟踪控制臭氧的投加剂量。

光催化氧化法消除恶臭是利用紫外光和活性氧来破坏气态恶臭物质的。为达到最好的处理效果,实际应用时需要根据待处理物质的类型来选择合适的波长,并且保证气体在紫外氧化区停留足够的时间,此法费用较高。

湿法氧化是用氧化剂与污水中的溶解性硫离子发生化学反应,将其转化为硫酸根或单质硫。除了溶解性硫离子以外,还有许多致臭化合物经由氧化剂而得到处理。一些不含致臭因子的化合物也在此过程中被氧化,因此,药品施加率要比理论预测量高许多。

5. 生物法

生物脱臭是利用固相和固液相反应器中微生物的生命活动降解气流中所携带的恶臭气体,将其转化成臭味强度比较低或者无臭的简单无机物(例如 CO_2、水、无机盐)和生物质等。生物脱臭系统与自然过程较为相似,通常是在常温常压下进行,运行时仅仅需要消耗使恶臭物质与微生物相接触的动力费用和少量的调整营养环境的药剂费用,尤其适合于处理气量大于 17 000 $m^3 \cdot h^{-1}$、恶臭气体浓度小于 1 000 $mg \cdot L^{-1}$ 的场合。在气量较大的情况下，其投资费用通常要低于现有的其他类型的处理设施。而运行费用低则是该类设备最突出的优点之一。生物法的缺点主要是所能承载的污染物质的负荷不能太高，因而一般占地较大。

自 1957 年美国报道利用土壤脱臭法处理硫化氢的专利以来，生物脱臭法就在生物过滤法（生物固着态）和生物洗涤法（生物悬浮态）两种类型上发展，20 世纪 80 年代后期才出现了介于两者之间的生物滴滤器，现已经成为脱臭法的主流。但是从微生物所处的状态上看，它还应归入生物过滤法。与污水生物处理中的定义有所不同，恶臭气体的生物净化设施按照微生物的存在方式和水分、营养添加方式的差异可以分为 3 类：生物过滤器、生物滴滤器、生物洗涤器，其中生物过滤器和生物滴滤器都属于生物过滤法中的净化装置。

（1）生物过滤器。

生物过滤器为微生物固着在适宜填料上的填料床。恶臭气体预处理后经过气体分布器进入生物过滤系统。在停留时间充分的条件下，由气相主体而被转移吸收到具有生物活性的湿式薄层（生物膜）内，并包围在过滤颗粒四周，发生目标污染物的好氧降解。系统要为细菌提供适宜的环境条件（氧气含量、温度、营养和 pH）。为了达到最佳脱臭效果，生物脱臭系统的进气往往需要经过预处理。对特定类型的排放物，可能需要进行热交换以冷却较热的排放气体，或者需要去除对脱臭过程不利的颗粒物。

生物过滤器中恶臭物质的生物降解是经由填料上生长的生物膜来达成的。欧洲最近所使用的过滤基材通常是堆肥（由城市固体废弃物好氧堆制而成）、木屑、皮或树叶，有的也使用泥炭和石楠花的混合物。生物过滤器的矿化过程会导致填料压实，伴随着整体压降增加。通常在敞开式过滤器中，两年后要翻转填料以增加其渗透性，再过一两年后需要更换新物料。

生物过滤法是目前研究最多、工艺也较为成熟的恶臭控制技术。具体应用范围包括控制和去除城市污水处理设施中的臭味、化工过程中的生产废气。在处理含有低浓度易生物降解污染物的排气中，生物过滤相对于其他脱臭技术而言，具有较低的运行费用，从而拥有重要的经济上的优势。含水率和 pH 控制不好以及无机盐积累是使生物过滤器功能降低的主要原因。

（2）生物滴滤器。

生物滴滤器也称固定膜生物洗涤器。其结构与生物过滤器相似，不同之处在于顶部设有喷淋装置，不断喷淋下的液体通过多孔填料的表面向下滴。喷淋液中往往含有生物生长所需要的营养物质，并且由此来控制设备内的湿度和 pH。设置储水容器和陶瓷、木炭、颗粒活性炭等，这为延长设备寿命，以及减少压降提供了可能。

生物滴滤器已成为目前生物脱臭的研究重点之一，这是因为：①相对较短的气体停留时间，易于控制的运行操作条件，以及对低溶性气体的高去除率；②微生物的数量大，因而可以承受比生物过滤池更大的污染负荷；③避免产生生物过滤器中填料压实、短流以及混合微生物群消耗填料有机质等现象；④营养物和 pH 缓冲溶液可以方便而精确地通过循环液投加并控制；⑤微生物代谢产物也可以通过更换回流液体而去除；⑥对于处理硫化氢、氨和含卤化合物等会产生酸或碱性代谢物的恶臭气体,生物滴滤器更容易调整 pH,因此,比生物过滤反应器能更有效地处理这些恶臭物质;⑦若填料具有吸附能力,则更加有利于保持膜内较高的污染物浓度,生化反应效率更高。

生物滴滤器运行一段时间后,有可能出现因生物生长过剩而引起填料堵塞的现象。生物滴滤器的研究动向主要集中在完善操作系统,提高滴滤器内微生物的数量,以及选择好的填料以使恶臭物质向滤料表面的传质效果更好,从而使生物滴滤器具有更高的降解效果及更完善的运作方式,但在装备复杂程度上,生物滴滤器要比生物过滤器有所增加,故投资费用和运行费用也有所提高。因此,生物滴滤器更适合用在那些因污染物浓度集中而导致过滤困难,以及对 pH 控制较为严格或场地受到限制的场合。

(3)生物洗涤法(也称生物吸收法)。

生物洗涤器有鼓泡式和喷淋式之分。喷淋式洗涤器与生物滴滤器的结构相仿,区别在于洗涤器中的微生物主要存在于液相中,而滴滤器中的微生物主要存在于填料的表面。鼓泡式的生物吸收装置则由吸收和废水处理两个互连的反应器构成。臭气首先进入吸收单元,将气体通过鼓泡的方式与富含微生物的生物悬浊液相逆流接触,恶臭气体中的污染物由气相转移到液相而得到净化,净化后的废气从吸收器顶部排除。后续单元为生物处理。

以上方法有各自不同的优点以及适用范围和局限性。对某种恶臭气体净化方法的选择主要基于运行费用、运行可靠性、环境影响、空间需求等因素来考虑。目前,在恶臭控制应用中,生物滴滤器被认为是最好的脱臭设备。

8.2.4 生物脱臭机理 (Mechanism of biological deodorization)

1. 生物脱臭一般原理

与废水和固体废物的生物处理原理相似,气态污染物的生物净化过程是人类对自然过程的强化与工程控制,也同样是利用微生物的生命活动将废气中的污染物转化为二氧化碳、水和细胞等物质,但是与废水、废物处理的重大区别在于气态污染物首先要经历由气相转移到液相或者固相表面液膜的传质过程,然后才能在液相或者固相表面被微生物吸收降解。生物脱臭过程如图 8.1 所示。

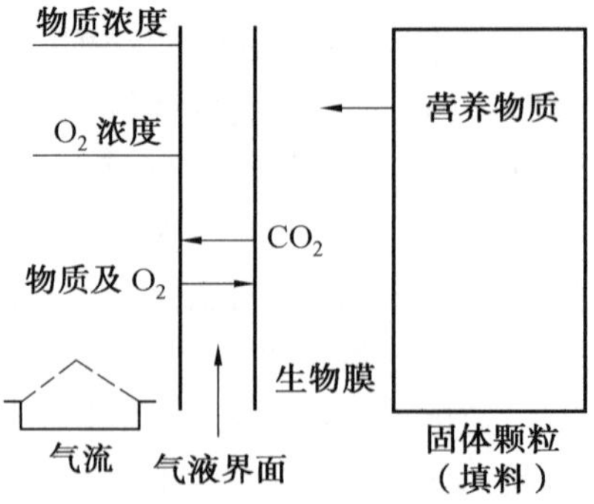

图 8.1 生物脱臭过程

①收集后的恶臭气体引入生物滤池内,其内的致臭成分不断溶解于附着在填料上生长的生物膜表面的水中;②填料表面的微生物对水中致臭成分进行吸附、吸收和生物降解转化;③去除致臭成分的水又不断溶解吸收致臭成分,依次循环;④在实际运行中以上各个过程相互协调,共同作用。

2. 参与降解硫化物生化反应的微生物

根据对各种含碳化合物同化能力的不同,将可降解气态污染物的微生物分成自养菌、兼养菌、异养菌三类。自养菌有完备的酶系统,可在氧化 S、H_2S、CH_3SH、NH_3、Fe 等物质的过程中获得生长所需要的能量,适于进行无机物转化,生物负荷低。而异养菌则是通过有机物的氧化来获得营养物和能量,适合进行有机物的转化。在适当的营养条件、温度、酸碱度和有氧条件下,此类微生物能较快地完成污染物的降解。

自养菌根据获取能量方式的不同,又可分为光合硫氧化菌和化能硫氧化菌。光合硫氧化菌包括紫色硫细菌和绿色硫细菌。在光照和厌氧条件下,能把无机硫化合物如硫化氢氧化形成元素硫,元素硫也可以进一步氧化成硫酸盐,但产生单位质量的细胞质所氧化的硫化物较少,污泥产生量大。

化能硫氧化菌包含硫化细菌和硫黄细菌两类。硫黄细菌能将硫化氢氧化成为硫黄颗粒并贮存在细胞内。当环境中缺乏硫化氢时,细胞内的硫黄颗粒被继续氧化为最终产物硫酸。硫化细菌归属于硫杆菌属,为革兰氏阴性菌,在氧化 H_2S、S、$S_2O_3^{2-}$、SO_3^{2-} 等物质的过程中获取能量,也会形成单质硫,但是与硫黄细菌不同的是,形成的单质硫只是积留在细胞体外。常见的硫杆菌有排硫硫杆菌、氧化硫硫杆菌、氧化亚铁硫杆菌等几类,都是严格好氧的微生物,在酸性环境下也能很好地生长。表 8.3 列出了各类硫杆菌适宜的 pH 范围。

表 8.3 各类硫杆菌适宜的 pH 范围

名称	排硫硫杆菌	那不勒斯硫杆菌	新型硫杆菌	中间硫杆菌	代谢不全硫杆菌	氧化硫硫杆菌	氧化亚铁硫杆菌
pH	4.4 ~ 7.8	3.0 ~ 7.8	5.0 ~ 9.2	1.9 ~ 7.2	2.8 ~ 6.8	0.4 ~ 6.0	1.4 ~ 6.0

综上所述,由于恶臭污染会对人体产生不容忽视的危害,因而其治理技术的发展也愈发显示出其迫切性与重要性,而生物脱臭技术凭借着不可比拟的优越性也逐渐在恶臭治理领域中蓬勃地发展起来。广泛寻找自然界中现存的高效脱臭细菌菌株或采用遗传工程方法选育出更高效的代谢恶臭物质的细菌菌株,可望使恶臭的治理技术尤其是生物治理技术出现新的突破。

8.3 环境化学技术在“消毒”中的应用
(Application of environmental chemistry technology in "disinfection")

8.3.1 臭氧消毒技术
(Ozone disinfection technology)

目前而言,切断病毒在介质中传播的主要手段仍以氯制剂消毒、紫外消毒和臭氧技术等传统消毒为主。其中传统的氯制剂,如广泛使用的 84 消毒液,主要是依靠次氯酸的氧化作用实现物体表面和环境的消毒。虽然次氯酸能穿透细菌的细胞壁,破坏细菌的酶系统,使细菌死亡,但是对无细胞结构的病毒的杀灭效果差,因而存在消毒效率低和持续性差等缺点。紫外消毒是通过破坏微生物的脱氧核糖核酸(DNA)和核糖核酸(RNA),干扰其复制和转录,从而达到灭活的目的,该方法具有效率高、不产生二次污染、广谱性的优势,但是由于需额外提供紫外光源,因而会受到能耗、光利用率、运行成本和维护成本的限制。臭氧(O_3)作为一种高反应活性分子,其氧化电位为 2.07 V,高于过氧化氢、二氧化氯、氯气和高锰酸根等氧化剂,臭氧分子本身即具有强的氧化能力。此外,臭氧在水中也能转化形成活性更高的活性氧物种(ROS),如羟基自由基(HO·,氧化电位 2.8 V),进而进行间接氧化作用。臭氧的直接和间接氧化不仅可以降解水中污染物,还可以消毒杀菌,如臭氧及其衍化产生的自由基能够灭活各种病原体,如细菌、原生动物、真菌和病毒等。臭氧用作消毒剂,相比于氯制剂更有效、反应时间更短且微生物再生率低。此外,臭氧技术还可以提高下游工段的效率,如:能减少膜工艺中的结垢,同时过量的臭氧气体能在较短的时间内分解为氧气,因而次生环境问题相比于氯消毒技术来说大大降低。但是当前的臭氧技术也面临多种多样的问题,如:为了达到有效消毒常投加高臭氧剂量,过量的臭氧虽然可以同时去除有机微污染物,但也会腐蚀管道设备,且与溶解的有机微污染物发生不完全氧化反应会产生有毒有害的消毒副产物,这一过程不仅增加了能耗,还会带来一定的环境健康风险。因而针对实际应用,优化臭氧消毒技术及臭氧耦合消毒工艺的开发也成为未来的重要发展方向。

1. 臭氧对不同病原体的灭活

臭氧及其生成的二次氧化剂具有与多种细胞成分(如细胞壁)反应的能力,并能破坏 DNA 和 RNA 结构,从而臭氧消毒具有高效性。近年来,随着化学法、电解法和紫外法等臭氧发生方法的工业化进程的推进,尤其是高压电晕法的规模化成熟,为臭氧的大规模合成及在消毒方面的应用提供了基础。从 1886 年法国工程师 B. A. DE. MERITENS 首次将臭氧用于水中的杀菌开始到现在,臭氧已广泛应用于饮用水、空气和物体表面的消毒。此外,针对作用介质的不同,不仅臭氧气体可用于消毒杀菌,臭氧水也可用于消毒。臭氧作为消毒剂可以广泛杀灭各种病原体和致病微生物,包括细菌(如大肠杆菌、金黄色葡萄球菌等)、各类细胞芽孢、真菌以及病毒(如肝炎病毒、流感病毒、诺如病毒等)。臭氧消毒的作用机制包含了化学、物理及生物多方面的共同作用,其作用机理如图 8.2 所示。

总结臭氧及产生的 ROS 灭活机理:①直接作用于细胞膜,致使细胞膜的通透性增加,

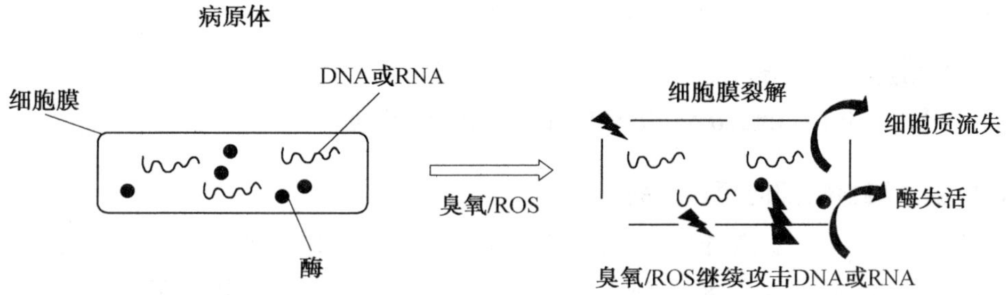

图 8.2　臭氧法灭活机理

细胞质反向渗透外流,从而使细胞失活;②作用于某些微生物(如细菌)的酶,主要机制在于能氧化分解细菌内部葡萄糖氧化酶,使酶失活,阻碍细菌的代谢;③攻击遗传物质,如 DNA 或 RNA,使其失去遗传转录功能。在不同环境介质中,因为臭氧分解产生活性氧物种的差异,主要作用物种有所差异,如使用臭氧气体在气相中作用时, 以臭氧分子直接攻击为主,而臭氧水作用于固相表面或液相中时,臭氧分子和活性氧物种协同攻击病原体。

总体上看,臭氧灭活细菌和病毒比灭活原生动物有更好的效果,主要是由于细菌和病毒对臭氧的敏感性要高于原生动物。臭氧及其分解产生的活性氧物种对不同病原体的灭活主要是通过前述的 3 种方式,臭氧的首要目标是破坏病原体的表面,臭氧与细胞包膜中不饱和脂的双键反应导致微生物裂解,进而使细胞成分和遗传物质泄漏,原生动物、细菌和病毒结构的差异造成了三者对臭氧敏感性的差异,尤其是原生动物体表有一层连续的界膜,也即原生质膜(表膜),是造成其对臭氧敏感性低的主要原因。相比于对臭氧的敏感性,病原体与臭氧的反应动力学速率也决定了其被臭氧灭活的效率。N. K. HUNT 等报道了大肠杆菌(*Escherichia coli*)与臭氧反应的动力学常数是孢子虫(*Cryptosporidium parvum*)的几千倍,因而,他们认为在饮用水杀菌系统中孢子虫更应该被关注。李洪敏等研究对比了臭氧对 4 种不同细菌的杀灭效果,当臭氧质量浓度在 0.92 $mg \cdot L^{-1}$时,臭氧对培养基上的金黄色葡萄球菌(*Staphylococcus aureus*)、大肠杆菌(*Escherichia coli*)、白色念珠菌(*Candida albicans*)、结核杆菌(*Tubercle bacillus*)的灭活率分别达到了 92%、95%、80%、94%;而以同样的臭氧质量浓度, 对空气中的上述 4 种细菌经过 20 min 熏蒸,灭活率分别达到 93%、93%、90%、96%,证明臭氧灭活法对空气中和物体表面的细菌均有很好的杀灭效果。

2. 小结与展望

臭氧法已经广泛应用于水、空气和物体表面病原体的消毒,为臭氧技术应用于各类病毒的杀灭提供参照。无论纯臭氧技术还是臭氧协同技术均已经广泛用于包括细菌、真菌、原生动物和病毒等微生物的灭活中。非均相催化协同臭氧技术对病原体具有高效的杀灭效果, 但是目前大多研究仍停留在实验室阶段,还未大规模使用,而且非均相催化材料的开发、大规模装置的设计和材料(尤其是纳米材料)的毒性评估是其实际应用需关注的问题。

总而言之,未来基础研究领域,一方面需探明水、气环境中臭氧协同技术与病原体之间的相互作用和灭杀机理,这对于臭氧技术的实际应用尤为重要;另一方面,实际应用中,开发绿色、高效、低成本的臭氧协同技术及配套设备是关键。

8.3.2 低温消毒技术 (Low temperature disinfection technology)

1. 低温消毒面临的问题和挑战

虽然 SARS-CoV-2 病毒 对消毒剂的抵抗力不强,大多数消毒剂都可以对其进行灭活,但目前采用的消毒效果鉴定试验方法都是在室温(20±1) ℃ 状态下进行的。我国要求对进口冷链食品的装载运输工具、产品内外包装等开展预防性全面消毒。使用化学消毒剂时,冷冻物体表面消毒应采用降低冰点的方法,确保消毒剂不结冰,且需进行消毒效果确认。因此,如何降低冰点并确保消毒剂不结冰,成为各地在具体落实指导低温消毒工作的难点问题。用于低温冷冻物品表面消毒的低温消毒剂,在产品上市时,产品责任单位应当按照《消毒产品卫生安全评价规定》《低温消毒剂卫生安全评价技术》进行卫生安全评价备案,卫生安全评价合格的低温消毒剂可上市销售。

2. 化学消毒剂在低温环境下的消毒效果

次氯酸钠、二氯异氰尿酸钠、三氯异氰尿酸、过氧乙酸、过氧化氢等化学消毒剂常用于传染病疫源地环境和物品表面的消毒,但温度降低时杀菌作用也会降低。根据文献报道,用悬液定量方法评价消毒剂对 SARS-CoV-2 的灭活效果,有效氯为 250、500 和 1 000 $mg \cdot L^{-1}$的含氯消毒剂作用 20、5 和 0.5 min,季铵盐消毒剂 283 $mg \cdot L^{-1}$作用 0.5 min,均可有效灭活 SARS-CoV-2。但是,在低温环境下,常规的消毒剂会发生结冰现象,影响消毒效果。因此,在低温状态下使用化学消毒剂时需在溶液体系中加入一定比例的防冻剂,如乙醇、丙二醇、氢氧化钠、氯化钠和氯化钙等,在一定的低温冷冻状态下保持不结冰,从而发挥消毒作用。

(1)过氧化物类消毒剂。

过氧化物类消毒剂主要包括过氧乙酸、过氧化氢、二氧化氯、过硫酸氢钾和臭氧等,具有强大的氧化能力,杀菌特点广谱、高效,在低温下仍能保持良好的消毒效果。

①过氧乙酸。

过氧乙酸是低温下良好的化学消毒剂,添加防冻剂以后,可以在低温条件下有效灭活细菌繁殖体及芽孢。乙醇和十二烷基苯磺酸钠合用可以增加防冻效果,将 50 $g \cdot L^{-1}$十二烷基苯磺酸钠分别加入 15%、30%的乙醇,混合物冰点分别降为-15 ℃和-35 ℃,明显低于乙醇单独作为防冻剂时的混合物冰点。另外的研究发现,在-18 ℃ 环境下,浓度为 500 $mg \cdot L^{-1}$的过氧乙酸中加入 23%氯化钠或是 37.5%乙醇作为防冻剂,作用 5 min,对悬液内金黄色葡萄球菌的杀灭对数值均>5.00,达到消毒要求。因此,在低温环境,加入一定浓度的乙醇、乙二醇、氯化钠等可以降低混合物冰点,同等浓度过氧乙酸条件下,可明显增强消毒剂灭活能力,使消毒剂在更低温度下灭活病原体。

②过氧化氢。

过氧化氢广泛应用于空气、环境和物体表面的消毒。根据文献报道,0.1%过氧化氢对污染了 SARS-CoV-2 的不同材质(如玻璃、不锈钢、聚乙烯)表面消毒作用 1 min,可以完全杀灭病毒。国外的一种加速型0.5%过氧化氢消毒剂产品，使用10%丙二醇溶液按照1∶16和1∶32稀释，可以在-10 ℃的条件下，作用40～60 min，有效灭活粪便和金属表面的猪流行性腹泻病毒。国产过氧化氢低温消毒剂已经陆续上市，并应用于低温环境消毒。使用浓度为10 g·L^{-1}的过氧化氢进行悬液定量杀菌试验，结果显示，在-18 ℃条件下作用6 min，对载体上白色念珠菌的杀灭对数值>5.00。浓度为30 g·L^{-1}的某过氧化氢产品用氯化钠或乙醇作为防冻剂，-18 ℃条件下，作用5 min，对悬液内大肠埃希菌的杀灭对数值>5.00。另一种以乙醇为防冻剂的16 g·L^{-1}低温过氧化氢消毒液，在-20 ℃条件下，对载体上金黄色葡萄球菌和大肠埃希菌作用30 min，杀灭对数值均>3.00；在-20 ℃冻库中进行模拟现场试验和现场试验，喷雾消毒作用30 min，对染于玻璃载体上的金黄色葡萄球菌、大肠埃希菌杀灭对数值均>3.00，消毒合格。

③二氧化氯。

二氧化氯具有很强的反应活性和氧化能力，对细菌繁殖体、芽孢、病毒、藻类和真菌等均有很好的杀灭作用，被广泛应用于卫生防疫、食品行业、农业和水产等方面消毒。但受环境温度的影响，在体系pH为7.0时，当温度从20 ℃下降到10 ℃时，二氧化氯对隐孢子虫的灭活率降低了40%。在-18 ℃低温条件下，以23%氯化钠为防冻剂，用浓度为100 mg·L^{-1}的二氧化氯作用5 min，对悬液内金黄色葡萄球菌杀灭对数值>5.00；以37.5%乙醇为防冻剂，用浓度为50 mg·L^{-1}的二氧化氯作用5 min，对悬液内金黄色葡萄球菌杀灭对数值>5.00，达到消毒合格要求。

④过硫酸氢钾。

过硫酸氢钾是一种新型的过氧化物类消毒剂，可杀灭各类微生物，广泛应用于公共场所环境物体表面、游泳池、温泉水和水产养殖等领域的消毒，还可用于食品保鲜，农产品加工前的预处理等，是环境友好型产品。根据国外报道，2% Virkon（过硫酸氢钾21.4%，氯化钠1.5%）在室温下，悬液法对SARS-CoV-2作用1和5 min，平均灭活对数值均≥3.00，具有灭活作用。Virkon以10%丙二醇作为防冻剂，混合溶液在-5 ℃下防冻0.5 h，在-20 ℃下，加入30%丙二醇可防冻6 h，加入40%丙二醇可防冻24 h。3种消毒剂混合液均可在低温条件下对新城鸡瘟病毒达到灭活对数值>5.00。某国产单过硫酸氢钾复合盐消毒粉（过硫酸氢钾含量为45.0%～55.0%）溶解于50%乙二醇的水溶液，在-18 ℃低温条件下，500倍稀释液作用7.5 min，对载体上大肠埃希菌平均杀灭对数值>5.00；300倍稀释液作用15 min，对载体上金黄色葡萄球菌平均杀灭对数值>3.00，消毒作用15 min，对物体表面自然菌的平均杀灭对数值>1.00，达到消毒合格。

⑤臭氧。

臭氧是一种高效消毒剂，可以杀灭各种微生物。我国的GB 28232—2020《臭氧消毒器卫生要求》中明确规定，用于空气消毒的臭氧浓度一般为5～30 mg/m^3，相对湿度≥70%，作用时间30～120 min；使用臭氧水消毒物品时，一般水中臭氧浓度应≥60 mg·L^{-1}。臭氧消毒在低温状态下也有相关的应用研究。通过臭氧发生器定时定量对空气进行电离产生臭氧，冷冻室内温度为-35～30 ℃，臭氧浓度为150～300 mg/m^3范围，处理60 min，可对纸质档案进行消毒处理。

（2）含氯消毒剂。

含氯消毒剂主要包括次氯酸、次氯酸钙、次氯酸钠、二氯异氰尿酸钠和三氯异氰尿酸等，主要用于环境和物体表面、生活饮用水、污水等的消毒。2020 年国外报道利用电解法产生的含有效氯 74、105 和 109 mg · L^{-1} 的次氯酸酸性电解水，对悬液内 SARS-CoV-2 灭活对数值≥4.25。

低温环境下，含氯消毒剂的消毒也受到关注，陈春田等用悬液定量杀菌试验，在 −20 ℃时，以 33% 乙醇为防冻剂，二氯异氰尿酸钠消毒剂含有效氯 3 000 mg · L^{-1} 作用 60 min，或 4 500 mg · L^{-1} 作用 30 min，对大肠埃希菌杀灭率均达到 99.9%。另据报道，运用悬液定量杀菌试验研究，在 −25 ℃时，加入 30% 的甲醇和 70% 的乙二醇，或 80% 的甲醇和 20% 的乙二醇，用含有效氯 368 和 1 840 mg · L^{-1} 的 84 消毒液作用 10 min，均可完全杀灭细菌繁殖体。中国疾病预防控制中心成功研发了 2 种含氯低温消毒剂配方，在 −18 ℃和 −40 ℃ 的低温环境可对物品外包装表面消毒，在 −18 ℃ 时，有效氯浓度为 3 000 mg · L^{-1}，加入 25% 的无水氯化钙、9.5% 的乙醇，在 −40 ℃ 时，有效氯浓度为 5 000 mg · L^{-1}，加入 30% 的无水氯化钙、9.5% 的乙醇、9.9% 的乙二醇、0.09% 苯扎氯铵，作用 10 min 均可达到消毒效果。使用上述 −18 ℃消毒剂配方产品进行模拟现场试验，在温度为 −5 ~ −15 ℃范围，用有效氯浓度 2 550 ~ 3 330 mg · L^{-1}，消毒剂作用 10 min，对布放在冷链集装箱、低温库房和货品外包装表面的染菌载体上金黄色葡萄球菌和大肠埃希菌的杀灭对数值均>5.00。

（3）季铵盐类消毒剂。

季铵盐类化合物包括单链和双链季铵盐，是一类阳离子表面活性剂，具有良好的杀灭微生物的作用。季铵盐类消毒剂同样受温度的影响，使用时应予注意加入适当的防冻剂。在 −18 ℃条件下，用氯化钠或乙醇作为防冻剂的 1 000 mg · L^{-1} 苯扎溴铵，作用 5 min，对悬液内金黄色葡萄球菌的杀灭对数值均>5.00，达到消毒要求。

当然，除了以上化学消毒外，还有一些比较常见的物理消毒技术，如：紫外线消毒技术、电离辐射消毒技术、等离子体消毒技术等。

3. 关于低温消毒技术的讨论

低温条件下可有效灭活细菌繁殖体的消毒方法，均可有效减少物品表面 SARS-CoV-2 剂量，达到阻止表面接触传播的目的。SARS-CoV-2 属于亲脂病毒，对于化学消毒剂较细菌繁殖体更为敏感。加入合适的防冻剂后，原本应用于室温条件下的多种消毒剂也可以在低温下有效杀灭病毒。在购买和使用低温消毒剂之前，应登录全国消毒产品网上备案信息服务平台，详细查阅消毒产品卫生安全评价报告及产品说明书和检测报告等资料，以确保消毒剂的适用性。化学消毒剂的使用除了需考虑病原体抗力、不同消毒对象的性质、环境温度等多种因素以外，还应关注消毒剂的正确配制和使用，喷洒的足量全覆盖等重点环节，尤其是在冷链食品冷库和低温冷冻环境，否则容易造成消毒点位遗漏和消毒不合格。低温冷冻环境下使用化学消毒剂，其消毒效果容易受人员专业知识、施药方式等人为因素的影响，因此，在用于高风险冷链食品、快递物流、疫源地低温环境等消毒时，应按照相关要求做好消毒过程记录，必要时进行消毒效果评价。

在低温条件下，运用达到照射量的紫外线和较低浓度的臭氧均可有效灭活新型冠状病毒。需要注意的是,紫外线的穿透力较弱,冷冻食品、快递包裹等表面照射灭活的前提是尽量充分暴露,以确保所有表面都被足够照射。目前,已有应用臭氧发生设备、紫外线照射、等离子体技术灭活 SARS-CoV-2 的文献报道,但产品研发还不成熟,大量推广应用于呼吸道传染病疫情防控的实践还有差距,尚存在技术水平、设备投入、基础建设等问题。在高风险冷链食品、快递等仓储和流通环节,可以考虑采用适当的物理消毒技术结合低温消毒剂进行货品的消毒,确保消毒效果,切断传播途径。同时,要加强对相关从业人员的培训和监督,严格落实健康监测、个人防护和手卫生,防止因操作不当而导致疫情传播。

8.4 全球气候变化与我国“双碳”目标 (Global climate change and China's "dual-carbon" target)

8.4.1 全球气候变化 (Global climate change)

1. 温室气体和温室效应

气候和地球上各种自然现象是不断变化的。人类出现以前的气候变化是自然因素造成的。人类出现以后的气候变化既有自然因素的影响,又有人为因素的影响。20 世纪 70 年代,科学家们把“全球变暖”作为一个全球性环境问题提出来,主要强调由于人类活动(主要是农业和矿物燃料燃烧)改变了大气的化学组分,如 CO_2 和 CH_4 等气体吸收地表面红外辐射能力强,而且它们在大气中的存留时间长达上百年,从而增强了地球的辐射平衡。科学家们估算出全球平均表面温度每 10 年可能升高 0.2 ℃。100 年间(1906—2005),全球平均地表温度升高了 0.75 ℃。近 150 年最暖的 12 年中有 11 年出现在 1995—2006 年间。据估计,全球平均地表温度到 2100 年将增加 1.8 ~ 6.4 ℃。气候变暖可能造成海洋热膨胀以及冰川和冰盖的融化,到 2100 年海平面预计升高 15 ~ 95 cm。上述估计只是对全球平均而言,各个地区之间的变化趋势和程度会有很大的不同。尽管当前国际上对全球气候变暖问题尚未有一致的看法,但有关这方面的国际活动相当活跃,对全球气候变化的机制正在广泛的研究之中。

来自太阳各种波长的辐射,一部分在到达地面之前被大气反射回外空间或者被大气吸收之后再辐射而返回外空间;一部分直接到达地面或者通过大气而散射到地面。到达地面的辐射有少量短波长的紫外光、大量的可见光和长波红外光。这些辐射在被地面吸收后,最终都以长波辐射的形式又返回外空间,从而维持地球的热平衡。大气中许多组分对不同波长的辐射都有其特征吸收光谱,其中能够吸收长波长的主要有 CO_2 和水蒸气分子。水分子只能吸收波长为 700 ~ 850 nm 和 1 100 ~ 1 400 nm 的红外辐射,且吸收极弱,而对 850 ~ 1 100 nm 的辐射全无吸收。就是说水分子只能吸收一部分红外辐射,而且较弱。因而当地面吸收了来自太阳的辐射,转变成为热能,再以红外光向外辐射时,大气中的水分子只能截留一小部分红外光。大气中的 CO_2 虽然含量比水分子低得多,但它可强烈地吸收波长为 1 200 ~ 1 630 nm 的红外辐射,因而它在大气中的存在对截留红外辐射能量影响较大。对于维持地球热平衡有重要的影响。

CO_2如温室的玻璃一样,它允许来自太阳的可见光射到地面,也能阻止地面重新辐射出来的红外光返回外空间。大气中的CO_2吸收了地面辐射出来的红外光,把能量截留于大气之中,从而使大气温度升高,这种现象称为温室效应。能够引起温室效应的气体,称为温室气体。典型的温室气体包括二氧化碳(CO_2)、甲烷(CH_4)、氧化亚氮(N_2O)、臭氧(O_3)、水汽(H_2O)等。温室气体像单向过滤器一样,对太阳光几乎是透明的,却能强烈地吸收地面向外发射的红外热辐射,它们在大气中的存在减小了地球表面向外空释放的能量,即把能量截留在大气中,从而使大气低层和地球表面温度升高。研究发现,能产生温室效应的气体有30多种,其中CO_2是最重要的一种,它对温室效应的贡献率达50%～60%。除了CO_2,还包括CH_4、N_2O、CFCs、H_2O等,它们对温室效应也起着重要作用。如果大气中温室气体增多,便可有过多的能量保留在大气中而不能正常地向外空间辐射,这样就会使地表面和大气的平衡温度升高,对整个地球的生态平衡会有巨大的影响。

矿物燃料的燃烧是大气中CO_2的主要来源。由于人们对能源利用量逐年增加,因而使大气中CO_2的浓度逐渐增高。另外,由于人类大量砍伐森林、毁坏草原,使地球表面的植被日趋减少,以致降低了植物对CO_2的吸收作用。目前全球CO_2的浓度逐年上升,图8.3就是大气中CO_2的浓度升高的一例。图中CO_2在一年内的周期变化呈现出夏季低而冬季高的结果。这是因夏季植物对CO_2吸收,而冬季CO_2排放量增大所致。

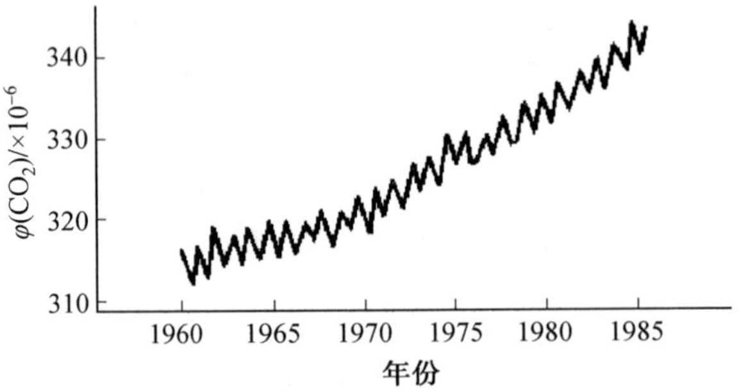

图8.3 Mauns Loa岛本底站测定的大气中CO_2的浓度变化

有学者预计到2030年左右,大气中温室气体的含量相当于CO_2含量增加1倍。因此,全球变暖问题除CO_2外,还应考虑具有温室效应的其他气体及颗粒物的作用。图8.4显示了几十年来各种温室气体对气温上升的影响。

目前研究还表明,气温变暖在全球不同地域有明显的差异。例如,若全球平均气温升高2 ℃,赤道地区最多上升1.5 ℃,而高纬度和极地地区竟能上升6 ℃以上。这样高纬度和低纬度之间的温差将明显减小,使由温差而产生的大气环流运动状态发生变化。一般认为,温室效应对北半球影响更为严重。有人预测按现在的发展趋势,35 a后北极平均温度可上升2 ℃,而南极需65 a才会产生这种结果。50 a后,欧洲和北美国家的平均温度要比目前提高2 ℃,而南半球可能提高不到1 ℃。表8.4给出了北半球气温变化的地域性差异,由此可以看出,由温室效应而导致的气温变暖,在北半球高纬度地带的冬季变化幅度最大。

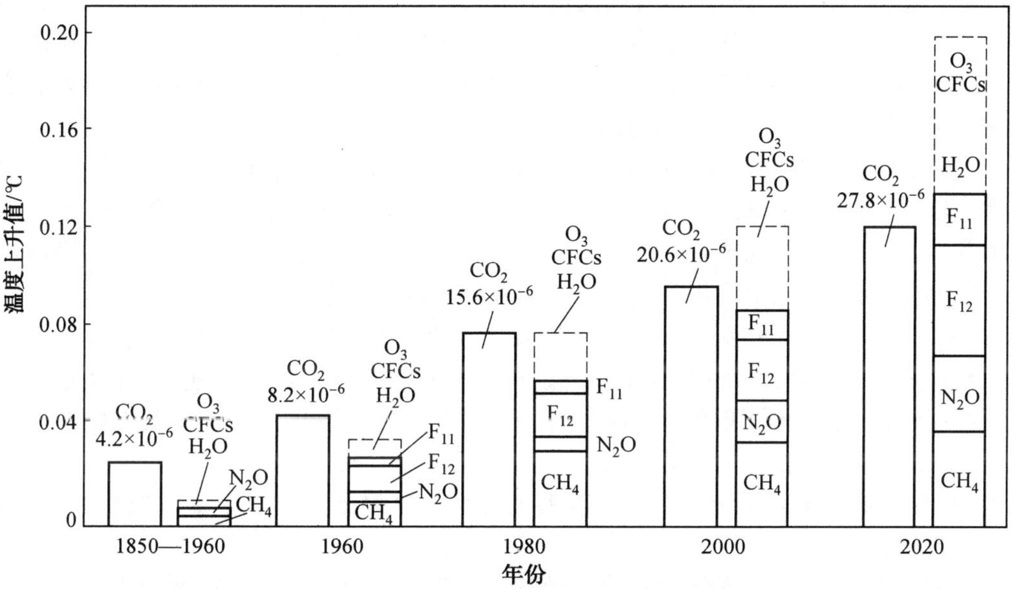

图 8.4 各种温室气体对气温上升的影响

表 8.4 北半球气温变化的地域性差异

地域	温度变化值为全球预测子均数的倍数		降水变化
	夏季	冬季	
高纬度(60° ~90°)	0.5 ~0.7	2.0 ~2.4	冬季多雨
中纬度(30° ~60°)	0.8 ~1.0	1.2 ~1.4	夏季少雨
低纬度(0° ~30°)	0.7 ~0.9	0.7 ~0.9	某些地域暴雨

2. 温室效应对人类的影响

1988 年 11 月汉堡“全球气候变化会议”指出:如果“温室气体”剧增造成的“温室效应”不被阻止,世界将在劫难逃。温室效应对人类的影响主要表现在以下方面。

(1)气候变暖,雪盖和冰川面积减少,海平面上升,沿海地区的海岸线变化。海平面上升这种渐进性的自然灾害使沿海地区的居民及生态系统受到威胁:①威胁沿海地区、沿海低地将被淹没,如“水城”威尼斯,低地之国荷兰等;②海滩和海岸遭受侵蚀冲刷,海岸线后退;③土地恶化,地下水位上升,导致土壤盐渍化;④海水倒灌与洪水加剧,风暴潮频度增加;⑤损坏港口设备和海岸建筑物,影响航运;⑥影响沿海水产养殖业和旅游业;⑦破坏水的管理系统等。

(2)气温上升导致气候带(温度带和降水带)的移动,降水格局发生改变,一般来说,低纬度地区现有雨带的降水量会增加,高纬度地区冬季降雪也会增多,而中纬度地区夏季降水将会减少。气温上升导致原本温度较低的地区气温升高,相当于原来处于较低纬度的气候带往高纬度地区推移。全球气温略有上升,就有可能带来频繁的自然灾害,如过多的降雨就会面临着洪涝威胁、大范围的干旱和持续的高温造成供水紧张,严重威胁这些地区的工农业生产和人们的日常生活,进而造成大规模的灾害损失。气候带移动引起的生态系统改变也是不容忽视的:据估计,一方面,气候变暖将使森林所占土地面积从现在的58%减到47%,荒漠将从21%扩展到24%;另一方面,草原将从18%增加到29%,苔原将从3%减到0,又使人类增加了可利用的土地。

气候变暖对农业的影响可以说有利有弊。虽然变暖会使高纬度地区生长季节延长,有些干旱、半干旱地区降雨可能增多,CO_2的增多能促进作物生长,但是,作物分布区向高纬度移动,有时可能移到现在土壤贫瘠的地区。由于气候变暖地表水蒸发量大,则有可能使干旱加剧。另外,高温闷热天气也会使病虫害变得更严重。

(3)气温上升热带传染病发病区将扩大。全球变暖增加人类乃至动植物发病的可能性。与疾病有关的病毒、细菌、真菌在气温稍升高一点时就加快繁殖速度,并通过极端天气和气候事件(厄尔尼诺现象、干旱、洪涝等)扩大疫情的流行。而气温低则妨碍细菌的生长,可临时性地阻止寄生虫的活动。

(4)对农业和生态系统产生难以预料的变化。气温上升影响土壤状况和季节变化,加剧粮食短缺。

(5)气温上升加速物种灭绝速度。地球上1/3的物种到21世纪末将不复存在。

(6)影响人类健康。高温天气给人群带来心脏病发作、中风和其他疾病的风险,还可以将热带疾病向较冷的地区传播,并使传染病传播更加广泛,疾病和死亡率增加。

3. 控制全球变暖的对策

发达国家是温室气体的主要排放国,这些国家应采取有力措施限制温室气体的排放,同时减少向发展中国家提供资金和转让有利环境的技术的障碍,以帮助发展中国家减少CO_2排放。发展中国家也有责任避免重复工业化国家所走过的道路,选择持续发展所需要的、与环境相协调的技术。

控制温室气体剧增的基本对策如下。

(1)调整能源战略。

当今世界各国一次能源消费结构均以矿物燃料为主,全球矿物燃料消费量占一次能源消费总量的89.8%,燃烧矿物燃料每年排入大气中的CO_2多达50亿t,并以每年平均0.4%的速度递增。因此,在保持经济增长的情况下,若想抑制CO_2排放量,必须大幅度地引进清洁能源并大力推行节能措施。调整能源战略可以从提高现有能源利用率及向清洁能源转化等着手。

①提高现有能源利用率,减少CO_2的排放可以采取以下几个措施:采用高效能转化设备,如电热共生产系统,可调速电动机;采用低耗能工艺,如新法炼钢可节能1/2;改进运输,降低油耗;推出新型高效家电;改进建筑保温;利用废热、余热集中供暖,可节能30%;加强废旧物资回收利用。

②能源消耗转化是指从使用含碳量高的燃料(如煤),转向含碳量低的燃料(如天然气),或转向不含碳的能源,如太阳能、风能、核能、地热能、水力、海洋能发电等。这些选择将使我们向减少CO_2排放的方向迈进。

(2)绿化对策。

目前热带雨林年损失1 400万 hm^2,每年从空气中就少吸收4亿t CO_2,为了抑制 CO_2 增长,应大面积植树造林。林地可以净化大气,调节气候,吸收 CO_2,每公顷森林年净产氧量为落叶林16 t、针叶林30 t、常绿阔叶林20~25 t,而消耗 CO_2 为上述值的1.375倍。因此,造林10 hm^2,即每年世界净增林地5 000万 hm^2,20年后新增林地将可以吸收 CO_2 约200亿t,达到阻滞 CO_2 增长的目的。

(3)控制人口,提高粮产,限制毁林。

近年来人口的剧增是导致全球变暖的主要因素之一。同时,这也严重地威胁着自然生态环境间的平衡,因此要在全球推行控制人口数量,提高人口素质,使人口发展与环境和经济相适应。解决第三世界的粮食问题,应依靠农业技术进步,发展生态农业,走提高单产之路,摒弃毁林从耕的落后农业生产方式。

(4)加强环境意识教育,促进全球合作。

缺乏环境意识是环境灾害发生的重要原因,为此,应通过各种渠道和宣传工具,进行危机感、紧迫感和责任感的教育。使越来越多的人认识到温室灾害已经开始,气候有可能日益变暖,人类应为自身和全球负责,建立长远规划,防止气候恶化。

上述环境污染是没有国界的,必须把地球环境作为整体统一考虑、合作治理,认真对待地球变暖问题,否则各国的发展进步都是无法实现的。

8.4.2 我国"双碳"目标 (China's "dual-carbon" target)

1."双碳"概况

"双碳"战略是指在我国减少温室气体排放和促进碳汇增长方面达到平衡,旨在实现低碳发展目标的同时满足经济社会发展的需求。具体来说,我国的目标是到2060年实现"碳中和",即二氧化碳排放量达到峰值后,通过植树造林等方式吸收的二氧化碳量等于或超过排放量,以此来抵消由于燃烧化石燃料等原因产生的二氧化碳排放。此外,我国还计划在2030年前实现"碳达峰",即二氧化碳排放量达到最高点,然后开始下降。

为了实现这一战略,我国采取了一系列措施,如加快发展方式的绿色转型,推进产业结构、能源结构、交通运输结构的调整优化,实施全面节约战略,发展绿色低碳产业,完善财税、金融、投资、价格政策和标准体系,倡导绿色消费,提升生态系统多样性、稳定性、持续性,以及积极参与全球气候治理等。"双碳"战略倡导绿色、环保、低碳的生活方式。加快降低碳排放步伐,有利于引导绿色技术创新,提高产业和经济的全球竞争力。我国持续推进产业结构和能源结构调整,大力发展可再生能源,在沙漠、戈壁、荒漠地区加快规划建设大型风电光伏基地项目,努力兼顾经济发展和绿色转型同步进行。这些措施不仅有助于减少温室气体排放,还将促进经济的高质量发展和可持续发展,展示了我国作为负责任大国的责任担当,以及对多边主义的支持。

2.“双碳”政策及举措

(1)2020—2022年。

自2020年“双碳”目标提出以来，我国把双碳工作纳入生态文明建设整体布局和经济社会发展全局，加快构建碳达峰碳中和“1+*N*”政策体系，有序开展“碳达峰十大行动”，坚定实施积极应对气候变化国家战略，扎实推动产业结构、能源结构、交通运输结构等调整优化，协同推进降碳、减污、扩绿、增长，建成全球规模最大的碳市场和清洁发电体系，使“双碳”目标日益成为我国经济高质量发展的绿色引擎。

2021年10月，中共中央、国务院印发《关于完整准确全面贯彻新发展理念做好碳达峰碳中和工作的意见》，国务院印发《2030年前碳达峰行动方案》，之后，各有关部门制定了分领域分行业实施方案和支撑保障方案，已构建起碳达峰碳中和“1+*N*”政策体系。

① 国务院《关于完整准确全面贯彻新发展理念做好碳达峰碳中和工作的意见》

到2025年，绿色低碳循环发展的经济体系初步形成，重点行业能源利用效率大幅提升。单位国内生产总值能耗比2020年下降13.5%；单位国内生产总值二氧化碳排放比2020年下降18%；非化石能源消费比重达到20%左右；森林覆盖率达到24.1%，森林蓄积量达到180亿m^3，为实现碳达峰、碳中和奠定坚实基础。

到2030年，经济社会发展全面绿色转型取得显著成效，重点耗能行业能源利用效率达到国际先进水平。单位国内生产总值能耗大幅下降；单位国内生产总值二氧化碳排放比2005年下降65%以上；非化石能源消费比重达到25%左右，风电、太阳能发电总装机容量达到12亿kW以上；森林覆盖率达到25%左右，森林蓄积量达到190亿m^3，二氧化碳排放量达到峰值并实现稳中有降。

到2060年，绿色低碳循环发展的经济体系和清洁低碳安全高效的能源体系全面建立，能源利用效率达到国际先进水平，非化石能源消费比重达到80%以上，碳中和目标顺利实现，生态文明建设取得丰硕成果，开创人与自然和谐共生新境界，煤电严格控制化石能源消费。加快煤炭减量步伐，“十四五”时期严控煤炭消费增长，“十五五”时期逐步减少。石油消费“十五五”时期进入峰值平台期。统筹煤电发展和保供调峰，严控煤电装机规模，加快现役煤电机组节能升级和灵活性改造。逐步减少直至禁止煤炭散烧。

② 国务院印发《2030年前碳达峰行动方案》。

“十四五”期间，产业结构和能源结构调整优化取得明显进展，重点行业能源利用效率大幅提升，煤炭消费增长得到严格控制，新型电力系统加快构建，绿色低碳技术研发和推广应用取得新进展，绿色生产生活方式得到普遍推行，有利于绿色低碳循环发展的政策体系进一步完善。到2025年，非化石能源消费比重达到20%左右，单位国内生产总值能源消耗比2020年下降13.5%，单位国内生产总值二氧化碳排放比2020年下降18%，为实现碳达峰奠定坚实基础。

“十五五”期间，产业结构调整取得重大进展，清洁低碳安全高效的能源体系初步建立，重点领域低碳发展模式基本形成，重点耗能行业能源利用效率达到国际先进水平，非化石能源消费比重进一步提高，煤炭消费逐步减少，绿色低碳技术取得关键突破，绿色生活方式成为公众自觉选择，绿色低碳循环发展政策体系基本健全。到2030年，非化石能源消费比重达到25%左右，单位国内生产总值二氧化碳排放比2005年下降65%以上，顺利实现2030年前碳达峰目标。

③《工业领域碳达峰实施方案》。

“十四五”期间，产业结构与用能结构优化取得积极进展，能源资源利用效率大幅提升，建成一批绿色工厂和绿色工业园区，研发、示范、推广一批减排效果显著的低碳零碳负碳技术工艺装备产品，筑牢工业领域碳达峰基础。到2025年，规模以上工业单位增加值能耗较2020年下降13.5%，单位工业增加值二氧化碳排放下降幅度大于全社会下降幅度，重点行业二氧化碳排放强度明显下降。

“十五五”期间，产业结构布局进一步优化，工业能耗强度、二氧化碳排放强度持续下降，努力达峰削峰，在实现工业领域碳达峰的基础上强化碳中和能力，基本建立以高效、绿色、循环、低碳为重要特征的现代工业体系。确保工业领域二氧化碳排放在2030年前达峰。

④《财政支持做好碳达峰碳中和工作的意见》。

到2025年，财政政策工具不断丰富，有利于绿色低碳发展的财税政策框架初步建立，有力支持各地区各行业加快绿色低碳转型。2030年前，有利于绿色低碳发展的财税政策体系基本形成，促进绿色低碳发展的长效机制逐步建立，推动碳达峰目标顺利实现。2060年前，财政支持绿色低碳发展政策体系成熟健全，推动碳中和目标顺利实现。

⑤ 教育部《加强碳达峰碳中和高等教育人才培养体系建设工作方案》。

a. 可再生能源。

进一步加强风电、光伏、水电和核电等人才培养。适度扩大专业人才培养规模，保证水电、抽水蓄能和核电人才增长需求，增强“走出去”国际化软实力。拓展专业的深度和广度，推进新能源材料、装备制造、运行与维护、前沿技术等方面技术进步和产业升级。

b. 煤电。

加快传统能源动力类、电气类、交通运输类和建筑类等重点领域专业人才培养转型升级。以一次能源清洁高效开发利用为重点，加强煤炭、石油和天然气等专业人才培养。以二次能源高效转换为重点，加强重型燃气轮机、火电灵活调峰、智能发电、分布式能源和多能互补等新能源类人才培养。以服务新型电力系统建设为重点，以智能化、综合化等为特色强化电气类人才培养。以推动建筑、工业等行业的电气化与节能降耗为重点，加强交通运输类和建筑类人才培养。

⑥《城乡建设领域碳达峰实施方案》。

2030年前，城乡建设领域碳排放达到峰值。城乡建设绿色低碳发展政策体系和体制机制基本建立；建筑节能、垃圾资源化利用等水平大幅提高，能源资源利用效率达到国际先进水平；用能结构和方式更加优化，可再生能源应用更加充分；城乡建设方式绿色低碳转型取得积极进展，“大量建设、大量消耗、大量排放”基本扭转；城市整体性、系统性、生长性增强，“城市病”问题初步解决；建筑品质和工程质量进一步提高，人居环境质量大幅改善；绿色生活方式普遍形成，绿色低碳运行初步实现。力争到2060年前，城乡建设方式全面实现绿色低碳转型。

⑦《农业农村减排固碳实施方案》。

“十四五”期间，在增强适应气候变化能力、保障粮食安全基础上，坚持降低排放强度为主、控制排放总量为辅的方针,着力构建政策激励、市场引导和监管约束的多向引导机制,探索全社会协同推进农业农村减排固碳的实施路径。到2025年,农业农村减排固碳与粮食安全、乡村振兴、农业农村现代化统筹融合的格局基本形成。到2030年,农业农村减排固碳与粮食安全、乡村振兴、农业农村现代化统筹推进的合力充分发挥,种植业温室气体、畜牧业反刍动物肠道发酵、畜禽粪污管理温室气体排放和农业农村生产生活用能排放强度进一步降低,农田土壤固碳能力显著提升,农业农村发展全面绿色转型取得显著成效。

推进秸秆能源化利用,因地制宜发展秸秆生物质能供气供热供电。以清洁低碳转型为重点,大力推进农村可再生能源开发利用。因地制宜发展农村沼气,鼓励有条件地区建设规模化沼气/生物天然气工程,推进沼气集中供气供热、发电上网,以及生物天然气车用或并入燃气管网等应用,替代化石能源。推广生物质成型燃料、打捆直燃、热解炭气联产等技术,配套清洁炉具和生物质锅炉,助力农村地区清洁取暖。推广太阳能热水器、太阳能灯、太阳房,利用农业设施棚顶、鱼塘等发展光伏农业。

⑧《贯彻落实碳达峰碳中和目标要求 推动数据中心和5G等新型基础设施绿色高质量发展实施方案》。

到2025年,数据中心和5G基本形成绿色集约的一体化运行格局。数据中心运行电能利用效率和可再生能源利用率明显提升,全国新建大型、超大型数据中心平均电能利用效率降到1.3以下,国家枢纽节点进一步降到1.25以下,绿色低碳等级达到4A级以上。全国数据中心整体利用率明显提升,西部数据中心利用率由30%提高到50%以上,东西部算力供需更为均衡。5G基站能效提升20%以上。数据中心、5G能耗动态监测机制基本形成,综合产出测算体系和统计方法基本健全。在数据中心、5G实现绿色高质量发展基础上,全面支撑各行业特别是传统高耗能行业的数字化转型升级,助力实现碳达峰总体目标,为实现碳中和奠定坚实基础。

⑨ 科技部等九部门印发《科技支撑碳达峰碳中和实施方案(2022—2030年)》。

聚焦国家能源发展战略任务,立足以煤为主的资源禀赋,抓好煤炭清洁高效利用,增加新能源消纳能力,推动煤炭和新能源优化组合,保障国家能源安全并降低碳排放,是我国低碳科技创新的重中之重。充分发挥国家战略科技力量和各类创新主体作用,深入推进跨专业、跨领域深度协同、融合创新,构建适应碳达峰碳中和目标的能源科技创新体系。针对能源绿色低碳转型迫切需求,加强基础性、原创性、颠覆性技术研究,为煤炭清洁高效利用、新能源并网消纳、可再生能源高效利用,以及煤制清洁燃料和大宗化学品等提供科技支撑。到2030年,大幅提升能源技术自主创新能力,带动化石能源有序替代,推动能源绿色低碳安全高效转型。

(2)2023年以来政策及举措。

①全国生态环境保护工作会议在京召开。

2023年2月16~17日,生态环境部在京召开2023年全国生态环境保护工作会议。会议以习近平新时代中国特色社会主义思想为指导,全面贯彻落实党的二十大以及中央经济工作会议精神,深入学习贯彻习近平生态文明思想,总结2022年生态环境保护工作,分析当前面临形势,安排部署2023年重点任务。生态环境部党组书记孙金龙出席会议并讲话，生态环境部部长黄润秋出席会议并做工作报告。

会议确定，2023 年要抓好以下重点任务。其中包括扎实推动绿色低碳高质量发展。全力支撑服务经济运行整体好转，强化重大投资项目环评服务保障，着力推动生态环境基础设施建设等重大工程项目建设，大力发展生态环保产业。开展多层次多领域减污降碳协同创新，做好全国碳市场第二个履约周期管理工作，健全温室气体清单编制体系，深化气候适应型城市、低碳城市建设试点。

②生态环境部印发《关于做好 2023—2025 年发电行业企业温室气体排放报告管理有关工作的通知》。

2023 年 2 月，生态环境部印发《关于做好 2023—2025 年发电行业企业温室气体排放报告管理有关工作的通知》，要求各省级生态环境部门要依据《碳排放权交易管理办法（试行）》有关规定，组织开展发电行业企业温室气体排放报告管理有关工作。根据《企业温室气体排放报告核查指南（试行）》要求，对核查技术服务机构的工作质量、合规性、及时性等进行评估，于每年 7 月 31 日前通过管理平台向社会公开评估结果。

③国家发展改革委等部门印发《关于统筹节能降碳和回收利用加快重点领域产品设备更新改造的指导意见》。

2023 年 2 月，国家发展改革委等部门印发《关于统筹节能降碳和回收利用 加快重点领域产品设备更新改造的指导意见》，旨在加快发展方式绿色转型，深入实施全面节约战略，扩大有效投资和消费，逐步分类推进重点领域产品设备更新改造，加快构建废弃物循环利用体系，推动废旧产品设备物尽其用，实现生产、使用、更新、淘汰、回收利用产业链循环，推动制造业高端化、智能化、绿色化发展，形成绿色低碳的生产方式和生活方式，为实现碳达峰碳中和目标提供有力支撑。

还同步印发了锅炉、电机、电力变压器、制冷设备、照明设备、家用电器等领域设备改造和回收利用实施指南。

④最高法发布《最高人民法院关于完整准确全面贯彻新发展理念 为积极稳妥推进碳达峰碳中和提供司法服务的意见》。

2023 年 2 月 17 日，最高人民法院召开新闻发布会，发布《最高人民法院关于完整准确全面贯彻新发展理念 为积极稳妥推进碳达峰碳中和提供司法服务的意见》（以下简称《意见》）暨司法积极稳妥推进碳达峰碳中和典型案例。

《意见》紧扣国家“双碳”目标，对标中共中央、国务院《关于完整准确全面贯彻新发展理念 做好碳达峰碳中和工作的意见》主要任务，遵循全国统筹、节约优先、双轮驱动、内外畅通、防范风险的原则要求，立足发挥审判职能作用，为积极稳妥推进碳达峰碳中和提供有力司法服务。

⑤国家标准化管理委员会、国家发展改革委等印发《碳达峰碳中和标准体系建设指南》。

2023 年 4 月，国家标准化管理委员会、国家发展和改革委员会、工业和信息化部等十一部门联合印发《碳达峰碳中和标准体系建设指南》，提出将围绕基础通用标准，以及碳减排、碳清除、碳市场等发展需求，基本建成碳达峰碳中和标准体系。到 2025 年，制修订不少于 1 000 项国家标准和行业标准（包括外文版本），与国际标准一致性程度显著提高，主要行业碳核算核查实现标准全覆盖,重点行业和产品能耗能效标准指标稳步提升。实质性参与绿色低碳相关国际标准不少于30项,绿色低碳国际标准化水平明显提升。

⑥国家发展改革委等部门印发《绿色低碳先进技术示范工程实施方案》。

2023年8月,国家发展改革委等十部门联合印发《绿色低碳先进技术示范工程实施方案》,目标到2025年,通过实施绿色低碳先进技术示范工程,一批示范项目落地实施,一批先进适用绿色低碳技术成果转化应用,若干有利于绿色低碳技术推广应用的支持政策、商业模式和监管机制逐步完善,为重点领域降碳探索有效路径。到2030年,通过绿色低碳先进技术示范工程带动引领,先进适用绿色低碳技术研发、示范、推广模式基本成熟,相关支持政策、商业模式、监管机制更加健全,绿色低碳技术和产业国际竞争优势进一步加强,为实现碳中和目标提供有力支撑。

⑦市场监管总局《关于统筹运用质量认证服务碳达峰碳中和工作的实施意见》。

2023年10月,国家市场监管总局印发《关于统筹运用质量认证服务碳达峰碳中和工作的实施意见》,提出到2025年,基本建成直接涉碳类和间接涉碳类相结合、国家统一推行与机构自主开展相结合的碳达峰碳中和认证制度体系。分步建立产品碳标识认证、碳相关管理体系和服务认证等直接涉碳类认证制度体系,完善绿色产品认证、能源管理体系认证、环境管理体系认证等间接涉碳类认证制度体系,初步形成各类制度协同促进、认证市场规范有序、应用采信范围广泛、国际合作互认互信的发展格局,为碳达峰碳中和提供科学公正、准确高效的质量认证技术服务。

⑧国家发展改革委印发《国家碳达峰试点建设方案》。

2023年10月,国家发展改革委印发了《国家碳达峰试点建设方案》,明确提出到2025年,试点城市和园区碳达峰碳中和工作取得积极进展,试点范围内有利于绿色低碳发展的政策机制基本构建,一批可操作、可复制、可推广的创新举措和改革经验初步形成,不同资源禀赋、不同发展基础、不同产业结构的城市和园区碳达峰路径基本清晰,试点对全国碳达峰碳中和工作的示范引领作用逐步显现。

⑨国家发展改革委等部门《关于加快建立产品碳足迹管理体系的意见》。

2023年11月,国家发展改革委、工业和信息化部、市场监管总局、住房城乡建设部、交通运输部等五部门联合印发了《关于加快建立产品碳足迹管理体系的意见》,提出到2025年,国家层面出台50个左右重点产品碳足迹核算规则和标准,一批重点行业碳足迹背景数据库初步建成,国家产品碳标识认证制度基本建立,碳足迹核算和标识在生产、消费、贸易、金融领域的应用场景显著拓展,若干重点产品碳足迹核算规则、标准和碳标识实现国际互认。

⑩国家发展改革委等部门印发《锅炉绿色低碳高质量发展行动方案》。

2023年12月,国家发展改革委、市场监管总局等五部门联合印发《锅炉绿色低碳高质量发展行动方案》(以下简称《方案》),明确了总体要求、主要目标和重点任务,对锅炉生产制造、建设运行、回收利用等环节做出全链条系统安排。《方案》明确提出,到2025年,工业锅炉、电站锅炉平均运行热效率较2021年分别提高5个百分点和0.5个百分点;到2030年,工业锅炉产品热效率较2021年提高3个百分点,平均运行热效率进一步提高。

⑪中共中央、国务院印发《关于全面推进美丽中国建设的意见》。

我国在2023年底发布了《关于全面推进美丽中国建设的意见》(以下简称《意见》),建设美丽中国是全面建设社会主义现代化国家的重要目标,是实现中华民族伟大复兴中国梦的重要内容。为全面推进美丽中国建设,加快推进人与自然和谐共生的现代化。

主要目标是:到2027年,绿色低碳发展深入推进,主要污染物排放总量持续减少,生态环境质量持续提升,国土空间开发保护格局得到优化,生态系统服务功能不断增强,城乡人居环境明显改善,国家生态安全有效保障,生态环境治理体系更加健全,形成一批实践样板,美丽中国建设成效显著。到2035年,广泛形成绿色生产生活方式,碳排放达峰后稳中有降,生态环境根本好转,国土空间开发保护新格局全面形成,生态系统多样性稳定性持续性显著提升,国家生态安全更加稳固,生态环境治理体系和治理能力现代化基本实现,美丽中国目标基本实现。展望21世纪中叶,生态文明全面提升,绿色发展方式和生活方式全面形成,重点领域实现深度脱碳,生态环境健康优美,生态环境治理体系和治理能力现代化全面实现,美丽中国全面建成。

《意见》主要内容之一是加快发展方式绿色转型,该内容基本上都是围绕绿色低碳方面进行了阐述。具体包括如下几点。

a. 积极稳妥推进碳达峰碳中和。

有计划分步骤实施碳达峰行动,力争2030年前实现碳达峰,为努力争取2060年前实现碳中和奠定基础。坚持先立后破,加快规划建设新型能源体系,确保能源安全。重点控制煤炭等化石能源消费,加强煤炭清洁高效利用,大力发展非化石能源,加快构建新型电力系统。开展多领域多层次减污降碳协同创新试点。推动能耗双控逐步转向碳排放总量和强度双控,加强碳排放双控基础能力和制度建设。逐年编制国家温室气体清单。实施甲烷排放控制行动方案,研究制定其他非二氧化碳温室气体排放控制行动方案。进一步发展全国碳市场,稳步扩大行业覆盖范围,丰富交易品种和方式,建设完善全国温室气体自愿减排交易市场。到2035年,非化石能源占能源消费总量比重进一步提高,建成更加有效、更有活力、更具国际影响力的碳市场。

b. 统筹推进重点领域绿色低碳发展。

推进产业数字化、智能化同绿色化深度融合,加快建设以实体经济为支撑的现代化产业体系,大力发展战略性新兴产业、高技术产业、绿色环保产业、现代服务业。严把准入关口,坚决遏制高耗能、高排放、低水平项目盲目上马。大力推进传统产业工艺、技术、装备升级,实现绿色低碳转型,实施清洁生产水平提升工程。加快既有建筑和市政基础设施节能降碳改造,推动超低能耗、低碳建筑规模化发展。大力推进“公转铁”“公转水”,加快铁路专用线建设,提升大宗货物清洁化运输水平。推进铁路场站、民用机场、港口码头、物流园区等绿色化改造和铁路电气化改造,推动超低和近零排放车辆规模化应用、非道路移动机械清洁低碳应用。到2027年,新增汽车中新能源汽车占比力争达到45%,老旧内燃机车基本淘汰,港口集装箱铁水联运量保持较快增长;到2035年,铁路货运周转量占总周转量比例达到25%左右。

c. 推动各类资源节约集约利用。

实施全面节约战略,推进节能、节水、节地、节材、节矿。持续深化重点领域节能,加强新型基础设施用能管理。深入实施国家节水行动，强化用水总量和强度双控，提升重点用水行业、产品用水效率，积极推动污水资源化利用，加强非常规水源配置利用。健全节约集约利用土地制度，推广节地技术和模式。建立绿色制造体系和服务体系。开展资源综合利用提质增效行动。加快构建废弃物循环利用体系，促进废旧风机叶片、光伏组件、动力电池、快递包装等废弃物循环利用。推进原材料节约和资源循环利用，大力发展再制造产业。全面推进绿色矿山建设。到2035年，能源和水资源利用效率达到国际先进水平。

⑫全国温室气体自愿减排交易市场启动。

全国温室气体自愿减排交易（CCER）市场启动仪式2024年1月22日上午在北京举行。中共中央政治局常委、国务院副总理丁薛祥出席活动，宣布全国温室气体自愿减排交易市场启动。CCER与2021年7月启动的全国碳排放权交易市场共同构成了我国的国家碳排放交易体系。启动仪式现场，河北塞罕坝机械林场、中国广核集团有限公司、国家电力投资集团有限公司、自然资源部第三海洋研究所等4家项目开发单位负责人签署了自愿减排项目开发和减排量交易合规倡议。

我国CCER市场自2012年开启。2017年，国家发展改革委暂缓受理了CCER的备案申请。2023年10月，生态环境部发布《温室气体自愿减排交易管理办法（试行）》，这是保障全国温室气体自愿减排交易市场有序运行的基础性制度。随后，生态环境部发布第一批CCER方法学。未来，企业自主减排意识不断提升将带来新增需求，CCER市场空间巨大。

⑬国家发展改革委、国家统计局、国家能源局《关于加强绿色电力证书与节能降碳政策衔接大力促进非化石能源消费的通知》（发改环资〔2024〕113号）。

为全面贯彻党的二十大精神，认真落实中央经济工作会议部署，完善能源消耗总量和强度调控，重点控制化石能源消费，拓展绿色电力证书应用场景，深入推进能源消费革命，加快经济社会发展全面绿色转型，推动完成“十四五”能耗强度下降约束性指标。

⑭国务院公布《碳排放权交易管理暂行条例》。

国务院总理李强2024年1月25日签署国务院令，公布《碳排放权交易管理暂行条例》（以下简称《条例》），自2024年5月1日起施行。碳排放权交易是通过市场机制控制和减少二氧化碳等温室气体排放、助力积极稳妥推进碳达峰碳中和的重要政策工具。制定专门行政法规，为全国碳排放权交易市场运行管理提供明确法律依据，保障和促进其健康发展，具有重要意义。《条例》总结实践经验，坚持全流程管理，重在构建基本制度框架，保障碳排放权交易政策功能的发挥。

2021年9月，国际权威学术期刊《科学》发表了中国科学院天津工业生物技术研究所的重大突破性进展，在实验室里，他们在国际上首次实现了二氧化碳到淀粉的人工全合成，其淀粉人工合成效率是玉米作物的8.5倍。中国科学研究院天津工业生物技术研究所的“二氧化碳人工合成淀粉”，未来技术若实现工业化应用，将可节省超过90%的耕地与淡水资源。国内外专家高度评价该成果是“典型的0到1原创性突破”，不仅对未来的农业生产特别是粮食生产具有革命性影响，而且对全球生物制造产业的发展具有里程碑式的意义。

2021年里，继9月突破二氧化碳人工合成淀粉技术之后，10月我国又首次实现从一氧化碳到蛋白质的合成。

中国农业科学院饲料研究所在 10 月 30 日宣布，我国在一碳生物合成领域也取得重大突破性进展：全球首次实现从一氧化碳到蛋白质的合成，并已形成万吨级工业产能。这一举突破了天然蛋白质植物合成的时空限制，为弥补我国农业最大短板——饲用蛋白对外依存度过高提供了国之利器，同时极大程度实现二氧化碳减排，并节省耕地较大程度地将农业碳“源”变为碳“汇”。严格来说，这次从一氧化碳到蛋白质的合成，其实不是纯化学酶合成，而是生物细菌发酵，仍属于生物来源。最为关键的是，这项技术不再只停留在实验室内，已经形成了万吨级工业产能。这种不依赖植物光合作用，设计人工生物系统固定二氧化碳合成淀粉，一氧化碳合成蛋白质，将是影响世界的重大颠覆性技术，也是当今世界科技创新的战略方向。

8.5 新型脱氮除磷技术
(New removal technology of nitrogen and phosphorus)

8.5.1 硝化反硝化技术
(Nitrification and denitrification technology)

脱氮是污水处理的一个重要目标，生物法脱氮以其经济性好、处理效率高等优点成为污水处理厂最常用的脱氮工艺。传统的生物脱氮工艺为好氧硝化和厌氧反硝化相结合(A/O 工艺)，即氨态氮在好氧条件下被自养的亚硝化菌和硝化菌转化为硝酸盐，再在厌氧条件下被异养的反硝化菌转化为 N_2O 和 N_2 等气态产物，实现废水中氮的去除。

然而，传统的 A/O 脱氮工艺具有较多的局限之处。首先，硝化和反硝化由于生境不同，需分别在不同的反应器内进行，因此反应器建设成本较高；其次，硝化过程受有机物负荷影响较大，当进水有机物浓度较高时，会严重影响硝化菌的活性和脱氮效果；第三，传统脱氮微生物生长速率较慢，活性较低，在低温、高盐等特殊条件下脱氮效果会大幅降低。

近年来，一些新型高效的生物脱氮工艺逐步引起关注。好氧反硝化作为一种新兴的脱氮技术，相比传统生物脱氮工艺，大部分的好氧反硝化菌同时具有异养硝化的能力，可同时实现废水中有机物和氮的去除。因此无须另建厌氧反应器，运行和维护的费用较低，且在处理过程中基本没有硝酸盐和亚硝酸盐的积累。此外，好氧反硝化菌生长快、活性高，具有良好的应用前景。

1. 好氧反硝化现象的发现

长期以来，反硝化一直被认为是一个严格的厌氧过程，因为反硝化细菌作为兼性菌优先使用溶解氧呼吸，甚至在 DO 浓度低于 $0.1\ mg \cdot L^{-1}$ 时也是如此，这样就阻止了利用硝酸盐和亚硝酸盐作为最终电子受体，而使得电子流向氧。同时在反硝化作用过程中，O_2 被认为可抑制反硝化还原酶。对好氧反硝化菌的研究始于 20 世纪 80 年代，最早给出好氧反硝化反应科学确证的是 Kmll 和 Meibcrg。Robertson 最早在除硫和反硝化处理系统出水中首次分离出好氧反硝化菌后，国内外的不少研究也证明了反硝化可以发生在有氧条件下，即存在好氧反硝化现象。

从国内外的研究现状可见,具有好氧反硝化能力的细菌是常规存在的而不是偶然的,不同菌属中都有可能存在好氧反硝化菌。自然界蕴藏着丰富的好氧反硝化细菌,只要方法得当,可从不同的环境包括灌渠、池塘、土壤以及水体中分离。好氧反硝化菌在自然环境中广泛存在,其生长速度快、耐氧适应性强,可利用碳源范围广,培养投资少,适合治理大面积氮污染水域。综上所述,好氧反硝化菌的出现是传统生物脱氮理论的新突破,它是对传统生物脱氮理论有力的补充,为生物脱氮提供了一条全新的途径,具有广泛的应用前景。

2. 机理初探

Robertson 等认为,在好氧反硝化中协同呼吸是一个很重要的机理,协同呼吸意味着氧和硝酸盐可以同时作为电子受体。细胞色素 c 和细胞色素 aa3 之间的电子传输链中的"瓶颈"现象可以被克服,因而允许电子流同时传输给反硝化酶以及氧气,故反硝化反应就可能在好氧环境中发生。郑平等认为好氧反硝化菌的反硝化作用过程包括 4 个还原步骤,分别由硝酸盐还原酶、亚硝酸盐还原酶、一氧化氮还原酶、一氧化二氮还原酶催化完成。

在好氧反硝化菌 *Thiosphaera pantotropha* 体内,存在着两种不同的硝酸盐还原酶(NAR),即膜内硝酸盐还原酶和周质硝酸盐还原酶。菌体的好氧生长和厌氧生长分别揭示了好氧条件下和厌氧条件下这两种酶的活性。在缺氧条件下,膜内硝酸盐还原酶具有活性,而这种酶在好氧条件下完整的细胞里是不起作用的。在好氧条件下,周质硝酸盐还原酶被表达,这种酶即使在很高的氧浓度下仍然可以起作用。这两种 NARs 的催化特征是明显不同的。周质硝酸盐还原酶是不能够使用氯酸盐作为可选择的电子受体,而且对叠氮化物也不敏感。仅仅只有膜内硝酸盐还原酶能够同 NADH 脱氢酶相结合。*Thiosphaera pantotropha* 的周质硝酸盐还原酶的好氧表达不会依赖于是否存在硝酸盐,但是会极大地被所使用的碳源种类影响。还原性的碳源(丁酸盐或已酸盐)越多,周质硝酸盐还原酶的活性越强。这证实了它在好氧生长过程中可能起着氧化还原阈值的作用。周质硝酸盐还原酶很有可能参与了好氧反硝化,因为在周质中硝酸盐的还原反应对于透过细胞质膜进行硝酸盐转运时的氧气的抑制不是很敏感。而细胞质膜可以通过膜内硝酸盐还原酶来阻止这种还原反应。

目前提出好氧反硝化菌的假想呼吸途径中,NO_3^-、O_2均可作为电子最终受体:即电子可从被还原的有机物基质传递给 O_2,也可传递给 NO_3^-、NO_2^-和 N_2O,并分别将它们还原,如图 8.5 所示。

由于好氧反硝化菌的发现,同步硝化反硝化在生物学角度已经给出了人们比较满意的解释。20 世纪 80 年代中期以来,人们在各种不同的环境下诸如土壤、沟渠、池塘、活性污泥、沉积物等分离出了一些好氧反硝化细菌。已知的好氧反硝化菌有 *Thiosphaera Pantotropha*、*Pseudmonas* SPP、*Alcaligenes faecalis*、*Pseudomonas nautical*、*Thauera Mechernichensis*,*Alcaligenes* sp.、*Microvirgula aerodenitrificans* 等。有些好氧反硝化菌同时也是异养硝化菌,因此能直接把氨转化为最终气态产物逸出,这也使得在同一反应器内同时完成硝化反硝化成为可能。

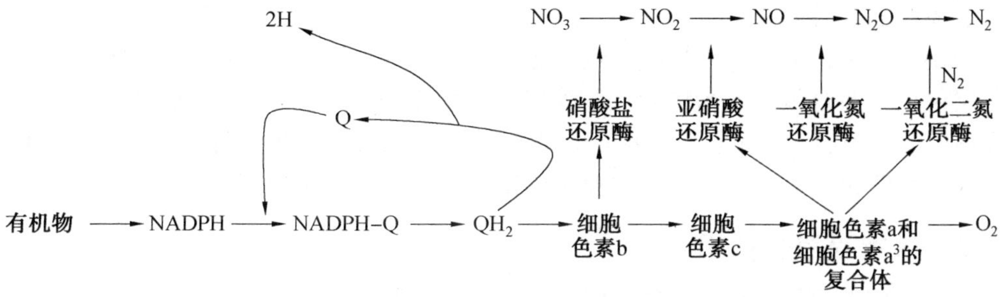

图8.5 好氧反硝化菌的假想呼吸途径

与传统的细菌厌氧反硝化相比,作为生物脱氮新技术之一的细菌好氧反硝化更具有独特优势:① 好氧反硝化菌能在有氧条件下进行反硝化,使得同步硝化/反硝化成为可能,硝化反应的产物可直接成为反硝化反应的底物,避免了培养过程亚硝酸盐和硝酸盐的积累对硝化反应的抑制,加速了硝化—反硝化进程。同时,反硝化作用补偿硝化反应消耗的碱度,维持了反应系统中 pH 的稳定,降低了操作难度和运行成本。②大部分好氧反硝化菌适应性较强,生长速度快,产量高并且溶解氧浓度要求较低,反硝化速度快且彻底,适合治理大面积氮元素污染水域。

3. 好氧反硝化菌的应用及发展前景

好氧反硝化的提出,使得硝化和反硝化可以真正同步进行,一些新型的除氮新技术也相应产生。目前,好氧反硝化菌主要应用于废水生物处理、养殖水体净化等领域。Pai 等将筛选到的好氧反硝化菌种与活性污泥混合后处理污水,取得了很好的强化效果,李丛娜等人利用序批式反应器(SBR)在 DO>8 $mg \cdot L^{-1}$,C/N 为 7.9 的情况下,经过 5 h 曝气除氮率为 45.3%。于爱茸等将好氧反硝化菌 *Bacillus* sp. W2 用于水产养殖废水处理,发现 0.067 hm^2鱼塘投入 1 kg 该菌液即可实现养殖水体完全脱氮。好氧反硝化菌在去除氮的同时,利用有机碳,实现了有机污染物的去除。Pamreau 等人发明了生物膜反应器(RBC),可在好氧环境下高效去除氮和有机物。马放等利用好氧反硝化菌群强化生物陶粒反应器处理高浓度含硝氮废水,系统稳定运行后硝氮平均去除率可达 93% 以上,COD 的平均去除率稳定在 98%。

同时,不少研究表明好氧反硝化菌具有难降解有机物分解能力。可能由于能够在有氧气存在的条件下有利于生物降解有机物,好氧反硝化菌进行反硝化作用,表现出可以去除有毒或难降解污染物的潜能。聚乙烯醇(PVA)曾被认为是一种无法生物降解的合成纤维,Suzuki 等从含 PVA 的土壤中分离出 1 株好氧反硝化假单胞菌 O-3,有效地降解了 PVA;Seung 等分离的产碱菌 P5 能在好氧条件下以苯酚为有机碳源进行反硝化作用,同时有效地去除苯酚和硝酸盐氮。

众多研究表明,好氧反硝化菌在环境生物脱氮方面具有技术优势与应用潜力,但现有研究与实际应用仍有较大差距。研究表明好氧反硝化菌在自然环境中广泛存在,其适应性较强、生长速度快、产量高并且对 DO 浓度要求较低,反硝化速度快且彻底,适合治理大面积氮污染水域,在自然水体生物修复方面极具应用潜力;然而,目前有关好氧反硝化菌的研究主要集中于高浓度废水生物处理系统,有必要进一步开展好氧反硝化菌对受污染自然水体修复等研究。

利用固定化技术强化生物脱氮过程是近十多年来生物脱氮领域研究的热点之一。利用分层包埋或混合包埋技术将硝化菌等好氧微生物包埋在外层,将反硝化菌等厌氧菌包埋在内层,为硝化和反硝化都提供了适宜的条件。一方面,避免了好氧条件下反硝化菌与硝化菌争夺溶解氧;另一方面,也避免了反硝化菌在大量有机碳源存在情况下过度繁殖。

8.5.2 厌氧氨氧化技术 (Anaerobic ammonia oxidation technology)

1977 年 Broda 指出,化能自养细菌能以 NO_3^-、CO_2 和 NO_2^- 作为氧化剂把 NH_4^+ 氧化为 N_2。推测自然界可能存在以 NO_2^- 为电子受体的厌氧氨氧化反应。后来有研究发现氨氧化菌 *Nitrosomonas europaea* 和 *Nitrosomonas eutropha* 能同时硝化与反硝化,利用 NH_2OH 还原 NO_2^- 或 NO_2,或者在缺氧条件下利用 NH_4^+ 作为电子供体,把 NH_4^+ 转化为 N_2。在利用 NO_2^- 为电子受体时,其厌氧氨氧化的最大速率(以单位蛋白质计)约为2 $nmol \cdot min^{-1} \cdot mg^{-1}$。然而在反硝化的小试实验中发现了一种特殊自养菌的优势微生物群体,它以 NO_2^- 为电子受体,最大比氨氧化速率(以单位蛋白质计)为 55 $nmol \cdot (min \cdot mg)^{-1}$。此反应比 *Nitrosomonas* 快 25 倍,把这种细菌称为厌氧氨氧化细菌。在无分子氧环境中,同时存在 NH_4^+ 和 NO_2^- 时,NH_4^+ 作为反硝化的无机电子供体,NO_2^- 作为电子受体,生成氮气,这一过程称为厌氧氨氧化。近年来,在厌氧氨氧化细菌生理生化特性的理论研究领域和废水生物脱氮的应用研究领域都有了许多新的发现,这对于全面认识厌氧氨氧化细菌的性质、开发新的废水脱氮技术都具有重要意义。

厌氧氨氧化(anaerobic ammonium oxidation)工艺是由荷兰 Delft 技术大学提出的新型生物脱氮工艺。它是指在厌氧条件下,以亚硝酸盐为电子受体将氨氧化为氮气的生物反应。早在 1977 年,奥地利理论化学家 Broda 就从化学反应热力学角度预言了厌氧氨氧化反应的存在。自从 Mulde 等 1995 年首次在三级脱氮流化床反应器中发现厌氧氨氧化反应以来,厌氧氨氧化工艺以其独特的高效经济性获得了环保工作者的关注和青睐。

1. 厌氧氨氧化反应机理

长期以来,人们都认为 NH_4^+ 是化学惰性的,需在好氧条件下经多功能氧化酶的作用才能氧化。1977 年, Broda 预测自然界存在能以亚硝态氮为电子受体进行氨氧化反应的微生物。1995 年荷兰学者 Mulder 在反硝化流化床反应器中发现氨氮在随着硝态氮的消失同时有氮气生成的现象,并将其命名为“ANAMMOX”,随后 Van de Graaf 等人通过大量的实验证明 ANAMMOX 一个生物学过程,并用 ^{15}N 标记的氮化合物证明 NO_2^- 才是 ANAMMOX 的关键电子受体,而不是之前认为的 NO_3^-,并提出了厌氧氨氧化可能的代谢途径如图 8.6 所示。因此,ANAMMOX 是厌氧氨氧化细菌在厌氧条件下以 NO_2^- 为电子受体,将氨氮氧化为氮气的生物学过程。羟氨(NH_2OH)和联氨(N_2H_4)是厌氧氨氧化过程的中间产物, 其中 NH_2OH 为最可能的电子受体。NH_2OH 由 NO_2^- 还原产生,这一还原过程又为 N_2H_4 转化为氮气提供所需要的等量电子。

Strous 等在利用 SBR 反应器富集厌氧氨氧化细菌的过程中,根据化学计量和物料衡

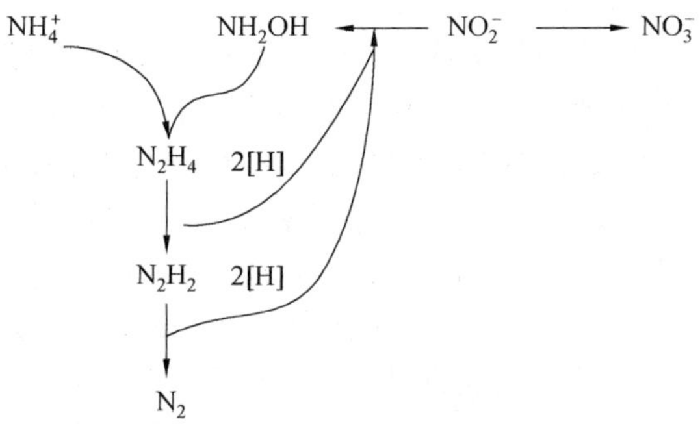

图 8.6 厌氧氨氧化可能的代谢途径

算提出了厌氧氨氧化反应可能的总反应方程式：

$$NH_4^+ + 1.32NO_2^- + 0.066HCO_3^- + 0.13H^+ \longrightarrow$$
$$1.02N_2 + 0.26NO_3^- + 0.066CH_2O_{0.5}N_{0.15} + 2.03H_2O \qquad (8.1)$$

2. 厌氧氨氧化工艺

目前基于厌氧氨氧化原理开发的工艺有 OLAND（限氧自养硝化-反硝化，oxygen limited autotrophic nitrification and denitrification）工艺，SHARON - ANAMMOX 工艺，CANON（基于亚硝酸盐的完全自养脱氮，completely autotrophic nitrogen removal over nitrite）。

(1)OLAND 工艺。

OLAND 工艺 1998 年由比利时 Gent 大学微生物生态实验室开发研制，是限氧亚硝化与厌氧氨氧化相耦联的生物脱氮反应系统。该工艺在限氧的条件下，使硝化过程仅进行到 NH_4^+氧化为 NO_2^-阶段。继而由 NO_2^-氧化未反应的 NH_4^+形成 N_2。Wyffels 等人成功利用 OLAND 工艺处理污泥消化液；Windey 等人的研究结果表明 OLAND 工艺处理高盐废水具有一定的可行性。

(2)SHARON-ANAMMOX 工艺。

SHARON-ANAMMOX 工艺是荷兰 Delft 大学于 2001 年开发的一种新型脱氮工艺。基本原理是在 2 个反应器内，在第 1 个反应器内，氨氧化细菌在有氧条件下将氨氧化生成 NO_2^-，使出水的 $NH_4^+ : NO_2^-$在 1 : 1 左右；然后在第 2 个反应器内，厌氧氨氧化细菌在厌氧条件下以 NO_2^-为电子受体将 NH_4^+氧化生成 N_2。SHARON 是一种理想的 NO_2-N 生成装置，与传统的硝化-反硝化过程相比，SHARON-ANAMMOX 过程可使运行费用减少 90%，CO_2排放量减少 88%，不产生 N_2O 有害气体，无须有机物，不产生剩余污泥，节省占地，具有显著的可持续性与经济效益。世界上第一个厌氧氨氧化工艺工程化规模装置已在荷兰鹿特丹的 Dokhaven 废水处理厂建成，采用的即是 SHARON-ANAMMOX 工艺。

①工艺原理与控制参数。

SHARON-ANAMMOX 工艺是现在应用最为广泛的厌氧氨氧化工艺，它主要分为两步，第一步 SHARON 段，50% ~60% 的氨氮被氧化成亚硝态氮，第二步 ANAMMOX 段，剩余的氨氮与新生成的亚硝态氮进行厌氧氨氧化反应生成氮气，并生成部分硝态氮，两段反应分别在不同的反应器中完成，过程如图 8.7 所示。SHARON 和 ANAMMOX 工艺联用，仅需将50%的氨氮转化为亚硝态氮，后续无须外加亚硝氮，且大多数厌氧出水含有以重碳酸盐存在的碱度可以补偿亚硝化所造成的碱度消耗，实现工艺碱度自平衡。同时，工艺一般把亚硝化和厌氧氨氧化细菌分置在两个不同反应器内，或者在一个反应器内在不同时期设置不同条件，让两类菌分别产生作用，实现了分相处理，为功能菌的生长提供了良好的环境，并且减少了进水中有害物质对厌氧氨氧化细菌的抑制效应。SHARON-ANAMMOX联合工艺操作简单、处理负荷高，在亚硝化段需氧量低，pH要求范围宽，厌氧氨氧化段氧化还原电位低，厌氧环境好。相比亚硝化-反硝化工艺，曝气量大大降低，造成亚硝化段所需溶氧量低，低溶解氧的环境下，亚硝酸盐氧化菌（nitrite oxidizing bacteria，NOB）对氧的亲和力低，适合富集氨氧化菌（ammonia oxidizing bacteria，AOB）的生长，为亚硝化反应提供了适宜的环境；而且该联合工艺还大大降低了NO和N_2O等温室气体的排放，NO和N_2O仅占氮负荷的0.203%和2.3%。

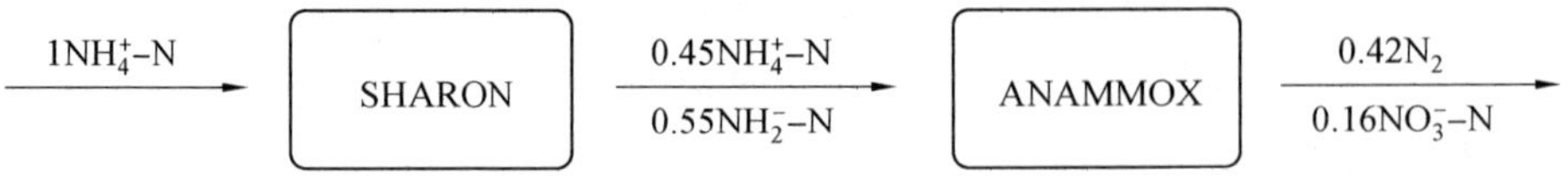

图8.7　SHARON-ANAMMOX工艺的流程图

要保证SHARON-ANAMMOX工艺的顺利进行，首先要保证SHARON段的出水能稳定达到后续ANAMMOX段的要求，出水亚硝态氮和氨氮的比例约在1~1.3之间。因此，如何保证SHARON段的出水要求是近年来学者们研究的热点。Jetten等认为SHARON段适合在摇动床反应器中进行，无污泥持留，水力停留时间为1 d，适宜水温为30~40 ℃，pH为6.6~7.0。Sharon反应主要以AOB为主导，一般为革兰氏阴性菌，严格好氧，无机化能自养，倍增时间跨度较大，在8 h到几天之间。亚硝化菌拥有5个属：亚硝化单胞菌属（*nitrosomonas*）、亚硝化螺菌属（*nitrosospira*）、亚硝化球菌属（*nitrosococcus*）、亚硝化弧菌属（*nitrosovibrio*）和亚硝化叶菌属（*nitrosolobus*），共计15个种。而*anammox*菌属化能自养的专性厌氧菌，生长缓慢，倍增时间长（约11 d），适宜生长温度为20~43 ℃，最佳生长温度为40 ℃，pH范围为6.7~8.3，最佳为8.0。*anammox*菌为革兰氏阴性球菌，直径为800~1 100 nm，属于浮霉菌目，Anammox菌科（Anammoxiceae），*Anammox*菌主要有5个属，即*Candidatus Kuenenia*、*Candidatus Brocadia*、*Candidatus Anammoxoglobus*、*Candidatus Scalindua*和*Candidatus Jettenia*。SHARON段和ANAMMOX段的功能菌群的生理特征和生存环境存在显著差异，而该工艺把两种功能菌设置在不同环境中，为发挥各自的优势提供了良好的保障。

②工艺应用。

20世纪末，荷兰代尔夫特理工大学大学将SHARON-ANAMMOX串联工艺应用于荷兰Dokhaven城镇生活污水处理厂实际污水处理中，开创了该工艺应用的先河，后续该工艺也已在欧洲多个污水处理厂中得到成功应用。但高浓度有机碳源将对*Anammox*菌产生抑制作用，因此，SHARON-ANAMMOX串联工艺目前主要用于低碳氮比废水的处理，主要应用于垃圾渗滤液、养殖废水、城镇污水处理厂厌氧消化液、味精加工废水等的处理，均取得了优异的效果。

垃圾渗滤液因含有高浓度氨氮、有机碳源不足的问题，造成达标处理难，是城镇生活垃圾填埋方式面临的最大挑战。而 SHARON-ANAMMOX 工艺可用来处理垃圾渗滤液，Liang 和 Liu 采用固定床生物膜反应器实现 SHARON 和 ANAMMOX 串联，当温度为(30±1)℃，垃圾渗滤液氨氮负荷为 0.27～1.2 kg · m^{-3} · d^{-1}，DO＝0.8～2.3 mg · L^{-1}，SHARON 段能稳定实现出水亚硝态氮和氨氮比例为 1.0～1.3 之间，适宜后续 ANAMMOX 处理，ANAMMOX 段温度控制为(30±1)℃，进水氨氮负荷为 0.06～0.11 kg · m^{-3} · d^{-1}，该段有 60% 的氨氮和 64% 的亚硝态氮被去除，整个工艺对氨氮、总氮和 COD 的去除率分别达 97%、87% 和 89%。Akgul 等采用经 UASB 和 MBR 处理后的垃圾渗滤液，经 SHARON-ANAMMOX 工艺处理，整个过程 90% 以上的 COD 和总凯氏氮(TNK)得到去除。Colprim 等采用 SBR 实现垃圾渗滤液的部分硝化，作为厌氧氨氧化的预处理液，研究认为 pH 是影响亚硝化的重要因素，氨氮氧化实现半抑制的条件是游离氨质量浓度(605.48±87.18) mg · L^{-1}(以 N－NH_3 的质量计)，游离亚硝酸质量浓度(0.49±0.09) mg · L^{-1}(以 N-HNO_2质量计)，碳酸氢根质量浓度(0.01±0.16) mg · L^{-1}(以 C 质量计)。在垃圾渗滤液处理中，一般在 ANAMMOX 段均会发生厌氧氨氧化和反硝化协同作用，Ruscalleda 等发现城镇垃圾渗滤液 SHARON-ANAMMOX 工艺处理过程中，(85.1±5.6)% 的氨氮通过厌氧氨氧化去除，而(14.9±5.6)% 的氨氮通过异氧反硝化途径得以去除。而 Chien-Ju 等在 SBR 中处理垃圾渗滤液，发现通过 SHARON-ANAMMOX 工艺和反硝化去除的总氮分别为 85%～87% 和 7%～9%。

除了垃圾渗滤液和猪场养殖废水之外，SHARON-ANAMMOX 工艺成功应用于味精加工业废水、污泥脱水液和厌氧消化液等低碳氮比废水的处理，均获得了较好的效果。陈旭良等采用 ANAMMOX 处理混合味精废水经生物除碳和 SHARON 处理的出水，反应器总氮容积去除负荷可达 457 mg · L^{-1} · d^{-1}，高于传统硝化-反硝化工艺，可成为传统硝化/反硝化工艺的替代技术，*Anammox* 菌对亚硝氮的耐受范围为 96.5～129 mg · L^{-1}。马富国等人以污泥脱水液为研究对象，采用缺氧滤床+好氧悬浮填料生物膜连续流工艺，在 15～29 ℃、DO 6～9 mg · L^{-1} 条件下实现脱水液亚硝化，当进水氨氮平均浓度为 315.8 mg · L^{-1}，平均进水氨氮负荷为 0.43 kg · m^{-3} · d^{-1}，进水碱度/氨氮为 5.25 时，出水亚硝氮/氨氮为 1.25 左右，适合后续 ANAMMOX 处理；稳定后 ANAMMOX 反应器对氨氮和亚硝氮的容积去除负荷分别为 0.526 kg · m^{-3} · d^{-1}和 0.536 kg · m^{-3} · d^{-1}，氮去除率达到 83.8%，从而实现全程自养生物脱氮，达到高效生物脱氮目的。Dongen 等采用 SHARON-ANAMMOX 工艺处理荷兰 Dokhaven 污水处理厂的污泥脱水液，首先在亚硝化阶段 53% 的氨氮转化成亚硝态氮，采用颗粒污泥启动 SBR 厌氧氨氧化反应器，在进水负荷为 1.2 kg · m^{-3} · d^{-1}(以 N 的质量计)的条件下，80% 的氮素转化成氮气。Fux 等采用体积为 2 m^3 的反应器实现污泥脱水液的部分亚硝化，亚硝化率为 58%，在 30 ℃，最大稀释速率为 0.85 d^{-1} 条件下，亚硝态氮的产率可达 0.35 kg · m^{-3} · d^{-1}(以 NO_2-N 质量计)；ANAMMOX 在体积为 1.6 m^3 的 SBR 中进行，对氮素去除率可达 2.4 kg · m^{-3} · d^{-1}(以 N 质量计)，整个过程对氮的去除率在 90% 以上。

(3) CANON 工艺。

CANON 工艺是荷兰 Delft 大学在 SHARON- ANAMMOX 基础上发展起来的一种全新的工艺。其原理是亚硝化菌在有氧条件下把氨氧化成亚硝酸盐，厌氧氨氧化细菌则在无氧条件下把氨和亚硝酸盐转化成氮气,即利用亚硝化菌和厌氧氨氧化细菌的协同作用,在同一个反应器中完成亚硝化和厌氧氨氧化。该工艺所涉及的菌群均为化能自养型微生物,适用于处理高氨氮低有机物的废水,如垃圾渗滤液。首先由亚硝酸细菌以及相关细菌将氨氧化为亚硝酸氮,使反应器中的 DO 低于对厌氧氨氧化细菌的抑制浓度,然后由厌氧氨氧化细菌以 NH_4^+为电子供体,对产生的 NO_2^--N 进行还原,生成 N_2。Vazquez-Padin 等以厌氧消化污泥作为进水在脉冲充氧的条件下,启动了 CANON 工艺。付昆明等人研究了好氧条件下 CANON 工艺的启动,经过 210 d 的运行,TN 去除负荷达到 1.22 kg·m^{-3}·d^{-1}去除率维持在 70%。

①工艺原理与控制参数。

CANON 工艺是指在同一构筑物内,通过控制溶解氧实现亚硝化和厌氧氨氧化,全程由自养菌完成由氨氮至氮气的转化过程。在微好氧环境下,亚硝化细菌将氨氮部分氧化成亚硝氮,消耗氧化创造厌氧氨氧化过程所需的厌氧环境;产生的亚硝氮与部分剩余的氨氮发生厌氧氨氧化反应生成氮气,过程如图 8.8 所示。由于亚硝酸细菌和厌氧氨氧化细菌都是自养型细菌,因此 CANON 反应无须添加外源有机物,全程都在无机自养环境下进行。CANON 工艺易受到硝酸菌干扰,与厌氧氨氧化细菌竞争底物,因此控制硝酸菌的生长是保证 CANON 工艺稳定运行的条件,一般通过控制氧气或者亚硝酸盐来实现。

图 8.8 CANON 工艺的流程图

②工艺应用。

因其全程自养,CANON 工艺在实验室废水处理研究和实际废水处理中应用广泛。Sliekers 等采用 SBR 研究了 CANON 工艺,通过控制曝气量为 7.9 mL·min^{-1},水力停留时间为 1 d,反应温度为 30 ℃,pH 控制在 7.8,一个运行周期包括进水 11.5 h、沉淀 0.25 h、出水 0.25 h。实验结果表明 85% 的氨氮转化成氮气,15% 的氨氮转化成硝态氮,氧化亚氮的生成量可以忽略(小于 0.1%);FISH 技术表明,亚硝酸细菌和 *Anammox* 菌分别占 45%±15% 和 40%±15%。Sliekers 等进一步采用气升式生物膜反应器(BAS)研究了 CANON 工艺,发现反应器对氮素的去除负荷为 1.5 kg·m^{-3}·d^{-1}(以 N 的质量计),反应器中主要以 Anammox 菌为主,可能是以富集的厌氧氨氧化污泥驯化的缘故。

ANAMMOX 工艺、CANON 工艺和传统的硝化/反硝化工艺相比,在氮素去除负荷、投资和操作成本等方面具有很多优势,具体见表 8.5。特别是针对一些氨氮含量很高,但有机碳源明显不足的废水,以厌氧氨氧化为主体的污水处理工艺均具有显著性优势,可以大大降低运行成本,但在过程调控和 *Anammox* 菌快速培养方面依然面临巨大挑战。

表 8.5 厌氧氨氧化工艺与传统脱氮工艺参数比较

参数	硝化/反硝化	ANAMMOX	CANON
好氧氨氧细菌	许多	有	无
亚硝酸菌	许多	无	有

续表 8.5

参数	硝化/反硝化	ANAMMOX	CANON
工艺	生物膜法、悬浮污泥法均可	生物膜法较优	生物膜法较优
氨氮负荷/($kg \cdot m^{-3} \cdot d^{-1}$)	2~8	10~20	2~3
氮去除率/%	95	90	90
过程复杂度	好氧、缺氧分开运行，同时需投加甲醇补充碳源	之前需要安置亚硝化工艺	需严格控制曝气量
实际工程运行情况	稳定运行	初步运行	初步运行
投资成本	一般	低	一般
操作成本	高	很低	低

3. 厌氧氨氧化工艺及技术应用

随着厌氧氨氧化工程的普及，到 2016 年末，全球范围内的厌氧氨氧化工程超过了 100 座。其中大部分工程坐落于欧洲，也正日益风靡亚洲和南美洲。

目前，厌氧氨氧化生物脱氮技术已经成功应用于处理多种实际废水，包括高氨氮、低碳氮比的污泥液、厕所水、垃圾渗滤液等。其中，应用最多的无疑是污泥消化液和污泥压滤液的处理，而该技术在制革、半导体、食品加工等工业废水和垃圾渗滤液处理方面的推广也逐步展开，但针对焦化、制药、养殖、石化等高氨氮工业废水处理领域应用仍相对较少。

（1）污泥液处理。

污泥消化液和污泥压滤液是典型的低碳氮比废水，且 pH 一般为 7.0~8.5，温度一般为 30~37 ℃，基本处于厌氧氨氧化细菌（AnAOB）生长的最佳温度范围内。van Dongen 等首先在实验室中探究了短程硝化-厌氧氨氧化工艺处理荷兰 Dokhaven 污水处理厂消化污泥上清液的可行性，取得了显著的脱氮效果，有超过 80% 的氨氮被转化为氮气。后来瑞士的 Fux 等又利用来自于两个不同市政污水处理厂的消化液对短程硝化-厌氧氨氧化工艺进行了中试研究，采用 1 600 L 的序批式反应器（SBR）、进水氨氮 620~650 $mg \cdot L^{-1}$、pH 为 7.3~7.5、温度 26~28 ℃ 时，氮容积负荷率（nitrogen loading rate，NLR）最高可达 0.65 $kg \cdot m^{-3} \cdot d^{-1}$，总氮去除率（nitrogen removal efficiency，NRE）达 92%，同时污泥产量也较低。在此基础上，2002 年，研究人员直接将反应器放大，建成了世界上第一套生产性的短程硝化-厌氧氨氧化组合反应器，该工艺已经在 Dokhaven 污水处理厂正式运行，厌氧氨氧化反应器容积 70 m^3，处理量为 750 $kg \cdot d^{-1}$。此后，采用厌氧氨氧化工艺处理污泥液的工程开始风靡欧洲。

污泥液因其水温高、水量小、高氨氮、低碳氮比的水质特点而成为厌氧氨氧化工艺最初的处理对象。到目前为止，全球约 75% 的厌氧氨氧化工程装置是用于处理污泥液的，厌氧氨氧化工艺在该领域已发展成熟且工程经验丰富，但仍存在一些迫切需要解决的技术难题，如厌氧消化出水中硫化物对厌氧氨氧化反应系统的影响、氮氧化物的产生环节和减排措施等。

(2)垃圾渗滤液处理。

垃圾渗滤液是一种成分复杂的废水,具有有机物浓度高、重金属等有毒物质含量高、水质变化大、氨氮含量高、可生化性差等特点。其氨氮浓度一般小于 3 000 mg · L^{-1},在成熟的垃圾填埋场则为 500 ~ 2 000 mg · L^{-1},而且随着堆放时间的增加,浓度会越来越高,甚至超过 10 000 mg · L^{-1}。而厌氧氨缺失的现象早期也是在处理废物填埋场渗滤液的生物转盘中发现的,这使得厌氧氨氧化应用于垃圾渗滤液的处理成为可能。

(3)畜禽养殖废水处理。

畜禽养殖废水成分复杂、水质水量波动大、COD 浓度较高且存在部分有机氮,传统硝化-反硝化处理这类高氨氮养殖废水时,存在着能耗高、脱氮效果差、需要补充碳源、投加碱等缺点,而厌氧氨氧化工艺有望成为养殖废水脱氮的备选工艺。

现阶段应用厌氧氨氧化工艺处理猪场废水厌氧消化液的研究,普遍存在着 NRR 偏低、运行不稳定等问题,而且废水中的有机物、重金属、抗生素等成分可能会对 AnAOB 产生抑制,因此应侧重于工艺优化改造方面的研究,寻求抑制障碍消除对策。

(4)味精废水处理。

味精废水具有悬浮物浓度高、COD 高、生化需氧量(BOD)高、NH_4^+-N 高、SO_4^{2-}高、pH 低(2 左右)等特点,处理难度大、成本高,是难以治理的工业废水之一。

陈旭良等研究了厌氧氨氧化工艺处理味精废水的可行性,经过 71 d 的运行成功启动了厌氧氨氧化反应器,最高容积氮去除速率达到 0.457 kg · m^{-3} · d^{-1},但当进水浓度相对较高时,反应器去除效果波动较大。Shen 等研究了不同污泥源富集 AnAOB 对启动味精工业废水处理系统的影响,接种污泥取自垃圾渗滤液处理厂、市政污水处理厂和味精废水处理厂,经过 360 d 运行,最大比厌氧氨氧化活性分别为 0.11 kg · kgVSS^{-1} · d^{-1}、0.09 kg · kgVSS^{-1} · d^{-1}和 0.16 kg · kgVSS^{-1} · d^{-1},证明了活性污泥经长期驯化可启动厌氧氨氧化工艺来处理味精废水。目前,通辽梅花味精废水 I 期工程厌氧氨氧化反应器容积高达 6 600 m^3,是迄今世界上规模最大的厌氧氨氧化工程。但是味精废水中高浓度硫酸盐(5 000 ~ 5 500 mg · L^{-1})产生的强大渗透压会大大降低污水处理单元中微生物的活性,而且硫酸盐经硫酸盐还原菌作用还会转化为硫化氢,其 AnAOB 存在显著的抑制,所以一般不采用厌氧氨氧化直接处理,只是用于后续处理(如反硝化+短程硝化-厌氧氨氧化或厌氧消化+短程硝化-厌氧氨氧化等)。因此,这些污染物在整个联合工艺中的变化及对后续厌氧氨氧化工艺的影响还有待研究。

(5)焦化废水处理。

焦化废水含有大量的氨氮、有机物、酚、氰、硫氰化物、焦油及多环芳烃等污染物,毒性大,可生化性差。Toh 等率先研究了厌氧氨氧化工艺应用于焦化废水脱氮的可行性,虽然一开始从实际焦化废水中富集 AnAOB 并未成功,但是接种市政污泥后取得了成功。苯酚浓度从 50 mg · L^{-1}逐步升至 500 mg · L^{-1},经过 15 个月的驯化和富集,最大 NRR 为 0.062 kg · m^{-3} · d^{-1},是驯化前反应器 NRR 的 1.5 倍。试验表明,经驯化后的 AnAOB 在苯酚浓度 320 ~ 330 mg · L^{-1}时(焦化废水苯酚浓度的平均水平),厌氧氨氧化活性仍然存在,反应器 NRR 约为 0.12 kg · m^{-3} · d^{-1}。因此,厌氧氨氧化工艺处理焦化废水潜力巨大,但是焦化废水中含有的酚、氰化物、硫化物、硫氰化物、难以生物降解的焦油、嘧啶等杂环化合物以及联苯、萘等多环芳香化合物对厌氧氨氧化工艺的作用还有待进一步探索。

(6)城市生活污水处理。

目前能源和成本效益以及可持续发展逐渐演变为污水处理行业的标杆，随着我国城镇化步伐的不断推进，城市生活污水的再生利用和能源回收日益成为研究焦点。城市生活污水所蕴藏的能量主要来自有机碳、氨氮、磷酸盐，据估计其能量每人分别约为 23 W、6 W、0.8 W，而自养型厌氧氨氧化工艺的应用有望使城市污水厂实现能源自给。

对于非热带和亚热带地区的市政污水来说，较低的水温(8 ~ 15 ℃)对于厌氧氨氧化工艺的运行仍是一个巨大的挑战。Hu 等采用一体式短程硝化-厌氧氨氧化工艺，原先 25 ℃下运行的 SBR(5 L)只用了 10 d 就适应了 12 ℃的低温环境，并在该温度条件下稳定运行超过 300 d，没有亚硝酸盐积累且 NRE 超过 90%。同时，该研究还证明，高负荷反应器的污泥可作为低温低氨氮市政污水厌氧氨氧化反应器的接种污泥。有研究表明，实验室规模 35 ℃下运行的厌氧氨氧化反应器，可通过逐步降温驯化、菌种流加或添加低温保护剂(甜菜碱)等方法使得反应器在 9.1 ℃时的 NRR 高达 6.61 $kg \cdot m^{-3} \cdot d^{-1}$。近来，Lotti 等研究证明颗粒污泥形态的 AnAOB 能在市政主流污水条件下(10 ~ 20 ℃)生长，而且能形成新的颗粒污泥，有效持留在污泥流化床反应器中。目前，常温和低温下厌氧氨氧化工艺已有一定的研究基础，中试(4 m^3，19 ℃±1 ℃)研究也已取得阶段性的成功，有望使污水处理厂实现能量自给。但是实际工程中如何在低温和低基质浓度条件下维持氨氧化菌(ammonia-oxidizing bacteria, AOB)和 AnAOB 对亚硝酸盐氧化菌(nitrite-oxidizing bacteria, NOB)的竞争优势，提高低温下的菌体活性、实现低基质浓度下的菌体扩增、高流速下的菌体持留等问题仍是有待突破的瓶颈。

(7)粪便污水的处理。

粪便污水为城市生活污水贡献了近一半的有机物和大部分的氮磷营养物负荷。Vlaeminck 等采用生物转盘探究了 OLAND 工艺处理厌氧消化后的粪便污水的可行性，经过 2.5 个月的适应期(模拟废水逐步被粪便污水替换)后，氨氮容积去除率稳定在 0.7 $kg \cdot m^{-3} \cdot d^{-1}$，NRE 可达 76%。Sliekers 等采用 CANON 工艺处理尿液并取得一定的进展，在限氧条件下在 SBR 中以模拟含氨废水为基质连续富集培养 AOB 和 AnAOB，当基质变为尿素时，能够实现自养脱氮，该研究还通过批次试验证明了 AnAOB 不能直接利用尿素，需要依靠 AOB 分解尿素为厌氧氨氧化提供基质。Liu 等的研究也表明尿素分解菌能和 AnAOB 较好地共存。因此，短程硝化-厌氧氨氧化工艺处理源分离粪便污水具有巨大的优势，而且城市污水源分离是未来的一个趋势，但是目前大规模实现粪便污水分离收集的工程化还需要一定的时日。

(8)含盐废水处理。

一些工业废水，比如海产品加工、纺织印染、医药和石油化工、制革以及养殖和垃圾渗滤液等含有大量的氨氮和盐。Dapena-Mora 等采用 SHARON-厌氧氨氧化工艺处理鱼肉罐头加工废水，进水氨氮浓度 700 ~ 1 000 $mg \cdot L^{-1}$，盐分 8 000 ~ 10 000 $mgNaCl \cdot L^{-1}$，平均 NLR 为 0.5 $kg \cdot m^{-3} \cdot d^{-1}$，平均氨氮去除率达到 68%。面对 SHARON 反应器出水水质波动，厌氧氨氧化反应系统表现出较强的稳定性，NO_2^--N/NH_4^+-N 比低于 1 时未见不利影响，但是当该比值高于 1 时，出水亚硝氮浓度升高，而且活性未能恢复。该研究还表明，

10 gNaCl · L^{-1}左右的盐度对厌氧氨氧化活性和污泥特性没有长期的不利影响。有研究表明，30 gNaCl · L^{-1}的冲击负荷是厌氧氨氧化反应器稳定运行所能耐受的阈值。虽然目前关于厌氧氨氧化系统所能耐受的盐度负荷阈值不一（30～75 gNaCl · L^{-1}），但是通过长期驯化、添加相容性溶质等措施，应用厌氧氨氧化工艺处理高氨氮高盐度工业废水潜力巨大。

（9）其他类型废水的处理。

在其他废水处理方面，厌氧氨氧化也体现了广泛的适用性。Tang 等开发出了一种菌种流加-厌氧氨氧化工艺用来处理制药废水（硫酸黏杆菌素和吉他霉素生产废水）。当出水亚硝氮浓度高于 10 mg · L^{-1}时，5～10 mL 的厌氧氨氧化颗粒（0.3～0.6 gVSS）加入反应器中来阻止反应器性能的恶化。当菌种流加速率保持在 0.025 gVSS · L^{-1} · d^{-1}时，NRR 达到 9.4 kg · m^{-3} · d^{-1}，出水氨氮浓度低至 50 mg · L^{-1}。

Chen 等采用厌氧氨氧化工艺处理温室甲鱼养殖废水，通过新型低温竹炭填料的添加快速启动厌氧氨氧化反应器，研究中考察了有机物浓度对厌氧氨氧化处理效果的影响，当进水 COD 浓度在 194～577.8 mg · L^{-1}时，NRE 大于 85%，COD 去除率在 56.6% 左右。该研究对于氮磷含量较高的集约化水产养殖废水的深度脱氮具有重要的现实意义。

4. 厌氧氨氧化技术展望

实际废水成分复杂，禽畜养殖废水中含有重金属离子和抗生素，垃圾渗滤液中重金属含量高，焦化和石化废水中含有氰化物、硫氰化物、焦油、酚类等，制革废水中含有大量有机氮和重金属离子，制药废水特别是抗生素生产废水含有生物抑制剂，海产品加工、制革、炼油、造纸、酒精发酵废水中还含有硫化物，养殖废水、粪便污水、市政、化肥、制药废水中含有浓度不等的磷酸盐。上述这些障碍因子是制约厌氧氨氧化技术应用在高浓度氨氮工业废水处理领域的关键因素。虽然目前的研究涉及基质（亚硝酸盐和氨）、有机物（包括致毒性和非致毒性）、盐度、重金属、磷酸盐及硫化物等所致抑制，但是因为菌种或实验条件等不同，抑制剂的抑制阈值不一，是否可逆也存在争议，联合作用影响尚未探明，相关调控策略的研究十分匮乏。而且目前针对不同水质的废水，一体式和分体式工艺类型的选择在理论上的探讨还未有定论，在实践上的证明还缺乏运营数据支撑。应该结合工业废水的实际情况进行工艺改造，并在实验室研究成果的基础上积极推进中试，以促进厌氧氨氧化工艺的实用化和工业化。另外，厌氧氨氧化作为新型生物脱氮工艺并不意味着传统工艺的终结，而应该作为现有工艺的补充和新型工艺开发的桥梁枢纽。由于厌氧氨氧化严格的反应条件，应深度研究不同水质障碍因子的影响和调控策略，提高厌氧氨氧化的工程价值。

建议今后在以下几个方面开展深入的研究：①基于厌氧氨氧化的多菌群耦合工艺的开发。②不同工业废水水质障碍因子对厌氧氨氧化的长期、短期、复合影响。③一体式和分体式工艺中氮氧化物的产生机理和减排措施。④厌氧消化出水中溶解性甲烷的去除或利用。⑤现场应用规模 *Anammox* 反应器快速启动与影响机制；⑥现场应用环境温度变化，特别是中低温环境对 *Anammox* 菌活性的影响机制；⑦实际废水中有机碳源对 *Anammox* 菌的抑制效应，以及 *Anammox* 与反硝化协同脱氮除碳作用研究。

8.5.3 反硝化除磷技术
(Denitrifying phosphorus removal technology)

1. 基本理论与研究进展

自20世纪70年代以来,反硝化除磷渐渐引起人们的注意,并得到迅速发展。1977年Osborn和Nieholls在反硝化过程中首次观测到磷快速吸收现象;Comeau于1986年发现一些聚磷菌在缺氧状态下具有利用硝酸盐作为电子受体吸磷的功能,同时完成反硝化脱氮,随后,Vlekked采用厌氧/缺氧SBR,证明了硝酸盐可以作为电子受体吸磷;1992年,Wanner利用反硝化除磷特性开发的N、P去除新工艺,证实了缺氧条件下一些除磷菌具有反硝化能力;1993年,Kuba等也发现在厌氧/缺氧交替运行条件下,易富集一类碱性厌氧微生物,以硝酸盐为电子受体,在缺氧环境下同时进行反硝化和吸磷。Smolders和Kuba等又在1995—1996年证实了在中试规模的脱氮除磷系统中除磷菌的反硝化功能。在大规模的UCT污水处理除磷脱氮系统中,Kuba和Stgaard等也分别证实了缺氧区除磷菌反硝化现象的存在。

Dae Sung Lee等于2001年首先证明了NO_2^-可以像NO_3^-一样作为电子受体进行反硝化除磷。随后,Saito和王爱杰等亦提出可利用NO_2^-为电子受体完成反硝化除磷,并可联合SHARON工艺,实现短程硝化反硝化除磷。

由反硝化聚磷菌(DPB)脱氮除磷的原理可知,DPB将反硝化和除磷这两个过程合二为一,PHB既是反硝化除磷菌的碳源,又是能量储存物质,一碳两用,达到节省碳源的目的。此外,反硝化除磷技术还具有曝气量省、污泥产量低等优点。表8.6为反硝化除磷与好氧除磷的比较。

表8.6 反硝化除磷与好氧除磷的比较

类型	电子受体	C/P	单位的$NADH_2$产生的ATP/mol	消耗单位PHB所吸收的磷/mg	耗氧量/($mgO_2 \cdot mgP^{-1}$)	吸磷速率/($mgP \cdot gMLVSS^{-1} \cdot h^{-1}$)	污泥产量/($g \cdot mgP^{-1}$)
好氧除磷	O_2	30~40	1.85	0.83	14.2	10~15	7.13
反硝化除磷	NO_x^--N	15~20	1	0.63	0	5~12	3.35

由表8.6可知,反硝化除磷可以节约碳源50%,减少污泥产量50%,除磷过程只需硝化曝气量,总体曝气量可减少30%左右。但由于单位还原辅酶Ⅰ($NADH_2$)产生的三磷酸腺苷(ATP)比好氧时少40%,因此需要消耗更多的PHB,导致吸磷速率比好氧时低40%左右。

2. 反硝化除磷机理

反硝化除磷机理利用厌氧—缺氧间歇式反应器(A^2SBR)所富集的兼具反硝化能力和除磷能力的兼性厌氧微生物,此类微生物被称为反硝化聚磷菌(DPAO)。反硝化除磷机理与传统的厌氧/好氧除磷机理基本相似,在厌氧段,DPAOs 利用来自于糖原和聚磷水解的能量,将污水中的挥发性有机酸(VFAs)转化为内碳源物质聚羟基脂肪酸酯(PHA)储存起来,同时将磷酸盐释放到水中;在好氧段,DPAOs 利用硝酸盐(NO_3^-)代替氧气作为电子受体,氧化内碳源物质 PHA,为自身的细胞生长、磷酸盐吸收、糖原的补充提供能量,完成同时缺氧吸磷并将 NO_3^- 反硝化,在缺氧段实现了碳源同时脱氮和除磷的目的,即"一碳两用"。

在缺氧段,反硝化聚磷菌(DPB)通过降解胞内的 PHA 产生能量,这些能量一部分供给自身细胞以维持生命活动,另一部分则用于对水中的无机磷酸盐进行摄取,并将其以聚磷的形式进行储存,与此同时,NO_3^--N 被还原成 N_2。Vlekke 等分别利用厌氧/缺氧 SBR 系统和固定生物膜反应器进行了相关的可行性试验研究。试验结果表明:NO_3^--N 和 O_2 作为氧化剂在除磷系统中起着一样的作用;而且通过制造厌氧/缺氧交替运行的环境确实可以筛选出以 NO_3^--N 作为电子受体的 PAOs 优势菌属即 DPB。但是,一些试验结果证明:相对于好氧吸磷,以 NO_3-N 作为电子受体的吸磷工艺,其除磷效率降低了 24% 左右。哈尔滨工业大学李勇智等采用 SBR 工艺研究以 NO_3^--N 作为电子受体的反硝化除磷试验结果也发现,DPB 存在于传统的 EBPR 体系中,并且通过厌氧/缺氧的交替运行方式,DPB 在 PAOs 中的比例从 13.3% 上升到 69.4%。稳定运行状况下的厌氧/缺氧 SBR 工艺在缺氧结束时混合液中 PO_4^{3-}-P 浓度低于 1 mg · L^{-1},去除率大于 89%。

3. 反硝化除磷工艺

传统的生物脱氮除磷工艺存在着自身难以解决的矛盾:聚磷菌和反硝化菌对碳源的竞争始终存在;聚磷菌、硝化菌和反硝化菌世代周期不同,菌群的混合会相互制约,系统很难达到最佳的处理效果。反硝化聚磷菌 DPB(*denitrification phosphorus removal bacteria*)的发现使脱氮除磷工艺有了更为广阔的发展前景。最初,研究人员不能肯定在实际的污水处理工艺中,反硝化和聚磷是否可在同一缺氧反应器中进行,或者还是与传统工艺一样,必须将反硝化与聚磷分段设计。但是,许多研究者意识到,一旦在污水处理工艺当中引入这类具有反硝化功能的 PAOs,将会对生物除磷的技术革新产生十分重要的意义。目前,在兼性厌氧反硝化聚磷菌的特性研究为基础的前提下,开展了以生物体内储存的聚羟基烷酸(PHA)为碳源的新工艺及反硝化聚磷菌与硝化菌相分离的双污泥系统的研究,这些研究越来越受到学者的重视。

反硝化除磷脱氮工艺主要分为两类,即单污泥和双污泥系统。单污泥系统典型的工艺有 UCT (university of cape town)工艺和 BCFS (biologische chemische fosfaat stikstof verwijdering)工艺。双污泥系统最典型的工艺为 Dephanox 工艺和 A^2N (anaerobic-anoxic-nitrification)工艺。

(1)UCT 工艺。

UCT 工艺是由南非开普顿大学在厌氧—缺氧—好氧生物脱氮除磷工艺(A^2/O 工艺)基础上,通过改变污泥回流方式,避免硝酸盐对厌氧释磷的影响,从而强化生物除磷效果。其工艺流程如图 8.9 所示。UCT 工艺的设计并不是基于反硝化除磷原理,而这种工艺流程无意间强化了厌氧缺氧交替的环境,为 DPAOs 的生长提供了有利条件。UCT 工艺缺点在于反硝化聚磷菌、硝化细菌和普通的反硝化异养菌共存，共同经历厌氧、缺氧和好氧交替环境，反硝化聚磷菌与其他脱氮除磷功能菌都存在着不同程度的竞争。

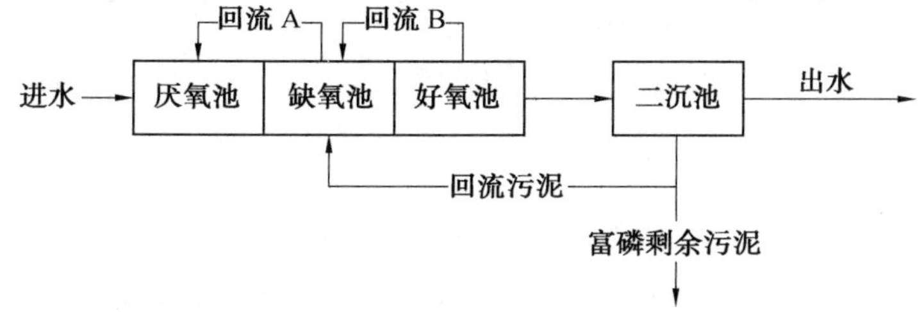

图 8.9 UCT 工艺示意图

(2)BCFS 工艺。

BCFS 工艺将 Carrousel 氧化沟与 UCT 工艺有机结合，从工艺角度本身出发最大限度地提供 DPB 富集条件的一种变形 UCT 工艺，工艺流程如图 8.10 所示。BCFS 工艺由 5 个功能独立的反应池和 3 个循环系统组成。该工艺在设计上摒除了回流污泥携带硝酸盐对厌氧释磷的影响，缺氧选择器的设置可吸附厌氧残留的化学需氧量(COD)，同时迅速反硝化来自污泥回流中的硝酸盐，因此具有抑制污泥膨胀的作用。BCFS 工艺的缺点在于其缺氧、好氧混合池(氧化沟)单元占整个系统的 1/3 体积，占地面积较大。

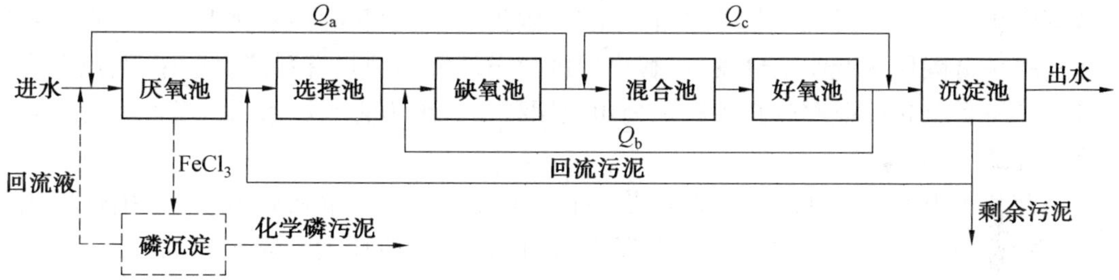

图 8.10 BCFS 工艺示意图

(3)Dephanox 工艺。

Dephanox 双污泥反硝化除磷脱氮工艺工艺流程如图 8.11 所示。Dephanox 工艺的最显著特点在于好氧硝化细菌附着在生物膜上生长，不暴露在缺氧环境下，可解决聚磷菌和硝化细菌在污泥龄上的矛盾。缺点在于进水氮磷比经常不能满足缺氧吸磷的要求，限制了 Dephanox 工艺反硝化除磷在工程上的应用。Dephanox 工艺可用于处理 C/N 较低的城市污水，当进水 COD 浓度很高时，缺氧池无法实现完全除磷，此时可通过好氧池进一步去除剩余的磷。

(4)A^2N 工艺。

A^2N 双污泥系统（图 8.12）将反硝化除磷菌和硝化细菌在不同的污泥系统中培养，各自沉淀之后只交换上清液，来实现硝化和反硝化除磷，解决了反硝化细菌和聚磷菌对基质的竞争以及硝化细菌和聚磷菌污泥龄矛盾的问题。该工艺尤其适用于低 C/N 比的水质。该工艺的缺点在于当缺氧段硝酸盐不足时将影响缺氧吸磷效果，硝酸盐过量又使得剩余硝酸盐随回流污泥进入厌氧段，干扰厌氧释磷和聚羟基丁酸酯(PHB) 的合成；未经

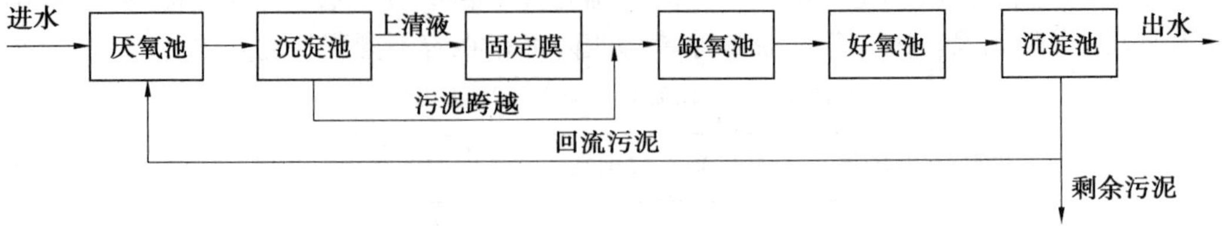

图 8.11 Dephanox 工艺流程图

硝化过程直接和 DPB 污泥一起进入缺氧段,无法实现反硝化脱氮,往往导致出水的氨氮浓度较高。

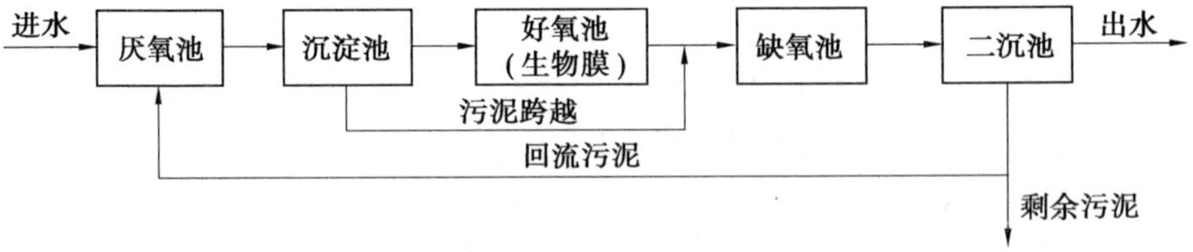

图 8.12 A^2N 工艺流程图

培育壮大绿色低碳环保产业,作为经济社会发展方式绿色转型的一项长期任务,是解决我国资源环境生态问题的基础之策,是实现碳达峰、碳中和的重要抓手。生态环境科技成果对绿色低碳环保产业集群发展、解决地区生态环境问题具有示范引导作用,以下介绍江苏省中持新概念环境发展宜兴有限公司应用科技成果为宜兴城市污水资源概念厂解决技术难题的典型案例。

目前我国市政污水处理厂普遍面临同样的问题,即传统生物脱氮方式(硝化反硝化脱氮)存在消耗大量能源(硝化过程中氧气的消耗等)与消耗大量额外药剂(反硝化过程中碳源的补充、硝化过程中碱度的补充等)的问题。宜兴城市污水资源概念厂选用自主研发的珊氮® 硫自养深度脱氮技术,通过多元电子供体协同促进微生物代谢偶联加速脱氮反应进程,突破了低成本深度脱氮的技术瓶颈和工程难题。

宜兴城市污水资源概念厂在污水处理工艺中,选用自主研发的珊氮® 硫自养深度脱氮技术,实现对 TN 和 TP 的极限处理。珊氮® 硫自养深度脱氮技术是在硫自养反硝化技术基础上开发的一种自养反硝化技术,以硫为载体,相较于传统异养反硝化滤池,具有无须额外投加碳源、明显降低污泥产量等优势。珊氮® 硫自养脱氮滤池由承托层、滤砖和特殊的复合活性生物载体(ThiocreF ®)组成。该工艺对传统污水处理从单纯的污染物削减转向资源回收利用。目前已实现厂区内总能源 65% ~85% 的自给率,水质净化中心实现 100% 能源自给。珊氮® 硫自养深度脱氮技术能够节省运行费用 30% ~50%,降低运行能耗 70%,降低污泥处置费用 70%,具有脱氮负荷高、效率稳定、低能耗、节省外碳源投加成本、无二次污染风险等优势。该污水资源化概念厂与传统污水处理厂不同,它可实现水质永续、能源回收、资源循环,可以说是双碳时代下的环境友好型污水处理厂。

科技创新需要有明确目标的引领,在对传统工艺的改进过程中,环境友好和资源循环理念的引领,在一定程度上成为技术革新的驱动力。化能自养生物脱硝方法实现了传统意义的污染物削减转为对资源的回收利用,节省成本且无二次污染风险,是今后环境保护领域的发展目标。在环境化学课程的学习中,除了关注污染物在环境介质中的迁移转化特性,更要注意在环境修复中结合环境友好与资源循环的理念,才能更好地服务于国家“低碳”承诺的实现。

8.6 环境内分泌干扰物
(Environmental endocrine disruptors)

环境内分泌干扰物(EDCs)是指可通过干扰生物或人体内保持自身平衡和调节发育过程天然激素的合成、分泌、运输、结合、反应和代谢等,从而对生物或人体的生殖、神经和免疫系统等的功能产生影响的外源性化学物质。它们主要是通过人类的生产和生活活动排放到环境中的有机污染物。越来越多的证据表明,人类、家畜和野生物种暴露于 EDCs 后,将遭受不利的健康影响,主要表现为:性激素分泌量及活性下降、精子数量减少、生殖器官异常、癌症发病率增加、隐睾症、尿道下裂、不育症、性别比例失调、女性青春期提前、胎儿及哺乳期婴儿疾患、免疫功能下降、智商降低,甚至有致癌作用等。因此内分泌干扰物的污染已经威胁到野生生物和人类的健康生存和持续繁衍。目前已经发现,烷基酚、双酚 A 等许多种类环境污染物,在不同程度上具有雌激素活性或抗激素活性。美国环保署已经将内分泌干扰物列为高度优先研究和控制的污染物,并于 1999 年开始实施内分泌干扰物筛选行动计划,组织筛选环境中具有雌激素活性或能阻断雌激素活性的化学物质。英国环保部将内分泌干扰类物质的生产和排放加以控制,如禁止壬基酚、聚氧乙烯醚类表面活性剂的使用等,并于 2000 年实施内分泌干扰物的研究行动计划。我国对环境内分泌干扰物的研究正处于起步阶段。

8.6.1 环境内分泌干扰物的种类和来源
(Types and sources)

环境内分泌干扰物主要包括天然激素、人工合成的激素化合物和具有内分泌活性或抗内分泌活性的化合物。自然界中天然激素很少,主要来自植物、真菌的合成和动植物体内的类固醇物质的排放。人工合成的激素化合物来源于人类的生活和生产。目前已发现约有 70 种(类)可疑的环境内分泌干扰物,可分为 8 大类。除草剂类,2, 4, 5-三氯联苯氧基乙酸、2,4-二氯联苯氧基乙酸、杀草强、莠去津、甲草胺、除草醚、草克净;杀虫剂类,六六六、对硫磷、甲萘威(西维因)、氯丹、羟基氯丹、超九氯、滴滴涕,滴滴伊、三氯杀螨剂、狄氏剂,硫丹、七氯、环氧七氯、马拉硫磷、甲氧滴涕、毒杀芬、灭多威(万灵);杀菌剂类,六氯苯、代森锰锌、代森锰、代森联、代森锌、乙烯菌核利、福美锌、苯菌灵;防腐剂类,五氯酚、三丁基锡、三苯基锡;塑料增塑剂类,邻苯三甲酸双(2-乙基)己酯、邻苯二甲酸苄酯、邻苯二甲酸二正丁酯、邻苯二甲酸双环己酯、邻苯二甲酸双二乙酯、己二酸双- 2-乙基己酯、邻苯二甲酸二丙酯;洗涤剂类,C5- C9 烷基苯酚、壬基苯酚、4-辛基苯酚;副产物类,二噁英类(dioxins)、呋喃类(Furans)、苯并[a]芘、八氯苯乙烯、对硝基甲苯、苯乙烯二(或三)聚体;其他化合物类,双酚 A、多氯联苯类、多溴联苯类、甲基汞、镉及其络合物、铅及其络合物。

8.6.2 环境内分泌干扰物的作用机制 (Acting mechanisms)

1. 与受体结合

环境雌激素模仿天然雌激素,与雌激素受体结合,形成配体-受体复合物,配体-受体复合物再结合在DNA结合域的雌激素反应元件上,诱导或抑制靶基因的转录,启动一系列雌激素依赖性生理生化过程。有机氯化合物、羟化有机氯对甲状腺素受体有一定的亲和力,PCBs能与人类糖皮质激素受体结合。

2. 抑制微管聚合

人们认为内分泌干扰物与某些癌症尤其是乳腺癌有关。如环境中某些有机氯化合物通过雌激素受体或其他机制致癌。PCBs为动物致癌物,氯的位置在其致癌作用中起着决定性的作用。双酚A能明显地抑制微管聚合,诱导微核和非整倍体。这可能是环境内分泌干扰物诱变作用的机制之一。

3. 对神经和生殖发育系统产生毒性影响

环境内分泌干扰物能影响神经系统发育和干扰神经内分泌功能。但尚未明确内分泌干扰物暴露效应与人类危险的关系。然而,这方面的研究对评价干扰物是否通过内分泌干扰机制呈现特殊的神经毒作用是有意义的。此外。大量报道证实了内分泌干扰物对哺乳动物、鱼类、鸟类、爬行类动物的生殖与发育毒性。研究表明,多氯代二苯并二噁英(TCDDs)暴露降低了大鼠生殖能力(排卵率),并增加了猴子宫内膜异位的发病率。此外,TCDDs可诱导细胞凋亡。关于环境化学物质的发育和生殖毒性机制还不清楚。

4. 环境内分泌干扰物间的协同作用

对环境化学物质的相互作用还了解不多。但对单个环境内分泌干扰物的实验研究表明,它对生物系统的影响很小。但当机体暴露于两种雌激素活性很弱的环境物质时,其作用会得到明显加强,甚至可达到单独作用时的1 000倍以上。环境混合物的这种协同作用可能有着重要的意义。由此可见,某种方法测定的环境化学物质的内分泌干扰活性不一定能代表它在实际环境中对机体产生的真正的干扰效应。

8.6.3 环境内分泌干扰物的迁移转化与降解 (Migration, transformation and degradation)

EDCs在环境中的迁移转化主要取决于其本身的性质以及环境的条件。如前所述,EDCs包括天然雌激素及有机污染物等,它们可以通过吸附作用、挥发作用、水解作用、光解作用、生物富集和生物降解作用等过程进行迁移转化。研究环境雌激素在这些方面的迁移转化过程,有助于阐明环境雌激素的归趋和可能产生的危害。

环境雌激素在生态系统中的循环、转移主要有3条途径:土壤途径、水体途径及空气途径。土壤途径主要通过杀虫剂的喷洒以及含雌激素垃圾的淋溶进入土壤,再由作物及牧草进入家畜及人体。水体途径主要通过水生植物及动物对土壤径流、稻田农药及工业废水中的雌激素的富集再转移给鸟类、鱼类及人。空气途径主要通过呼吸被污染了的空气，或通过牧草及作物表面的粉尘沉降再转移给家畜及人。环境雌激素通常借助大气环流及洋流由低纬度地区转移到高纬度及极地生态系统。生物迁徙是另一种更有效的迁移途径，例如，鲑鱼可以通过洄游将海洋中的环境雌激素转移到阿拉斯加淡水湖泊，从而使环境雌激素浓度高出其他湖泊2倍。考虑到食物链对鲑鱼体内激素的富集作用，这种由生物迁徙造成的环境雌激素的再分配与大气环流及洋流相比具有重要的生态学意义。

由于环境雌激素不容易被生物降解，因此极易通过食物链在生态系统内进行生物富集。环境中不易测出的微量或痕量雌激素经过3~4个营养级的富集即可达到惊人的浓度。多数的EDCs为脂溶性的，均不易在环境中降解，并且在人体内也没有特定的代谢系统，因此容易在人体内蓄积，脂肪组织是EDCs蓄积的主要场所。环境雌激素对动物及人体的影响因其代谢途径不同而不同。例如，目前已知植物激素进入动物体内有3种可能去向：排出体外、被身体吸收和被降解成其他化合物。植物雌激素与人工合成雌激素的一个显著区别在于，植物雌激素很容易被肝脏内的酶分解，不会在动物组织内积累，在体内停留时间仅为几分钟到几小时。

人体分泌的雌激素主要是雌二醇、雌酮和雌三醇，后两者是前者的代谢产物，它们的活性比例是100∶100∶3，前者是最有效的。这些物质含量极低（约0.1 $ng \cdot L^{-1}$），但具有很大的生物效应。据Vader等研究，妇女分泌并排出的天然雌激素中，有17β-雌二醇和雌酮在污水处理厂排水中通过GC-MS检测到。作为人工合成的雌激素药物，如乙炔雌二醇，在体内的稳定性仍高于雌二醇等天然雌激素，但低于杀虫剂等人工合成雌激素。Desbrow等和Belfroid等也相继发现了服用避孕药妇女的排泄物中含有合成激素炔雌醇（EE2）。荷兰污水处理厂排水中EE2浓度范围为未检出至7 $ng \cdot L^{-1}$。

多数EDCs在体内的半衰期都很长。对意大利Seveso附近地区一次四氯二苯对二噁英（TCDD）泄露事故20年后的随访调查表明，受污染地区居民体内的TCDD含量仍显著高于非污染区。又如，PCBs的平均半衰期可达142 a，多溴化联苯（PBB）为135 a，二氯二苯二氯乙烯（DDE）为100 a。

普通的水处理方法不能很有效地去除水中的雌激素。目前采取的环境雌激素对策是除了停止生产或减少使用含有扰乱内分泌作用的化学物质外，还需要采用各种方法来分解和消除环境内分泌干扰物（环境雌激素）。目前各国正在研究开发的方法主要有：高温熔解、光催化、光化学分解法、超临界流体法、微生物分解法、机械化学法、电解法等。这些方法各有优缺点，尚待完善。催化降解（如催化光解等）EDCs已成为当今一类重要的研究课题，这也都是现在和未来研究的方向。

8.6.4 EDCs的研究展望
(Research prospect of EDCs)

在EDCs的研究上已经取得了一定的成果，但也还存在一些不足，在今后的研究中可以向如下方面发展。

（1）确定EDCs的具体名单，准确确定要研究其危害性及做出防治措施的内分泌干扰物的范围。

(2)加紧对 EDCs 降解方法的研究,因为到现在有关降解方法的研究报道得很少,生物降解方面还没有培养出有效的降解菌。当前的生物降解方法速度比较缓慢,吸附处理也只能实现污染物的转移,对后续处理要求高,比较有前景的是光催化氧化,今后可以向这方面继续发展,研制出高效的催化剂,提高降解的速率并尽可能大地降低 EDCs 的毒性。

(3)对于 EDCs 的毒性研究,目前关注比较多的是 EDCs 的作用机理,而对 EDCs 的流行病学研究、暴露及效应关系的研究比较少。这不利于对 EDCs 风险进行科学评价及科学防治,今后应当向这方面深入研究。

(4)加强各国研究成果的沟通,包括在毒理性和控制方面,避免资源的重复浪费。发展中国家要借鉴发达国家已有的科研成果,在工业发展过程中防患于未然。

(5)在我国,EDCs 污染问题近年来逐渐得到关注,现有的调查及监测数据涉及渤海、长江、珠江、黑龙江、松花江、福建、北京等部分地区。在今后的研究中要进行更全面而深入的基础研究。

8.7 垃圾焚烧与二噁英 (Garbage incineration and dioxins)

目前,我国正处于工业化和城镇化并行发展的阶段,经济的快速发展以及城市化进程的加快,造成生活以及医疗垃圾的数量急速增加。我国已成为世界上处理垃圾包袱最大的国家之一。为了处理这些数量庞大的垃圾,最直接有效的方法就是垃圾焚烧法,因此城市以及垃圾焚烧工厂在我国逐步兴起。城市垃圾和医疗垃圾的焚烧会产生一类微量但剧毒的持续性有机污染物二噁英。二噁英具有极强的化学稳定性和热稳定性,在生物体内很难被降解排出而长期在生物体内停留。人类处于食物链的顶端,这样就很容易通过食物链中的逐步集聚作用最终影响到人类的健康,并有可能产生致畸、致癌和致突变的“三致”效应。

二噁英的主要来源除了城市垃圾和医疗垃圾的焚烧以外,金属的冶炼及提纯、化学加工、生物和光化学过程都能产生二噁英。为了有效降低二噁英的排放,应该了解在垃圾焚烧过程和工业生产过程中二噁英的生成机理,从而设计出更先进的焚烧技术和过程控制方法,使二噁英的排放达到国家法定的排放要求。

8.7.1 二噁英的危害 (The hazards of dioxins)

1. 结构及理化性质

二噁英是多氯代二苯并-对-二噁英(polychlornated dibenzo dioxin,PCDDs)和多氯代二苯并呋喃(poly-chlornated dibenzo furan,PCDFs)两类近似平面状芳香族杂环化合物的统称,二噁英的分子结构如图 8.13 所示。CDDs/PCDFs 具有 8 类同系物,每类同系物又随着氯原子取代位置的不同而存在众多异构体,总共有 210 种同类异构体。二噁英在标准状态下一般呈针状晶体,无色无味;化学性质稳定,熔点约为 303 ~ 305 ℃,当温度达到

705 ℃以上时开始分解；难溶于水，易溶于有机溶剂和脂肪。此外，二噁英的蒸气压很低，一般随取代氯原子数目的增加而降低，在大气环境中超过 80% 的二噁英分布在大气颗粒物中。大部分的二噁英在生物体内不易被代谢，具有生物蓄积与生物放大作用。

(a) 多氯代二苯并-对-二噁英　　(b) 多氯代二苯并呋喃

图 8.13　二噁英结构示意图

2. 二噁英的毒性

二噁英对环境的污染以及对人体健康的影响已受到公众的极大关注，其具有毒性大、非直接性、稳定性、世代遗传性等多种特性。

(1)毒性大。

二噁英已被称为“地球上毒性最强的毒物”，其毒性相当于氰化钾的 100 倍以上、马钱子碱的 500 倍以上。21 世纪中叶，美军在越战中使用了含微量二噁英的脱叶剂，结果在美军喷洒过脱叶剂的地方，不仅出现了动物的生态学异常，当地居民在以后的几年中检测出大量的癌症患者、先天性疾病的婴幼儿，流产的比例也大幅上升。世界卫生组织将其从二级致癌毒物提升到一级致癌毒物。二噁英具有强烈的致癌、致畸作用外，还具有生殖毒性、免疫毒性和内分泌毒性。研究表明，二噁英进入人体后会导致子宫内膜异位症、影响神经系统性发育效应、影响生殖系统发育效应以及免疫毒性效应。

(2)非直接性。

虽然二噁英的毒性很大，但因二噁英中毒直接死亡的报道几乎没有。对齿类动物的研究结果也可以看出，每天服用定量的 2,3,7,8-PCDD(以动物重量计)，可增加肿瘤的发病率。但它是一种非直接基因毒剂，也就是说它不与 DNA 以共价键相连而形成 DNA 加合物；它只是一种诱导剂，起促进癌变的作用；当其浓度在体内达到一定数值时，能够促进肿瘤的生长，提高肿瘤的发病率。

(3)稳定性。

二噁英易在人体中滞留，微量摄入人体不会立即引起病变，但由于其稳定性极强，一旦摄入则不易排出，使得环境中的二噁英易通过生物链的逐级浓缩而富集在人体组织中，如长期食用含二噁英的食品，毒性成分就会越积越多，很难降解或排出体外，其半衰期长达 30 a，完全降解和排泄则可能要 100 a。

(4)世代遗传性。

二噁英可以实现代际遗传，有数据表明，母体血液中二噁英遗传给胎儿的转移率为 90%。所以孕妇一定要注意饮食的健康和生活环境的健康，远离一些容易产生二噁英的场所。

8.7.2 垃圾焚烧二噁英生成机理的研究进展 (Research progress on generation mechanism of waste incineration of dioxins)

目前已被证明的在垃圾焚烧过程中 PCDD/Fs 的生成机理主要有 3 种:①高温气相机理(high temperature gas-phase mechanism),结构相对简单的短链氯化碳氢化合物首先通过缩合和环化作用生成氯苯(CBzs),然后在一定条件下氯苯转化为多氯联苯(PCBs),而多氯联苯(PCBs)在 871 ~ 982 ℃ 的温度范围内将进一步转化成 PCDFs,而部分生成的 PCDFs 将进一步生成 PCDDs;②前体合成机理(precursor synthesis mechanism),在燃烧炉内的不完全燃烧以及燃烧后区域内的飞灰表面的异相催化反应可形成多种有机前体,比如多氯代苯和多氯苯酚,然后这些前体在催化媒介的缩合反应中生成 PCDD/Fs;③从头合成机理(denovo synthesis mechanism),在燃烧后区域内的飞灰中,含有一些没有完全燃烧的残碳,其中可能包括无机碳源(活性炭和炭黑)、有机碳源(脂肪族和芳香族的化合物片段)、羰基和羧基等,飞灰中还含有氯源,其中可能包括无机氯源[氯化氢(HCl)和氯气(Cl_2)]、有机氯源(氯化的脂肪族和芳香族的化合物片段),其中还可能包含有氯化铜($CuCl_2$)和氯化铁($FeCl_3$)及相应的金属氧化物,这些组分可能在 200 ~ 400 ℃ 的范围内通过异相催化反应生成 PCDD/Fs。

1. 高温气相生成机理

Ballschmiter 等研究发现,在燃烧的过程中存在大量的氢自由基(·H)、氢氧根自由基(HO·)、氧自由基(·O)以及过氧自由基(·O_2H)容易取代芳香环上面的氢原子,从而生成更多的多氯代苯(PCBzs)和多氯苯酚(PCPs),在 500 ℃ 的温度以上,这些多氯代苯和多氯苯酚通过气相的缩合反应生成 PCDD/Fs,而且还根据不同的空间位阻所引起的产物分布的差别和不同的前体提出了 4 种主要的反应途径:①多氯联苯的环化;②多氯二苯醚的环化;③二苯并呋喃的氯化;④OCDF 的脱氯。Weber 等在 340 ℃ 以上热解氯酚(CPs)的过程中发现,氧气的加入能促进氯酚(CPs)向 PCDDs 和 PCDFs 的转化,他们推断反应的第一步是苯氧自由基的形成,然后通过两个苯氧自由基在氢取代的邻位碳的二聚作用,生成了中间产物邻苯氧基苯(ortho-phenoxyphenyl)和二羟基联苯(dihydroxybiphenyl),进一步反应能分别形成 PCDDs 和 PCDFs。

直到目前,垃圾焚烧过程中气相生成 PCDD/Fs 的机理还在不断的发展和完善中。从目前的研究结果来看,在没有足够氧气的燃烧情况下,能大量产生不完全燃烧产物,并通过一系列复杂的反应生成 PCDD/Fs 的前体,前体的量达到一定限度,将对 PCDD/Fs 的生成起主导作用,而在氧气充足的情况下,生成 PCDD/Fs 的前体反应受到极大的抑制,气相生成 PCDD/Fs 对总的 PCDF/Fs 的产生量就可以忽略不计了。

2. 前体合成机理

前体催化合成反应生成 PCDD/Fs 已经有了深入的研究,并被认为是形成 PCDD/Fs 的主要催化反应,前体分子如多氯酚(PCPs)、多氯苯(PCBzs)、多氯联苯(PCBs)被认为在有飞灰和热源存在且在温度范围为 300 ~ 600 ℃ 的条件下,将会很容易催化生成 PCDD/

Fs。CAINS 等用多氯酚(PCPs)作为前体催化合成 PCDD/Fs,结果发现催化合成的产物中只含有 PCDDs 而不含 PCDFs,他们因此断定 PCDFs 的形成首先是通过无取代的苯酚分子的缩合反应,其次才是二聚体的氯化反应。HELL 等采用 2,4,6-三氯苯酚(2,4,6-TCP)和 2,3,4,6-四氯苯酚(2,3,4,6-TeCP)作为催化反应的前体,并以气态的方式分别通过城市固态垃圾焚烧后的飞灰和模拟的飞灰,保持的温度范围为 250 ~400 ℃,发现主要的产物为 CO 和 CO_2,而且还有一系列的氯化有机物生成,如多氯代苯(PCBzs),其中就包括 PCDD/Fs,PCDDs 在温度为 300 ℃时生成量达到最大值,而 PCDFs 的生成量最大值的温度为 350 ℃,并且 PCDFs 的最大生成量远远小于 PCDDs,因此可以推断前体催化合成更倾向于生成 PCDDs 而非 PCDFs。

3. 从头合成机理

从头合成机理(denovo synthesis mechanism)最早是由 Stieglitz 等提出来的,他们认为从头合成反应是垃圾焚烧燃后区中生成 PCDD/Fs 的重要途径,是指碳、氢、氧和氯等元素在 200 ~400 ℃的范围内通过化学键的结合、环化、芳香化、氧化和氯化而形成的。Gullett 等通过改变 O_2、HCl、Cl_2的浓度以及温度、冷却率、停留时间对 PCDD/Fs 生成量的影响,发现 PCDD/Fs 的生成率和运行的垃圾焚烧工厂的生成率是同一级别的。由此看来,垃圾焚烧工厂在 200 ~400 ℃的温度范围内主要是通过从头合成机理合成 PCDD/Fs 的;在没有气态 HCl 和 Cl_2的情况下,仍然有大量的 PCDD/Fs 生成,表明飞灰中的活性氯元素参与了 CDD/Fs 的生成,并且 PCDD/Fs 的成分中 80% 为 PCDFs;而反应中的不同含氧量对总的 PCDD/Fs 的影响不大,但是对 PCDD/Fs 的同系物的分布有较大的影响。

可以看出,从头合成更倾向于生成 PCDFs,而且 $CuCl_2$作为垃圾焚烧厂飞灰中的主要成分,在催化合成 PCDD/Fs 中具有很高的反应活性,而且当 $CuCl_2$质量分数达到 5.0% 时,其生成的 PCDD/Fs 同系物分布很接近垃圾焚烧厂飞灰中的 PCDD/Fs 同系物。

8.7.3 生活垃圾焚烧发电中的二噁英控制技术 (Dioxin control technology in domestic waste incineration power generation)

垃圾焚烧作为无害化最彻底、减容化最显著、可资源化利用程度最高的一种处理技术已经成为当今国际社会生活垃圾处理的重要技术。截止到 2010 年 6 月份,我国已建的垃圾焚烧厂有 109 座,在建和拟建的垃圾焚烧发电项目已达 180 座。2015 年全国城市生活垃圾资源化利用比例已达 30% ,这将进一步推动垃圾焚烧事业的蓬勃发展。然而在生活垃圾焚烧易带来的二次污染中,由于二噁英被称为“地球上毒性最强的毒物”而引起社会公众的广泛关注,使得某些地方垃圾焚烧厂的建立遭到了民众的强烈反对,成为影响社会和谐稳定的因素。2010 年的《生活垃圾焚烧污染控制标准》(征求意见稿)讨论新建生活垃圾焚烧设施二噁英排放限值由原 1.0 ngTEQ · m^{-3}改为 0.1 ngTEQ · m^{-3}。这在规范控制烟气中二噁英排放的同时,对二噁英控制技术提出更严格的要求。本节从五个方面综述并总结二噁英控制技术研究进展,并提出了垃圾焚烧厂今后采用的二噁英控制技术的研究方向。

1. 垃圾预处理对二噁英的控制

李建新等通过模拟垃圾成分燃烧试验，证实了烟气中含有的大量氯化物是合成二噁英的主要氯源。Buekens 等指出，对原生垃圾进行分类加工处理，减少垃圾中含氯有机物和重金属含量，将原生垃圾制成垃圾衍生燃料，能够降低二噁英的生成概率。王永生在太仓协鑫垃圾焚烧发电项目二噁英控制实例中，也提出对入厂的工业废料进行严格控制，减少含氯有机物的量，可以从源头上减少垃圾焚烧二噁英生成所需氯的来源。所以，利用垃圾焚烧预处理设备，对原生垃圾进行搅拌预处理，剔除部分水分，并利用破碎机、磁力分选器或人工分拣将垃圾中的铁、铝、铜、玻璃、大块建筑垃圾分离出来，减少不可燃分，再经过打碎、压缩，制成具有品质均一、比表面积大、金属含量低、燃烧快速及充分等特点的垃圾衍生燃料，在能提高垃圾燃烧的稳定性的同时减少了二噁英的生成。

2. 炉内燃烧对二噁英的控制

(1)燃烧参数的控制。

美国 EPA 提出良好的燃烧条件 GCP（good combustion practice）是控制二噁英排放的措施之一，《生活垃圾焚烧污染控制标准》(征求意见稿)进一步明确了生活垃圾焚烧炉技术性能指标应满足国际上通用的“3T+1E”原则：炉膛(二次燃烧室)内任意点温度不小于850 ℃；停留时间不少于2.0 s；保持充分的气固湍动程度，以及过量的空气量，使烟气中O_2的浓度处于6%～11%。垃圾在炉膛的充分燃烧，有效分解了垃圾中原存在的二噁英，避免了未完全燃烧产生的有机碳和 CO 为二噁英的再合成提供的碳源。同时，利用计算机自动控制手段，全厂采用 DCS 和上位机集散控制系统，焚烧炉的焚烧过程由 ACC 软件包进行实时自动控制，能够使燃烧参数得到保证，充分实现“3T+1E”技术。

(2)炉膛结构的区别。

我国已运行的垃圾焚烧厂主要采用的炉膛结构为循环流化床和炉排炉。李晓东等、陈彤等、杨志军报道了炉排炉飞灰中二噁英含量要高于流化床焚烧炉。浙江锦江集团联合浙江大学热能工程研究所研究表明，在国内十几个城市生活垃圾焚烧发电厂得到运用的采用煤与生活垃圾(20∶80)混合流化床燃烧技术，其产生的二噁英排放浓度远低于国内排放标准。北京中科通用能源环保有限责任公司监测嘉兴、东莞两个项目在循环流化床稳定运行时，烟气中各项污染物指标均能达到国家标准，并且烟气中二噁英类的监测值甚至优于欧盟标准。日本等国家已采用的气化熔融焚烧技术，在焚烧温度高于1 300 ℃的条件下，不仅能分解二噁英及其前驱物，还能将绝大部分飞灰熔融固化下来，杜绝在下游设备上由氯化有机物、金属氯盐($CuCl_2$)催化剂、氧气和水分子在低温区域(250～400 ℃)下重新再合成二噁英。所以，刘峰等认为随着对二噁英控制要求越来越高，垃圾焚烧技术也应由炉排炉、回转窑和流化床的传统垃圾焚烧技术，发展为二噁英“零排放化”的气化熔融焚烧技术。

(3)炉内抑制剂的投加。

在垃圾焚烧炉内，理论上能对二噁英的产生具有抑制作用的药剂主要有三类：第一类是能够减少Cl_2形成、使重金属催化剂中毒及磺化酚类前驱物的硫及硫化物。第二类是 SNCR 脱硝反应衍生功能的氮化物，氮能同时控制 HCl 和 NO_x，使参与反应的氯源减少而抑制二噁英合成,而翁志华认为 NH_3 能通过改变飞灰表面的酸性来阻止二噁英的生成,胺通过形成亚硝酸盐使 Cu 表面活性降低,从而抑制了二噁英的合成。第三类是用来控制燃烧烟气酸性气体排放,改变飞灰表面酸度的同时,能显著抑制炉内二噁英排放的碱性化合物。在这三类抑制剂中,Samaras 等研究表明,含硫化合物降解二噁英的能力大于98%,明显高于降解能力为28%的含氮化合物。故目前大多数研究都集中于含硫化合物对二噁英的抑制。

3. 竖井烟道对二噁英的控制

(1)竖井烟道的快速降温。

Buekens 研究证明二噁英的"从头合成"在焚烧炉的燃后区 300 ~ 325 ℃之间达到最大。故实施冷却烟气技术缩短烟气在这一温度段的停留时间,二噁英的产生量应会降低。王伟、李永华等认为从工艺上进行改进,把出锅炉的500 ℃烟气立即送入以喷水的方式与烟气进行快速热量交换的速冷塔,理论上能够使烟气在0.22 s以内,从500 ℃降至200 ℃以下,从而抑制二噁英的二次合成。诸冠华在昆山垃圾焚烧发电厂运行工艺中,把余热锅炉尾部烟道烟气空预器+省煤器结构形式改为全部采用省煤器,使烟气流速达到3.9 $m \cdot s^{-1}$以上,烟气温度由450 ℃快速降温到195 ℃。检测表明二噁英排放基本可控制在0.1 ng TEQ · m^{-3}以下。

(2)换热器表面的清灰。

竖井烟道中锅炉热交换器、管道及换热面表面的飞灰中含有二噁英,也含有合成二噁英所需要的主要碳源、氯源及催化剂。Cunliffe 等模拟研究了实际烟气条件下管道积灰中的二噁英迁移转化规律,表明管道积灰不仅能够释放出本身含有的二噁英,且能为二噁英的新合成提供场所。因此,定期清除掉竖井烟道中的积灰,也是减少燃烧后区域合成二噁英的重要控制手段。

4. 烟气净化对二噁英的控制

通过合适的控制技术将存在于烟气中的二噁英消除,来阻止其向周围环境进一步扩散。

(1)活性炭。

活性炭具有巨大表面积及良好吸附性,能同时吸附固态和气态二噁英组分。宋薇等认为目前国内大型生活垃圾焚烧厂基本上是采用半干法+活性炭喷射+布袋除尘组合工艺,即利用在半干式喷淋塔后喷入的活性炭,与烟气进行强烈混合,来吸附其中的二噁英等污染物质,再经布袋除尘器的继续吸附与捕集分离后,通过定时对布袋除尘器清灰,使烟气中的二噁英脱除率达到99%,但只是将二噁英吸附聚集而并未分解破坏,因此还必须对高浓度富含二噁英的飞灰进行后续处理。

(2)高效布袋。

布袋除尘是国家规定的在垃圾焚烧发电厂烟气净化中必须使用的除尘方式,国内外很多布袋生产厂商,广泛开展布袋在除尘的同时,对烟气中二噁英的脱除效果的研究。宋薇等报道在韩国某垃圾焚烧厂(处理烟气量为2 000 m^3),采用两级布袋活性炭吸附工艺,活性炭的喷射在一级布袋除尘之后,在第二级布袋除尘器被收集下来之后,可以通过气力输送重新喷入管道中，能使烟气中二噁英的排放浓度低于0.05 ng TEQ · m^{-3}，同时又提高了活性炭利用率。

美国戈尔公司报道其开发了一种全新脱除二噁英的专利技术，即Remedia催化过滤系统，该系统集“表面过滤”与“催化过滤”两种技术于一体。首先，利用表面高精度的E-PTFE微孔薄膜，最大限度除去烟气中的亚微粉尘，确保内置二噁英去除催化剂的活性；其次，烟气经布袋内置中特殊的重金属复合催化在180～260 ℃将二噁英催化氧化成CO_2、H_2O和HCl而除掉。该系统能确保粉尘排放稳定在10 mg · m^{-3}以下及二噁英稳定达标排放。

(3)脱酸塔。

Vicard等人采用两阶段湿式洗涤塔，其中第一阶段喷入石灰CaO脱除酸性气体，第二阶段喷入苏打碳和专用添加剂用来破坏二噁英，这种装置对原气中的二噁英的脱除率能达到98%以上，不过这种技术还不成熟，需要进一步的研究。

(4)催化还原。

20世纪80年代末，发现用于燃煤发电厂脱除NO_x的SCR装置也可以用来脱除垃圾焚烧厂中的二噁英，但通常安装在洗涤塔和布袋除尘器之后。SCR催化剂多由Ti、V和W的氧化物组成，该催化剂能在300～400 ℃的温度条件下，把二噁英氧化成CO_2、H_2O和HCl。而布袋后的烟气温度通常低于150 ℃，在此温度下二噁英难以被催化降解，所以存在对烟气进行再次加热的问题。近年来，不断有研究者开发出新的低温催化技术，Weber等人利用经过特殊处理过的V_2O_5/WO_3-TiO_2催化过滤剂研究在管式炉温二噁英的去除率大于99%。

(5)其他。

在紫外光催化氧化降解二噁英技术方面，陈彤分别研究了紫外光(UV)和紫外光与臭氧协同(UV/O_3)对管式炉中模拟烟气二噁英照射的影响。结果表明，紫外光与臭氧协同比直接用紫外光氧化技术对气态中的二噁英降解更有效。为了提高光降解反应效率，日本研究人员试验在烟气管道中，引入覆膜于透明球体上的TiO_2光催化剂，此时，紫外光对二噁英的去除率可以达到98.6%。谷月玲曾对二噁英光降解技术进行过综述，认为光解以及光催化降解方法以其高效、节能、清洁无毒等优点对去除二噁英有着不可忽视的潜力，但是至今为止，采用紫外光降解二噁英还不成熟，只停留在实验阶段，离实际运行还有一定距离。

在等离子体放电降解二噁英技术方面，Hirota等人利用电子束低温等离子体能使1 000 m^3 · h^{-1}的实际垃圾焚烧厂烟气中二噁英降解率达90%。电子束在降解二噁英的同时，也能够脱硫脱硝及降解烟气中VOCs等有机气体。严建华等利用滑动弧反应器来降解模拟烟气中的二噁英，结果表明二噁英的毒性当量降解率与总浓度降解率均在60%左右。但等离子放电技术均存在设备费用及运行费用高，核心设备易损坏等不足。

5. 飞灰中二噁英控制技术

目前在垃圾焚烧厂广泛采用的飞灰稳定化主要针对处理重金属和溶解盐，而对二噁英无破坏作用。

(1)高温熔融法。

熔融处理利用高温环境对飞灰中的二噁英进行彻底分解破坏,而达到消减二噁英的目的。Tadashi 在 1996 年通过熔融实验表明的二噁英的分解率高达 98.4% 以上。李润东等在小型熔融试验台上研究了温度、气氛条件对飞灰熔融过程的分解特性,表明二噁英在氧化气氛及高温条件下分解率较高。

(2)低温热处理法。

Hagenmaier 等人于 1987 年发现在 300 ℃贫氧气氛中,飞灰中的 Cu、Rh、Pt 等金属成分对二噁英的加氢/脱氯和分解反应具有极为重要的催化作用而开发了"Hagenmaier 工艺"。Ishida 等研究了日本一家垃圾焚烧厂采用 Hagenmaier 工艺在 350 ℃、氮气氛围下处理飞灰二噁英 1 h,飞灰中二噁英去除率超过 99%。

(3)超临界水与热液降解。

Weber 等利用超临界水(温度大于 374 ℃,压力大于 22.1 MPa)对二噁英进行降解研究,发现反应温度高于 450 ℃时,才能有效降解二噁英,然而超临界水对金属的腐蚀性也大幅提高。

(4)等离子体法。

潘新潮研究了用双阳极反应器这种新型高温等离子体反应器对飞灰中二噁英的降解效果,结果表明对飞灰中二噁英平均降解率在 99.9% 以上。

(5)生物降解法。

二噁英的微生物降解主要有细菌好氧降解、厌氧细菌还原脱氯和白腐真菌降解等。其中白腐真菌对二噁英的降解能力较强。Nam 等人首先对真菌和细菌组成的混合菌种在加入了呋喃的环境中培养驯化,使得该菌种能够以呋喃作为食物源,然后经过增殖,提取能够食用二噁英的菌种与飞灰混合,在 30 ℃下保持 21 d,飞灰中二噁英的总量和毒性当量去除率分别达到 63.4% 和 66.8%。

8.7.4 研究展望
(Prospect)

综上所述,国内外在对垃圾焚烧发电中二噁英的控制技术做了大量的研究工作,并且已经形成了目前我国常用的工业化应用模式-半干法(或干法)+活性炭喷射+布袋除尘,虽然控制活性炭的喷射量,能够使排放的烟气中二噁英达标,但二噁英并没有彻底消除。因此,未来应该在以下几个方向进行深入研究。

(1)加大能够从源头上消除二噁英产生的预处理、炉内燃烧及尾部烟道控制技术的研究:开发性能优越的垃圾预处理设备分选出二噁英形成所需要的氯源及重金属催化剂;在满足"3T+1E"燃烧参数的基础上,探讨汽化熔融焚烧技术在我国未来垃圾焚烧方面的技术及经济可行性;在炉内脱硝技术(SNCR)的基础上,研发具有能够协同脱硝的二噁英生成抑制药剂;在尾部烟气余热利用方面,设计采用能够迅速冷却烟气余热利用工艺。

(2)进一步研究混煤燃烧的循环流化床对二噁英的控制技术。现阶段,混煤燃烧在我国某些煤资源丰富且生活垃圾热值低不易燃烧的西北部地区,具有现实可行性,并且是控制垃圾焚烧向环境中排放二噁英的有效手段。

(3)重点开发对烟气中有害物质具有综合降解效率的烟气净化设备，如研发具有良好降解二噁英的同时，能够脱氮的新型除尘布袋，研发安装在引风机之后，具有长期稳定性能的低温催化降解二噁英、氮氧化物的设备。

(4)培养能够规模运用的飞灰介质中二噁英的处理技术：高温熔融技术在分解飞灰中二噁英的同时，固化了所含重金属，具有优异的处理效果，但降低该技术高能耗、高设备费用是难点；低温热处理技术因其设备投资和运行费用较低，对飞灰二噁英一般具有90%以上降解率，且在日本、德国的部分垃圾焚烧厂已投入工业应用，对我国未来飞灰二噁英处理具有借鉴作用。

另外，处在实验室研究阶段的紫外光催化降解、等离子体技术及超临界水氧化法因对二噁英、VOCs有机气体、脱硫脱硝表现出同步降解性能，在未来是值得深入研究的探索方向。

1988年，我国第一座现代化生活垃圾焚烧厂在深圳建成，拉开了我国生活垃圾焚烧处理的序幕。经过30年的发展，我国生活垃圾焚烧技术取得了长足的进步，核心设备、关键技术、集成工艺、运行管理等方面基本达到世界先进水平，焚烧发电、卫生填埋并举的技术格局基本形成，为我国市容环境卫生改善和区域环境质量控制做出了突出贡献。

由于垃圾本身均含有一定量的二噁英，现代化大型垃圾焚烧设施更多的是二噁英的消减器，而不是发生器。从欧盟、美国、日本的经验来看，通过技术进步和标准提升，垃圾焚烧二噁英排放削减率可超过99%，甚至达到99.99%。日本、英国的研究表明，膳食摄入是人体二噁英暴露的主要途径，占总摄入量的98%以上，呼吸摄入不足1%，因此从二噁英风险控制角度出发，垃圾焚烧厂可建在城市区域，应尽可能远离农牧水产区。近期南京大学的研究表明，垃圾焚烧二噁英致癌风险较可接受水平低1个数量级。由于简易焚烧、露天焚烧的二噁英排放因子是现代化垃圾焚烧的数千倍至上万倍，我国在普遍推行垃圾分类制度、完善垃圾分类处理系统过程中，应坚决杜绝露天焚烧、取缔简易焚烧，坚定不移地发展现代化大型清洁垃圾焚烧。

思考题与习题

1. 室内环境有哪些主要污染物?
2. 简要回答恶臭污染的控制技术。
3. 试述我国双碳政策对我国和世界的影响。
4. 简述厌氧氨氧化技术在污水处理行业应用现状。
5. 通过查阅文献回答内分泌污染物的检测方法以及研究进展。
6. 二噁英的控制策略有哪些?

中英文关键词对照

中文	英文
氨化	ammoniation
氨基酸	amino acid
超临界流体	supercritical fluids,SCF
沉淀-溶解作用	prccipitation-dissolution
沉积物	sediment
沉积物中重金属的释放	release of heavy metals in scdiment
持久性残留	persistent residue
持久性有毒污染物	persistent toxic substance, PTS
持久性有机污染物	persisitent organic pollutants, POPs
臭氧层	ozone layer
臭氧耗损	ozone depletion
臭氧空洞	ozone blow hole
垂直递减率	vertical lapse rate
次级过程	secondary process
大气颗粒物	atmospheric particulate matter
大气层	atmosphere
大气湍流	atmosphere turbulence
大气稳定度	atmospheric stability
单加氧酶	oxygenase
胆汁排泄	biliary excretion
蛋白质	protcin
氮	nitrogen
氮体系	nitrogen system
低层大气	lower atmosphere
滴滴涕	dichlorodiphenyl trichloroethane(DDT)
底物	substrate
电动力学修复	electrokinetic remediation
电离层	ionosphere

中文	英文
电渗析	electrodialysis
烟雾箱	smog chamber
电子传递	electtron transfer
电子活度	electron acticity
动力学	dynamics
毒(性)作用	toxic action
毒物	toxicant
毒物的联合作用	complex-action of toxicant
毒性	toxicity
独立作用	independent action
堆肥法	composting
对流层	troposphere
对流作用	advection
对硫磷	parathion
多环芳烃	polycyclic aromatic hydrocarbons, PAHs
多介质环境	multimedia enviroment
多氯联苯	polychlorinated biphenyls,PCBs
二噁英	dioxin
二氧化碳酸度	CO_2 acidity
反硫化	desulfurization
反硝化	denittrification
芳香烃	aromaric hydrocarbon
非甲烷烃	nonmethane hydrocarbon
分布	distribution
分解区	decomposition zone
分配理论	partition theory
分配作用	partition
分子大小	molecular size
封闭体系	closed system for the atmosphere
辐射度	irradiance
辐射逆温层	radiation inversion layer
辅酶	conenzyme
辅酶 A	coenzyme A

中文	英文
富营养化	eutrophication
干沉降	dry deposition
肝	liver
肠肝循环	enterohepatic circulation
高层大气	upper atmosphere
高能磷酸键	high-energy phosphate bond
镉	cadmium
铬	chromium
根际	rhizosphere
工程化的生物修复	engineered bioremediation
工业生态学	industrial ecology
汞	mercury
共代谢	cometabolism
共溶解	co-solvent
骨骼	skeleton
固氮	nitrogen fixation
固态燃烧源	fix combustion source
光化学反应	photochemical reaction
光化学烟雾	photochemical smog
光解速率	photolysis rate
光解速率常数	photochemical reaction constants
光解作用	photolysis
海拔高度	altitude above sealevel
好氧微生物	aerobe
耗氧有机污染物	oxygen consuming organic pollutant
合成酶	synthetase
痕量组分	trace component
呼吸道	respiratory tract
初级过程	primary process
化学致癌物	chenical carcinogen
还原脱氯酶	dechlorination reducease
环境内分泌干扰物	environmental endocrine disrupting chemicals, EDCs
恢复区	recovery zone

中文	英文
挥发速率	volatilization rate
挥发速率常数	volatilization rate constant
挥发作用	volatilization
活性酸度	active acidity
基因突变	gene mutation
急性毒性	acute toxicity
加成反应	addition reaction
甲基汞	methylmercury
甲基钴氨素	methylcobalamin
甲基化	methylation
甲烷	methane
甲烷发酵	methane fermentation
间接光解	indirect photolysis
兼性厌氧微生物	facultative anaerobe
碱度	alkalinity
降尘	dust fall
降解	degradation
胶体	colloid
拮抗作用	antagonism
结合	conjugation
界面	interface
金属水合氧化物	hydrous metal oxides
金属形态	metal species
聚苯乙烯	polystyrene
聚乙烯	polyethylene
聚丙烯	polypropylene
开放体系	open system for the atmosphere
颗粒物	particulates
颗粒物的吸附作用	adsorption of particle
可持续性的化学	sustainable chemistry
可持续性发展	sustainable dcvclopment
可吸入粒子	inhalabale particles
空燃比	air/fuel ratio

中文	英文
矿物微粒	mincral particle
扩散	diffusion
离子交换吸附	ion e×change adsorption
离子液体	ionicliquids, ILs
粒径	particle diametter
链长	chain length
链分支	chain branching
硫	sulfur
硫化	sulfurization
硫化物	sulfide
六六六	hexachloro-cyclohexane
六氯苯	hexacehlorobenzen, HCB
卤代烃	halogenated hydrocarbon
卤代脂肪烃类	halogenated-aliphatic hydrocarbons
绿色化学	green chemistry
酶	enzyme
慢性毒性	chronictoxicity
酶促反应	enzymatic reaction
酶活性	enzyme activity
醚类	ethers
模拟曲线	simulate grouph
膜孔过滤	filtration through pores
摩擦层	friction layer
萘	naphthalene
尼龙	nylon
镍	nickel
凝聚	coagulation
农药	pesticides
浓缩系数	concentration factor, CF
排泄	cxcretion
配合物	complex
配合作用	complexation
铍	beryllium

中文	英文
皮肤	skin
飘尘	dust
平衡常数	equilibrium constant
平流层	stratosphere
葡萄糖醛酸	glucuronic acid
气溶胶	aerosol
气相氧化	gas phase oxidation
迁移过程	transport processes
铅	lead
前致癌物	per-carcinogen
潜性酸度	potential acidity
强化生物修复	enhanced bioremediation
羟基配合物	hydroxyl complexes
亲和力	affinity
氢传递	hydrogen transfer
清洁区	clean zone
清洁生产	cleaner production
巯基	mercapto—
取代反应	substitution
染色体畸变	chromosomal aberration
热层	thermosphere
人类活动圈	anthrosphere
人为源	manmade source
溶度积	solubility product
溶解度	solubility
溶解氧	dissolved oxygen
三磷酸腺苷	adenosine triphopate, ATP
三羧酸循环	tricarboxylic acid cycle
砷	arsenic
高级氧化技术	advance oxidation progress, AOD
肾	kidney
生产率	productivity
生长代谢	growth metabolism

中文	英文
生物刺激	biostimulation
生物地球化学循环	biogeochemical cycles
生物反应器	bioreactor
生物放大	biological magnification
生物富集	biological concentration
生物化学机制	biochemical mechanism
生物积累	bioaccumulation
生物降解速率	biodegradation rate
生物降解作用	biodegradation
生物累积过程	bioaccumulation process
生物膜	biological membrance
生物强化	bioaugmentation
生物圈	biosphere
生物氧化	biochemical oxidiation
湿沉降	wet deposition
食物链	food chains
手性	chirality
受氢体	hydrogen acceptor
双膜理论	two film theory
水的硬度	hardness of water
水解酶	hydrolases
水解速率	hydrolysis rate
水解速率常数	hydrolysis rate constant
水解作用	hydrolysis
水溶性	aquatic solubility
水生生物	aquatic organism
水俣病事件	minamata discase event
水质模型	water quality momdel
水中颗粒物的聚集	aggregation of particles in water
水中有机物的氧化作用	oxidation of organic matter in water
死亡率	mortality rate
酸性降水	acid precipitation
铊	thallium

中文	英文
胎盘屏障	placenta barrier
肽	peptide
碳氢化合物	hydrocarbom
碳酸平衡	carbonic acid equilibrium
碳酸盐	carbonates
糖类	carbohydrate
逃逸层	exosphere
天然源	natural source
天然水的 pE	pE in natural awaters
天然水的性质	properties of natural waters
天然水的主要离子	major ions in natural waters
天然水的组成	composition of natural waters
天然水体的缓冲能力	buffering capability of natural water bodices
天然水体的配体	ligands in natural waters
铁	iron
烃类	hydrocarbons
通气层	vadose zone
通透性	permeability
同向絮凝	orthokinetic
铜	copper
痛痛病事件	itai–itai diseaseevent
土壤	soil
土壤的缓冲性	buffer action of soil
土壤的酸碱度	soil acidity and alkalinty
土壤的吸附性	soil capacity
土壤的氧化还原性	oxidation and reduction of soil
土壤肥力	soil fetility
土壤胶体	soil colloid
土壤矿物质	minerals in soil
土壤粒级分组	size classification of soil
土壤圈	pedosphere
土壤污染化学	soil pollution chemistry
土壤修复	soil remediation

中文	英文
土壤有机质	organix matter in soil
土壤-植物体系	soil-plant system
土壤质地	soil textural
土壤中农药的迁移	transportation of pesticde in soil
土著微生物	soil microorganism
脱氮	deamination
脱氢酶	dehydrogenase
脱羧	decarboxylation
外源微生物	exogenous microorganism
烷基化	alkylation
烷烃	alkane
微生物降解	microbial degradation
胃	stomach
温室气体	green house gas
温室效应	green house effect
稳定常数	stability constants
污染预防法	stability prevention act
无机配体	inorganic ligands
无机酸度	mineral acidity
无机污染物的迁移转化	transport and transformation of inorganic pollutions
无氧氧化	anaerobic oxidation
物理吸附	physical adsorption
吸附等温线	adsorption isotherms
吸收	absorption
烯烃	alkene
硒	selenium
细胞色素	cytochrome
细胞色素 p450	cytochrome p450
酰胺酶	amidase
相对湿度	reative humidity, RH
消除	elimination
消除反应	elimination reaction

中文	英文
消化管	digestive tract
硝化	nitrification
小肠	small intestine
协同作用	synergism
辛醇-水分配系数 K_{ow}	octanol-water partition cocddicient K_{ow}
锌	zine
絮凝	flocculation
蓄积	accumulation
悬浮物	suspended matter
血浆蛋白	plasma protein
血脑屏障	bolood-brain barricer
血液	blood
循环经济	circular economy
岩石圈	geosphere or lithosphere
衍生物	derivatives
厌氧微生物	anaerobe
阳离子交换量	cation exchange capacity, CEC
氧化还原反应	redox reaction
氧化还原酶	oxido-reductase
氧化还原转化	trasformation of redox
氧化还原作用	oxidation and reduction
氧化酶	oxidizing enzyme
氧化物和氢氧化合物	oxides and hydroxides
氧气	oxygen
液膜传质系数	mass transfer coefficient of liquid-film
液膜控制	liquid-film control
液相转化	liquid phase oxidation
一级反应	first order rection
遗传学的	genetic
乙烯	ethene
乙酰胆碱	acethl choline

中文	英文
异构酶	isomerase
异位生物修复	ex-situ bioremediation
异养生物	heterotrohpic organisms
抑制剂	inhibitor
营养级	trophic level
营养物	nutrients
营养元素	nutrient elements
优先污染物	priority pollutants
有毒有机污染物	toxic organic pollutants
有机磷农药	toxic organic pollutants
有机卤代物	organohalogenated compounds
有机氯农药	organochlorine pesticcide
有机配体	organic ligands
有机污染物	organic pollutant
有机污染物的迁移转化	transport and transformation of organic pollutants
有机物	organic material
雨除	rain off
预防	prevention
阈剂量(浓度)	threshold dose
元素的循环	elemental cycles
原位化学氧化技术	in situ chemical oxidation, ISCO
原位生物修复	in situ bioremediation
原子经济性	atom econimy
藻	algae
黏土矿物	clay mincral
症状	symptom
脂肪	fat
脂肪酸	fatty acid
脂肪组织	adipose tissue
脂溶性	lipid solubility
直接光解	direct photolysis

中文	英文
植被	vegetation
植物修复	phytoremediation
致癌作用	carcinogenesis
致畸变	teratogenic
致癌变	carcinogenic
致畸作用	teratogensis
致突变	mutagenic
致突变作用	mutagensis
滞留性污染物	persistent pollutants
中间层	mesosphere
终致癌物	ultimate carcinogen
重金属	heavy metals
主动转运	active transport
专属吸附	specialistic adsorption
转化	transformation
转化过程	transformation processes
转化迁移	transformtion and transportation
转移酶	transferases
转运	tansport
自养生物	autotrophic organisms
自由基	free radical
自由能	free energy
自由能变化 ΔC	free energy change ΔC
总毒性当量	toxicity equivlency quantity, TEQ
总悬浮颗粒物	total suspended particulates
阻燃剂	retardant
组织	tisssues
最大速率	maximum velocity
最高允许剂量（浓度）	maximum permissible dose (concentration)
太阳辐射	Solar radiation
汇	sink

中文	英文
吸附作用	Adsorption
生物有机体	biological organisms
被动运转	passive transport
浓度梯度	concentration gradient
脂水分配系数	lipo-hydro partition coefficient
特殊转运	specialized transport
主动转运	active transport
易化扩散	facilitated diffusion
胞饮	pinocytosis
胞吞	phagocytosis
氧化磷酸化	oxidative phosphorylation
颗粒活性炭	granular active carbon
有机碳纤维	carbon fiber
混凝	coagulation
斯特恩层	Stern layer
双电层	electric double layer
“双碳”目标	Dual-carbon Target

参 考 文 献

[1] 何燧源,金云云,何方.环境化学[M].3 版.上海:华东理工大学出版社,2000.

[2] 唐孝炎.大气环境化学[M].北京:高等教育出版社,1990.

[3] 方精云. 全球生态学:气候变化与生态响应[M]. 北京:高等教育出版社,2000.

[4] 王晓蓉.环境化学[M].南京:南京大学出版社,1993.

[5] 戴树桂.环境化学[M].2 版.北京:高等教育出版社,2006.

[6] 岳贵春,吴吉琨,杜尧国.环境化学[M].长春:吉林大学出版社,1991.

[7] 孙红文. 环境学科图书译丛:环境化学[M]. 9 版. 北京:高等教育出版社,2013.

[8] ADIB F,BAGREEV A,BANDOSZ T J. Analysis of the relationship between H_2S removal capacity and surface properties of unimpregnated activated carbons [J]. Environ Sci Technol,2000,34(4):686-692.

[9] 赵美萍,邵敏.环境化学[M].北京:北京大学出版社,2005.

[10] 夏立江.环境化学[M].北京:中国环境科学出版社,2003.

[11] 任仁,张敦信,于志辉,等.化学与环境[M].2 版.北京:化学工业出版社,2005.

[12] 牛顿.环境化学[M].陈松,译.上海:上海科学技术文献出版社,2011.

[13] 周文敏,傅德黔,孙宗光.中国水中优先控制污染物黑名单的确定[J].环境监测管理与技术,1991,3(4):18-20.

[14] 朱利中.环境化学[M].2 版.北京:高等教育出版社,2022.

[15] 汪群慧.环境化学[M].2 版.哈尔滨:哈尔滨工业大学出版社,2008.

[16] 刘兆荣,谢曙光,王雪松.环境化学教程[M].2 版.北京:化学工业出版社,2010.

[17] 刘绮.环境化学[M].北京:化学工业出版社,2004.

[18] 赵睿新.环境污染化学[M].北京:化学工业出版社,2004.

[19] 李学垣.土壤化学[M].北京:高等教育出版社,2001.

[20] 叶常明.21 世纪的环境化学[M].北京:科学出版社,2004.

[21] 陈景文,全燮.环境化学[M].大连:大连理工大学出版社,2009.

[22] 任南琪.污染控制微生物学[M].4 版.哈尔滨:哈尔滨工业大学出版社,2011.

[23] 任南琪,马放.污染控制微生物学原理与应用[M].北京:化学工业出版社,2003.

[24] 陶映初,陶举洲.环境电化学[M].北京:化学工业出版社,2003.

[25] 赵素红.电化学技术在环境保护中的应用[J].电力科技与环保,2013,29(6):11-13.

[26] 余红霞,李攀.绿色化学的研究进展[J].湖南理工学院学报(自然科学版),2009,22(4):77-81.

[27] 毕慧传,高晓明.我国绿色化学的研究进展[J].苏盐科技,2013(4):8-11.

[28] 郑东生. 绿色化学及其研究进展[J]. 现代农业科技,2011(15):31-32.
[29] 李双. 绿色化学研究进展及前景[J]. 科技创业家, 2014(8):1.
[30] 关蒙恩. 绿色化学的进展[J]. 黑龙江科技信息,2015(32):102.
[31] 尤珊妮. 绿色化学新进展[J]. 大众科技,2009,11(9):104-105.
[32] 裴晴. 浅析绿色化学的最新研究进展[J]. 中国包装工业, 2013(5X):1.
[33] 刘晓红,周定国. 室内环境污染研究现状与展望[J]. 木材工业,2003,17(2):8-11.
[34] 袁中山,张金昌,吴迪镛,等. 室内环境污染研究进展[J]. 环境污染治理技术与设备,2001,2(1):9-16.
[35] 袁志文. 固定化微生物法处理含甲硫醇恶臭气体的工艺研究[D]. 上海:同济大学,1999.
[36] 孙永平,徐利. 沙尘暴的成因及防治对策研究[J]. 沈阳师范学院学报(自然科学版),2002,20(1):62-67.
[37] 路明. 我国沙尘暴发生成因及其防御策略[J]. 中国农业科学, 2002, 35(4):440-446.
[38] 郭焱,张召基,陈少华. 好氧反硝化微生物学机理与应用研究进展[J]. 微生物学通报,2016,43(11):2480-2487.
[39] 郭琳. 水源水库中好氧反硝化菌的筛选及脱氮性能研究:以周村水库为例[D]. 西安:西安建筑科技大学,2015.
[40] 陈重军,王建芳,张海芹,等. 厌氧氨氧化污水处理工艺及其实际应用研究进展[J]. 生态环境学报,2014,23(3):521-527.
[41] 张正哲,金仁村,程雅菲,等. 厌氧氨氧化工艺的应用进展[J]. 化工进展,2015,34(5):1444-1452,1458.
[42] 廖小兵,许玫英,罗慧东,等. 厌氧氨氧化在污水处理中的研究进展[J]. 微生物学通报,2010,37(11):1679-1684.
[43] 王军一,李伟光. 反硝化除磷工艺研究进展[J]. 山东建筑大学学报,2015,30(3):271-276.
[44] 姜鸣,张静慧,宫飞蓬,等. 生物反硝化除磷技术研究进展[J]. 净水技术, 2011, 30(6):5.
[45] 厉巍,李静,杜文旭. 二噁英的研究进展[J]. 北方环境,2011,23(7):70-71.
[46] 罗阿群,刘少光,林文松,等. 二英生成机理及减排方法研究进展[J]. 化工进展,2016,35(3):910-916.
[47] 陈宋璇,黎小保. 生活垃圾焚烧发电中二噁英控制技术研究进展[J]. 环境科学与管理,2012,37(5):89-93.
[48] 刘先利,刘彬,邓南圣. 环境内分泌干扰物研究进展[J]. 上海环境科学,2003,22(1):57-63.
[49] 谢观体,张臣,刘辉. 环境内分泌干扰物的研究进展[J]. 广东化工,2007,34(10):69-72.
[50] 李纯茂,张勇,俞宁. 环境内分泌干扰物研究进展[J]. 新乡医学院学报,2006,23

(6):641-643.
[51] 孙建强 周珊珊. 环境专业课程思政教学设计案例[M]. 2022,杭州:浙江大学出版社.
[52] 王晓蓉,顾雪元. 环境化学[M]. 北京:科学出版社,2018.
[53] 中国科学院广州化学研究所. 合成3,3-二烷氧基丙烯腈的新方法:CN1094123C[P]. 2002-11-13.
[54] 汪安璞. 大气污染化学研究概况[J]. 环境化学,1992,11(6):1-13.
[55] 王玮,全浩. 我国酸性降水来源探讨[J]. 中国环境科学, 1995, 15(2):6.
[56] 熊秋菊,唐孝炎,毕木天. 大气污染物对平流层臭氧的影响[J]. 环境化学,1984(05):17-29.
[57] 曹宝亮,任琴. CFCs对大气环境污染及治理对策[J]. 郑州牧业工程高等专科学校学报, 2000(4):275-277.
[58] 张丽丽,胡继伟,杨占南,等. 持久性有机污染物(POPs)的研究进展[J]. 贵州师范大学学报(自然科学版),2007,25(1):107-112,118.
[59] 张干,刘向. 大气持久性有机污染物(POPs)被动采样[J]. 化学进展,2009,21(2):297-306.
[60] 周枫然,张体强,王德发. 气态汞污染防治及测量技术研究进展[J]. 化学试剂,2023,45(6):97-104.
[61] 吴晓云,郑有飞,林克思. 我国大气环境中汞污染现状[J]. 中国环境科学,2015,35(9):2623-2635.
[62] 董德明. 环境化学[M]. 北京:北京大学出版社,2010.1.
[63] 陈静生. 水环境化学[M]. 北京:高等教育出版社,1987.
[64] 吴吉春. 水环境化学[M]. 2版. 北京:中国水利水电出版社,2021.
[65] 张倩,李孟. 水环境化学[M]. 北京:中国建材工业出版社,2018.
[66] 康跃惠,盛国英,傅家谟,等. 珠江三角洲一些表层沉积物中多氯联苯的初步研究[J]. 环境化学,2000,19(3):262-269.
[67] 许妍,陈佳枫,徐磊,等. 白洋淀表层沉积物中有机氯农药和全多氯联苯的分布特征及风险评估[J]. 湖泊科学, 2020, 32(3):11.
[68] 生态环境部. 关于进一步加强重金属污染防控的意见[EB/OL]. (2022-03-07). https://www.mee.gov.cn/xxgk2018/xxgk/xxgk03/202203/t20220315_971552.html.
[69] 中关村海绵研究院. 伊通河中段水环境综合整治工程案例分析[EB/OL]. (2018-03-23). https://huanbao.bjx.com.cn/news/20180323/887292-1.shtml.
[70] 长春政事儿. 中关村海绵研究院. 碧水清流润民心,一城清水入画来[EB/OL]. (2019-09-28). https://m.thepaper.cn/baijiahao_4552875.
[71] 中国环境报. 长春市集中消除流域内黑臭水体,改善提升水景观,恢复周边生态:伊通河变身绿色宜居的"生态轴"[EB/OL]. (2022-11-16). http://hjj.changchun.gov.cn/wrfz/swrfz/202211/t20221116_3085801.html.
[72] 李天杰. 土壤环境学 土壤环境污染防治与土壤生态保护[M]. 北京:高等教育出版

社,1996.5.

[73] 严金龙,全桂香,崔立强. 土壤环境与污染修复[M]. 中国科学技术出版社,2012.

[74] 周际海,黄荣霞,樊后保,等.污染土壤修复技术研究进展[J].水土保持研究,2016,23(3):366-372.

[75] 刘五星,骆永明,滕应,等.石油污染土壤的生态风险评价和生物修复Ⅲ.石油污染土壤的植物-微生物联合修复[J].土壤学报,2008,45(5):994-999.

[76] 刘琨.关于土壤环境污染化学与化学修复研究与分析[J].环境与发展,2020,32(1):165,167.

[77] 李秀悌,顾圣啸,郑文杰,等.重金属污染土壤修复技术研究进展[J].环境科学与技术, 2013(S2):6.

[78] 李章良,孙珮石.土壤污染的生物修复技术研究进展[J].生态科学,2003,22(2):189-191,141.

[79] 梁照东.污染土壤修复技术研究现状与趋势[J].环境与发展,2020,32(2):79-80.

[80] 骆永明.污染土壤修复技术研究现状与趋势[J].化学进展, 2009, 21(2):558-565.

[81] 宋书巧,吴欢,黄胜勇.重金属在土壤——农作物系统中的迁移转化规律研究[J].广西师院学报:自然科学版, 1999, 16(4):6.

[82] 武宝萍,亓玉台,袁兴东,等.介孔分子筛 B-SBA-15 催化合成柠檬酸三丁酯[J].工业催化,2004,12(1):32-35.

[83] 陈诵英,陈蓓,王琴,等.环境友好氧化催化剂杂多酸的应用[J].宁夏大学学报(自然科学版),2001,22(2):98-99.

[84] 赵天生,韩怡卓,孙予罕,等.一种从甲醇和二氧化碳直接合成碳酸二甲酯的方法:CN1067979C[P].2001-07-04.

[85] 严健汉,詹重慈.环境土壤学[M].武汉:华中师范大学出版社,1985.

[86] 樊邦棠.环境化学[M].杭州:浙江大学出版社,1991.

[87] HOU R,XU Y,WANG Z. Review of OPFRs in animals and humans:absorption,bioaccumulation, metabolism, and internal exposure research [J]. Chemosphere, 2016, 153:78-90.

[88] WANG R,TANG J,XIE Z,et al. Occurrence and spatial distribution of organophosphate ester flame retardants and plasticizers in 40 rivers draining into the Bohai Sea, North China[J]. Environ Pollut,2015,198:172-178.

[89] SOLONESKI S, LARRAMENDY M L. Emerging pollutants - some strategies for the quality preservation of our environment[M]. London:Intech Open,2018.

[90] FIELD J A, JOHNSON C A, ROSE J B. What is "emerging"? [J]. Environmental Science & Technology, 2006, 40(23):7105.

[91] 王俊张义生.化学污染物与生态效应[M].北京:中国环境科学出版社,1993.

[92] 沈同, 王镜岩. 生物化学[M].北京:高等教育出版社, 1990.

[93] 康恩, 斯顿夫. 生物化学纲要[M]. 刘骊生, 林卓坤,刘汝钱, 等译. 北京: 人民教育出版社, 1983.

[94] 宋振玉.药物代谢研究:意义、方法、应用[M].北京:人民卫生出版社,1990.
[95] 张毓琪,陈叙龙.环境生物毒理学[M].天津:天津大学出版社,1993.
[96] 王家玲.环境微生物学实验[M].北京:高等教育出版社,1988.
[97] 曲格平.环境科学基础知识[M].北京:中国环境科学出版社,1984.
[98] 叶常明,黄玉瑶,张景镛,等.水体有机污染的原理研究方法及应用[M].北京:海洋出版社,1990.
[99] 金相灿.有机化合物污染化学:有毒有机物污染化学[M].北京:清华大学出版社,1990.
[100] 马纳汉.环境化学[M].陈甫华,等译.天津:南开大学出版社,1993.
[101] THOMANN R V. Bioaccumulation model of organic chemical distribution in aquatic food chains[J]. Environ Sci Technol,1989,23(6):699-707.
[102] 沈德中.污染环境的生物修复[M].北京:化学工业出版社,2002.
[103] STEGMANN R,BRUNNER G,CALMANO W,et al. Treatment of contaminated soil:fundamentals,analysis,applications[M]. Berlin:Springer,2001.
[104] 龙新宪,杨肖娥,叶正钱.超积累植物的金属配位体及其在植物修复中的应用[J].植物生理学通讯,2003,39(1):71-77.
[105] 旷远文,温达志,周国逸.有机物及重金属植物修复研究进展[J].生态学杂志,2004,(01):90-96.
[106] 戴树桂.环境化学进展[M].北京:化学工业出版社,2005.
[107] 纪录,张晖.原位化学氧化法在土壤和地下水修复中的研究进展[J].环境污染治理技术与设备,2003,4(6):37-42.
[108] AMARANTE D, Applying in situ chemical oxidation several oxidizers provide an effective first step in groundwater and soil remediation[J], Pollut. Eng. ,2000,32(2):40-42.
[109] PETIGARA B R, BLOUGH N V, MIGNEREY A C, Mechanisms of hydrogen peroxide decomposition in soils[J]. Environ Sci Technol,2002,36:639.
[110] 余鹏,刘铮.土壤电修复技术研究进展[J].化工进展. 2004,23(1):28-32.
[111] 沈锋.典型铅锌冶炼区农田土壤重金属污染及植物化学联合修复研究[D].杨凌:西北农林科技大学,2017.
[112] 崔德杰,张玉龙.土壤重金属污染现状与修复技术研究进展[J].土壤通报,2004,35(3):366-370.
[113] 黄益宗,郝晓伟,雷鸣,等.重金属污染土壤修复技术及其修复实践[J].农业环境科学学报,2013,32(3):409-417.
[114] 周东美,郝秀珍,薛艳,等.污染土壤的修复技术研究进展[J].生态环境,2004,13(2):234-242.
[115] 陈同斌,韦朝阳,黄泽春,等.砷超富集植物蜈蚣草及其对砷的富集特征[J].科学通报,2002,47(3):207-210.
[116] AHMAD M, RAJAPAKSHA A U, LIM J E, et al. Biochar as a sorbent for contaminant

management in soil and water: a review[J]. Chemosphere, 2014, 99:19-33.
[117] PIGNATELLO J J, OLIVEROS E, MACKAY A. Advanced oxidation processes for organic contaminant destruction based on the Fenton reaction and related chemistry[J]. Environmental Science & Technology. 2006, 36:1-84.
[118] ALI H, KHAN E, SAJAD M A. Phytoremediation of heavy metals: concepts and applications[J]. Chemosphere, 2013, 91(7): 869-881.
[119] 周淑晶,冯艳茹,李淑贤.绿色化学[M].2 版.北京:化学工业出版社,2023.
[120] 张龙,贡长生,代斌.绿色化学[M].2 版.武汉:华中科技大学出版社,2014.
[121] 唐海燕,赵瑞廷.浅谈绿色化学在我国的发展方向[J].内蒙古科技与经济,2002(7):1-2.
[122] 段冰雪.浅析绿色化学在化工行业中的应用[J].黑龙江科技信息,2012(25):28.
[123] 李晓,谢久凤,李海霞.绿色化学与农业可持续发展[J].科技创新导报,2017,14(10):124-125.
[124] 万婷.绿色化工技术在化工工程工艺中的应用[J].化纤与纺织技术,2023(12):052.
[125] 崔苗苗.绿色化工技术在化学工程与工艺节能中的运用研究[J].中国石油和化工标准与质量,2023,43(21):148-150.
[126] 南文文.绿色化工技术在化学工程与工艺节能中的运用探讨[J].中国石油和化工标准与质量,2023,43(1):169-171.
[127] 孙瑞霞.绿色化工技术在化工工程工艺中的应用[J].化工管理,2022(30):142-144.
[128] 孙研.浅析绿色化学的发展现状和研究进展[J].化工管理,2018(8):13.
[129] 许春华.我国橡胶工业主要原材料的绿色化进展[J].轮胎工业,2011,31(3):131-138.
[130] 李敬伟,胡艳华,胡日查.我国可再生资源开发利用的现状、存在的问题及对策建议[J].内蒙古环境科学,2008,20(1):55-58.
[131] 郭宝聚,刘传宾.介孔分子筛催化剂应用研究进展[J].河南化工,2011,28(12):3-5.
[132] 健康报.宅在家里也要预防空气污染?不信你看→[EB/OL].(2024-01-04). https://m.thepaper.cn/baijiahao_25897047.
[133] 思远观察.不愧是科技强国,继二氧化碳造淀粉后,中国又用一氧化碳造蛋白质[EB/OL].(2022-03-05). https://baijiahao.baidu.com/s?id=1726473122909533829&wfr=spider&for=pc.
[134] 江苏生态环境.典型案例丨珊氮® 技术解决低碳脱氮的污水资源概念厂[EB/OL].(2024-01-17). https://mp.weixin.qq.com/s?__biz=MzUyNTA2MTM0OA==&mid=2247792397&idx=1&sn=8609fc722d20f1b2639cb2259ac68c57&chksm=fb3297b0286c53a2602cc261d1483f98f3806765273484ab090ac224ab5a9fd0a293546c86d0&scene=27.

[135] 徐东耀,许端平. 环境化学[M]. 江苏:中国矿业大学出版社,2013.
[136] BODEK I, LYMAN W J, REEHL W F, et al. Environmental Inoganic Chemistry[M]. Oxford: Pergamon Press, 1988.